工学结合·基于工作过程导向的项目化创新系列教材
国家示范性高等职业教育土建类"十二五"规划教材

钢筋混凝土结构与砌体结构

主　审	李永光		
主　编	李　昊	张　园	刘冬梅
副主编	李　萍	武　芳	马庆华
	武志华	张鸿雁	韩淑芳
参　编	郑红勇	宁艳红	申　钢
	温　欣		

华中科技大学出版社
中国·

内容提要

本书参照高职高专建筑工程技术专业及建筑类应用型本科的专业教学大纲和《建筑结构荷载规范》(GB 50009—2012)、《混凝土结构设计规范》(GB 50010—2010)、《高层建筑混凝土结构技术规程》(JGJ 3—2010)、《砌体结构设计规范》(GB 50003—2011)及《建筑抗震设计规范》(GB 50011—2010)等编写。本书主要讲述混凝土结构与砌体结构设计理论及相应的构造措施,全书共分为两大模块,18 个单元,具体内容包括:混凝土结构设计基本原理;钢筋、混凝土材料的物理力学性能;受弯、受压及受拉等构件的承载力计算;钢筋混凝土肋梁楼盖设计;楼梯和雨篷的构造与计算;钢筋混凝土构件正常使用极限状态验算;多层框架结构设计及设计实例;预应力混凝土结构;高层建筑结构设计;单层厂房排架结构选型;砌体类型与力学性能;砌体结构承载力计算;砌体结构房屋的设计;圈梁、过梁、墙梁和挑梁;建筑结构抗震设计基本知识。

全书结构合理,脉络清晰,解题方法翔实,注重概念完整性和实用性的合理配置,强调结构设计实践能力的培养,并提供相应的复习思考题和习题,适合作为土建类高职高专及应用型本科专业教材,也可供工程设计、监理和施工技术人员使用参考。

为了方便教学,本书还配有电子课件等教学资源包,任课教师和学生可以登录"我们爱读书"网(www.ibook4us.com)免费注册并下载,或者发邮件至 husttujian@163.com 免费索取。

图书在版编目(CIP)数据

钢筋混凝土结构与砌体结构/李昊,张园,刘冬梅主编.—武汉:华中科技大学出版社,2013.9(2023.8重印)
ISBN 978-7-5609-9022-4

Ⅰ.①钢… Ⅱ.①李… ②张… ③刘… Ⅲ.①钢筋混凝土结构-高等职业教育-教材 ②砌体结构-高等职业教育-教材 Ⅳ.①TU375 ②TU209

中国版本图书馆 CIP 数据核字(2013)第 102525 号

钢筋混凝土结构与砌体结构	李 昊 张 园 刘冬梅 主编

策划编辑:康　序
责任编辑:史永霞
封面设计:李　嫚
责任校对:刘　竣
责任监印:朱　玢
出版发行:华中科技大学出版社(中国·武汉)　　电话:(027)81321913
　　　　　武汉市东湖新技术开发区华工科技园　　邮编:430223
录　排:武汉正风天下文化发展有限公司
印　刷:武汉邮科印务有限公司
开　本:787mm×1092mm　1/16
印　张:34.75
字　数:882千字
版　次:2023 年 8 月第 1 版第 8 次印刷
定　价:58.00 元

本书若有印装质量问题,请向出版社营销中心调换
全国免费服务热线:400-6679-118　竭诚为您服务
版权所有　侵权必究

前言

钢筋混凝土结构与砌体结构课程是高职高专建筑工程技术专业及建筑类应用型本科的专业基础课,是本专业的重点课程之一。本书全部参照我国最新颁布的规范、规程编写,反映了我国建筑结构设计的新成果。本书主要讲述混凝土结构与砌体结构的设计理论及相应的构造措施,全书分为混凝土结构、砌体结构两大模块,共18个单元。全书结构合理,脉络清晰,注重概念完整性和实用性的合理配置,强调结构设计实践能力的培养,并提供相应的复习思考题和习题,以供学习和教学安排参考。

本书结合编者长期教学和工程实践经验,立足于建筑工程技术专业教育对建筑结构课程的教学要求,注重基本概念、基本原理和基本方法,淡化了一些理论推导,强化了实际应用能力的培养,将建筑结构内容进行了重组和整合,构成了本教材的体系。

具体参加编写工作的人员有:内蒙古建筑职业技术学院张鸿雁(绪论、单元1、单元2及设计实例);内蒙古建筑职业技术学院张园、申钢(单元3、附录);太原大学郑红勇(单元4、单元12);内蒙古农业大学武芳(单元5、单元6);内蒙古建筑职业技术学院宁艳红(单元7);内蒙古建筑职业技术学院武志华(单元8、单元14);内蒙古农业大学李昊(单元9及设计实例);内蒙古建筑职业技术学院韩淑芳(单元10、单元11及设计实例);唐山工业职业技术学院温欣(单元11);福建信息职业技术学院李萍(单元13、单元18);南京化工职业技术学院刘冬梅(单元15);连云港职业技术学院马庆华(单元16、单元17)。

本书由内蒙古农业大学副教授李昊、内蒙古建筑职业技术学院教授张园及南京化工职业技术学院副教授刘冬梅担任主编;福建信息职业技术学院李萍、内蒙古农业大学武芳、连云港职业技术学院副教授马庆华、内蒙古建筑职业技术学院副教授武志华及内蒙古建筑职业技术学院讲师张鸿雁、韩淑芳任副主编;太原大学郑红勇、内蒙古建筑职业技术学院宁艳红、申钢及唐山工业职业技术学院温欣任参编;内蒙古建筑职业技术学院教授李永光主审。

为了方便教学,本书还配有电子课件等教学资源包,任课教师和学生可以登录"我们爱读书"网(www.ibook4us.com)免费注册并下载,或者发邮件至 husttujian@163.com 免费索取。

在本书的编写过程中,我们参阅了一些优秀教材的内容,在此向其作者表示衷心的感谢。由于作者水平有限,编写时间仓促,书中难免会有不妥之处,殷切地希望广大读者提出宝贵意见。

编 者

2016年11月

目录

绪论 ·· (1)
 任务 1 钢筋混凝土结构和砌体结构的概念及特点 ······························ (3)
 任务 2 本课程的特点和学习任务与方法 ·· (7)

模块 1 钢筋混凝土结构

单元 1 钢筋混凝土结构设计基本原理 ·· (12)
 任务 1 建筑结构的功能要求和极限状态 ·· (13)
 任务 2 结构上的作用、作用效应和结构抗力 ······································ (15)
 任务 3 可靠指标和目标可靠度 ··· (21)
 任务 4 极限状态设计表达式 ··· (24)

单元 2 钢筋混凝土结构材料的物理力学性能 ·· (31)
 任务 1 混凝土的力学性能 ·· (32)
 任务 2 钢筋 ·· (40)
 任务 3 钢筋与混凝土间的粘结、锚固长度 ·· (45)

单元 3 受弯构件正截面承载力计算 ··· (52)
 任务 1 受弯构件的一般构造 ··· (53)
 任务 2 受弯构件正截面承载力计算基本理论 ···································· (60)
 任务 3 单筋矩形截面受弯构件正截面承载力计算 ······························ (67)
 任务 4 双筋矩形截面正截面承载力计算 ·· (75)
 任务 5 T 形截面正截面承载力计算 ··· (83)

单元 4 受弯构件斜截面承载力计算 ··· (95)
 任务 1 钢筋混凝土梁斜截面抗剪性能 ··· (96)
 任务 2 斜截面受剪承载力计算 ·· (99)
 任务 3 纵向受力钢筋的弯起、截断与锚固 ······································· (105)
 任务 4 构造要求 ·· (110)

单元 5 受压构件正截面承载力计算 ··· (114)
 任务 1 受压构件的构造要求 ··· (115)

任务2　轴心受压构件的承载力计算……………………………………(118)
　　任务3　偏心受压构件承载力计算…………………………………………(124)
单元6　受拉构件承载力计算……………………………………………………(153)
　　任务1　轴心受拉构件正截面承载力计算…………………………………(155)
　　任务2　偏心受拉构件正截面承载力计算…………………………………(158)
　　任务3　偏心受拉构件斜截面承载力计算…………………………………(165)
单元7　钢筋混凝土梁板结构……………………………………………………(169)
　　任务1　概述…………………………………………………………………(170)
　　任务2　现浇混凝土单向板肋梁楼盖………………………………………(172)
　　任务3　现浇混凝土双向板肋梁楼盖………………………………………(210)
　　任务4　装配式楼盖…………………………………………………………(222)
单元8　楼梯、雨篷的构造与计算………………………………………………(229)
　　任务1　楼梯…………………………………………………………………(230)
　　任务2　雨篷等悬挑构件……………………………………………………(241)
单元9　钢筋混凝土构件变形、裂缝宽度验算及耐久性………………………(250)
　　任务1　受弯构件的变形验算………………………………………………(251)
　　任务2　受弯构件裂缝宽度验算……………………………………………(261)
　　任务3　混凝土结构的耐久性………………………………………………(270)
单元10　多层框架结构设计………………………………………………………(277)
　　任务1　多层框架结构的组成与布置………………………………………(278)
　　任务2　框架结构的计算简图………………………………………………(282)
　　任务3　竖向荷载作用下框架内力分析的近似方法………………………(288)
　　任务4　水平荷载作用下框架结构内力和侧移的近似计算………………(293)
　　任务5　多层框架内力组合…………………………………………………(309)
　　任务6　非抗震设计时框架结构设计和构造………………………………(312)
　　任务7　多层框架结构基础…………………………………………………(316)
单元11　预应力混凝土结构基本知识…………………………………………(344)
　　任务1　预应力混凝土的基本概念…………………………………………(346)
　　任务2　预应力的施加方法及锚夹具………………………………………(348)
　　任务3　预应力混凝土的材料………………………………………………(353)
　　任务4　张拉控制应力和预应力损失及其组合……………………………(356)
　　任务5　预应力混凝土结构构件的构造要求………………………………(363)
单元12　钢筋混凝土高层建筑结构简介………………………………………(369)
　　任务1　高层建筑结构概述…………………………………………………(371)

  任务2 框架结构 ··· (381)
  任务3 剪力墙结构 ··· (385)
  任务4 框架-剪力墙结构 ·· (387)
单元13 单层厂房排架结构 ··· (389)
  任务1 单层厂房的组成与布置 ··· (390)
  任务2 单层厂房结构主要构件选型 ······································ (399)
  任务3 主要构件间的连接 ·· (404)

模块2 砌体结构

单元14 砌体的类型与力学性能 ··· (410)
  任务1 砌体的类型 ··· (411)
  任务2 砌体材料及其力学性能 ··· (414)
  任务3 砌体的基本力学性能 ··· (416)
单元15 砌体构件承载力计算 ··· (428)
  任务1 砌体结构的极限状态设计方法 ·································· (429)
  任务2 无筋砌体受压构件承载力计算 ·································· (431)
  任务3 砌体结构局部受压破坏特点及承载力计算 ················· (442)
  任务4 砌体轴心受拉、受弯和受剪构件承载力计算 ················ (451)
  任务5 配筋砌体承载力计算 ··· (453)
单元16 砌体结构房屋的设计 ··· (463)
  任务1 砌体房屋的墙体结构布置 ··· (464)
  任务2 砌体房屋的静力计算方案 ··· (467)
  任务3 砌体房屋的墙、柱高厚比验算 ·································· (470)
  任务4 刚性方案房屋墙、柱计算 ··· (474)
  任务5 砌体房屋的构造要求 ··· (483)
单元17 圈梁、过梁、挑梁和墙梁 ··· (489)
  任务1 圈梁、过梁设计及构造要求 ······································ (490)
  任务2 挑梁的设计及构造要求 ··· (495)
  任务3 墙梁的受力特点及构造要求 ······································ (499)
单元18 建筑结构抗震设计基本知识 ··· (504)
  任务1 地震与建筑抗震基本知识 ··· (506)
  任务2 多层及高层混凝土结构房屋的抗震措施 ····················· (517)
  任务3 多层砌体房屋和底部框架砌体房屋的抗震规定 ············ (531)
参考文献 ··· (545)

绪 论

学习目标

☆ **知识目标**

(1) 了解建筑结构的发展历程。
(2) 掌握建筑结构的定义、分类及其优缺点。

☆ **能力目标**

能根据所用材料对建筑物进行分类,理解建筑结构设计和力学课程的联系和区别。

知识链接:建筑结构发展概要

建筑结构是随着人类社会的进步、科学技术的发展而不断发展起来的。在远古时代,人们为了挡风避雨而掘土为穴,构木为巢。我国应用最早的建筑结构是木结构和砖石结构,如:山西五台山佛光寺大殿(公元857年)、山西应县木塔(公元1056年),均为木结构梁柱承重体系;河北赵县的赵州桥(又称安济桥,建于公元581—617年)是世界上现存最早的单孔复式石拱桥;陕西西安大雁塔采用的是砖石结构。

图0-1描绘了建筑结构的发展。

山西五台山佛光寺大殿

陕西西安大雁塔

广州电视塔

迪拜帆船酒店

图0-1 建筑结构的发展

混凝土结构从问世到现在,只有一百多年的历史。1824年英国人阿斯普丁取得了波特兰水泥(我国称为硅酸盐水泥)的专利权,1850年开始生产。1854年英国人威尔金获得了一种混凝土楼板的专利。1861年法国人莫尼埃用铁丝加固混凝土,制成花盆,1867年莫尼埃获得这种花盆的专利,并把这种方法推广到工程中,建造了一座蓄水池。1886年美国人杰克逊首先应用预应力混凝土制作建筑配件,后又用它制作楼板。1930年法国工程师佛列西涅将高强度钢丝用于预应力混凝土,解决了因混凝土徐变造成所施加的预应力完全丧失的问题,从此预应力混凝土在土木工程中得到广泛的应用。随后,混凝土结构的设计计算理论和应用也迅速发展。第二次世界大战后,社会经济建设对建筑结构提出了日益复杂和高标准的要求,使高强度钢筋和高强度混凝土开始广泛应用。商品混凝土、装配式混凝土结构等工业化生产技术的推广,使混凝土结构迅猛发展,许多大型的结构工程,如高层及超高层建筑、大跨度桥梁、高耸结构及地下工程,都广泛采用了混凝土结构。在我国,新中国成立后,混凝土结构在建筑工程、桥梁工程、道路工程、水利工程、地下工程等领域的应用迅猛发展,混凝土结构在设计理论和施工技术等方面也取得了巨大的成就。

任务 1 钢筋混凝土结构和砌体结构的概念及特点

一、建筑结构的组成及分类

(一)建筑结构的组成

建筑结构是指建筑中用来承受各种作用的受力体系,通常又被称为建筑物的骨架。组成结构的各个部件称为构件。在房屋建筑中,组成结构的基本构件有板、梁、墙、柱和基础等。

1. 板

板承受施加在楼板板面上并与板面垂直的重力荷载(包括楼板、地面层、顶棚层的永久荷载和楼面上人群、家具、设备等可变荷载)。板的长、宽两个方向的尺寸远大于其高度(也称厚度)。板的作用主要是受弯。

2. 梁

梁承受板传来的荷载以及梁的自重。梁的截面宽度和高度尺寸远小于其长度尺寸;梁受荷载作用的方向与梁轴线垂直,其作用主要是受弯和受剪。

3. 墙

墙承受梁、板传来的荷载及墙的自重。墙的长、宽两个方向的尺寸远大于其厚度,荷载作用方向却与墙面平行。其主要作用是受压,有时还可能受弯。

4. 柱

柱承受梁传来的压力以及柱的自重。柱的截面尺寸远小于其高度,荷载作用方向与柱轴线平行。当荷载作用于柱截面形心时,为轴心受压;当偏离截面形心时,为偏心受压。

5. 基础

基础承受墙、柱传来的荷载并将其扩散到地基上去。

(二)建筑结构的分类

建筑结构的种类较多,有多种分类方法,一般可按照结构所用材料、受力结构体系、使用功能、外形特点及施工方法进行分类。各种结构都有一定的使用范围,应根据建筑结构的功能、材料性能、结构形式、使用要求及施工和使用环境条件等合理选用。

1. 按照所采用的材料进行分类

按照所采用的材料进行分类,建筑结构可分为混凝土结构、砌体结构、钢结构、木结构等。混凝土结构包括素混凝土结构、钢筋混凝土结构、预应力混凝土结构、纤维混凝土结构和其他各种形式的加筋混凝土结构。砌体结构包括砖石砌体结构和砌块砌体结构。不同结构材料可以在同一结构体系中混合使用,形成混合结构,如屋盖和楼盖采用混凝土结构,墙体采用砌体结构,基础采用砖石砌体结构或钢筋混凝土结构,就形成了砖混结构。不同结构材料也可以在同一构件中混合使用,形成组合构件。如在屋架上弦采用钢筋混凝土,下弦采用钢拉杆,就形成了钢-混凝土组合屋架;又如在钢筋混凝土柱中配置型钢,形成了钢-混凝土组合柱,在钢管中浇筑混凝土形成了钢管混凝土柱。本书分两个模块,仅进行混凝土结构和砌体结构的讲述。

2. 按组成建筑主体结构的形式和受力系统分类

按组成建筑主体结构的形式和受力系统(也称受力结构体系)分类,建筑结构有剪力墙结构、框架结构、筒体结构,以及它们相互连接形成的框架-剪力墙结构、框架-筒体结构、网架结构、拱结构、空间薄壳结构和空间折板结构、钢索结构等。

二、钢筋混凝土结构的基本概念及特点

(一)混凝土结构的基本概念

以混凝土为主要材料制成的结构称为混凝土结构,包括素混凝土结构、钢筋混凝土结构和预应力混凝土结构等。

素混凝土结构是指无筋或不配置受力钢筋的混凝土结构,常用于路面和一些非承重结构;钢筋混凝土结构是指配置受力普通钢筋(用于混凝土结构构件中的各种非预应力筋的总称)的混凝土结构;预应力混凝土结构是指配置受力的预应力筋,通过张拉或其他方法建立预加应力的混凝土结构。混凝土结构和预应力混凝土结构常用作土木工程中的主要承重结构,在多数情况下混凝土结构是指钢筋混凝土结构。

混凝土结构如果按施工方式进行分类,可以分为现浇式(或整体式)混凝土结构、预制(或装配式)混凝土结构及装配-整体式混凝土结构。

现浇式混凝土结构是指现场支模、绑筋、浇筑混凝土。它的整体性比较好,刚度比较大,但生产较难工业化,施工工期长,模板用料较多。

预制混凝土结构是指现场或预制构件厂预制构件,现场通过焊接、螺栓等连接方式装配而成的混凝土结构。采用装配式结构可使建筑生产工业化(设计标准化、制造工业化、安装机械化);预制构件的制作不受季节限制,能加快施工进度;利用工厂有利条件,提高构件制作质量;模板可重复使用,还可免去脚手架,节约木材和钢材。但装配式接头构造较为复杂,且整体性较差,对抗震不利,装配时还需要有一定的起重安装设备。

装配-整体式混凝土结构是指在装配式结构的基础上,将各预制构件的连接节点现浇成连续的整体,或将构件的一部分做成预制的,安装就位后再浇筑现浇部分,使整个结构形成一体,或将各装配式预制构件加筑钢筋混凝土现浇层使其结成整体。它比整体式混凝土结构有较高的工业化,又比装配式混凝土结构有较好的整体性。

(二)钢筋混凝土结构的特点

钢筋混凝土结构是由钢筋和混凝土两种力学性能不同的材料所组成的。混凝土抗压强度较高,抗拉强度却很低;钢筋的抗拉强度和抗压强度均很高,但是其耐火能力差,在一般环境中容易锈蚀。两者结合,用混凝土保护钢筋,取长补短,便可成为性能优良的结构材料。

1. 优点

钢筋和混凝土能够结合在一起共同工作,除了能合理利用钢筋和混凝土两种材料的性能外,尚有下列优点。

(1)耐久性。在钢筋混凝土结构中,混凝土的强度随时间的延长而有所增长,且钢筋受到混凝土的保护而不锈蚀,所以钢筋混凝土的耐久性很好。处于侵蚀性介质或受海水浸泡的钢筋混凝土结构,经过合理的设计及采取特殊的措施,一般也能满足工程需要。

(2)耐火性。混凝土是热的不良导热体,遭受火灾时,钢筋因有混凝土包裹而不致很快升温到失去承载力的程度,因而比钢结构和木结构耐火性能好。

(3)整体性。钢筋混凝土结构特别是现浇的钢筋混凝土结构,由于其整体性好,又具有较好的延性,有利于抗震、抗爆。

(4)可模性。混凝土可根据设计需要浇筑成各种形状和尺寸的结构,适用于形状较复杂的结构,如带肋的屋面板、空心板及空间壳体等。

(5)就地取材。混凝土中占比例较大的砂、石等材料,产地普遍,就地取材比较容易。

2. 缺点

由于钢筋混凝土结构具有上述一系列优点,因而在国内外的工程建设中得到了广泛的应用。然而,钢筋混凝土结构也存在一些缺点。

(1)自重较大。普通钢筋混凝土结构的自重比钢结构的大。过大的自重,不仅对于大跨度结构、高层建筑抗震不利,而且在施工中也会增加材料的运输和使用费用,并使构件吊装、连接都很不方便。

(2)易出现裂缝。由于混凝土的抗拉强度低及结构混凝土在硬化过程中的收缩受到约束等原因,钢筋混凝土结构很难避免裂缝的产生。所以,钢筋混凝土构件在使用阶段往往免不了带有裂缝。但是,采用预应力混凝土可以有效地提高构件的抗裂性。

(3)施工繁琐。钢筋混凝土结构的施工,包括钢筋加工、形成钢筋骨架,模板的制作、加工,混凝土的浇筑、养护,模板的拆除等工序,施工烦琐,施工质量的监督、检查等也非易事。

(4)工期较长。建造整体式钢筋混凝土结构比较费时。模板和支撑的支设,混凝土的浇筑、养护等工序,致使工期较长,同时混凝土的施工还受到气候的限制。

此外,钢筋混凝土结构隔热、隔音的性能较差,加固或拆修也较困难。

三、钢筋混凝土结构的发展现状及展望

与木结构、砌体结构和钢结构相比,混凝土结构是一种较新的结构形式,它的发展速度及在土木工程中占有的比重是其他结构形式无法相比的,其应用涉及土木工程的各个领域。

在建筑工程中,房屋建筑的楼板几乎全部采用钢筋混凝土现浇板和预制板。多层工业厂房、综合楼和部分建筑标准要求高的住宅和办公楼等结构受力体系一般均采用钢筋混凝土梁、柱等组成的框架结构受力体系。在高层及超高层建筑中,混凝土结构也占据主导地位,一般采用的是框架-剪力墙结构、剪力墙结构、框架-筒体结构和筒体结构等。上海浦东环球金融中心大厦有101层,492 m高,它的内筒采用的就是钢筋混凝土结构。

在其他领域,如人防工事、地下停车场、地下铁路车站等大型地下结构工程,烟囱、水塔等高耸结构,蓄水池、输水管、电线杆等市政工程,筒仓、海上采油平台、核发电站的安全壳等特种工业设施,大部分也采用钢筋混凝土结构。

混凝土结构在20世纪获得了巨大的发展。可以肯定,在21世纪,混凝土仍将作为主要的建筑工程材料,并在材料性能、构造形式等方面得到进一步的发展。

混凝土材料作为混凝土结构的主要材料,主要向着具有优良物理力学性能和良好耐久性能的轻质高强混凝土发展。目前,我国普遍应用的混凝土强度等级一般在C20~C60,个别工程已经应用到C80。新型外加剂的研制与应用将不断改善混凝土的物理力学性能,以适应不同环境、不同要求的混凝土结构。

配筋材料作为混凝土结构的关键组成部分,除了传统钢筋材料本身的物理力学性能将不断改善外,新型配筋材料和配筋形式也将不断发展,从而形成许多新的混凝土结构形式,极大地拓宽混凝土结构的应用范围。如:在混凝土中掺入钢纤维等短纤维,形成纤维混凝土结构,可以有效地提高混凝土的抗拉强度、抗剪强度等,改善混凝土抗裂、抗疲劳、抗冲击等性能;以高强度的碳纤维筋(其强度是普通钢筋强度的10倍以上)等作为配筋,形成纤维混凝土结构、钢骨混凝土结构和钢管混凝土结构,可以减小混凝土结构的截面尺寸,提高结构的承载力,改善结构的延性。

四、砌体结构的基本概念及特点

(一)砌体结构的基本概念

砌体结构是指由块体和砂浆砌筑而成的墙、柱作为建筑物的主要受力构件,是石砌体、砖砌体和砌块砌体结构的统称。砌体是由块体和砂浆粘结而成的复合体。组成砌体的块材、砂浆种类不同,砌体的受力性能也不尽相同。

(二)砌体结构的特点

1. 优点

砌体结构有着悠久的历史,至今仍是世界上应用最广泛的结构形式之一。砌体结构之所以有着如此广泛的应用,是因为它具有如下优点。

(1) 材料来源广泛。砌体结构的原材料黏土、砂、石等为天然材料,分布极广,取材方便;砌体块材的制造工艺简单,易于生产。

(2) 性能优良。砌体结构隔音、隔热和耐火性能较好,故砌体结构在用作承重结构的同时还可以起到围护、保温、隔断的作用。

(3) 施工简单。砌筑砌体结构不需要支模、养护,在严寒地区冬季也可采取冻结法施工;施工工具简单,工艺易于掌握。

(4) 费用低廉。砌体结构可大量节约木材、钢材和水泥,造价较低。

2. 缺点

砌体结构也存在下述缺点。

(1) 强度较低。砌体的抗压强度比块材低,抗拉强度、抗弯强度、抗剪强度更低,因而抗震性能和抗裂性能较差。

(2) 自重较大。因强度较低,砌体结构墙、柱截面尺寸较大,材料用量较多,因而结构自重大。

(3) 劳动量大。因采用手工方式砌筑,生产效率较低,运输、搬运材料时的损耗也大。

上述缺点限制了砌体结构的使用范围,目前人们正在大力研究和开发各种新技术、新材料。如:加强对轻质、高强的砖和砌块及高粘结砂浆的研究和应用,来减轻自重和改善结构性能;采用配筋砌体,并加强抗震和抗裂措施,来克服砌体抗震和抗裂性能的不足;进一步推广砌块和墙板等工业化施工方法,以逐步克服劳动强度大的缺点;利用工业废料如煤矸石、粉煤灰、页岩等制作砌块,来减少环境污染。

五、砌体结构的发展现状及展望

两千多年前砖瓦材料在我国就已经很普及了,砌体结构在我国具有悠久的历史,最适用于受压构件,如用作住宅、办公楼、学校、旅馆、小型礼堂、小型厂房的墙体、柱和基础,砌体也可作为围护墙和隔墙。工业企业中的一些烟囱、烟道、贮仓、支架、地下管沟等也常用砌体结构建造。在水利工程中,堤岸、坝身、围堰等采用砌体结构也相当普遍。在地震区,按规定进行抗震计算,并采用合理的构造措施,砌体结构房屋也有着广泛的应用。

现行的《砌体结构设计规范》既有中国特点,又在一些原则问题上逐步与国际标准接轨,标志着我国砌体结构设计和科研已达到了世界先进水平。

砌体结构不断发展,除计算理论和方法的改进外,更重要的是材料的革新,以克服其传统缺点。现在块材的发展方向是高强、多孔、薄壁、大块、配筋,大力推广使用工业废料制作的块材和空心砌块。随着砌块材料的改进、设计理论研究的深入和建筑技术的发展,砌体结构将日臻完善。

任务 2 本课程的特点和学习任务与方法

本课程既是建筑工程的基础课,同时又是专业技术课,内容丰富,头绪繁乱,容易使初学者有畏难情绪。但与其他课程一样,只要掌握了其内在规律和课程特点,学习也并不难,并会品味到其中的乐趣。在学习建筑结构课程时,应注意以下几点。

一、要注意掌握建筑结构所用材料的特性

在建筑力学课程中,主要是研究单一的、匀质的弹性材料,从而建立了内力和变形的计算方法。在建筑结构中所用的材料可能是由两种或两种以上的材料组合而成的,如钢筋混凝土结构是由钢筋和混凝土两种不同材料组合而成的,而且可能是非匀质的弹塑性材料。为了对建筑结构的受力性能和破坏特征有较好的了解,首先要求很好地掌握组成结构或构件的材料性能,才能理解其受力过程和破坏特点。

二、加强试验和试验教学环节,注意扩大知识面

由于混凝土材料、砌体材料性能的复杂性和离散性,其力学性能和构件的设计原则、计算方法、计算公式都是建立在大量试验给出的现象、得出的结论、总结的经验基础上,然后用概率统计分析的方法确定的,目前还没有建立起较为完善的强度和变形理论。学习本课程时要重视构件的试验研究,掌握通过试验现象观察到的构件受力性能,以及受力分析所采用的基本假设的试验依据,在运用计算方法、计算公式时要注意其适用范围和具体条件,使其能较好地反映实际构件的真实受力情况。

同时,建筑结构课程的实践性很强,一定要加强课程作业、课程设计和毕业设计等实践教学环节的学习,并能在学习过程中逐步熟悉和正确运用我国颁布的一些设计规范、标准和规程,如《建筑结构可靠度设计统一标准》(GB 50068—2001)、《建筑结构荷载规范》(GB 50009—2012)、《混凝土结构设计规范》(GB 50010—2010)、《砌体结构设计规范》(GB 50003—2011)、《建筑抗震设计规范》(GB 50011—2010)、《高层建筑混凝土结构技术规程》(JGJ 3—2010)等。此外,建筑结构是一门发展得很快的学科,学习时要多注意它的新动向和新成就。

三、深刻理解概念,熟练掌握计算,切忌死记硬背

建筑结构课程的内容多,符号多,假设条件多,计算公式多,构造要求也多,死记硬背这些是非常困难的。在学习过程中要注意,对重要概念的理解不可能一步到位,而是随着学习内容的展开和深入逐步加深的。熟练掌握设计计算内容是本课程的基本功,各章后面给出的复习思考题要认真完成;同时应注意课程中的习题,因为答案往往不是唯一的,这也是与建筑力学课程不同的地方。

单元小结

0.1 建筑结构是指建筑中用来承受各种作用的受力体系。在房屋建筑中,组成结构的基本构件有板、梁、墙、柱和基础等。

0.2 建筑结构的分类。

(1) 按照所采用的材料进行分类,建筑结构可分为混凝土结构、砌体结构、钢结构、木结构等。混凝土结构包括素混凝土结构、钢筋混凝土结构、预应力混凝土结构、纤维混凝土结构和其他各种形式的加筋混凝土结构。

(2) 按组成建筑主体结构的形式和受力系统(也称受力结构体系)分类,建筑结构可分为剪力墙结构、框架结构、筒体结构、框架-剪力墙结构、框架-筒体结构、网架结构、拱结构、空间薄壳结构和空间折板结构、钢索结构等。

0.3 混凝土结构具有很好的耐久性、耐火性、整体性、可模性和就地取材等优点,但也有自重较大、易出现裂缝、施工繁琐、工期较长、隔热性能较差、隔音性能较差、加固或拆修较困难等缺点。

0.1 钢筋混凝土结构有哪些优点?有哪些缺点?如何克服这些缺点?
0.2 建筑结构的组成体系有哪些,分别承受何种内力?
0.3 混凝土结构按所采用材料的不同进行分类,具体可分为哪几类?
0.4 本课程的学习应注意哪些问题?

模块 1

钢筋混凝土结构

MOKUAI 1
GANGJIN HUNNINGTU JIEGOU

单元 1
钢筋混凝土结构设计基本原理

学习目标

☆ **知识目标**

(1) 熟悉建筑结构的功能要求。
(2) 掌握建筑结构极限状态的定义及分类。
(3) 掌握承载能力极限状态和正常使用极限状态设计方法。

☆ **能力目标**

根据构件的具体受力情况,进行构件的承载能力极限状态和正常使用极限状态设计表达。

单元1 钢筋混凝土结构设计基本原理

❖ **知识链接：建筑结构设计理论的发展**

混凝土结构在使用期间需要承受各种外部作用。如何使结构设计符合"技术先进、安全适用、经济合理、确保质量"的基本原则，在很大程度上取决于结构设计理论。

早期的建筑结构设计理论是以弹性理论为基础的允许应力计算法。这种方法要求结构在规定的荷载作用下，按弹性理论计算的截面应力不大于规定的允许应力，而允许应力是由材料的强度除以安全系数求出的，安全系数则是根据工程经验和主观判断得到的。但建筑结构材料不是匀质弹性体，有着明显的弹塑性性能。因此，以弹性理论为基础的结构设计方法，不能如实地反映构件截面的应力状态，不能正确地计算出结构构件的截面承载力，也就不能准确地反映建筑结构的可靠性。

20世纪50年代，苏联提出了极限状态计算法。极限状态计算法是破坏阶段计算方法的发展，它规定了结构的极限状态，并把单一的安全系数改为三个系数，即荷载系数、材料系数和工作条件系数，故又称三系数法。我国1966年颁布的《钢筋混凝土结构设计规范》(BJG 21—1966)采用了这一设计方法。

随着我国经济建设的发展，对于结构设计的认识也逐步深入，经过我国学者的努力，在1974年颁布了《钢筋混凝土结构设计规范》(TJ 10—1974)，该规范采用了极限状态计算法，但在承载力计算中仍采用了半经验、半统计的单一安全系数。1974年设计规范的修订，标志着我国自己制定设计规范进入起步阶段。

1984年，我国颁布试行的《建筑结构设计统一标准》(GBJ 68—1984)，在学习国外先进成果的同时，总结国内工程实践经验，采用概率理论为基础的极限状态设计法，具有较明确的物理意义，推动了我国结构设计规范的发展。

之后，我国颁布了采用近似全概率可靠度极限状态设计法的《混凝土结构设计规范》(GBJ 10—1989)。在2002年又颁布了全面修改后的《混凝土结构设计规范》(GB 50010—2002)。

目前，我国结构设计规范进入了全面与国际接轨的阶段。现行的《混凝土结构设计规范》(GB 50010—2010)采用以概率论为基础极限状态设计方法、以可靠指标度量结构构件的可靠度、以分项系数并考虑了结构使用年限的设计表达式进行设计。

任务 1 建筑结构的功能要求和极限状态

一、建筑结构的功能要求

设计任何建筑物和构筑物，其结构设计的目的都是使所设计的结构能满足各种预定的功能要求。建筑物和构筑物应具备的功能要求如下。

1. 安全性

建筑结构在正常施工和正常使用时应能承受可能出现的各种荷载、外加变形、约束变形的作用，以及在偶然事件（如地震等）发生时及发生后能保持结构必需的整体稳定性。

所谓整体稳定性，是指在偶然事件发生时和发生后，建筑结构仅产生局部的损坏而不致发生连续倒塌的性能。

2. 适用性

建筑结构在正常使用时，应能满足预定的使用要求，如不发生影响正常使用的变形和裂缝。

3. 耐久性

结构耐久性是结构及其部件在各种可能导致材料性能劣化的环境因素长期作用下维持其应有功能的能力。在房屋结构中，混凝土耐久性是一个复杂的多因素的综合问题，如：不发生由于保护层碳化或裂缝宽度开展过大导致钢筋的锈蚀；混凝土不发生严重风化、老化、腐蚀及冻融循环破坏而影响结构的使用寿命。

上述功能要求概括起来称为结构的可靠性，即结构在规定的时间内（设计基准期一般为50年），在规定的条件下（正常设计、正常施工、正常使用和正常维护），完成预定功能的能力。

结构计算可靠度采用的设计基准期为 50 年。尚需说明，设计基准期与结构的寿命虽有一定的联系，但不等同。因为当使用年限达到或超过设计基准期后并不意味着结构立即就要报废，不能再使用了，而只是指它的可靠度在逐渐降低。

二、建筑结构的极限状态

结构能满足功能要求，称结构可靠或有效；否则，称结构不可靠或失效。区分结构工作状态的可靠与不可靠的界限是极限状态。极限状态是结构或其构件能够满足前述某一功能要求的临界状态。超过这一界限，结构或其构件就不能满足设计规定的该项功能要求，而进入失效状态。

我国《建筑结构可靠度设计统一标准》(GB 50068—2001)将结构的极限状态分为两类：承载能力极限状态和正常使用极限状态。前者主要是使结构满足安全性要求，后者则是使结构满足适用性要求。

1. 承载能力极限状态

承载能力极限状态对应于结构或其构件达到最大承载能力或达到不适于继续承载的变形。当结构或结构构件出现下列状态之一时，应认为超过了承载能力极限状态：

（1）整个结构或结构的一部分作为刚体失去平衡（如倾覆等）；
（2）结构构件或连接因超过材料强度而破坏（包括疲劳破坏），或因过度变形而不适于继续承载；
（3）结构转变为机动体系；
（4）结构或结构构件丧失稳定（如压屈等）；
（5）地基丧失承载能力而破坏（如失稳等）。

2. 正常使用极限状态

正常使用极限状态对应于结构或其构件达到正常使用或耐久性能的某项规定限值。当结构或其构件出现下列状态之一时,应认为超过了正常使用极限状态:
(1) 影响正常使用或外观的变形;
(2) 影响正常使用或耐久性能的局部损坏(包括裂缝);
(3) 影响正常使用的振动;
(4) 影响正常使用的其他特定状态。

任务 2　结构上的作用、作用效应和结构抗力

一、结构上的作用

所谓结构上的作用,是指施加在结构上的集中或分布荷载,以及引起结构外加变形或约束变形因素的总称。施加在结构上的集中荷载和分布荷载称为结构上的直接作用。地震、地基沉降、混凝土收缩、温度变化、焊接等因素虽然不是荷载,但可以引起结构的外加变形或约束变形,称为结构上的间接作用。结构上的作用可以按时间变异、空间位置变异及结构反应进行划分,它们适用于不同的场合。

(一) 按时间变异分类

按时间变异分类,可将结构上的作用分为永久作用、可变作用和偶然作用。

1. 永久作用

永久作用是指在设计基准期内,其值不随时间变化或其变化与平均值相比可以忽略不计的作用。属于永久作用的有结构自重、土压力、预应力、地基沉降及焊接等。

2. 可变作用

可变作用是指在设计基准期内,其值随时间变化且其变化与平均值相比不可以忽略不计的作用。属于可变作用的有安装荷载、楼面活荷载、屋面活荷载和积灰荷载、吊车荷载、风荷载、雪荷载及温度变化作用等。

3. 偶然作用

偶然作用是指在设计基准期内不一定出现,而一旦出现则量值很大,并且其持续时间很短的作用。属于偶然作用的有地震及爆炸、撞击等产生的作用。

（二）按空间位置变异分类

按空间位置变异分类,可将结构上的作用分为固定作用和可动作用。

1. 固定作用

固定作用是指在结构空间位置上不发生变化的作用。属于固定作用的有工业与民用建筑楼面上的固定设备荷载及结构构件自重等。

2. 可动作用

可动作用是指在结构空间位置上的一定范围内可以任意变化的作用。属于可动作用的有工业与民用建筑楼面上的人群荷载、厂房中的起重机荷载等。

（三）按结构反应分类

按结构反应分类,可将结构上的作用分为静态作用和动态作用。

1. 静态作用

静态作用是指对结构或构件不产生加速度或其加速度很小因而可以忽略不计的作用。属于静态作用的有结构自重、住宅及办公楼的楼面活荷载、屋面的雪荷载等。

2. 动态作用

动态作用是指对结构或构件产生不可忽略的加速度的作用。属于动态作用的有起重机荷载、地震、振动设备、作用在高耸结构上的风荷载等。

此外,对直接承受吊车荷载的结构构件应考虑起重机荷载的动力系数。预制构件的制作、运输、安装应考虑相应的动力系数。对现浇钢筋混凝土构件,必要时要考虑施工阶段的荷载。

二、荷载代表值

在结构设计时,应根据不同的设计要求采用不同的荷载数值,即所谓的荷载代表值。荷载代表值是指设计中用以验算极限状态所采用的荷载量值。《建筑结构荷载规范》(GB 50009—2012)给出了四种代表值:标准值、频遇值、准永久值及组合值。永久荷载以其标准值作为代表值;对于可变荷载,应根据设计要求采用标准值、组合值、频遇值或准永久值作为代表值。

荷载标准值是荷载的基本代表值,其他代表值是以其标准值乘以相应的系数后得出的。

（一）荷载标准值

建筑结构设计时,实际作用在结构上的荷载的大小具有不确定性,因此确定荷载的大小是一件复杂的工作。由概率统计知识,对于这些具有不确定性的因素,应当作为随机变量,采用数理统计的方法加以处理。这样确定的荷载是具有一定概率的最大荷载值,称为荷载的标准值。

《建筑结构荷载规范》(GB 50009—2012)对各类荷载标准值的取法,具体规定如下。

1. 永久荷载标准值

对于结构自重的标准值可按结构构件设计尺寸与材料单位体积的自重计算确定。一般材料和构件的单位自重可取其平均值;对于某些自身重力变异性较大的材料和构件,自重的标准值应根据对结构的不利和有利状态,分别取上限值和下限值。

2. 可变荷载标准值

《建筑结构荷载规范》(GB 50009—2012)已经给出了各种可变荷载的标准值的取值,设计时可以直接查用。

1) 民用建筑楼面均布活荷载

民用建筑楼面均布活荷载标准值及其组合值、频遇值和准永久值系数如表1-1所示。

表1-1 民用建筑楼面均布活荷载标准值及其组合值、频遇值和准永久值系数

项次	类 别		标准值/(kN/m²)	组合值系数 ψ_c	频遇值系数 ψ_f	准永久值系数 ψ_q
1	(1)住宅、宿舍、旅馆、办公楼、医院病房、托儿所、幼儿园		2.0	0.7	0.5	0.4
	(2)试验室、阅览室、会议室、医院门诊室		2.0	0.7	0.6	0.5
2	教室、食堂、餐厅、一般资料档案室		2.5	0.7	0.6	0.5
3	(1)礼堂、剧场、影院、有固定座位的看台		3.0	0.7	0.5	0.3
	(2)公共洗衣房		3.0	0.7	0.6	0.5
4	(1)商店、展览厅、车站、港口、机场大厅及其旅客等候室		3.5	0.7	0.6	0.5
	(2)无固定座位的看台		3.5	0.7	0.5	0.3
5	(1)健身房、演出舞台		4.0	0.7	0.6	0.5
	(2)运动场、舞厅		4.0	0.7	0.6	0.3
6	(1)书库、档案库、贮藏室		5.0	0.9	0.9	0.8
	(2)密集柜书库		12.0	0.9	0.9	0.8
7	通风机房、电梯机房		7.0	0.9	0.9	0.8
8	汽车通道及客车停车库	(1)单向板楼盖(板跨不小于2 m)和双向板楼盖(板跨不小于3 m×3 m) 客车	4.0	0.7	0.7	0.6
		(1)单向板楼盖(板跨不小于2 m)和双向板楼盖(板跨不小于3 m×3 m) 消防车	35.0	0.7	0.5	0.0
		(2)双向板楼盖(板跨不小于6 m×6 m)和无梁楼盖(柱网不小于6 m×6 m) 客车	2.5	0.7	0.7	0.6
		(2)双向板楼盖(板跨不小于6 m×6 m)和无梁楼盖(柱网不小于6 m×6 m) 消防车	20.0	0.7	0.5	0.0
9	厨房	(1)餐厅	4.0	0.7	0.7	0.7
		(2)其他	2.0	0.7	0.6	0.5

续表

项次	类别		标准值/(kN/m²)	组合值系数 ψ_c	频遇值系数 ψ_f	准永久值系数 ψ_q
10	浴室、卫生间、盥洗室		2.5	0.7	0.6	0.5
11	走廊、门厅	(1)宿舍、旅馆、医院病房、托儿所、幼儿园、住宅	2.0	0.7	0.5	0.4
		(2)办公楼、餐厅、医院门诊部	2.5	0.7	0.6	0.5
		(3)教学楼及其他可能出现人员密集的情况	3.5	0.7	0.5	0.3
12	楼梯	(1)多层住宅	2.0	0.7	0.5	0.4
		(2)其他	3.5	0.7	0.5	0.3
13	阳台	(1)可能出现人员密集的情况	3.5	0.7	0.6	0.5
		(2)其他	2.5	0.7	0.6	0.5

注:① 本表所给各项活荷载适用于一般使用条件,当使用荷载较大、情况特殊或有专门要求时,应按实际情况采用。
② 第6项中的书库活荷载,当书架高度大于2 m时,书库活荷载尚应按每米书架高度不小于2.5 kN/m²确定。
③ 第8项中的客车活荷载仅适用于停放载人少于9人的客车;消防车活荷载适用于满载总量为300 kN的大型车辆;当不符合本表的要求时,应将车轮的局部荷载按结构效应的等效原则,换算为等效均布荷载。
④ 第8项中的消防车活荷载,当双向板楼盖板跨介于3 m×3 m~6 m×6 m之间时,应按跨度线性插值确定。
⑤ 第12项中的楼梯活荷载,对预制楼梯踏步平板,尚应按1.5 kN集中荷载验算。
⑥ 本表各项荷载不包括隔墙自重和二次装修荷载;对固定隔墙的自重应按永久荷载考虑,当隔墙位置可灵活自由布置时,非固定隔墙的自重应取不小于1/3的每延米长墙重(kN/m)作为楼面活荷载的附加值(kN/m²)计入,且附加值不应小于1.0 kN/m²。

2) 屋面均布活荷载

房屋建筑的屋面,其水平投影面上的屋面均布活荷载,应按表1-2采用。同时,屋面均布活荷载不应与雪荷载同时考虑。

表1-2 屋面均布活荷载标准值及其组合值系数、频遇值系数和准永久值系数

项次	类别	标准值/(kN/m²)	组合值系数 ψ_c	频遇值系数 ψ_f	准永久值系数 ψ_q
1	不上人的屋面	0.5	0.7	0.5	0.0
2	上人的屋面	2.0	0.7	0.5	0.4
3	屋顶花园	3.0	0.7	0.6	0.5
4	屋顶运动场地	3.0	0.7	0.6	0.4

注:① 不上人的屋面,当施工或维修荷载较大时,应按实际情况采用;对不同类型的结构应按有关设计规范的规定采用,但不得低于0.3 kN/m²。
② 当上人的屋面兼作其他用途时,应按相应楼面活荷载采用。
③ 对于因屋面排水不畅、堵塞等引起的积水荷载,应采取构造措施加以防止;必要时,应按积水的可能深度确定屋面活荷载。
④ 屋顶花园活荷载不应包括花圃土石等材料自重。

3. 活荷载折减系数

作用于楼面上的活荷载,并非以表1-1中所给的标准值的大小同时满布在所有的楼面上,因

此,在确定梁、墙、柱和基础时,还要考虑实际荷载沿楼面分布的变异情况,也即在确定梁、墙、柱和基础的荷载标准值时,还应按楼面活荷载标准值乘以折减系数。

1)设计楼面梁时的折减系数

设计楼面梁时,表 1-1 中的折减系数:

(1)第 1(1)项当楼面梁从属面积超过 25 m² 时,应取 0.9;

(2)第 1(2)～7 项当楼面梁从属面积超过 50 m² 时,应取 0.9;

(3)第 8 项对单向板楼盖的次梁和槽形板的纵肋应取 0.8,对单向板楼盖的主梁应取 0.6,对双向板楼盖的梁应取 0.8;

(4)第 9～13 项应采用与所属房屋类别相同的折减系数。

2)设计墙、柱和基础时的折减系数

设计墙、柱和基础时,表 1-1 中的折减系数:

(1)第 1(1)项应按表 1-3 规定采用;

(2)第 1(2)～7 项应采用与其楼面梁相同的折减系数;

(3)第 8 项的客车,对单向板楼盖应取 0.5,对双向板楼盖和无梁楼盖应取 0.8;

(4)第 9～13 项应采用与所属房屋类别相同的折减系数。

注:楼面梁的从属面积应按梁两侧各延伸二分之一梁间距的范围内的实际面积确定。

表 1-3 活荷载按楼层的折减系数

墙、柱、基础计算截面以上的层数	1	2～3	4～5	6～8	9～20	>20
计算截面以上各楼层活荷载总和的折减系数	1.00(0.90)	0.85	0.70	0.65	0.60	0.55

注:当楼面梁的从属面积超过 25 m² 时,应采用括号内的系数。

(二)可变荷载准永久值

可变荷载的准永久值是指可变荷载按正常使用极限状态设计时,考虑荷载效应的准永久组合时所采用的代表值。可变荷载的准永久值系指可变荷载中比较呆滞的部分值(例如住宅中较为固定的家具、办公室的设备),它在规定的期限内具有较长的总持续期,它对结构的影响犹如永久荷载。可变荷载准永久值为可变荷载标准值乘以准永久值系数 ψ_q,即

$$Q_q = \psi_q Q_k \tag{1-1}$$

式中:Q_q——可变荷载准永久值;

Q_k——可变荷载标准值;

ψ_q——准永久值系数,分别如表 1-1 和表 1-2 所示。

如住宅的楼面活荷载标准值为 2.0 kN/m²,准永久值系数 $\psi_q = 0.4$,则活荷载准永久值为 $Q_q = \psi_q Q_k = 0.4 \times 2.0 \text{ kN/m}^2 = 0.8 \text{ kN/m}^2$。

(三)可变荷载频遇值

对于可变荷载,在设计基准期内,其超越的总时间为规定的较小比率或超越频率为规定

频率的荷载值称为可变荷载的频遇值。可变荷载频遇值为可变荷载标准值乘以频遇值系数 ψ_f，即

$$Q_f = \psi_f Q_k \tag{1-2}$$

式中：Q_f——可变荷载频遇值；

Q_k——可变荷载标准值；

ψ_f——频遇值系数，如表 1-1 和表 1-2 所示。

（四）荷载组合值

当两种或两种以上可变荷载在结构上同时作用时，由于所有荷载同时达到其单独出现时可能达到的最大值的概率极小，因此，除主导荷载（产生最大荷载效应的荷载）仍以其标准值为代表值外，其他伴随荷载均应取小于其标准值的组合值为荷载代表值。可变荷载组合值可由可变荷载标准值乘以相应的组合值系数 ψ_c 得出，即

$$Q_c = \psi_c Q_k \tag{1-3}$$

式中：Q_c——可变荷载组合值；

Q_k——可变荷载标准值；

ψ_c——组合值系数，可查表 1-1 和表 1-2。

三、作用效应

作用效应是指作用引起的结构或构件的内力、变形等。如结构由于各种作用引起内力（如轴力、弯矩、剪力、扭矩）和变形（如挠度、转角、裂缝等），则内力和变形称为作用效应，用 S 表示。当作用为荷载时，其效应也称为荷载效应。荷载 Q 与荷载效应 S 之间，一般近似按线性关系考虑，即

$$S = CQ \tag{1-4}$$

式中：C——荷载效应系数。

如受均布荷载 q 作用的简支梁，跨中弯矩 $M = \dfrac{1}{8} q l_0^2$，此处 M 相当于荷载效应 S，q 相当于荷载 Q，$\dfrac{1}{8} l_0^2$ 则相当于荷载效应系数，l_0 为梁的计算跨度。

四、结构抗力

结构抗力是指结构或构件承受作用效应的能力，如构件的承载力、刚度等，用 R 表示。影响结构抗力的主要因素有以下几个。

（1）材料性能（f）的不定性：主要是指材质因素以及工艺、加荷、环境、尺寸等因素引起的结构材料性能（如强度、弹性模量）的变异性。

（2）构件几何参数（a）的不定性：主要是指尺寸偏差和安装误差等引起的构件几何参数的变

异性。

（3）计算模式（p）的不定性：主要是指抗力计算所采用的基本假设和计算公式不精确等引起的变异性。

由上述因素（均为随机变量）综合影响而形成的结构抗力 R 也是随机变量，一般认为服从对数正态分布。

任务 3 可靠指标和目标可靠度

以概率理论为基础的极限状态设计方法，简称为概率极限状态设计法，又称为近似概率法。此法是以结构的失效概率或可靠指标来度量结构的可靠度的。

一、结构的可靠度和可靠性

结构或结构构件在规定的时间内、规定的条件下完成预定功能的可靠性，称为结构的可靠性。结构的作用效应小于结构的抗力时，结构处于可靠工作状态；反之，结构处于失效状态。

结构的可靠概率称为结构的可靠度。更确切地说，结构或结构构件在规定的时间内、规定的条件下完成预定功能的概率称为结构的可靠度。由此可见，结构可靠度是结构可靠性概率的度量。

由于结构抗力和作用效应都是随机变量，因而结构不满足其功能要求的事件也是随机变量。一般把结构能够完成预定功能的概率称为可靠概率（p_s）；相对地，结构不能完成预定功能的概率称为失效概率（p_f）。两者互补，即 $p_s + p_f = 1$。因此，可以用 p_s 或 p_f 来度量结构的可靠性。目前，国际上习惯采用失效概率 p_f 来度量结构的可靠性能。

必须指出，结构的可靠度与结构的使用期有关，这就涉及设计基准期的概念。为了对比理解，在此也给出了设计使用年限的概念。

1. 设计基准期

结构设计中所考虑的基本变量，如荷载（尤其是可变荷载）和材料的性能等，大多是随时间而变化的，因此，在计算结构可靠度时，必须确定结构的使用期，即设计基准期。换句话说，设计基准期是为了可变作用及与时间有关的材料性能等取值而选用的时间参数（我国取用的设计基准期为 50 年）。此外，还需特别注意，当结构的使用年限达到或超过设计基准期后，并不意味着结构立即报废，而只意味着结构的可靠度将逐渐降低。

2. 设计使用年限

设计使用年限是设计规定的一个期限，在这一规定的时期内，结构或结构构件只需进行正常的维护(包括必要的检测、维护和维修)而不需进行大修就能按预期目的使用,完成预定功能,即结构在正常设计、正常施工、正常使用和正常维护下所应达到的使用年限。结构的设计使用年限应按表1-4采用。若建设单位提出更高的要求,也可按建设单位的要求确定。

表1-4 设计使用年限分类

类别	设计使用年限/年	示例
1	5	临时性建筑
2	25	易于替换的结构构件
3	50	普通房屋或建筑物
4	100	纪念性建筑和特别重要的建筑结构

二、极限状态方程

结构的极限状态可由极限状态方程来表示。当只有作用效应 S 和结构抗力 R 两个基本变量时,可令

$$Z = R - S \tag{1-5}$$

显而易见:

当 $Z>0$ 时,$R>S$,结构能完成预定功能,处于可靠状态;

当 $Z=0$ 时,$R=S$,结构处于极限状态,此时,$Z=R-S=0$ 为极限状态方程;

当 $Z<0$ 时,$R<S$,结构不能完成预定功能,结构处于失效状态,也就是不可靠状态。

Z 是 R 和 S 的函数,一般称 $Z=g(R,S)$ 为极限状态函数,相应的,$Z=g(R,S)=R-S=0$ 称为极限状态方程。于是,结构的失效概率为

$$p_f = P[Z = R - S < 0] = \int_{-\infty}^{0} f(Z) dZ \tag{1-6}$$

三、可靠指标

如果已知作用效应 S 和结构抗力 R 的理论分布函数,则可由式(1-6)求得结构的失效概率 p_f,用失效概率 p_f 来度量结构的可靠性具有明确的物理意义,能够较好地反映问题实质,因而已为工程界所公认。但是,计算 p_f 在数学处理上比较复杂,加上目前对于 S 和 R 的统计规律研究深度还不够,按上述方法计算失效概率是有困难的。因此,《建筑结构可靠度设计统一标准》(GB 50068—2001)采用可靠指标 β 代替结构的失效概率 p_f,来度量结构的可靠性。

可靠指标 β 是指 Z 的平均值 μ_Z 与标准差 σ_Z 的比值,它与 p_f 具有数值上一一对应的关系,具体如表1-5所示。

单元1 钢筋混凝土结构设计基本原理

表 1-5 β 与 p_f 的对应关系

β	p_f	β	p_f
1.0	1.59×10^{-1}	3.2	6.40×10^{-4}
1.5	6.68×10^{-2}	3.5	2.33×10^{-4}
2.0	2.28×10^{-2}	3.7	1.10×10^{-4}
2.5	6.21×10^{-3}	4.0	3.17×10^{-5}
2.7	3.50×10^{-3}	4.2	1.30×10^{-5}
3.0	1.35×10^{-3}		

可靠指标 β 与失效概率 p_f 的对应关系可用图 1-1 表示。可以证明,假定 R 和 S 是相互独立的随机变量,且都服从正态分布,则极限状态函数 $Z=R-S$ 亦服从正态分布,于是可得

$$\mu_Z = \mu_R - \mu_S \tag{1-7}$$

$$\sigma_Z = \sqrt{\sigma_R^2 + \sigma_S^2} \tag{1-8}$$

$$\beta = \frac{\mu_Z}{\sigma_Z} = \frac{\mu_R - \mu_S}{\sqrt{\sigma_S^2 + \sigma_R^2}} \tag{1-9}$$

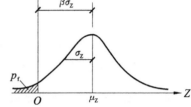

图 1-1 β 与 p_f 的关系

式中:μ_S、σ_S——结构构件作用效应的平均值和标准差;

μ_R、σ_R——结构构件抗力的平均值和标准差。

由式(1-9)可知,可靠指标不仅与作用效应及结构抗力的平均值有关,而且与两者的标准差有关。μ_R 与 μ_S 相差越大,β 值越大,结构越可靠;在 μ_R 和 μ_S 固定的情况下,σ_R 和 σ_S 越小,即离散性越小,β 值越大,结构越可靠。

四、目标可靠指标及安全等级

由上述可知,在正常条件下,失效概率 p_f 尽管很小,但总是存在,所谓"绝对可靠"($p_f=0$)是不可能的。因此,要确定一个适当的可靠度指标,使结构的失效概率降低到人们可以接受的程度,做到既安全可靠又经济合理。于是,《建筑结构可靠度设计统一标准》(GB 50068—2001)规定

$$\beta \geqslant [\beta] \tag{1-10}$$

式中:$[\beta]$——目标可靠指标,如表 1-6 所示。

表 1-6 不同安全等级的目标可靠度指标 $[\beta]$

破坏类型	安全等级		
	一级	二级	三级
延性破坏	3.7	3.2	2.7
脆性破坏	4.2	3.7	3.2

注:当承受偶然作用时,结构构件的可靠指标应符合专门规范的规定。

[β]值的大小,主要取决于构件的破坏类型及建筑物的重要性程度。

当结构构件属延性破坏时,由于破坏之前有明显的变形或其他预兆,目标可靠指标可取略小一些;当结构构件属脆性破坏时,因脆性破坏比较突然,破坏前无明显的变形或其他预兆,目标可靠指标应取的大一些。

此外,根据建筑物的重要性不同,发生破坏时对生命财产的危害程度及对社会影响的不同,《建筑结构可靠度设计统一标准》(GB 50068—2001)将建筑结构分为三个安全等级,具体如表1-7所示。

表 1-7 建筑结构的安全等级

安 全 等 级	破 坏 后 果	建筑物类型
一级	很严重	重要的房屋
二级	严重	一般的房屋
三级	不严重	次要的房屋

注:① 对特殊的建筑物,其安全等级应根据具体情况另行确定;
② 地基基础设计安全等级及按抗震要求设计时建筑结构的安全等级,尚应符合国家现行有关规范的规定。

通过上述分析可知,按可靠指标的设计方法可直接计算结构的可靠度。但这种方法只能在基本变量 R 及 S 的概率分布、统计参数等为已知的条件下,才是可行的。若结构的极限状态方程中基本变量多于两个,且基本变量不服从正态分布和极限状态方程为非线性时,则计算工作是相当复杂的。对于一般结构构件,直接根据目标可靠指标进行设计是过于烦琐和没有必要的。因此,《建筑结构可靠度设计统一标准》(GB 50068—2001)给出了以概率极限状态设计方法为基础的实用设计表达式。

任务 4 极限状态设计表达式

根据上述规定的目标可靠指标,即可按照结构可靠度的概率分析方法进行结构设计。但是,直接采用目标可靠指标进行设计的方法过于烦琐,计算工作量太大。为了实用上的简便,并考虑到工程技术人员的习惯,《建筑结构可靠度设计统一标准》(GB 50068—2001)采用了以基本变量(荷载和材料强度)标准值和相应的分项系数并考虑结构的使用期限来表示的设计表达式。其中,分项系数是按照目标可靠指标并考虑工程经验优选确定的,这样可使实用设计表达式的计算结果近似地满足目标可靠度的要求。

根据设计中要考虑的结构功能,结构的极限状态在原则上可以分为承载能力极限状态和正常使用极限状态两类。对承载能力极限状态,一般是以结构内力超过其承载能力为依据;对正常使用极限状态,一般是以结构的变形、裂缝等超过设计允许的限制为依据。有时在设计中也采用结构应力控制来保证结构满足正常使用的要求。

一、承载能力极限状态设计表达式

1. 混凝土结构的承载能力极限状态计算内容

（1）结构构件应进行承载能力（包括失稳）计算；
（2）直接承受重复荷载的构件应进行疲劳计算；
（3）有抗震设防要求时，应进行抗震承载能力计算；
（4）必要时尚应进行结构的倾覆、滑移、漂浮验算；
（5）对于可能遭受偶然作用且倒塌可能引起严重后果的重要结构，宜进行防连续倒塌设计。

2. 设计表达式

对持久设计状况、短暂设计状况和地震设计状况，当用内力形式表达时，结构构件应采用下列承载能力极限状态设计表达式：

$$\gamma_0 S_d \leqslant R_d \quad (1-11)$$

$$R_d = R_d(f_c, f_s, a_k, \cdots)/\gamma_{Rd} \quad (1-12)$$

式中：γ_0——结构重要性系数（在持久设计状况和短暂设计状况下，对安全等级为一级的结构构件不应小于1.1，对安全等级为二级的结构构件不应小于1.0，对安全等级为三级的结构构件不应小于0.9；在地震设计状况下应取1.0）；

S_d——承载能力极限状态下作用组合的效应设计值（对持久设计状况和短暂设计状况，应按作用的基本组合计算；对地震设计状况，应按作用的地震组合计算）；

R_d——结构构件抗力的设计值；

$R_d(\cdot)$——结构构件的抗力函数；

γ_{Rd}——结构构件的抗力模型不定性系数（静力设计取1.0，对不确定性较大的结构构件，根据具体情况取大于1.0的数值；抗震设计应用承载力抗震调整系数γ_{RE}代替γ_{Rd}）；

f_c, f_s——混凝土、钢筋的强度设计值；

a_k——几何参数标准值，当几何参数的变异对结构构件有明显的不利影响时，应增减一个附加值。

3. 荷载基本组合的效应设计值 S_d

当作用于结构上的可变荷载有两种或两种以上时，荷载几乎不可能同时以其最大值出现，此时的荷载代表值采用组合值，即通过荷载组合值系数进行折减。

荷载以标准值为基本变量，但应考虑荷载分项系数（其值大于1.0）。荷载分项系数与荷载标准值的乘积称为荷载设计值；而荷载设计值与荷载效应系数的乘积则称为荷载效应设计值，即内力设计值。

对于承载能力极限状态荷载效应 S_d 的基本组合，应从下列荷载组合值中取其最不利的效应设计值确定。

1) 由可变荷载控制的效应设计值

$$S_d = \sum_{j=1}^{m} \gamma_{G_j} S_{G_j k} + \gamma_{Q_1} \gamma_{L_1} S_{Q_1 k} + \sum_{i=2}^{n} \gamma_{Q_i} \gamma_{L_i} \psi_{c_i} S_{Q_i k} \quad (1-13)$$

式中：γ_{G_j}——第 j 个永久荷载的分项系数（当其效应对结构不利时，对由可变荷载效应控制的组合应取 1.2，对由永久荷载效应控制的组合应取 1.35；当其效应对结构有利时，不应大于 1.0。对结构的倾覆、滑移或漂浮验算，荷载的分项系数应满足有关的建筑结构设计规范的规定）；

γ_{Q_i}——第 i 个可变荷载的分项系数，其中 γ_{Q_1} 为主导可变荷载 Q_1 的分项系数（γ_{Q_i} 取值为：对标准值大于 4 kN/m² 的工业房屋楼面结构的活荷载，应取 1.3；其他情况，应取 1.4。对结构的倾覆、滑移或漂浮验算，荷载的分项系数应满足有关的建筑结构设计规范的规定）；

γ_{L_i}——第 i 个可变荷载考虑设计使用年限的调整系数，其中 γ_{L_1} 为主导可变荷载 Q_1 考虑设计使用年限的调整系数，γ_{L_i} 应按表 1-8 取用；

$S_{G_j k}$——按第 j 个永久荷载标准值 G_{jk} 计算的荷载效应值；

$S_{Q_i k}$——按第 i 个可变荷载标准值 Q_{ik} 计算的荷载效应值，其中 $S_{Q_1 k}$ 为诸可变荷载效应中起控制作用者；

ψ_{c_i}——第 i 个可变荷载 Q_i 的组合值系数，具体可参见表 1-1 和表 1-2。

m——参与组合的永久荷载数。

n——参与组合的可变荷载数。

表 1-8 楼面和屋面活荷载考虑设计使用年限的调整系数 γ_L

结构设计使用年限/年	5	50	100
γ_L	0.9	1.0	1.1

注：① 当设计使用年限不为表中数值时，调整系数 γ_L 可按线性内插确定；
② 对于荷载标准值可控制的活荷载，设计使用年限调整系数 γ_L 取 1.0。

2) 由永久荷载控制的效应设计值

$$S_d = \sum_{j=1}^{m} \gamma_{G_j} S_{G_j k} + \sum_{i=1}^{n} \gamma_{Q_i} \gamma_{L_i} \psi_{c_i} S_{Q_i k} \quad (1-14)$$

式中的符号与式(1-13)相同。

基本组合中的效应设计值仅适用于荷载与荷载效应为线性的情况；当对 $S_{Q_1 k}$ 无法明显判断时，应轮次以各可变荷载效应作为 $S_{Q_1 k}$，并选取其中最不利的荷载组合的效应设计值。

【例 1-1】 某办公楼楼面构造层分别为：50 mm 厚楼面面层（平均重力密度为 20 kN/m³）；120 mm 厚现浇钢筋混凝土楼板（重力密度为 25 kN/m³）；20 mm 厚底板抹灰（重力密度为 17 kN/m³）。楼面均布活荷载为 2.0 kN/m²，若安全等级为二级，计算该楼板的荷载设计值。

【解】 取 1 m 宽板带作为计算单元。

(1) 永久荷载标准值的计算。

50 mm 厚楼面面层：　　　　　0.05 m×20 kN/m³＝1.00 kN/m²

120 mm 厚现浇钢筋混凝土楼板：　0.12 m×25 kN/m³＝3.00 kN/m²

20 mm 厚底板抹灰：　　　　　0.02 m×17 kN/m³＝0.34 kN/m²

合计： $(1.00+3.00+0.34)$ kN/m² $=4.34$ kN/m²

(2) 可变荷载标准值为 2.00 kN/m²。

(3) 荷载设计值计算。

由可变荷载效应控制的组合：永久荷载的分项系数取 1.2,活荷载的分项系数取 1.4;办公楼安全等级为二级，$\gamma_L=1.0$；$\gamma_0=1.0$。

$$\gamma_0 \left(\sum_{j=1}^{m} \gamma_{G_j} S_{G_jk} + \gamma_{Q_1} \gamma_{L_1} S_{Q_1k} \right)$$
$$= 1.0 \times (1.2 \times 4.34 + 1.4 \times 1.0 \times 2.00) \text{ kN/m}^2 = 8.01 \text{ kN/m}^2$$

由永久荷载效应控制的组合：永久荷载的分项系数取 1.35,活荷载的分项系数取 1.4,活荷载的荷载组合系数取 0.7。

$$\gamma_0 \left(\sum_{j=1}^{m} \gamma_{G_j} S_{G_jk} + \sum_{i=1}^{n} \gamma_{Q_i} \gamma_{L_i} \psi_{c_i} S_{Q_ik} \right)$$
$$= 1.0 \times (1.35 \times 4.34 + 1.4 \times 0.7 \times 1.0 \times 2.00) \text{ kN/m}^2 = 7.82 \text{ kN/m}^2$$

取荷载组合的设计值为 8.01 kN/m²。

从直观上看，永久荷载标准值是可变荷载标准值的 2.17 倍，容易误解为应属永久荷载控制。实则不然，通过计算对比，本题仍由可变荷载控制。

【例 1-2】 已知某受弯构件在各种作用下引起的弯矩标准值为：永久荷载作用下的弯矩为 150 kN·m，活荷载作用下的弯矩为 45 kN·m，雪荷载作用下的弯矩为 13 kN·m，风荷载作用下的弯矩为 20 kN·m。其中：活荷载的组合系数为 0.7，雪荷载的组合系数为 0.7，风荷载的组合系数为 0.6。已知该结构的设计使用年限为 50 年，按承载力极限状态进行设计时，该梁所承受的最大弯矩设计值为多少？

【解】 活荷载和雪荷载不能同时考虑，取较大荷载产生的弯矩，在本题中，取活荷载产生的弯矩。结构的设计使用年限为 50 年，因此，$\gamma_L=1.0$，$\gamma_0=1.0$。

(1) 由可变荷载效应控制的组合。

$$M_d = \gamma_0 \left(\sum_{j=1}^{m} \gamma_{G_j} S_{G_jk} + \gamma_{Q_1} \gamma_{L_1} S_{Q_1k} + \sum_{i=2}^{n} \gamma_{Q_i} \gamma_{L_i} \psi_{c_i} S_{Q_ik} \right)$$
$$= 1.0 \times (1.2 \times 150 + 1.4 \times 1.0 \times 45 + 1.4 \times 1.0 \times 0.6 \times 20) \text{ kN·m}$$
$$= 259.80 \text{ kN·m}$$

(2) 由永久荷载效应控制的组合。

$$M_d = \gamma_0 \left(\sum_{j=1}^{m} \gamma_{G_j} S_{G_jk} + \sum_{i=1}^{n} \gamma_{Q_i} \gamma_{L_i} \psi_{c_i} S_{Q_ik} \right)$$
$$= 1.0 \times (1.35 \times 150 + 1.4 \times 1.0 \times 0.7 \times 45 + 1.4 \times 1.0 \times 0.6 \times 20) \text{ kN·m}$$
$$= 263.40 \text{ kN·m}$$

当按承载能力极限状态进行设计时，该受弯构件的弯矩设计值为 263.40 kN·m。

二、正常使用极限状态设计表达式

按正常使用极限状态设计时，应验算结构构件的变形、抗裂度和裂缝宽度。由于结构构件达到或超过正常使用极限状态时的危害不如承载力不足引起结构破坏时大,故对其可靠度的要求可适当降低。因此,按正常使用极限状态设计时,对于荷载组合值,不需要乘以荷载分项系数,也不再考虑结构的重要性系数。同时,由于荷载短期作用和长期作用对于结构构件正常使用性能的影响不同,对于正常使用极限状态,应根据不同的设计要求,分别考虑荷载效应的标准组合、频遇组合和准永久组合,并应按下列设计表达式进行设计:

$$S_d \leqslant C \tag{1-15}$$

式中:C——结构或结构构件达到正常使用要求的规定限值,例如变形、裂缝、振幅、加速度、应力等的限值;

S_d——正常使用极限状态荷载组合的效应设计值。

在计算正常使用极限状态荷载组合效应设计值时,需要用到荷载效应的标准组合、频遇组合和准永久组合。其计算分别如下。

1. 荷载标准组合的效应设计值

荷载标准组合的效应设计值 S_d 应按式(1-16)进行计算。

$$S_d = \sum_{j=1}^{m} S_{G_j k} + S_{Q_1 k} + \sum_{i=2}^{n} \psi_{c_i} S_{Q_i k} \tag{1-16}$$

式中:ψ_{c_i}——可变荷载 Q_i 的组合值系数。

2. 荷载频遇组合的效应设计值

荷载频遇组合的效应设计值 S_d 应按式(1-17)进行计算。

$$S_d = \sum_{j=1}^{m} S_{G_j k} + \psi_{f_1} S_{Q_1 k} + \sum_{i=2}^{n} \psi_{q_i} S_{Q_i k} \tag{1-17}$$

式中:ψ_{f_1}——可变荷载 Q_1 的频遇系数;

ψ_{q_i}——可变荷载 Q_i 的准永久系数。

3. 荷载准永久组合的效应设计值

荷载准永久组合的效应设计值 S_d 应按式(1-18)进行计算。

$$S_d = \sum_{j=1}^{m} S_{G_j k} + \sum_{i=1}^{n} \psi_{q_i} S_{Q_i k} \tag{1-18}$$

以上正常使用极限状态的效应设计值公式仅适用于荷载与荷载效应为线性的情况。

正常使用极限状态的验算内容包括变形验算和裂缝控制验算(抗裂验算和裂缝宽度验算)。

三、按极限状态设计时材料强度的取值

由上述极限状态设计表达式可知,材料的强度指标有两种:标准值和设计值。

材料强度标准值是结构设计时采用的材料强度基本代表值,也是生产中控制材料质量的主要指标。

在钢筋混凝土结构中,钢筋和混凝土的强度标准值系按标准试验方法测得的具有不小于

95%保证率的强度值,即

$$f_k = f_m - 1.645\sigma = f_m(1 - 1.645\delta) \tag{1-19}$$

式中:f_k、f_m——材料的强度标准值和平均值;

σ、δ——材料的均方差和变异系数。

钢筋和混凝土的强度设计值系由强度标准值除以相应的材料分项系数确定的,即

$$f_d = f_k / \gamma_d \tag{1-20}$$

式中:f_d——材料的强度设计值;

f_k——材料的强度标准值。

钢筋和混凝土的材料分项系数及其强度设计值主要是通过对可靠度指标的分析及工程经验确定的。

为明确起见,式(1-20)可改写为

$$f_s = f_{sk} / \gamma_d \tag{1-21}$$
$$f_c = f_{ck} / \gamma_d \tag{1-22}$$

式中:f_s、f_c——钢筋的强度设计值和混凝土的强度设计值;

f_{sk}、f_{ck}——钢筋的强度标准值和混凝土的强度标准值。

单元小结

1.1 建筑结构设计理论是以概率论为基础的极限状态设计法。

1.2 建筑结构的功能要求包括安全性、实用性、耐久性三个方面。

1.3 结构的极限状态分为承载能力极限状态和正常使用极限状态。一般情况下,超过承载能力极限状态所造成的后果比超过正常使用极限状态所造成的后果严重,因此设计混凝土结构构件时,必须进行承载能力计算。对于使用上有需要控制变形和裂缝宽度的结构构件,还要进行变形和裂缝宽度的验算。

1.4 混凝土结构的耐久性是通过概念设计来保证的,所以在混凝土结构构件设计计算时,要按照不同的使用环境、使用年限、混凝土强度等级、构件的类别等来进行设计。

1.1 结构设计的目的是什么?结构应满足哪些功能要求?

1.2 何谓极限状态?结构的极限状态有几类?主要内容是什么?

1.3 何谓结构上的作用、作用效应?何谓结构抗力?

1.4 结构可靠性的含义是什么?什么叫结构的可靠度和可靠性指标,我国《建筑结构可靠度设计统一标准》(GB 50068—2001)对结构的可靠度是如何定义的?

习 题

1.1 有一教室的钢筋混凝土简支梁,计算跨度 $l_0=4$ m,支撑在其上的板的自重及梁的自重等永久荷载的标准值为 12 kN/m,楼面活荷载传给该梁的荷载标准值为 8 kN/m,按承载能力极限状态和正常使用极限状态分别计算该梁跨中截面弯矩设计值。

1.2 某教学楼教室主梁尺寸 $b×h=450$ mm$×700$ mm,计算跨度 $l_0=7.5$ m,该梁承受楼板传来的永久荷载标准值为 15.6 kN/m,试按承载能力极限状态和正常使用极限状态分别计算该梁承受的弯矩设计值。

单元 2
钢筋混凝土结构材料的物理力学性能

学习目标

☆ 知识目标

（1）掌握混凝土在单向应力作用下的强度（立方体抗压强度、轴心抗压强度和轴心抗拉强度）及其标准值，理解混凝土在一次短期荷载和多次重复荷载作用下的应力-应变关系。根据混凝土的应力-应变关系，掌握混凝土的弹性模量。

（2）认识钢筋的品种、级别与形式，钢筋的力学性能及其强度标准值。

（3）确定钢筋的最小锚固长度，逐步理解钢筋的连接及其基本构造要求。

☆ 能力目标

深刻理解混凝土立方体抗压强度、轴心抗压强度和轴心抗拉强度的作用，钢筋的力学性能指标，钢筋和混凝土两种材料协同工作的机理，为以后掌握钢筋混凝土构件受力性能、计算理论和设计方法打下坚实的基础。

◆ **知识链接:钢筋与混凝土的协同工作**

在"建筑材料"课程中我们已经了解了混凝土和钢筋两种材料的力学性能。混凝土抗压强度较高,抗拉强度却很低;钢筋的抗拉强度和抗压强度均很高。由这两种材料组成的钢筋混凝土构件将两种材料合理地组合在一起共同工作,混凝土承受压力,钢筋承受拉力,各自发挥其优势。

图 2-1(a)、(b)所示为两根截面尺寸、跨度、混凝土强度皆相同的简支梁。一根为素混凝土梁,另一根则在梁的受拉区配有适量钢筋。在外力作用下两根梁都会产生弯曲变形,都是上部为受压区,下部为受拉区,但两者的承载力和破坏形式有很大差别。

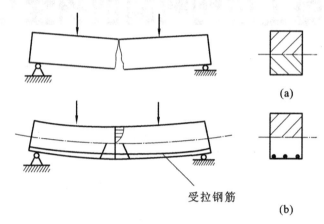

图 2-1 简支梁

素混凝土梁由于混凝土抗拉强度低,在很小的荷载作用下,梁下部受拉边缘的混凝土就会出现裂缝,且裂缝会迅速向上发展,梁在瞬间就会骤然脆裂断开,此时梁上部混凝土的抗压能力却还未能充分利用,因此,素混凝土梁的承载能力很低。当此梁在受拉区配置适量的钢筋,即构成钢筋混凝土梁。在荷载作用下,受拉区混凝土仍将开裂,但钢筋的存在可以代替开裂的混凝土承受拉力,裂缝不会迅速发展,受压区的压应力仍由混凝土承受,因此,梁可以承受继续增大的荷载,直到钢筋的应力达到其屈服强度。随后荷载仍可略有增加直到受压区混凝土被压碎,混凝土抗压强度也得到了充分利用。可见,在受拉区配置钢筋能显著增加受拉区的抗拉能力,从而使钢筋混凝土梁的承载能力比素混凝土梁有很大的提高。这样,混凝土的抗压能力和钢筋的抗拉能力都得到了充分的利用,而且在梁破坏前,裂缝充分发展,其变形迅速增大,有明显的破坏预兆,结构的受力特性得到显著改善。

任务 1 混凝土的力学性能

一、混凝土的物理力学性能

混凝土是用一定比例的水泥、砂、石和水,经拌和、浇筑、振捣、养护,逐步水化凝固形成具有强度的人工石。混凝土的性能与混凝土的材料组成及配合比等许多因素有关,按照不同材料组成和配合比制作而成的混凝土在强度上会有很大的差别。

(一) 混凝土强度

混凝土强度是指它所能承受的某种极限应力,它是混凝土受力性能的一个基本指标。当荷载的性质及混凝土受力条件不同时,混凝土会有不同的强度。工程中常用的混凝土强度有立方体抗压强度、棱柱体轴心抗压强度、轴心抗拉强度。其中,立方体抗压强度并不能直接用于设计计算,但因试验方法简单,且与后两种强度之间存在一定的关系,故被作为混凝土最基本的强度指标,并以此为依据确定混凝土的强度等级。由强度等级查表可得混凝土的轴心抗压强度和轴心抗拉强度。

1. 混凝土立方体抗压强度

混凝土抗压强度与组成材料、施工方法等许多因素有关,同时还受试件尺寸等因素的影响,因此必须有一个标准的强度测定方法和相应的强度评定标准。目前国际上确定混凝土抗压强度所采用的混凝土试件形状有圆柱体和立方体两种。我国规定以立方体试件测定混凝土的抗压强度,并将其作为评定混凝土强度等级的依据。

《普通混凝土力学性能试验方法标准》(GB/T 50081—2002)规定以边长为 150 mm 的立方体为标准试件,在 20±2 ℃的温度和相对湿度 95%以上的潮湿空气中养护 28 d[①],按照标准试验方法(试件表面不涂润滑剂、按规定的加荷速度施加压力)测得的具有 95%保证率的抗压强度作为混凝土立方体抗压强度标准值,用 $f_{cu,k}$ 表示,单位为 N/mm^2。

试验时,试件在试验机上单向受压时,试件纵向缩短、横向扩张。由于混凝土试件的刚度比试验机承压钢板的刚度小得多,混凝土的横向变形系数大于钢板的横向变形系数,因而试件受压时,与垫板接触的混凝土其横向变形受到承压面摩擦阻力的约束,垫板就像"箍"一样把试件的上、下箍住,破坏时,在"箍"的约束作用较弱的试件中部、外围混凝土剥落,致使混凝土试件破坏时形成两个对顶的锥形破坏面。具体破坏形式如图 2-2 所示。混凝土试块越大,环箍效应越小,因此,当采用非标准试块时,应将立方体抗压强度的实验值乘以表 2-1 中的换算系数,才能将非标准尺寸混凝土试块的立方体抗压强度换算成《混凝土结构设计规范》(GB 50010—2010)中标准尺寸混凝土试块的立方体抗压强度。

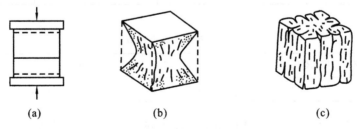

图 2-2 混凝土环箍效应示意图
(a)抗压试验;(b)有环箍效应的破坏;(c)无环箍效应的破坏

[①] 由于粉煤灰等矿物掺合料在水泥及混凝土中大量应用,以及近年来混凝土工程的实际情况,确定混凝土立方体抗压强度标准值的实验龄期不仅限于 28 d,可由设计根据具体情况适当延长。

表 2-1 混凝土立方体抗压强度换算系数

立方体试块边长/mm	100	150	200
骨料最大粒径/mm	31.5	40	63
换算系数	0.95	1.00	1.05

《混凝土结构设计规范》(GB 50010—2010)按 5 N/mm² 的级差,将混凝土分为 C15、C20、C25、C30、C35、C40、C45、C50、C55、C60、C65、C70、C75、C80,共 14 个强度等级。强度等级不小于 C50 的混凝土称为高强混凝土。高强混凝土的强度虽然很高,但其变形性能较差,脆性较大。

2. 混凝土轴心抗压强度

在工程实际中,结构构件一般不是立方体,而是棱柱体。因此,采用棱柱体比立方体能更好地反映混凝土结构的实际抗压能力。用混凝土棱柱体试件测得的抗压强度也称轴心抗压强度。

《普通混凝土力学性能试验方法标准》(GB/T 50081—2002)规定,该强度采用 150 mm×150 mm×300 mm 的棱柱体作为标准试件,故又称为棱柱体抗压强度。由于试件的高度比立方体试件大的多,在其高度中央的混凝土不受钢垫板的约束,因此该实验所得的混凝土抗压强度低于立方体抗压强度,同时符合轴心受压短柱的实际情况。

混凝土轴心抗压强度标准值 f_{ck},系根据混凝土棱柱体标准试件轴心抗压强度确定,具有 95% 的保证率。其值也可用混凝土立方体抗压强度标准值 $f_{cu,k}$ 表示,并考虑结构构件与标准试件混凝土强度差异的影响。

混凝土轴心抗压强度标准值可按下式计算:

$$f_{ck}=0.88\alpha_1\alpha_2 f_{cu,k} \tag{2-1}$$

式中:α_1——混凝土的折算系数,其值如表 2-2 所示;
α_2——混凝土的脆性系数,其值如表 2-3 所示。

表 2-2 混凝土折算系数 α_1

混凝土强度等级	≤C50	C55	C60	C65	C70	C75	C80
折算系数 α_1	0.76	0.77	0.78	0.79	0.80	0.81	0.82

表 2-3 混凝土脆性系数 α_2

混凝土强度等级	≤C40	C45	C50	C55	C60	C65	C70	C75	C80
脆性系数 α_2	1.000	0.984	0.968	0.951	0.935	0.919	0.903	0.887	0.870

式(2-1)中的系数 0.88 是考虑结构中的混凝土强度与混凝土试块强度之间的差异等因素而确定的混凝土试块强度修正系数。

有了式(2-1),只要知道混凝土的强度等级,便可以求得轴心抗压强度标准值,故在工程中一般不再进行轴心抗压强度的检测实验。

由式(2-1)计算的混凝土轴心抗压强度标准值如表 2-4 所示。

表 2-4　混凝土轴心抗压强度标准值（N/mm²）

强度	混凝土强度等级												
	C15	C20	C25	C30	C35	C40	C45	C50	C55	C60	C65	C70	C75	C80
f_{ck}	10.0	13.4	16.7	20.1	23.4	26.8	29.6	32.4	35.5	38.5	41.5	44.5	47.4	50.2

3. 混凝土轴心抗拉强度

混凝土的抗拉强度比抗压强度小得多，一般只有抗压强度的 5%～10%，且该比值随混凝土强度的提高而降低。混凝土试件的轴心抗拉强度是确定混凝土抗裂度的重要指标。

我国国家标准《普通混凝土力学性能试验方法标准》（GB/T 50081—2002）规定，混凝土轴心抗拉强度一般采用 150 mm 的立方体作为标准试件来确定，混凝土轴心抗拉强度标准值，一般采用经换算的混凝土劈裂受拉试件的抗拉强度确定，且具有 95% 的保证率。其值也可用混凝土立方体抗压强度标准值表示，并考虑结构构件混凝土与标准试件混凝土的强度差异影响。

混凝土轴心抗拉强度标准值可按下式计算：

$$f_{tk} = 0.88\alpha_2 \times 0.395 f_{cu,k}^{0.55}(1-1.645\delta)^{0.45} \quad (2\text{-}2)$$

式中：0.88 和 α_2 同式(2-1)；

$0.395 f_{cu,k}^{0.55}$ 为轴心抗拉强度与立方体抗压强度的折算关系；

$(1-1.645\delta)^{0.45}$ 则反映了试验离散程度对标准值保证率的影响。

由式(2-2)计算的混凝土轴心抗拉强度标准值如表 2-5 所示。

表 2-5　混凝土轴心抗拉强度标准值（N/mm²）

强度	混凝土强度等级												
	C15	C20	C25	C30	C35	C40	C45	C50	C55	C60	C65	C70	C75	C80
f_{tk}	1.27	1.54	1.78	2.01	2.20	2.39	2.51	2.64	2.74	2.85	2.93	2.99	3.05	3.11

（二）侧向应力对混凝土轴心抗压强度的影响

侧向压应力的存在会使轴心抗压强度提高。混凝土三向受压时强度提高的原因是：侧向压应力的约束提高了混凝土的横向变形能力，从而延迟和限制了混凝土内部裂缝的发生和发展，使试件不易破坏。

如在试件纵向受压的同时侧向受到拉应力，则混凝土的轴心抗压强度会降低，其原因是拉应力会助长混凝土裂缝的发生和开展。

（三）混凝土强度设计值

进行混凝土结构构件承载力设计时，通常采用的是混凝土抗压强度设计值和抗拉强度设计值，而较少采用它们的标准值。材料的强度设计值与其强度标准值之间的关系是

$$材料的强度设计值 = \frac{材料强度标准值}{材料分项系数} \quad (2\text{-}3)$$

材料分项系数用 γ_c 表示，对于同一种材料而言，γ_c 越大，材料的强度设计值越低。《混凝土

结构设计规范》(GB 50010—2010)规定,$\gamma_c=1.40$。混凝土的强度设计值如表 2-6 所示。

表 2-6 混凝土轴心的抗压、抗拉强度设计值(N/mm²)

强度	混凝土强度等级													
	C15	C20	C25	C30	C35	C40	C45	C50	C55	C60	C65	C70	C75	C80
f_c	7.2	9.6	11.9	14.3	16.7	19.1	21.1	23.1	25.3	27.5	29.7	31.8	33.8	35.9
f_t	0.91	1.10	1.27	1.43	1.57	1.71	1.80	1.89	1.96	2.04	2.09	2.14	2.18	2.22

二、混凝土的变形

混凝土的变形有两类:一类是混凝土的受力变形,包括一次短期荷载下的变形、长期荷载下的变形和多次重复荷载下的变形;另一类是混凝土的体积变形,如收缩、膨胀及温度变化而产生的变形。

(一)混凝土在一次短期荷载作用下的变形

混凝土在一次短期荷载下的变形性能,可以用混凝土棱柱体受压时的应力-应变曲线表示,如图 2-3 所示,曲线由上升段和下降段两部分组成。

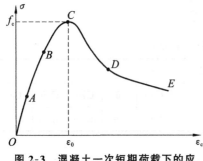

图 2-3 混凝土一次短期荷载下的应力-应变曲线

上升段 OC:在曲线的开始部分 OA 段,混凝土应力很小,$\sigma \leqslant 0.3 f_c$,应力-应变曲线接近于直线,混凝土表现出理想的弹性性质,其变形主要是骨料和水泥结晶体的弹性变形,内部微裂缝没有发展;随着应力的增大,混凝土表现出越来越明显的非弹性性质,应变的增长速度超过应力的增长速度,如曲线 AB 段 $\sigma=(0.3\sim0.8)f_c$,这是由于水泥胶凝体的黏性流动以及混凝土中微裂缝的发展、新的微裂缝不断产生的结果;在曲线 BC 段 $\sigma=(0.8\sim1.0)f_c$,微裂缝随荷载的增加而发展,混凝土塑性变形继续增加。当应力接近轴心抗压强度 f_c 时,混凝土内部的微裂缝转变为明显的纵向裂缝,试件开始破坏,此时混凝土应力达到最大值 $\sigma_{max}=f_c$,但相应于峰值应力的应变不是最大应变而是 ε_0。《混凝土结构设计规范》(GB 50010—2010)对中低混凝土取 $\varepsilon_0=0.002$,试件中的微裂缝发展如图 2-4 所示。

下降段 CE:如果试验机的刚度大,使试验机所释放的能量不至于立即将试件破坏,而是随着缓慢的卸荷,应力逐渐减小,应变还可以持续增加,曲线在 D 点出现反弯,此时混凝土达到极限压应变 ε_{cu}。反弯点以后曲线表示的低受荷能力是破碎试件的咬合力或摩擦力提供的。

在构件受力分析时,对于均匀受压的混凝土棱柱体,由于压应力达到 f_c 时混凝土不能再负担更大的荷载,所以不管有无下降段,极限压应变都按 ε_0 考虑;对于非均匀受压的混凝土构件(如受弯或大偏心受压构件的受压区),当混凝土受压区最外纤维的应力达到 f_c 时,由于最外层纤维可将部分应力传给附近的纤维,起到卸荷的作用,所以构件不会立即破坏,只有当受压区最外纤维的应变达到极限应变 ε_{cu} 时,构件才会破坏。《混凝土结构设计规范》(GB 50010—2010)对

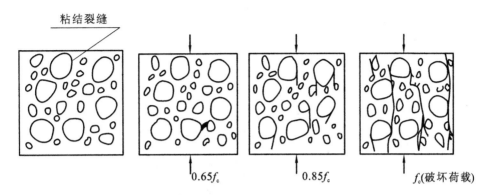

图 2-4 混凝土内微裂缝发展过程

非均匀受压时的中低混凝土极限压应变取 $\varepsilon_{cu}=0.0033$。

混凝土的极限压应变由弹性应变和塑性应变两部分组成。塑性变形部分越大,表示变形能力越大,也就是延性越好。所谓混凝土材料的延性是指混凝土耐受变形的能力或混凝土的后期变形能力,延性好可以防止结构构件脆性破坏,对抗震结构特别有利。一般低强度等级的混凝土受压时的延性要比高强度等级的混凝土好些;同强度等级的混凝土随加荷速度的降低,延性有所增加。横向钢筋(如螺旋筋)的约束作用使混凝土应力-应变曲线的峰值应力和相应的峰值应变均有提高,而以极限应变的提高最为明显,因此,受地震作用的梁、柱和节点区,采用间距较密的箍筋约束混凝土可以有效地提高构件的延性。

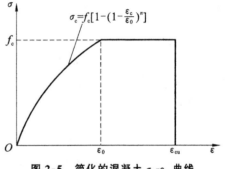

图 2-5 简化的混凝土 σ_c-ε_c 曲线

混凝土受压时的应力-应变曲线(即 σ_c-ε_c 曲线)与结构构件计算有密切的关系,为适应构件计算的需要,《混凝土结构设计规范》(GB 50010—2010)采用简化的混凝土 σ_c-ε_c 曲线,如图 2-5 所示。

(二)混凝土在多次重复荷载作用下的变形

混凝土在多次重复荷载作用下,它的变形性质有显著的变化,如图 2-6 所示。

混凝土棱柱体试件经历一次加荷卸荷时,其应力-应变曲线如图 2-6(a)所示的环状:加荷曲线为 OA,卸荷曲线为 AB。其中应变包括三部分:其一是卸荷后立即恢复的应变 ε_{ce};其二是停留一段时间还能恢复的应变 BB',称为弹性后效 ε_{ae};其三是不能恢复的应变 OB',称为残余应变 ε_{cp}。

混凝土棱柱体试件在多次重复荷载下的应力-应变曲线如图 2-6(b)。这时曲线的形状和变化与加荷时应力的大小有关。当循环应力较小(如 $\sigma_c<0.5f_c$)时,经过多次重复的加荷、卸荷,其应力-应变曲线越来越闭合,使原来呈环状的曲线闭合趋近于一条直线(如图中的 CD' 和 EF'),且与原点的切线基本平行,此时试件并未破坏,混凝土如同弹性体一样工作。当加荷应力超过某个限值(如 $\sigma_c>0.5f_c$)时,则经过数次循环后,应力-应变曲线也成为直线,但在继续经过多次重复加荷、卸荷后,曲线从凸向应力轴而逐渐变为凸向应变轴,塑性变形不断扩展,最后导致混凝土试件疲劳破坏。

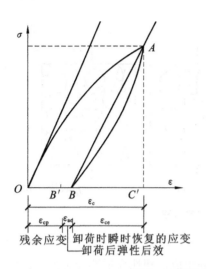 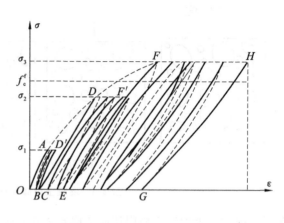

图 2-6 混凝土在多次重复荷载作用下的变形
(a)混凝土一次加荷卸荷的应力-应变曲线　(b)混凝土多次重复加荷的应力-应变曲线

由上述可知,加荷时应力大小的不同,使混凝土试件的应力-应变曲线有着不同的发展过程和结果,介于上述两者之间的界限应力就作为确定混凝土疲劳极限强度 f_c^f 的指标。f_c^f 小于混凝土轴心抗压强度 f_c,并与混凝土的强度等级、荷载的重复次数、重复作用应力的变化幅度等有关,其值在 $0.5f_c$ 左右。

(三)混凝土的弹性模量

进行结构构件的变形验算和超静定结构的内力分析时,需要用到混凝土弹性模量。理论上应取通过原点的 σ-ε 曲线的切线的斜率为混凝土的弹性模量,虽然它的稳定数值不易测定,但其近似值可以利用重复加载试验来间接地确定。试验表明,当荷载循环 5～10 次后,加载应力-应变曲线已经非常接近于一条直线,且基本上平行于第一次加载应力-应变曲线的原点切线。故《混凝土结构设计规范》(GB 50010—2010)给出的弹性模量是按下述方法确定的:采用应力上限为 $(0.4～0.5)f_c$,循环 5～10 次后的加载应力-应变曲线的斜率作为混凝土弹性模量的近似值。弹性模量的单位是 N/mm^2。

由试验统计分析得出的混凝土弹性模量的经验公式为

$$E_c = \frac{10^5}{2.2 + \dfrac{34.7}{f_{cu,k}}} \tag{2-4}$$

由式(2-4)计算出混凝土的弹性模量如表 2-7 所示。

表 2-7 混凝土的弹性模量($\times 10^4$ N/mm^2)

混凝土强度等级	C15	C20	C25	C30	C35	C40	C45	C50	C55	C60	C65	C70	C75	C80
E_c	2.20	2.55	2.80	3.00	3.15	3.25	3.35	3.45	3.55	3.60	3.65	3.70	3.75	3.80

注:① 当需要时,可根据试验实测数据确定结构混凝土的弹性模量;
② 当混凝土中掺有大量矿物掺合料时,弹性模量可按规定龄期根据实测数据确定。

混凝土的剪切变形模量 G_c 可按相应弹性模量的 40% 采用。

(四) 混凝土的徐变

混凝土在荷载长期作用下,即使应力维持不变,它的应变也会随时间继续增长,这种现象称为混凝土的徐变。产生徐变是由于尚未转化为结晶体的水泥胶体的塑性变形,同时混凝土内部微裂缝在长期荷载作用下的持续发展也导致徐变。混凝土的徐变对钢筋混凝土构件的受力性能有重要影响:使受弯构件在荷载长期作用下挠度增加;长细比较大的偏心受压柱的偏心距增大;对预应力混凝土构件将产生较大的预应力损失。

图 2-7 为混凝土棱柱体试件加荷至 $\sigma=0.5f_c$ 后使荷载保持不变,测得的变形随时间增长的关系。由于收缩与外荷无关,因此在徐变试验中测得的变形也包含了收缩产生的变形。混凝土的徐变 ε_{cr} 前 4 个月发展较快,6 个月可达最终徐变的 70%~80%,此后增长逐渐减缓。若在 B 点卸荷,立即恢复的变形为 ε'_{ce},经过一段时间(约 20 d)又逐渐恢复的变形为 ε'_{ae},称为弹性后效,最后还留下一部分不能恢复的残余变形,为 ε'_{cp}。

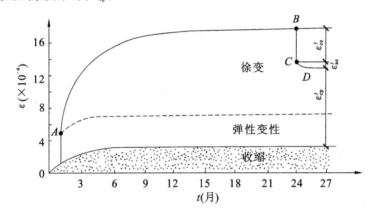

图 2-7 混凝土徐变试件的变形与时间的关系

影响混凝土徐变的因素可分为内在因素、环境影响和应力条件。

混凝土的组成配比是影响徐变的内在因素。骨料的弹性模量越大,骨料的体积比越大,徐变就越小;水灰比越小,徐变也越小。

养护及使用条件下的温度、湿度是影响徐变的环境因素。养护的温度、湿度越高,水泥水化作用越充分,徐变就越小,蒸汽养护可使徐变减少 20%~25%;试件受荷后所处使用环境的温度越高、湿度越低,徐变就越大。因此,高温干燥环境将使徐变显著增大。

应力条件包括施加初始应力的水平(σ 与 f_c 的比值)和加荷时混凝土的龄期,是影响徐变的重要因素。加荷时试件的龄期越长,混凝土中结晶体的比例越大,胶体的黏性流动就越小,徐变也越小;加荷龄期相同时,初始应力越大,徐变也越大。

(五) 混凝土的收缩与膨胀

混凝土在空气中结硬时,体积会收缩;在水中结硬时,体积会膨胀。一般收缩值比膨胀值要大得多。混凝土从凝结开始就产生收缩,其收缩变形随时间的增长而增长,结硬初期收缩发展较快,一个月约可完成收缩总量的 1/2,以后逐渐变慢,一般两年后趋于稳定,最终收缩应变为

$2\times10^{-4}\sim2\times10^{-5}$。在钢筋混凝土结构中,当混凝土的收缩受到结构内部钢筋或外部支座的约束时,会在混凝土中产生拉应力,从而加速了裂缝的出现和开展。在预应力混凝土结构中,混凝土的收缩会引起预应力损失。因此,我们应采取各种措施减少混凝土的收缩变形。

混凝土的热胀冷缩变形称为混凝土的温度变形。对于大体积混凝土来说,温度变形是极为不利的。大体积混凝土在硬化初期,内部的水化热不易散发而外部却难以保温,混凝土内外温差很大造成表面开裂。因此,对大体积混凝土应采用低水化热的水泥、表面保温措施,必要时还应采取内部降温措施。对于钢筋混凝土屋盖,因屋盖与其下部结构温度变形相差较大,有可能导致墙体开裂。因此,屋面每隔一定长度宜设置伸缩缝,或者在结构内配置温度钢筋,来抵抗温度变形。

三、混凝土结构对混凝土性能的要求

在混凝土结构设计时,为了避免混凝土结构构件承载力过低,防止其在使用阶段出现过大的变形和过宽的裂缝,确保结构构件的耐久性,设计混凝土结构构件时,混凝土的强度等级选用不宜过低。混凝土的强度等级还要与钢筋的强度相匹配,钢筋的强度较高时,混凝土的强度等级也应该较高。

《混凝土结构设计规范》(GB 50010—2010)[①]规定:素混凝土结构的混凝土强度等级不应低于C15;钢筋混凝土结构的混凝土强度等级不应低于C20;采用强度等级400 MPa及以上的钢筋时,混凝土强度等级不应低于C25。

预应力混凝土结构的混凝土强度等级不宜低于C40,且不应低于C30。

承受重复荷载的钢筋混凝土构件,混凝土强度等级不应低于C30。

任务 2 钢 筋

一、混凝土结构中钢筋的分类

我国《混凝土结构设计规范》(GB 50010—2010)将混凝土结构中常用的钢筋产品分为热轧钢筋,中、高强度钢丝和钢绞线以及冷加工钢筋三大系列。

1. 热轧钢筋

热轧钢筋是指钢厂用熔化的钢水直接轧制而成的钢筋。热轧钢筋分普通低碳钢钢筋和普通低合金钢筋。

[①] 本规范不适用于山砂混凝土及高炉矿渣混凝土。

《混凝土结构设计规范》(GB 50010—2010)根据钢筋产品标准的修改,不再限制材料的化学成分,而按性能确定钢筋的牌号和强度级别。钢筋的牌号是由几个英文字母和数字组成的。其中:HPB 是代表热轧光面钢筋,HRB 代表热轧变形钢筋,RRB 代表余热处理钢筋,HRBF 代表细晶体粒热轧带肋钢筋;钢筋牌号中的数字代表钢筋的屈服强度值,单位为"N/mm²"。比如,HRB335 级钢筋表示屈服强度为 335 N/mm² 的热轧变形钢筋。

2. 中、高强度钢丝和钢绞线

中、高强度钢丝的直径为 5 mm～9 mm,捻制成钢绞线后也不超过 21.6 mm。钢丝外形有光面、月牙肋及螺旋类几种,而钢绞线则为绳状,由 2 股、3 股或 7 股钢丝捻制而成,均可盘成卷状。

3. 冷加工钢筋

冷加工钢筋是指在常温下采用某种工艺对热轧钢筋进行加工得到的钢筋。常用的加工工艺有冷拉、冷拔、冷轧和冷轧扭四种。冷加工后的钢筋在强度提高的同时,延伸率显著降低,除冷拔钢筋仍具有明显的屈服点外,其余冷加工钢筋均无明显屈服点和屈服台阶,塑性较差,在荷载和跨度较大的结构以及承受动力作用的结构构件中应慎重采用。

二、钢筋的力学性能

1. 钢筋的应力-应变曲线

钢筋按力学性能的不同分为有物理屈服点钢筋(一般称作软钢)和无物理屈服点钢筋(一般称作硬钢)。前者包括热轧钢筋和冷轧钢筋;后者包括钢丝、钢绞线及热处理钢筋。

有物理屈服点钢筋的典型应力-应变曲线如图 2-8(a)所示。图中对应于 a 点的应力称为比例极限,在 a 点以前应力-应变成正比关系,超过 a 点以后,应变较应力增长快。到达 b 点,钢筋开始屈服,此时应力不增加而应变继续增加,对应于 b 点应力称为屈服强度 f_y,bc 称为流幅或屈服台阶。过 c 点后,钢筋抵抗外力的能力重新提高,应力又随曲线上升至最高点 d,对应于 d 点

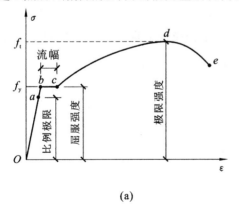
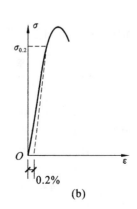

图 2-8 钢筋的应力-应变曲线
(a)软钢的应力-应变图;(b)硬钢的应力-应变图

的应力称为极限强度 f_t,cd 段称为钢筋的强化阶段。过 d 点后,试件在薄弱处的截面将显著缩小,产生颈缩现象,塑性变形迅速增加,应力随之下降,达到 e 点试件断裂,de 段称为颈缩阶段。

无物理屈服点钢筋的应力-应变曲线如图 2-8(b)所示。由图可见,它没有明显的屈服台阶,其强度很高,但延伸率大为减小,塑性性能降低。设计上取相应于残余应变为 0.2%时的应力($\sigma_{0.2}$)作为假定屈服强度,或称条件屈服点,其值相当于 $0.85\sigma_b$,σ_b 为国家标准的极限抗拉强度。

2. 钢筋的强度和变形指标

屈服强度、极限强度、伸长率和冷弯性能是有物理屈服点钢筋进行质量检验的四项主要指标,无物理屈服点钢筋只测定后三项。

在结构构件中某一截面钢筋应力达到屈服强度后,有物理屈服点钢筋将在荷载基本不增加的情况下产生持续的塑性变形,构件可能在钢筋尚未进入强化阶段之前就已破坏或产生过大的变形及裂缝。因此,钢筋的屈服强度是钢筋强度的设计依据,也是检验钢筋质量的一个强度指标。另外,钢筋的屈强比(屈服强度与极限抗拉强度之比)表示结构可靠性的潜力,因而钢筋的极限强度是检验钢筋质量的另一个强度指标。

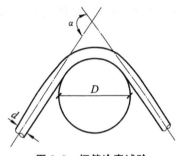

图 2-9 钢筋冷弯试验

无物理屈服点钢筋由于其条件屈服点不容易测定,因此这类钢筋的质量检验以极限强度作为主要强度指标。

钢筋除需足够的强度之外,还应具有一定的塑性变形能力,通常用伸长率和冷弯性能两个基本指标反映钢筋塑性性能。钢筋拉断后的伸长值与原长的比率称为伸长率,伸长率越大,塑性越好。

此外,钢筋还应满足冷弯性能要求。冷弯是将钢筋绕一规定直径的辊轴进行弯曲,图 2-9 所示为钢筋冷弯试验,图中显示冷弯试验的两个参数:弯心直径(即辊轴直径)和冷弯角度 α。

3. 钢筋的弹性模量

在弹性工作阶段,钢筋的应力和应变之间的关系可以由弹性模量反映,即

$$E_s = \frac{\sigma_s}{\varepsilon_s} \tag{2-5}$$

同一类钢筋,其受拉和受压弹性模量相同,一般由拉伸试验测得,具体如表 2-8 所示。

表 2-8 钢筋的弹性模量($\times 10^5$ N/mm^2)

牌号或种类	弹性模量 E_s
HPB300 钢筋	2.10
HRB335、HRB400、HRB500 钢筋 HRBF335、HRBF400、HRBF500 钢筋 RRB400 钢筋 预应力螺纹钢筋	2.00
消除应力钢丝、中强度预应力钢丝	2.05
钢绞线	1.95

三、钢筋强度标准值和强度设计值

在结构构件的承载能力极限状态设计和正常使用极限状态设计中,经常会用到钢筋的强度标准值和强度设计值。

1. 钢筋强度标准值

普通钢筋的强度标准值取为屈服强度,在结构设计中,考虑结构抗倒塌中钢筋断裂对结构安全的影响,同时列出了钢筋的极限抗拉强度标准值。由于预应力筋没有明显的屈服强度,因此,其强度标准值取为抗拉强度,条件屈服强度取为抗拉强度的0.85。具体数值如表2-9及表2-10所示。

表2-9 普通钢筋强度标准值(N/mm²)

牌 号	符号	公称直径 d/mm	屈服强度标准值 f_{yk}	极限强度标准值 f_{stk}
HPB300	Φ	6~22	300	420
HRB335 HRBF335	Φ Φ^F	6~50	335	455
HRB400 HRBF400 RRB400	Φ Φ^F Φ^R	6~50	400	540
HRB500 HRBF500	Φ Φ^F	6~50	500	630

表2-10 预应力筋强度标准值(N/mm²)

种 类		符号	公称直径 d/mm	屈服强度标准值 f_{pyk}	极限强度标准值 f_{ptk}
中强度预应力钢丝	光面 螺旋肋	Φ^{PM} Φ^{HM}	5、7、9	620 780 980	800 970 1270
预应力螺纹钢筋	螺纹	Φ^T	18、25、32、40、50	785 930 1080	980 1080 1230
消除应力钢丝	光面 螺旋肋	Φ^P Φ^H	5	—	1570 1860
			7	—	1570
			9	—	1470 1570

续表

种类		符号	公称直径 d/mm	屈服强度标准值 f_{pyk}	极限强度标准值 f_{ptk}
钢绞线	1×3（三股）	Φ^S	8.6、10.8、12.9	—	1570
				—	1860
				—	1960
	1×7（七股）		9.5、12.7、15.2、17.8	—	1720
				—	1860
				—	1960
			21.6	—	1860

注：极限强度标准值为 1960 N/mm² 的钢绞线作后张预应力配筋时，应有可靠的工程经验。

2. 钢筋的强度设计值

钢筋的强度设计值用于混凝土结构承载力设计，其值比钢筋强度标准值低。钢筋的强度设计值为其标准值除以材料的分项系数 γ_s。延性较好的热轧钢筋 γ_s 取 1.10，但对新投产的高强 500 MPa 级钢筋适当提高安全储备，取 1.15。延性稍差的预应力筋 γ_s 取 1.20。钢筋的抗压强度设计值 f'_y 取与抗拉强度设计值相同，这是由于构件中混凝土受到箍筋的约束，实际极限受压应变增大，受压钢筋可达较高强度。具体数值如表 2-11 及表 2-12 所示。

表 2-11 普通钢筋强度设计值（N/mm²）

牌号	抗拉强度设计值 f_y	抗压强度设计值 f'_y
HPB300	270	270
HRB335、HRBF335	300	300
HRB400、HRBF400、RRB400	360	360
HRB500、HRBF500	435	410

表 2-12 预应力筋强度设计值（N/mm²）

种类	极限强度标准值 f_{ptk}	抗拉强度设计值 f_{py}	抗压强度设计值 f'_{py}
中强度预应力钢丝	800	510	410
	970	650	
	1270	810	
消除应力钢丝	1470	1040	410
	1570	1110	
	1860	1320	

续表

种 类	极限强度标准值 f_{ptk}	抗拉强度设计值 f_{py}	抗压强度设计值 f'_{py}
钢绞线	1570	1110	390
	1720	1220	
	1860	1320	
	1960	1390	
预应力螺纹钢筋	980	650	410
	1080	770	
	1230	900	

四、混凝土结构对钢筋性能的要求

在钢筋混凝土结构中，受力钢筋的强度不宜太高，否则有可能在受力钢筋的强度被充分利用之前，结构构件就出现较大的变形或过宽的裂缝。在预应力混凝土结构构件中，作为预应力的钢筋强度不宜太低，否则在张拉和扣除预应力损失以后，有效的预应力值很小，起不到预想的效果。

混凝土结构应根据对强度、延性、连接方式、施工适应性等的要求，选用下列牌号的钢筋：

（1）纵向受力普通钢筋宜采用 HRB400、HRB500、HRBF400、HRBF500 钢筋，也可采用 HPB300、HRB335、HRBF335、RRB400 钢筋；

（2）梁、柱纵向受力普通钢筋应采用 HRB400、HRB500、HRBF400、HRBF500 钢筋；

（3）箍筋宜采用 HRB400、HRBF400、HPB300、HRB500、HRBF500 钢筋，也可采用 HRB335、HRBF335 钢筋；

（4）预应力筋宜采用预应力钢丝、钢绞线和预应力螺纹钢筋。

任务 3　钢筋与混凝土间的粘结、锚固长度

钢筋与混凝土之所以能够共同工作，主要有两个因素：一是两者具有相近的温度线膨胀系数；二是混凝土结硬并达到一定的强度以后，两者之间建立了足够的粘结力，能够承受由于钢筋与混凝土的相对变形在两者界面上所产生的相互作用力，抵抗钢筋与混凝土之间的相对滑动。

一、粘结机理

1. 粘结力的组成

一般粘结力由以下四部分组成。

(1) 化学胶结力：由混凝土中水泥凝胶体和钢筋表面化学变化而产生的吸附作用力，这种作用力很弱，一旦钢筋与混凝土接触面上发生相对滑移即消失。

(2) 摩阻力（握裹力）：混凝土收缩后紧紧地握裹住钢筋而产生的力。这种摩擦力与压应力大小及接触界面的粗糙程度有关，挤压应力越大，接触面越粗糙，则摩阻力越大。

(3) 机械咬合力：由于钢筋表面凹凸不平与混凝土之间产生的机械咬合作用力。变形钢筋的横肋会产生这种咬合力。

(4) 钢筋端部的锚固力：一般是通过钢筋端部的弯钩、弯折，在钢筋端部焊短钢筋或短角钢来提供的锚固力。

2. 粘结强度

钢筋与混凝土的粘结面上所能承受的平均剪应力的最大值称为粘结强度。粘结强度通常可用拔出试验确定，如图 2-10 所示，将钢筋的一端埋入混凝土，在另一端施加拉力，将其拔出。

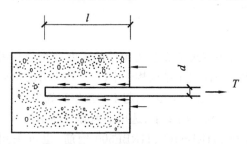

图 2-10 钢筋与混凝土粘结应力试验

试验表明，粘结应力沿钢筋长度方向的分布是非均匀的，故拔出试验测定的粘结强度 f_r 是指钢筋拔出力到达极限时钢筋与混凝土剪切面上的平均剪应力，可按下式计算：

$$f_r = \frac{T}{\pi d l} \qquad (2-6)$$

式中：T——拔出力的极限值；
d——钢筋直径；
l——钢筋的埋入长度。

二、粘结强度的影响因素

影响钢筋与混凝土粘结强度的因素很多，主要影响因素有混凝土强度、保护层厚度、钢筋净距、横向配筋、侧向压力以及浇筑混凝土时钢筋的位置等。

(1) 混凝土强度：无论是光面钢筋还是变形钢筋，混凝土强度对粘结性能的影响都是显著的。大量试验表明，当其他条件基本相同时，粘结强度 f_r 与混凝土抗拉强度大致成正比关系。

(2) 钢筋的外形、直径和表面状态：相对于光面钢筋而言，变形钢筋的粘结强度较高，但是使用变形钢筋，在粘结破坏时容易使周围混凝土产生劈裂裂缝。变形钢筋的外形（肋高）与直径不成正比，大直径钢筋的相对肋高较低，肋面积小，所以粗钢筋的粘结强度比细钢筋有明显降低。

(3) 混凝土保护层厚度与钢筋净距：混凝土保护层太薄，可能使外围混凝土产生径向劈裂而使粘结强度降低。增大保护层厚度或钢筋之间保持一定的钢筋净距，可提高外围混凝土的抗劈裂能力，有利于粘结强度的充分发挥。但粘结强度随保护层厚度加大而提高的程度是有限的，当保护层厚度大到一定程度时，粘结强度将不再随保护层厚度加大而提高。

(4) 横向钢筋：构件中配置箍筋能延迟和约束纵向裂缝的发展，阻止劈裂破坏，提高粘结强度。因此，在使用较大直径钢筋的锚固区、搭接长度范围内，以及同排的并列钢筋根数较多时，应设置一定数量的附加箍筋，以防止混凝土保护层的劈裂崩落。试验表明，箍筋对保护后期粘结强度、改善钢筋延性也有明显作用。

(5) 侧向压力：在侧向压力作用下，由于摩阻力和咬合力增加，粘结强度提高。但过大的侧向压力将导致混凝土裂缝提前出现，反而降低粘结强度。

(6) 混凝土浇筑状况：当浇筑混凝土的深度过大（超过 300 mm）时，浇筑后会出现沉淀收缩和离析泌水现象，对水平放置的钢筋，钢筋下部会形成疏松层，导致粘结强度降低。试验表明，随着水平钢筋下混凝土一次浇筑的深度加大，粘结强度降低最大可达 30%。若混凝土浇筑方向与钢筋平行，粘结强度比浇注方向与钢筋垂直的情况有明显提高。

三、钢筋的锚固和接头构造

为了保证钢筋不从混凝土中拔出或压出，除要求钢筋与混凝土之间有一定的粘结强度之外，还要求钢筋有良好的锚固，如光面钢筋在端部设置弯钩、钢筋伸入支座一定的长度等。当钢筋长度不足时，钢筋就需要有接头，要保证在接头部位的传力，就必须有一定的构造要求。锚固与接头的要求也都是保证钢筋与混凝土粘结的措施。

由于粘结破坏机理复杂、影响粘结力的因素众多及工程结构中粘结受力的多样性，目前尚无比较完整的粘结力计算理论。因此，不进行粘结计算，用构造措施来保证混凝土与钢筋的粘结。

通常采用的构造措施有：

(1) 对不同等级的混凝土和钢筋，规定了最小搭接长度与锚固长度和考虑各级抗震设防时的最小搭接长度与锚固长度；

(2) 为了保证混凝土与钢筋之间有足够的粘结强度，必须满足混凝土保护层最小厚度和钢筋最小净距的要求；

(3) 在钢筋接头范围内应加密箍筋；

(4) 受力的光面钢筋端部应做弯钩。

1. 钢筋的锚固

在钢筋与混凝土接触界面之间实现应力传递，建立结构承载所必需的工作应力的长度为钢筋的锚固长度。

1) 受拉钢筋的基本锚固长度 l_{ab}

受拉钢筋的基本锚固长度 l_{ab} 取决于钢筋强度及混凝土抗拉强度，并与钢筋的直径及外形有关。其计算公式如下：

普通钢筋

$$l_{ab}=\alpha \frac{f_y}{f_t}d \tag{2-7}$$

预应力筋

$$l_{ab}=\alpha \frac{f_{py}}{f_t}d \tag{2-8}$$

式中：f_y、f_{py}——普通钢筋、预应力筋的抗拉强度设计值；

f_t——混凝土轴心抗拉强度设计值，当混凝土强度等级高于 C60 时，按 C60 取值；

d——锚固钢筋的直径；

α——锚固钢筋的外形系数,按表 2-13 采用。

表 2-13 锚固钢筋的外形系数 α

钢筋类型	光圆钢筋	带肋钢筋	螺旋肋钢丝	三股钢绞线	七股钢绞线
α	0.16	0.14	0.13	0.16	0.17

注:光圆钢筋末端应做 180°弯钩,弯后平直段长度不应小于 $3d$,但作受压钢筋时可不做弯钩。

2)受拉钢筋的锚固长度

受拉钢筋的锚固长度 l_a 即工程实际锚固长度,为钢筋的基本锚固长度乘以钢筋锚固长度的修正系数,具体计算公式如下:

$$l_a = \zeta_a l_{ab} \tag{2-9}$$

式中:ζ_a——锚固长度修正系数。

锚固长度修正系数 ζ_a 按下列规定取用:

(1) 当带肋钢筋的公称直径大于 25 mm 时取 1.10;

(2) 环氧树脂涂层带肋钢筋取 1.25;

(3) 施工过程中易受扰动的钢筋取 1.10;

(4) 当纵向受力钢筋的实际配筋面积大于其设计计算面积时,修正系数取设计计算面积与实际配筋面积的比值,但对有抗震设防及直接承受动力荷载的结构构件,不应考虑此项修正;

(5) 锚固钢筋的保护层厚度为 $3d$ 时修正系数可取 0.80,保护层厚度为 $5d$ 时修正系数可取 0.70,中间按内插取值,此处 d 为锚固钢筋的直径。

当锚固钢筋同时符合上述多项时,修正系数可连乘计算,但所计算的 ζ_a 不应小于 0.60;对预应力筋,可取 ζ_a 为 1.0。

当纵向受拉普通钢筋末端采用弯钩或机械锚固措施时,包括弯钩或锚固端头在内的锚固长度(投影长度)可取为基本锚固长度 l_{ab} 的 60%。弯钩和机械锚固的形式和技术要求应符合表 2-14 的规定。

表 2-14 钢筋弯钩和机械锚固的形式和技术要求

锚固形式	技术要求
90°弯钩	末端 90°弯钩,弯钩内径 $4d$,弯后直段长度 $12d$
135°弯钩	末端 135°弯钩,弯钩内径 $4d$,弯后直段长度 $5d$
一侧贴焊锚筋	末端一侧贴焊长 $5d$ 同直径钢筋
两侧贴焊锚筋	末端两侧贴焊长 $3d$ 同直径钢筋
焊端锚板	末端与厚度 d 的锚板穿孔塞焊
螺栓锚头	末端旋入螺栓锚头

注:① 焊缝和螺纹长度应满足承载力要求;
② 螺栓锚头和焊接锚板的承压净面积不应小于锚固钢筋截面积的 4 倍;
③ 螺栓锚头的规格应符合相关标准的要求;
④ 螺栓锚头和焊接锚板的钢筋净间距不宜小于 $4d$,否则应考虑群锚效应的不利影响;
⑤ 截面角部的弯钩和一侧贴焊锚筋的布筋方向宜向截面内侧偏置。

混凝土结构中的纵向受压钢筋,当计算中充分利用其抗压强度时,锚固长度不应小于相应受拉锚固长度的70%。

2. 钢筋的连接

钢筋长度不够时就需要把钢筋连接起来使用,但连接必须保证将一根钢筋的力传给另一根钢筋。钢筋的连接可分为三类:绑扎搭接、机械连接与焊接。由于钢筋通过连接接头传力总不如完整的钢筋,所以混凝土结构中受力钢筋的连接接头宜设置在受力较小处。在同一根受力钢筋上宜少设接头。在结构的重要构件和关键传力部位,纵向受力钢筋不宜设置连接接头。

1) 绑扎搭接

轴心受拉及小偏心受拉杆件的纵向受力钢筋不得采用绑扎搭接;其他构件中的钢筋采用绑扎搭接时,受拉钢筋直径不宜大于25 mm,受压钢筋直径不宜大于28 mm。

同一构件中相邻纵向受力钢筋的绑扎搭接接头宜互相错开。钢筋绑扎搭接接头连接区段的长度为1.3倍搭接长度,凡搭接接头中点位于该连接区段长度内的搭接接头均属于同一连接区段。同一连接区段内纵向受力钢筋搭接接头面积百分率为该区段内有搭接接头的纵向受力钢筋与全部纵向受力钢筋截面面积的比值。当直径不同的钢筋搭接时,按直径较小的钢筋计算。

位于同一连接区段内的受拉钢筋搭接接头面积百分率:对梁类、板类及墙类构件,不宜大于25%;对柱类构件,不宜大于50%。当工程中确有必要增大受拉钢筋搭接接头面积百分率时,对梁类构件,不宜大于50%;对板、墙、柱及预制构件的拼接处,可根据实际情况放宽。

并筋采用绑扎搭接连接时,应按每根单筋错开搭接的方式连接。接头面积百分率应按同一连接区段内所有的单根钢筋计算。并筋中钢筋的搭接长度应按单筋分别计算。

纵向受拉钢筋绑扎搭接接头的搭接长度,应根据位于同一连接区段内的钢筋搭接接头面积百分率按下列公式计算,且不应小于300 mm。

$$l_l = \zeta_l l_a \tag{2-10}$$

式中:l_l——纵向受拉钢筋的搭接长度;

ζ_l——纵向受拉钢筋搭接长度修正系数,按表2-15取用。当纵向搭接钢筋接头面积百分率为表的中间值时,修正系数可按内插取值。

表2-15 纵向受拉钢筋搭接长度修正系数

纵向搭接钢筋接头面积百分率(%)	≤25	50	100
ζ_l	1.2	1.4	1.6

构件中的纵向受压钢筋当采用搭接连接时,其受压搭接长度不应小于纵向受拉钢筋搭接长度l_l的70%,且不应小于200 mm。

搭接接头区域的配箍构造对保证搭接传力至关重要。在梁、柱类构件的纵向受力钢筋搭接长度范围内箍筋直径不应小于$0.25d$,间距不应大于$5d$,且不应大于100 mm,d为搭接钢筋较小直径;当受压钢筋直径大于25 mm时,尚应在搭接接头两个端面外100 mm的范围内各设置两道箍筋。

2) 机械连接

钢筋的机械连接是通过连接件的直接或间接地机械咬合或钢筋端面的承压作用,将一根钢筋中的力传递到另一根钢筋的连接方式。

纵向受力钢筋的机械连接接头宜相互错开。虽然机械连接的套筒长度很短,但传力影响范围并不小,因此规定钢筋机械连接接头连接区段的长度为 $35d$,d 为连接钢筋的较小直径。凡接头中点位于该连接区段长度内的机械连接接头均属于同一连接区段。

机械连接的原则是"接头宜相互错开,并避开受力较大部位"。由于在受力最大处受拉钢筋处理的重要性,规定:位于同一连接区段内的纵向受拉钢筋接头面积百分率不宜大于 50%;但对板、墙、柱及预制构件的拼接处,可根据实际情况放宽。纵向受压钢筋的接头面积百分率可不受限制。

直接承受动力荷载的结构构件中的机械连接接头,除应满足设计要求的抗疲劳性能外,位于同一连接区段内的纵向受力钢筋接头面积百分率不应大于 50%。

3) 焊接

焊接是常用的连接方法,有电阻点焊、闪光对焊、电弧焊、电渣压力焊、气压焊和埋弧压力焊等六种焊接方法。纵向受力钢筋的焊接接头应相互错开。钢筋焊接接头连接区段的长度为 $35d$ 且不小于 500 mm,d 为连接钢筋的较小直径,凡接头中点位于该连接区段长度内的焊接接头均属于同一连接区段。

纵向受拉钢筋的接头面积百分率不宜大于 50%,但对预制构件的拼接处,可根据实际情况放宽。纵向受压钢筋的接头面积百分率可不受限制。考虑不同品牌钢筋的可焊性及焊后力学性能影响有差别,因此规定:余热处理钢筋不宜焊接;细晶粒热轧带肋钢筋以及直径大于 28 mm 的带肋钢筋,其焊接应经试验确定。

单元小结

2.1 混凝土强度包括立方体抗压强度、棱柱体轴心抗压强度、轴心抗拉强度。

2.2 混凝土的变形

(1)徐变:混凝土在长期荷载作用下,其应变随时间增长的现象。影响徐变的因素有内在因素、环境影响和应力条件。

(2)收缩:混凝土在空气中结硬时体积减小的现象称为收缩。影响收缩的因素有水泥用量、水泥标号、骨料弹性模量、养护条件、混凝土振捣密实程度、使用环境及构件体表比。

2.3 混凝土构件中常用钢筋的种类有热轧钢筋,中、高强度钢丝和钢绞线,冷加工钢筋。

2.4 有物理屈服点钢筋的力学指标为屈服强度、极限强度、伸长率和冷弯性能。无物理屈服点钢筋的力学指标为极限强度、伸长率和冷弯性能。

2.5 钢筋与混凝土之间的粘结力包括化学胶结力、摩阻力、机械咬合力和钢筋端部的锚固力。影响粘结力的因素有混凝土强度,钢筋的外形、直径和表面状态,混凝土保护层厚度与钢筋净距、横向钢筋,侧向压力,混凝土浇筑状况。

2.6 钢筋的连接方式有绑扎搭接、机械连接、焊接。

单元 2
钢筋混凝土结构材料的物理力学性能

2.1 混凝土的立方体抗压强度是如何确定的？它与非标准试块尺寸有什么关系？

2.2 已知边长为 150 mm 的混凝土立方体试件抗压强度平均值 $f_{cu}=20$ kN/mm², 试估算下列混凝土强度的平均值：

(1) 边长为 100 mm 的立方体试件的抗压强度；

(2) 棱柱体试件的抗压强度；

(3) 构件的混凝土抗拉强度。

2.3 什么叫混凝土的徐变？混凝土的收缩和徐变有何本质区别？

2.4 影响混凝土徐变的因素有哪些，它们是如何影响的？

2.5 绘制有物理屈服点钢筋的应力-应变曲线，并指出各阶段的特点及各转折点的应力名称。

2.6 受拉钢筋的锚固长度与哪些因素有关，如何确定？受压钢筋的锚固长度为何小于受拉钢筋的锚固长度？

2.7 《混凝土结构设计规范》(GB 50010—2010) 对机械连接接头提出了哪些要求？

单元 3 受弯构件正截面承载力计算

学习目标

☆ 知识目标

(1) 了解配筋率对受弯构件破坏性质的影响,以及适筋受弯构件在各个工作阶段的应力状态与破坏特征。
(2) 掌握单筋矩形截面、双筋矩形截面和 T 形截面正截面承载力的计算。
(3) 熟悉受弯构件的构造要求。

☆ 能力目标

(1) 了解工程实际受弯构件,掌握按极限状态设计的基本要求和梁板结构的一般构造。
(2) 合理拟定梁、板的截面尺寸,进行梁板的正截面配筋计算和承载力复核,能绘制截面配筋图。

单元 3
受弯构件正截面承载力计算

❖ 知识链接：钢筋混凝土受弯构件工程应用

混凝土受弯构件在土木工程中应用极为广泛，如建筑结构中常用的混凝土肋形楼盖的梁板和楼梯、厂房屋面板和屋面梁以及供吊车行驶的吊车梁，桥梁中的铁路桥道砟槽板，公路桥行车道板，板式桥承重板，梁式桥的主梁和横梁，水工结构中的闸坝工作桥的面板和纵梁，水闸的底板和胸墙，以及悬臂式挡土墙的立板和底板等（见图 3-1）。

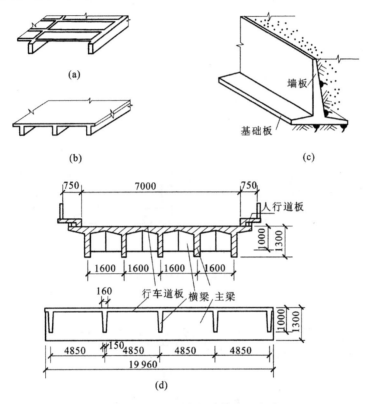

图 3-1 混凝土受弯构件的工程应用
(a)装配式混凝土楼盖；(b)现浇混凝土楼盖；(c)混凝土挡土墙；(d)混凝土梁式桥

受弯构件是指截面上有弯矩或弯矩和剪力共同作用而轴力可以忽略不计的构件，梁、板是典型的受弯构件。设计受弯构件时，应进行在弯矩作用下的正截面承载力计算和在弯矩与剪力共同作用下的斜截面承载力计算。本单元介绍受弯构件的正截面承载力计算和有关构造规定，斜截面承载力计算及其构造规定将在单元 4 中介绍。

任务 1 受弯构件的一般构造

构造要求是钢筋混凝土结构设计的一个重要组成部分，它是针对结构设计过程中结构计算无法详尽考虑而又不能忽略的因素,在施工方便的条件下而采取的一种技术措施。它与结构计算相辅相成,共同构成科学合理的钢筋混凝土结构或构件设计方案。因此,在进行受弯构件承载力计算过程中,需要了解钢筋混凝土构件截面尺寸和配筋的一般构造要求。下面将结合本单元内容对《混凝土结构设计规范》(GB 50010—2010)中梁、板的有关构造规定分别加以说明。

一、截面形式

1. 按几何形状分类

常见的受弯构件截面形式有矩形、T形、I形、倒L形、箱形、花篮形及空心形截面等(见图3-2)。大多情况下,梁的截面形式为矩形或T形;板的截面多为矩形,以便减轻自重、增大截面抵抗矩,预制板常采用空心形截面,也有采用正槽形、倒槽形等截面形式的(见图3-3)。

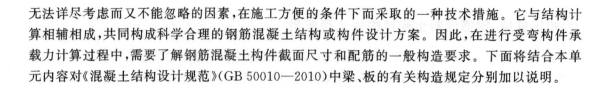

图3-2 梁的截面形式
(a)矩形梁;(b)T形梁;(c)倒L形梁;(d)L形梁;(e)工字形梁;(f)花篮梁

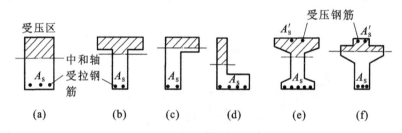

图3-3 板的截面形式
(a)矩形板;(b)空心形板;(c)槽形板

2. 按纵向受力钢筋所在位置分类

受弯构件可分为单筋截面和双筋截面。仅在受拉区配置纵向受力钢筋的截面称为单筋截面(见图3-4(b)、(c));同时在受拉区和受压区配置纵向受力钢筋的截面称为双筋截面(见图3-4(d))。纵向受力钢筋是经承载力计算确定的,帮助混凝土承受拉力或压力的钢筋。此外,当受压区不需要钢筋帮助混凝土承压时,为了形成钢筋骨架在受压边设置的纵向钢筋,称为架立钢筋,架立钢筋为非受力钢筋,可按构造要求配置。纵向受力钢筋和架立钢筋统称为梁内纵向钢筋(见图3-4(a))。

二、截面尺寸

梁截面尺寸要满足承载力、刚度和裂缝宽度限值三个方面的要求。从刚度条件出发,根据

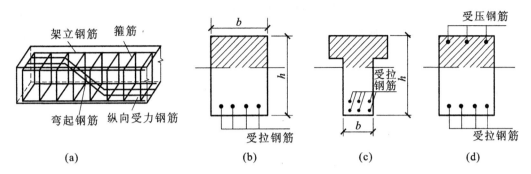

图 3-4 梁内钢筋与单筋截面和双筋截面
(a)梁内钢筋;(b)单筋矩形截面;(c)单筋 T 形截面;(d)双筋矩形截面

工程经验,梁截面最小高度 h 可根据其计算跨度 l_0 确定。梁高与计算跨度之比 h/l_0 称为高跨比。表 3-1 给出了无须刚度验算的梁截面最小高度。

表 3-1　无须刚度验算的梁截面最小高度 h

项次	构件种类		简支	两端连续	悬 臂
1	整体肋形梁	次梁	$l_0/15$	$l_0/20$	$l_0/8$
		主梁	$l_0/12$	$l_0/15$	$l_0/6$
2	独立梁		$l_0/12$	$l_0/15$	$l_0/6$

注:表中 l_0 为梁的计算跨度,当梁的跨度大于 9 m 时,表中数值应乘以 1.2。

梁的高度与宽度(T 形梁为肋宽)之比 h/b,对矩形截面梁一般取 2.0~3.0;对 T 形截面梁取 2.5~4.0。在预制的薄腹梁中,其高度与肋宽之比有时可达 6.0 左右。此外,为了便于施工中统一模板尺寸,规定:矩形截面梁的宽度或 T 形截面梁肋宽度 b 常取为 120 mm,150 mm,180 mm,200 mm,240 mm,250 mm,300 mm,350 mm,400 mm 等。其中,250 mm 以上者以 50 mm 为模数递增。梁高 h 常取 300 mm,350 mm,400 mm,…,800 mm 等。其中,800 mm 以下以 50 mm 为模数递增,800 mm 以上则以 100 mm 为模数递增。

现浇板的最小厚度一般根据刚度要求确定(参照表 3-2),并且应满足承载力的要求,经济因素和施工便利也应予以考虑。为了保证施工质量,现浇板的厚度不应小于表 3-3 规定的数值,并以 10 mm 为模数递增。

对预制构件,板的最小厚度应满足钢筋配置和混凝土保护层厚度的要求,为了减轻自重,当施工质量确有保证时,可根据具体情况决定板厚,不受表 3-3 的规定限制。

表 3-2　不作挠度验算的板的厚度

支座构造特点	板的厚度
简支	$\geqslant l_0/30$
弹性约束	$\geqslant l_0/40$
悬臂	$\geqslant l_0/12$

注:表中 l_0 为板的计算跨度。

表 3-3 现浇钢筋混凝土板的最小厚度（mm）

板的类别		最小厚度
单向板	屋面板	60
	民用建筑楼板	60
	工业建筑楼板	70
	行车道下的楼板	80
双向板		80
密肋楼盖	面板	50
	肋高	250
悬臂板（根部）	悬臂长度不大于 500 mm	60
	悬臂长度大于 1 200 mm	100
无梁楼盖		150
现浇空心楼盖		200

三、梁板混凝土保护层厚度 c 及截面有效高度 h_0

1. 混凝土保护层厚度 c

混凝土构件中，为防止钢筋锈蚀和保证钢筋与混凝土间具有足够的粘结力，钢筋外面必须有足够厚度的混凝土保护层。混凝土保护层是指从混凝土表面到最外层钢筋（包括纵向钢筋、箍筋和分布钢筋）外边缘之间的混凝土。对后张法预应力筋，混凝土保护层为套管或孔道外边缘到混凝土表面的距离。这一规定是为了满足混凝土结构构件耐久性、防火性能和对受力钢筋有效锚固的要求，主要与钢筋混凝土结构构件的种类、所处环境等因素有关。但是，过大的保护层厚度在造成经济上浪费的同时，会使构件受力后产生过大裂缝，影响其使用性能（如破坏构件表面的装修层、过大的裂缝宽度会使人恐慌不安等）。因此，《混凝土结构设计规范》(GB 50010—2010)明确了纵向受力钢筋的混凝土保护层厚度不应小于钢筋的公称直径 d，且：当设计使用年限为 50 年时，应符合表 3-4 的规定；当设计使用年限为 100 年时，表中的系数应乘以 1.4 的系数。

表 3-4 混凝土板保护层的最小厚度 c(mm)

环境类别	板、墙、壳	梁、柱、杆
一	15	20
二 a	20	25
二 b	25	35
三 a	30	40
三 b	40	50

注：混凝土强度等级不大于 C25 时，表中保护层厚度数值应增加 5 mm。

2. 截面有效高度 h_0

在计算受弯构件承载力时,因开裂,受拉区混凝土退出工作,裂缝处的拉力由钢筋承担。此时,受拉钢筋的截面重心到受压混凝土边缘的距离是受弯构件能充分发挥作用的截面高度,称为截面有效高度,用 h_0 表示,如图 3-5 所示。截面有效高度 $h_0=h-a_s$,h 为截面高度,a_s 为纵向受拉钢筋合力点至截面受拉边缘的距离。实际工程中可按下面方法估算。

对于梁:

钢筋单层布置时,$h_0=h-c-d_{sv}-d/2$(d_{sv} 为箍筋直径),可近似取 $h_0=h-40$ mm;

钢筋双层布置时,$h_0=h-c-d_{sv}-d-e/2$(其中 e 为两层钢筋的净距),可近似取 $h_0=h-65$ mm。

对于板:

$h_0=h-c-d/2$,可近似取 $h_0=h-20$ mm。

当钢筋直径较大时,应按实际尺寸计算。

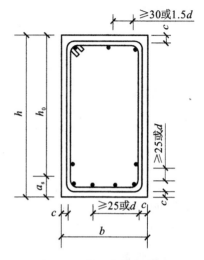

图 3-5 截面有效高度 h_0

四、梁内钢筋的直径和净距

梁内配置的钢筋主要有纵向受力钢筋、箍筋、弯起钢筋和纵向构造钢筋(架立钢筋和腰筋),如图 3-6 所示。

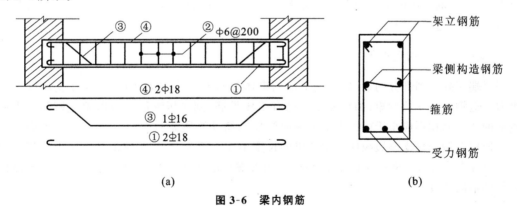

图 3-6 梁内钢筋

(一)纵向受力钢筋

纵向受力钢筋的作用是帮助混凝土承受由弯矩作用而产生的拉力或压力,其数量须由承载力计算确定。为保证钢筋骨架有较好的刚度并便于施工,纵向受力钢筋的直径不能太细;同时为了避免受拉区混凝土产生过宽的裂缝,直径也不宜太粗,通常可选用 14 mm~25 mm 的钢筋。当梁高 $h>300$ mm 时,不应小于 10 mm;当梁高 $h<300$ mm 时,不应小于 8 mm。同一梁中,截

面一边的受力钢筋直径最好相同,为了选配钢筋方便和节约钢材起见,也可用两种直径,最好使两种直径相差 2 mm 以上,以便于识别。

钢筋直径应选用常用直径,例如 12 mm、14 mm、16 mm、18 mm、20 mm、22 mm、25 mm、28 mm,当然也需根据材料供应的情况决定。

梁跨中截面受力钢筋的根数一般不宜少于 2 根。跨度较大的梁,受力钢筋一般不少于 3~4 根。梁中钢筋的根数也不宜太多,否则会增加浇灌混凝土的难度。

(二)腹筋

为防止斜截面破坏,在钢筋混凝土梁中需配置箍筋和弯起钢筋,二者统称为腹筋。

1. 箍筋

与梁轴线垂直的箍筋可以阻止斜裂缝的开展,提高构件的抗剪承载力,同时也可以起到固定纵向钢筋的作用。箍筋的直径和间距由计算确定;当按计算不需要箍筋时,根据《混凝土结构设计规范》(GB 50010—2010)要求按构造配置箍筋(详见单元 4)。

2. 弯起钢筋

梁中纵向受力钢筋在靠近支座的地方承受的拉应力较小,为了增加斜截面的抗剪承载力,可将部分纵向受力钢筋弯起来伸至梁顶,形成弯起钢筋;也可设置专门的弯起钢筋承担剪力。弯起钢筋的方向可与主拉应力方向一致,这样能较好地起到提高斜截面承载力的作用,但因其传力较为集中,易引起弯起处混凝土的劈裂裂缝,所以工程实际中往往首选箍筋。

(三)纵向构造钢筋

为了固定箍筋,以便与纵向受力钢筋形成钢筋骨架,承担因混凝土收缩和温度变化产生的拉应力,应在梁的受压区平行于纵向受力钢筋设置架立钢筋,如图 3-6 所示。架立钢筋为非受力钢筋,可按构造要求配置。

1. 支座区上部构造钢筋

当梁端实际受到部分约束(如梁端上部的砌体等),但按简支梁计算时,应在支座区上部设置纵向构造钢筋承受负弯矩;如在受压区已有受压纵筋,则受压纵筋可兼做架立钢筋。纵向构造钢筋的截面面积不应小于梁跨中下部纵向受拉钢筋计算所需截面面积的 1/4,且不应少于两根。纵向构造钢筋自支座边缘向跨中伸出的长度不应小于 $l_0/5$,l_0 为梁的计算跨度。架立钢筋的直径可参考表 3-5。架立钢筋应伸至梁端,当考虑其承受负弯矩时,架立钢筋两端在支座内应有足够的锚固长度。

2. 梁侧构造钢筋

当梁的截面尺寸较大时,有可能在梁侧面产生垂直于梁轴线的收缩裂缝,同时也为了保持钢筋骨架的刚度,应在梁两侧沿梁长度方向设置纵向构造钢筋,详见图 3-6(b)。根据工程经验,当梁腹板高度 $h_w \geqslant 450$ mm 时,应在梁的两个侧面设置沿高度间距不大于 200 mm 的纵向构造钢筋,每侧纵向构造钢筋(不包括梁上、下部的纵向受力钢筋及架立钢筋)的截面面积不应小于腹板截面面积 $b \times h_w$ 的 0.1%。此处,对矩形截面梁 $h_w = h_0$,T 形截面梁 $h_w = h_0 - h'_f$,I 形截面

表 3-5 架立钢筋的最小直径(mm)

梁跨度 l_0/m	d_{min}
$l_0 < 4$	8
$4 \leqslant l_0 \leqslant 6$	10
$l_0 > 6$	12

梁 h_w = 腹板净高。

对钢筋混凝土薄腹梁或需作疲劳验算的钢筋混凝土梁,截面上部1/2梁高腹板内两侧构造钢筋的配置与上述相同,但应在下部1/2梁高的腹板内加强,可沿两侧配置直径为 8 mm～14 mm、间距为 100 mm～150 mm 的纵向构造钢筋,并应按下密上疏的方式布置。

(四) 钢筋的净距

为了便于混凝土的浇捣并保证混凝土与钢筋之间有足够的粘结力,梁内上部纵向钢筋水平方向的净距不应小于 30 mm 和 $1.5d$（d 为钢筋的最大直径）；下部纵向钢筋水平方向的净距不应小于 25 mm 和 d（见图 3-5）。纵向受力钢筋尽可能排成一层,当根数较多时也可排成两层,当两层还布置不开时,也允许将钢筋成束布置（每束以 2 根为宜）。在受力钢筋多于两层的特殊情况下,两层以上钢筋水平方向的中距应比下面两层的中距增大一倍。各层钢筋之间的净距不应小于 25 mm 和 d。钢筋排成两层或两层以上时,应避免上下层钢筋互相错位,否则将使混凝土浇灌困难。

五、板内钢筋的直径和间距

板内有受力钢筋和分布钢筋两种,如图 3-7 所示。

(一) 受力钢筋

受力钢筋沿板的受力方向布置,承受由弯矩产生的拉应力,其用量由正截面承载力计算确定。板中受力钢筋直径常用 6 mm、8 mm、10 mm、12 mm;当板的厚度较大时,钢筋直径也可以使用 14 mm、16 mm、18 mm。同一板中受力钢筋可以用两种不同直径,但两种直径宜相差在 2 mm 以上。

为传力均匀及避免混凝土局部破坏,板中受力钢筋的间距(中距)不能太大,当板厚 $h \leqslant 150$ mm 时,不宜大于 200 mm;当板厚 $h > 150$ mm 时,不宜大于 $1.5h$,且不宜大于 250 mm。为便于施工,板中钢筋的间距也不要过密,最小间距为 70 mm,即每米板宽中最多放 14 根钢筋。

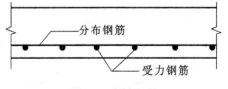

图 3-7 板内钢筋

(二) 分布钢筋

当按单向板设计时,垂直于受力钢筋方向还要布置分布钢筋(见图 3-7)。分布钢筋的作用是将板面荷载均匀有效地传递给受力钢筋;施工中固定受力钢筋的位置;抵抗混凝土收缩和温度应力。单位长度上分布钢筋的截面面积不宜小于单位宽度上受力钢筋截面面积的 15%,且不宜小于该方向板截面面积的0.15%;分布钢筋的直径在一般厚度的板中不宜小于6 mm,多用6 mm~8 mm,间距不宜大于250 mm。对集中荷载较大的情况,分布钢筋的截面面积应适当增加,其间距不宜大于200 mm。由于分布钢筋主要起构造作用,所以将其布置在受力钢筋的内侧。对于预制板,当有实践经验或可靠措施时,其分布钢筋可不受此限。对于经常处于温度变化较大环境中的板,分布钢筋可适当加大。

任务 2 受弯构件正截面承载力计算基本理论

一、受弯构件正截面承载力的试验研究

(一)受弯构件正截面破坏形态

为了建立钢筋混凝土受弯构件正截面承载力计算公式,需首先进行构件的加载试验,了解试验梁的受力过程,以及正截面的应力-应变变化规律。试验中,为了着重研究梁正截面受力和变形规律,一般采用承受两对集中荷载的简支梁(见图3-8(a))。这样在两个对称的集中荷载间的区段可形成纯弯段(忽略自重),既可排除剪力的影响(见图3-8(b)),又利于仪表的布置和试验结果(梁受荷后变形和裂缝的出现与开展)的观测,便于对弯矩作用下的钢筋混凝土梁正截面承载力进行分析。

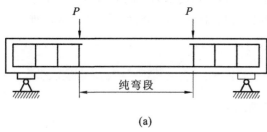

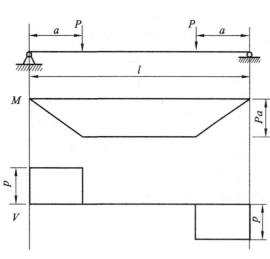

图3-8 受弯构件正截面试验
(a)试验梁的布置;(b)梁的计算简图与内力图

试验结果表明,当材料(钢筋与混凝土)品种选定后,对于同一截面尺寸的梁,其正截面破坏特征主要与配筋率ρ相关。配筋率ρ是纵向受拉钢筋的面积A_s与混凝土有效面积bh_0的比值,即$\rho=A_s/bh_0$。根据配筋率ρ不同,钢筋混凝土梁可划分为适筋梁、超筋梁和少筋梁三类,如图3-9所示。

适筋梁的破坏从受拉钢筋屈服开始到受压区混凝土边缘纤维应变达到极限压应变为止(见图3-9(a))。期间,适筋梁的钢筋与混凝土均能充分发挥作用,且破坏前具有明显的预兆,故在正截面强度计算中,应控制钢筋的用量,将正截面设计成适筋状态。

对于钢筋配置过多的超筋梁,破坏始自于受压混凝土的压碎,而此时受拉钢筋的应力远小于屈服强度,但梁已宣告破坏,这种梁称为超筋梁。超筋梁破坏时裂缝小,变形也不大,钢筋不能充分发挥作用,不经济,破坏前没有明显预兆,属脆性破坏,设计时不允许出现超筋梁(见图3-9(b))。

配筋数量过少的梁称为少筋梁。这种梁的破坏特点在于,梁一旦开裂,受拉钢筋立即达到屈服强度,甚至经过流幅而进入强化阶段。尽管开裂后梁仍能保留一定的承载力,但梁已发生严重的开裂下垂,我们认为梁已破坏,且属于脆性破坏;此外少筋梁的截面尺寸过大,不经济,因而设计时也不允许出现少筋梁(见图3-9(c))。

合理的配筋量应在超筋和少筋两个限度之间,在下面计算公式推导中所取用的应力图形,也仅是相对于配筋量适中的截面来说的。

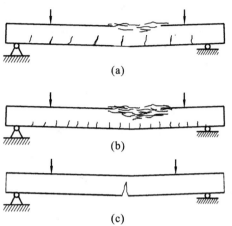

图 3-9 正截面破坏的三种形态
(a)适筋破坏;(b)超筋破坏;(c)少筋破坏

(二)适筋梁正截面受弯破坏的三个受力阶段

适筋梁从加载到破坏其受力-变形过程划分为三个阶段:未出现裂缝的第Ⅰ阶段、带裂缝工作的第Ⅱ阶段和开始破坏的第Ⅲ阶段(见图3-10)。

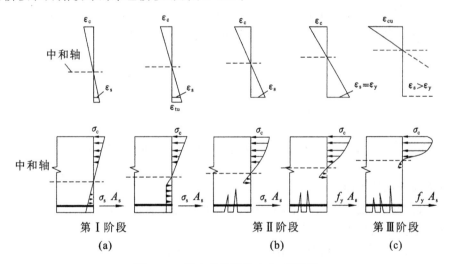

图 3-10 梁在各阶段的应力-应变图

1. 第Ⅰ阶段——未开裂阶段

此时钢筋混凝土梁处于弹性工作阶段,梁上弯矩以及截面上的应变都很小,应力与应变成正比,如图3-10(a)所示。依据平截面假定,梁截面应力分布为三角形,中和轴以上受压,以下受拉。下部钢筋与混凝土共同受拉,应变相同。随着M的增大,受拉区混凝土出现塑性变形,应变增长较快,应力增长放慢,应力图形呈曲线。M继续增大,受拉区混凝土达到极限拉应变时,梁进入裂缝即将出现的临界状态。如继续加载,受拉区混凝土将开裂,这时的弯矩为开裂弯矩 M_{cr}。而此时,受压区混凝土仍处于弹性阶段,应力图形为三角形。

第Ⅰ阶段末的受力状态,是抗裂验算的依据。

2. 第Ⅱ阶段——带裂缝工作阶段

弯矩达到 M_{cr} 后,在钢筋混凝土梁纯弯段的薄弱环节将出现第一批裂缝,开裂部分混凝土承担的拉力转到对应的钢筋上,使其应力突然增大,但中和轴以下未开裂部分混凝土仍可承担一部分拉力。随着荷载加大,裂缝迅速扩宽并向上延伸,中和轴逐渐上移,裂缝截面的受拉区混凝土几乎完全脱离工作(不承受拉力),拉力全部由钢筋承担。与此同时,受压区高度逐渐减小,混凝土压应力越来越大,受压区混凝土也愈来愈表现出塑性变形特征,应力分布呈平缓的曲线形。当钢筋应力达到屈服时,第Ⅱ阶段结束,这时的弯矩称为屈服弯矩 M_y,如图 3-10(b)所示。

从受拉区混凝土开裂开始到受拉区钢筋屈服结束,第Ⅱ阶段相当于梁使用时的应力状态,可作为使用阶段裂缝开展宽度验算和变形验算的依据。

3. 第Ⅲ阶段——破坏阶段

钢筋屈服后,应力保持不变,由于流幅存在,变形会继续增加,钢筋与混凝土间的粘结遭到明显破坏,使钢筋达到屈服的截面形成一条宽度很大、迅速向梁顶发展的临界裂缝。同时中和轴向上移动,迫使受压区高度减小和压应力增大,受压区混凝土出现较大的塑性变形,压应力图形呈显著的曲线形。当受压区边缘纤维应变达到极限压应变时,受压区混凝土就会发生纵向水平裂缝被压碎,甚至崩落,导致截面的最终破坏,梁达到极限弯矩 M_{cu},如图 3-10(c)所示。

第Ⅲ阶段是指从受拉钢筋屈服之后到受压区混凝土被压碎的受力过程,它是计算正截面受弯承载力所依据的应力阶段。

二、正截面承载力计算的基本假定

根据钢筋混凝土受弯构件正截面的受力特征分析,正截面受弯承载力的计算可采用以下基本假定。

(1) 截面应变保持平面。
(2) 不考虑受拉区混凝土的工作,全部拉力由纵向受拉钢筋承担。
(3) 混凝土受压的应力与应变关系。

我国的《混凝土结构设计规范》(GB 50010—2010)采用图 3-11 所示的理想化曲线,它是由一条二次抛物线和一水平直线段组成的。

当 $\varepsilon_c \leqslant \varepsilon_0$ 时,
$$\sigma_c = f_c \left[1 - \left(1 - \frac{\varepsilon_c}{\varepsilon_0}\right)^n \right] \tag{3-1}$$

当 $\varepsilon_0 < \varepsilon_c \leqslant \varepsilon_{cu}$ 时,
$$\sigma_c = f_c \tag{3-2}$$

$$n = 2 - \frac{1}{60}(f_{cu,k} - 50) \tag{3-3}$$

$$\varepsilon_0 = 0.002 + 0.5(f_{cu,k} - 50) \times 10^{-5} \tag{3-4}$$

$$\varepsilon_{cu} = 0.0033 - (f_{cu,k} - 50) \times 10^{-5} \tag{3-5}$$

式中：σ_c——混凝土压应变为 ε_c 时的混凝土压应力；

f_c——混凝土轴心抗压强度设计值；

ε_0——混凝土压应力达到 f_c 时的混凝土压应变，当按式(3-4)计算所得的 ε_0 值小于 0.002 时，应取为 0.002；

ε_{cu}——正截面的混凝土极限压应变，当处于非均匀受压且按式(3-5)计算所得的 ε_{cu} 值大于 0.003 3 时，应取为 0.003 3，当处于轴心受压时取为 ε_0；

$f_{cu,k}$——混凝土立方体抗压强度标准值；

n——系数，当计算的 n 值大于 2.0 时，应取为 2.0。

(4) 纵向受拉钢筋的极限拉应变取为 0.01。

(5) 钢筋的应力-应变关系。

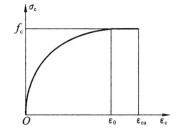

图 3-11 混凝土的应力-应变关系

纵向钢筋的应力取钢筋应变与其弹性模量的乘积，且乘积绝对值不应大于相应强度设计值。其表达式为：

当 $0 < \varepsilon_s \leq \varepsilon_y$ 时，$\qquad \sigma_s = \varepsilon_s E_s \qquad$ (3-6)

当 $\varepsilon_y < \varepsilon_s \leq \varepsilon_{su}$ 时，$\qquad \sigma_s = f_y \qquad$ (3-7)

式中：f_y——钢筋的屈服应力；

ε_y——钢筋的屈服应变，$\varepsilon_y = f_y/E_s$；

ε_{su}——钢筋的极限拉应变；

E_s——钢筋的弹性模量。

此处，纵向受拉钢筋极限拉应变取 $\varepsilon_{cu} = 0.01$。对于有明显屈服点的钢筋，它相当于已进入屈服台阶；对于无明显屈服点的钢筋，这一取值限制了强化强度的同时保证了构件必要的延性。

三、正截面受弯承载力基本方程

根据上述基本假定，可得出截面在受弯承载力极限状态时的应力-应变分布图，如图 3-12 所示。

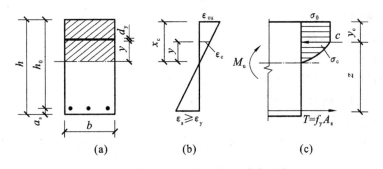

图 3-12 截面极限状态时应力-应变分布图

(a)梁的横截面；(b)应变分布图；(c)应力分布图

为了简化计算，我国《混凝土结构设计规范》(GB 50010—2010)采用合力大小及作用点相同的等效矩形应力图形替代实际的曲线应力图形(见图 3-13)，这样可以使计算过程大大简化。

本着和曲线应力图形面积相等、形心相同的原则,等效矩形应力图形的应力值取为混凝土轴心抗压强度设计值 f_c 乘以系数 α_1,α_1 为矩形应力的强度与受压区混凝土最大应力 f_c 的比值,与混凝土强度等因素有关。当混凝土强度等级不超过 C50 时,α_1 取为 1.0,当混凝土强度等级为 C80 时,α_1 取为 0.94,其间按线性内插法确定,也可按表 3-6 选取。

矩形应力图的受压区高度 x 实为等效受压区高度,是按截面应变保持平面假定所确定的中和轴高度 x_n(可以认为是混凝土实际受压区高度)乘以无量纲参数 β_1 的值。同样,β_1 也是一个与混凝土强度密切相关的系数,当混凝土强度等级不超过 C50 时,β_1 取为 0.8,当混凝土强度等级为 C80 时,β_1 取为 0.74,其间按线性内插法确定,也可按表 3-6 选取。

受压混凝土的曲线应力分布图形用等效矩形应力图形代替后,即可得到正截面承载力计算的计算应力图形,如图 3-13(d)所示。

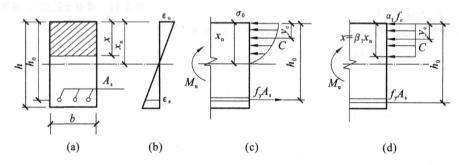

图 3-13 受弯构件正截面计算简图

按等效矩形应力图形计算,可得正截面受弯承载力的两个基本方程:

$$\alpha_1 f_c b x = f_y A_s \tag{3-8}$$

$$M_u = \alpha_1 f_c b x \left(h_0 - \frac{x}{2} \right) \tag{3-9}$$

$$M_u = f_y A_s \left(h_0 - \frac{x}{2} \right) \tag{3-10}$$

式中:α_1——系数,按上文选取;
　　　f_c——混凝土轴心抗压强度设计值,按表 2-6 选取;
　　　b——矩形截面宽度;
　　　x——混凝土受压区高度;
　　　f_y——钢筋抗拉强度设计值;
　　　A_s——受拉区纵向受拉钢筋的截面面积;
　　　M_u——构件的正截面受弯承载力设计值;
　　　h_0——截面有效高度。

以上各式即为正截面受弯承载力基本方程,是受弯构件正截面承载力计算的基础,需要大家用心掌握。

四、相对界限受压区高度 ξ_b 和适筋梁的最大配筋率 $\rho_{\max}$

为了保证钢筋混凝土受弯构件适筋破坏,必须把构件的含钢量控制在某一限值以内。这一限值的状态特征是:在受拉钢筋的应力达到屈服强度的同时,受压区混凝土边缘的压应变恰好达到极限压应变而破坏,即为界限破坏。处于界限破坏状态的梁正截面受压区高度 x_b 与截面有效高度 h_0 的比值,称为相对界限受压区高度,用 ξ_b 表示。如上所述,矩形应力图形中的受压区高度 x 为实际受压区高度 x_n 的 β_1 倍,相应地有 $x_b = \beta_1 x_{nb}$,所以

$$\xi_b = \frac{x_b}{h_0} = \frac{\beta_1 x_{nb}}{h_0} = \frac{\beta_1}{1 + \frac{f_y}{E_s \varepsilon_{cu}}} \tag{3-11}$$

式中：E_s——钢筋的弹性模量,按表 2-8 取值;

ε_{cu}——正截面的混凝土极限压应变,按式(3-5)计算;

β_1——系数,按表 3-6 选取;

f_y——钢筋抗拉强度设计值。

对于没有明显屈服点的钢筋,因 $\varepsilon_y = \frac{f_y}{E_s} + 0.002$,可得

$$\xi_b = \frac{\beta_1}{1 + \frac{0.002}{\varepsilon_{cu}} + \frac{f_y}{E_s \varepsilon_{cu}}} \tag{3-12}$$

ξ_b 可由式(3-11)或式(3-12)计算。对于各强度等级的混凝土,计算所得的 ξ_b 列于表 3-6 中。显然,若计算出来的相对受压区高度 $\xi = x/h_0 > \xi_b$ 或 $x > \xi_b h_0$,则将出现超筋破坏。

表 3-6 受弯构件计算中部分常用参数计算值

混凝土强度等级	β_1	α_1	ξ_b				ρ_{max}(梁,%)			
			HPB300	HRB335	HRB400	HRB500	HPB300	HRB335	HRB400	HRB500
C15	0.8	1	0.576	0.550	0.518	0.482	1.54	1.32	1.03	0.80
C20	0.8	1	0.576	0.550	0.518	0.482	2.05	1.76	1.38	1.06
C25	0.8	1	0.576	0.550	0.518	0.482	2.54	2.18	1.71	1.32
C30	0.8	1	0.576	0.550	0.518	0.482	3.05	2.62	2.06	1.59
C35	0.8	1	0.576	0.550	0.518	0.482	3.56	3.07	2.40	1.85
C40	0.8	1	0.576	0.550	0.518	0.482	4.07	3.51	2.74	2.12
C45	0.8	1	0.576	0.550	0.518	0.482	4.50	3.89	3.05	2.34
C50	0.8	1	0.576	0.550	0.518	0.482	4.93	4.24	3.32	2.56
C55	0.79	0.99	0.566	0.541	0.508	0.473	5.25	4.52	3.54	2.73
C60	0.78	0.98	0.556	0.531	0.499	0.464	5.55	4.77	3.74	2.88
C65	0.77	0.97	0.547	0.522	0.490	0.455	5.83	5.01	3.92	3.02
C70	0.76	0.96	0.537	0.521	0.481	0.447	6.07	5.21	4.08	3.14
C75	0.75	0.95	0.528	0.503	0.472	0.438	6.28	5.38	4.21	3.23
C80	0.74	0.94	0.518	0.493	0.463	0.429	6.47	5.55	4.34	3.33

界限破坏时的特定配筋率称为适筋梁的最大配筋率,以 ρ_{max} 表示。

由式(3-8)可得

$$x = \frac{f_y A_s}{\alpha_1 f_c b}$$

$$\xi = \frac{x}{h_0} = \frac{A_s}{b h_0} \cdot \frac{f_y}{\alpha_1 f_c} = \rho \frac{f_y}{\alpha_1 f_c} \tag{3-13}$$

式中：ρ——截面配筋率，$\rho = A_s / b h_0$。

式(3-13)亦可写为

$$\rho = \xi \frac{\alpha_1 f_c}{f_y} \tag{3-14}$$

当取相对受压区高度 ξ 为相对界限受压区高度 ξ_b 时，从式(3-14)即可得最大配筋率 ρ_{max}：

$$\rho_{max} = \xi_b \frac{\alpha_1 f_c}{f_y} \tag{3-15}$$

最大配筋率 ρ_{max} 是区分适筋梁和超筋梁的界限，当梁截面配筋率 $\rho \leqslant \rho_{max}$ 或相对受压区高度 $\xi \leqslant \xi_b$ 时，截面将不会发生超筋破坏。

五、适筋受弯构件的最小配筋率 ρ_{min}

试验表明，当配筋过少时，钢筋混凝土梁破坏时所能承受的极限弯矩 M_u 将小于同截面素混凝土梁所能承受的开裂弯矩 M_{cr}，即 $M_u < M_{cr}$。这种梁称为少筋梁。少筋梁在荷载作用下，一旦出现裂缝，裂缝截面的钢筋应力立即超过屈服强度，通过全部流幅进入强化，甚至拉断钢筋。因此，少筋梁破坏前没有明显预兆，属于脆性破坏，应予避免。

为此，我们将钢筋混凝土梁的极限弯矩 M_u 等于同等条件素混凝土梁的开裂弯矩 M_{cr} 作为确定最小配筋率的条件，它是适筋梁与少筋梁的分界。考虑了这种"等承载力"原则的同时，我国《混凝土结构设计规范》(GB 50010—2010)在确定最小配筋量时，还考虑了混凝土的收缩、温度应力的影响，以及以往工程设计经验，将其表达式定为 $A_s \geqslant A_{s,min} = \rho_{min} b h$。并给出了《混凝土结构设计规范》(GB 50010—2010)要求的最小配筋率 ρ_{min}，即 $\rho_{min} = 0.45 f_t / f_y$ 且不小于 0.2%。

六、经济配筋率

配筋率 ρ 是衡量截面设计是否经济合理的一个重要指标。尽管配筋率 ρ 在 $\rho_{min} \sim \rho_{max}$ 之间的梁都属于适筋梁，但为了达到较好的经济效果，设计时应尽量使适筋梁的配筋率 ρ 处于以下经济配筋率范围之内：

实心板　　$\rho_{经济} = 0.4\% \sim 0.8\%$

矩形梁　　$\rho_{经济} = 0.6\% \sim 1.5\%$

T形梁　　$\rho_{经济} = 0.9\% \sim 1.8\%$

如果在计算过程中，不符合基本公式的适用条件或配筋率不在经济范围内，一般需要调整截面尺寸、材料强度等设计参数，使之合适为止。

任务 3 单筋矩形截面受弯构件正截面承载力计算

一、基本计算公式及适用条件

(一) 基本计算公式

在前述 5 个基本假定的前提下,用受压区混凝土简化等效矩形应力图形代替实际的应力图形,可得单筋矩形截面梁正截面承载力计算简图,如图 3-13(d)所示。分别考虑轴向力平衡条件和力矩平衡条件,并满足承载能力极限状态的计算要求,可得两个基本计算公式:

$$\alpha_1 f_c b x = f_y A_s \tag{3-8}$$

$$M \leqslant M_u = \alpha_1 f_c b x \left(h_0 - \frac{x}{2} \right) \tag{3-16}$$

$$M \leqslant M_u = f_y A_s \left(h_0 - \frac{x}{2} \right) \tag{3-17}$$

式中:M——弯矩设计值,按承载能力极限状态荷载效应组合计算,并考虑结构重要性系数;

M_u——构件的正截面受弯承载力设计值;

f_c——混凝土轴心抗压强度设计值,按表 2-6 取用;

b——矩形截面宽度;

x——混凝土等效受压区高度;

f_y——钢筋抗拉强度设计值;

A_s——纵向受拉钢筋的截面面积;

h_0——截面有效高度。

(二) 适用条件

以上基本公式仅适用于适筋梁,而不适用于超筋梁和少筋梁,所以必须满足以下适用条件。

(1) 为了避免超筋破坏,应满足

$$\xi \leqslant \xi_b \tag{3-18a}$$

或
$$x \leqslant x_b = \xi_b h_0 \tag{3-18b}$$

或
$$\rho \leqslant \rho_{max} = \xi_b \alpha_1 f_c / f_y \tag{3-18c}$$

若将 ξ_b 代入式(3-16),可得

$$M \leqslant M_u = \xi_b (1 - 0.5\xi_b) \alpha_1 f_c b h_0^2 \tag{3-18d}$$

式(3-18)的四个式子意义相同,都是检验受弯构件是否因配筋过多而出现超筋破坏,实践中只要满足一个式子,其余的就必定满足。

(2) 为了避免发生少筋破坏，使用基本公式计算的另一个适用条件是

$$\rho \geqslant \rho_{\min} \tag{3-19}$$

$\rho_{\min}$ 为适筋构件的最小配筋率。当计算所得的配筋率小于最小配筋率（$\rho < \rho_{\min}$）时，则按 $\rho = \rho_{\min}$ 配筋，即取 $A_s = \rho_{\min} bh$；当温度因素对结构构件有较大影响时，应适当增大受拉钢筋的最小配筋率。

二、截面设计

截面设计是在结构形式、结构布置确定之后，要求确定构件的截面形式、尺寸、混凝土强度等级，钢筋的品种和数量，以及钢筋在截面中的相对位置。在进行截面设计时，基本计算公式仅有两个，不确定因素却很多，因此需要根据构造要求并参考类似结构，先拟定构件的截面尺寸和材料强度等级，再进行配筋计算。

（一）设计截面的步骤

(1) 计算简图的确定。计算简图是实际受弯构件经过抽象分析和简化处理而形成的力学模型，简图中应表示出支座及荷载情况、梁或板的计算跨度等。

(2) 确定材料强度设计值（确定设计参数）。

(3) 确定截面尺寸 b、h 及有效高度 h_0。

(4) 内力计算，计算弯矩设计值 M。

对于简支梁或板，按作用在梁或板上的全部荷载（永久荷载及可变荷载），求出跨中最大弯矩设计值。对于外伸梁和连续梁，应根据永久荷载及最不利位置的可变荷载，分别求出简支跨跨中最大正弯矩设计值和支座最大负弯矩设计值。现浇板的计算宽度可取单位宽度 1 m 进行计算。

(5) 计算钢筋截面面积 A_s 并验算适用条件。

① 联立式(3-8)、式(3-16)或式(3-17)可得 $x = h_0 - \sqrt{h_0^2 - \dfrac{2M}{\alpha_1 f_c b}}$。

② 验算最大配筋率的适用条件。若根号内出现负值或 $x > x_b = \xi_b h_0$，应加大截面尺寸或提高混凝土强度等级。ξ_b 详见表 3-6。

③ 当 $x \leqslant x_b$ 时，由式(3-8)可得，$A_s = \alpha_1 f_c bx / f_y$。

④ 验算最小配筋率 $\rho_{\min}$ 的适用条件。若 $\rho = \dfrac{A_s}{bh} \geqslant \rho_{\min}$，满足要求；否则按最小配筋率配筋，即取 $A_s = \rho_{\min} bh$。

(6) 选配钢筋。

由表 3-7 选择合适的钢筋直径及根数。对现浇板，由表 3-8 选择合适的钢筋直径及间距。实际采用的钢筋截面面积一般应等于或略大于计算所需的钢筋截面面积，如若小于计算所需的钢筋截面面积，则相差不应超过 5%。钢筋的直径和间距应符合有关规定。

(7) 绘制截面配筋图。

配筋图上应表示截面尺寸和配筋情况，应注意以适当比例正规绘制。

表 3-7　钢筋的计算截面面积及理论重量表

公称直径/mm	不同根数钢筋的计算截面面积/mm²									单根钢筋理论重量/kg·m⁻¹
	1	2	3	4	5	6	7	8	9	
6	28.3	57	85	113	142	170	198	226	255	0.222
6.5	33.2	66	100	133	166	199	232	265	299	0.260
8	50.3	101	151	201	252	302	352	402	453	0.395
8.2	52.8	106	158	211	264	317	370	423	475	0.432
10	78.5	157	236	314	393	471	550	628	707	0.617
12	113.1	226	339	452	565	678	791	904	1017	0.888
14	153.9	308	461	615	769	923	1077	1231	1385	1.21
16	201.1	402	603	804	1005	1206	1407	1608	1809	1.58
18	254.5	509	763	1017	1272	1527	1781	2036	2290	2.00
20	314.2	628	942	1256	1570	1884	2199	2513	2827	2.47
22	380.1	760	1140	1520	1900	2281	2661	3041	3421	2.98
25	490.9	982	1473	1964	2454	2945	3436	3927	4418	3.85
28	615.8	1232	1847	2463	3079	3695	4310	4926	5542	4.83
32	804.2	1609	2413	3217	4021	4826	5630	6434	7238	6.31
36	1017.9	2036	3054	4072	5089	6107	7125	8143	9161	7.99
40	1256.6	2513	3770	5027	6283	7540	8796	10053	11310	9.87
50	1964	3928	5892	7856	9820	11784	13748	15712	17676	15.42

表 3-8　钢筋混凝土板每米宽的钢筋截面面积（单位：mm²）

钢筋间距/mm	钢筋直径/mm											
	3	4	5	6	6/8	8	8/10	10	10/12	12	12/14	14
70	101.0	180	280	404	561	719	920	1121	1369	1616	1907	2199
75	94.2	168	262	377	524	671	859	1047	1277	1508	1780	2052
80	88.4	157	245	354	491	629	805	981	1198	1414	1669	1924
85	83.2	148	231	333	462	592	758	924	1127	1331	1571	1811
90	78.5	140	218	314	437	559	716	872	1064	1257	1438	1710
95	74.5	132	207	298	414	529	678	826	1008	1190	1405	1620
100	70.6	126	196	283	393	503	644	785	958	1131	1335	1539
110	64.2	114	178	257	357	457	585	714	871	1028	1214	1399
120	58.9	105	163	236	327	419	537	654	798	942	1113	1283
125	56.5	101	157	226	314	402	515	628	766	905	1068	1231

续表

钢筋间距/mm	钢筋直径/mm											
	3	4	5	6	6/8	8	8/10	10	10/12	12	12/14	14
130	54.4	96.6	151	218	302	387	495	604	737	870	1027	1184
140	50.5	89.8	140	202	281	359	460	561	684	808	954	1099
150	47.1	83.8	131	189	262	335	429	523	639	754	890	1026
160	44.1	78.5	123	177	246	314	403	491	599	707	834	962
170	41.5	73.9	115	166	231	296	379	462	564	665	785	905
180	39.2	69.8	109	157	218	279	358	436	532	628	742	855
190	37.2	66.1	103	149	207	265	339	413	504	595	703	810
200	35.3	62.8	98.2	141	196	251	322	393	479	565	668	770
220	32.1	57.1	89.2	129	179	229	293	357	436	514	607	700
240	29.4	52.4	81.8	118	164	210	268	327	399	471	556	641
250	28.3	50.3	78.5	113	157	201	258	314	383	452	534	616
260	27.2	48.3	75.5	109	151	193	248	302	369	435	513	592
280	25.2	44.9	70.1	101	140	180	230	280	342	404	477	550
300	23.6	41.9	65.5	94.2	131	168	215	262	319	377	445	513
320	22.1	39.3	61.4	88.4	123	157	201	245	299	353	417	481

【例 3-1】 某钢筋混凝土简支主梁,结构安全等级为二级,承受恒荷载标准值 $G_k=6.3$ kN/m,活荷载标准值为 $Q_k=9.6$ kN/m,采用 HRB335 级钢筋和 C30 混凝土,梁的计算跨度 $l_0=6$ m,如图 3-14 所示。试确定梁的截面尺寸及纵向受力钢筋。

【解】 (1)设计参数的确定。

查表 2-6、表 2-11、表 3-6 得材料的设计强度 $f_c=14.3$ N/mm², $f_t=1.43$ N/mm², $f_y=300$ N/mm², $\xi_b=0.550$, $\alpha_1=1.0$。

(2)确定截面尺寸 b、h 及截面有效高度 h_0。

查表 3-1 得,

$$h=\frac{l_0}{12}=\frac{6000 \text{ mm}}{12}=500 \text{ mm}, \quad b=\frac{h}{2.5}=\frac{500 \text{ mm}}{2.5}=200 \text{ mm}$$

所以取截面高度 $h=500$ mm,截面宽度 $b=200$ mm。

设纵向受力钢筋按一排设置,所以初步取 $h_0=h-40$ mm$=500$ mm-40 mm$=460$ mm。

(3)内力计算,求弯矩设计值 M。

恒荷载产生的弯矩标准值:

$$\frac{1}{8}(G_k+G_{自重})l_0^2=\frac{1}{8}\times(6.3+0.2\times0.5\times25) \text{ kN/m}\times6^2 \text{ m}^2=39.6 \text{ kN}\cdot\text{m}$$

活荷载产生的弯矩标准值:

$$\frac{1}{8}Q_kl_0^2=\frac{1}{8}\times9.6 \text{ kN/m}\times6^2 \text{ m}^2=43.2 \text{ kN}\cdot\text{m}$$

因为结构安全等级为二级,所以此题中结构重要性系数 $\gamma_0=1.0$。

当恒荷载起控制作用时,弯矩设计值为

$$M_{恒}=\gamma_0(\gamma_G S_{Gk}+\gamma_Q \gamma_L S_{Qk})=1.0\times(1.35\times39.6+1.4\times1.0\times0.7\times43.2) \text{ kN}\cdot\text{m}$$
$$=95.8 \text{ kN}\cdot\text{m}$$

当活荷载起控制作用时,弯矩设计值为

$$M_{活}=\gamma_0(\gamma_G S_{Gk}+\gamma_Q \gamma_L S_{Qk})=1.0\times(1.2\times39.6+1.4\times1.0\times43.2)$$
$$=108 \text{ kN}\cdot\text{m}>M_{恒}$$

所以可变荷载控制的组合 $M=108 \text{ kN}\cdot\text{m}$ 作为弯矩设计值。

(4)计算钢筋截面面积 A_s 并验算适用条件。

$$x=h_0-\sqrt{h_0^2-\frac{2M}{\alpha_1 f_c b}}=460 \text{ mm}-\sqrt{460^2-\frac{2\times108\times10^6}{1.0\times14.3\times200}} \text{ mm}=91.1 \text{ mm}$$

因 $x_b=\xi_b h_0=0.550\times460=253>x$,所以满足最大配筋率 $\rho_{\max}$ 的要求。所以可得

$$A_s=\alpha_1 f_c bx/f_y=(1.0\times14.3\times200\times91.1/300) \text{ mm}^2=868.5 \text{ mm}^2$$
$$\rho_{\min}=0.45 f_t/f_y=0.45\times1.43/300=0.215\%>0.2\%$$

$\rho_{\min}bh=0.215\%\times200 \text{ mm}\times500 \text{ mm}=215 \text{ mm}^2<A_s=868.5 \text{ mm}^2$,所以满足最小配筋率的要求。

由以上验算可知截面符合适筋条件。

(5)选配钢筋。

选用 3Φ20($A_s=942 \text{ mm}^2$),钢筋排列如图 3-14 所示。

钢筋净距为 $(200-2\times25-3\times20) \text{ mm}/2=45 \text{ mm}>25 \text{ mm}$,满足构造要求。

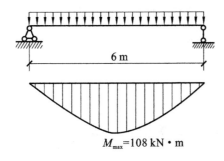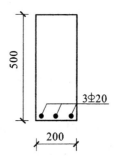

图 3-14 例 3-1 图

(二)用系数法设计截面

1. 系数法的公式推导

按式(3-8)和式(3-16)进行截面配筋计算时,由于截面受压区高度 x 和钢筋截面面积 A_s 均未知,必须解烦琐的二元二次联立方程组。在实际工程中,为了简化运算过程,常引入参数制成计算用表进行分析计算,具体编制过程如下。

将 $\xi=x/h_0$ 代入式(3-16)、式(3-17)得

$$M=\alpha_1 f_c bx\left(h_0-\frac{x}{2}\right)=\alpha_1 f_c b h_0^2 \xi(1-0.5\xi) \tag{3-20}$$

$$M = f_y A_s \left(h_0 - \frac{x}{2}\right) = f_y A_s h_0 (1 - 0.5\xi) \tag{3-21}$$

式中的 ξ 为无量纲,称为受压区相对高度。

如令
$$\alpha_s = \xi(1 - 0.5\xi) \tag{3-22a}$$
$$\gamma_s = 1 - 0.5\xi \tag{3-23}$$

则有
$$M = \alpha_s \alpha_1 f_c b h_0^2 \tag{3-24a}$$
$$M = f_y A_s \gamma_s h_0 \tag{3-25}$$

式中的 α_s、γ_s 均为无量纲的值,分别称为截面抵抗矩系数和内力臂系数。

当 $\xi = \xi_b$ 时,代入式(3-22a)可求出梁截面抵抗矩系数的最大值 $\alpha_{s,max}$,即

$$\alpha_{s,max} = \xi_b (1 - 0.5\xi_b) \tag{3-22b}$$

则有
$$M_{u,max} = \alpha_{s,max} \alpha_1 f_c b h_0^2 \tag{3-24b}$$

式(3-22a)还可以改写为
$$\xi = 1 - \sqrt{1 - 2\alpha_s} \tag{3-26}$$

α_s、γ_s 都是受压区相对高度 ξ 的函数,根据不同的 ξ 值可由式(3-22a)、式(3-23)计算出 α_s 及 γ_s,有关书籍已经编制成计算表格(本书略),如已知 ξ、α_s、γ_s 三个系数中的任一值时,除可采用上述公式计算外,还可以通过查表查出相对应的另外两个系数。

2. 系数法的设计步骤

(1) 由式(3-24a)计算 α_s 值,$\alpha_s = M/(\alpha_1 f_c b h_0^2)$。

(2) 由式(3-26)计算求得 $\xi = 1 - \sqrt{1 - 2\alpha_s}$,则 $x = \xi h_0$。同时验算是否有 $\xi \leq \xi_b$,如不满足,则应加大截面尺寸,或提高混凝土强度等级,或采用双筋截面后再重新计算。

由式(3-26)及式(3-23),求得 $\gamma_s = \dfrac{1 + \sqrt{1 - 2\alpha_s}}{2}$。

(3) 由式(3-8)计算可得 $A_s = \alpha_1 f_c b x / f_y$ 或 $A_s = \dfrac{M}{\gamma_s f_y h_0}$。

(4) 验算是否满足 $A_s \geq A_{s,min} = \rho_{min} b h$。

【**例 3-2**】 条件同例 3-1,试用系数法确定梁纵向受力钢筋的数量。

【**解**】 步骤(1)~(3)同例题例 3-1。

(4) 用系数法计算钢筋截面面积 A_s 并验算适用条件。

由式(3-24a)计算 α_s 值,即
$$\alpha_s = M/(\alpha_1 f_c b h_0^2) = 108 \times 10^6 / 1.0 \times 14.3 \times 200 \times 460^2 = 0.178$$

由式(3-26)计算 ξ 值,即
$$\xi = 1 - \sqrt{1 - 2\alpha_s} = 1 - \sqrt{1 - 2 \times 0.178} = 0.198 < \xi_b = 0.550$$
$$x = \xi h_0 = 0.198 \times 460 \text{ mm} = 91.08 \text{ mm}$$

由式(3-8)计算 A_s 值
$$A_s = \frac{\alpha_1 f_c b x}{f_y} = \frac{1.0 \times 14.3 \times 200 \times 91.08}{300} \text{ mm}^2 = 868.3 \text{ mm}^2$$

验算最小配筋率 ρ_{min},即
$$A_s > \rho_{min} b h = 0.215\% \times 200 \text{ mm} \times 500 \text{ mm} = 215 \text{ mm}^2$$

(5) 选配钢筋。选用 3 ⏀ 20,实际配筋面积 $A_s = 942 \text{ mm}^2$。

从例 3-1 和例 3-2 可以看到,用系数法求得的受弯构件钢筋截面面积与基本公式法求出的结果一致,且计算过程简单。因此,实际工程中多采用系数法进行截面设计计算。

【例 3-3】 某宿舍的内廊为现浇简支在砖墙上的钢筋混凝土平板(见图 3-15),板上作用的均布活荷载标准值为 $Q_k = 2 \text{ kN/m}^2$。水磨石地面及细石混凝土垫层共 30 mm 厚(重力密度为 22 kN/m^3),板底粉刷石灰砂浆 12 mm 厚(重力密度为 17 kN/m^3)。混凝土强度等级选用 C25,纵向受力钢筋采用 HPB300 级热轧钢筋。试确定板厚度和受拉钢筋的截面面积。

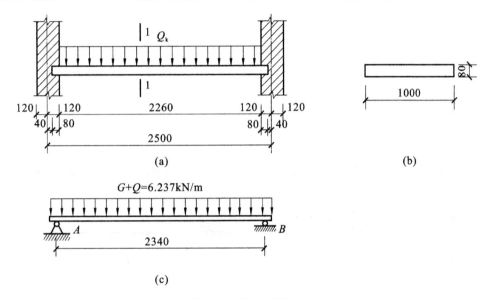

图 3-15 例 3-3 图(一)

【解】 (1) 单元选取及截面有效高度计算。

内廊虽然很长,但板的厚度和板上的荷载都相等,因此只需取 1 m 宽的板带进行计算并配筋,其余板带均按此板带配筋。取出 1 m 板带计算,假定板厚 $h = 80$ mm(见图 3-15(b)),混凝土保护层厚为 15 mm,取 $a_s = 20$ mm,则 $h_0 = 80$ mm $-$ 20 mm $=$ 60 mm。

(2) 求计算跨度。

单跨梁板的计算跨度可按图 3-15(a)计算:

$$l_0 = 2\,260 \text{ mm} + 80 \text{ mm} = 2\,340 \text{ mm}$$

(3) 求荷载设计值。

恒荷载标准值:水磨石地面　　　　　$0.03 \times 1 \times 22 = 0.66$
钢筋混凝土板自重　　　　　　　　　$0.08 \times 1 \times 25 = 2.0$
粉刷石灰砂浆　　　　　　　　　　　$0.012 \times 1 \times 17 = 0.204$

$$G_k = (0.66 + 2.0 + 0.204) \text{ kN/m}^2 = 2.864 \text{ kN/m}^2$$

活荷载标准值:　　　　　　　　　$Q_k = 2 \text{ kN/m}^2$

恒荷载的分项系数 $\gamma_G = 1.2$,活荷载的分项系数 $\gamma_Q = 1.4$。

恒荷载设计值:　$G = \gamma_G G_k = 1.2 \times 2.864 \text{ kN/m}^2 = 3.437 \text{ kN/m}^2$

活荷载设计值:　$Q = \gamma_Q \gamma_L Q_k = 1.4 \times 1.0 \times 2 \text{ kN/m}^2 = 2.8 \text{ kN/m}^2$

(4) 求最大弯矩设计值 M。

$$M = \frac{1}{8}(G+Q)l_0^2 = \frac{1}{8} \times (3.437 + 2.8) \times 2.34^2 = 4.269 \text{ kN·m}$$

(5) 查钢筋和混凝土强度设计值。

查表 2-6、表 2-11 得材料强度设计值

$$f_c = 11.9 \text{ N/mm}^2, \quad f_t = 1.27 \text{ N/mm}^2, \quad f_y = 270 \text{ N/mm}^2$$

(6) 求 x 及 A_s 值。

$$\alpha_s = \frac{M}{\alpha_1 f_c b h_0^2} = \frac{4.269 \times 10^6}{1.0 \times 11.9 \times 1000 \times 60^2} = 0.0996$$

$$\xi = 1 - \sqrt{1 - 2\alpha_s} = 1 - \sqrt{1 - 2 \times 0.0996} = 0.105 < \xi_b = 0.576$$

$$A_s = \frac{\alpha_1 f_c \xi b h_0}{f_y} = \frac{1.0 \times 11.9 \times 0.105 \times 1000 \times 60}{270} \text{ mm}^2 = 278 \text{ mm}^2$$

验算

$$\rho = \frac{A_s}{bh} = \frac{278}{1000 \times 80} = 0.35\%$$

$$> 0.45 \frac{f_t}{f_y} = 0.45 \times \frac{1.27}{270} = 0.21\% > 0.2\%$$

(7) 选配钢筋。选受力纵筋 Φ8@180，分布钢筋 Φ8@250，钢筋布置如图 3-16 所示。

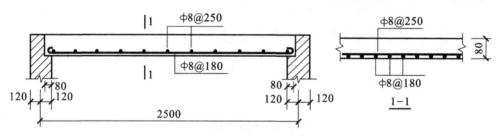

图 3-16　例 3-3 图（二）

三、承载力复核

承载力复核是对已设计或施工好的混凝土构件截面的承载力进行复核，核算作用于截面的弯矩 M 是否超过截面受弯极限承载力设计值 M_u。

受弯构件正截面承载力复核时，已知构件的尺寸（$b \times h$）、材料强度（f_c, f_y）、受拉钢筋截面面积（A_s）以及截面承受的弯矩设计值（M），按下列步骤进行。

(1) 由式(3-8)计算混凝土受压区高度 $x = \dfrac{f_y A_s}{\alpha_1 f_c b}$。

(2) 求截面受弯极限承载力设计值 M_u：

① 当 $x \leq \xi_b h_0$ 时，由式(3-17)计算 $M_u = f_y A_s \left(h_0 - \dfrac{x}{2}\right)$；

② 当 $x > \xi_b h_0$ 时，由式(3-24b)计算 $M_u = \alpha_{s,\max} \alpha_1 f_c b h_0^2$。

(3) 承载力校核。按承载能力极限状态计算要求，应满足 $M \leq M_u$。

【例 3-4】已知钢筋混凝土矩形梁截面尺寸 $b \times h = 200 \text{ mm} \times 450 \text{ mm}$，采用 C25 混凝土、HRB400 级钢筋，受拉钢筋配置 3 Φ25（$A_s = 1473 \text{ mm}^2$）。试求梁正截面受弯极限承载力设计值

M_u,若使用时实际承受的弯矩设计值 $M=110$ kN·m,复核该梁是否安全。

【解】 查表 2-6、表 2-11 得材料的设计强度 $f_c=11.9$ N/mm², $f_y=360$ N/mm²,截面有效高度 $h_0=450$ mm$-(25+25/2)$ mm$=413$ mm。

(1) 计算混凝土受压区高度:
$$x=\frac{f_y A_s}{\alpha_1 f_c b}=\frac{360\times 1\,473}{1.0\times 11.9\times 200} \text{ mm}=222.8 \text{ mm}$$
$$>\xi_b h_0=0.518\times 413 \text{ mm}=213.9 \text{ mm}$$

此梁为超筋梁。

(2) 计算正截面受弯极限承载力设计值。

取 $\xi=\xi_b=0.518$,有
$$M_u=\alpha_1 f_c b h_0^2 \xi_b\left(1-\frac{1}{2}\xi_b\right)=1.0\times 11.9\times 200\times 413^2\times 0.518\times\left(1-\frac{1}{2}\times 0.518\right)$$
$$=155.9\times 10^6 \text{ N·mm}=155.9 \text{ kN·m}$$

(3) 承载力复核。
$$M=110 \text{ kN·m}<M_u=155.9 \text{ kN·m}$$

所以该梁正截面是安全的。

任务 4 双筋矩形截面正截面承载力计算

在梁受压区放置的经计算确定的承受压力的钢筋,称为受压钢筋,记为 A'_s。梁内在受拉区和受压区同时配有纵向受力钢筋的截面,称为双筋截面。双筋截面通常在下面几种情况下采用。

(1) 当梁截面承受的弯矩很大,同时截面高度 h 受到使用要求的限制不能增大,混凝土强度等级又受到施工条件所限不便提高时,若继续采用单筋截面就无法满足 $\xi\leqslant\xi_b$ 的适用条件而导致超筋,使受拉钢筋不能被充分利用,因此就需要在受压区设置受压钢筋帮助混凝土受压,按双筋截面计算。

(2) 在不同的荷载组合下,同一截面可能会承受正、负两种弯矩,如风荷载作用下的框架梁等。此时必须在构件截面的上下均配置受力钢筋,设计成双筋截面。

(3) 在受压区配置钢筋,可提高混凝土的极限压应变 ε_{cu},减少混凝土受压区高度 x,提高构件延性,利于结构抗震。此外,双筋截面可减少使用阶段的变形。

但必须指出,用钢筋帮助混凝土受压虽能提高截面承载力,但用钢量比较大,不经济,一般情况下应尽量避免采用。

一、基本计算公式及适用条件

(一) 应力图形

试验结果表明,只要满足适筋梁条件 $\xi\leqslant\xi_b$,双筋截面梁的破坏形式与单筋截面梁的塑性破

坏特征基本相同,不同之处仅在于受压区增加了受压钢筋承受压力。与单筋梁一样,双筋梁破坏时,首先是受拉钢筋应力达到屈服强度 f_y,随后受压边缘纤维混凝土的变形达到极限压应变 ε_{cu},受压区混凝土应力仍采用等效矩形应力图形,其应力为 $\alpha_1 f_c$(见图 3-17)。

受压钢筋在梁发生适筋破坏时,压应力取决于其压应变 ε'_s。根据平截面假定,由图 3-17 可知:

$$\varepsilon'_s = \frac{x_c - a'_s}{x_c}\varepsilon_{cu} = \left(1 - \frac{a'_s}{x/0.8}\right)\varepsilon_{cu} \tag{3-27}$$

将 $\varepsilon_{cu}=0.0033$ 代入上式,并取 $a'_s=x/2$,此时,$\varepsilon'_s=0.002$。相应的受压钢筋的应力范围为

$$\sigma'_s = E'_s \varepsilon'_s = (1.95\times 10^5 \sim 2.1\times 10^5)\times 0.002 = 390 \sim 420 \text{ N/mm}^2 \tag{3-28}$$

对应常用的 HPB300、HRB335、HRB400 及 RRB400 级钢筋,破坏时受压钢筋应力超过了钢筋的屈服强度,因此,可以取钢筋的抗屈服强度设计值作为钢筋的抗压设计强度 f'_y。值得强调的是,设计时必须满足 $x \geqslant 2a'_s$,否则说明截面破坏时钢筋应变达不到 0.002,受压钢筋不屈服。

对于更高强度的钢筋,由于受到混凝土受压区极限压应变的限制,其强度设计值只能发挥到 $0.002E'_s$,不能得到充分利用,因此《混凝土结构设计规范》(GB 50010—2010)中受压钢筋抗压强度设计值取 $0.002E'_s$。

双筋矩形截面梁截面计算应力图形如图 3-17 所示。

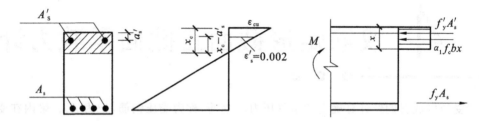

图 3-17 双筋矩形截面受弯构件正截面计算简图

(二) 基本公式

根据图 3-17 计算应力图形和内力平衡条件,可得下列基本公式:

$$f_y A_s = \alpha_1 f_c b x + f'_y A'_s \tag{3-29}$$

$$M \leqslant M_u = \alpha_1 f_c b x \left(h_0 - \frac{x}{2}\right) + f'_y A'_s (h_0 - a'_s) \tag{3-30}$$

式中:f'_y——普通钢筋抗压强度设计值,按表 2-11 取用;

A'_s——受压区纵向普通钢筋的截面面积;

a'_s——受压钢筋合力点到受压区边缘的距离。

其余符号意义同前。

在实际应用中,为方便分析可将双筋截面所承担的弯矩 M_u 分为两部分考虑。第一部分由受压混凝土的压力和相应的受拉钢筋 A_{s1} 的拉力组成,表示为 M_{u1};第二部分由受压钢筋 A'_s 的压力和剩余的受拉钢筋 A_{s2} 的拉力组成,表示为 M_{u2}。如图 3-18 所示,将二者叠加即为双筋矩形截面梁的受弯承载力 M_u,即 $M_u = M_{u1} + M_{u2}$,所求受拉钢筋截面面积为 $A_s = A_{s1} + A_{s2}$。

根据平衡公式,可得:

单筋截面部分 $\quad\quad\quad\quad \alpha_1 f_c b x = f_y A_{s1} \tag{3-29a}$

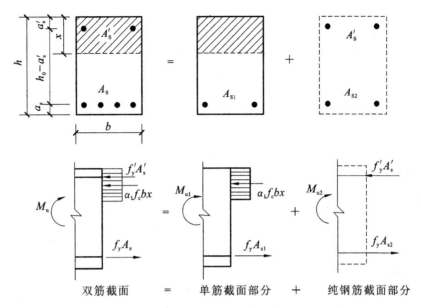

图 3-18 双筋截面的分解

$$M_{u1} = \alpha_1 f_c b x \left(h_0 - \frac{x}{2}\right) \quad (3\text{-}30a)$$

纯钢筋截面部分
$$f'_y A'_s = f_y A_{s2} \quad (3\text{-}29b)$$
$$M_{u2} = f'_y A'_s (h_0 - a'_s) \quad (3\text{-}30b)$$

将以上两部分叠加即可得到双筋矩形截面正截面受弯承载力基本公式。

（三）基本公式的适用条件

(1) $\xi \leqslant \xi_b$ 或 $x \leqslant \xi_b h_0$，其意义与单筋截面一样，为了避免发生超筋破坏，保证受拉钢筋在截面破坏时应力能够达到抗拉强度设计值 f_y。

(2) $x \geqslant 2a'_s$，其意义是保证受压钢筋具有足够的变形，在截面破坏时应力能够达到抗压强度设计值 f'_y。如图 3-19 所示，如果 $x < 2a'_s$，则受压钢筋太靠近中和轴，变形不充分，受压钢筋的压应变 ε'_s 太小，应力达不到抗压强度设计值 f'_y。对此情况，在计算时可近似地假定受压钢筋的压力和受压混凝土的压力作用点均在受压钢筋重心位置上，即取 $x = 2a'_s$，以受压钢筋合力点为矩心取矩，可得

$$M \leqslant M_u = f_y A_s (h_0 - a'_s) \quad (3\text{-}31)$$

如计算中不考虑受压钢筋 A'_s 的受压作用，则不需要满足 $x \geqslant 2a'_s$ 的条件，按单筋矩形截面计算 A_s。

双筋截面承受的弯矩较大，一般均能满足最小配筋率的适用条件，通常可不进行 ρ_{min} 条件的验算。

双筋截面中的受压钢筋在压力作用下可能产生纵向弯曲而向外凸出，不能充分利用钢筋的强度，还会使受压区混凝土过早破坏。因此，在计算中若考虑受压钢筋的作用，应按规范规定，配置封闭式箍筋，将受压钢筋箍住，且箍筋间

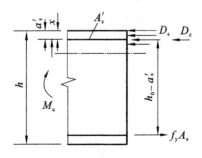

图 3-19 $x < 2a'_s$ 时双筋截面计算简图

距不应大于 15 倍的受压钢筋的最小直径,同时不应大于 400 mm;当一层内的纵向受压钢筋多于 5 根且直径大于 18 mm 时,箍筋的间距不应大于 10 倍的纵向受压钢筋的最小直径;箍筋直径不应小于 1/4 的纵向受压钢筋的最大直径;当梁的宽度大于 400 mm 且一层内的纵向受力钢筋多于 3 根时,或当梁的宽度不大于 400 mm 但一层内的纵向受力钢筋多于 4 根时,应设置复合箍筋。

二、截面设计

双筋截面设计时,可能会遇到下面两种情况。

(一) 第一种情况

已知截面尺寸($b \times h$)、截面弯矩设计值(M)、混凝土的强度等级(f_c)和钢筋的级别(f_y, f'_y),求受拉钢筋截面面积 A_s 和受压钢筋截面面积 A'_s。

解题步骤如下。

(1) 验算是否需要采用双筋截面,即 $M > \alpha_1 f_c b h_0^2 \xi_b (1 - 0.5\xi_b)$ 或 $M > \alpha_{s,\max} \alpha_1 f_c b h_0^2$,如果符合,应采用双筋截面,否则采用单筋截面即可。

(2) 由于式(3-29)、式(3-30)两个基本公式中含有 x、A_s、A'_s 三个未知数,可有多组解,故应补充一个条件才能求解。为节约钢筋,应充分利用混凝土抗压,令 $\xi = \xi_b$(即 $x = \xi_b h_0$),由式(3-30)可得:

① 单筋截面部分所能承担的弯矩 M_{u1},$M_{u1} = \alpha_1 f_c b h_0^2 \xi_b (1 - 0.5\xi_b) = \alpha_{s,\max} \alpha_1 f_c b h_0^2$;

② 纯钢筋截面部分承担的弯矩 M_{u2},$M_{u2} = M - M_{u1}$。

所以,
$$A'_s = \frac{M_{u2}}{f'_y (h_0 - a'_s)}$$

由式(3-29)得
$$A_s = A_{s1} + A_{s2} = \frac{\alpha_1 f_c b \xi_b h_0 + f'_y A'_s}{f_y}$$

(3) 选择钢筋的直径和根数。

(二) 第二种情况

已知截面尺寸($b \times h$)、截面弯矩设计值(M)、混凝土的强度等级(f_c)和钢筋的级别(f_y, f'_y)、受压钢筋截面面积 A'_s,求受拉钢筋的截面面积 A_s。

解题步骤如下。

(1) 因 A'_s 已知,故 $M_{u2} = f'_y A'_s (h_0 - a'_s)$,$M_{u1} = M - M_{u2}$。

(2) 计算 ξ 及 x:
$$\alpha_s = \frac{M_{u1}}{\alpha_1 f_c b h_0^2}$$
$$\xi = 1 - \sqrt{1 - 2\alpha_s}$$
$$x = \xi h_0$$

(3) 配筋计算。

当 $2a'_s \leqslant x \leqslant \xi_b h_0$ 时,由式(3-29)得 $A_s = \dfrac{\xi \alpha_1 f_c b h_0 + f'_y A'_s}{f_y}$。

当 $x>\xi_b h_0$ 时，说明已配置的受压钢筋 A_s' 数量不够，应增加其数量，可当作受压钢筋未知的情况（即第一种情况）重新计算 A_s 和 A_s'。

当 $x<2a_s'$ 时，表示受压钢筋 A_s' 的应力达不到抗压强度，由式(3-31)计算受拉钢筋截面积。

$$A_s = \frac{M}{f_y(h_0 - a_s')}$$

（4）选择钢筋的直径和根数。

三、承载力复核

已知截面尺寸（$b \times h$）、混凝土的强度等级（f_c）和钢筋的级别（f_y, f_y'）、受拉钢筋和受压钢筋的截面面积（A_s、A_s'）、截面弯矩设计值 M，复核截面是否安全。

解题步骤如下。

（1）由式(3-29)计算受压区截面高度：

$$x = \frac{f_y A_s - f_y' A_s'}{\alpha_1 f_c b}$$

（2）计算受弯承载力 M_u。

当 $2a_s' \leqslant x \leqslant \xi_b h_0$，由式(3-30)得 $M_u = \alpha_1 f_c b x \left(h_0 - \frac{x}{2}\right) + f_y' A_s' (h_0 - a_s')$；

当 $x > \xi_b h_0$，以 $x = \xi_b h_0$ 代入式(3-30)得 $M_u = \alpha_{s,\max} \alpha_1 f_c b h_0^2 + f_y' A_s' (h_0 - a_s')$；

当 $x < 2a_s'$，由式(3-31)得 $M_u = f_y A_s (h_0 - a_s')$。

（3）如 $M \leqslant M_u$，则正截面承载力满足要求，否则不满足。

【例 3-5】 某钢筋混凝土矩形截面简支梁，承受弯矩设计值 $M=244$ kN·m，截面尺寸为 $b \times h = 200$ mm $\times 500$ mm，混凝土强度等级为 C25，采用 HRB335 级钢筋，要求计算截面配筋。

【解】 （1）确定设计参数。

C25 混凝土，查表 2-6，$f_c = 11.9$ N/mm²；

HRB335 级钢筋，查表 2-11，$f_y = f_y' = 300$ N/mm²；

因弯矩较大，估计受拉钢筋应排成两层，取 $a_s = 65$ mm，则 $h_0 = h - a_s = 500$ mm $-$ 65 mm $=$ 435 mm。

（2）验算是否需要采用双筋截面。

对于 HRB335 级钢筋，查表 3-6 可知相应的 $\xi_b = 0.550$。

$$\begin{aligned} M = 244 \text{ kN·m} &> \xi_b (1 - 0.5\xi_b) \alpha_1 f_c b h_0^2 \\ &= 0.550 \times (1 - 0.5 \times 0.550) \times 1.0 \times 11.9 \times 200 \times 435^2 \text{ N·mm} \\ &= 179.58 \times 10^6 \text{ N·mm} = 179.58 \text{ kN·m} \end{aligned}$$

所以，应采用双筋截面。

（3）配筋计算。

受压钢筋为单排，取 $a_s' = 40$ mm，为节约钢筋，充分利用混凝土抗压，令 $\xi = \xi_b$，则：

① 单筋截面部分所能承担的弯矩 M_{u1}，$M_{u1} = \alpha_1 f_c b h_0^2 \xi_b (1 - 0.5\xi_b) = 179.58$ kN·m；

② 纯钢筋截面部分承担的弯矩 M_{u2}，$M_{u2} = M - M_{u1} = (244 - 179.58)$ kN·m $= 64.42$ kN·m。

所以，

$$A_s' = \frac{M_{u2}}{f_y'(h_0 - a_s')} = \frac{64.42 \times 10^6}{300 \times (435 - 40)} \text{ mm}^2 = 543.63 \text{ mm}^2$$

$$A_s = A_{s1} + A_{s2} = \frac{\alpha_1 f_c \xi_b b h_0 + f'_y A'_s}{f_y}$$

$$= \frac{1.0 \times 11.9 \times 0.550 \times 200 \times 435 + 300 \times 543.63}{300} \text{ mm}^2 = 2441.68 \text{ mm}^2$$

(4)选择钢筋。

受拉钢筋选用 2Φ20+4Φ25,受压钢筋选用 2Φ20,其配筋图如图3-20所示。

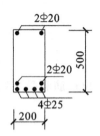

图 3-20 例 3-5 图

【例 3-6】 条件同例 3-5,但在受压区已配置了 3Φ20 的受压钢筋(A'_s=942 mm²)。试求受拉钢筋的截面面积 A_s。

【解】 (1)确定设计参数：

C25 混凝土,查表 2-6,f_c=11.9 N/mm²；

HRB335 级钢筋,查表 2-11,$f_y = f'_y$=300 N/mm²；

因弯矩较大,估计受拉钢筋应排成两层,取 a_s=65 mm,则 $h_0 = h - a_s$=500 mm－65 mm=435 mm。

(2)计算受压钢筋与部分受拉钢筋承担的弯矩 M_{u2}:

$$M_{u2} = f'_y A'_s (h_0 - a'_s) = 300 \times 942 \times (435 - 40) \text{ N·mm} = 111.63 \times 10^6 \text{ N·mm} = 111.63 \text{ kN·m}$$

(3)计算 A_s。

$$M_{u1} = M - M_{u2} = (244 - 111.63) \text{ kN·m} = 132.37 \text{ kN·m}$$

$$\alpha_s = \frac{M_{u1}}{\alpha_1 f_c b h_0^2} = \frac{132.37 \times 10^6}{1.0 \times 11.9 \times 200 \times 435^2} = 0.294$$

$$\xi = 1 - \sqrt{1 - 2\alpha_s} = 1 - \sqrt{1 - 2 \times 0.294} = 0.358 < \xi_b = 0.550$$

$$x = \xi h_0 = 0.358 \times 435 \text{ mm} = 155.73 \text{ mm} > 2a'_s = 2 \times 40 \text{ mm} = 80 \text{ mm}$$

$$A_s = \frac{\alpha_1 f_c b x + f'_y A'_s}{f_y} = \frac{1.0 \times 11.9 \times 200 \times 155.73 + 300 \times 942}{300} \text{ mm}^2 = 2177.46 \text{ mm}^2$$

(4)选配钢筋。

受拉钢筋选用 5Φ22+1Φ20(A_s=1900 mm²+314.2 mm²=2214.2 mm²),配筋如图 3-21 所示。

可以看到,此题中全部受力钢筋的面积为 $A_s + A'_s$=2177.46 mm²+942 mm²=3119.46 mm²,大于例 3-5 中的钢筋用量 $A_s + A'_s$=2441.68 mm²+543.63 mm²=2985.31 mm²,验证了当取 $\xi = \xi_b$ 时,钢筋用量最少。

【例 3-7】 条件同例 3-5,但在受压区已配置了 3Φ25 的受压钢筋(A'_s=1473 mm²)。试求受拉钢筋的截面面积 A_s。

【解】 (1)确定设计参数：

C25 混凝土,查表 2-6,f_c=11.9 N/mm²；

HRB335 级钢筋,查表 2-11,$f_y = f'_y$=300 N/mm²；

因弯矩较大,估计受拉钢筋应排成两层,取 a_s=65 mm,则 $h_0 = h - a_s$=500 mm－65 mm=435 mm。

(2)计算受压钢筋与部分受拉钢筋承担的弯矩 M_{u2}:

$$M_{u2} = f'_y A'_s (h_0 - a'_s) = 300 \times 1473 \times (435 - 40) \text{ N·mm}$$

$$= 174.55 \times 10^6 \text{ N·mm} = 174.55 \text{ kN·m}$$

(3) 计算 A_s。

$$M_{u1} = M - M_{u2} = 244 \text{ kN} \cdot \text{m} - 174.55 \text{ kN} \cdot \text{m} = 69.45 \text{ kN} \cdot \text{m}$$

$$\alpha_s = \frac{M_{u1}}{\alpha_1 f_c b h_0^2} = \frac{69.45 \times 10^6}{1.0 \times 11.9 \times 200 \times 435^2} = 0.154$$

$$\xi = 1 - \sqrt{1 - 2\alpha_s} = 1 - \sqrt{1 - 2 \times 0.154} = 0.168 < \xi_b = 0.550$$

$$x = \xi h_0 = 0.168 \times 435 \text{ mm} = 73.1 \text{ mm} < 2a_s' = 2 \times 40 \text{ mm} = 80 \text{ mm}$$

所以，$A_s = \dfrac{M}{f_y(h_0 - a_s')} = \dfrac{244 \times 10^6}{300 \times (435 - 40)} \text{ mm}^2 = 2059.1 \text{ mm}^2$

(4) 选配钢筋。

受拉钢筋选用 $4 \Phi 22 + 2 \Phi 20 (A_s = 1520 \text{ mm}^2 + 628 \text{ mm}^2 = 2148 \text{ mm}^2)$，配筋如图 3-22 所示。

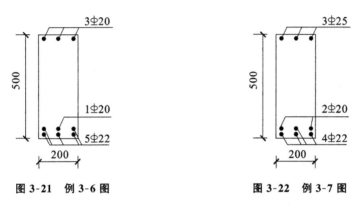

图 3-21　例 3-6 图　　　　　图 3-22　例 3-7 图

【例 3-8】 条件同例 3-5，但在受压区已配置了 $2 \Phi 18 (A_s' = 509 \text{ mm}^2)$ 的受压钢筋。试求受拉钢筋的截面面积 A_s。

【解】 (1) 确定设计参数：

C25 混凝土，查表 2-6，$f_c = 11.9 \text{ N/mm}^2$；

HRB335 级钢筋，查表 2-11，$f_y = f_y' = 300 \text{ N/mm}^2$；

因弯矩较大，估计受拉钢筋应排成两层，取 $a_s = 65 \text{ mm}$，则 $h_0 = h - a_s = 500 \text{ mm} - 65 \text{ mm} = 435 \text{ mm}$。

(2) 计算受压钢筋与部分受拉钢筋承担的弯矩 M_{u2}：

$$M_{u2} = f_y' A_s'(h_0 - a_s') = 300 \times 509 \times (435 - 40) \text{ N} \cdot \text{mm} = 60.3 \times 10^6 \text{ N} \cdot \text{mm} = 60.3 \text{ kN} \cdot \text{m}$$

(3) 计算 A_s。

$$M_{u1} = M - M_{u2} = 244 \text{ kN} \cdot \text{m} - 60.3 \text{ kN} \cdot \text{m} = 183.7 \text{ kN} \cdot \text{m}$$

$$\alpha_s = \frac{M_{u1}}{\alpha_1 f_c b h_0^2} = \frac{183.7 \times 10^6}{1.0 \times 11.9 \times 200 \times 435^2} = 0.408$$

$$\xi = 1 - \sqrt{1 - 2\alpha_s} = 1 - \sqrt{1 - 2 \times 0.408} = 0.571 > \xi_b = 0.550$$

所以，应按 A_s' 未知重新计算钢筋用量，具体详见例 3-5。

【例 3-9】 某双筋矩形截面梁如图 3-23 所示，截面尺寸为 $b \times h = 250 \text{ mm} \times 500 \text{ mm}$，承受弯矩设计值 $M = 182 \text{ kN} \cdot \text{m}$，采用 C25 混凝土，HRB400 级钢筋，受压钢筋为 $2 \Phi 16$，受拉钢筋为 $5 \Phi 20$，箍筋为 $\Phi 10@200$。结构安全等级为二级，环境类别为一类。试复核该截面是否安全。

【解】 (1) 参数确定。

$f_c = 11.9 \text{ N/mm}^2$，$f_y = f_y' = 360 \text{ N/mm}^2$，HRB400 级钢筋对应的 $\xi_b = 0.518$。
$A_s' = 402 \text{ mm}^2$，$A_s = 1570 \text{ mm}^2$。

(2) 确定截面有效高度 h_0。

查表 3-4，对于环境类别为一类的梁混凝土保护层厚度 $c = 20$ mm。

纵向受拉钢筋合力点到梁底距离为

$$a_s = \frac{942 \times (20+10+20/2) + 628(20+10+20+25+20/2)}{942+628} \text{ mm} = 58 \text{ mm}$$

$$h_0 = h - a_s = 500 \text{ mm} - 58 \text{ mm} = 442 \text{ mm}$$

(3) 计算受压区截面高度 x。

$$x = \frac{f_y A_s - f_y' A_s'}{\alpha_1 f_c b} = \frac{360 \times 1570 - 360 \times 402}{1.0 \times 11.9 \times 250} \text{ mm} = 141.3 \text{ mm}$$

$$\xi_b h_0 = 0.518 \times 442 \text{ mm} = 229.0 \text{ mm}$$

$$2a_s' = 2 \times \left(20 + 10 + \frac{20}{2}\right) = 80 \text{ mm}$$

$$\xi_b h_0 > x = 141.3 \text{ mm} > 2a_s' = 80 \text{ mm}$$

(4) 计算受弯承载力。

$$M_u = \alpha_1 f_c b x \left(h_0 - \frac{x}{2}\right) + f_y' A_s' (h_0 - a_s')$$

$$= \left[1.0 \times 11.9 \times 250 \times 141.3 \times \left(442 - \frac{141.3}{2}\right) + 360 \times 402 \times (442 - 40)\right] \text{ N} \cdot \text{mm}$$

$$= 214.28 \times 10^6 \text{ N} \cdot \text{mm} = 214.28 \text{ kN} \cdot \text{m}$$

(5) 比较。

$M = 182 \text{ kN} \cdot \text{m} < M_u = 214.28 \text{ kN} \cdot \text{m}$，此截面安全。

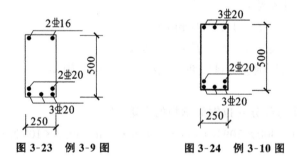

图 3-23 例 3-9 图　　图 3-24 例 3-10 图

【例 3-10】 某矩形截面梁如图 3-24 所示，截面尺寸为 $b \times h = 250 \text{ mm} \times 500 \text{ mm}$；跨中截面弯矩设计值 $M = 201 \text{ kN} \cdot \text{m}$；已配有 3 Φ 20（$A_s' = 942 \text{ mm}^2$）的受压钢筋、5 Φ 20（$A_s = 1570 \text{ mm}^2$）的受拉钢筋和 Φ 10@200 的箍筋，选用混凝土 C25，钢筋 HRB400 级，结构安全等级为二级，环境类别为一类。试复核该截面是否安全。

【解】 (1) 参数确定。

$f_c = 11.9 \text{ N/mm}^2$，$f_y = f_y' = 360 \text{ N/mm}^2$，HRB400 级钢筋对应的 $\xi_b = 0.518$。

(2) 确定截面有效高度 h_0。

查表 3-4，对于环境类别为一类的梁混凝土保护层厚度 $c = 20$ mm。

纵向受拉钢筋合力点到梁底距离为

$$a_s = \frac{942\times(20+10+20/2)+628(20+10+20+25+20/2)}{942+628} \text{ mm} = 58 \text{ mm}$$

$$h_0 = h - a_s = 500 \text{ mm} - 58 \text{ mm} = 442 \text{ mm}$$

（3）计算受压区截面高度 x。

$$x = \frac{f_y A_s - f'_y A'_s}{\alpha_1 f_c b} = \frac{360\times1570-360\times942}{1.0\times11.9\times250} \text{ mm} = 76.0 \text{ mm}$$

$$\xi_b h_0 = 0.518\times442 \text{ mm} = 229.0 \text{ mm}$$

$$2a'_s = 2\times\left(20+10+\frac{20}{2}\right) \text{ mm} = 80 \text{ mm}$$

$$x = 76.0 \text{ mm} < 2a'_s = 80 \text{ mm}$$

（4）计算受弯承载力。

$$M_u = f_y A_s (h_0 - a'_s) = 360\times1570\times(442-40) \text{ N·mm} = 227.2 \text{ kN·m}$$

（5）比较。

$M = 201 \text{ kN·m} < M_u = 227.2 \text{ kN·m}$，此截面安全。

任务 5　T形截面正截面承载力计算

一、概述

矩形截面受弯构件破坏时，已进入其破坏过程的第三阶段，此时受拉区混凝土早已开裂，按照有关正截面承载力计算的基本假定，可不考虑受拉区混凝土受力，拉力完全由钢筋承担。若将矩形截面的受拉区去掉一部分，纵向受拉钢筋集中布置在受拉边中部，便形成了T形截面（见图3-25）。只要钢筋截面重心高度不变，截面受弯承载力与原矩形截面就相同，这样不仅可节省混凝土，而且还可减轻构件自重，提高截面的有效承载力。所以作为一种经济截面形式，T形截面在工程中被广泛采用。最常见的是整体式肋形结构，板和梁浇筑在一起形成的T形梁。此外，独立T形梁也常采用，如渡槽槽身、装配式工作桥、工作平台的纵梁、吊车梁等。

T形截面由梁肋与翼缘两部分组成。如图3-25所示，T形梁中间部分称为梁肋（亦称腹板），肋宽表示为 b，梁高为 h；两边挑出部分称为翼缘，翼缘宽度用 b'_f 表示，翼缘高度为 h'_f。对于翼缘位于受拉区的⊥形截面（倒T形截面），由于受拉区翼缘混凝土开裂，应按宽度为肋宽 b、高为T形截面高度 h 的矩形截面计算。因此，只有形状为T形或类似T形形状（如为了构造需要做成L形、倒L形等）且翼缘位于受压区的截面，方可按T形截面计算。例如图3-26所示的两跨连续梁，截面形状为T形，梁在支座位置

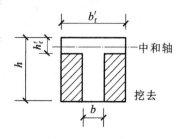

图 3-25　T形截面

(1—1截面)承受负弯矩,截面下部受压,翼缘位于受拉区,应按矩形截面计算;跨中(2—2截面)承受正弯矩,翼缘位于受压区,故按 T 形截面计算。

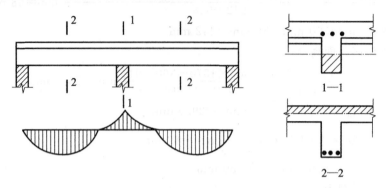

图 3-26　T 形截面与矩形截面的计算位置

对 I 形、门形、空心形(见图 3-27)等截面,它们的受压区与 T 形截面相同,其受拉区混凝土开裂后不起受力作用,因此均可按 T 形截面计算。

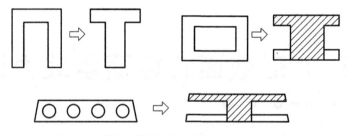

图 3-27　Π形、箱形及空心形截面化成 T 形截面

T 形截面混凝土受压区比矩形截面多出翼缘挑出部分,混凝土承担的压力相对矩形截面更大,常不需要加受压钢筋帮助混凝土受压,故 T 形截面一般为单筋截面。

根据实验和理论分析可知,当 T 形梁受力时,沿翼缘宽度上压应力分布是不均匀的,压应力由梁肋中部向两边逐渐减小,如图 3-28(a)所示。当翼缘宽度很大时,远离梁肋的一部分翼缘几乎不承受压力,因而在计算时不能将离梁肋较远受力很小的翼缘也算为 T 形梁的一部分。为简化计算,将 T 形截面的翼缘宽度限制在一定范围内,称为翼缘计算宽度 b'_f。在这个范围以外,认

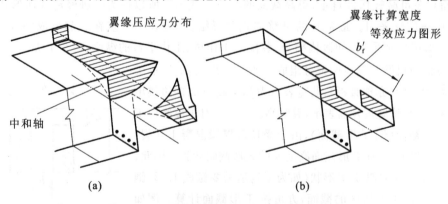

图 3-28　T 形梁受压区实际应力和计算应力图

为翼缘不再起作用,如图 3-28(b)所示。

试验及理论计算表明,翼缘的计算宽度 b_f' 主要与梁的工作情况(是独立梁还是整体梁)、梁的跨度 l_0 以及受压翼缘高度与截面有效高度之比(即 h_f'/h_0)有关。翼缘计算宽度 b_f' 列于表 3-9(表中符号见图 3-29),计算时,取各项中最小值;结构分析时,也可以采用梁刚度增大系数近似法,即在考虑梁截面尺寸差异和楼板厚度差异的基础上,根据梁有效翼缘尺寸与梁截面尺寸的相对比例确定刚度增大系数。用这一系数考虑楼板作为梁的有效翼缘对楼面梁刚度的提高。

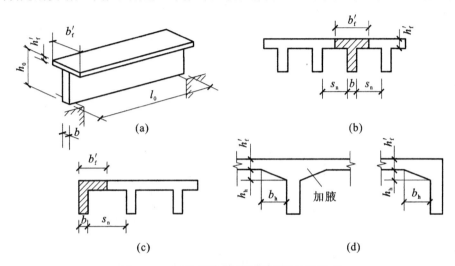

图 3-29　T 形、倒 T 形截面梁翼缘计算宽度

表 3-9　受弯构件受压区有效翼缘计算宽度 b_f'

项次	考虑情况		T 形截面、I 形截面		倒 L 形截面
			肋形梁(板)	独立梁	肋形梁(板)
1	按计算跨度 l_0 考虑		$l_0/3$	$l_0/3$	$l_0/6$
2	按梁(肋)净距 s_n 考虑		$b+s_n$	—	$b+s_n/2$
3	按翼缘高度 h_f' 考虑	$h_f'/h_0 \geqslant 0.1$	—	$b+12h_f'$	—
		$0.1 > h_f'/h_0 \geqslant 0.05$	$b+12h_f'$	$b+6h_f'$	$b+5h_f'$
		$h_f'/h_0 < 0.05$	$b+12h_f'$	b	$b+5h_f'$

注:① 表中 b 为梁的腹板(梁肋)宽度;
② 肋形梁在梁跨内设有间距小于纵肋间距的横肋时,可不遵守表中项次 3 的规定;
③ 对于加腋(托承)的 T 形和倒 L 形截面,当受压区加腋的高度 $h_h \geqslant h_f'$ 且加腋的宽度 $b_h \leqslant 3h_h$ 时,其翼缘计算宽度可按表中项次 3 的规定分别增加 $2b_h$(T 形、I 形截面)和 b_h(倒 L 形截面);
④ 独立梁受压区的翼缘板在荷载作用下经验算沿纵肋方向可能产生裂缝时,计算宽度应取用肋宽 b。

二、计算应力图形和基本计算公式

T 形梁的计算按中和轴所在位置的不同分为两种情况。当中和轴在翼缘内时($x \leqslant h_f'$),称为第一类 T 形截面;当中和轴通过翼缘进入梁肋部时($x > h_f'$),称为第二类 T 形截面。其相应的计算公式如下。

(一) 第一类 T 形截面

1. 基本公式

中和轴位于翼缘内,即受压区高度 $x \leqslant h'_f$,受压区为矩形(见图 3-30)。因中和轴以下的受拉混凝土不起作用,所以这样的 T 形截面与宽度为 b'_f 的矩形截面完全一样,因而矩形截面的所有公式在此都能应用。但应注意截面的计算宽度取翼缘计算宽度 b'_f,而不是梁肋宽度 b。

根据计算简图和力的平衡条件可得:

$$\alpha_1 f_c b'_f x = f_y A_s \tag{3-32}$$

$$M \leqslant M_u = \alpha_1 f_c b'_f x (h_0 - 0.5x) \tag{3-33}$$

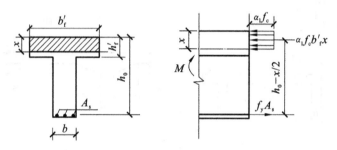

图 3-30 第一类 T 形截面受弯构件承载力计算简图

2. 适用条件

由于第一类 T 形截面的承载力计算相当于宽度为 b'_f 的矩形截面承载力计算,所以第一类 T 形截面的计算公式也必须符合本单元任务 3 所述的单筋矩形截面计算公式的两个适用条件。

这种情况下的 T 形梁,由于 $\xi = x/h_0 \leqslant h'_f/h_0$,而一般情况下 T 形截面的 h'_f/h_0 较小,所以可不必验算 $\xi \leqslant \xi_b$ 的条件。

在验算 $\rho \geqslant \rho_{min}$ 时,T 形截面的配筋率仍然用公式 $\rho = A_s/bh$ 计算,其中 b 按梁肋宽度取用。这是因为 ρ_{min} 是根据钢筋混凝土梁开裂后的极限弯矩与相同截面素混凝土梁的破坏弯矩相同的条件确定的,但素混凝土梁的破坏弯矩是由混凝土抗拉强度控制的,因而与受拉区截面尺寸关系较大,与受压区截面尺寸关系不大,因此,为简化计算,T 形截面的 ρ_{min} 仍按肋宽 b 来计算。

(二) 第二类 T 形截面

1. 基本公式

中和轴位于梁肋内,即受压区高度 $x > h'_f$,受压区为 T 形,计算简图如图 3-31 所示。

根据计算简图和内力平衡条件,将 T 形截面按图 3-32 分解,可列出第二类 T 形截面受弯构件的两个基本计算公式,即

$$M \leqslant M_u = \alpha_1 f_c bx \left(h_0 - \frac{x}{2}\right) + \alpha_1 f_c (b'_f - b) h'_f \left(h_0 - \frac{h'_f}{2}\right) \tag{3-34}$$

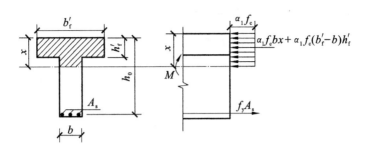

图 3-31　第二类 T 形截面受弯构件承载力计算简图

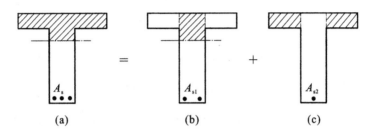

图 3-32　T 形截面的分解

$$f_y A_s = \alpha_1 f_c bx + \alpha_1 f_c (b'_f - b) h'_f \tag{3-35}$$

将 $x = \xi h_0$ 代入式(3-34)及式(3-35)可得

$$M \leqslant M_u = \alpha_s \alpha_1 f_c b h_0^2 + \alpha_1 f_c (b'_f - b) h'_f \left(h_0 - \frac{h'_f}{2} \right) \tag{3-36}$$

$$f_y A_s = \alpha_1 f_c \xi b h_0 + \alpha_1 f_c (b'_f - b) h'_f \tag{3-37}$$

式中：b'_f——T 形截面受压区的翼缘计算宽度，按表 3-9 确定；

h'_f——T 形截面受压区的翼缘高度。

其他符号意义同前。

2. 适用条件

(1) $\xi \leqslant \xi_b$，即 $x \leqslant \xi_b h_0$。

(2) $\rho \geqslant \rho_{\min}$。

第一个条件与单筋截面一样，即保证受拉钢筋具有足够的变形，截面破坏时，受拉钢筋能屈服，避免发生超筋破坏。第二个条件是防止少筋破坏。由于第二类 T 形截面纵向受拉钢筋数量较多，一般均能满足 $\rho \geqslant \rho_{\min}$，故此项条件可不验算。

（三）两类 T 形截面的判别

因为中和轴刚好通过翼缘（即 $x = h'_f$）时，为两类 T 形截面的分界，所以当

$$M \leqslant \alpha_1 f_c b'_f h'_f \left(h_0 - \frac{h'_f}{2} \right) \tag{3-38}$$

或

$$f_y A_s \leqslant \alpha_1 f_c b'_f h'_f \tag{3-39}$$

时，则 $x \leqslant h'_f$，属于第一类；当

$$M > \alpha_1 f_c b'_f h'_f \left(h_0 - \frac{h'_f}{2}\right) \quad (3\text{-}40)$$

或

$$f_y A_s > \alpha_1 f_c b'_f h'_f \quad (3\text{-}41)$$

时,则 $x > h'_f$,属于第二类。

三、截面设计

T 形梁的截面尺寸一般是预先假定或参考同类的结构取用的(梁高 h 一般为梁跨长 l_0 的 $1/8 \sim 1/12$,梁的高宽比 $h/b = 2.5 \sim 5$),需要求出受拉钢筋截面面积 A_s,其计算步骤如下。

(1) 确定 b'_f。计算截面有效高度 h_0 和比值 h'_f/h_0,将实际的翼缘宽度与表 3-9 所列各值进行比较,取其中的最小值作为翼缘的计算宽度 b'_f。

(2) 判别属于哪一类 T 形截面。此时由于 A_s 未知,故应按式(3-38)来判别,如 $M \leqslant \alpha_1 f_c b'_f h'_f \left(h_0 - \frac{h'_f}{2}\right)$,则为第一类 T 形截面;反之,则为第二类 T 形截面。

(3) 如为第一类 T 形截面,应按截面尺寸为 $b'_f \times h$ 的单筋矩形截面梁计算 A_s,具体步骤参照本单元任务 3 单筋矩形截面设计。

(4) 如为第二类 T 形截面,由式(3-36)整理得

$$\alpha_s = \frac{M - \alpha_1 f_c (b'_f - b) h'_f \left(h_0 - \frac{h'_f}{2}\right)}{\alpha_1 f_c b h_0^2}$$

$$\xi = 1 - \sqrt{1 - 2\alpha_s}$$

如 $\xi \leqslant \xi_b$,由式(3-37)得 $A_s = \frac{\xi \alpha_1 f_c b h_0 + \alpha_1 f_c (b'_f - b) h'_f}{f_y}$;

如 $\xi > \xi_b$,说明梁的截面尺寸不够,应加大截面尺寸或改用双筋 T 形截面。

(4) 选配钢筋。

【例 3-11】 某钢筋混凝土现浇肋形楼盖的次梁,计算跨度 $l_0 = 5.1$ m,次梁间距为 2.4 m;截面尺寸如图 3-33 所示;跨中承受最大正弯矩设计值为 $M = 130$ kN·m。混凝土强度等级为 C30,采用 HRB335 级钢筋,结构安全等级为二级,环境类别为一类。试计算次梁跨中截面所需受拉钢筋的截面面积 A_s。

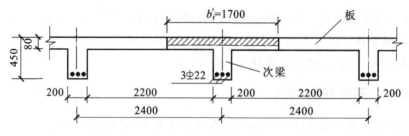

图 3-33 例 3-11 图

【解】 (1) 参数确定。

C30 混凝土:$f_c = 14.3$ N/mm²,$\alpha_1 = 1.0$。

HRB335 级钢筋:$f_y = 300$ N/mm², 查表 3-6, $\xi_b = 0.550$。

环境类别一类,取 $a_s = 40$ mm,所以 $h_0 = h - a_s = 450$ mm $- 40$ mm $= 410$ mm。

(2) 确定翼缘计算宽度 b'_f。根据表 3-9 可得:

按计算跨度 l_0 考虑,$b'_f = l_0/3 = 5100/3 = 1700$ mm;

按梁(肋)净距 s_n 考虑,$b'_f = b + s_n = 200$ mm $+ 2200$ mm $= 2400$ mm;

按翼缘高度 h'_f 考虑,$h'_f/h_0 = 80/410 = 0.195 > 0.1$,翼缘宽度不受此项限制,故翼缘计算宽度取上述两项中之较小值,即 $b'_f = 1700$ mm。

(3) 判别 T 形截面的类型。

$\alpha_1 f_c b'_f h'_f \left(h_0 - \dfrac{h'_f}{2}\right) = 1.0 \times 14.3 \times 1700 \times 80 \times (410 - 80/2)$ N·mm $= 719.58 \times 10^6$ N·mm

因 719.58 kN·m $> M = 130$ kN·m,所以为第一类 T 形截面。

(4) 计算钢筋截面面积 A_s。

$$\alpha_s = \dfrac{M}{\alpha_1 f_c b'_f h_0^2} = \dfrac{130 \times 10^6}{1.0 \times 14.3 \times 1700 \times 410^2} = 0.0318$$

$$\xi = 1 - \sqrt{1 - 2\alpha_s} = 1 - \sqrt{1 - 2 \times 0.0318} = 0.0323 < \xi_b = 0.550$$

$$A_s = \dfrac{\alpha_1 f_c \xi b'_f h_0}{f_y} = \dfrac{1.0 \times 14.3 \times 0.0323 \times 1700 \times 410}{300} \text{ mm}^2 = 1073 \text{ mm}^2$$

(5) 选择钢筋。

选用 3Φ22($A_s = 1140$ mm²),钢筋排列如图 3-33 所示。

(6) 验算最小配筋率 $\rho_{\min}$。

因 $0.45 \dfrac{f_t}{f_y} = 0.45 \times \dfrac{1.43}{300} = 0.21\% > 0.2\%$,所以取 $\rho_{\min} = 0.21\%$。

$$\rho = \dfrac{A_s}{bh} = \dfrac{1140}{200 \times 450} = 1.27\% > \rho_{\min} = 0.21\%$$

所以满足最小配筋率要求。

【例 3-12】 某厂房 T 形截面独立吊车梁,计算跨度 $l_0 = 6.0$ m,结构安全级别为二级,截面尺寸如图 3-34 所示,承受设计弯矩 $M = 640$ kN·m,采用 C30 混凝土及 HRB400 级钢筋,求所需的纵向受拉钢筋截面面积 A_s。

【解】 (1) 参数确定。

C30 混凝土:$f_c = 14.3$ N/mm²,$\alpha_1 = 1.0$。

HRB400 级钢筋:$f_y = 360$ N/mm²,$\xi_b = 0.518$。

(2) 确定翼缘计算宽度。

因梁承受弯矩较大,假定受拉钢筋双层布置,取 $a_s = 65$ mm,则 $h_0 = 700$ mm $- 65$ mm $= 635$ mm。

对于独立 T 形梁,有

$$h'_f/h_0 = 120/635 = 0.189 > 0.1$$

$$b + 12h'_f = 300 \text{ mm} + 12 \times 120 \text{ mm} = 1740 \text{ mm}$$

$$l_0/3 = 6000 \text{ mm}/3 = 2000 \text{ mm}$$

上述数值均大于翼缘的实有宽度,因此,取 $b'_f = 600$ mm。

(3) 判别 T 形截面类型。

$$\alpha_1 f_c b'_f h'_f \left(h_0 - \frac{h'_f}{2}\right) = 1.0 \times 14.3 \times 600 \times 120 \times (635 - 120/2) \text{ N·mm} = 592.02 \times 10^6 \text{ N·mm}$$
$$= 592.02 \text{ kN·m} < M = 640 \text{ kN·m}$$

所以，属于第二类 T 形截面。

(4) 计算钢筋截面面积 A_s。

$$\alpha_s = \frac{M - \alpha_1 f_c (b'_f - b) h'_f \left(h_0 - \frac{h'_f}{2}\right)}{\alpha_1 f_c b h_0^2}$$

$$= \frac{640 \times 10^6 - 1.0 \times 14.3 \times (600-300) \times 120 \times \left(635 - \frac{120}{2}\right)}{1.0 \times 14.3 \times 300 \times 635^2} = 0.1989$$

$$\xi = 1 - \sqrt{1 - 2\alpha_s} = 1 - \sqrt{1 - 2 \times 0.1989} = 0.2239 < \xi_b = 0.518$$

$$A_s = \frac{\alpha_1 f_c \xi b h_0 + \alpha_1 f_c (b'_f - b) h'_f}{f_y}$$

$$= \frac{1.0 \times 14.3 \times 0.2239 \times 300 \times 635 + 1.0 \times 14.3 \times (600-300) \times 120}{360} \text{ mm}^2 = 3124 \text{ mm}^2$$

(5) 选配钢筋。

选用 2 ⏀ 28 + 4 ⏀ 25（$A_s = 3196 \text{ mm}^2$），钢筋排列如图 3-34 所示。

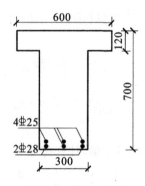

图 3-34 例 3-12 图

四、承载力复核

承载力复核时，已知截面尺寸、混凝土的强度等级（f_c）和钢筋的级别（f_y, f'_y）、受拉钢筋截面面积（A_s）、截面弯矩设计值 M，可按下列步骤进行。

(1) 确定翼缘计算宽度 b'_f，确定方法同截面设计。

(2) 用式(3-39)或式(3-41)，鉴别 T 形截面类型（因为此时 A_s 为已知值）。

(3) 若满足式 $f_y A_s \leq \alpha_1 f_c b'_f h'_f$，则为第一类 T 形截面，按梁宽为 b'_f、梁高为 h 的单筋矩形截面进行复核。

(4) 若满足式 $f_y A_s > \alpha_1 f_c b'_f h'_f$，则为第二类 T 形截面。

① 由式(3-35)求 x，即

$$x = \frac{f_y A_s - \alpha_1 f_c (b'_f - b) h'_f}{\alpha_1 f_c b}$$

② 求极限承载力 M_u。

当 $x \leqslant \xi_b h_0$ 时，由式(3-34)得

$$M_u = \alpha_1 f_c b x \left(h_0 - \frac{x}{2} \right) + \alpha_1 f_c (b'_f - b) h'_f \left(h_0 - \frac{h'_f}{2} \right)$$

当 $x > \xi_b h_0$ 时，以 $x = \xi_b h_0$ 代入式(3-34)并整理得

$$M_u = \alpha_{s,\max} \alpha_1 f_c b h_0^2 + \alpha_1 f_c (b'_f - b) h'_f \left(h_0 - \frac{h'_f}{2} \right)$$

(3) 比较 M_u 和 M 的大小，即可判别正截面承载力能否满足要求。

【例 3-13】 一 T 形截面梁，$b = 250$ mm，$h = 600$ mm，$b'_f = 450$ mm，$h'_f = 100$ mm，混凝土为 C30，受拉纵筋采用 HRB400 级钢筋。试计算：① 当受拉纵筋为 4 Φ 25 ($A_s = 1964$ mm²)时(钢筋单层布置)；② 当受拉纵筋为 3 Φ 20 ($A_s = 942$ mm²)时(钢筋单层布置)；③ 当受拉纵筋为 8 Φ 25 ($A_s = 3927$ mm²)时(钢筋双层布置)，此截面所能承受的最大弯矩设计值 M_u。

【解】 $f_c = 14.3$ N/mm²，$f_y = 360$ N/mm²，HRB400 级钢筋相应的 $\xi_b = 0.518$，$\alpha_{s,\max} = 0.384$。

(1) 受拉纵筋为 4 Φ 25 时，

$$h_0 = h - a = 600 \text{ mm} - (25 + 25/2) \text{ mm} = 562.5 \text{ mm}$$

$$f_y A_s = 360 \times 1964 \text{ N} = 707.04 \times 10^3 \text{ N} = 707.04 \text{ kN}$$

$$\alpha_1 f_c b'_f h'_f = 1.0 \times 14.3 \times 450 \times 100 \text{ N} = 643.5 \times 10^3 \text{ N} = 643.5 \text{ kN}$$

$$f_y A_s > \alpha_1 f_c b'_f h'_f$$

为第二类 T 形截面。

$$x = \frac{f_y A_s - \alpha_1 f_c (b'_f - b) h'_f}{\alpha_1 f_c b} = \frac{707.04 \times 10^3 - 1.0 \times 14.3 \times (450 - 250) \times 100}{1.0 \times 14.3 \times 250} \text{ mm}$$

$$= 117.77 \text{ mm} < \xi_b h_0 = 0.518 \times 562.5 \text{ mm} = 291 \text{ mm}$$

$$M_u = \alpha_1 f_c b x \left(h_0 - \frac{x}{2} \right) + \alpha_1 f_c (b'_f - b) h'_f \left(h_0 - \frac{h'_f}{2} \right)$$

$$= 1.0 \times 14.3 \times 250 \times 117.77 \times \left(562.5 - \frac{117.77}{2} \right) \text{ N} \cdot \text{mm}$$

$$+ 1.0 \times 14.3 \times (450 - 250) \times 100 \times \left(562.5 - \frac{100}{2} \right) \text{ N} \cdot \text{mm}$$

$$= 358.61 \times 10^6 \text{ N} \cdot \text{mm} = 358.61 \text{ kN} \cdot \text{m}$$

(2) 受拉纵筋为 3 Φ 20 时，

$$h_0 = h - a = 600 \text{ mm} - (25 + 20/2) \text{ mm} = 565 \text{ mm}$$

$$f_y A_s = 360 \times 942 \text{ N} = 339.1 \times 10^3 \text{ N} = 339.1 \text{ kN}$$

$$\alpha_1 f_c b'_f h'_f = 1.0 \times 14.3 \times 450 \times 100 \text{ N} = 643.5 \times 10^3 \text{ N} = 643.5 \text{ kN}$$

$$f_y A_s < \alpha_1 f_c b'_f h'_f$$

为第一类 T 形截面。

$$x = \frac{f_y A_s}{\alpha_1 f_c b_f'} = \frac{360 \times 942}{1.0 \times 14.3 \times 450} \text{ mm} = 52.7 \text{ mm} < \xi_b h_0 = 0.518 \times 565 \text{ mm} = 292.7 \text{ mm}$$

$$\begin{aligned} M_u &= \alpha_1 f_c b_f' x (h_0 - 0.5x) \\ &= 1.0 \times 14.3 \times 450 \times 52.7 \times (565 - 0.5 \times 52.7) \text{ N·mm} \\ &= 182.7 \times 10^6 \text{ N·mm} = 182.7 \text{ kN·m} \end{aligned}$$

（3）受拉纵筋为 8⫶25 时，

$$h_0 = h - a = 600 \text{ mm} - (25 + 25 + 25/2) \text{ mm} = 537.5 \text{ mm}$$

$$f_y A_s = 360 \times 3927 \text{ N} = 1413.7 \times 10^3 \text{ N} = 1413.7 \text{ kN}$$

$$\alpha_1 f_c b_f' h_f' = 1.0 \times 14.3 \times 450 \times 100 \text{ N} = 643.5 \times 10^3 \text{ N} = 643.5 \text{ kN}$$

$$f_y A_s > \alpha_1 f_c b_f' h_f'$$

为第二类 T 形截面。

$$x = \frac{f_y A_s - \alpha_1 f_c (b_f' - b) h_f'}{\alpha_1 f_c b} = \frac{1413.7 \times 10^3 - 1.0 \times 14.3 \times (450 - 250) \times 100}{1.0 \times 14.3 \times 250} \text{ mm}$$

$$= 315.4 \text{ mm} > \xi_b h_0 = 0.518 \times 537.5 \text{ mm} = 278.4 \text{ mm}$$

$$\begin{aligned} M_u &= \alpha_{s,\max} \alpha_1 f_c b h_0^2 + \alpha_1 f_c (b_f' - b) h_f' \left(h_0 - \frac{h_f'}{2} \right) \\ &= 0.384 \times 1.0 \times 14.3 \times 250 \times 537.5^2 \text{ N·mm} \\ &\quad + 1.0 \times 14.3 \times (450 - 250) \times 100 \times \left(537.5 - \frac{100}{2} \right) \text{ N·mm} \\ &= 536.04 \times 10^6 \text{ N·mm} = 536.04 \text{ kN·m} \end{aligned}$$

单元小结

3.1 混凝土受弯构件正截面破坏有适筋破坏、超筋破坏和少筋破坏三种形态。通过限制条件应将构件设计成为适筋梁，避免出现超筋破坏和少筋破坏。

3.2 以受拉区混凝土开裂和钢筋屈服为标志将适筋受弯构件破坏划分为三个阶段，即第Ⅰ阶段（未裂阶段）、第Ⅱ阶段（裂缝阶段）和第Ⅲ阶段（破坏阶段）。受弯构件正截面承载力计算是以第Ⅲ阶段末的应力图形作为依据的。

3.3 单筋矩形界面受弯构件正截面计算步骤：

- 由式(3-24a)计算 α_s 值，$\alpha_s = M/(\alpha_1 f_c b h_0^2)$；
- 由式(3-26)计算求得 $\xi = 1 - \sqrt{1 - 2\alpha_s}$，则 $x = \xi h_0$，同时验算是否有 $\xi \leqslant \xi_b$，如不满足，则应加大截面尺寸，或提高混凝土强度等级，或采用双筋截面后再重新计算；
- 由式(3-8)计算可得 $A_s = \alpha_1 f_c b x / f_y$ 或 $A_s = \dfrac{M}{\gamma_s f_y h_0}$；
- 验算是否满足 $A_s \geqslant A_{s,\min} = \rho_{\min} b h$。

3.4 受拉区和受压区同时设置纵向受力钢筋的梁称为双筋梁。

3.5 T 形截面分为两大类：中和轴通过翼缘的第一类 T 形截面和中和轴进入肋部的第二类 T 形截面。前者仍按矩形截面计算，但梁宽取 b_f'；后者按 T 形截面计算。

3.6 钢筋混凝土受弯构件的设计，除进行必要的计算外，还必须满足相应的构造要求以确保结构的可靠性。

3.1 受弯构件中的适筋梁,从开始加载到破坏,经历了哪几个工作阶段?每个阶段的应力图形是哪类极限状态计算的依据?

3.2 正截面承载力计算的基本假定是什么?为什么做出这些假定?

3.3 少筋梁、适筋梁与超筋梁的破坏形态有什么不同?如何确定三者之间的界限?

3.4 受弯构件的最小配筋率 ρ_{min} 是多少?梁和板的经济配筋率大致是多少?

3.5 梁的架立钢筋和板的分布钢筋起什么作用?

3.6 在什么情况下可采用双筋梁?

3.7 双筋截面受弯承载力的计算中有哪些适用条件?为什么要满足这些适用条件?

3.8 两类T形截面的判别式是根据什么条件定出的?怎样应用?

3.1 钢筋混凝土矩形截面梁,承受设计弯矩 $M=180$ kN·m,采用C25混凝土和HRB335级钢筋,试设计梁的截面(求 $b \times h$ 及 A_s)。

3.2 钢筋混凝土矩形截面梁的截面尺寸为 $b \times h=200$ mm $\times 450$ mm;混凝土强度等级为C25,采用HRB400级钢筋;承受弯矩设计值 $M=100$ kN·m。试计算受拉钢筋截面面积 A_s。

3.3 一现浇钢筋混凝土简支平板,板厚 $h=80$ mm,计算跨度 $l_0=2.24$ m,混凝土强度等级C20,纵向受拉钢筋采用HPB300级。板上作用的均布活荷载标准值为 2 kN/m²,细石混凝土面层 30 mm 厚(细石混凝土容重取 25 kN/m³)。试确定板的配筋并绘出板的配筋图。

3.4 某矩形截面梁,截面尺寸为 $b \times h=200$ mm $\times 500$ mm,采用混凝土等级为C25,配有HRB335级钢筋 4⌀16($A_s=804$ mm²),结构安全级别为Ⅱ级,如承受弯矩设计值 $M=58$ kN·m,试验算此梁正截面是否安全。

3.5 某钢筋混凝土矩形截面简支梁,截面尺寸为 $b \times h=250$ mm $\times 600$ mm,混凝土强度等级为C25,采用HRB335级钢筋;若配置的受拉钢筋分别为 2⌀25,4⌀25 和 8⌀25,其截面的受弯承载力 M_u 各为多少?截面受弯承载力 M_u 是否与钢筋截面面积 A_s 成正比例增长?

3.6 已知一结构安全等级为Ⅱ级的矩形截面梁,截面尺寸为 $b \times h=250$ mm $\times 500$ mm,采用C20混凝土,HRB335级钢筋,受压区已配有 2⌀18($A_s'=509$ mm²)的钢筋,承受弯矩设计值 $M=125$ kN·m。求受拉钢筋截面面积。

3.7 已知某矩形截面梁,截面尺寸为 $b \times h=250$ mm $\times 400$ mm,采用C25混凝土,HRB400级钢筋,配置 2⌀25($A_s'=982$ mm²)的受压钢筋($a_s'=45$ mm),6⌀25($A_s=2945$ mm²)的受拉钢筋($a_s=70$ mm)。求该截面所能承受的设计弯矩值。

3.8 有一T形截面简支梁,截面尺寸为 $b \times h=200$ mm $\times 600$ mm,$b_f'=400$ mm,$h_f'=100$ mm,梁的计算跨度为 $l_0=5.4$ m,承受均布荷载设计值为 $q=85$ kN/m(已包含梁自重),跨

中集中荷载设计值 $P=100$ kN,混凝土强度等级为 C25,采用 HRB400 级钢筋,取 $h_0=540$ mm,要求计算跨中截面所需纵向受力钢筋的截面面积。

3.9 某 T 形截面预制梁,结构安全级别为 Ⅱ 级,截面尺寸为 $b \times h = 200$ mm $\times 600$ mm,$b'_f = 500$ mm,$h'_f = 100$ mm,采用 C25 混凝土,HRB400 级受拉钢筋 5 Φ 22($A_s = 1900$ mm²),$a = 65$ mm。求该梁能够承受的设计弯矩值。

单元 4
受弯构件斜截面承载力计算

学习目标

☆ **知识目标**

(1) 理解梁斜截面受剪的主要破坏特征及影响斜截面受剪承载力的主要因素。
(2) 掌握梁斜截面受剪承载力的计算,熟悉梁斜截面受弯承载力的控制。
(3) 了解钢筋的构造要求。

☆ **能力目标**

能够运用梁斜截面受剪承载力计算的基本理论和公式对具体构件进行分析计算。

❖ **知识链接：钢筋骨架**

受弯构件在弯矩和剪力的共同作用下，除了可能在弯矩值最大截面处发生正截面受弯破坏以外，还有可能在剪力最大截面处发生斜截面受剪破坏，或在弯矩和剪力都较大处发生斜截面受弯破坏。为了防止斜截面强度破坏，通常需要在梁内设置与梁轴垂直的箍筋，也可以同时设置斜筋来共同承担剪力。斜筋又叫弯起钢筋（简称弯筋），常用垂直于截面的、强度所不需要的纵向钢筋弯起而成。箍筋与弯起钢筋通称为腹筋。腹筋、纵向钢筋和架立钢筋构成了钢筋骨架，如图4-1所示。

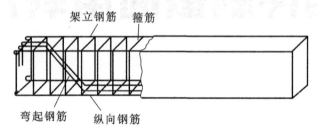

图 4-1 钢筋骨架

任务 1 钢筋混凝土梁斜截面抗剪性能

有箍筋、弯筋和纵向钢筋的梁称为有腹筋梁；无箍筋与弯筋，但有纵向钢筋的梁，称为无腹筋梁。

一、无腹筋梁沿斜截面受剪的主要破坏特征

（一）无腹筋梁受力状态的变化

随着荷载的不断增大，在荷载和支座之间陆续出现一些斜裂缝，其中近支座处的一条发展较快，成为导致构件破坏的临界裂缝。临界裂缝的出现，使梁的受力状态发生很大的变化，而当构件不能适应这些变化时，将会发生斜截面的承载力破坏。无腹筋梁的受剪承载力很低，一旦出现斜裂缝就会很快发展成为临界裂缝，梁呈脆性破坏，在工程中是禁止出现的。

（二）无腹筋梁的破坏形态

剪切破坏一般发生在剪力和弯矩共同作用的区段。集中荷载到支座截面的距离为 a，截面的有效高度为 h_0，a 与 h_0 的比值 λ 称为剪跨比。它是影响无腹筋梁的破坏形态的主要参数。根据剪跨比的不同，梁有以下三种破坏形态。

1. 斜压破坏

当集中荷载作用点距离支座比较近,剪跨比 $\lambda < 1$ 时,将会发生斜压破坏。其受力特点是,集中荷载与支座之间的梁腹混凝土出现一些大体相互平行的斜裂缝。随着荷载的增加,这些斜裂缝使梁腹混凝土形成斜向的受压短柱,最后混凝土被斜向压碎而破坏,如图 4-2(a)所示,故称为斜压破坏。这种破坏取决于混凝土的抗压强度。

2. 剪压破坏

当剪跨比 $1 \leq \lambda \leq 3$ 时,将会发生剪压破坏。其破坏特点是梁腹的斜裂缝出现以后,随着荷载的继续增加,其他斜裂缝陆续出现,其中一条发展成为临界斜裂缝,向集中荷载作用点处发展,最后导致集中荷载作用点处的混凝土被压碎而破坏,如图 4-2(b)所示。破坏是残余截面上混凝土在压应力和剪应力的共同作用下达到极限强度造成的,所以称为剪压破坏。

3. 斜拉破坏

当集中荷载作用点距离支座比较远,剪跨比 $\lambda > 3$ 时,一般发生斜拉破坏。其特点是斜裂缝一旦出现就很快向梁顶部发展,形成临界裂缝,并迅速延伸到集中荷载的作用截面,梁被斜向拉断成两部分而破坏,称为斜拉破坏,如图 4-2(c)所示。这种破坏取决于混凝土在复合受力下的抗拉强度,故其承载力相当低。

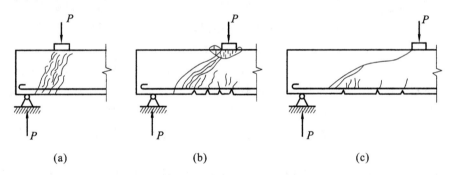

图 4-2 斜截面的破坏形态
(a)斜压破坏;(b)剪压破坏;(c)斜拉破坏

上述三种破坏形态,就其承载力而言,斜压破坏较高,剪压破坏次之,斜拉破坏最弱。不同剪跨比无腹筋梁的破坏形态和承载力虽有不同,但无腹筋梁的受剪破坏均属于脆性破坏。

二、有腹筋梁沿斜截面受剪的主要破坏特征

(一)腹筋的作用

对于配有箍筋和弯起钢筋的有腹筋梁,在斜裂缝出现以前,腹筋的应力很小,因而腹筋对阻止斜裂缝的作用也很小,受力性能和无腹筋梁基本相近。但是,在斜裂缝发生以后,腹筋大大加强了斜截面的受剪承载力:与斜裂缝相交的腹筋可以直接承受剪力;腹筋可以阻止斜裂缝开展

和延伸,加大了破坏前斜裂缝顶端混凝土残余截面,从而提高了混凝土的抗剪能力;由于腹筋减小了裂缝宽度,因而也提高了斜截面上的骨料咬合力;腹筋还限制纵向钢筋的竖向位移,阻止了混凝土沿纵向钢筋的撕裂,提高了纵向钢筋的销栓作用。

弯起钢筋与斜裂缝几乎垂直,因而传力很直接,但是由于弯起钢筋一般由纵向钢筋弯起而成,其直径较粗,根数也比较少,受力很不均匀,再加上箍筋虽然不与斜裂缝正交,但是分布均匀,所以,在配置腹筋时,总是先配置一定数量的箍筋,然后再根据需要将一定数量的纵向钢筋弯起。

(二) 有腹筋梁的破坏形态

有腹筋梁的破坏形态与配箍率有关。由图 4-3 可知,配箍率为

$$\rho_{sv} = \frac{A_{sv}}{bs} = \frac{nA_{sv1}}{bs} \tag{4-1}$$

式中:A_{sv}——配置在同一截面内箍筋各肢的全部截面面积,$A_{sv} = nA_{sv1}$;

n——在同一截面内箍筋的肢数;

A_{sv1}——单肢箍筋的截面面积;

b——梁的截面(或肋部)宽度;

s——沿梁的长度方向箍筋的间距。

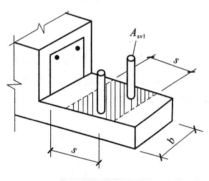

图 4-3 配箍率 ρ_{sv} 的定义

根据配箍率不同,有腹筋梁的斜截面破坏形态与无腹筋梁的相似,也可以归纳为斜拉破坏、剪压破坏和斜压破坏等三种主要破坏形态。

(1) 当配箍率适当时,斜裂缝出现后箍筋应力增大,箍筋的存在限制了斜裂缝的延伸开展,使荷载可有较大的增长。随着荷载的增大,通常箍筋应力先达到屈服,箍筋应力限制斜裂缝开展的作用消失,最后剪压区混凝土在剪压作用下达到极限强度,梁丧失其承载力,属于剪压破坏。这种梁的受剪承载力主要取决于混凝土强度、截面尺寸及配箍率。

(2) 当配箍率过大时,斜裂缝出现后箍筋应力增长缓慢,在箍筋应力未达到屈服时,梁腹混凝土即达到抗压极限强度,发生斜压破坏,破坏是脆性的。其承载力取决于混凝土强度及截面尺寸,再增加箍筋或加配弯筋对斜截面受剪承载力的提高已不起作用。

(3) 当配箍率过小时,与正截面受弯的少筋梁一样,斜裂缝一出现,箍筋应力即达到屈服,箍筋对斜裂缝开展的限制作用已不存在,相当于无腹筋梁。当剪跨比较大时,同样会发生斜拉破坏。

三、影响斜截面受剪承载力的主要因素

1. 影响无腹筋梁受剪承载力的因素

影响无腹筋梁受剪承载力的因素很多,主要有以下几种。

1) 剪跨比

对于无腹筋梁,随着剪跨比的增大,梁斜截面的破坏形态发生显著变化,梁斜截面受剪承载

力明显降低。当 $\lambda > 3$ 时,剪跨比对梁斜截面受剪承载力的影响不再明显。

2)混凝土强度

试验表明,不同破坏形态的无腹筋梁抗剪强度均随混凝土强度的提高而增大。但是,斜截面破坏形态不同,其影响程度也不同。斜压破坏时,梁的受剪承载力主要取决于混凝土的抗压强度,随着混凝土强度等级的提高,梁的受剪承载力显著提高;斜拉破坏时,梁的受剪承载力取决于混凝土的抗拉强度,由于混凝土抗拉强度很低,而且混凝土强度等级的提高对其抗拉强度的影响不大,所以梁的受剪承载力随着混凝土强度等级的提高而提高的较小;剪压破坏时,混凝土强度等级的影响介于上述两者之间。

3)纵向钢筋配筋率

增大纵向钢筋截面面积可以延缓斜裂缝的开展,增加受压区混凝土的面积,使骨料咬合力及纵筋的销栓力有所提高,间接地提高了梁的抗剪强度。但试验分析表明:配筋率较小时,对截面抗剪强度的影响并不明显;只有在配筋率 $\rho > 1.5\%$ 时,纵向钢筋对梁的抗剪承载力的影响才较为明显。

由于实际工程中受弯构件的纵向钢筋配筋率 $\rho \leq 1.5\%$,故《混凝土结构设计规范》(GB 50010—2010)给出的斜截面承载力公式中没有考虑纵向钢筋配筋率对梁斜截面受剪承载力的影响。

4)结构类型

试验表明,在同一剪跨比的情况下,连续梁的抗剪强度低于简支梁的抗剪强度。

5)截面形状

T形截面和I形截面存在着受压翼缘,其斜拉破坏及剪压破坏的抗剪强度比梁腹宽度 b 相同的矩形截面有一定的提高,但对于梁腹混凝土的斜压破坏,翼缘的存在并不能提高其抗剪强度。

6)梁的截面有效高度

试验表明,当梁的有效高度 $h_0 \leq 800$ mm 时,对截面抗剪强度影响不大;当梁的有效高度 $h_0 > 800$ mm 时,将会使截面抗剪强度有所降低。

2. 影响有腹筋梁受剪承载力的因素

影响有腹筋梁受剪承载力的因素除了上述一些因素外,还有配箍率,前面已经讲述。

任务 2 斜截面受剪承载力计算

一、无腹筋梁斜截面受剪承载力计算

根据试验结果及可靠指标的要求,并考虑计算公式简单适用,无腹筋梁、板斜截面受剪承载力按照下列公式计算。

1. 不配置箍筋和弯起钢筋的一般板类受弯构件

$$V_c = 0.7\beta_h f_t b h_0 \tag{4-2}$$

2. 集中荷载作用下的独立梁（指不与楼板整体浇筑的梁）

$$V_c = \frac{1.75}{\lambda+1}\beta_h f_t b h_0 \tag{4-3}$$

$$\beta_h = \left(\frac{800}{h_0}\right)^{1/4} \tag{4-4}$$

式中：V_c——构件斜截面上的最大剪力设计值；

β_h——截面高度影响系数，当 h_0 小于 800 mm 时，取 $h_0=800$ mm，当 h_0 大于 2000 mm 时，取 $h_0=2000$ mm；

b——矩形截面的宽度，T 形截面或 I 形截面的腹板宽度；

f_t——混凝土轴心抗拉强度设计值；

λ——计算截面的剪跨比，当 $\lambda<1.5$ 时，取 $\lambda=1.5$，当 $\lambda>3$ 时，取 $\lambda=3$。

式(4-2)同时考虑了斜截面的抗裂要求。试验结果表明，当支座截面剪力设计值小于 $0.7 f_t b h_0$ 时，梁在使用阶段一般不会出现斜裂缝。

必须指出，以上虽然分析了无腹筋梁斜截面受剪承载力的计算公式，但绝不表示允许在设计中梁不配置箍筋。考虑到剪切破坏有明显的脆性，特别是斜拉破坏，斜裂缝一经出现梁即破坏，所以单靠混凝土承受剪力是不安全的，一般无腹筋梁应按照构造要求配置箍筋。

二、有腹筋梁斜截面受剪承载力计算

有腹筋梁中箍筋和弯起钢筋的设计方法与正截面承载力计算中纵向钢筋的设计方法是相似的。用控制最小配箍率来防止斜拉破坏；采用截面限制条件（相当于控制最大配箍率）的方法防止斜压破坏。对于剪压破坏，则给出受剪承载力计算公式，用以确定所需要配置的箍筋及弯起钢筋。

（一）基本公式的建立

当发生剪压破坏时，取出斜裂缝至支座之间的一段隔离体，如图 4-4 所示，建立平衡方程。

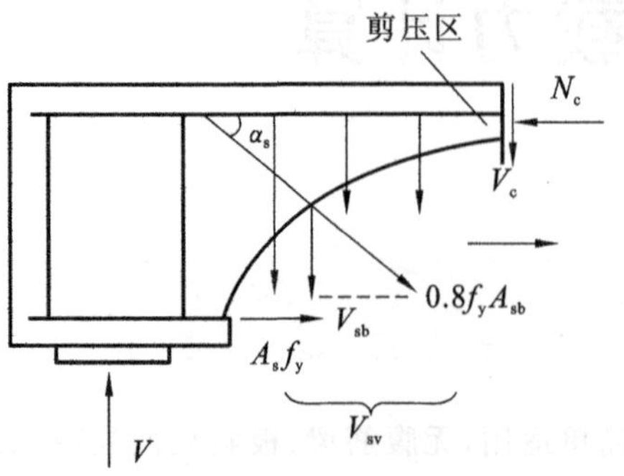

当仅仅配有箍筋时，

$$V \leqslant V_c + V_{sv} = V_{cs} \tag{4-5}$$

当配有箍筋和弯起钢筋时，

$$V \leqslant V_c + V_{sv} + V_{sb} = V_{cs} + V_{sb} \tag{4-6}$$

式中：V——斜截面上剪力设计值；

V_c——混凝土所抵抗的剪力设计值；

V_{sv}——箍筋所抵抗的剪力设计值；

V_{cs}——箍筋和混凝土共同抵抗的剪力设计值；

V_{sb}——弯起钢筋所抵抗的剪力设计值。

图 4-4 斜截面受剪承载力计算

(二) 仅配置箍筋时斜截面的受剪承载力

(1) 对于矩形、T 形和 I 形截面的一般受弯构件，斜截面受剪承载力按照下式计算

$$V_{cs}=0.7f_t bh_0+f_{yv}\frac{A_{sv}}{s}h_0 \qquad (4-7)$$

式中：f_t——混凝土轴心抗拉强度设计值；
$\quad\quad f_{yv}$——箍筋的抗拉强度设计值；
$\quad\quad s$——沿构件长度方向箍筋的间距。

(2) 集中荷载作用下(包括作用有多种荷载，其中集中荷载对支座截面或节点边缘所产生的剪力值占总剪力值的 75% 以上的情况)的独立梁，其截面受剪承载力计算公式为

$$V_{cs}=\frac{1.75}{\lambda+1}f_t bh_0+f_{yv}\frac{A_{sv}}{s}h_0 \qquad (4-8)$$

式中：λ——计算截面的剪跨比，当 $\lambda<1.5$ 时，取 $\lambda=1.5$，当 $\lambda>3$ 时，取 $\lambda=3$。

(三) 同时配置箍筋和弯起钢筋时斜截面的受剪承载力

按照式(4-6)计算，式中弯起钢筋所抵抗的剪力设计值 V_{sb} 按照下式计算

$$V_{sb}=0.8f_y A_{sb}\sin\alpha_s \qquad (4-9)$$

式中：f_y——弯起钢筋的抗拉强度设计值；
$\quad\quad A_{sb}$——同一弯起平面内弯起钢筋的截面面积；
$\quad\quad \alpha_s$——斜截面上弯起钢筋的切线与构件纵向轴线的夹角，一般取 $\alpha_s=45°$，当梁高大于 800 mm 时，$\alpha_s=60°$；
$\quad\quad 0.8$——应力不均匀系数，考虑靠近剪压区的弯起钢筋在斜截面破坏时，可能达不到钢筋抗拉强度设计值的情况。

V_{cs} 按照式(4-7)或式(4-8)进行计算。

(四) 公式的适用条件

梁的斜截面抗剪承载力计算公式(4-5)~(4-9)仅仅适用于剪压破坏的情况。为防止斜压破坏和斜拉破坏，还应规定其上、下限值。

1. 上限值——最小截面尺寸

当梁的截面尺寸过小、剪力较大时，梁可能发生斜压破坏。当发生斜压破坏时，梁腹的混凝土被压碎、箍筋不屈服，增加的腹筋不能提高斜截面承载力。其受剪承载力主要取决于构件的截面宽度、截面高度及混凝土强度。因此，只要保证构件截面尺寸不太小，就可以防止斜压破坏的发生。受弯构件的最小截面尺寸应该满足下列要求：

当 $h_w/b \leqslant 4$ 时 $\qquad\qquad V \leqslant 0.25\beta_c f_c bh_0 \qquad (4-10)$

当 $h_w/b \geqslant 6$ 时 $\qquad\qquad V \leqslant 0.2\beta_c f_c bh_0 \qquad (4-11)$

当 $4<h_w/b<6$ 时，按照线性内插法确定。

式中：V——构件斜截面上的最大剪力设计值；

β_c——混凝土强度影响系数,当混凝土强度等级不超过C50时,取$\beta_c=1.0$,当混凝土强度等级为C80时,取$\beta_c=0.8$,其间按照线性内插法确定;

b——矩形截面的宽度,T形截面或I形截面的腹板宽度;

h_w——截面的腹板高度,矩形截面取有效高度h_0,T形截面取有效高度减去翼缘高度,I形截面取腹板净高。

在工程设计中如果不满足上述限值,应加大构件的截面尺寸或提高混凝土强度等级,直到满足为止。

2. 下限值——最小配箍率和箍筋最大间距

试验表明,若箍筋的配筋率过小或箍筋间距过大,一旦出现斜裂缝,可能使箍筋迅速屈服甚至拉断,斜裂缝急剧开展,导致发生斜拉破坏。此外,若箍筋直径过小,也不能保证钢筋骨架的刚度。

为了防止斜拉破坏,《混凝土结构设计规范》(GB 50010—2010)规定了配箍率的下限,即最小配箍率:

$$\rho_{sv} \geqslant \rho_{sv,min} = 0.24 \frac{f_t}{f_{yv}} \tag{4-12}$$

此外,应综合考虑箍筋的直径和间距,梁中箍筋间距不大于表4-1中的规定,直径不宜小于表4-2中的规定,也不应该小于$d/4$(d为纵向受压钢筋的最大直径)。

表4-1 梁中箍筋最大间距 s_{max} 单位:mm

梁高 h	$V > 0.7 f_t b h_0$	$V \leqslant 0.7 f_t b h_0$
$150 < h \leqslant 300$	150	200
$300 < h \leqslant 500$	200	300
$500 < h \leqslant 800$	250	350
$h > 800$	300	500

表4-2 梁中箍筋最小直径

梁高 h	箍筋直径
$h \leqslant 800$	6
$h > 800$	8

《混凝土结构设计规范》(GB 50010—2010)规定,按照计算不需要箍筋的梁,当截面高度大于300 mm时,应按照构造要求沿梁全长设置箍筋;当截面高度为150 mm～300 mm时,可仅在构件端部1/4跨度范围内设置箍筋,但是当在构件的1/2跨度范围内有集中荷载时,则沿梁全长设置箍筋;当截面高度在150 mm以下时,可以不设置箍筋。

三、梁斜截面受剪承载力计算

1. 受剪计算截面的位置

在计算梁斜截面受剪承载力时,计算截面的位置应为斜截面受剪承载力较为薄弱的界面。

在受弯构件中,斜截面受剪破坏只能沿着唯一的一条临界斜裂缝发生,而临界裂缝的位置随着构件上作用的荷载、构件的截面形状、腹筋的配置方式和数量的不同而不同,所以准确确定剪压破坏的发生位置是很困难的。其计算位置应按下列规定采用。

(1) 支座边缘处截面(见图 4-5 中 1—1 截面)。该截面承受的剪力值最大,用该值确定第一排弯起钢筋和 1—1 截面的箍筋。

(2) 受拉区弯起钢筋弯起点处的截面(见图 4-5 中 2—2 截面和 3—3 截面)。用该截面的剪力值确定后排弯起钢筋的数量。

(3) 箍筋截面面积或间距改变处的截面(见图 4-5 中 4—4 截面)。

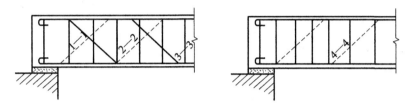

图 4-5 斜截面受剪承载力剪刀设计值的计算截面

(4) 腹板宽度改变处的截面。

2. 计算截面的剪力设计值

按照《混凝土结构设计规范》(GB 50010—2010)规定,计算截面的剪力设计值应取相应截面上的最大剪力值。按照下列规定采用:当计算第一排(对于支座而言)弯起钢筋时,采用支座边缘处的剪力值;当计算以后的每一排弯起钢筋时,采用前一排(对于支座而言)弯起钢筋弯起点处的剪力值。同时,箍筋间距以及弯起钢筋前一排(对于支座而言)的弯起点至后一排弯起终点的距离应该符合箍筋最大间距的要求。

3. 计算步骤

一般先由梁的高跨比、高宽比等构造要求及正截面受弯承载力计算确定截面尺寸、混凝土强度等级以及纵向钢筋用量,然后进行斜截面受剪承载力设计计算,其步骤如下:

(1) 确定计算截面和截面剪力设计值;
(2) 验算截面尺寸是否足够;
(3) 验算是否可以按照构造配置箍筋;
(4) 当不能仅按照构造配置箍筋时,按计算确定所需的腹筋数量;
(5) 绘出配筋图。

【例 4-1】 已知某钢筋混凝土矩形截面简支梁,两端搁置在砖墙上(见图 4-6),净跨度 $l_n = 3.66$ m,截面尺寸 $b \times h = 200$ mm $\times 500$ mm。该梁承受均布荷载,其中永久荷载标准值 $G_k = 25$ kN/m(包括自重),可变荷载标准值 $Q_k = 38$ kN/m,永久荷载分项系数为 1.2(永久荷载控制时为 1.35),可变荷载分项系数为 1.4(组合值系数为 0.7),混凝土强度等级为 C20,箍筋为 HPB300 级钢筋,按正截面受弯承载力计算已选配 3 根直径为 25 mm 的 HRB335 级纵向受力钢筋。求:根据斜截面受剪承载力要求确定腹筋。

【解】 (1) 查材料的强度设计值:

用 C20 混凝土,查得 $f_c = 9.6 \text{ N/mm}^2$, $f_t = 1.1 \text{ N/mm}^2$;
HPB300 级钢筋,查得 $f_{yv} = 270 \text{ N/mm}^2$;
HRB335 级钢筋,查得 $f_y = 300 \text{ N/mm}^2$;
取 $a_s = 40 \text{ mm}$,则 $h_0 = h - a_s = 500 \text{ mm} - 40 \text{ mm} = 460 \text{ mm}$。

(2) 剪力设计值的确定。

可变荷载控制时,

$$G + Q = 1.2 G_k + 1.4 \gamma_L Q_k = 1.2 \times 25 \text{ kN/m} + 1.4 \times 1.0 \times 38 \text{ kN/m} = 83.2 \text{ kN/m}$$

永久荷载控制时,

$$G + Q = 1.35 G_k + 1.4 \times 0.7 \gamma_L Q_k = 1.35 \times 25 \text{ kN/m} + 1.4 \times 0.7 \times 1.0 \times 38 \text{ kN/m} = 70.99 \text{ kN/m}$$

取 $G + Q = 83.2 \text{ kN/m}$,则

$$V_1 = \frac{1}{2}(G+Q)l_n = \frac{1}{2} \times 83.2 \text{ kN/m} \times 3.66 \text{ m} = 152.26 \text{ kN}$$

(3) 复核截面尺寸。

$$h_w = h_0 = 460 \text{ mm}$$

$$h_w/b = 460 \text{ mm}/200 \text{ mm} = 2.3 < 4$$

$$0.25 \beta_c f_c b h_0 = 0.25 \times 1.0 \times 9.6 \times 200 \times 460 \text{ N} = 220\ 800 \text{ N} = 220.8 \text{ kN} > 152.26 \text{ kN}$$

截面尺寸满足要求。

(4) 验算是否按构造配箍。

$$0.7 f_t b h_0 = 0.7 \times 1.1 \times 200 \times 460 \text{ N} = 70\ 840 \text{ N} = 70.84 \text{ kN} < 152.26 \text{ kN}$$

应该按照计算配置腹筋,且验算 $\rho_{sv} \geq \rho_{sv,\min}$。

(5) 计算所需的腹筋。

配置腹筋有两种办法:一种是仅配置箍筋,另一种是配置箍筋和弯起钢筋。

① 仅配箍筋。

由

$$V \leq 0.7 f_t b h_0 + f_{yv} \frac{A_{sv}}{s} h_0$$

得

$$\frac{n A_{sv1}}{s} \geq \frac{152\ 260 - 70\ 840}{270 \times 460} = 0.656$$

选用双肢箍 $\Phi 8$,则 $A_{sv1} = 50.3 \text{ mm}^2$,可以求得

$$s \leq \frac{2 \times 50.3}{0.656} \text{ mm} = 153 \text{ mm}$$

取 $s = 150 \text{ mm}$,箍筋沿梁长均匀布置,如图 4-6(a)所示。

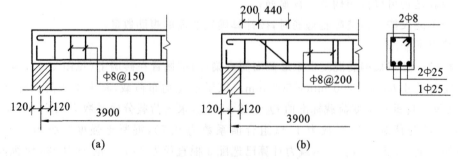

图 4-6 例 4-1 梁配筋图

(a)仅配箍筋;(b)配箍筋和弯起钢筋

② 配置箍筋和弯起钢筋。

按照表 4-1 和表 4-2 的要求,选用 Φ8@200 双肢箍,则:

$$\rho_{sv} = \frac{A_{sv}}{bs} = \frac{nA_{sv1}}{bs} = \frac{2 \times 50.3}{200 \times 200} = 0.252\% > \rho_{sv,min} = 0.24 \frac{f_t}{f_{yv}} = 0.24 \times \frac{1.1}{270} = 0.098\%$$

$$V_{cs} = 0.7 f_t b h_0 + f_{yv} \frac{A_{sv}}{s} h_0 = 70\ 840\ \text{N} + 270 \times \frac{2 \times 50.3}{200} \times 460\ \text{N} = 133.31\ \text{kN}$$

取 $\alpha_s = 45°$, $V_{sb} = V - V_{cs} \leqslant 0.8 f_y A_{sb} \sin \alpha_s$

则有

$$A_{sb} = \frac{V - V_{cs}}{0.8 f_y \sin \alpha_s} = \frac{152\ 260 - 133\ 310}{0.8 \times 300 \times \sin 45°}\ \text{mm}^2 = 112\ \text{mm}^2$$

选 1 Φ25 纵向钢筋作弯起钢筋,$A_{sb} = 491\ \text{mm}^2$,满足计算要求。

核算是否需要弯起第二排弯起钢筋。

取 $s_1 = 200\ \text{mm}$,弯起钢筋的水平投影长度 $s_b = h - 60\ \text{mm} = 500 - 60\ \text{mm} = 440\ \text{mm}$,则截面 2—2 的剪力可由相似三角形关系求得

$$V_2 = V_1 \left(1 - \frac{200 + 440}{0.5 \times 3660}\right) = 99\ \text{kN} < V_{cs} = 133.31\ \text{kN}$$

所以不需要第二排弯起钢筋。其配筋如图 4-6(b)所示。

任务 3 纵向受力钢筋的弯起、截断与锚固

受弯构件沿斜截面除了有可能发生受剪破坏外,由于弯矩的作用还有可能发生弯曲破坏。纵向受拉钢筋是按照正截面最大弯矩计算确定的,如果纵向受拉钢筋在梁的全跨内既不弯起又不截断,就可以保证构件任何截面都不会发生弯曲破坏,也能满足任何斜截面的受弯承载力。但是,如果一部分纵向受拉钢筋在某一位置弯起或者截断,则有可能使斜截面的受弯承载力得不到保证。

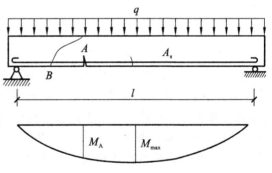

图 4-7 正截面与斜截面的弯矩

例如一根均匀分布荷载的简支梁,如图 4-7 所示,当出现斜裂缝 AB 时,斜截面的弯矩 $M_{AB} = M_A < M_{max}$。这时,按照正截面 M_{max} 计算的纵向受拉钢筋 A_s,如果在梁的全跨范围内既不弯起又不截断,那么就可以满足任何斜截面的受弯承载力的要求。如果 A_s 中的部分受拉钢筋在截面 B 处截断或弯起,纵筋抵抗 A 处的弯矩是没有问题的。对于斜截面 AB 来说,虽然纵向受拉钢筋与截面 A 处相同,但由于弯起钢筋的内力臂减小或因锚固长度不够,抵抗斜截面弯矩 M_{AB} 的能力就有可能不满足要求而发生斜截面受弯破坏。

因此,为了保证斜截面受弯承载力,需要确定纵向受拉钢筋弯起和截断的位置,并对锚固等构造措施作出相应的规定。一般通过绘制正截面的抵抗弯矩图进行判断。

一、纵向受力钢筋沿梁长不变化时的抵抗弯矩图

抵抗弯矩图又称材料图,是按照实际配置的纵向受拉钢筋所确定的各正截面所能抵抗的弯矩图形(M_R图)。图中各纵坐标代表正截面实际能抵抗的弯矩值。

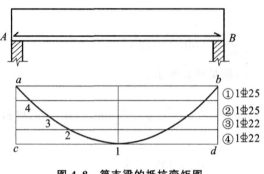

图4-8 简支梁的抵抗弯矩图

以图4-8为例,一根承受均布荷载的简支梁,按照跨中最大弯矩计算需要配筋2Φ25+2Φ22,它所能抵抗的弯矩可按照下式计算

$$M_R = A_s f_y \gamma_s h_0 \quad (4-13)$$

而每根钢筋所抵抗的弯矩可近似计算为

$$M_{Ri} = \frac{A_{si}}{A_s} M_R \quad (4-14)$$

如果全部纵向钢筋沿着梁长直通,并在支座处有足够的锚固长度,则沿梁长方向各个正截面抵抗弯矩的能力都相等,因而抵抗弯矩图为矩形 $abcd$。图上跨中1点处四根钢筋的强度被充分利用,2点处①②③号钢筋的强度被充分利用,而④号钢筋不再需要。通常把1点称为④号钢筋的"充分利用点",2点称为④号钢筋的"理论截断点"或者"不需要点"。其余的情况类推。

由此可见,纵向钢筋沿梁跨通长布置,在构造上虽然简单,但是在有些截面上钢筋的强度没有被充分利用,因此是不经济的。合理的设计应该是把一部分纵向受力钢筋在不需要的地方弯起或者截断,使抵抗弯矩图尽量靠近设计弯矩图,达到节约钢筋的目的。

二、纵向受力钢筋弯起时的抵抗弯矩图

如图4-9所示,如果将④号钢筋在 E、F 截面处弯起,由于在弯起过程中,弯筋对受压区合力点的力臂是逐渐减小的,因而其抗弯承载力并不立即消失,而是逐渐减小,一直到截面 G、H 处弯筋穿过梁的轴线基本上进入受压区后,才认为其正截面抗弯作用完全消失。现在从 E、F 两点作垂直投影线与 M_R 图的基线 cd 相交于点 e、f,再从 G、H 两点作垂直投影线与 M_R 图的基线 ij 相交于点 g、h,则连线 $igefhj$ 为④号钢筋弯起后的抵抗弯矩图。

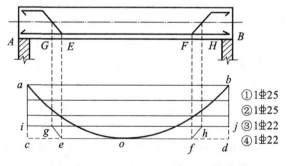

图4-9 有纵筋弯起时简支梁的抵抗弯矩图

三、纵向受力钢筋的弯起

在梁的底部承受正弯矩的纵向钢筋弯起后用来承受剪力或者作为支座处承受负弯矩的钢

筋。确定纵向钢筋需要弯起时,必须考虑以下三个方面的要求。

1. 保证正截面受弯承载力

部分纵向受力钢筋弯起后,纵向钢筋的数量减少,正截面承载力降低。为了保证正截面受弯承载力,要求纵向钢筋弯起点的位置必须在该钢筋的充分利用点之外,使梁的 M_R 图包住 M 图。

2. 保证斜截面受剪承载力

当混凝土和箍筋的抗剪承载力 $V_{cs}<V$ 时,需要弯起纵向钢筋进行抗剪,纵向钢筋弯起的数量要通过斜截面受剪承载力计算确定。

3. 保证斜截面受弯承载力

为了使梁的斜截面受弯承载力得到保证,《混凝土结构设计规范》(GB 50010—2010)规定:在混凝土梁的受拉区中,弯起钢筋的弯起点可以设在按照正截面受弯承载力计算不需要该钢筋的截面之前,但是弯起钢筋与梁中心线应该位于不需要该钢筋的截面之外;同时,弯起点与按计算充分利用该钢筋的截面之间的距离不应该小于 $h_0/2$,如图 4-10 所示。

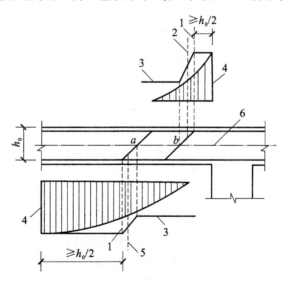

图 4-10 弯起钢筋弯起点与弯矩图的关系

1—在受拉区中的弯起截面;2—按计算不需要钢筋"b"的截面;3—正截面受弯承载力图;
4—按计算充分利用钢筋"a"或"b"强度的截面;5—按计算不需要钢筋"a"的截面;6—梁中心线

四、纵向受力钢筋的截断

1. 纵向受拉钢筋

纵向受拉钢筋不宜在梁跨中受拉区截断,因为在截断处钢筋的截面面积突然减小,导致混凝土的拉应力突然增大,在纵向钢筋截断处容易出现裂缝。因此,对梁底部承受正弯矩的钢筋,其计算不需要的部分通常弯起,作为受剪钢筋或者承受支座负弯矩的钢筋,不采用截断形式。

2. 支座负弯矩钢筋

在连续梁和框架梁的跨内,支座负弯矩区的受拉钢筋在跨内延伸时,可根据弯矩图在适当部位截断,但不宜在受拉区截断,并应符合以下规定。

(1) 当 $V \leqslant 0.7 f_t b h_0$ 时,应该延伸至按照正截面受弯承载力计算不需要该钢筋的截面以外不小于 $20d$ 处截断,且从该钢筋强度充分利用截面伸出的长度不应小于 $1.2 l_a$,如图 4-11(a) 所示。

(2) 当 $V > 0.7 f_t b h_0$ 时,应该延伸至按照正截面受弯承载力计算不需要该钢筋的截面以外不小于 h_0 且不小于 $20d$ 处截断,且从该钢筋强度充分利用截面伸出的长度不应小于 $1.2 l_a + h_0$,如图 4-11(b) 所示。

(3) 若负弯矩区相对长度较大,按照上述两条确定的截断点仍位于负弯矩受拉区内时,则应该延伸至按照正截面受弯承载力计算不需要该钢筋的截面以外不小于 $1.3h_0$ 且不小于 $20d$ 处截断,且从该钢筋强度充分利用截面伸出的长度不应小于 $1.2l_a + 1.7h_0$,如图 4-11(c) 所示。

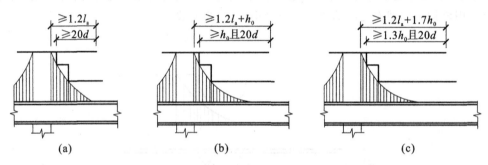

图 4-11 纵向钢筋截断时的延伸长度

(a) $V \leqslant 0.7 f_t b h_0$;(b) $V > 0.7 f_t b h_0$;(c) $V > 0.7 f_t b h_0$

3. 悬臂梁负弯矩钢筋

在钢筋混凝土悬臂梁中,应该有不少于 2 根的上部钢筋伸至悬臂顶端,并向下弯折锚固,锚固段的竖向投影长度不小于 $12d$;其余钢筋不应该在梁的上部截断,应该按照图 4-10 的要求向下弯折,且在弯折钢筋的终点外留有平行于轴线方向的锚固长度,在受压区不应小于 $10d$,在受拉区不应小于 $20d$。

五、纵向受力钢筋的锚固

1. 简支梁和连续梁简支端下部纵向受力钢筋的锚固

在简支梁和连续梁简支端附近,弯矩接近于零。但是当支座边缘截面出现斜裂缝时,该处纵向钢筋的拉力会突然增加,如果没有足够的锚固长度,纵向钢筋会发生滑移,造成锚固破坏,降低梁的承载力。故简支梁和连续梁简支端的下部纵向受力钢筋伸入梁支座范围内的锚固长

度 l_{as}（见图 4-12）应该符合下列规定：

当 $V \leqslant 0.7f_t bh_0$ 时，$l_{as} \geqslant 5d$；

当 $V > 0.7f_t bh_0$ 时，带肋钢筋 $l_{as} \geqslant 12d$，光面钢筋 $l_{as} \geqslant 15d$（d 为纵向受力钢筋的直径）。

如果纵向受力钢筋伸入梁支座范围内的锚固长度不符合上述要求，则应该采取在钢筋上加焊锚固钢板或者将钢筋端部焊接在梁端预埋件上等有效锚固措施。

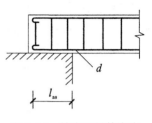

图 4-12 简支梁纵筋在支座上的锚固

砌体结构中的独立简支梁支座处，由于约束较小，所以应在锚固长度范围内加强配箍，其数量不应少于 2 个，直径不宜小于纵向钢筋中最大直径的 1/4，间距不宜大于纵向钢筋中最小直径的 10 倍；当采用机械锚固措施时，箍筋间距不宜大于纵向钢筋中最小直径的 5 倍。

对于混凝土强度等级为 C25 及以下的简支梁和连续梁的简支端，当距支座边 $1.5h$ 范围内作用有集中荷载（包括作用有多种荷载，且集中荷载在支座截面所产生的剪力值占总剪力值的 75% 以上的情况），且 $V > 0.7f_t bh_0$ 时，对带肋钢筋宜采用附加锚固措施，或取锚固长度 $l_{as} \geqslant 15d$。

2. 连续梁或框架梁下部纵向钢筋在中间支座或中间节点处的锚固

在连续梁或框架梁下部纵向钢筋在中间支座或中间节点处，上部纵向钢筋受拉而下部纵向钢筋受压，因而其上部纵向钢筋应该贯穿中间支座或者中间节点，下部纵向钢筋在中间支座或者中间节点处应满足下列锚固要求。

（1）当计算中不利用钢筋强度时，其伸入节点或者支座的锚固长度应该符合简支端支座中 $V > 0.7f_t bh_0$ 时的规定。

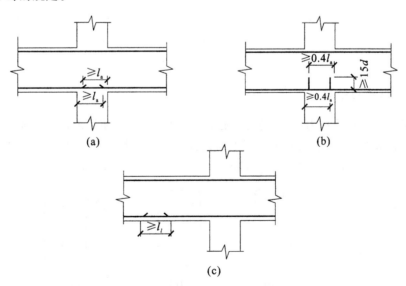

图 4-13 梁下部纵向钢筋在中间支座或中间节点范围的锚固与搭接（当计算中充分利用钢筋的抗拉强度时）
(a)节点中的直线锚固；(b)节点中的弯折锚固；(c)节点或支座范围外的搭接

（2）当计算中充分利用钢筋的抗拉强度时，下部纵向钢筋应该锚固在支座或者节点内。可根据具体情况采用下述锚固方法:直线式锚固形式,锚固长度不小于受拉钢筋的锚固长度 l_a,如图 4-13(a) 所示;带 90°弯折且竖直段向上弯折的锚固形式,锚固端的水平投影长度不应该小于 $0.4l_a$,弯折后的垂直投影长度不应该小于 $15d$,如图 4-13(b) 所示;如果上述两种方法都有困难,可以将下部纵向钢筋伸过支座或者节点范围,并在梁中弯矩较小处设置搭接接头,如图 4-13(c) 所示。

(3) 当计算中充分利用钢筋的抗压强度时,下部纵向钢筋应该按照受压钢筋锚固在中间支座或中间节点内,其直线锚固长度不应该小于 $0.7l_a$;下部纵向钢筋也可伸过支座或者节点范围,并在梁中弯矩较小处设置搭接接头。

3. 框架梁纵向钢筋在边支座处的锚固

框架梁上部纵向钢筋伸入中间层端节点的锚固长度,当采用直线锚固形式时,不应该小于受拉钢筋锚固长度 l_a,且伸过柱中心线不小于 $5d$(d 为梁上部纵向钢筋的直径);当柱的截面尺寸不足时,梁上部纵向钢筋应该伸至节点外侧边并向下弯折,其包含弯弧段在内的水平投影长度应取为 $0.4l_a$,包含弯弧段在内的垂直投影长度应取为 $15d$。

框架梁上部纵向钢筋在顶层端节点的锚固应该采取专门的锚固措施。

框架梁下部纵向钢筋伸入端节点的锚固长度,与中间支座的要求相同。

任务 4 构造要求

一、箍筋的构造要求

1. 箍筋的形式与肢数

箍筋在梁内除了承受剪力以外,还可以起到固定纵筋位置、使梁内钢筋形成钢筋骨架,以及联结梁的受拉区和受压区、增加受压混凝土的延性等作用。箍筋通常有开口式和封闭式两种,如图 4-14 所示。在实际工程中,大多数情况下都是采用封闭式箍筋。

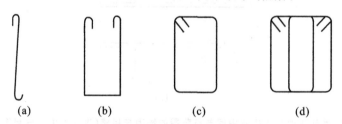

图 4-14 箍筋的形式和肢数
(a)单肢;(b)开口式双肢;(c)封闭式双肢;(d)封闭式四肢

箍筋按照其肢数可以分为单肢箍、双肢箍及四肢箍三种,如图 4-14 所示。一般按照以下情况选用:单肢箍一般在梁宽 $b \leqslant 150$ mm 时采用;双肢箍一般在梁宽 $b \leqslant 400$ mm 时采用;当梁宽 $b > 400$ mm 且一层内的纵向受压钢筋超过 3 根时,或当梁宽 $b \leqslant 400$ mm 但一层内的纵向受压钢筋超过 4 根时,应该采用四肢箍。四肢箍一般由两个双肢箍组合而成。当采用图 4-14 所示的双肢箍和四肢箍时,钢筋末端应采用 135°的弯钩,且弯钩伸进梁截面内的平直段长度,应不小于 50 mm 或 $5d$(d 为箍筋直径)。

2. 箍筋的直径

为使钢筋骨架具有一定的刚性,便于制作安装,箍筋直径不宜太小,应符合表 4-2 要求。当梁中配有计算需要的纵向受压钢筋时,箍筋直径还不应该小于受压钢筋直径的 1/4。

3. 箍筋的间距

箍筋间距除了要满足表 4-1 的要求外,还应该符合以下规定:当梁中配有计算需要的纵向受压钢筋时,箍筋的间距不应大于 $15d$(d 为纵向受压钢筋的最小直径),同时不应大于 400 mm;当一层内的纵向受压钢筋超过 5 根且直径大于 18 mm 时,箍筋间距不应大于 $10d$。

二、弯起钢筋的构造要求

在采用绑扎骨架的钢筋混凝土梁中,承受剪力的钢筋应该优先采用箍筋。当设置弯起钢筋时,弯起钢筋的弯起角度一般宜取 45°。当梁截面高度大于 800 mm 时,宜采用 60°。弯起钢筋的弯折终点外应该留平行于梁轴线方向的锚固长度,其长度在受拉区不应该小于 $20d$;在受压区不应该小于 $10d$(d 为弯起钢筋的直径)。对于光面弯起钢筋,其末端应该设置标准弯钩,如图 4-15 所示。位于梁底层两侧的钢筋不应该弯起。

为了防止弯折处对混凝土挤压力的过分集中,弯折的半径不应该小于 $10d$。

当不能弯起纵向钢筋受剪时也可以放置单独的抗剪弯筋。此时应该将弯筋布置成鸭筋形式,不应该采用浮筋,如图 4-16 所示,因为浮筋在受拉区只有一小段水平长度,若锚固不足,不能发挥作用。

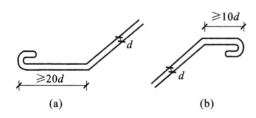

图 4-15 弯起钢筋端部构造
(a)受拉区;(b)受压区

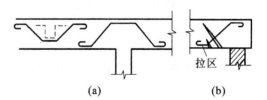

图 4-16 抗剪弯筋
(a)鸭筋;(b)浮筋

三、腰筋和拉筋的构造要求

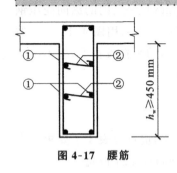

图 4-17 腰筋

当梁的腹板高度 $h_w \geqslant 450$ mm 时,在梁的两侧应该沿高度配置腰筋(图 4-17 中①号筋),每侧腰筋的面积不应小于腹板截面面积 bh_w 的 0.1%,且其间距不宜大于 200 mm。两腰筋之间采用拉筋(②号筋)联系,拉筋间距一般为箍筋间距的 2 倍。设置腰筋的目的是防止混凝土梁由于收缩和温度变化而产生竖向裂缝,同时也为了提高钢筋骨架的刚度。

单元小结

4.1 对于无腹筋梁,当裂缝出现后其应力状态发生变化,其破坏状态随剪跨比 λ 不同有三种形式:当 λ 很小时为斜压破坏;当 λ 较大时为斜拉破坏;当 λ 适中时为剪压破坏。上述三种破坏形态虽然承载力不同,但是破坏时梁的变形很小,属于脆性破坏,故尽管分析了无腹筋梁斜截面受剪承载力的计算公式,实际上还是应该严格控制无腹筋梁的使用范围。

4.2 有腹筋梁由于腹筋的存在,当斜裂缝出现以后,腹筋阻止斜裂缝的开展,大大提高了斜截面的抗剪强度。根据斜截面出现时的力学模型,忽略次要因素的影响,得出了斜截面的抗剪强度计算公式。为了防止斜压破坏和斜拉破坏,计算公式给出了上限条件和下限条件。在已知截面尺寸的条件下,可以由斜截面抗剪强度计算公式计算斜截面的腹筋。

4.3 斜截面除了抗剪强度条件外,还有抗弯强度条件。抗弯强度不用计算,通过弯矩图和抵抗弯矩图,按照强度要求,确定钢筋的弯起和截断位置,以及钢筋在各类支座中的锚固长度。

4.1 在受弯构件中,斜截面破坏有几种形态?它们的特点是什么?
4.2 什么是剪跨比?它对斜截面破坏有何影响?
4.3 影响梁斜截面受剪承载力的主要因素有哪些?
4.4 梁斜截面受剪承载力计算时为什么要规定上限和下限?
4.5 钢筋混凝土梁中纵向钢筋的弯起和截断应该满足什么要求?
4.6 纵向钢筋在支座处的锚固有什么要求?
4.7 什么是抵抗弯矩图?抵抗弯矩图与弯矩图比较能说明什么问题?
4.8 梁配置的箍筋除了承受剪力外,还有哪些作用?
4.9 什么是腰筋?其作用是什么?

单元 4 受弯构件斜截面承载力计算

习 题

4.1 钢筋混凝土简支梁,两端支撑在 240 mm 厚的砖墙上,如图 4-18 所示。梁上承受均布荷载设计值 $q=82$ kN/m(包括梁自重),截面尺寸 $b\times h=200$ mm$\times$500 mm,混凝土强度等级为 C25($f_c=11.9$ N/mm^2, $f_t=1.27$ N/mm^2),箍筋为 HPB300($f_{yv}=270$ N/mm^2),纵向钢筋 HRB335($f_y=300$ N/mm^2)。试对梁进行斜截面承载力计算。

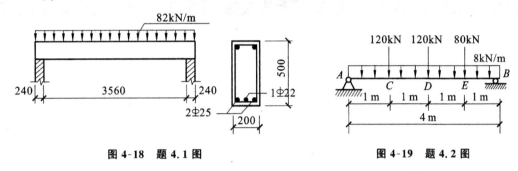

图 4-18 题 4.1 图　　图 4-19 题 4.2 图

4.2 钢筋混凝土矩形截面简支梁如图 4-19 所示,截面尺寸 $b\times h=200$ mm$\times$600 mm,混凝土强度等级为 C25($f_c=11.9$ N/mm^2, $f_t=1.27$ N/mm^2),箍筋为 HPB300($f_{yv}=270$ N/mm^2)。试对该梁配置箍筋。

4.3 钢筋混凝土简支梁,如图 4-20 所示。截面尺寸 $b\times h=200$ mm$\times$500 mm,混凝土强度等级为 C20($f_c=9.6$ N/mm^2, $f_t=1.1$ N/mm^2),箍筋采用 HPB300($f_{yv}=270$ N/mm^2),梁内配有双肢ϕ8@200 的箍筋。试按照梁的受剪承载力,计算梁可以承担的均布荷载设计值。

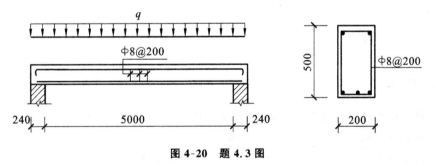

图 4-20 题 4.3 图

单元 5 受压构件正截面承载力计算

学习目标

☆ **知识目标**

(1) 掌握受压构件的内力计算及应力、应变分析。
(2) 掌握截面形式及尺寸和配筋构造要求。
(3) 根据力的平衡条件,掌握受压构件承载力计算公式。
(4) 熟练掌握附加偏心距、初始偏心距和弯矩增大系数的计算方法。
(5) 掌握混凝土受压构件稳定系数的查表取值及内插计算方法。

☆ **能力目标**

(1) 掌握轴心受压构件截面设计与承载力复核计算要点和构造要求。
(2) 掌握矩形截面大、小偏心受压构件的截面设计与承载力计算要点和构造要求。
(3) 了解T形及I形截面大、小偏心受压构件的截面设计与承载力计算要点和构造要求。
(4) 了解双向偏心受压构件设计计算理论。

引例导入：混凝土受压构件的工程应用及分类

受压构件是工程结构中最基本和最常见的构件之一，主要以承受轴向压力为主，通常还有弯矩和剪力作用。如图 5-1 所示，框架结构房屋的柱、单层厂房柱及屋架的受压腹杆等均为受压构件。

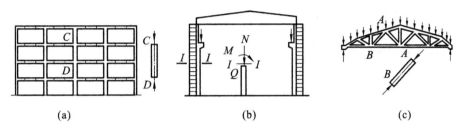

图 5-1 常见的受压构件
(a)框架结构房屋柱；(b)单层厂房柱；(c)屋架的受压腹杆

根据轴向压力的作用点与截面重心的相对位置不同，受压构件又可分为轴心受压构件、单向偏心受压构件及双向偏心受压构件，如图 5-2 所示。本单元主要介绍轴心受压构件和单向偏心受压构件的承载力计算。

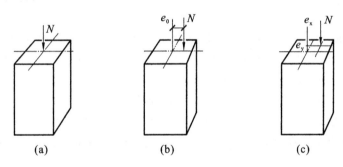

图 5-2 受压构件类型
(a)轴心受压；(b)单向偏心受压；(c)双向偏心受压

任务 1 受压构件的构造要求

一、截面形式及尺寸

轴心受压构件的截面多采用方形或矩形，有时也采用圆形或多边形。方形柱的截面尺寸不宜小于 250 mm×250 mm。偏心受压构件一般为矩形截面，矩形截面长边与弯矩作用方向平行。

为了使矩形截面受压构件不致因长细比过大而使承载力降低过多，常取 $l_0/b \leqslant 30$，$l_0/h \leqslant$

25。此处 l_0 为柱的计算长度,b 为矩形截面短边边长,h 为矩形截面长边边长。

为了节约混凝土和减轻柱的自重,特别是在装配式柱中,较大尺寸的柱常采用I形截面;拱结构的肋则多做成T形截面;采用离心法制造的柱、桩、电杆,以及烟囱、水塔支筒等常用环形截面。

柱截面尺寸宜符合模数,800 mm 及以下的,取 50 mm 的倍数;800 mm 以上的,可取 100 mm 的倍数。

对于I形截面,为了避免混凝土浇筑困难,腹板厚度不宜小于 100 mm,抗震区使用I形截面柱时,其腹板宜再加厚些。而翼缘厚度不宜小于 120 mm,因为其太薄会使构件过早出现裂缝,同时在靠近柱底处的混凝土容易在生产过程中碰坏,影响柱的承载力和耐久性。

二、混凝土

由于混凝土强度等级对受压构件的承载能力影响较大,故为了减小构件的截面尺寸,节省钢材,宜采用强度等级较高的混凝土。一般采用 C25、C30、C35、C40 等,对于高层建筑的底层柱,必要时可采用更高强度等级的混凝土。

三、纵向受力钢筋

纵向受力钢筋宜采用 HRB400、HRB500、HRBF400、HRBF500,也可采用 HRB335、HRBF335、HPB300、RRB400 级钢筋。由于高强度钢筋与混凝土共同受压时,不能充分发挥其作用,故不宜采用。柱中纵向受力钢筋的配置应符合下列规定。

(1) 轴心受压构件的纵向受力钢筋应沿截面的四周均匀放置,钢筋根数不得少于 4 根,如图 5-3(a)所示。偏心受压构件的纵向受力钢筋应放置在偏心方向截面的两边,当截面高度 $h \geqslant$ 600 mm 时,在侧面应设置直径为 10 mm~16 mm 的纵向构造钢筋,并相应地设置附加箍筋或拉筋,如图 5-3(b)所示。

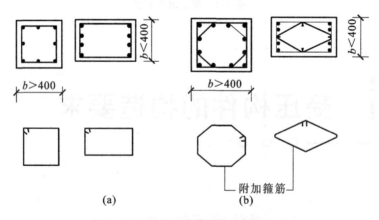

图 5-3 方形及矩形截面柱的箍筋形式

(2) 受压构件纵向钢筋直径不宜小于 12 mm,通常在 16 mm~32 mm 范围内选用。为了减少钢筋在施工时可能产生的纵向弯曲,宜采用较粗的钢筋。全部纵筋的配筋率应满足表 5-1 的要求。但从经济、施工以及受力性能等方面来考虑,全部纵筋配筋率不宜超过 5%。

表 5-1 受压构件纵向受力钢筋的最小配筋率 $\rho_{\min}$(%)

受力类型		最小配筋率
全部纵向钢筋	强度等级 500 MPa	0.50
	强度等级 400 MPa	0.55
	强度等级 300 MPa、335 MPa	0.60
一侧纵向钢筋		0.20

注:① 受压构件全部纵向钢筋最小配筋百分率,当采用 C60 以上强度等级的混凝土时,应按表中规定增加 0.10;
② 全部纵向钢筋和一侧纵向钢筋的配筋率均应按构件的全截面面积计算;
③ 当钢筋沿构件截面周边布置时,"一侧纵向钢筋"系指沿受力方向两个对边中一边布置的纵向钢筋。

(3) 柱中纵向钢筋的筋间距不应小于 50 mm,且不宜大于 300 mm;对于水平浇筑的预制柱,其纵筋最小净距应按梁的规定取值。

(4) 柱内纵筋的混凝土保护层最小厚度,当混凝土强度等级大于 C25 时,对一级环境取 20 mm,其他情况详表 3-4;当混凝土强度等级不大于 C25 时,以上保护层厚度应增加 5 mm。

(5) 圆形截面柱纵向钢筋不宜少于 8 根,不应少于 6 根,且宜沿周边均匀布置。

(6) 偏心受压柱中,垂直于弯矩作用平面的侧面上的纵向受力钢筋以及轴心受压构件柱中各边的纵向受力钢筋,其中距不宜大于 300 mm。

四、箍筋

柱中箍筋宜采用 HRB400、HRBF400、HPB300、HRB500、HRBF500,也可采用 HRB335、HRBF335 级钢筋,且应符合下列规定。

(1) 箍筋直径不应小于 $d/4$,且不应小于 6 mm,d 为纵向钢筋的最大直径。

(2) 箍筋间距不应大于 400 mm 及构件截面的短边尺寸,且不应大于 $15d$,d 为纵向钢筋的最小直径。

(3) 柱及其他受压构件中的周边箍筋应做成封闭式;对圆形截面柱中的箍筋,搭接长度不应小于受拉钢筋的锚固长度,且末端应做成 135°弯钩,弯钩末端平直长度不应小于 $5d$,d 为箍筋直径。

(4) 当截面短边尺寸大于 400 mm,且各边纵向钢筋多于 3 根时,或当柱截面短边尺寸不大于 400 mm,且各边纵向钢筋多于 4 根时,应设置复合箍筋,如图 5-3(b)所示。

(5) 柱中全部纵向受力钢筋配筋率大于 3%时,箍筋直径不应小于 8 mm,其间距不应大于 $10d$,且不应大于 200 mm。箍筋末端应做成 135°弯钩,弯钩末端平直长度不应小于 $10d$,d 为纵向受力钢筋的最小直径。

(6) 在配有螺旋式或焊接环式箍筋的柱中,当在正截面受压承载力计算中考虑间接钢筋的作用时,箍筋间距不应大于 80 mm 及 $d_{cor}/5$,且不宜小于 40 mm,d_{cor} 为按箍筋内表面确定的核心截面直径。

(7) 截面形状复杂的构件,不可采用具有内折角的箍筋,避免产生向外的拉力,致使折角处的混凝土破损,如图 5-4 所示。

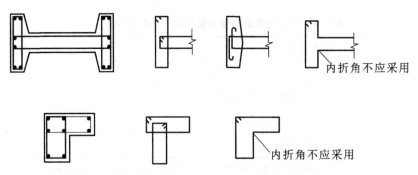

图 5-4　I 形及 L 形截面柱的箍筋形式

任务 2　轴心受压构件的承载力计算

在实际结构中,理想的轴心受压构件几乎是不存在的,由于材料本身的不均匀性、施工的尺寸误差及荷载作用位置的偏差等原因,很难使轴向压力精确地作用在截面重心上。但是,由于轴心受压构件计算简单,有时可把初始偏心距较小的构件(如以承受恒载为主的等跨多层房屋的内柱、屋架中的受压腹杆等)近似地按轴心受压构件计算。此外,单向偏心受压构件垂直弯矩平面的承载力也按轴心受压验算。

钢筋混凝土轴心受压构件箍筋的配置方式有两种:普通箍筋和螺旋箍筋(或焊接环形箍筋)。由于这两种箍筋对混凝土的约束作用不同,因而相应的轴心受压构件的承载力也不同。习惯上把配有普通箍筋的柱称为普通箍筋柱,配有螺旋箍筋(或焊接环形箍筋)的柱称为螺旋箍筋柱。

一、普通箍筋柱

(一) 短柱的受力特点和破坏形态

典型的钢筋混凝土轴心受压短柱的应力-荷载曲线如图 5-5 所示。在轴心荷载作用下,截面应变基本是均匀分布的。当荷载较小时,混凝土和钢筋均处于弹性阶段,柱子压缩变形的增加与荷载的增加成正比,混凝土压应力 σ_c 和钢筋压应力 σ'_s 增加与荷载增加也成正比;当荷载较大时,由于混凝土塑性变形的发展,压缩变形的增加速度快于荷载增加速度,且钢筋的压应力 σ'_s 比混凝土的压应力 σ_c 增长得快;随着荷载的继续增加,柱中开始出现微细裂缝,在临近破坏荷载时,柱四周出现明显的纵向裂缝,箍筋间纵筋压屈,向外凸出,混凝

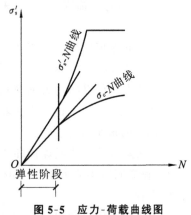

图 5-5　应力-荷载曲线图

土被压碎,柱子即告破坏。

在构件计算时,通常以应变达到 0.002 为控制条件,认为此时混凝土达到了轴心抗压强度 f_c。相应地,纵筋的应力 $\sigma'_s \approx 0.002 \times 2 \times 10^5 \text{ N/mm}^2 = 400 \text{ N/mm}^2$。因此,如果构件采用热轧钢筋 HPB300、HRB335、HRB400 和 RRB400 为纵筋,则破坏时其应力已达到屈服强度;如果采用高强钢筋为纵筋,则破坏时其应力达不到屈服强度,计算时只能取 400 N/mm²。

(二) 细长轴心受压构件的承载力降低现象

如前所述,由于材料本身的不均匀性、施工的尺寸误差等原因,轴心受压构件的初始偏心是不可避免的。初始偏心距的存在,必然会在构件中产生附加弯矩和相应的侧向挠度,而侧向挠度又加大了原来的初始偏心距。这样相互影响的结果,必然导致构件承载能力的降低。试验表明,对粗短受压构件,初始偏心距对构件承载力的影响并不明显(见图 5-6),而对细长受压构件,这种影响是不可忽略的。细长轴心受压构件的破坏,实质上已具偏心受压构件强度破坏的典型特征(破坏时,首先在凹侧出现纵向裂缝,随后混凝土被压碎,纵筋压屈向外凸出;凸侧混凝土出现垂直纵轴方向的横向裂缝,侧向挠度迅速增大,构件破坏,见图 5-7。对于长细比很大的细长受压构件,甚至还可能发生失稳破坏。在长期荷载作用下,徐变的影响使细长受压构件的侧向挠度增加更大,因而构件的承载力降低更多。

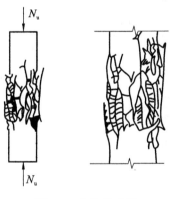

图 5-6 短柱的破坏

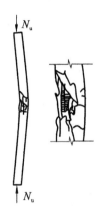

图 5-7 长柱的破坏

(三) 轴心受压构件的承载力计算

轴心受压构件在承载能力极限状态时的截面应力情况如图 5-8 所示,此时,混凝土应力达到其轴心抗压强度设计值 f_c,受压钢筋应力达到抗压强度设计值 f'_y。短柱的承载力设计值为

$$N_{us} = f_c A + f'_y A'_s \tag{5-1}$$

式中:f_c——混凝土轴心抗压强度设计值;

f'_y——纵向钢筋抗压强度设计值;

A——构件截面面积;

A'_s——全部纵向普通钢筋的截面面积。

对细长柱,如前所述,其承载力要比短柱低,《混凝土结构设计规范》(GB 50010—2010)采用稳定系数 φ 来表示细长柱承载力降低的程度。细长柱的承载力设计值为

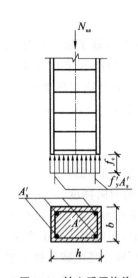

图 5-8 轴心受压构件应力图

$$N_{ul} = \varphi N_{us} \quad (5\text{-}2)$$

式中：φ——钢筋混凝土构件的稳定系数（$\varphi \leqslant 1.0$）。

轴心受压构件承载力设计值为

$$N_u = 0.9\varphi(f_c A + f'_y A'_s) \quad (5\text{-}3)$$

式中系数0.9是可靠度调整系数。当纵向普通钢筋的配筋率大于3%时，式(5-1)和式(5-3)中的 A 应改用 $A - A'_s$ 代替。将式(5-3)写成设计表达式，即为

$$N \leqslant N_u = 0.9\varphi(f_c A + f'_y A'_s) \quad (5\text{-}4)$$

式中：N——轴向压力设计值。

φ——钢筋混凝土构件的稳定系数。

φ 主要与构件的长细比 l_0/i（l_0 为构件的计算长度，i 为截面的最小回转半径）有关。当为矩形截面时，长细比用 l_0/b（b 为截面短边尺寸）表示。长细比愈大，φ 值愈小。《混凝土结构设计规范》（GB 50010—2010)给出的 φ 值如表 5-2 所示。

表 5-2 钢筋混凝土轴心受压构件的稳定系数

$\dfrac{l_0}{b}$	$\dfrac{l_0}{d}$	$\dfrac{l_0}{i}$	φ	$\dfrac{l_0}{b}$	$\dfrac{l_0}{d}$	$\dfrac{l_0}{i}$	φ
≤8	≤7	≤28	≤1.0	30	26	104	0.52
10	8.5	35	0.98	32	28	111	0.48
12	10.5	42	0.95	34	29.5	118	0.44
14	12	48	0.92	36	31	125	0.40
16	14	55	0.87	38	33	132	0.36
18	15.5	62	0.81	40	34.5	139	0.32
20	17	69	0.75	42	36.5	146	0.29
22	19	76	0.70	44	38	153	0.26
24	21	83	0.65	46	40	160	0.23
26	22.5	90	0.60	48	41.5	167	0.21
28	24	97	0.56	50	43	174	0.19

注：表中 l_0 为构件计算长度；b 为矩形截面的短边尺寸；d 为圆形截面的直径；i 为截面的最小回转半径。

（四）设计方法

轴心受压构件的设计问题可分为截面设计和截面复核两类。

1. 截面设计

一般已知轴心压力设计值 N，材料强度设计值 f_c、f'_y，构件的计算长度 l_0，求构件截面面积 A 或 $b \times h$ 及纵向受压钢筋面积 A'_s。

由式(5-4)知,仅有一个公式需求解三个未知量 φ、A、A'_s,无确定解,故必须增加或假设一些已知条件。一般可以先选定一个合适的配筋率 $\rho' = \dfrac{A'_s}{A}$,通常可取 ρ' 为 $1.0\% \sim 1.5\%$,再假定 $\varphi = 1.0$,然后代入式(5-4)求解 A。根据 A 来选定实际的构件截面尺寸 $b \times h$。由长细比 l_0/b 查表 5-2 确定 φ,再代入式(5-4)求实际的 A'_s。当然,最后还应检查是否满足最小配筋率要求。

2. 截面复核

截面复核比较简单,只需将有关数据代入式(5-4),如果式(5-4)成立,则满足承载力要求。

【**例 5-1**】 某钢筋混凝土轴心受压柱,计算长度 $l_0 = 4.9$ m,承受轴心压力设计值 $N = 1580$ kN,采用 C25 级混凝土和 HRB400 级钢筋,求柱截面尺寸 $b \times h$ 及纵筋截面面积 A'_s。

【**解**】（1）估算截面尺寸。

假定 $\rho' = \dfrac{A'_s}{A} = 1\%$,$\varphi = 1.0$,代入式(5-4)得

$$A \geq \dfrac{N}{0.9\varphi(f_c + \rho' f'_y)} = \dfrac{1580 \times 10^3}{0.9 \times 1.0 \times (11.9 + 0.01 \times 360)} \text{ mm}^2$$
$$= 113\,262 \text{ mm}^2$$
$$b = h = \sqrt{A} = 336.54 \text{ mm}$$

实取 $b = h = 350$ mm,$A = 122\,500$ mm²。

（2）求稳定系数。

$l_0/b = \dfrac{4900}{350} = 14$,查表 5-2 得 $\varphi = 0.92$。

（3）求纵筋面积。

由式(5-4)得

$$A'_s \geq \dfrac{\dfrac{N}{0.9\varphi} - f_c A}{f'_y} = \dfrac{\dfrac{1580 \times 10^3}{0.9 \times 0.92} - 11.9 \times 350 \times 350}{360} \text{ mm}^2 = 1251 \text{ mm}^2$$

（4）验算配筋率。

$$\rho' = \dfrac{1251}{350 \times 350} = 1.02\% > \rho'_{\min} = 0.55\%$$

实选 4 ⌀ 20 钢筋（$A'_s = 1256$ mm²）。

二、螺旋箍筋柱

当柱子需要承受较大的轴向压力,而截面尺寸又受到限制,增加钢筋数量和提高混凝土强度等级均无法满足要求的情况下,可以采用螺旋箍筋或焊接环形箍筋(统称为间接钢筋)以提高柱子的承载力。螺旋箍筋柱的构造形式如图 5-9 所示。间接钢筋的间距不应大于 80 mm 及 $d_{\text{cor}}/5$（d_{cor} 为按间接钢筋内表面确定的核心截面直径）,且不小于 40 mm;间接钢筋的直径要求与普通柱箍筋相同。

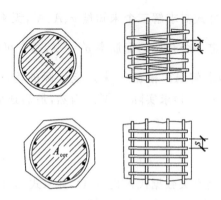

图 5-9 螺旋箍筋和焊接环形箍筋

(一)受力特点及破坏特征

螺旋箍筋柱的受力性能与普通箍筋柱有很大不同,图 5-10 所示为螺旋箍筋柱与普通箍筋柱的荷载-应变曲线的对比。由图可见,荷载不大($\sigma_c \leqslant 0.8 f_c$)时,两条曲线并无明显区别,当荷载增加至应变达到混凝土的峰值应变 ε_0 时,混凝土保护层开始剥落,由于混凝土截面减小,荷载有所下降。但由于核心部分混凝土产生较大的横向变形,使螺旋箍筋产生环向拉力,亦即核心部分混凝土受到螺旋箍筋的径向压力,处在三向受压的状态,其抗压强度超过了 f_c,曲线逐渐回升。随着荷载的不断增大,箍筋的环向拉力随核心混凝土横向变形的不断发展而提高,对核心混凝土的约束也不断增大。当螺旋箍筋达到屈服时,不再对核心混凝土有约束作用,混凝土抗压强度也不再提高,混凝土被压碎,构件破坏。破坏时,螺旋箍筋柱的承载力及应变都要比普通箍筋柱大(压应变达到 0.01 以上)。试验资料表明,螺旋箍筋的配箍率越大,柱的承载力越大,延性越好。

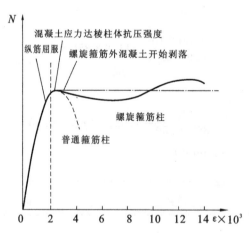

图 5-10 轴心受压柱的荷载-应变曲线

(二)承载力计算

根据混凝土圆柱体在三向受压状态下的试验结果,约束混凝土的轴心抗压强度 f_{cc} 可近似按下列公式计算:

$$f_{cc} = f_c + 4\sigma_c \tag{5-5}$$

式中：f_c——混凝土轴心抗压强度设计值；

σ_c——混凝土的径向压应力。

设螺旋箍筋（单根）的截面面积为 A_{ss1}，间距为 s，螺旋箍筋的内径为 d_{cor}（即核心混凝土截面的直径）。螺旋箍筋柱达到轴心受压极限状态时，螺旋箍筋达到屈服，其对核心混凝土约束产生的径向压应力 σ_c 可由图 5-11 所示的隔离体平衡条件得到：

$$\sigma_c = \frac{2f_y A_{ss1}}{s d_{cor}} \tag{5-6}$$

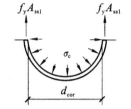

图 5-11 螺旋箍筋受力情况

代入式(5-5)得

$$f_{cc} = f_c + \frac{8 f_y A_{ss1}}{s d_{cor}} \tag{5-7}$$

由于箍筋屈服时，混凝土保护层已经剥落，所以混凝土的截面面积应取核心混凝土的截面面积 A_{cor}。由轴向力的平衡条件得螺旋箍筋柱的承载力为

$$N_u = f_{cc} A_{cor} + f_y' A_s' = f_c A_{cor} + f_y' A_s' + \frac{8 f_y A_{ss1}}{s d_{cor}} A_{cor} \tag{5-8}$$

按体积相等的原则将间距 s 范围内的螺旋箍筋换算成相当的纵向钢筋面积 A_{ss0}，即

$$\pi d_{cor} A_{ss1} = s A_{ss0}$$

$$A_{ss0} = \frac{\pi d_{cor} A_{ss1}}{s} \tag{5-9}$$

式(5-8)可写成

$$N_u = f_c A_{cor} + f_y' A_s' + 2 f_y A_{ss0} \tag{5-10}$$

试验表明，当混凝土强度等级大于 C50 时，径向压应力对构件承载力的影响有所降低，因此，式(5-10)中的第 3 项应乘以折减系数 α。另外，与普通箍筋柱类似，取可靠度调整系数为 0.9。

于是，螺旋箍筋柱承载能力极限状态设计表达式为

$$N \leqslant N_u = 0.9(f_c A_{cor} + 2\alpha f_y A_{ss0} + f_y' A_s') \tag{5-11}$$

式中：N——轴向压力设计值；

α——螺旋箍筋对混凝土约束的折减系数，当混凝土强度等级不大于 C50 时，取 1.0，当混凝土强度等级为 C80 时，取 0.85，其间按线性内插法确定。

（三）注意问题

采用螺旋箍筋设计时，应注意以下几个问题。

(1) 按式(5-11)算得的构件受压承载力不应比按式(5-4)算得的大 50%。这是为了保证混凝土保护层在标准荷载下不过早剥落，不会影响正常使用。

(2) 当 $l_0/d > 12$ 时，不考虑螺旋箍筋的约束作用，应用式(5-4)进行计算。这是因为长细比较大时，构件破坏时实际处于偏心受压状态，截面不是全部受压，螺旋箍筋的约束作用得不到有效发挥。由于长细比较小，故式(5-11)没考虑稳定系数 φ。

(3) 当螺旋箍筋的换算截面面积 A_{ss0} 小于纵向钢筋的全部截面面积的 25% 时，不考虑螺旋箍筋的约束作用，应用式(5-4)进行计算。这是因为螺旋箍筋配置得较少时，很难保证它对混凝土发挥有效的约束作用。

(4) 按式(5-11)算得的构件受压承载力不应小于按式(5-4)算得的受压承载力。

【例 5-2】 某展示厅内一根钢筋混凝土柱,按建筑设计要求截面为圆形,直径不大于 500 mm。该柱承受的轴心压力设计值 $N=4600$ kN,柱的计算长度 $l_0=5.25$ m,混凝土强度等级为 C25,纵筋用 HRB335 级钢筋,箍筋用 HPB300 级钢筋。试进行该柱的设计。

【解】 (1) 按普通箍筋柱设计。

由 $l_0/d=5250/500=10.5$,查表 5-2 得 $\varphi=0.95$,代入式(5-4)得

$$A'_s=\frac{1}{f'_y}\left(\frac{N}{0.9\varphi}-f_cA\right)=\frac{1}{300}\left(\frac{4600\times10^3}{0.9\times0.95}-11.9\times\frac{\pi\times500^2}{4}\right)\text{mm}^2=10\ 149\ \text{mm}^2$$

$$\rho'=\frac{A'_s}{A}=\frac{10\ 149}{\frac{\pi\times500^2}{4}}=0.0517=5.17\%$$

由于配筋率太大,且长细比又满足 $l_0/d<12$ 的要求,故考虑按螺旋箍筋柱设计。

(2) 按螺旋箍筋柱设计。

假定纵筋配筋率 $\rho'=3.5\%$,则 $A'_s=0.035\times\frac{\pi\times500^2}{4}\text{mm}^2=6868.75\ \text{mm}^2$。

选 8Φ25+8Φ22,$A'_s=6968\ \text{mm}^2$。取混凝土保护层为 30 mm,则 $d_{cor}=500-30\times2=440\ \text{mm}$,$A_{cor}=\frac{\pi d_{cor}^2}{4}=\frac{3.141\ 592\ 6\times440^2}{4}\ \text{mm}^2=152\ 053\ \text{mm}^2$。混凝土 C25<C50,$\alpha=1.0$。由式(5-11)得

$$A_{ss0}=\frac{N/0.9-(f_cA_{cor}+f'_yA'_s)}{2f_y}=\frac{4600\times10^3/0.9-(11.9\times152\ 053+300\times6968)}{2\times270}\ \text{mm}^2$$
$$=2243\ \text{mm}^2$$

$A_{ss0}=2243\ \text{mm}^2>0.25A'_s=1742.0\ \text{mm}^2$,可以。

假定螺旋箍筋直径 $d=10$ mm,则 $A_{ss1}=78.5\ \text{mm}^2$,由式(5-9)得

$$s=\frac{\pi d_{cor}A_{ss1}}{A_{ss0}}=\frac{3.14\times440\times78.5}{2243}\ \text{mm}=48\ \text{mm}$$

实取螺旋箍筋为 Φ10@45。

按式(5-4)求普通箍筋柱的承载力为

$$N_u=0.9\varphi(f_cA+f'_yA'_s)=0.9\times0.95\times\left(11.9\times\frac{\pi\times500^2}{4}+300\times6968\right)\text{N}=3784\times10^3\ \text{N}$$

$1.5\times3784\ \text{kN}=5676\ \text{kN}>4600\ \text{kN}$ 可以。

任务 3 偏心受压构件承载力计算

当纵向压力作用线与构件形心轴线不重合或在构件截面上既作用有轴心压力,又有弯矩、剪力作用时,这类构件称为偏心受压构件。工程中偏心受压构件的应用颇为广泛,如常见的多高层框架柱、单层刚架柱、单层厂房排架柱、水塔、烟囱的筒壁和屋架、托架的上弦杆以及某些受压腹杆等均为偏心受压构件。

单元 5
受压构件正截面承载力计算

偏心受压构件大部分只考虑轴向压力 N 沿截面一个主轴方向的偏心作用,即按单向偏心受压进行截面设计。离偏心压力 N 较近一侧的纵向钢筋受压,其截面面积用 A_s' 表示;而另一侧的纵向钢筋则随轴向压力 N 和偏心距的大小可能受拉也可能受压,其截面面积用 A_s 表示。

一、偏心受压构件正截面的破坏特征

偏心受压构件截面上同时作用有弯矩 M 和轴向压力 N,轴向压力对截面重心的偏心距 $e_0 = M/N$。我们可把偏心受压状态视为轴心受压与受弯之间的过渡状态,那么偏心受压截面中的应变和应力分布特征将随着偏心距 e_0 的逐渐减小而从接近于受弯构件的状态过渡到接近于轴心受压状态。

钢筋混凝土偏心受压构件正截面的受力特点和破坏特征与轴向压力偏心距大小、纵向钢筋的数量、钢筋强度和混凝土强度等因素有关。钢筋混凝土偏心受压构件正截面的破坏一般可分为以下两类:

第一类——受拉破坏,亦称为大偏心受压破坏;
第二类——受压破坏,亦称为小偏心受压破坏。

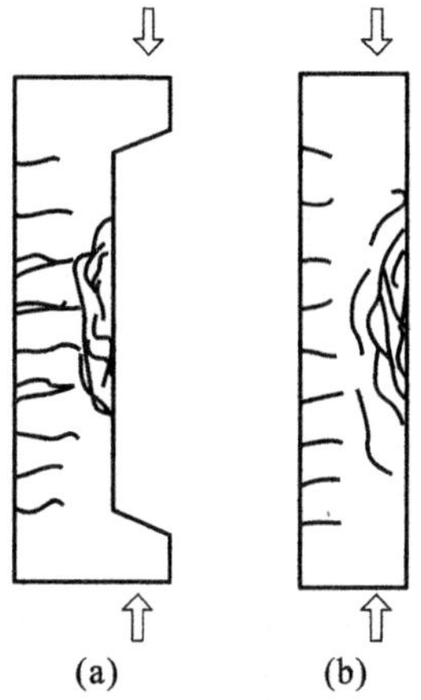

1. 大偏心受压破坏

在构件截面中,若轴向压力的偏心距较大,而且没有配置过多的受拉钢筋,就将发生大偏心受压破坏。

图 5-12 偏心受压构件的破坏
(a)大偏心受压;(b)小偏心受压

这类构件具有与适筋受弯构件类似的受力特点。在偏心距较大的轴向压力 N 作用下,远离纵向偏心力一侧截面受拉。当 N 增大到一定程度时,受拉边缘混凝土将达到极限拉应变,出现垂直于构件轴线的裂缝。这些裂缝将随着荷载的增大而不断加宽并向受压一侧发展,裂缝截面中的拉力将全部转由受拉钢筋承担。随着荷载的增大,受拉钢筋将首先屈服。屈服后,裂缝将明显加宽并进一步向受压一侧延伸,从而使受压区面积减小,受压边缘的压应变逐步增大,直至达到其极限压应变 ε_{cu},受压区混凝土被压碎而导致构件的最终破坏。这类构件的混凝土压碎区一般都不太长,破坏时受拉区形成一条较宽的主裂缝。试验所得的典型破坏状况如图 5-12(a)所示。只要受压区相对高度不致过小,混凝土保护层不是太厚,即受压钢筋不是过分靠近中和轴,而且受压钢筋的强度也不是太高,则在混凝土开始压碎时,受压钢筋应力一般都能达到屈服强度。

大偏心受压关键的破坏特征是受拉钢筋首先屈服,然后受压钢筋也能达到屈服,最后由于受压区混凝土压碎而导致构件破坏,这种破坏形态在破坏前有明显的预兆,属于塑性破坏。所以这类破坏也称为受拉破坏。破坏阶段截面中的应变及应力分布图形如图 5-13(a)所示。

2. 小偏心受压破坏

当偏心距较小或虽然偏心距较大,但配置过多的受力钢筋时,构件就会发生小偏心受压破坏。虽然同样是部分截面受拉,但受拉区裂缝出现后,受拉钢筋应力增加缓慢,破坏是由于受压区混凝土达到抗压强度而被压碎,破坏时受压钢筋 A_s' 达到屈服,而受拉一侧钢筋 A_s 达不到屈服强度,破坏形态与超筋梁相似。这种情况下的构件典型破坏状况如图 5-12(b)所示。破坏阶段截面中的应变及应力分布图形如图 5-13(b)所示。由于受拉钢筋中的应力没有达到屈服强度,因此在截面应力分布图形中其拉应力只能用 σ_s 来表示。

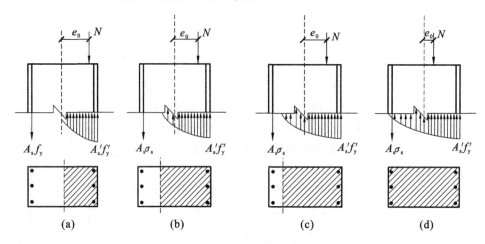

图 5-13 偏心受压构件的破坏形态
(a)大偏心受压;(b)、(c)、(d)小偏心受压

当偏心距较小时,受荷后截面大部分受压,中和轴靠近受拉钢筋 A_s。因此,受拉钢筋应力很小,无论配筋率大小,破坏总是由于受压钢筋 A'_s 屈服,受压区混凝土达到抗压强度被压碎。临近破坏时,受拉区混凝土可能出现细微的横向裂缝,如图 5-13(c)所示。由于受拉钢筋未能达到屈服强度,截面应力分布图形中其拉应力只能用 σ_s 来表示。

当轴向压力的偏心距很小时,构件截面将全部受压,近轴力一侧压应变较大,另一侧压应变较小。构件的破坏是由于近轴力一侧的受压钢筋 A'_s 屈服,混凝土被压碎所引起的。这种受压情况破坏阶段截面中的应变及应力分布图形如图 5-13(d)所示。据轴向力较远一侧的受压钢筋 A_s 未达到屈服强度,故在应力分布图形中它的应力也用 σ_s 表示。

综上所述,小偏心受压破坏所共有的关键性破坏特征是:构件的破坏是由受压区混凝土的压碎所引起的。构件在破坏前变形不会急剧增长,但受压区垂直裂缝不断发展,破坏时没有明显预兆,属脆性破坏。具有这类特征的破坏形态统称为受压破坏。

二、大小偏心受压界限

与受弯构件相似,利用平截面假定和规定了受压区边缘极限应变的数值后,就可以求得偏心受压构件正截面在各种破坏情况下,沿截面高度的平均应变分布,如图 5-14 所示。

在图 5-14 中,ε_{cu} 表示受压区边缘混凝土极限应变值;ε_y 表示受拉纵筋在屈服点时的应变值;ε'_y 表示受压纵筋屈服时的应变值,$\varepsilon'_y = f'_y / E_s$;$x_{cb}$ 表示界限状态时截面受压区的实际高度。

从图 5-15 可看出,当受压区太小,混凝土达到极限应变值时,受压纵筋的应变很小,以至达不到屈服强度。当受压区达到 x_{cb} 时,混凝土和受拉钢筋分别达到极限压应变值和屈服点应变值即为界限破坏形态。相应于界限破坏形态的相对受压区高度 ξ_b 与受弯构件相同。

当 $\xi \leqslant \xi_b$ 时为大偏心受压破坏形态,$\xi > \xi_b$ 时为小偏心受压破坏形态。

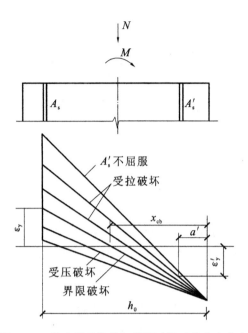

图 5-14 偏心受压构件正截面破坏时的应变分布

三、轴向压力对截面重心的偏心距 e_0

轴向压力对截面重心的偏心距 $e_0=M/N$。M 为考虑轴向压力在挠曲杆件中产生的二阶效应后控制截面的弯矩设计值。排架结构柱的二阶效应采用有限元分析方法计算，其他偏心受压构件按式(5-13)进行计算。

钢筋混凝土受压构件承受偏心荷载，产生纵向弯曲变形，即产生侧向挠度。对长细比小的短柱，侧向挠度小，计算时一般可忽略其影响。而对长细比较大的长柱，由于侧向挠度的影响，各个截面所受的弯矩不再是 Ne_0，而变为 $N(e_0+y)$，y 为构件任意点的水平侧向挠度，如图 5-15 所示。在柱高中点处，侧向挠度最大的截面中的弯矩为 $N(e_0+\Delta)$，Δ 是随着荷载的增大而不断加大，因而弯矩的增长也就越来越快。偏心受压构件中的弯矩受轴向压力和构件侧向附加挠度影响的现象称为细长效应或压弯效应，《混凝土结构设计规范》(GB 50010—2010)称其为二阶效应，并把截面弯矩中的 Ne_0 称为初始弯矩或一阶弯矩(不考虑细长效应时构件截面中的弯矩)，将 Ny 或 $N\Delta$ 称为附加弯矩或二阶弯矩。

弯矩作用平面内截面对称的偏心受压构件，当同一主轴方向的杆端弯矩比 M_1/M_2 不大于 0.9 且设计轴压比不

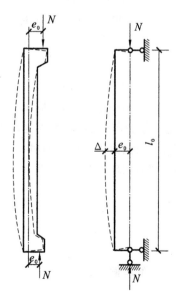

图 5-15 偏心受压构件的二阶效应

大于 0.9 时,若构件的长细比满足式

$$l_0/i \leqslant 34-12M_1/M_2 \tag{5-12}$$

可不考虑轴向压力在该方向挠曲杆件中产生的附加弯矩的影响;否则应按轴向压力在挠曲杆件中产生的二阶效应后控制截面弯矩设计值 M 计算偏心距 e_0。

式(5-12)中:M_1、M_2——偏心受压构件两端截面按结构分析确定的对同一主轴的组合弯矩设计值,绝对值较大端为 M_2,绝对值较小端为 M_1,当构件按单曲率弯曲时,M_1/M_2 取正值,否则取负值;

l_0——构件的计算长度,此处可近似取偏心受压构件相应主轴方向上、下支撑点之间的距离;

i——偏心方向的截面回转半径。

排架结构柱的二阶效应采用有限元分析方法计算,其他偏心受压构件,考虑轴向压力在挠曲杆件中产生的二阶效应后控制截面弯矩设计值 M 应按下列公式计算:

$$M = C_m \eta_{ns} M_2 \tag{5-13}$$

$$C_m = 0.7 + 0.3 \frac{M_1}{M_2} \tag{5-14}$$

$$\eta_{ns} = 1 + \frac{1}{1300\left(\frac{M_2}{N}+e_a\right)/h_0} \left(\frac{l_0}{h}\right)^2 \zeta_c \tag{5-15}$$

$$\zeta_c = \frac{0.5 f_c A}{N} \tag{5-16}$$

式中:C_m——构件端截面偏心距调节系数,当小于 0.7 时取 0.7;

η_{ns}——弯矩增大系数;

N——与弯矩设计值 M_2 相应的轴向压力设计值;

e_a——附加偏心矩;

ζ_c——截面曲率修正系数,当计算值大于 1.0 时取 1.0;

h——截面高度,对环形截面,取外直径,对圆形截面,取直径;

h_0——截面有效高度;

A——构件截面面积。

当 $C_m \eta_{ns}$ 小于 1.0 时,取 1.0;对剪力墙肢类及核心筒墙肢类构件,可取 $C_m \eta_{ns} = 1.0$。

当偏心受压构件的截面为环形或圆形时,h 换成 d,$h_0 \approx 0.9d$。当截面为环形截面时,d 为外直径;当截面为圆形截面时,d 为直径。式(5-13)、式(5-14)、式(5-15)、式(5-16)不仅适用于矩形、圆形和环形截面,也适用于 T 形和 I 形截面。

四、附加偏心距 e_a 和初始偏心距 e_i

1. 附加偏心距 e_a

荷载的作用位置和大小的不定性、施工误差及混凝土质量的不均匀性等原因,以致轴向力产生附加偏心距 e_a,e_a 取 20 mm 和偏心方向截面尺寸的 1/30 两者中的较大值。

2. 初始偏心距 e_i

初始偏心距 e_i 按下式计算：

$$e_i = e_0 + e_a \tag{5-17}$$

五、柱的计算长度

根据理论分析并参照以往的工程经验,《混凝土结构设计规范》(GB 50010—2010)按下述规定,确定偏心受压柱和轴心受压柱的计算长度 l_0。

(1) 刚性屋盖的单层房屋排架柱、露天吊车柱和栈桥柱,其计算长度 l_0 可按表 5-3 取用。

表 5-3　刚性屋盖单层房屋排架柱、露天吊车柱和栈桥柱的计算长度 l_0

项次	柱的类别		排架方向	垂直排架方向	
				有柱间支撑	无柱间支撑
1	无吊车房屋柱	单跨	$1.5H$	$1.0H$	$1.2H$
		两跨及多跨	$1.25H$	$1.0H$	$1.2H$
2	有吊车房屋柱	上柱	$2.0H_u$	$1.25H_u$	$1.5H_u$
		下柱	$1.0H_l$	$0.8H_l$	$1.0H_l$
3	露天吊车柱和栈桥柱		$2.0H_l$	$1.0H_l$	—

① 表 5-3 中 H 为从基础顶面算起的柱子全高；H_l 为从基础顶面至装配式吊车梁底面或现浇式吊车梁顶面的柱子下部高度；H_u 为从装配式吊车梁底面或从现浇式吊车梁顶面算起的柱子上部高度。

② 表 5-3 中有吊车房屋排架柱的计算长度,当计算中不考虑吊车荷载时,可按无吊车房屋柱的计算长度采用,但上柱的计算长度仍按有吊车房屋采用。

③ 表 5-3 中有吊车房屋排架柱的上柱在排架方向的计算长度,仅适用于 $H_u/H_l \geq 0.3$ 的情况；当 $H_u/H_l < 0.3$ 时,计算长度宜采用 $2.5H_u$。

(2) 一般多层房屋中梁柱为刚接的框架结构,各层柱的计算长度 l_0 可按表 5-4 的规定取用。

表 5-4　框架结构各层柱的计算长度 l_0

项次	楼盖类型	柱的类别	计算长度 l_0
1	现浇楼盖	底层柱	$1.0H$
		其余各层柱	$1.25H$
2	装配式楼盖	底层柱	$1.25H$
		其余各层柱	$1.5H$

注：表中 H,对底层柱为从基础顶面到一层楼盖顶面的高度；对其余各层柱为上、下两层楼盖顶面之间的高度。

六、偏心受压构件正截面承载力计算公式

（一）大偏心受压

大偏心受压破坏时，承载能力极限状态下截面的实际应力和应变图如图 5-16(a) 所示。将受压区混凝土曲线应力图用等效矩形应力分布图来代替，应力值为 $\alpha_1 f_c$，受压区高度为 x，则大偏心受压破坏的截面计算图如图 5-16(b) 所示。

由轴向力为零和各力对受拉钢筋合力点的力矩为零两个平衡条件得

$$N = \alpha_1 f_c bx + f_y' A_s' - f_y A_s \tag{5-18}$$

$$Ne = \alpha_1 f_c bx \left(h_0 - \frac{x}{2}\right) + f_y' A_s' (h_0 - a') \tag{5-19}$$

$$e = e_i + \frac{h}{2} - a \tag{5-20}$$

$$e' = e_i - \frac{h}{2} + a' \tag{5-21}$$

$$e_i = e_0 + e_a$$

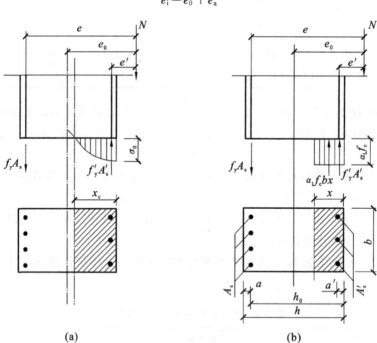

图 5-16 大偏心受压的应变和应力图
(a)截面的实际应力和应变图；(b)等效矩形应力分布图

式中：N——偏心受压承载力设计值；

α_1——系数，当混凝土强度等级不大于 C50 时，取 1.0，当混凝土强度等级为 C80 时，取 0.94，其间按线性内插法确定；

x——等效矩形应力图形受压区计算高度；

e——轴向力作用点到受拉钢筋合力点之间的距离；

e'——轴向力作用点到受压钢筋合力点之间的距离；

f_c——混凝土抗压强度设计值；

b,h——矩形截面边长，其中 h 为偏心方向的边长；

h_0——偏心方向截面有效高度；

A_s,A_s'——纵向受拉和受压钢筋的截面面积；

f_y,f_y'——纵向受拉和受压钢筋的强度设计值；

a,a'——纵向受拉和受压钢筋的合力点至截面近边缘的距离。

适用条件：

（1）为保证为大偏心受压破坏，亦即破坏时受拉钢筋应力先达到屈服强度，必须满足 $x \leqslant \xi_b h_0$（或 $\xi \leqslant \xi_b$）；

（2）为了保证构件破坏时，受压钢筋应力能达到抗压强度设计值 f_y'，应满足 $x \geqslant 2a'$。

（二）小偏心受压

小偏心受压破坏时，承载能力极限状态下截面的应力图形如图 5-17 所示。受压区的混凝土曲线应力图仍然用等效矩形应力图来代替。

根据力的平衡条件及力矩平衡条件得

$$N = \alpha_1 f_c bx + f_y' A_s' - \sigma_s A_s \tag{5-22}$$

$$Ne = \alpha_1 f_c bx \left(h_0 - \frac{x}{2}\right) + f_y' A_s'(h_0 - a') \tag{5-23}$$

或

$$Ne' = \alpha_1 f_c bx \left(\frac{x}{2} - a'\right) - \sigma_s A_s (h_0 - a') \tag{5-24}$$

式中：σ_s——钢筋 A_s 的应力值。σ_s 可根据应变符合平截面假定的条件得到，即

$$\sigma_s = \varepsilon_{cu} E_s \left(\frac{\beta_1}{\xi} - 1\right) \tag{5-25}$$

也可根据截面应力的边界条件（当 $\xi = \xi_b$ 时，$\sigma_s = f_y$；当 $\xi = \beta_1$ 时，$\sigma_s = 0$），近似取为

$$\sigma_s = \frac{\xi - \beta_1}{\xi_b - \beta_1} f_y \tag{5-26}$$

σ_s 应满足 $-f_y' \leqslant \sigma_s \leqslant f_y$。

e、e' 分别为轴向力作用点到受拉钢筋合力点及受压钢筋合力点之间的距离。

$$e = e_i + \frac{h}{2} - a$$

$$e' = \frac{h}{2} - e_i - a' \tag{5-27}$$

$$e_i = e_0 + e_a$$

对于小偏心受压破坏，当偏心距很小时，若 A_s 配置不足或附加偏心距 e_a 与荷载偏心距 e_0 相反，则可能出现远离轴向压力的一侧混凝土首先达到受压破坏的情况。因此，为避免发生这种破坏，《混凝土结构设计规范》(GB 50010—2010) 规定：当 $N > f_c bh$ 时，尚应按下列公式进行验算：

对 A_s' 取矩：

$$Ne' \leqslant f_c bh \left(h_0' - \frac{h}{2}\right) + f_y' A_s (h_0' - a) \tag{5-28}$$

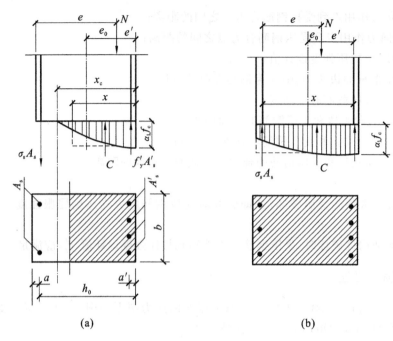

图 5-17 小偏心受压应力图
(a)A_s 受拉不屈服；(b)A_s 受压不屈服

此时，取弯矩增大系数 $\eta_{ns}=1.0$，并有

$$e' = \frac{h}{2} - a' - (e_0 - e_a) \tag{5-29}$$

式中：h_0'——受压钢筋合力点至离轴向压力较远一侧边缘的距离，即 $h_0' = h - a'$。

七、非对称配筋矩形截面偏心受压构件正截面承载力计算方法

（一）大小偏心受压构件的判别

无论是截面设计还是截面复核，都必须先对构件进行大小偏心的判别。在截面设计时，由于 A_s 和 A_s' 未知，因而无法利用相对受压区高度 ξ 来进行判别。计算时，一般可以先用偏心距来进行判别。

取界限情况 $x = \xi_b h_0$，将其代入大偏心受压的计算式(5-18)，并取 $a = a'$，可得界限破坏时的轴力 N_b 和弯矩 M_b（M_b 为对截面中心轴取矩）为

$$N_b = \alpha_1 f_c b \xi_b h_0 + f_y' A_s' - f_y A_s \tag{5-30a}$$

$$M_b = 0.5 \alpha_1 f_c b \xi_b h_0 (h - \xi_b h_0) + 0.5 (f_y' A_s' + f_y A_s)(h_0 - a) \tag{5-30b}$$

从而可得相对界限偏心距为

$$\frac{e_{0b}}{h_0} = \frac{M_b}{N_b h_0} = \frac{0.5 \alpha_1 f_c b \xi_b h_0 (h - \xi_b h_0) + 0.5 (f_y' A_s' + f_y A_s)(h_0 - a)}{(\alpha_1 f_c b \xi_b h_0 + f_y' A_s' - f_y A_s) h_0} \tag{5-31}$$

分析式(5-31)可知，当截面尺寸和材料强度给定时，界限相对偏心距 e_{0b}/h_0 就取决于截面配筋 A_s 和 A_s'。随着 A_s 和 A_s' 的减小，e_{0b}/h_0 也减小。故当 A_s 和 A_s' 分别取最小配筋率时，可得

e_{0b}/h_0 的最小值 $e_{0b\,min}/h_0$。将 A_s 和 A_s' 按最小配筋率 0.002 代入，并近似取 $h=1.05h_0$，$a'=0.05h_0$，则可得到常用的各种混凝土强度等级和常用钢筋的相对界限偏心距的最小值 $e_{0b\,min}/h_0$ 如表 5-5 所示。计算时近似取其平均值 $e_{0b\,min}/h_0=0.3$。

表 5-5　最小相对界限偏心距 $e_{0b\,min}/h_0$

钢筋＼混凝土	C20	C30	C40	C50	C60	C70	C80
HRB335 级	0.303	0.294	0.288	0.284	0.291	0.298	0.306
HRB400 级或 RRB400 级	0.321	0.312	0.306	0.302	0.308	0.315	0.322

在截面设计时，若 $e_i<0.3h_0$，总是属于小偏心受压破坏，可以按小偏心受压进行设计；若 $e_i\geqslant 0.3h_0$，则可能属于大偏心受压破坏，也可能属于小偏心受压破坏，所以，可先按大偏心受压进行设计，然后再判断其是否满足适用条件，如不满足，则应按小偏心受压重新设计。

（二）截面设计

此时，截面尺寸 $b\times h$，材料强度 f_c、f_y、f_y'，构件长细比 l_0/h 以及内力设计值 N 和 M 均已知，求纵向钢筋截面面积。求解时可先算出弯矩增大系数 η_{ns} 和偏心距 e_0，再初步判断构件的偏心类型：当 $e_i\geqslant 0.3h_0$ 时，先按大偏心受压计算，求出钢筋截面面积和 x 后，若 $x\leqslant x_b$，说明原假定大偏心受压是正确的，否则需按小偏心受压重新计算；若 $e_i<0.3h_0$，则按小偏心受压设计。在所有情况下，A_s 和 A_s' 均需满足最小配筋率要求，同时，A_s+A_s' 不宜大于 5%bh。最后，要按轴心受压构件验算垂直于弯矩作用平面的受压承载力。

1. 大偏心受压

令 $N=N_u$，由式(5-18)和式(5-19)可得大偏心受压构件设计基本公式如下：

$$N=\alpha_1 f_c bx+f_y'A_s'-f_y A_s \tag{5-32}$$

$$Ne=\alpha_1 f_c bx\left(h_0-\frac{x}{2}\right)+f_y'A_s'(h_0-a') \tag{5-33}$$

式中：
$$e=e_i+\frac{h}{2}-a$$

与双筋受弯构件一样，以上两个基本公式的适用条件为

$$2a'\leqslant x\leqslant \xi_b h_0$$

若 $x<2a'$，则近似取 $x=2a'$，对 A_s' 合力重心取矩，得此时唯一的计算公式：

$$Ne'=f_y A_s(h_0-a') \tag{5-34}$$

式中：
$$e'=e_i-\frac{h}{2}+a'$$

1) 第一种情况：求 A_s 和 A_s'

此时，有 A_s、A_s' 和 x 三个未知数而只有式(5-32)和式(5-33)两个基本方程，因而无唯一解。与双筋受弯构件类似，为使总钢筋面积（A_s+A_s'）最小，应取 $x=\xi_b h_0$，将其代入式(5-33)，则得计算 A_s' 的公式：

$$A_s'=\frac{Ne-\alpha_1 f_c bh_0^2\xi_b(1-0.5\xi_b)}{f_y'(h_0-a')} \tag{5-35}$$

若算得的 $A'_s \geqslant \rho_{\min}bh = 0.002bh$，则将 A'_s 值和 $x = \xi_b h_0$ 代入式(5-32)，便可由下式求出 A_s：

$$A_s = \frac{\alpha_1 f_c b \xi_b h_0 + f'_y A'_s - N}{f_y} \tag{5-36}$$

若算得的 $A'_s < \rho_{\min}bh = 0.002bh$，应取 $A'_s = \rho_{\min}bh = 0.002bh$，按 A'_s 已知的第二种情况计算。

2) 第二种情况：已知 A'_s，求 A_s

此类问题往往是因为承受变号弯矩或如上所述需要满足 A'_s 最小配筋率等构造要求，必须配置截面面积为 A'_s 的钢筋，然后求 A_s 的截面面积。这时，$x \neq \xi_b h_0$，故不能用式(5-36)来计算 A_s。据式(5-32)和式(5-33)两个基本公式可解出 A_s 与 x 两个未知数，有唯一解。先由式(5-33)解二次方程求 x，x 有两个根，找出其中一个根是真实的 x 值，也可按下式直接算出 x：

$$x = h_0 - \sqrt{h_0^2 - \frac{2[Ne - f'_y A'_s(h_0 - a')]}{\alpha_1 f_c b}} \tag{5-37}$$

若 $2a' \leqslant x \leqslant \xi_b h_0$，则将 x 代入式(5-32)得

$$A_s = \frac{\alpha_1 f_c bx + f'_y A'_s - N}{f_y} \tag{5-38}$$

若 $x > \xi_b h_0$，说明原 A'_s 过少，应按 A_s 和 A'_s 均未知的第一种情况重算。

若 $x < 2a'$，则据式(5-34)有

$$A_s = \frac{Ne'}{f_y(h_0 - a')} \tag{5-39}$$

式中：

$$e' = e_i - \frac{h}{2} + a'$$

还可再按不考虑受压钢筋，即取 $A'_s = 0$，用基本公式(5-32)和式(5-33)求出 A_s 值，再将其与据式(5-39)算得的 A_s 值比较，取二者之较小者配筋。但因二者数值相差不多，故为了简化计算及偏于安全，直接取用式(5-39)求得的 A_s 即可。

【例 5-3】 某钢筋混凝土偏心受压柱，截面尺寸 $b \times h = 350 \text{ mm} \times 500 \text{ mm}$，计算长度 $l_0 = 4.2 \text{ m}$，内力设计值 $N = 1200 \text{ kN}$，$M_2 = 250 \text{ kN·m}$。混凝土采用 C30，纵筋采用 HRB400 级钢筋。求钢筋截面面积 A_s 和 A'_s。

【解】 (1) 判别大小偏心受压。

取 $a = a' = 40 \text{ mm}$，$h_0 = 500 \text{ mm} - 40 \text{ mm} = 460 \text{ mm}$。

因 $\dfrac{M_1}{M_2} = 1.0 > 0.9$，故应考虑挠曲杆件中产生的附加弯矩影响。

$$\zeta_c = \frac{0.5 f_c A}{N} = \frac{0.5 \times 14.3 \times 350 \times 500}{1200 \times 10^3} = 1.043 > 1.0$$

取 $\zeta_c = 1.0$。

$$C_m = 0.7 + 0.3 \frac{M_1}{M_2} = 1.0 \quad (M_1 = M_2)$$

$$\eta_{ns} = 1 + \frac{1}{1300 \left(\dfrac{M_2}{N} + e_a\right)} \left(\frac{l_0}{h}\right)^2 \zeta_c$$

$$= 1 + \frac{1}{\dfrac{1300}{460} \times \left(\dfrac{250 \times 10^6}{1200 \times 10^3} + 20\right)} \times 8.4^2 \times 1.0 = 1.109 > 1.0$$

$$C_m \eta_{ns} = 1.0 \times 1.109 = 1.109 > 1.0$$

$$M = C_m \eta_{ns} M_2 = 1.109 \times 250 \text{ kN} \cdot \text{m} = 277.25 \text{ kN} \cdot \text{m}$$

$$e_0 = \frac{M}{N} = \frac{277.25 \times 10^6}{1200 \times 10^3} \text{ mm} = 231 \text{ mm}$$

$$e_a = 20 \text{ mm} > h/30 = \frac{500}{30} \text{ mm} = 16.67 \text{ mm}$$

$$e_i = e_0 + e_a = 231 \text{ mm} + 20 \text{ mm} = 251 \text{ mm}$$

（2）配筋计算（先按大偏心受压计算）。

根据已知条件知：$\xi_b = 0.518$，$\alpha_1 = 1.0$。

$$e = e_i + \frac{h}{2} - a = 251 \text{ mm} + \frac{500}{2} \text{ mm} - 40 \text{ mm} = 461 \text{ mm}$$

$$A'_s = \frac{Ne - \alpha_1 f_c b h_0^2 \xi_b (1 - 0.5\xi_b)}{f'_y (h_0 - a')}$$

$$= \frac{1200 \times 10^3 \times 461 - 1.0 \times 14.3 \times 350 \times 460^2 \times 0.518 \times (1 - 0.5 \times 0.518)}{360 \times (460 - 40)} \text{ mm}^2$$

$$= 970 \text{ mm}^2$$

$$A'_s > 0.002bh = 0.002 \times 350 \times 500 \text{ mm}^2 = 350 \text{ mm}^2$$

$$A_s = \frac{\alpha_1 f_c b h_0 \xi_b + f'_y A'_s - N}{f_y}$$

$$= \frac{1.0 \times 14.3 \times 350 \times 460 \times 0.518 + 360 \times 970 - 1200 \times 10^3}{360} \text{ mm}^2 = 949 \text{ mm}^2$$

$$A_s > 0.002bh = 0.002 \times 350 \times 500 \text{ mm}^2 = 350 \text{ mm}^2$$

选配 3 Φ 20 的受拉钢筋（$A'_s = 942 \text{ mm}^2$）。

选配 3 Φ 22 的受压钢筋（$A_s = 1140 \text{ mm}^2$）。

（3）垂直于弯矩作用平面的承载力验算。

$l_0/b = 4200/350 = 12$，查表 5-2 得 $\varphi = 0.95$。

$$N_u = 0.9\varphi(f_c A + f'_y A'_s) = 0.9 \times 0.95 \times [14.3 \times 350 \times 500 + 360 \times (1140 + 942)] \text{ N}$$

$$= 2\,780\,477.1 \text{ N} = 2780.5 \text{ kN}$$

$$N_u > N = 1200 \text{ kN}$$

满足要求。

2. 小偏心受压

当 $e_i < 0.3h_0$ 时，应按小偏心受压进行设计，将式(5-22)和式(5-23)写成设计公式：

$$N = \alpha_1 f_c bx + f'_y A'_s - \sigma_s A_s = \alpha_1 f_c b \xi h_0 + f'_y A'_s - \sigma_s A_s \tag{5-40}$$

$$Ne = \alpha_1 f_c bx \left(h_0 - \frac{x}{2}\right) + f'_y A'_s (h_0 - a') = \alpha_1 f_c b h_0^2 \xi (1 - 0.5\xi) + f'_y A'_s (h_0 - a') \tag{5-41}$$

其中，$\sigma_s = \frac{\xi - \beta_1}{\xi_b - \beta_1} f_y$，应满足 $-f'_y \leq \sigma_s \leq f_y$。

$$e = e_i + \frac{h}{2} - a$$

式(5-40)和式(5-41)两个基本方程有 A_s、A'_s 及 ξ 三个未知数，故无唯一解。对于小偏心受压，$\xi > \xi_b$，$\sigma_s < f_y$，A_s 未达到受拉屈服；由式(5-26)知，若 A_s 的应力 σ_s 达到 $-f'_y$，且 $-f_y = f_y$ 时，

其相对受压区高度 $\xi_{cy} = 2\beta_1 - \xi_b$。若 $\xi < \xi_{cy}, \sigma_s > -f'_y$，则 A_s 未达到受压屈服。可见，当 $\xi_b < \xi < \xi_{cy}$ 时，A_s 无论是受拉还是受压，无论配筋多少，都不能达到屈服。因而可取 $A_s = \rho_{min}bh = 0.002bh$，这样算得的总用钢量 $(A_s + A'_s)$ 一般为最少。

此外，当 $N > f_c bh$ 时，为使 A_s 配置不致过少，据式(5-28)得 A_s 应满足：

$$A_s \geqslant \frac{Ne' - f_c bh\left(h'_0 - \frac{h}{2}\right)}{f'_y(h_0 - a)} \tag{5-42}$$

$$e' = \frac{h}{2} - a' - (e_0 - e_a)$$

综上所述，当 $N > f_c bh$ 时，A_s 应取 $0.002bh$ 和按式(5-42)算得的两数值中之大者。

A_s 确定后，代入式(5-40)和式(5-41)，解二元二次方程组，就可求出 ξ 和 A'_s 的唯一解。

根据 ξ 值的大小，可分为以下三种情况：

① 若 $\xi < \xi_{cy}$，则所得的 A'_s 值即为所求受压钢筋面积；

② 若 $\xi_{cy} \leqslant \xi \leqslant h/h_0$，此时 $\sigma_s = -f'_y$，式(5-40)和式(5-41)转化为

$$N = \alpha_1 f_c b\xi h_0 + f'_y A'_s + f'_y A_s \tag{5-43}$$

$$Ne = \alpha_1 f_c bh_0^2 \xi(1 - 0.5\xi) + f'_y A'_s(h_0 - a') \tag{5-44}$$

将 A_s 值代入以上两式，重新求解 ξ 和 A'_s；

③ 若 $\xi > h/h_0$，此时为全截面受压，应取 $x = h$，同时取混凝土应力图形系数 $\alpha_1 = 1.0$，代入式(5-42)直接解得

$$A'_s = \frac{Ne - f_c bh(h_0 - 0.5h)}{f'_y(h_0 - a')} \tag{5-45}$$

设计小偏心受压构件时，还应注意须满足 $A'_s \geqslant 0.002bh$ 的要求。

【例 5-4】 某钢筋混凝土偏心受压柱，截面尺寸 $b = 350$ mm，$h = 500$ mm，计算长度 $l_0 = 2.5$ m，内力设计值 $N = 2500$ kN，$M_2 = 19$ kN·m。混凝土采用 C30，纵筋采用 HRB400 级钢筋。求钢筋截面面积 A_s 和 A'_s。

【解】（1）判别大小偏心受压。

取 $a = a' = 40$ mm，$h_0 = 500$ mm $- 40$ mm $= 460$ mm。

因 $\dfrac{M_1}{M_2} = 1.0 > 0.9$，故应考虑挠曲杆件中产生的附加弯矩影响。

$$\zeta_c = \frac{0.5 f_c A}{N} = \frac{0.5 \times 14.3 \times 350 \times 500}{2500 \times 10^3} = 0.5005 < 1.0$$

$$C_m = 0.7 + 0.3 \frac{M_1}{M_2} = 1.0 \quad (M_1 = M_2)$$

$$\eta_{ns} = 1 + \frac{1}{1300\left(\dfrac{M_2}{N} + e_a\right)} \left(\frac{l_0}{h}\right)^2 \zeta_c$$

$$= 1 + \frac{1}{\dfrac{1300}{460} \times \left(\dfrac{19 \times 10^6}{2500 \times 10^3} + 20\right)} \times \left(\frac{2500}{500}\right)^2 \times 0.5005 = 1.1604 > 1.0$$

$$C_m \eta_{ns} = 1.0 \times 1.1604 = 1.1604 > 1.0$$

$$M = C_m \eta_{ns} M_2 = 1.1604 \times 19 \text{ kN·m} = 22.05 \text{ kN·m}$$

$$e_0 = \frac{M}{N} = \frac{22.05 \times 10^6}{2500 \times 10^3} \text{ mm} = 8.82 \text{ mm}$$

$$e_a = 20 \text{ mm} > h/30 = 500/30 \text{ mm} = 16.67 \text{ mm}$$

$$e_i = e_0 + e_a = 8.82 \text{ mm} + 20 \text{ mm} = 28.82 \text{ mm} < 0.3h_0 = 138 \text{ mm}$$

属小偏心受压。

（2）配筋计算。

根据已知条件，有 $\xi_b = 0.518, \alpha_1 = 1.0, \beta_1 = 0.8, \xi_{cy} = 2\beta_1 - \xi_b = 1.082$。

由于 $N = 2500 \text{ kN} < f_c bh = 14.3 \times 350 \times 500 \text{ N} = 2\ 502\ 500 \text{ N} = 2502.5 \text{ kN}$

所以，取 $A_s = \rho_{\min} bh = 0.002 \times 350 \times 500 \text{ mm}^2 = 350 \text{ mm}^2$

$$e = e_i + \frac{h}{2} - a = 28.82 \text{ mm} + 250 \text{ mm} - 40 \text{ mm} = 238.82 \text{ mm}$$

将 A_s 代入基本公式

$$N = \alpha_1 f_c b\xi h_0 + f'_y A'_s - \sigma_s A_s$$

$$Ne = \alpha_1 f_c bh_0^2 \xi(1 - 0.5\xi) + f'_y A'_s(h_0 - a')$$

$$\sigma_s = \frac{\xi - \beta_1}{\xi_b - \beta_1} f_y$$

得

$$2500 \times 10^3 = 1.0 \times 14.3 \times 350\xi \times 460 + 360A'_s - \frac{\xi - 0.8}{0.518 - 0.8} \times 360 \times 350$$

$$2500 \times 10^3 \times 238.82 = 1.0 \times 14.3 \times 350 \times 460^2 \xi(1 - 0.5\xi) + 360A'_s(460 - 40)$$

整理得 $2749.1\xi + 0.36A'_s - 2857.44 = 0$

$$529\ 529\xi^2 + 95\ 564\xi - 606\ 124 = 0$$

解得 $\xi = 0.981$。因 $\xi_b < \xi < \xi_{cy}$，得

$$A'_s = \frac{2857.44 - 2749.1 \times 0.981}{0.36} \text{ mm}^2 = 446 \text{ mm}^2 > \rho'_{\min} bh = 350 \text{ mm}^2$$

（3）垂直于弯矩作用平面的承载力验算（略）。

【例 5-5】 已知某钢筋混凝土偏心受压柱，截面尺寸 $b = 500 \text{ mm}, h = 600 \text{ mm}$，取 $a = a' = 45 \text{ mm}$，计算长度 $l_0 = 3 \text{ m}$，内力设计值 $N = 5280 \text{ kN}, M_2 = 24.2 \text{ kN·m}$。混凝土采用 C35，纵筋采用 HRB400 级钢筋。求钢筋截面面积 A_s 和 A'_s。

【解】 （1）判别大小偏心受压。

取 $a = a' = 45 \text{ mm}, h_0 = 600 \text{ mm} - 45 \text{ mm} = 555 \text{ mm}$。

因 $\frac{M_1}{M_2} = 1.0 > 0.9$，故应考虑挠曲杆件中产生的附加弯矩影响。

$$\zeta_c = \frac{0.5 f_c A}{N} = \frac{0.5 \times 16.7 \times 500 \times 600}{5280 \times 10^3} = 0.4744 < 1.0$$

$$C_m = 0.7 + 0.3 \frac{M_1}{M_2} = 1.0 \quad (M_1 = M_2)$$

$$\eta_{ns} = 1 + \frac{1}{1300\left(\frac{M_2}{N} + e_a\right)} \left(\frac{l_0}{h}\right)^2 \zeta_c$$

$$= 1 + \frac{1}{\frac{1300}{555} \times \left(\frac{24.2 \times 10^6}{5280 \times 10^3} + 20\right)} \times \left(\frac{3000}{600}\right)^2 \times 0.4744 = 1.206 > 1.0$$

$C_m \eta_{ns} = 1.0 \times 1.206 = 1.206 > 1.0$

$M = C_m \eta_{ns} M_2 = 1.206 \times 24.2 \text{ kN·m} = 29.18 \text{ kN·m}$

$$e_0 = \frac{M}{N} = \frac{29.18 \times 10^6}{5280 \times 10^3} \text{ mm} = 5.5 \text{ mm}$$

$e_a = 20 \text{ mm}$

$e_i = e_0 + e_a = 5.5 \text{ mm} + 20 \text{ mm} = 25.5 \text{ mm} < 0.3 h_0 = 166.5 \text{ mm}$

属小偏心受压。

$$e = e_i + \frac{h}{2} - a = 25.5 \text{ mm} + 300 \text{ mm} - 45 \text{ mm} = 280.5 \text{ mm}$$

$$e' = \frac{h}{2} - a' - (e_0 - e_a) = 300 \text{ mm} - 45 \text{ mm} - (5.5 - 20) \text{ mm} = 269.5 \text{ mm}$$

(2) 配筋计算。

根据已知条件,有 $\xi_b = 0.518, \alpha_1 = 1.0, \beta_1 = 0.8, \xi_{cy} = 2\beta_1 - \xi_b = 1.082$。

如按最小配筋率配筋,$A_s = 0.002 \times 500 \times 600 \text{ mm}^2 = 600 \text{ mm}^2$,由于

$$N = 5280 \text{ kN} > f_c bh = 16.7 \times 500 \times 600 \text{ N} = 5\,010\,000 \text{ N} = 5010 \text{ kN}$$

所以,A_s 还应满足

$$A_s = \frac{Ne' - f_c bh(h_0' - 0.5h)}{f_y'(h_0' - a)} = \frac{5280 \times 10^3 \times 269.5 - 16.7 \times 500 \times 600 \times (555 - 300)}{360 \times (555 - 45)} \text{ mm}^2$$

$= 818.45 \text{ mm}^2$

故将 $A_s = 818.45 \text{ mm}^2$ 代入基本公式

$$N = \alpha_1 f_c b \xi h_0 + f_y' A_s' - \sigma_s A_s$$

$$Ne = \alpha_1 f_c bh_0^2 \xi(1 - 0.5\xi) + f_y' A_s'(h_0 - a')$$

$$\sigma_s = \frac{\xi - \beta_1}{\xi_b - \beta_1} f_y$$

得

$$5280 \times 10^3 = 1.0 \times 16.7 \times 500 \xi \times 555 + 360 A_s' - \frac{\xi - 0.8}{0.518 - 0.8} \times 360 \times 818.45$$

$$5280 \times 10^3 \times 280.5 = 1.0 \times 16.7 \times 500 \times 555^2 \xi(1 - 0.5\xi) + 360 A_s'(555 - 45)$$

整理得
$$5679.1\xi + 0.36 A_s' - 6115.86 = 0$$

$$\xi^2 + 0.2522\xi - 1.2775 = 0$$

解得 $\xi = 1.011$。

因 $\xi_b < \xi < \xi_{cy}$,得

$$A_s' = \frac{6115.86 - 5679.1 \times 1.011}{0.36} \text{ mm}^2 = 1040 \text{ mm}^2 > \rho_{min}' bh = 600 \text{ mm}^2$$

(3) 垂直于弯矩作用平面的承载力验算(略)。

（三）截面复核

截面复核问题一般是已知截面尺寸 $b \times h$，配筋面积 A_s 和 A_s'，混凝土强度等级与钢筋品种，构件长细比 l_0/h，轴向力设计值 N 及偏心距 e_0，验算截面是否能承受此 N 值；或已知 N 值时，求所能承受的弯矩设计值 M。

1. 弯矩作用平面的截面复核

1）已知 N，求 M

可先假设为大偏心受压，则由式（5-32）算得 x 值，即

$$x = \frac{N - f_y' A_s' + f_y A_s}{\alpha_1 f_c b} \tag{5-46}$$

若 $x \leq \xi_b h_0$，为大偏心受压，此时的截面复核方法为：将 x 代入式（5-33）求出 e，由式（5-20）算出 e_i，从而易得 e_0 值，则所能承受的弯矩设计值 $M = N e_0$。

若 $x > \xi_b h_0$，按小偏心受压进行截面复核：由式（5-22）和式（5-26）求 x，将 x 代入式（5-23）算得 e，亦按式（5-20）求出 e_0，则所能承受的弯矩设计值 $M = N e_0$。

2）已知 e_0，求 N

先计算 $e_i = e_0 + e_a$，并假定为大偏心受压，对 N 的作用点取矩得

$$\alpha_1 f_c b x \left(e_i - \frac{h}{2} + \frac{x}{2} \right) = f_y A_s e - f_y' A_s' e'$$

即

$$\alpha_1 f_c b x \left(e_i - \frac{h}{2} + \frac{x}{2} \right) = f_y A_s \left(e_i + \frac{h}{2} - a \right) - f_y' A_s' \left(e_i - \frac{h}{2} + a' \right) \tag{5-47}$$

按上式求出 x。若 $x \leq \xi_b h_0$，为大偏心受压，将 x 等数据代入式（5-18）便可算得 N。若 $x > \xi_b h_0$，则为小偏心受压，将已知数据代入式（5-22）、式（5-23）和式（5-26），联立求解 N。

2. 垂直于弯矩作用平面的承载力复核

偏心受压构件还应按轴心受压构件复核垂直于弯矩作用平面的受压承载力，此时应考虑稳定系数 φ 的影响，长细比则为 l_0/b。

【例 5-6】 某钢筋混凝土矩形截面偏心受压柱，截面尺寸 $b = 300$ mm，$h = 400$ mm，取 $a = a' = 40$ mm，柱的计算长度 $l_0 = 3.2$ m，轴向力设计值 $N = 300$ kN。配有 2Φ18+2Φ22（$A_s = 1269$ mm²）的受拉钢筋及 3Φ20（$A_s' = 942$ mm²）的受压钢筋。混凝土采用 C20，求截面在 h 方向能承受的弯矩设计值 M。

【解】（1）判别大小偏心受压。

根据已知条件，有 $\xi_b = 0.55$，$\alpha_1 = 1.0$。

先假设为大偏心受压，将已知数据代入

$$N = \alpha_1 f_c b x + f_y' A_s' - f_y A_s$$

$$x = \frac{N - f_y' A_s' + f_y A_s}{\alpha_1 f_c b} = \frac{300 \times 10^3 - 300 \times 942 + 300 \times 1269}{1.0 \times 9.6 \times 300} \text{ mm} = 138.2 \text{ mm}$$

$$x = 138.2 \text{ mm} < \xi_b h_0 = 0.55 \times 360 = 198 \text{ mm}$$

为大偏心受压。

（2）求偏心距 e_0。

因为 $x > 2a' = 80$ mm, 据式

$$Ne = \alpha_1 f_c bx\left(h_0 - \frac{x}{2}\right) + f'_y A'_s(h_0 - a')$$

得

$$e = \frac{\alpha_1 f_c bx\left(h_0 - \frac{x}{2}\right) + f'_y A'_s(h_0 - a')}{N}$$

$$= \frac{1.0 \times 9.6 \times 300 \times 138.2 \times (360 - 138.2/2) + 300 \times 942 \times (360 - 40)}{300 \times 10^3} \text{ mm} = 687.4 \text{ mm}$$

$h/30 = 400/30$ mm $= 13.33$ mm < 20 mm, 取 $e_a = 20$ mm。

由 $e = e_i + \frac{h}{2} - a$, 得 $e_i = e - \frac{h}{2} + a = 687.4$ mm $- 200$ mm $+ 40$ mm $= 527.4$ mm

$$e_0 = e_i - e_a = 527.4 \text{ mm} - 20 \text{ mm} = 507.4 \text{ mm}$$

(3) 求弯矩设计值 M。

$$M = Ne_0 = 300 \times 10^3 \times 507.4 \text{ N·mm} = 152\,220 \times 10^3 \text{ N·mm} = 152.22 \text{ kN·m}$$

(4) 垂直于弯矩作用平面的承载力验算。

因 $l_0/b = 3200/300 = 10.67$, 查表 5-2 得 $\varphi = 0.97$。

$$N_u = 0.9\varphi[f_c A + f'_y(A_s + A'_s)] = 0.9 \times 0.97 \times [9.6 \times 300 \times 400 + 300 \times (942 + 1269)]$$
$$= 1\,584\,800 \text{ N} = 1584.8 \text{ kN}$$

$$N_u = 1584.8 \text{ kN} > N$$

满足要求。

【例 5-7】 某钢筋混凝土矩形截面偏心受压柱,截面尺寸 $b = 300$ mm, $h = 500$ mm, 取 $a = a' = 40$ mm,柱的计算长度 $l_0 = 6$ m,混凝土强度等级为 C30。配有 2⌀20 ($A_s = 628$ mm^2) 的受拉钢筋及 3⌀20 ($A'_s = 942$ mm^2) 的受压钢筋。轴向力的偏心距 $e_0 = 80$ mm,求截面能承受的轴向力设计值 N。

【解】 (1) 判别大小偏心受压。

根据已知条件,有 $\xi_b = 0.55$, $\alpha_1 = 1.0$, $\beta_1 = 0.8$, $\xi_{cy} = 1.05$。

$e_0 = 80$ mm, $h/30 = 500/30$ mm $= 16.67$ mm < 20 mm, 取 $e_a = 20$ mm。

$$e_i = e_0 + e_a = 80 \text{ mm} + 20 \text{ mm} = 100 \text{ mm}$$

$$e = e_i + \frac{h}{2} - a = 100 \text{ mm} + 250 \text{ mm} - 40 \text{ mm} = 310 \text{ mm}$$

把已知数据代入式(5-47),有

$$\alpha_1 f_c bx\left(e_i - \frac{h}{2} + \frac{x}{2}\right) = f_y A_s\left(e_i + \frac{h}{2} - a\right) - f'_y A'_s\left(e_i - \frac{h}{2} + a'\right)$$

得

$$1.0 \times 14.3 \times 300x\left(100 - 250 + \frac{x}{2}\right) = 300 \times 628 \times (100 + 250 - 40) - 300 \times 942 \times (100 - 250 + 40)$$

整理得 $\quad x^2 - 300x - 41\,705 = 0$

解方程得 $x = 403$ mm $> \xi_b h_0 = 0.55 \times 460 = 253$ mm, 故为小偏心受压。

(2) 求轴向力设计值 N。

将已知数据代入公式

$$N = \alpha_1 f_c b \xi h_0 + f_y' A_s' - \sigma_s A_s$$
$$Ne = \alpha_1 f_c b h_0^2 \xi(1-0.5\xi) + f_y' A_s'(h_0-a')$$
$$\sigma_s = \frac{\xi - \beta_1}{\xi_b - \beta_1} f_y$$

$$N = 1.0 \times 14.3 \times 300 \times 460\xi + 300 \times 942 - \frac{\xi - 0.8}{0.55 - 0.8} \times 300 \times 628$$

$$310N = 1.0 \times 14.3 \times 300 \times 460^2 \xi(1-0.5\xi) + 300 \times 942 \times (460-40)$$

整理得
$$N = 2\,727\,000\xi - 320\,280$$
$$310N = 907\,764 \times 10^3 \xi(1-0.5\xi) + 118\,692 \times 10^3$$
$$\xi^2 - 0.197\,53\xi - 0.473\,2 = 0$$

解方程得 $\xi = 0.794$。

因 $\xi_b = 0.55 < \xi < \xi_{cy} = 1.05$，故

$$N = 2\,727\,000 \times 0.794\,N - 320\,280\,N = 1\,844\,958\,N = 1844.958\,kN$$

（3）垂直于弯矩作用平面的承载力验算。

因 $l_0/b = 6000/300 = 20$，查表 5-2 得 $\varphi = 0.75$。

$$N = 0.9\varphi(f_c A + f_y' A_s') = 0.9 \times 0.75 \times [14.3 \times 300 \times 500 + 300 \times (628+942)]N = 1\,765\,800\,N$$
$$= 1765.8\,kN$$

比较计算结果得，该柱所能承受的轴向力设计值为 1765.8 kN。

八、N_u-M_u 相关曲线

对于给定截面尺寸、材料强度等级和配筋的偏心受压构件，达到正截面承载能力极限状态时，其压力 N_u 和弯矩 M_u 是相互关联的，可用一条 N_u-M_u 相关曲线表示。由大小偏心受压构件正截面承载力计算公式可分别推导出截面中 N_u 与 M_u 之间的关系式均为二次函数，如图 5-18 所示。

N_u-M_u 相关曲线反映了钢筋混凝土柱在压力和弯矩共同作用下正截面压弯承载力的规律，由此曲线可看出以下特点。

（1）N_u-M_u 相关曲线上的任一点代表截面处于正截面承载能力极限状态时的一种内力组合。若一组内力 (M,N) 在曲线内侧，说明截面尚未达到承载力极限状态，是安全的；若 (M,N) 在曲线外侧，则表明截面承载力不足。

（2）当弯矩 M 为零时，轴向承载力 N_u 达到最大，即为轴心受压承载力 N_0，对应图 5-18 中的 A 点；当轴力 N 为零时，为纯受弯承载力 M_0，对应图 5-18 中的 C 点。

（3）截面受弯承载力 M_u 与作用的轴向压力 N 的大小有关。当 N 小于界限破坏时的轴力 N_b 时，M_u 随 N 的增加而增加（图 5-18 中 CB 段）；当 N 大于界限破坏时的轴力 N_b 时，M_u 随 N 的增加而减小（图 5-18 中 AB 段）。

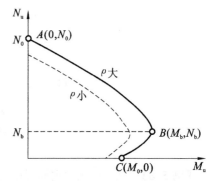

图 5-18 N_u-M_u 相关曲线

(4) 截面受弯承载力 M_u 在 B 点 (M_b,N_b) 达到最大,该点近似为界限破坏。因此,图 5-18 中 CB 段为受拉破坏(大偏心受压破坏),AB 段为受压破坏(小偏心受压破坏)。

(5) 如果截面尺寸和材料强度保持不变,N_u-M_u 相关曲线随着配筋率的增加而向外侧扩大。

(6) 对于对称配筋截面,界限破坏时的轴力 N_b 几乎与配筋率无关,而 M_b 随着配筋率的增加而增大。

应用 N_u-M_u 相关方程,可以对特定的截面尺寸、特定的混凝土强度等级和特定的钢筋类别的偏心受压构件,预先绘制出一系列图表,设计时可直接查用。

九、对称配筋矩形截面偏心受压构件正截面承载力计算方法

在实际工程中,偏心受压构件截面在各种不同内力组合下,可能承受方向相反的弯矩,当两个方向的弯矩相差不大,或即使相差较大,但按对称配筋设计算得的纵向钢筋总用量比按不对称配筋设计增加不多时,均宜采用对称配筋($A_s=A'_s$)。装配式柱为避免吊装出错,一般采用对称配筋。

(一) 截面设计

1. 判别大小偏心类型

对称配筋时,$A_s=A'_s$,$f_y=f'_y$,代入式(5-18)得

$$x=\frac{N}{\alpha_1 f_c b} \tag{5-48}$$

当 $x \leqslant \xi_b h_0$ 时,按大偏心受压构件计算;当 $x > \xi_b h_0$ 时,按小偏心受压构件计算。

不论是大小偏心受压构件的设计,A_s 和 A'_s 都必须满足最小配筋率的要求。

2. 大偏心受压

若 $2a' \leqslant x \leqslant \xi_b h_0$,则将 x 代入式(5-19)得

$$A_s=A'_s=\frac{Ne-\alpha_1 f_c bx(h_0-0.5x)}{f'_y(h_0-a')} \tag{5-49}$$

$$e=e_i+\frac{h}{2}-a$$

若 $x<2a'$,亦可按不对称配筋大偏心受压计算方法处理,由式(5-34)得

$$A_s=A'_s=\frac{Ne'}{f_y(h_0-a')} \tag{5-50}$$

$$e'=e_i-\frac{h}{2}+a'$$

【例 5-8】 某矩形截面钢筋混凝土柱,截面尺寸 $b=400$ mm,$h=600$ mm,柱的计算长度 $l_0=3.0$ m,$a=a'=40$ mm。控制截面上的轴向力设计值 $N=1030$ kN,弯矩设计值 $M_2=425$ kN·m。混凝土采用 C25,纵筋采用 HRB335 级钢筋。采用对称配筋,求钢筋截面面积 A_s 和 A'_s。

【解】 (1) 判别大小偏心类型。

根据已知条件,有 $\xi_b=0.55$, $\alpha_1=1.0$, $\beta_1=0.8$。由式(5-48)得

$$x=\frac{N}{\alpha_1 f_c b}=\frac{1030\times 10^3}{1.0\times 11.9\times 400}\text{ mm}=216.4\text{ mm}$$

$$x<\xi_b h_0=0.55\times 560\text{ mm}=308\text{ mm}$$

故为大偏心受压。

（2）配筋计算。

因 $\dfrac{M_1}{M_2}=1.0>0.9$,故应考虑挠曲杆件中产生的附加弯矩影响。

$$\zeta_c=\frac{0.5 f_c A}{N}=\frac{0.5\times 11.9\times 400\times 600}{1030\times 10^3}=1.386>1.0,\text{取 }\zeta_c=1.0$$

$$C_m=0.7+0.3\frac{M_1}{M_2}=1.0\quad (M_1=M_2)$$

$$\eta_{ns}=1+\frac{1}{\dfrac{1300}{h_0}\left(\dfrac{M_2}{N}+e_a\right)}\left(\dfrac{l_0}{h}\right)^2 \zeta_c$$

$$=1+\frac{1}{\dfrac{1300}{560}\times\left(\dfrac{425\times 10^6}{1030\times 10^3}+20\right)}\times\left(\dfrac{3000}{600}\right)^2\times 1.0=1.025>1.0$$

$$C_m\eta_{ns}=1.0\times 1.025=1.025>1.0$$

$$M=C_m\eta_{ns}M_2=1.025\times 425\text{ kN·m}=435.6\text{ kN·m}$$

$$e_0=\frac{M}{N}=\frac{435.6\times 10^6}{1030\times 10^3}\text{ mm}=423\text{ mm}$$

$$e_a=20\text{ mm}=\frac{h}{30}=\frac{600}{30}\text{ mm}=20\text{ mm}$$

$$e_i=e_0+e_a=423\text{ mm}+20\text{ mm}=443\text{ mm}>0.3h_0=168\text{ mm}$$

$$e=e_i+\frac{h}{2}-a=443\text{ mm}+300\text{ mm}-40\text{ mm}=703\text{ mm}$$

因 $x>2a'=80$ mm,故将 x 代入式(5-49)

$$A_s=A_s'=\frac{Ne-\alpha_1 f_c bx(h_0-0.5x)}{f_y'(h_0-a')}$$

得

$$A_s=A_s'=\frac{1030\times 10^3\times 703-1.0\times 11.9\times 400\times 216.4\times\left(560-\dfrac{216.4}{2}\right)}{300\times(560-40)}=1658.4\text{ mm}^2$$

$$A_s=A_s'>0.002bh=0.002\times 400\times 600\text{ mm}^2=480\text{ mm}^2$$

A_s 和 A_s' 均选 2Φ25+2Φ20 ($A_s=A_s'=982\text{ mm}^2+628\text{ mm}^2=1610\text{ mm}^2$)。

（3）垂直于弯矩作用平面的承载力验算（略）。

3. 小偏心受压

对于小偏心受压破坏,将 $A_s=A_s'$, $f_y=f_y'$, 代入式(5-22)、式(5-23)和式(5-26)得

$$N=\alpha_1 f_c bx+f_y A_s'-\frac{x/h_0-\beta_1}{\xi_b-\beta_1}f_y A_s \qquad (5\text{-}51)$$

$$Ne = \alpha_1 f_c bx \left(h_0 - \frac{x}{2}\right) + f_y A_s (h_0 - a') \tag{5-52}$$

由式(5-51)和式(5-52)知,求 x 需求解三次方程,计算复杂。用下述近似公式可求得

$$\xi = \frac{N - \xi_b \alpha_1 f_c b h_0}{\dfrac{Ne - 0.43\alpha_1 f_c b h_0^2}{(\beta_1 - \xi_b)(h_0 - a')} + \alpha_1 f_c b h_0} + \xi_b \tag{5-53}$$

将 ξ 代入式(5-44)即可得

$$A_s = A_s' = \frac{Ne - \alpha_1 f_c b h_0^2 \xi(1 - 0.5\xi)}{f_y'(h_0 - a')} \tag{5-54}$$

【例 5-9】 某矩形截面钢筋混凝土柱,截面尺寸 $b=400$ mm,$h=500$ mm,柱的计算长度 $l_0=2.5$ m,$a=a'=40$ mm。控制截面上的轴向力设计值 $N=3450$ kN,弯矩设计值 $M_2=78$ kN·m。混凝土采用 C30,纵筋采用 HRB400 级钢筋。采用对称配筋,试计算纵向钢筋 A_s 和 A_s'。

【解】 (1)判别大小偏心类型。

根据已知条件,有 $\xi_b = 0.518, \alpha_1 = 1.0, \beta_1 = 0.8, \xi_{cy} = 1.082$。

由式(5-48)得

$$x = \frac{N}{\alpha_1 f_c b} = \frac{3450 \times 10^3}{1.0 \times 14.3 \times 400} \text{ mm} = 603.15 \text{ mm}$$

$$x > \xi_b h_0 = 0.518 \times 460 \text{ mm} = 238.28 \text{ mm}$$

故为小偏心受压。

(2)配筋计算。

因 $\dfrac{M_1}{M_2} = 1.0 > 0.9$,故应考虑挠曲杆件中产生的附加弯矩影响。

$$\zeta_c = \frac{0.5 f_c A}{N} = \frac{0.5 \times 14.3 \times 400 \times 500}{3450 \times 10^3} = 0.414 < 1.0$$

$$C_m = 0.7 + 0.3 \frac{M_1}{M_2} = 1.0 \quad (M_1 = M_2)$$

$$\eta_{ns} = 1 + \frac{1}{\dfrac{1300}{h_0}\left(\dfrac{M_2}{N} + e_a\right)} \left(\frac{l_0}{h}\right)^2 \zeta_c$$

$$= 1 + \frac{1}{\dfrac{1300}{460}\left(\dfrac{78 \times 10^6}{3450 \times 10^3} + 20\right)} \left(\frac{2500}{500}\right)^2 \times 0.414 = 1.086 > 1.0$$

$$C_m \eta_{ns} = 1.0 \times 1.086 = 1.086 > 1.0$$

$$M = C_m \eta_{ns} M_2 = 1.086 \times 78 \text{ kN·m} = 84.7 \text{ kN·m}$$

$$e_0 = \frac{M}{N} = \frac{84.7 \times 10^6}{3450 \times 10^3} \text{ mm} = 24.55 \text{ mm}$$

$$e_a = 20 \text{ mm} > \frac{h}{30} = \frac{500}{30} \text{ mm} = 16.7 \text{ mm}$$

$$e_i = e_0 + e_a = 24.55 \text{ mm} + 20 \text{ mm} = 44.55 \text{ mm} < 0.3 h_0 = 138 \text{ mm}$$

$$e = e_i + \frac{h}{2} - a = 44.55 \text{ mm} + 250 \text{ mm} - 40 \text{ mm} = 254.55 \text{ mm}$$

将已知数据代入近似公式(5-53)得

$$\xi = \frac{N - \xi_b \alpha_1 f_c b h_0}{\frac{Ne - 0.43 \alpha_1 f_c b h_0^2}{(\beta_1 - \xi_b)(h_0 - a')} + \alpha_1 f_c b h_0} + \xi_b$$

$$= \frac{3450 \times 10^3 - 0.518 \times 1.0 \times 14.3 \times 400 \times 460}{\frac{3450 \times 10^3 \times 254.55 - 0.43 \times 1.0 \times 14.3 \times 400 \times 460^2}{(0.8 - 0.518) \times (460 - 40)} + 1.0 \times 14.3 \times 400 \times 460} + 0.518$$

$$= 0.891$$

将 ξ 值代入式(5-54)得

$$A_s = A_s' = \frac{Ne - \alpha_1 f_c b h_0^2 \xi (1 - 0.5\xi)}{f_y'(h_0 - a')}$$

$$= \frac{3450 \times 10^3 \times 254.55 - 1.0 \times 14.3 \times 400 \times 460^2 \times 0.891 \times (1 - 0.5 \times 0.891)}{360 \times (460 - 40)} \text{mm}^2$$

$$= 1808.8 \text{ mm}^2$$

(3) 垂直于弯矩作用平面的承载力验算(略)。

(二) 截面复核

对称配筋与非对称配筋截面复核方法基本相同,计算时在有关公式中取 $A_s = A_s'$, $f_y = f_y'$ 即可。此外,在复核小偏心受压构件时,因采用了对称配筋,故仅须考虑靠近轴向压力一侧的混凝土先破坏的情况。

十、对称配筋 I 形截面偏心受压构件承载力计算

尺寸较大的装配式柱往往采用 I 形截面柱,这样可以节省混凝土和减轻柱的自重。I 形截面柱的正截面破坏形态和矩形截面的相同。为保证吊装不会出错,I 形截面装配式柱一般都采用对称配筋。

(一) 大偏心受压

1. 计算公式

(1) 当 $x \leqslant h_f'$ 时,则按宽度为 b_f' 的矩形截面计算,如图 5-19(a)所示,公式为

$$N_u = \alpha_1 f_c b_f' x + f_y' A_s' - f_y A_s \tag{5-18}$$

$$N_u e = \alpha_1 f_c b_f' x \left(h_0 - \frac{x}{2} \right) + f_y' A_s' (h_0 - a') \tag{5-19}$$

(2) 当 $x > h_f'$ 时,受压区为 T 形截面,如图 5-19(b)所示,按下面公式计算:

$$N_u = \alpha_1 f_c [bx + (b_f' - b) h_f'] + f_y' A_s' - f_y A_s \tag{5-55}$$

$$N_u e = \alpha_1 f_c \left[bx \left(h_0 - \frac{x}{2} \right) + (b_f' - b) h_f' \left(h_0 - \frac{h_f'}{2} \right) \right] + f_y' A_s' (h_0 - a') \tag{5-56}$$

式中: b_f' ——I 形截面受压翼缘宽度;

h_f' ——I 形截面受压翼缘高度。

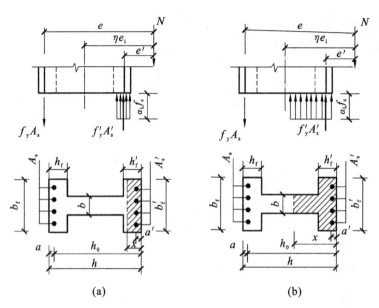

图 5-19 I 形截面大偏心受压计算简图
(a)受压区为矩形；(b)受压区为 T 形

2. 适用条件

为了保证上述计算公式中的受拉钢筋 A_s 和受压钢筋 A_s' 均能达到屈服强度，要满足条件

$$x \leqslant x_b \quad \text{及} \quad x \geqslant 2a'$$

式中：x_b——界限破坏时受压区计算高度。

3. 计算方法

将 I 形截面假想为宽度是 b_f' 的矩形截面。因 $f_y'A_s' = A_s f_y$，由式(5-18)得

$$x = \frac{N}{\alpha_1 f_c b_f'}$$

按 x 值的不同，分成以下三种情况。

(1) 当 $x > h_f'$ 时，用式(5-55)和式(5-56)加上 $f_y'A_s' = A_s f_y$，可求得钢筋截面面积。此时必须满足 $x \leqslant x_b$ 的条件。

(2) 当 $2a' \leqslant x \leqslant h_f'$ 时，用式(5-18)及式(5-19)加上 $f_y'A_s' = A_s f_y$，求得钢筋截面面积。

(3) 当 $x < 2a'$ 时，与双筋受弯构件一样，取 $x = 2a'$，用下式求配筋：

$$A_s' = A_s = \frac{Ne'}{f_y(h_0 - a')} \tag{5-57}$$

另外，再按不考虑受压钢筋 A_s'，即取 $A_s' = 0$ 按非对称配筋计算 A_s 值，然后与用上式计算出来的 A_s 值进行比较，两者取较小值配筋(具体配筋时，仍取 $A_s' = A_s$，但此时 A_s 值是上面所求得的小的数值)。为简化计算和偏于安全，也可只按式(5-57)计算。

不对称配筋的 I 形截面的计算方法与前述矩形截面的计算方法类似，仅需注意翼缘的作用，在此从略。

(二)小偏心受压

1. 计算公式

小偏心受压 I 形截面,一般不会出现 $x \leqslant h'_f$ 的情况。这里仅讨论 $x > h'_f$ 的情况。当 $x > h'_f$ 时,受压区为 T 形截面,如图 5-20 所示,按下列公式计算:

$$N_u = \alpha_1 f_c [bx + (b'_f - b)h'_f] + f'_y A'_s - \sigma_s A_s \qquad (5\text{-}58)$$

$$N_u e = \alpha_1 f_c \left[bx\left(h_0 - \frac{x}{2}\right) + (b'_f - b)h'_f\left(h_0 - \frac{h'_f}{2}\right) \right] + f'_y A'_s (h_0 - a') \qquad (5\text{-}59)$$

式中:x——受压区计算高度。

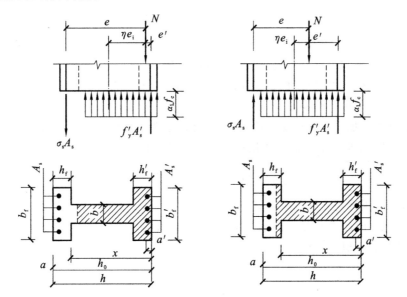

图 5-20 I 形截面小偏心受压计算图

当 $x > h - h_f$ 时,在计算中应考虑翼缘 h_f 的作用,可改用以下公式计算:

$$N_u = \alpha_1 f_c [bx + (b'_f - b)h'_f + (b_f - b)(h_f + x - h)] + f'_y A'_s - \sigma_s A_s \qquad (5\text{-}60)$$

$$N_u e = \alpha_1 f_c \left[bx\left(h_0 - \frac{x}{2}\right) + (b'_f - b)h'_f\left(h_0 - \frac{h'_f}{2}\right) + (b_f - b)(h_f + x - h)\left(h_f - \frac{h_f + x - h}{2} - a\right) \right]$$
$$+ f'_y A'_s (h_0 - a') \qquad (5\text{-}61)$$

式中 x 值大于 h 时,取 $x = h$ 计算。σ_s 仍可近似按式(5-26)计算。

2. 适用条件

$$x > x_b$$

3. 计算方法

对称配筋 I 形截面计算方法与不对称配筋矩形截面计算方法基本相同,一般可采用迭代法和近似公式计算法两种方法。

十一、偏心受压构件斜截面承载力计算

一般情况下,偏心受压构件的剪力值相对较小,可不进行斜截面承载力的验算;但对于有较大水平力作用的框架柱、有横向力作用的桁架上弦压杆等,剪力影响较大,必须进行斜截面受剪承载力计算。

试验表明,轴向压力对构件抗剪起有利作用,主要是因为轴向压力的存在不仅能阻滞斜裂缝的出现和开展,而且能增加混凝土剪压区的高度,使剪压区的面积相对增大,从而提高了剪压区混凝土的抗剪能力。

轴向压力对构件抗剪承载力的有利作用是有限度的,图 5-21 所示为一组构件的试验结果。在轴压比 N/f_cbh 较小时,构件的抗剪承载力随轴压比的增大而提高,当轴压比 $N/f_cbh=0.3\sim0.5$ 时,抗剪承载力达到最大值。若再增大轴压力,则构件抗剪承载力反而会随着轴压力的增大而降低,并转变为带有斜裂缝的小偏心受压正截面破坏。

根据图 5-21 和图 5-22 所示的试验结果,并考虑一般偏心受压框架柱两端在节点处是有约束的,故在轴向压力作用下的偏心受压构件受剪承载力,采用在无轴力受弯构件连续梁受剪承载力公式的基础上增加一项附加受剪承载力的办法,来考虑轴向压力对构件受剪承载力的有利影响。矩形、T 形和 I 形截面偏心受压构件的受剪承载力计算公式为

$$V \leqslant \frac{1.75}{\lambda+1.0}f_tbh_0+1.0f_{yv}\frac{A_{sv}}{s}h_0+0.07N \tag{5-62}$$

式中:λ——偏心受压构件计算截面的剪跨比;

      N——与剪力设计值 V 相应的轴向压力设计值,当 $N>0.3f_cA$ 时,取 $N=0.3f_cA$,A 为构件截面面积。

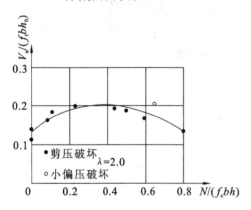

图 5-21 抗剪承载力与轴向压力的关系

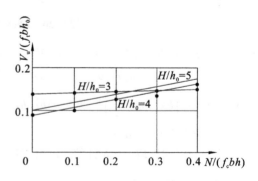

图 5-22 不同剪跨比的 V_u-N_u 关系

计算截面的剪跨比应按下列规定取用。

(1) 对框架柱,当其反弯点在层高范围内时,取 $\lambda=H_n/(2h_0)$;当 $\lambda<1$ 时,取 $\lambda=1$;当 $\lambda>3$ 时,取 $\lambda=3$,此处 H_n 为柱净高。

(2) 对其他偏心受压构件,当承受均布荷载时,取 $\lambda=1.5$;当承受集中荷载(包括作用有多种荷载,其集中荷载对支座截面或节点边缘所产生的剪力值占总剪力值的 75% 以上的情况)时,取 $\lambda=a/h_0$;当 $\lambda<1.5$ 时,取 $\lambda=1.5$;当 $\lambda>3$ 时,取 $\lambda=3$,此处,a 为集中荷载到支座或节点边缘

的距离。

与受弯构件类似,为防止斜压破坏,《混凝土结构设计规范》(GB 50010——2010)规定矩形、T 形和 I 形截面框架柱的截面必须满足下列条件:

当 $h_w/b \leqslant 4$ 时, $\qquad V \leqslant 0.25\beta_c f_c bh_0$ (5-63)

当 $h_w/b \geqslant 6$ 时, $\qquad V \leqslant 0.2\beta_c f_c bh_0$ (5-64)

当 $4 < h_w/b < 6$ 时,按线性内插法确定。

式中:β_c——混凝土强度影响系数,当混凝土强度等级不超过 C50 时,取 $\beta_c = 1.0$,当混凝土强度等级为 C80 时,取 $\beta_c = 0.8$,其间按线性内插法确定;

h_w——截面的腹板高度,取值同受弯构件。

此外,当符合下面公式要求时,可不进行斜截面受剪承载力计算,而仅需按构造要求配置箍筋。

$$V \leqslant \frac{1.75}{\lambda+1.0} f_t bh_0 + 0.07N \qquad (5-65)$$

【例 5-10】 某偏心受压柱,截面尺寸 $b=400$ mm,$h=600$ mm,柱净高 $H_n=3.2$ m,取 $a=a'=40$ mm,混凝土强度等级 C30,箍筋用 HRB335 钢筋。在柱端作用剪力设计值 $V=280$ kN,相应的轴向压力设计值 $N=750$ kN。确定该柱所需的箍筋数量。

【解】 (1)验算截面尺寸是否满足要求。

$$\frac{h_w}{b} = \frac{560}{400} = 1.4 < 4$$

$0.25\beta_c f_c bh_0 = 0.25 \times 1.0 \times 14.3 \times 400 \times 560 \text{ N} = 800\ 800 \text{ N} = 800.8 \text{ kN} > V = 280 \text{ kN}$

截面尺寸满足要求。

(2)验算截面是否需按计算配置箍筋。

$$\lambda = \frac{H_n}{2h_0} = \frac{3200}{2 \times 560} = 2.857$$

$$1 < \lambda < 3$$

$0.3 f_c A = 0.3 \times 14.3 \times 400 \times 600 \text{ N} = 1\ 029\ 600 \text{ N} = 1029.6 \text{ kN} > N = 750 \text{ kN}$

$$\frac{1.75}{\lambda+1} f_t bh_0 + 0.07 N = \left(\frac{1.75}{2.857+1} \times 1.43 \times 400 \times 560 + 0.07 \times 750\ 000\right) \text{ N}$$
$$= 197\ 835.75 \text{ N} = 197.8 \text{ kN} < V = 280 \text{ kN}$$

应按计算配箍筋。

(3)计算箍筋用量。

由

$$V \leqslant \frac{1.75}{\lambda+1} f_t bh_0 + f_{yv} \frac{A_{sv}}{s} h_0 + 0.07N$$

得

$$\frac{nA_{sv1}}{s} \geqslant \frac{V - \left(\frac{1.75}{\lambda+1} f_t bh_0 + 0.07N\right)}{f_{yv} h_0} = \frac{280\ 000 - 197\ 835.75}{300 \times 560} \text{ mm} = 0.489 \text{ mm}$$

采用Φ8@200 双肢箍筋

$$\frac{nA_{sv1}}{s} = \frac{2 \times 50.3}{200} = 0.503 > 0.489$$

满足要求。

单元小结

5.1 在钢筋混凝土轴心受压柱中,若配置螺旋箍或焊接环形箍,因其对核心混凝土的约束作用,故与普通箍筋柱相比,螺旋箍筋柱或焊接环形箍筋柱的承载力提高了。

5.2 轴心受压柱的计算中引入稳定系数 φ 表示长柱承载力的降低程度;对偏心受压长柱,则引入弯矩增大系数 η_{ns} 来考虑由于构件纵向弯曲和结构侧移引起的二阶弯矩的影响。

5.3 平截面假定对偏心受压构件仍适用,故偏心受压构件的相对界限受压区高度 ξ_b 与受弯构件适筋和超筋的界限相同。当 $\xi \leqslant \xi_b$ 时为大偏心受压;当 $\xi > \xi_b$ 时为小偏心受压。

5.4 由于大偏心受压和双筋受弯构件截面的破坏形态及其特征相同,因而不对称配筋大偏心受压构件正截面承载力计算的基本公式、适用条件和计算方法都与双筋受弯构件类似。

5.5 偏心受压构件的计算较复杂,计算的要点一是掌握计算简图、基本公式和适用条件与补充条件,二是在计算过程中随时注意是否符合适用条件和补充条件以及处理方法。

5.6 从偏心受压构件 N_u-M_u 相关曲线可看出:当为大偏心受压时,若截面上作用的 N_u 愈大,则同时可承受的 M_u 也愈大;当为小偏心受压时,若截面上作用的 N_u 愈大,则同时可承受的 M_u 会愈小。掌握 N_u-M_u 相关曲线的规律对偏心受压构件的设计计算颇为有益。

5.1 试说明轴心受压普通箍筋柱和螺旋箍筋柱的区别?

5.2 怎样确定轴心受压和偏心受压的计算长度?

5.3 试分析偏心受压短柱的两种破坏形态。形成这两种破坏形态的条件各是什么?

5.4 简要说明考虑轴向压力在挠曲杆件中产生的二阶效应后控制截面弯矩设计值的计算方法。

5.5 什么情况下采用 $e_i = 0.3h_0$ 来判别大小偏心受压?为什么说这只是一个近似判别方法?

5.6 非对称配筋矩形截面偏心受压构件的截面配筋计算中,若 $e_i > 0.3h_0$,需求 A_s 和 A'_s,应如何计算?

5.7 非对称配筋矩形截面偏心受压构件的截面配筋计算中,若 $e_i > 0.3h_0$,已知 A'_s 求 A_s。如果计算得出 $\gamma_s h_0 > h_0 - a'$,说明什么问题?应如何处理?

5.8 计算非对称配筋矩形截面偏心受压构件时,若 $e_i \leqslant 0.3h_0$,为什么需先确定离轴向压力较远一侧的钢筋面积 A_s?又为什么 A_s 的确定与 A'_s 及 ξ 无关?

5.9 非对称配筋矩形截面偏心受压构件如何进行承载力复核?

5.10 对称配筋矩形截面大偏心受压构件正截面承载力如何计算?

5.11 对称配筋矩形截面小偏心受压构件求 ξ 的近似公式是如何导出的?

5.12 对称配筋矩形截面偏心受压构件如何进行承载力复核?

5.13 如何推导出对称配筋矩形截面偏心受压构件的 N_u-M_u 相关曲线？该曲线可说明哪些问题？

5.14 如何计算偏心受压构件的斜截面受剪承载力？

习　题

5.1 已知某多层现浇钢筋混凝土框架结构,首层柱高 $H=5.6$ m,中柱承受的轴向力设计值 $N=1900$ kN,截面尺寸 $b=h=400$ mm。混凝土强度等级为 C25,钢筋为 HRB335 级钢筋。求所需纵向钢筋面积 A'_s。

5.2 已知现浇钢筋混凝土轴心受压柱,截面尺寸为 $b=h=300$ mm,计算长度 $l_0=4.8$ m,混凝土强度等级为 C30,配有 4Φ22 的纵向受力钢筋。求该柱所能承受的最大轴向力设计值。

5.3 已知圆形截面现浇钢筋混凝土柱,因使用要求,其直径不能超过 400 mm。承受轴心压力设计值 $N=2900$ kN,计算长度 $l_0=4.2$ m。混凝土强度等级为 C25,纵向受力钢筋采用 HRB400 级钢筋,箍筋采用 HRB335 级钢筋。试设计该柱。

5.4 一钢筋混凝土偏心受压柱,其截面尺寸为 $b=300$ mm,$h=500$ mm,$a=a'=40$ mm,计算长度 $l_0=3.9$ m。混凝土强度等级为 C25,纵向受力钢筋采用 HRB400 级钢筋。承受的轴向压力设计值 $N=310.2$ kN,弯矩设计值 $M=282.8$ kN·m。

(1) 计算当采用非对称配筋时的 A_s 和 A'_s;

(2) 如果受压钢筋已配置了 3Φ18,计算 A_s;

(3) 计算当采用对称配筋时的 A_s 和 A'_s;

(4) 比较上述三种情况的钢筋用量。

5.5 一偏心受压构件,截面为矩形,$b=350$ mm,$h=550$ mm,$a=a'=40$ mm,计算长度 $l_0=5$ m。混凝土强度等级为 C30,纵向受力钢筋采用 HRB400 级钢筋。当其控制截面中作用的轴向压力设计值 $N=1628$ kN,弯矩设计值 $M=99.8$ kN·m 时,计算所需的 A_s 和 A'_s,并绘出截面配筋图。

5.6 一偏心受压构件,截面为矩形,$b=350$ mm,$h=550$ mm,$a=a'=40$ mm,计算长度 $l_0=5$ m。混凝土强度等级为 C30,纵向受力钢筋采用 HRB400 级钢筋。当其控制截面中作用的轴向压力设计值 $N=3850$ kN,弯矩设计值 $M=98.3$ kN·m 时,计算所需的 A_s 和 A'_s。

5.7 已知数据同题 5.6,采用对称配筋,试分别采用迭代法和近似公式法求所需的 A_s 和 A'_s。

5.8 已知某矩形截面偏心受压柱,截面尺寸 $b=350$ mm,$h=500$ mm,$a=a'=40$ mm。混凝土强度等级为 C30,纵向受力钢筋采用 HRB400 级钢筋,A'_s 为 4Φ20,A_s 为 2Φ12+1Φ14,计算长度 $l_0=4$ m。若作用的轴向力设计值 $N=1826$ kN,求截面在 h 方向所能承受的弯矩设计值 M。

5.9 矩形截面偏心受压柱的截面尺寸为 $b=300$ mm,$h=400$ mm,柱的计算长度 $l_0=2.8$ m,取 $a=a'=400$ mm。混凝土强度等级为 C30,用 HRB400 级钢筋配筋,A'_s 为 4Φ20,A_s 为 4Φ22。轴向力的偏心距 $e_0=588$ mm。求截面所能承受的轴向力设计值 N。

5.10 已知 I 形截面柱,尺寸如图 5-23 所示。计算长度 $l_0=6$ m,轴向力设计值 $N=650$ kN,弯矩设计值 $M=226.2$ kN·m,混凝土强度等级为 C25,钢筋为 HRB335 级钢筋,对称配筋。求纵向受力钢筋数量。

5.11 已知I形截面柱,尺寸如图5-24所示。计算长度 $l_0=7.6$ m,轴向力设计值 $N=910$ kN,弯矩设计值 $M=114.9$ kN·m,混凝土强度等级为C25,钢筋为HRB335级钢筋,对称配筋。求纵向受力钢筋数量。

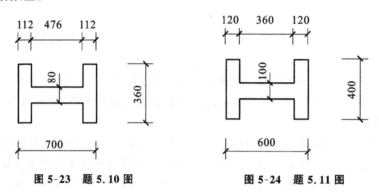

图 5-23 题 5.10 图   图 5-24 题 5.11 图

5.12 某偏心受压柱,截面尺寸 $b=400$ mm,$h=400$ mm,柱净高 $H_n=2.9$ m,取 $a=a'=40$ mm,混凝土强度等级C25,箍筋用HRB335级钢筋。在柱端作用剪力设计值 $V=250$ kN,相应的轴向压力设计值 $N=680$ kN。确定该柱所需的箍筋数量。

单元 6 受拉构件承载力计算

学习目标

☆ **知识目标**

(1) 掌握受拉构件的内力计算及应力、应变分析。
(2) 掌握受拉构件截面形式及尺寸和配筋构造要求。
(3) 根据力的平衡条件，掌握受拉构件承载力计算公式。
(4) 熟练掌握偏心受拉构件偏心距的计算方法。

☆ **能力目标**

(1) 掌握轴心受拉构件截面设计与承载力复核计算要点和构造要求。
(2) 掌握矩形截面大、小偏心受拉构件的截面设计与承载力计算要点和构造要求。

引例导入：混凝土受拉构件的分类及工程应用

承受纵向拉力的结构构件，称为受拉构件。根据纵向拉力作用位置的不同，钢筋混凝土受拉构件也分为轴心受拉构件和偏心受拉构件。由于混凝土的非均质性、钢筋的不对称布置、轴向力作用位置不确定等原因，理想的轴心受拉构件一般很难找到，大部分结构构件实际上都处于偏心受力状态。严格地讲，只有当构件截面上拉应力的合力与纵向拉力作用在同一直线上时是轴心受拉构件，如图 6-1(a)所示；否则应为偏心受拉构件，如图 6-1(b)、(c)所示。在实际工程设计中，为了计算方便，通常只按纵向拉力作用线是否与构件截面形心轴线重合来判别属于轴心受拉构件或偏心受拉构件。偏心受拉构件又按轴向力的作用线是否与构件截面一个或两个方向的形心线不重合，分为单向偏心受拉构件(见图 6-1(b))和双向偏心受拉构件(见图 6-1(c))。

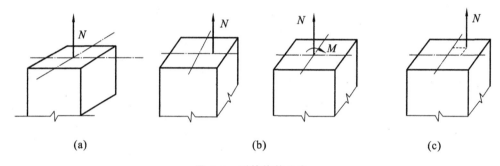

图 6-1 受拉构件分类
(a)轴心受拉构件；(b)单向偏心受拉构件；(c)双向偏心受拉构件

在实际工程中，可近似按轴心受拉构件计算的有承受节点荷载的屋架或托架的受拉弦杆、腹杆、刚架、拱的拉杆，受内压力作用的环形截面管壁及圆形贮液池的壁筒等，如图 6-2 所示。可按单向偏心受拉构件计算的有矩形水池的池壁、埋在地下的压力水管、工业厂房中双肢柱的受拉肢杆、矩形剖面料仓或煤斗的壁板、联肢剪力墙的某些墙肢、受地震作用的框架边柱、承受节间竖向荷载的悬臂式桁架拉杆及一般屋架承担节间荷载的下弦拉杆等，如图 6-3 所示。

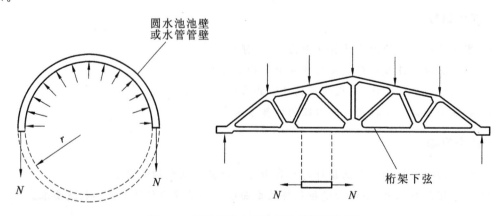

图 6-2 近似按轴心受拉构件计算的构件

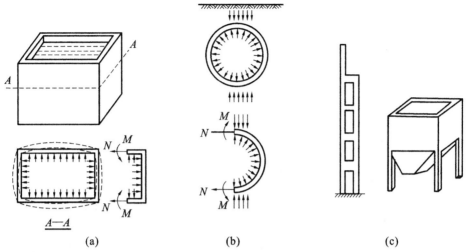

图 6-3 按单向偏心受拉构件计算的构件

任务 1 轴心受拉构件正截面承载力计算

一、轴心受拉构件的受力分析

图 6-4 所示为对称配筋的钢筋混凝土轴心受拉构件,采用逐级加载的方式对构件进行试验,构件从开始加载到破坏的受力过程可分成以下三个阶段。

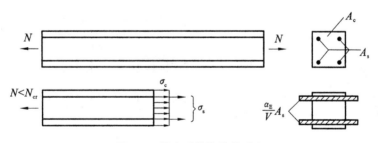

图 6-4 轴心受拉构件的受力

1. 混凝土开裂前,钢筋和混凝土共同受力阶段

开始加载时,轴向拉力很小,由于钢筋与混凝土之间的粘结力,构件各截面上各点的应变值相等,混凝土和钢筋都处在弹性受力状态,应力与应变成正比。随着荷载的增加,混凝土受拉塑性变形开始出现并不断发展,混凝土的应力与应变不成比例,应力增长的速度小于应变增长的速度,钢筋仍然处于弹性受力状态。荷载继续增加,混凝土和钢筋的应力将继续增大,当混凝土

的应力 σ_t 达到抗拉强度 f_{tk} 时，构件将开裂，此时混凝土割线模量 E_c' 约为其弹性模量 E_c 的一半，则构件的开裂荷载 N_{cr} 为

$$N_{cr}=(A_c+2l_2 A_s)f_{tk} \tag{6-1}$$

式中：N_{cr}——构件的开裂荷载；

A_s——纵向受拉钢筋截面面积；

A_c——混凝土截面面积；

f_{tk}——混凝土的抗拉强度标准值；

α_E——钢筋与混凝土的弹性模量比，$\alpha_E=E_s/E_c$。

2. 混凝土开裂后，构件带裂缝工作阶段

继续增加荷载，构件开裂，裂缝截面与构件轴线垂直，并且贯穿整个截面。在裂缝截面处，混凝土退出工作，不再承担拉力，所有外力全部由钢筋承受。在开裂前和开裂后的瞬间，裂缝截面处的钢筋应力发生突变。如果截面的配筋率（指截面上纵向受力钢筋面积与构件截面面积的比值）较高，钢筋应力的突变较小；如果截面的配筋率较低，钢筋应力的突变则较大。由于钢筋的抗拉强度很高，构件开裂一般并不意味着丧失承载力，荷载还可以继续增加。随着荷载的增加，新的裂缝不断产生，原有裂缝加宽。裂缝的间距和宽度与截面的配筋率、纵向受力钢筋的直径与布置等因素有关。一般情况下，当截面配筋率较高，在相同配筋率下钢筋直径较细、根数较多、分布较均匀时，裂缝间距小，裂缝宽度较细；反之则裂缝间距大，宽度较宽。

3. 钢筋屈服后的破坏阶段

当轴向拉力使裂缝截面处钢筋的应力达到其抗拉强度时，构件进入破坏阶段。当构件采用有明显屈服点钢筋配筋时，构件的变形还可以有较大的发展，直到裂缝宽度将大到不适于继续承载的状态。当采用无明显屈服点钢筋配筋时，构件有可能被拉断。轴心受拉全过程及裂缝截面处钢筋和混凝土的应力变化情况，如图 6-5 所示。

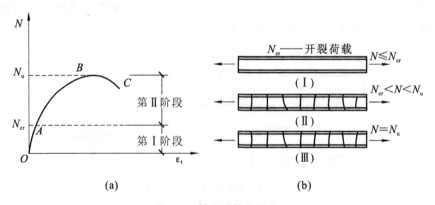

图 6-5 轴心受拉全过程

二、轴心受拉构件正截面承载力计算

钢筋混凝土轴心受拉构件，开裂以前混凝土与钢筋共同承受拉力；开裂后，开裂截面处的混

凝土退出工作,全部拉力由钢筋承担;破坏时,整个截面全部裂通。所以,轴心受拉构件的正截面承载力计算公式为

$$N \leqslant f_y A_s \tag{6-2}$$

式中:N——轴向拉力设计值;

f_y——钢筋抗拉强度设计值,f_y大于 300 N/mm² 时,按 300 N/mm² 取值;

A_s——全部纵向受拉钢筋截面面积。

由式(6-2)可知,轴心受拉构件正截面承载力只与纵向受力钢筋有关,与构件的截面尺寸及混凝土的强度等级无关。钢筋混凝土轴心受拉构件配筋示意图如图 6-6 所示。

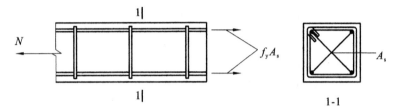

图 6-6 轴心受拉构件配筋示意图

三、轴心受拉构件的构造要求

1. 截面形式

钢筋混凝土轴心受拉构件一般宜采用正方形、矩形或其他对称截面。

2. 纵向受力钢筋

(1)纵向受力钢筋在截面中应对称布置或沿截面周边均匀布置,并宜优先选择直径较小的钢筋。

(2)轴心受拉构件的受力钢筋不得采用绑扎搭接接头;搭接而不加焊的受拉钢筋接头仅仅允许用在圆形池壁或管中,其接头位置应错开,搭接长度应不小于 $1.2l_a$ 和 300 mm。

(3)为避免配筋过少引起的脆性破坏,按构件全截面 A 计算的一侧受拉钢筋配筋率 ρ 应不小于最小配筋率 $\rho_{\min} = \max(0.002, 0.45 f_t/f_y$ 中较大值),偏心受拉构件中的受压钢筋最小配筋率与受压构件一侧纵向钢筋相同。当钢筋沿构件截面周边布置时,"一侧纵向钢筋"系指沿受力方向两个对边中一边布置的纵向钢筋。

3. 箍筋

在轴心受拉构件中,箍筋与纵向钢筋垂直放置,主要与纵向钢筋形成骨架,固定纵向钢筋在截面中的位置,从受力角度并无要求。

箍筋直径不小于 6 mm,间距一般不宜大于 200 mm(对屋架的腹杆不宜超过 150 mm)。

【例 6-1】 某钢筋混凝土屋架下弦杆,按轴心受拉构件设计,其截面尺寸取为 $b \times h = 200$ mm $\times 160$ mm,其端节间承受的永久荷载产生的轴向拉力标准值 $N_{Gk} = 130$ kN,可变荷载产生的轴向

拉力标准值 $N_{Qk}=45$ kN,结构重要性系数 $\gamma_0=1.1$,混凝土的强度等级为 C25,纵向钢筋为 HRB335 级,试按正截面承载力要求计算其所需配置的纵向受拉钢筋截面面积,并为其选择钢筋。

【解】（1）计算轴向拉力设计值。

已知 $f_y=300$ N/mm², $f_t=1.27$ N/mm², $\gamma_G=1.2$, $\gamma_Q=1.4$。

下弦端节间的轴向拉力设计值为

$$\gamma_0 N = \gamma_0(\gamma_G N_{Gk}+\gamma_Q N_{Qk})=1.1\times(1.2\times130+1.4\times45)\text{ kN}=240.9\text{ kN}$$

（2）计算所需纵向受拉钢筋面积 A_s。

由式(6-2)求得所需受拉钢筋面积为

$$A_s=\frac{\gamma_0 N}{f_y}=\frac{240\ 900}{300}\text{ mm}^2=803\text{ mm}^2$$

（3）验算配筋率。

按最小配筋率计算的钢筋面积为

$$A_{s,\min}=\rho_{\min}bh=0.2\%\times2\times200\times160\text{ mm}^2=128\text{ mm}^2<803\text{ mm}^2$$

$$0.45\times2\times\frac{f_t}{f_y}=0.9\times\frac{1.27}{300}=0.381\%<0.4\%$$

满足要求。

（4）选配钢筋。

按 $A_s=803$ mm² 及构造要求选择钢筋,选用 4Φ16 HRB335 钢筋(实配 $A_s=804$ mm²),配筋如图 6-7 所示。

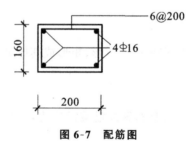

图 6-7 配筋图

任务 2 偏心受拉构件正截面承载力计算

一、偏心受拉构件的分类及构造要求

（一）偏心受拉构件的分类

偏心受拉构件正截面的受力性能可看作是介于受弯($N=0$)和轴心受拉($M=0$)之间的一种

过渡状态,其破坏特征与偏心距的大小有关。当偏心距很小时,其破坏特征接近于轴心受拉构件;当偏心距很大时,其破坏特征与受弯构件接近,两者的受力情况有明显的差异。

对于矩形截面受拉构件,取距轴向拉力 N 较近一侧的纵向钢筋为 A_s,较远一侧的纵向钢筋为 A_s'。若轴向拉力的偏心距较小,N 作用于 A_s 和 A_s' 之间时,称为小偏心受拉构件;若轴向拉力 N 的偏心距较大,N 作用于钢筋 A_s 与 A_s' 以外时,称为大偏心受拉构件,如图 6-8 所示。

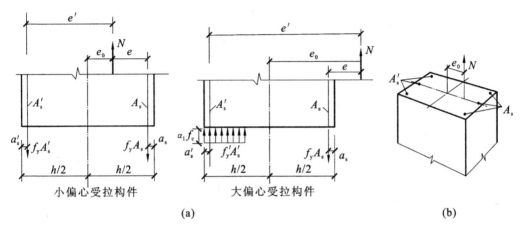

图 6-8 偏心受拉构件

大、小偏心受拉构件可按下列公式判别:

当 $e_0 = \dfrac{M}{N} \leqslant \dfrac{h}{2} - a_s$ 时,为小偏心受拉构件;

当 $e_0 = \dfrac{M}{N} > \dfrac{h}{2} - a_s$ 时,为大偏心受拉构件。

式中:M——受拉构件所承受的弯矩设计值;
N——受拉构件所承受的轴向拉力设计值。

(二) 偏心受拉构件的构造要求

偏心受拉构件承载力计算时,不需考虑纵向弯曲的影响,也不需考虑初始偏心距,直接按荷载偏心距 e_0 计算。

1. 截面形式

偏心受拉构件的截面形式多为矩形,且矩形截面的长边宜和弯矩作用平面平行;也可采用 T 形或 I 形截面。

2. 纵筋

小偏心受拉构件的受力钢筋不得采用绑扎搭接接头;矩形截面偏心受拉构件的纵向钢筋应沿短边布置;矩形截面偏心受拉构件纵向钢筋的配筋率应满足其最小配筋率 $\rho_{\min}$ 的要求:受拉一侧纵向钢筋的配筋率应满足 $\rho = A_s/bh \geqslant \rho_{\min} = \max(0.45 f_t/f_y, 0.002)$;受压一侧纵向钢筋的配筋率应满足 $\rho' = A_s'/bh \geqslant \rho_{\min} = 0.002$。全部纵向钢筋和一侧纵向钢筋的配筋率均应按构件的全截面面积计算;当钢筋沿构件截面周边布置时,"一侧纵向钢筋"系指沿受力方向两个对边中一边布置的纵向钢筋。

3. 箍筋

偏心受拉构件要进行抗剪承载力计算，根据抗剪承载力计算确定配置的箍筋。箍筋一般宜满足有关受弯构件箍筋的各项构造要求。水池等薄壁构件中一般要双向布置钢筋，形成钢筋网。

二、小偏心受拉构件正截面承载力计算

（一）受力分析

在小偏心拉力作用下，全截面均受拉应力，但 A_s 一侧拉应力较大，A_s' 一侧拉应力较小。随着荷载的增加，A_s 一侧混凝土首先开裂，但裂缝很快贯通整个截面，全部纵向钢筋 A_s 和 A_s' 受拉；临近破坏之前截面全部裂通，混凝土退出工作，拉力完全由钢筋承受，如图6-9所示。构件破坏时，钢筋 A_s 和 A_s' 的应力都达到屈服强度。

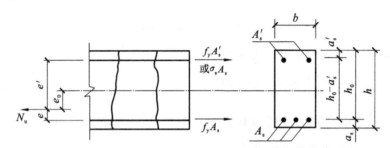

图6-9 矩形截面小偏心受拉构件正截面承载力计算图

（二）承载力计算公式

1. 基本计算公式

根据平衡条件，可写出小偏心受拉构件的承载力计算公式：

$$Ne \leqslant f_y' A_s' (h_0 - a_s') \tag{6-3}$$

$$Ne' \leqslant f_y A_s (h_0 - a_s') \tag{6-4}$$

由式(6-4)、式(6-3)得 A_s 和 A_s' 分别为

$$A_s = \frac{Ne'}{f_y(h_0 - a_s')} \tag{6-5}$$

$$A_s' = \frac{Ne}{f_y'(h_0 - a_s')} \tag{6-6}$$

式中：N——轴向拉力设计值；

a_s, a_s'——靠近纵向拉力钢筋和远离纵向拉力钢筋的合力点至截面近边缘的距离。

$e = \dfrac{h}{2} - e_0 - a_s$，为 N 至 A_s 合力点的距离。

$e' = \dfrac{h}{2} + e_0 - a'_s$,为 N 至 A'_s 合力点的距离。

将 e' 和 e 分别代入式(6-5)、式(6-6),且取 $a_s = a'_s$, $e_0 = M/N$,整理后有

$$A_s = \dfrac{N}{2f_y} + \dfrac{M}{f_y(h_0 - a'_s)} \qquad (6-7)$$

$$A'_s = \dfrac{N}{2f_y} - \dfrac{M}{f_y(h_0 - a'_s)} \qquad (6-8)$$

上式第一项代表了轴心拉力所需配置的钢筋,第二项反映了弯矩对配筋的影响。由此可见,弯矩 M 的存在使 A_s 增大,A'_s 减小,因此,在结构设计中如有不同的内力组合,应按最大 N 与最大 M 的内力组合计算 A_s,按最大 N 与最小 M 的内力组合计算 A'_s。

2. 对称配筋承载力计算公式

若小偏心受拉构件选用对称配筋截面,即 $A_s = A'_s$, $a_s = a'_s$ 且 $f_y = f'_y$,此时远离轴向力 N 一侧的钢筋 A'_s 并未屈服,但为了保持截面内外力的平衡,设计时可按式(6-5)计算钢筋截面面积,即取

$$A'_s = A_s = \dfrac{Ne'}{f_y(h_0 - a'_s)} \qquad (6-9)$$

(三) 承载力设计计算

1. 截面设计

小偏心受拉构件进行截面设计,可直接由式(6-5)、式(6-6)或式(6-9)求得两侧的受拉钢筋 A_s 和 A'_s。

计算步骤见例题。

2. 截面复核

小偏心受拉构件的截面复核,已知 A_s、A'_s 及 e_0,由式(6-3)、式(6-4)可分别求出截面可能承受的纵向拉力 N,其中较小者即为构件所能承受的偏心拉力设计值 N_u。

【例 6-2】 偏心受拉构件的截面尺寸为 $b = 300$ mm, $h = 450$ mm, $a_s = a'_s = 35$ mm;构件承受轴向拉力设计值 $N = 750$ kN,弯矩设计值 $M = 70$ kN·m,混凝土强度等级为 C20,钢筋为 HRB335。试计算钢筋截面面积 A_s 和 A'_s。

【解】 (1) $f_t = 1.1$ N/mm², $f_y = f'_y = 300$ N/mm²。

取 $a_s = a'_s = 35$ mm, $h_0 = 450$ mm $-$ 35 mm $= 415$ mm。

(2) 判别破坏类型。

$$e_0 = \dfrac{M}{N} = \dfrac{70 \times 10^6}{750 \times 10^3} \text{ mm} = 93.33 \text{ mm} < \dfrac{h}{2} - a_s = \dfrac{450}{2} \text{ mm} - 35 \text{ mm} = 190 \text{ mm},\text{为小偏心受拉。}$$

$$e = \dfrac{h}{2} - e_0 - a_s = \dfrac{450}{2} \text{ mm} - 93.33 \text{ mm} - 35 \text{ mm} = 96.67 \text{ mm}$$

$$e' = \dfrac{h}{2} + e_0 - a'_s = \dfrac{450}{2} \text{ mm} + 93.33 \text{ mm} - 35 \text{ mm} = 283.33 \text{ mm}$$

(3) 求 A_s 和 A_s'。

分别代入式(6-5)、式(6-6)得

$$A_s = \frac{Ne'}{f_y(h_0-a_s')} = \frac{750\,000 \times 283.33}{300 \times (415-35)} \text{ mm}^2 = 1864 \text{ mm}^2$$

$$A_s' = \frac{Ne}{f_y'(h_0-a_s')} = \frac{750\,000 \times 96.67}{300 \times (415-35)} \text{ mm}^2 = 636 \text{ mm}^2$$

(4) 验算最小配筋率。

小偏心受拉时，

$$\rho_{\min} = \rho_{\min}' = 0.45 \frac{f_t}{f_y} = 0.45 \times \frac{1.1}{300} = 0.165\% < 0.2\%$$

取 $\rho_{\min} = \rho_{\min}' = 0.2\%$，则

$$\rho = \frac{A_s}{b \times h} = \frac{1864}{300 \times 450} = 0.0138 = 1.38\% > \rho_{\min} = 0.2\%$$

(5) 选择钢筋的直径和根数。

选离轴向拉力较远一侧的钢筋为 2Φ20 ($A_s' = 628 \text{ mm}^2$)；离轴向拉力较近一侧的钢筋为 4Φ25 ($A_s = 1964 \text{ mm}^2$)。

若采用对称配筋，由式(6-9)，则 $A_s = A_s' = 1864 \text{ mm}^2$，选配 4Φ25 ($A_s = 1964 \text{ mm}^2$)。

三、大偏心受拉构件正截面承载力计算

(一) 受力分析

在大偏心拉力作用下，A_s 一侧受拉，A_s' 一侧受压；临破坏之前截面开裂，但没有裂通，不会形成贯通整个截面的通缝，仍然有混凝土受压区存在。离偏心力较近一侧的钢筋受拉屈服；另一侧钢筋受压，在一般情况下屈服，特殊情况下也可能不屈服，受压侧混凝土受压破坏。截面上的受力情况如图 6-10 所示。

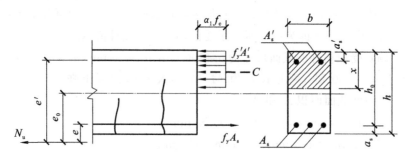

图 6-10 矩形截面大偏心受拉构件正截面承载力计算图

(二) 承载力计算公式

构件破坏时，如果钢筋 A_s 和 A_s' 都达到屈服强度，根据平衡条件得承载力基本计算公式：

$$N \leq f_y A_s - f_y' A_s' - \alpha_1 f_c b x \tag{6-10}$$

$$Ne \leq \alpha_1 f_c bx\left(h_0 - \frac{x}{2}\right) + f'_y A'_s (h_0 - a'_s) \tag{6-11}$$

则

$$N \leq f_y A_s - f'_y A'_s - \alpha_1 f_c b \xi h_0 \tag{6-12}$$

$$Ne \leq \alpha_1 f_c b h_0^2 \xi(h_0 - 0.5\xi) + f'_y A'_s (h_0 - a'_s) \tag{6-13}$$

或

$$Ne \leq \alpha_1 \alpha_s f_c b h_0^2 + f'_y A'_s (h_0 - a'_s) \tag{6-13a}$$

式中 $e = e_0 - \frac{h}{2} + a_s$，$\alpha_1$ 取值与受弯构件相同。

（三）适用条件

为了保证构件不致发生超筋和少筋破坏，并在破坏时纵向受压钢筋 A'_s 也达到屈服强度，公式应满足下列适用条件：

(1) $x \leq \xi_b h_0$；

(2) $x \geq 2a'_s$。

A_s 和 A'_s 均应满足《混凝土结构设计规范》(GB 50010—2010)规定的最小配筋率的要求。

若 $x > \xi_b h_0$，则受压区混凝土可能先于受拉钢筋屈服而被压碎，受拉钢筋不屈服，这与超筋受弯构件的破坏形式类似。由于这种破坏是一种无预告的脆性破坏，而且受拉钢筋的强度也没有得到充分利用，这种情况在设计中应当避免。

若 $x < 2a'_s$，截面破坏时受压钢筋不能屈服，此时可取 $x = 2a'_s$，即假定受压区混凝土的压应力的合力与受压钢筋承担的压力的合力作用点相重合，并对 A'_s 合力作用点取矩，则得计算 A_s 的公式为

$$Ne' \leq f_y A_s (h_0 - a'_s) \tag{6-14}$$

则 A_s 为

$$A_s = \frac{Ne'}{f_y(h_0 - a'_s)} \tag{6-15}$$

当对称配筋时，由式(6-10)可知，x 必为负值，可按 $x < 2a'_s$ 的情况，按偏心受压的相应情况类似处理，即按式(6-15)和 $A'_s = 0$ 分别计算 A_s 值，最后按所得较小值确定配筋。

（四）承载力设计计算

1．截面设计

在截面设计中，偏心受拉构件有下列两种情况。

情况 1：A_s、A'_s 均未知

补充条件：为使 $A_s + A'_s$ 为最小，将 $x = x_b = \xi_b h_0$ 代入式(6-13)先求得 A'_s。如果 $A'_s \geq \rho_{\min} bh$，直接由公式计算 A_s；如果 $A'_s < \rho_{\min} bh$ 或为负值，则按构造确定 $A'_s = \rho_{\min} bh$，然后按情况 2 计算 A_s。

情况 2：已知 A'_s，求 A_s

先根据式(6-11)求出 ξ，再检查是否满足适用条件。

如果 $\xi > \xi_b$，说明 A'_s 原来配筋太小，应重新按 A'_s 未知计算；如果 $x < 2a'_s$，说明受压钢筋不屈服，取 $x = 2a'_s$，按式(6-15)或 $A'_s = 0$ 分别计算确定 A_s 值，取较小值进行配筋。

2. 截面复核

复核截面时,构件的截面尺寸、配筋、材料强度及荷载引起的内力(M、N)均为已知,所以可对偏心力作用点取矩求出 x,再用式(6-10)的平衡条件求出承载力 N_u。

计算中,如果 $x > \xi_b h_0$,说明 A_s 配置过多,纵筋不能屈服,此时应计算钢筋应力,再求 N_u,所用方法和公式同受压构件。如果 $x < 2a'_s$,由截面上的内、外力对 A'_s 合力作用点取矩即可求得 N_u。

求得的 N_u 与 N 比较,即可判别截面的承载力是否足够。

【例 6-3】 某矩形截面水池,池壁厚 $h = 300$ mm, $b = 1000$ mm, $a_s = a'_s = 35$ mm,每米长度承受的轴向拉力设计值 $N = 240$ kN, $M = 120$ kN·m,混凝土强度等级 C20,钢筋采用 HRB335,求截面所需配置的纵筋 A_s 和 A'_s。

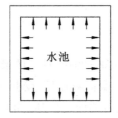
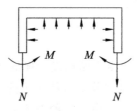

图 6-11 例 6-3 图

【解】 (1)已知 $f_c = 9.6 \text{ N/mm}^2$, $f_t = 1.10 \text{ N/mm}^2$, $f_y = f'_y = 300 \text{ N/mm}^2$, $\xi_b = 0.55$, $\alpha_{s,\max} = 0.339$, $\alpha = 1.0$, $\beta = 1.0$。

(2)判别偏心类型。

$$b = 1000 \text{ mm}, h = 300 \text{ mm}, a_s = a'_s = 35 \text{ mm}, h_0 = 300 \text{ mm} - 35 \text{ mm} = 265 \text{ mm}$$

$$e_0 = \frac{M}{N} = \frac{120000}{240} \text{ mm} = 500 \text{ mm} > \frac{h}{2} - a_s = \frac{300}{2} \text{ mm} - 35 \text{ mm} = 115 \text{ mm}$$

故为大偏心受拉构件。

$$e = e_0 - \frac{h}{2} + a_s = (500 - 150 + 35) \text{ mm} = 385 \text{ mm}$$

$$e' = e_0 + \frac{h}{2} - a'_s = (500 + 150 - 35) \text{ mm} = 615 \text{ mm}$$

(3)求 A_s 和 A'_s。

取 $x = \xi_b h_0$,使总钢筋用量最小,代入式(6-13)、式(6-13a)得

$$A'_s = \frac{Ne - \xi_b(1 - 0.5\xi_b)f_c b h_0^2}{f'_y (h_0 - a'_s)}$$

$$A'_s = \frac{Ne - \alpha_{s,\max} f_c b h_0^2}{f'_y (h_0 - a'_s)} = \frac{240\,000 \times 385 - 0.399 \times 9.6 \times 1000 \times 265^2}{300 \times (265 - 35)} < 0$$

取 $\quad A'_s = \rho_{\min} bh = 0.002 \times 1000 \times 300 \text{ mm}^2 = 600 \text{ mm}^2$

选配 $\Phi 12 @180 = 628 \text{ mm}^2$,按 A'_s 为已知的情况计算 A_s。

$$\alpha_s = \frac{Ne - f'_y A'_s(h_0 - a'_s)}{f_c b h_0^2} = \frac{240\,000 \times 385 - 300 \times 628 \times (265 - 35)}{9.6 \times 1000 \times 265^2} = 0.073$$

$$\xi = 1 - \sqrt{1 - 2\alpha_s} = 1 - \sqrt{1 - 2 \times 0.073} = 0.076, \quad x = \xi h_0 = 20 \text{ mm} < 2a'_s$$

取 $x=2a'=70$ mm，按式(6-15)计算 A_s。

$$A_s = \frac{Ne'}{f_y(h_0-a'_s)} = \frac{240\times1000\times615}{300\times230} \text{ mm}^2 = 2139 \text{ mm}^2$$

另外取 $A'_s=0$，重求 A_s，与上式计算结果比较，取小值配筋。由 A_s 选配钢筋Φ16@90＝2234 mm²。

（4）验算最小配筋率。

$$\rho_{\min}=\rho'_{\min}=0.45\frac{f_t}{f_y}=0.45\times\frac{1.1}{300}\%=0.165\%<0.2\%$$

取 $\rho_{\min}=\rho'_{\min}=0.2\%$。

$$\rho'=\frac{A'_s}{b\times h}=\frac{628}{300\times1000}=0.0021=0.21\%>\rho'_{\min}=0.2\%$$

$$\rho=\frac{A_s}{b\times h}=\frac{2234}{300\times1000}=0.0074=0.74\%>\rho_{\min}=0.2\%$$

满足要求。

任务 3 偏心受拉构件斜截面承载力计算

一、偏心受拉构件斜截面受力分析

一般偏心受拉构件在承受弯矩和拉力的同时，也存在着剪力的作用，当剪力较大时，需进行斜截面承载力的计算。

试验表明，对一个作用有轴向拉力、产生若干贯穿全截面裂缝的构件（见图 6-12），施加竖向荷载，在弯矩作用下，受压区范围内的裂缝将重新闭合，受拉区的裂缝则有所增大，而在弯剪区则出现斜裂缝。偏心受拉构件斜裂缝的坡度比受弯构件陡，且剪压区高度缩小，甚至使剪压区末端没有剪压区。所以，轴向拉力的存在将使构件的抗剪能力明显降低，而且抗剪能力降低的幅度随轴向拉力的增加而增大，但构件内箍筋的抗剪能力基本上不受轴向拉力的影响。

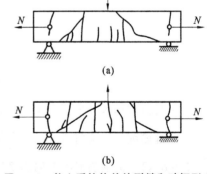

图 6-12 偏心受拉构件的裂缝和破坏形态

二、偏心受拉构件斜截面承载力计算公式

《混凝土结构设计规范》（GB 50010—2010）考虑偏心受拉构件的上述特点，采用下列抗剪强度计算公式

$$V \leqslant \frac{1.75}{\lambda+1.0} f_t b h_0 + 1.0 f_{yv} \frac{A_{sv}}{s} h_0 - 0.2N \qquad (6-16)$$

式中：V——构件斜截面上的最大剪力设计值；

N——与剪力设计值 V 相应的轴向拉力设计值；

f_t——混凝土轴心抗拉强度设计值；

f_{yv}——箍筋抗拉强度设计值；

b——矩形截面的宽度，T 形截面或 I 形截面的腹板宽度；

h_0——截面的有效高度；

A_{sv}——同一截面内各肢箍筋的全部截面面积，$A_{sv}=nA_{sv1}$；

A_{sv1}——单肢箍筋的截面面积；

n——箍筋肢数；

λ——计算截面的剪跨比，取 $\lambda=\dfrac{a}{h_0}$，a 为集中荷载到支座之间的距离。

当 $\lambda<1$ 时，取 $\lambda=1$；当 $\lambda>3$ 时，取 $\lambda=3$。

β_c 为混凝土强度影响系数。当混凝土强度等级不超过 C50 时，取 $\beta_c=1.0$；当混凝土强度等级为 C80 时，取 $\beta_c=0.8$；其间按线性内插法确定。

式(6-16)中，不等式右侧的第一项、第二项两项采用了与受集中荷载的受弯构件相同的形式，第三项则考虑了轴向拉力对构件抗剪强度的降低作用。考虑到上面所说的构件内箍筋抗剪能力基本不变的特点，《混凝土结构设计规范》(GB 50010—2010)要求上式右侧计算出的数值若小于 $1.0 f_{yv} \dfrac{nA_{sv1}}{s} h_0$，应取等于 $1.0 f_{yv} \dfrac{nA_{sv1}}{s} h_0$，且 $1.0 f_{yv} \dfrac{nA_{sv1}}{s} h_0 \geqslant 0.36 f_t b h_0$。当 $\dfrac{1.75}{\lambda+1} f_t b h_0 \leqslant 0.2N$ 时，取 $\dfrac{1.75}{\lambda+1} f_t b h_0 = 0.2N$。斜截面承载力计算式(6-16)转化为

$$V \leqslant 1.0 f_{yv} \frac{nA_{sv1}}{s} h_0 \qquad (6-17)$$

$$\frac{nA_{sv1}}{s} \geqslant \frac{V}{f_{yv} h_0} \qquad (6-18)$$

三、偏心受拉构件斜截面承载力计算公式的适用条件

(1) 受剪截面尺寸应符合 $V \leqslant 0.25 \beta_c f_c b h_0$，式中符号含义同前。

(2) 箍筋配筋率应符合 $\rho_{sv} = \dfrac{nA_{sv1}}{bs} \geqslant \rho_{sv,\min} = 0.36 \dfrac{f_t}{f_{yv}}$。

【例 6-4】 某钢筋混凝土偏心受拉构件，截面尺寸 $b=200$ mm，$h=200$ mm，截面已配 $A_s = A_s'$ 为 $2\phi 25$ HRB335 级钢筋(982 mm²)。此拉杆在距节点边缘 $a=330$ mm 处作用有集中荷载，集中荷载产生的节点边缘剪力设计值 $V=20$ kN，轴力设计值 $N=600$ kN，取 $a_s=a_s'=35$ mm。混凝土强度等级为 C25($f_t=1.27$ N/mm²，$f_c=11.9$ N/mm²)，箍筋采用 HPB300($f_{yv}=270$ N/mm²)。试计算拉杆所需配置的箍筋。

【解】 (1) 计算 h_0，h_w，λ。

$$h_0 = h_w = 200 \text{ mm} - 35 \text{ mm} = 165 \text{ mm}$$

剪跨比 $\lambda = \dfrac{a}{h_0} = \dfrac{330}{165} = 2$

（2）验算截面尺寸。
$$0.25\beta_c f_c b h_0 = 0.25 \times 1.0 \times 11.9 \times 200 \times 165 \text{ kN} = 98.175 \text{ kN} > V = 20 \text{ kN}$$
截面尺寸符合要求。

（3）确定配箍量并选配箍筋。
$$\dfrac{1.75}{\lambda+1} f_t b h_0 = \dfrac{1.75}{\lambda+1} \times 1.27 \times 200 \times 165 \text{ kN} = 24.4475 \text{ kN} < 0.2N = 0.2 \times 600 \text{ kN} = 120 \text{ kN}$$
考虑拉力将混凝土部分的抗剪承载力全部抵消，即箍筋承担的剪力为
$$V \leqslant 1.0 f_{yv} \dfrac{n A_{sv1}}{s} h_0$$
$$\dfrac{A_{sv}}{s} \geqslant \dfrac{V}{f_{yv} h_0} = \dfrac{20\ 000}{270 \times 165} = 0.4489$$

选用双肢Φ8箍筋，$A_{sv} = n A_{sv1} = 2 \times 50.3 \text{ mm}^2 = 100.6 \text{ mm}^2$，则 $s \leqslant \dfrac{100.6}{0.4489}$ mm $= 224$ mm $>$ $s_{\max} = 200$ mm，取双肢Φ8@160。

（4）验算最小配筋率。
$$\rho_{sv} = \dfrac{n A_{sv1}}{bs} = \dfrac{2 \times 50.3}{200 \times 160} = 0.314\% \geqslant \rho_{sv,\min} = 0.36 \dfrac{f_t}{f_{yv}} = 0.36 \times \dfrac{1.27}{270} = 0.17\%$$
满足要求。

单元小结

6.1 本章主要内容为轴心受拉构件和偏心受拉构件正截面承载力计算及偏心受拉构件斜截面承载力计算。难点为大偏心受拉构件正截面承载力计算，学习时应注意与双筋受弯和偏心受压构件的知识相联系。

6.2 当纵向拉力 N 的作用线与构件截面形心轴线重合时为轴心受拉构件。轴心受拉构件正截面承载力计算公式为 $N \leqslant f_y A_s$。

6.3 偏心受拉构件中，设靠近偏心拉力 N 的钢筋为 A_s，离 N 较远的为 A_s'。截面设计时应注意以下要点。

（1）偏心受拉构件分两类，当纵向拉力 N 作用在 A_s 和 A_s' 之间$\left(\text{即 } e_0 \leqslant \dfrac{h}{2} - a_s\right)$时，为小偏心受拉；当纵向拉力 N 作用在 A_s 和 A_s' 之外$\left(\text{即 } e_0 > \dfrac{h}{2} - a_s\right)$时，为大偏心受拉。

（2）小偏心受拉的受力特点类似于轴心受拉构件，破坏时全部拉力由钢筋承担且 A_s 和 A_s' 屈服，分别对 A_s 和 A_s' 取矩就可得出基本计算公式，用于截面配筋和截面复核。

（3）大偏心受拉的受力特点类似于受弯或大偏心受压构件，破坏时截面有混凝土受压区存在。大偏心构件在截面设计时，可能遇到两种情况：若 A_s 和 A_s' 均未知，可取 $\xi = \xi_b$；若已知 A_s' 求 A_s，先求 ξ（或 x）并保证 $\xi \leqslant \xi_b$。检查 A_s' 是否屈服，如不屈服，则对 A_s' 取矩求 A_s。在大偏心构件的计算过程中应随时注意检查适用条件 $2a_s' \leqslant \xi \leqslant \xi_b h_0$，发现不符合时要加以处理。

（4）偏心受拉构件斜截面抗剪承载力计算，与受弯构件矩形截面独立梁在集中荷载作用下的抗剪计算公式有密切联系，注意轴向拉力的存在将降低构件的抗剪承载力。

6.1 什么是偏心受拉构件？举例说明实际工程中哪些结构构件可按轴心受拉构件计算，哪些构件按偏心受拉构件计算？

6.2 如何区分钢筋混凝土大、小偏心受拉构件，条件是什么？大、小偏心受拉构件破坏的受力特点和破坏特征各有何不同？

6.3 偏心受拉构件的破坏形态是否只与力的作用位置有关，而与 A_s 用量无关？

6.4 偏心受拉构件承载力计算中是否考虑纵向弯曲的影响？为什么？

6.5 轴向拉力的存在对钢筋混凝土受拉构件的抗剪承载力有何影响？在偏心受拉构件斜截面承载力计算中是如何反映的？

6.6 比较双筋梁、非对称配筋大偏心受压构件及大偏心受拉构件三者正截面承载力计算的异同。

6.1 某钢筋混凝土矩形截面偏心受拉杆件，$b=250$ mm，$h=400$ mm，$a_s=a_s'=40$ mm。截面承受的纵向拉力设计值产生的轴力 $N=500$ kN，弯矩 $M=65$ kN·m，混凝土强度等级采用 C25，钢筋为 HRB335 级。试确定截面中所需配置的纵向钢筋。

6.2 已知某矩形水池，如图 6-11 所示，池壁厚 $h=200$ mm，$a_s=a_s'=30$ mm，每米长度上的内力设计值 $N=400$ kN，$M=25$ kN·m，混凝土强度等级 C25，钢筋采用 HRB335 级。求每米长度上的 A_s 和 A_s'。

6.3 已知条件同题 6.2，但 $M=80$ kN·m，求每米长度上的 A_s 和 A_s'。

6.4 某钢筋混凝土矩形截面柱，$b \times h = 300$ mm $\times$ 450 mm，$a_s = a_s' = 45$ mm，截面承受的轴力设计值 $N=600$ kN，弯矩设计值 $M=240$ kN·m，混凝土强度等级为 C30，钢筋采用 HRB400 级。求所需配置的纵筋面积。

单元 7 钢筋混凝土梁板结构

学习目标

☆ **知识目标**

(1) 掌握混凝土梁板结构的相关基本理论知识。
(2) 明确单向板与双向板的划分。
(3) 掌握单向板肋梁楼盖内力及配筋计算。

☆ **能力目标**

(1) 了解常用的梁板结构体系。
(2) 能对单向板肋梁楼盖进行设计。
(3) 熟悉梁、板的配筋及构造要求。

❖ 知识链接：楼(屋)盖的主要结构类型

钢筋混凝土屋盖、楼盖是建筑结构的重要组成部分，占建筑物总造价的比例相当大。因此，梁板结构布置的合理性以及结构计算的正确性和配筋的合理性，对建筑物的安全性和经济性有重要的意义。楼(屋)盖的主要结构类型如图 7-1 所示。

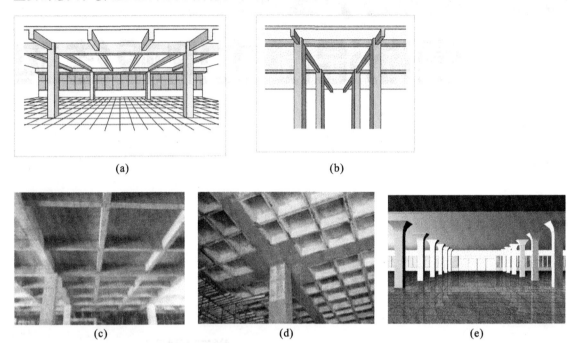

图 7-1　楼(屋)盖的主要结构类型
(a)单向板肋梁楼盖；(b)双向板肋梁楼盖；(c)井式楼盖；(d)密肋楼盖；(e)无梁楼盖

任务 1　概述

由梁和板组成的钢筋混凝土梁板结构如楼盖、屋盖、筏板基础、阳台、雨篷和楼梯等，在建筑中应用十分广泛。在梁板结构中，板是一种平面受弯构件，主要承受各种作用产生的弯矩和剪力；梁在承受各种作用产生的弯矩和剪力的同时，有时也承受扭矩。在前面的章节我们学习了钢筋混凝土结构设计的基本原理、钢筋混凝土材料的物理力学性能、受弯构件的正截面和斜截面承载能力计算等内容，这一章我们学习如何综合应用这些内容进行梁板结构设计。

一、楼盖的类型

按施工方法可将楼盖分成现浇式、装配式和装配整体式三种。

单元 7
钢筋混凝土梁板结构

1. 现浇式楼盖

现浇钢筋混凝土楼盖的整体性好,刚度大,抗震性能好,防水性好,适应性强,遇到板的平面形状不规则或板上开洞较多的情况,更可显示出现浇式楼盖的优越性。适用于布置上有特殊要求的楼面、有振动要求的楼面、公共建筑的门厅部分、平面布置不规则的局部楼面(如剧院的耳光室)等。但现浇式楼盖现场工程量大,模板需求量大,施工工期较长。

现浇梁板结构按梁、板布置情况的不同,又分为肋梁楼盖(单向板肋梁楼盖和双向板肋梁楼盖)、井式楼盖和无梁楼盖等,如图 7-1 所示。

1) 肋梁楼盖

肋梁楼盖(见图 7-2)由板和梁组成,梁将板分成多个区格。《混凝土结构设计规范》(GB 50010—2010)中按板支承条件和板区格长、短边尺寸比例的不同,将肋梁楼盖分成单向板肋梁楼盖和双向板肋梁楼盖(见图 7-1(a)、(b))。若肋梁楼盖的板为两对边支承,则属于单向板肋梁楼盖,应按单向板计算。若肋梁楼盖中板为四边支承,板的长边 l_2 与短边 l_1 之比较大,$l_2/l_1 \geqslant 3$ 时,忽略沿长边方向传递的荷载,按沿短边方向受力的单向板计算。而当 $2 < l_2/l_1 < 3$ 时宜按双向板计算;当 $l_2/l_1 \leqslant 2$ 时应按双向板计算。

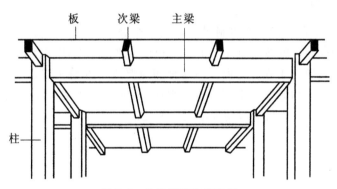

图 7-2 肋梁楼盖结构体系

上述规定是为了计算方便,实际上,无论是单向板还是双向板的荷载都是沿着两个方向传递的,只是单向板在 l_2 方向传递的荷载引起的弯曲与 l_1 方向传递的荷载引起的弯曲相比非常小,小到了可以忽略的程度。而双向板沿两个方向传递的荷载引起的弯曲均较大,任何一个方向都不能忽略。

单向板肋梁楼盖构造简单,施工方便;双向板肋梁楼盖较单向板受力好,刚度好,但构造较复杂,施工不够方便。

2) 井式楼盖

如图 7-1(c)所示,井式楼盖通常是由于建筑上的需要,用梁把楼板划分成若干个正方形或接近正方形的小区格,两个方向的梁截面相同,而且正交,不分主次,截面的高度较肋形楼盖小,都直接承受板传来的荷载,整个楼盖支承在周边的柱、墙或更大的边梁上,类似一块大双向板。

3) 密肋楼盖

如图 7-1(d)所示,密肋楼盖是由排列紧密、肋高较小的梁单向或双向布置形成的。由于肋距小,板可做得很薄,甚至不设钢筋混凝土板,用充填物充填肋间空间,形成平整天棚,板或充填物承受板面荷载。密肋楼盖由于肋间的空气隔层或充填物的存在,其隔热隔音效果良好。

4）无梁楼盖

如图 7-1(e)所示，建筑物柱网为正方形或接近正方形，柱距小于 6 m，且楼面荷载不大的情况下，可完全不设梁，楼板与柱直接整浇，形成无梁楼盖。无梁楼盖柱顶处的板承受较大的集中力，可设置柱帽来扩大柱板接触面积，改善受力。由于楼盖中无梁，可增加房屋的净高，而且模板简单，施工可以采用先进的升板法，使用中可提供平整天棚，建筑物具有良好的自然通风、采光条件，所以在厂房、仓库、商场、冷藏库、水池顶、片筏基础等结构中应用效果良好。但楼板较厚，楼盖材料用量多。楼盖抗弯刚度小，柱子周边的剪应力集中，会引起冲切破坏。

2. 装配式楼盖

装配式楼盖是采用预制构件在现场安装连接而成的，具有施工进度快、机械化、工厂化程度高、工人劳动强度小等优点，但结构的整体性、刚度均较差，在抗震区应用受限。在多层民用建筑和多层工业厂房中得到广泛应用，此种楼面因其整体性、抗震性及防水性能较差，而且不便于开设孔洞，故对高层建筑及有防水要求和开孔洞要求的楼盖不宜采用。若在多层抗震设防的房屋使用，要按抗震规范采取加强措施。

3. 装配整体式楼盖

装配整体式楼盖是在预制板或预制梁上现浇一个叠合层，形成整体，兼有现浇式和装配式两种楼盖的优点，刚度和抗震性能也介于上述两种楼盖之间。装配整体式钢筋混凝土楼盖的整体性较装配式好，又较现浇式节省支模。但这种楼盖要进行混凝土二次浇灌，有时还需增加焊接工作量，故对施工进度和造价有不利影响。因此，装配整体式楼盖仅适用于荷载较大的多层工业厂房、高层民用建筑及有抗震设防要求的一些建筑。

任务 2　现浇混凝土单向板肋梁楼盖

现浇单向板肋梁楼盖一般由板、次梁、主梁组成，通常为多跨连续的超静定结构。单向板设计时，只需计算短边 l_1 方向（因荷载主要沿此方向传递）的内力和配筋，计算方法与梁相同，在计算时板宽一般选取沿长边（l_2）方向 $b=1$ m 宽的板带作为计算单元；另一方向（l_2 方向）由于承受荷载较小可不必计算内力，只需按构造要求配置分布钢筋即可满足承载能力要求。

在进行楼盖设计计算时，确定构件所承受的荷载很重要，构件承受的荷载分为恒荷载和活荷载，荷载通过构件由上部往下部传递，最后传到建筑物的基础。在单向板肋梁楼盖中荷载的传递路线是楼（屋）面活荷载→板→次梁→主梁→墙或柱→基础。

本任务将要讲述的单向板肋梁楼盖的设计计算需应用前面章节学过的受弯构件正截面和斜截面的承载能力计算理论。但前面章节学习的理论都是针对单跨简支构件来说的，而实际工程中由于楼盖是整体现浇的，梁和板一般情况都形成多跨连续结构，因此在内力计算和一些构造要求上与单跨简支构件的情况还是有较大差别的，需要大家学习时注意。

在设计中,单向板肋梁楼盖设计步骤如下:
(1) 进行结构平面布置(根据结构的功能和使用要求布置梁、板、柱);
(2) 初步估计构件的截面尺寸(确定板厚、梁的高度和宽度);
(3) 确定计算简图并进行荷载计算;
(4) 对板、次梁、主梁进行内力和配筋计算(板、次梁内力按塑性理论计算,主梁内力按弹性理论计算);
(5) 绘制施工图。

一、楼盖结构平面布置

楼盖是建筑结构的主要水平受力体系,楼盖的结构布置决定建筑物的各种作用力的传递路径,也影响到建筑物的竖向承重体系。不同的楼盖结构布置对建筑物的层高、总高、天棚、外观、设备管道布置有重要的影响,同时还会在较大程度上影响建筑物的总造价。因此,楼盖的合理布置问题是楼盖设计中首先要解决的问题。

楼盖结构布置的主要任务是合理地确定柱网和梁格,通常是在建筑设计初步方案提出的柱网和承重墙的基础上进行的。肋梁楼盖中,结构布置包括柱网、承重墙、梁格和板的布置。单向板肋梁楼盖中,次梁的间距决定了板的跨度,主梁的间距决定了次梁的跨度,柱距则决定了主梁的跨度。进行结构平面布置时,应综合考虑建筑功能、造价及施工条件等,合理确定梁、柱的平面布置。

1. 结构平面布置原则

1) 应满足建筑物功能使用要求
(1) 根据房屋的开间、进深决定主、次梁的方向以及跨度。
(2) 应考虑室内通风和管道的通过。
(3) 尽可能减小主梁截面高度,增大室内净空高度。
2) 结构受力合理
(1) 主梁宜沿横向布置——主梁(刚度大)与柱形成横向较强的框架承重体系。
(2) 避免将集中荷载直接作用于板上。
(3) 梁格布置应力求规则、统一,梁宜拉通,以减少构件类型。
3) 应考虑节约材料、降低造价的要求
在确定板、梁及柱的截面尺寸时,在满足承载能力要求的情况下,尽可能取较小的值。尤其是板厚,因板的混凝土用量占整个楼盖的比例非常大。

实践中,梁的跨度或截面尺寸减小,楼盖造价就会降低。但梁跨度过小时,又使柱子和柱基础的数量增多,从而提高房屋造价,且柱子越多,房屋越不好使用。根据工程实践,单向板、次梁和主梁的合理跨度为:单向板 1.7 m~2.5 m,荷载较大时,取较小值,一般不宜超过 3 m;次梁 4 m~6m;主梁 5 m~8 m。

4) 方便施工
梁宜连续贯通,梁的截面种类不宜过多,梁的布置尽可能规则,梁截面尺寸应考虑设置模板的方便,特别是采用钢模板时。板厚尽可能统一,这样比较方便施工。

2. 单向板肋梁楼盖结构平面布置方案

1) 主梁横向布置，次梁纵向布置

如图 7-3(a)所示，其优点是主梁和柱可形成横向框架，房屋的横向刚度大，而各榀横向框架之间由纵向次梁相连，故房屋的纵向刚度亦大，整体性较好。此外，由于主梁与外纵墙垂直，在外纵墙上可开较大的窗口，对室内采光有利。

2) 主梁纵向布置，次梁横向布置

如图 7-3(b)所示，这种布置适用于横向柱距比纵向柱距大得多的情况。它的优点是减小了主梁的截面高度，增大了室内净高。

3) 只布置次梁，不设主梁

如图 7-3(c)所示，它仅适用于有中间走道的楼盖。

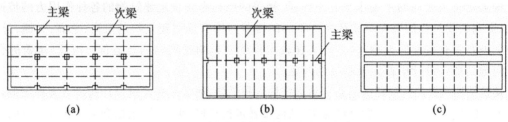

图 7-3 单向板肋梁楼盖结构布置方案
(a)主梁沿横向布置的楼盖；(b)主梁沿纵向布置的楼盖；(c)有中间走道的楼盖

二、初步确定构件截面尺寸

1. 板的厚度

板厚度的确定与板的类型、板用途及板的跨度有关。根据设计经验，板的最小厚度应满足表 7-1 的要求。此外，还应满足《混凝土结构设计规范》(GB 50010—2010)中对现浇钢筋混凝土板最小厚度的规定，如表 3-3 所示。在设计时，板的厚度最小值取上述两个表中求得的较大值。

表 7-1 现浇钢筋混凝土板的最小厚度

序 号	板的类型		板的最小厚度
1	单向板		$\geqslant l/30$
2	双向板		$\geqslant l/40$
3	无梁支承板	有柱帽	$\geqslant l/35$
		无柱帽	$\geqslant l/30$

注：l 为板的短边计算跨度。

2. 梁的截面尺寸

1) 梁的截面高度

梁的截面尺寸应根据设计计算决定。一般不需要作挠度验算的钢筋混凝土梁截面最小高度可按表 7-2 选用。

表 7-2 梁截面尺寸的一般规定

序号	构件种类	简 支	多跨连续	悬臂	备 注
1	次梁	$h=\left(\dfrac{1}{12}\sim\dfrac{1}{15}\right)l$	$h=\left(\dfrac{1}{18}\sim\dfrac{1}{12}\right)l$	$h\geqslant\dfrac{1}{8}l$	现浇整体肋形梁
2	主梁	$h=\left(\dfrac{1}{8}\sim\dfrac{1}{12}\right)l$	$h=\left(\dfrac{1}{14}\sim\dfrac{1}{8}\right)l$	$h\geqslant\dfrac{1}{6}l$	
3	独立梁	$h=\left(\dfrac{1}{8}\sim\dfrac{1}{12}\right)l$	$h=\left(\dfrac{1}{10}\sim\dfrac{1}{12}\right)l$	$h\geqslant\dfrac{1}{6}l$	
4	框架梁		$h=\left(\dfrac{1}{10}\sim\dfrac{1}{12}\right)l$		现浇整体式框架梁
			$h=\left(\dfrac{1}{8}\sim\dfrac{1}{10}\right)l$		装配整体式或装配式框架梁

注:① 表中 h 为梁的截面高度,b 为梁的截面宽度,l 为梁的计算跨度;梁截面宽度 b 与截面高度 h 的比值(b/h),对于矩形截面梁一般为 $\dfrac{1}{2}\sim\dfrac{1}{3}$,对于 T 形截面梁一般为 $\dfrac{1}{2.5}\sim\dfrac{1}{3}$。

② 当构件计算跨度大于 9 m 时,表中的数值应乘以系数 1.2。

③ 在设计上确有实践经验时可不受本表限制。

④ 为了便于施工,在确定梁截面时,应取统一规格尺寸,一般按下列情况采用:

梁截面宽度 b 为 120 mm、150 mm、180 mm、200 mm、220 mm、250 mm、300 mm,大于 250 mm 以 50 mm 为模数;

梁截面高度 h 为 250 mm、300 mm、350 mm、……、750 mm、800 mm、900 mm,大于 800 mm 以 100 mm 为模数。

⑤ 在现浇结构中,主梁的截面高度应与次梁的截面高度相等或大于 50 mm。

2) 梁的截面宽度

梁的截面宽度确定时应考虑以下几个原则。

(1) 梁截面的 h/b 不宜超过:矩形截面 3.5,T 形截面 4。

(2) 梁的截面宽度 b 应满足支承在梁上的构件搁置要求,预制梁还应满足吊装时侧向稳定要求。

(3) 梁的截面宽度宜采用 150 mm、180 mm、200 mm 等,如大于 200 mm,宜采用 50 mm 的倍数。

(4) 现浇结构中主梁的截面宽度不应小于 200 mm,次梁不应小于 150 mm。

三、计算简图及荷载计算

(一) 计算方法的选择

可根据具体情况而定,一般情况下,单向板中板和次梁采用塑性理论计算,主梁采用弹性理论计算。

（二）计算简图

结构平面布置确定以后即可确定梁、板的计算简图，其内容包括支承条件、荷载、计算跨度与计算跨数。

1. 支承条件

（1）对于支承在砖墙和砖柱上的肋形楼盖，梁、板的支承条件为不动铰支座（简支）。

（2）对于与柱整体现浇的整体肋形楼盖，对于支承在柱上的主梁，梁板的支承条件与梁柱之间的相对线刚度有关，一般情况下，梁柱的线刚度比大于3时，可将梁视为铰支，否则将视为框架梁。

（3）对于支承在次梁上的板（或支承于主梁上的次梁）可忽略次梁（或主梁）的弯曲变形，且不考虑支承点处的刚性，将其视为不动铰支座，按连续板（或梁）计算。

2. 荷载

作用在楼盖上的荷载有恒荷载和活荷载，恒荷载包括构件自重、各种构造层（建筑做法）重量、永久设备自重等，活荷载主要为使用时的人群、家具及一般设备的重量，一般情况下均按均布荷载考虑。

恒荷载的标准值一般是按结构的实际构造做法通过计算得出的，楼盖的活荷载标准值一般情况下由《建筑结构荷载规范》（GB 50009—2012）查得。

荷载设计值就是我们进行设计计算时用到的数值，荷载设计值一般是由荷载标准值乘以荷载分项系数得到的，荷载分项系数由《建筑结构荷载规范》（GB 50009—2012）查得。荷载基本组合时，一般情况下，恒荷载的分项系数为1.2，活荷载的分项系数为1.4。

单向板肋梁楼盖中各种结构构件荷载计算时，从实际结构中选取有代表性的一部分作为计算、分析的对象。通常取宽度为1m的板带作为计算单元，承受的荷载一般为均布线荷载；次梁取相邻板跨中线所分割出来的面积作为它的负荷范围，包括次梁的自重、建筑构造层重量及其负荷范围内板传来的线荷载；主梁所承受的荷载包括主梁的自重、建筑构造层重量（均布线荷载）及其次梁传来的集中荷载，为简化计算，一般将本身自重、建筑构造层重量（均布线荷载）简化为若干集中荷载，再与次梁传来的集中荷载合并。板和次梁的计算单元和主梁的负荷范围如图7-4(b)所示，板的计算简图如图7-4(a)所示，次梁的计算简图如图7-4(d)所示，主梁的计算简图如图7-4(c)所示。

3. 计算跨度与计算跨数

1）计算跨度

梁板的计算跨度应取为相邻两支座反力作用点之间的距离，其值与支座的构造形式、构件的截面尺寸及内力计算方法有关。但在梁板设计中，当按弹性理论计算时，根据边支座的支承形式，板和次梁边跨的计算跨度取值与中间跨不同。

（1）当边跨端支座为固定端支座时，边跨和中间跨的计算跨度 l_0 都取为支座中到中，即：

中间跨 $\qquad l_0 = l_n + b$

单元7 钢筋混凝土梁板结构

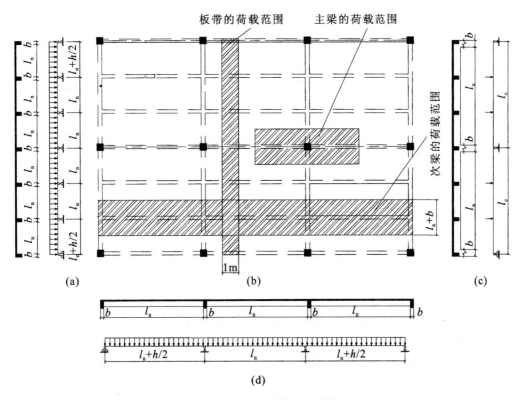

图 7-4 单向板肋梁楼盖计算单元

边跨
$$l_0 = l_n + \frac{b}{2} + \frac{a}{2}$$

式中：a、b——边支座、中间支座或第一内支座的长度；

l_n——净跨长。

(2) 当边跨端支座是简支支座时，对于板，当板厚 h 不小于 a 时，对于主梁、次梁，当 a 不小于 $0.05l_n$ 时，边跨的计算跨度仍按(1)中规定的采用，否则按下式：

对于板，当 $h < a$ 时，
$$l_0 = l_n + \frac{b}{2} + \frac{h}{2}$$

对于次梁、主梁，当 $a < 0.05l_n$ 时，
$$l_0 = l_n + \frac{b}{2} + 0.025l_n$$

这是为了防止支座 a 过长时，合力作用点可能内移而做出的规定(注：板的边支座合力作用点位置主要与板厚有关，主、次梁则主要与跨度有关)。

当按塑性理论计算时，端支座为梁柱的板或次梁的计算跨度，端跨一般取 $l_0 = l_n$；对于端支座为砌体墙柱的板的端跨，取中间跨，取 $l_0 = l_n + \frac{h}{2}$，h 为板厚；对于端支座为砌体墙柱的次梁的端跨，取中间跨，取 $l_0 = l_n + \frac{a}{2}$，a 为次梁在砌体墙柱上的支承长度。

梁板的计算跨度也可按表 7-3 取值。

表 7-3　连续梁、板的计算跨度 l_0

支撑情况	按弹性理论计算		按塑性理论计算	
	梁	板	梁	板
两端与梁(柱)整体连接	l_c	l_c	l_n	l_n
两端搁置在墙上	$1.05l_n \leq l_c$	$l_n + h \leq l_c$	$1.05l_n \leq l_c$	$l_n + h \leq l_c$
一端与梁整体连接，另一端搁置在墙上	$1.025l_n + b/2 \leq l_c$	$l_n + b/2 + h/2 \leq l_c$	$1.025l_n \leq l_n + a/2$	$l_n + h/2 \leq l_c + a/2$

注：表中的 l_c 为支座中心线间的距离，l_n 为净跨，h 为板的厚度，a 为板、梁在墙上的支承长度，b 为板、梁在梁或柱上的支承长度。

从表 7-3 可以看出，按弹性理论计算梁板时，为计算方便，若取构件中心线之间的距离 l_c 作为计算跨度，结果总是偏安全的。

2) 计算跨数

对于 5 跨或 5 跨以内的连续板(梁)，跨数按实际跨数考虑。对于跨数超过 5 跨的连续板(梁)，当跨度相差不超过 10% 时，且各跨的截面尺寸及荷载作用相同时，可近似按 5 跨连续板(梁)计算，所有中间跨的内力均按第三跨处理。

四、内力计算方法

（一）按弹性理论计算连续梁、板的内力

1. 计算的基本假定

(1) 连续梁、板为匀质弹性体，其抗弯刚度为 $E_c I$，E_c 为混凝土的弹性模量，I 为截面惯性矩。

(2) 梁板的支承情况。

对于板和次梁，不论其支承是砌体还是现浇的钢筋混凝土梁，均可简化成集中于一点的支承链杆。梁板能自由转动，但忽略支承构件的竖向变形，即支座无沉降。

主梁可支承于砖墙、砖柱上，也可与钢筋混凝土柱现浇在一起。对于前者，可视为铰支承；对于后者，应根据梁和柱的抗弯线刚度比值而定，如果梁比柱的抗弯线刚度比大于 3，仍可将主梁视为铰支于钢筋混凝土柱上的连续梁进行计算，否则应按框架横梁设计。

(3) 支座反力。

在计算梁、板的支座反力时，可忽略梁、板的连续性，每一跨都按简支构件来计算其支座反力。

在上述基本假定第(2)条中有以下四点与实际情况不符。

① 边支座大多有一定的嵌固作用，故配筋时应在梁板边支座的顶部放置构造钢筋，以承受可能产生的负弯矩。

② 支撑连杆可自由转动的假定，实际是忽略了次梁对板、主梁对次梁以及柱对主梁的约束，

引起的误差将用折算荷载的方式来加以修正。

③ 支座总是有一定宽度的,并不像计算简图中那样只集中于一点上,所以要对支座弯矩和剪力进行调整。

④ 链杆支座没有竖向位移,假定成链杆实质上就是忽略了次梁的竖向变形对板的影响,也忽略了主梁的竖向变形对次梁的影响。

2. 计算要素

1) 计算单元

板取 1 m 宽板带为计算单元。主梁、次梁跨中为 T 形截面,支座处仍按矩形截面计算。T 形截面翼缘的计算宽度按《混凝土结构设计规范》(GB50010—2010)的规定取值,详见表 3-9。

板、次梁主要承受均布线荷载,主梁主要承受次梁传来的集中荷载。主梁的自重占恒荷载的比例不大,为计算方便,可将其换算成集中荷载加到次梁传来的集中荷载内。

2) 计算简图、计算跨度、计算跨数

这三项内容按前面的说明采用即可,不再重复。

3) 折算荷载

在均布荷载作用下,连续梁、板按铰支简图计算时,板绕支座的转角 θ 值较大。实际上,由于板与次梁整浇在一起,当板受荷载弯曲在支座发生转动时,将带动次梁一起转动。同时,次梁具有一定的抗扭刚度,且两端又受主梁约束,将阻止板自由转动,使板在支承处的转角由铰支承时的 θ 减小为 θ',使板的跨内弯矩有所降低,支座负弯矩相应地有所增加,但不会超过两相邻跨满布活荷载时的支座负弯矩。

在整体现浇的楼盖中的梁板的实际支承与理想的铰支座不同,其影响将使板跨中的弯矩值降低。为了减少误差,采取保持荷载总值不变的条件下,用增大恒荷载,减小活荷载,即在计算板和次梁的内力时,采用折算荷载的方法进行调整。

连续次梁 $\qquad g'=g+\dfrac{q}{4}, \quad q'=\dfrac{3q}{4}$ (7-1)

连续板 $\qquad g'=g+\dfrac{q}{2}, \quad q'=\dfrac{q}{2}$ (7-2)

式中:g、q——单位长度上恒荷载、活荷载的设计值;

g'、q'——单位长度上折算恒荷载、折算活荷载的设计值。

当板或梁搁置在砌体或钢结构上时,荷载不作调整。

这样调整后,在调整后的活荷载设计值 q' 作用下梁或板支座的转角大致与实际情况接近,主梁由于重要性高于板和次梁,并且它的抗弯刚度通常比柱的大,所以对主梁一般不作调整。

3. 活荷载的不利布置

活荷载不利布置:活荷载是按一整跨为单位来改变其位置的,因此在设计连续梁、板时,应研究活荷载如何布置将使梁内某一截面的内力为最不利。

活荷载不利布置的法则:

(1) 求某跨跨内最大正弯矩时,应在该跨布置活荷载,然后向其左右每隔一跨布置活荷载;

(2) 求某跨跨内最大负弯矩(即最小正弯矩)时,该跨不布置活荷载,而在其相邻跨(左右)布置活荷载,然后向左、向右每隔一跨布置;

(3) 求某支座最大负弯矩(即最小正弯矩)时,应在该支座左右两跨布置活荷载,然后向左右每隔一跨布置;

(4) 求某支座截面左右的最大剪力(绝对值)时,应在该支座左右两跨布置活荷载,然后向左右每隔一跨布置。

梁、板上的恒荷载应按实际情况布置。

4. 支座弯矩及剪力的修正(考虑支座宽度的影响)

按弹性理论计算梁、板内力时,中间跨的计算跨度取支座中心线间的距离,这样求得的支座弯矩及剪力都是中心处的。当梁板整体连接时,支座边缘处的截面高度比支座中心处小得多(见图 7-5),为了使梁板结构设计更合理,可取支座边缘的内力作为设计依据,并按以下公式计算。

支座边缘截面的弯矩设计值 M_b:

$$M_b = M - V_0 \frac{b}{2} \quad (7-3)$$

式中:M——支座中心处的弯矩设计值;
V_0——按简支梁计算的支座中心处的剪力设计值,取绝对值;
b——支座宽度。

支座边缘截面的剪力设计值 V_b:

均布荷载 $V_b = V - (g+q)\dfrac{b}{2}$ (7-4)

集中荷载 $V_b = V$ (7-5)

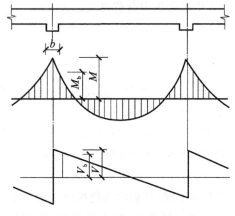

图 7-5 设计内力的修正

式中:V——支座中心处剪力设计值。

根据以上理论,就可以用结构力学的方法计算梁板内力。实际上,为了计算方便,对于常用荷载作用下的等跨、等截面的连续梁、板均有现成表格,可据表格迅速查得连续梁、板的弯矩和剪力系数($k_1、k_2、k_3、k_4$),然后依据如下公式求得内力。

(1) 在均布及三角形荷载作用下:

$$M = 表中系数 \times ql^2 (或 \times gl^2) \quad (7-6)$$
$$V = 表中系数 \times ql (或 \times gl) \quad (7-7)$$

(2) 在集中荷载作用下:

$$M = 表中系数 \times Gl$$
$$V = 表中系数 \times G$$

(3) 内力正负号规定:

M——使截面上部受压、下部受拉为正;
V——对邻近截面所产生的力矩沿顺时针方向者为正。

等截面连续梁在常用荷载作用下的内力系数如表 7-4 所示。

表 7-4 等截面连续梁在常用荷载作用下的内力系数表

两 跨 梁					
荷 载 图	跨内最大弯矩		支座弯矩	剪力		
	M_1	M_2	M_B	V_A	V_{Bl} V_{Br}	V_C
均布荷载 g，A B C，l l	0.070	0.0703	−0.125	0.375	−0.625 0.625	−0.375
均布荷载 b，M_1 M_2	0.096	—	−0.063	0.437	−0.563 0.063	0.063
三角形荷载 q 两跨	0.048	0.048	−0.078	0.172	−0.328 0.328	−0.172
三角形荷载 q 一跨	0.064	—	−0.039	0.211	−0.289 0.039	0.039
集中荷载 G G	0.156	0.156	−0.188	0.312	−0.688 0.688	−0.312
集中荷载 Q	0.203	—	−0.094	0.406	−0.594 0.094	0.094
集中荷载 QQ QQ	0.222	0.222	−0.333	0.667	−1.333 1.333	−0.667
集中荷载 QQ	0.278	—	−0.167	0.833	−1.167 0.167	0.167

续表

荷 载 图	三 跨 梁							
	跨内最大弯矩		支座弯矩		剪力			
	M_1	M_2	M_B	M_C	V_A	V_{Bl} V_{Br}	V_{Cl} V_{Cr}	V_D
满跨均布荷载 g，$A\ l\ B\ l\ C\ l\ D$	0.080	0.025	−0.100	−0.100	0.400	−0.600 0.500	−0.500 0.600	−0.400
第一、三跨均布 q	0.101	—	−0.050	−0.050	0.450	−0.550 0	0 0.550	−0.450
中跨均布 q	—	0.075	−0.050	−0.050	0.050	−0.050 0.500	−0.500 0.050	0.050
第一、二跨均布 q	0.073	0.054	−0.117	−0.033	0.383	−0.617 0.583	−0.417 0.033	0.033
第一跨均布 q	0.094	—	−0.067	0.017	0.433	−0.567 0.083	0.083 −0.017	−0.017
满跨三角形荷载 g	0.054	0.021	−0.063	−0.063	0.183	−0.313 0.250	−0.250 0.313	−0.188
第一、三跨三角形 q	0.068	—	−0.031	−0.031	0.219	−0.281 0	0 0.281	−0.219
中跨三角形 q	—	0.052	−0.031	−0.031	0.031	−0.031 0.250	−0.250 0.051	0.031
第一、二跨三角形 q	0.050	0.038	−0.073	−0.021	0.177	−0.323 0.302	−0.198 0.021	0.021
第一跨三角形 q	0.063	—	−0.042	0.010	0.208	−0.292 0.052	0.052 −0.010	−0.010
集中荷载 $G\ G\ G$	0.175	0.100	−0.150	−0.150	0.350	−0.650 0.500	−0.500 0.650	−0.350

续表

荷 载 图	跨内最大弯矩		支座弯矩		剪力			
	M_1	M_2	M_B	M_C	V_A	V_{Bl} / V_{Br}	V_{Cl} / V_{Cr}	V_D
Q Q (跨1、跨3)	0.213	—	−0.075	−0.075	0.425	−0.575 / 0	0 / 0.575	−0.425
Q (跨2)	—	0.175	−0.075	−0.075	−0.075	−0.075 / 0.500	−0.500 / 0.075	0.075
Q Q (跨1、跨2)	0.162	0.137	−0.175	−0.050	0.325	−0.675 / 0.625	−0.375 / 0.050	0.050
Q (跨1)	0.200	—	−0.100	0.025	0.400	−0.600 / 0.125	0.125 / −0.025	−0.025
GG GG GG	0.244	0.067	−0.267	0.267	0.733	−1.267 / 1.000	−1.000 / 1.267	−0.733
QQ QQ	0.289	—	0.133	−0.133	0.866	−1.134 / 0	0 / 1.134	−0.866
QQ	—	0.200	−0.133	0.133	−0.133	−0.133 / 1.000	−1.000 / 0.133	0.133
QQ QQ	0.229	0.170	−0.311	−0.089	0.689	−1.311 / 1.222	−0.778 / 0.089	0.089
QQ	0.274	—	0.178	0.044	0.822	−1.178 / 0.222	0.222 / −0.044	−0.044

续表

四跨梁

荷载图	跨内最大弯矩				支座弯矩			剪力				
	M_1	M_2	M_3	M_4	M_B	M_C	M_D	V_A	V_{Bl} / V_{Br}	V_{Cl} / V_{Cr}	V_{Dl} / V_{Dr}	V_E
	0.077	0.036	0.036	0.077	−0.107	−0.071	−0.107	0.393	−0.607 / 0.536	−0.464 / 0.464	−0.536 / 0.607	−0.393
	0.100	—	0.081	—	−0.054	−0.036	−0.054	0.446	−0.554 / 0.018	0.018 / 0.482	−0.518 / 0.054	0.054
	0.072	0.061	—	0.098	−0.121	−0.018	−0.058	0.380	−0.620 / 0.603	−0.397 / −0.040	−0.040 / −0.558	−0.442
	—	0.056	0.056	—	−0.036	−0.107	−0.036	−0.036	−0.036 / 0.429	−0.571 / 0.571	0.429 / 0.036	0.036
	0.094	—	0.071	—	−0.067	0.018	−0.04	0.433	−0.567 / 0.085	0.085 / −0.022	0.022 / 0.004	0.004
	—	0.071	—	—	−0.049	−0.054	0.013	−0.049	−0.049 / 0.496	−0.504 / 0.067	0.067 / 0.013	−0.013
	0.062	0.028	0.028	0.052	−0.067	−0.045	−0.067	0.183	−0.317 / 0.272	−0.228 / 0.228	−0.272 / 0.317	−0.183
	0.067	—	0.055	—	−0.084	−0.022	−0.034	0.217	−0.234 / 0.011	0.011 / 0.239	−0.261 / 0.034	0.034

续表

荷载图	跨内最大弯矩				支座弯矩			剪力				
	M_1	M_2	M_3	M_4	M_B	M_C	M_D	V_A	V_{Bl} / V_{Br}	V_{Cl} / V_{Cr}	V_{Dl} / V_{Dr}	V_E
Q 单跨作用于第1跨	0.200	—	—	—	−0.100	−0.027	−0.007	0.400	−0.600 / 0.127	0.127 / −0.033	−0.033 / 0.007	0.007
Q 单跨作用于第2跨	—	0.173	—	—	−0.074	−0.080	0.020	−0.074	−0.074 / 0.493	−0.507 / 0.100	0.100 / −0.020	−0.020
G 均布各跨	0.238	0.111	0.111	0.238	−0.286	−0.191	−0.286	0.714	−1.286 / 1.095	−0.905 / 0.905	−1.095 / 1.286	−0.714
Q 作用于 1、3 跨	0.286	—	0.222	—	−0.143	−0.095	−0.143	0.857	−1.143 / 0.048	0.048 / 0.952	−1.048 / 0.143	0.143
Q 作用于 1、2、4 跨	0.226	0.194	—	0.282	−0.321	−0.048	−0.155	0.679	−1.321 / 1.274	−0.726 / −0.107	−0.107 / 1.155	−0.845
Q 作用于 2、3 跨	—	0.175	0.175	—	−0.095	−0.286	−0.095	−0.095	0.095 / 0.810	−1.190 / 1.190	−0.810 / 0.095	0.095
Q 作用于 1 跨	0.274	—	—	—	−0.178	0.048	−0.012	0.822	−1.178 / 0.226	0.226 / −0.060	−0.060 / 0.012	0.012
Q 作用于 2 跨	—	0.198	—	—	−0.131	−0.143	0.036	−0.131	−0.131 / 0.178	−1.012 / 0.998	0.178 / −0.036	−0.036

续表

荷载图	跨内最大弯矩				支座弯矩			剪力				
	M_1	M_2	M_3	M_4	M_B	M_C	M_D	V_A	V_{Bl} / V_{Br}	V_{Cl} / V_{Cr}	V_{Dl} / V_{Dr}	V_E
(三角荷载 b，各跨)	0.049	0.042	—	0.066	−0.075	−0.011	−0.036	0.175	−0.325 / 0.314	−0.186 / −0.025	−0.025 / 0.286	−0.214
(三角荷载 b)	—	0.040	0.040	—	−0.022	−0.067	−0.022	−0.022	−0.022 / 0.205	−0.295 / 0.295	−0.205 / 0.022	0.022
(三角荷载 b)	0.088	—	—	—	−0.042	0.011	−0.003	0.208	−0.292 / 0.053	0.063 / −0.014	−0.014 / 0.003	0.003
(三角荷载 b)	—	0.051	—	—	−0.031	−0.034	0.008	−0.031	−0.031 / 0.247	−0.253 / 0.042	0.042 / −0.008	−0.008
(G 集中荷载 各跨)	0.169	0.116	0.116	0.169	−0.161	−0.107	−0.161	0.339	−0.661 / 0.554	−0.446 / 0.446	−0.554 / 0.661	−0.330
(Q 集中荷载)	0.210	—	0.183	—	−0.080	−0.054	−0.080	0.420	−0.580 / 0.027	0.027 / 0.473	−0.527 / 0.080	0.080
(Q 集中荷载)	0.159	0.146	—	0.206	−0.181	−0.027	−0.087	0.319	−0.681 / 0.654	−0.346 / −0.060	−0.060 / 0.587	−0.413
(Q 集中荷载)	—	0.142	0.142	—	−0.054	−0.161	−0.054	0.054	−0.054 / 0.393	−0.607 / 0.607	−0.393 / 0.054	0.054

续表

五跨梁

荷载图	跨内最大弯矩			支座弯矩				剪力						
	M_1	M_2	M_3	M_B	M_C	M_D	M_E	V_A	V_{Bl} / V_{Br}	V_{Cl} / V_{Cr}	V_{Dl} / V_{Dr}	V_{El} / V_{Er}	V_F
均布荷载 A B C D E F	0.078	0.033	0.046	-0.105	-0.079	-0.079	-0.105	0.394	-0.606 / 0.526	-0.474 / 0.500	-0.500 / 0.474	-0.526 / 0.606	-0.394
集中荷载 $M_1 M_2 M_3 M_4 M_5$	0.100	—	0.085	-0.053	-0.040	-0.040	-0.053	0.447	-0.553 / 0.013	0.013 / 0.500	-0.500 / -0.013	-0.013 / 0.553	-0.447
	—	0.079	—	-0.053	-0.040	-0.040	-0.053	-0.053	-0.053 / 0.513	-0.487 / 0	0 / 0.487	-0.513 / 0.053	0.053
	0.073	②0.059 / 0.078	0.064	-0.119	-0.022	-0.044	-0.051	0.380	-0.620 / 0.598	-0.402 / -0.023	-0.023 / 0.493	-0.507 / 0.052	0.052
	① / 0.098	0.055	—	-0.035	-0.111	-0.020	-0.057	0.035	0.035 / 0.424	0.576 / 0.591	-0.409 / -0.037	-0.037 / 0.557	-0.443
	—	—	0.064	-0.067	0.018	-0.005	0.001	0.433	0.567 / 0.085	0.086 / 0.023	0.023 / 0.006	0.006 / -0.001	0.001
	0.094	0.074	—	-0.049	-0.054	0.014	-0.004	0.019	-0.049 / 0.496	-0.505 / 0.068	0.068 / -0.018	-0.018 / 0.004	0.004
	—	—	0.072	0.013	0.053	0.053	0.013	0.013	0.013 / -0.066	-0.066 / 0.500	-0.500 / 0.066	0.066 / -0.013	0.013

续表

荷载图	跨内最大弯矩			支座弯矩					剪力				
	M_1	M_2	M_3	M_B	M_C	M_D	M_E	V_A	V_{Bl} / V_{Br}	V_{Cl} / V_{Cr}	V_{Dl} / V_{Dr}	V_{El} / V_{Er}	V_F
	0.053	0.026	0.034	−0.066	0.049	0.049	−0.066	0.184	−0.316 / 0.266	−0.234 / 0.250	−0.250 / 0.234	−0.266 / 0.316	0.184
	0.067	—	0.059	−0.033	−0.025	−0.025	0.033	0.217	0.283 / 0.008	0.008 / 0.250	−0.250 / −0.006	−0.008 / 0.283	0.217
	—	0.055	—	−0.033	−0.025	−0.025	−0.033	0.033	−0.033 / 0.258	−0.242 / 0	0 / 0.242	−0.258 / 0.033	0.033
	0.049 / 0.066 ①	② 0.041 / 0.053	0.044	−0.075	−0.014	−0.028	−0.032	0.175	0.325 / 0.311	−0.189 / −0.014	−0.014 / 0.246	−0.255 / 0.032	0.032
	0.063	0.039	—	−0.022	−0.070	−0.013	−0.036	−0.022	−0.022 / 0.202	−0.298 / 0.307	−0.198 / −0.028	−0.023 / 0.286	−0.214
	—	—	—	−0.042	0.011	−0.003	0.001	0.208	−0.292 / 0.053	0.053 / −0.014	−0.014 / 0.004	0.004 / −0.001	−0.001
	—	0.051	—	−0.031	−0.034	0.009	−0.002	−0.031	−0.031 / 0.247	−0.253 / 0.043	0.049 / −0.011	−0.011 / 0.002	0.002
	—	—	0.050	0.008	−0.033	−0.033	0.008	0.008	0.008 / −0.041	−0.041 / 0.250	−0.250 / 0.041	0.041 / −0.008	−0.008

续表

荷载图	跨内最大弯矩			支座弯矩				剪力				
	M_1	M_2	M_3	M_B	M_C	M_D	M_E	V_A	V_{Bl} / V_{Br}	V_{Cl} / V_{Cr}	V_{Dl} / V_{Dr}	V_{El} / V_{Er}	V_F
(G G G G)	0.171	0.112	0.132	−0.158	−0.118	−0.118	−0.158	0.342	−0.658 / 0.540	−0.460 / 0.500	−0.500 / 0.460	−0.540 / 0.658	−0.342
(Q Q)	0.211	—	0.191	−0.079	−0.059	−0.059	−0.079	0.421	−0.579 / 0.020	0.020 / 0.500	−0.500 / −0.020	−0.020 / 0.579	−0.421
(Q Q)	—	0.181	—	−0.079	−0.059	−0.059	−0.079	−0.079	−0.079 / 0.520	−0.480 / 0	0 / 0.480	−0.520 / 0.079	0.079
(Q Q Q)	0.160	②0.144 / 0.178	0.151	−0.179	−0.032	−0.066	−0.077	0.321	−0.679 / 0.647	−0.353 / −0.034	−0.034 / 0.489	−0.511 / 0.077	0.077
(Q Q Q)	①— / 0.207	0.140	—	−0.052	−0.167	−0.031	−0.086	−0.052	−0.052 / 0.385	0.615 / 0.637	−0.363 / −0.056	−0.056 / 0.586	−0.414
(Q)	0.200	—	—	−0.100	0.027	−0.007	0.002	0.400	−0.600 / 0.127	0.127 / −0.031	−0.034 / 0.009	0.009 / −0.002	−0.002
(Q)	—	0.173	—	−0.073	−0.081	0.022	−0.005	−0.073	−0.073 / 0.493	−0.507 / 0.102	0.102 / −0.027	−0.027 / 0.005	0.005
(Q)	—	—	0.171	0.020	−0.079	−0.079	0.020	0.020	0.020 / −0.099	−0.099 / 0.500	−0.500 / 0.099	0.099 / −0.020	−0.020

续表

荷载图	跨内最大弯矩			支座弯矩				剪力				
	M_1	M_2	M_3	M_B	M_C	M_D	M_E	V_A	V_{Bl}/V_{Br}	V_{Cl}/V_{Cr}	V_{Dl}/V_{Dr}	V_{El}/V_{Er}	V_F
(图)	0.240	0.100	0.122	−0.281	−0.211	−0.211	−0.281	0.719	−1.281 / 1.070	−0.930 / 1.000	−1.000 / 0.930	1.070 / 1.281	−0.719
(图)	0.287	—	0.228	−0.140	−0.105	−0.105	−0.140	0.860	−1.140 / 0.035	0.035 / 1.000	1.000 / −0.035	−0.035 / 1.140	−0.860
(图)	—	0.216	—	−0.140	−0.105	−0.105	−0.140	−0.140	−0.140 / 1.035	−0.965 / 0	0.000 / 0.965	−1.035 / 0.140	0.140
(图)	0.227	② 0.189 / 0.209	—	−0.319	−0.057	−0.118	−0.137	0.681	−1.319 / 1.262	−0.738 / 0.061	−0.061 / 0.981	−1.019 / 0.137	0.137
(图)	① — / 0.282	0.172	0.198	−0.093	−0.297	−0.054	−0.153	−0.093	−0.093 / 0.796	−1.204 / 1.243	−0.757 / −0.099	−0.099 / 1.153	−0.847
(图)	0.274	—	—	−0.179	0.048	−0.013	0.003	0.821	−1.179 / 0.227	0.227 / −0.061	−0.061 / 0.016	0.016 / −0.003	−0.003
(图)	—	0.198	—	−0.131	−0.144	0.038	−0.010	−0.131	−0.131 / 0.987	−1.031 / 0.182	0.182 / −0.048	−0.048 / 0.010	0.010
(图)	—	—	0.193	0.035	−0.140	−0.140	0.035	0.035	0.035 / −0.175	−0.175 / 1.000	−1.000 / 0.175	0.175 / −0.035	−0.035

表中：① 分子及分母分别为 M_1 及 M_5 的弯矩系数；② 分子及分母分别为 M_2 及 M_4 的弯矩系数。

5. 内力包络图

内力包络图是分别将各种活荷载不利组合作用下的内力图（弯矩图和剪力图），叠画在同一坐标图上的"内力叠合图"的外包线所形成的图形。它表示连续梁在各种活荷载最不利布置下各截面可能产生的最大内力值，如图 7-6 所示。

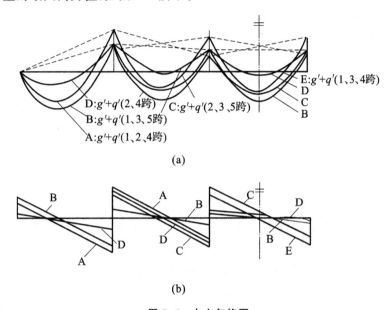

图 7-6 内力包络图
(a)弯矩包络图；(b)剪力包络图

（二）按塑性理论计算连续梁、板的内力

应用弹性理论计算的内力包络图来选择截面及配筋，对静定结构是完全正确的，是安全的。但对于具有一定塑性的钢筋混凝土连续梁、板来说，按弹性理论计算的内力已不能正确反映结构的实际内力，因构件任一截面达到极限承载力时并不会使构件丧失承载力。

按弹性理论计算的钢筋混凝土连续梁、板是假定连续梁、板为匀质弹性体，荷载与内力呈线性关系，这在荷载较小、混凝土开裂的初始阶段是适用的。随着荷载的增加，由于混凝土受拉区裂缝的出现和开展，受压区混凝土塑性变形，特别是受拉钢筋屈服后的塑性变形，使荷载与内力的关系已不是线性关系，而是非线性关系。这种内力相对于线性弹性分布发生的变化，称为内力重分布现象。

1. 塑性铰的概念

塑性铰的形成是结构破坏阶段内力重分布的主要原因。连续梁、板中某个钢筋屈服截面，从钢筋屈服到达到极限承载力，截面在外弯矩增加很小的情况下产生很大转动，表现得犹如一个能够转动的铰，称为塑性铰。它的特点如下：

(1) 能承受弯矩；
(2) 是单向铰，只沿弯矩作用方向旋转；
(3) 转动有限度，从钢筋屈服到混凝土压坏。

2. 塑性内力重分布的设计考虑

(1)"充分的内力重分布"。
(2)"不充分的内力重分布"。
(3)一个截面的屈服并不意味着结构破坏。
(4)塑性铰截面不必考虑满足变形连续条件,必须满足平衡条件。
(5)一般调整幅度不应超过25%。

3. 均布荷载作用下等跨连续板、梁的计算

根据调幅法的原则,对均布荷载作用下的等跨连续板、梁,考虑塑性内力重分布后的弯矩和剪力的计算公式如下:

$$V = \beta(g+q)l_n \tag{7-8}$$

$$M = \alpha(g+q)l_0^2 \tag{7-9}$$

式中:V——剪力设计值;

M——弯矩设计值;

α、β——连续梁、板考虑塑性内力重分布的弯矩系数和剪力系数,可按表 7-5 和表 7-6 采用;

g、q——沿梁、板单位长度上的恒荷载设计值、活荷载设计值;

l_n、l_0——连续梁、板的净跨度、计算跨度。

应当指出,按内力塑性重分布理论计算超静定结构虽然可以节约钢材,但在使用阶段钢筋应力较高,构件裂缝和变形均较大。因此,在下列情况下不能采用塑性计算方法,而应采用弹性理论计算方法:

(1)使用阶段不允许开裂的结构;
(2)重要部位的结构和要求可靠度较高的结构,如主梁;
(3)受动力和疲劳荷载作用的结构;
(4)处于腐蚀环境中的结构。

表 7-5 连续梁、板考虑塑性内力重分布的弯矩系数

端支座支承情况		截面位置					
		端支座	边跨跨中	离端第 2 支座	离端第 2 跨跨中	中间支座	中间跨跨中
梁、板搁置在墙上		0	1/11	$-\dfrac{1}{10}$ (用于两跨连续梁、板) $-\dfrac{1}{11}$ (用于多跨连续梁、板)	1/16	−1/14	1/16
板	与梁整浇连接	−1/16	1/14				
梁		−1/24	1/14				
梁与柱整浇连接		−1/16	1/14				

注:① 表中系数适用于荷载比 $q/g > 0.3$ 的等跨连续梁和连续板;
② 各跨长度不等的连续梁、单向板的长短跨度之比小于1.10时,仍适用此表;
③ 计算支座弯矩时应取相邻两跨中较大跨度值,计算跨中弯矩时应取本跨长度。

表 7-6　连续梁、板考虑塑性内力重分布的剪力系数

荷载情况	边支座情况	截面				
		边支座右侧	第一内支座左侧	第一内支座右侧	中间支座左侧	中间支座右侧
均布荷载	搁置在墙上	0.45	0.60	0.55	0.55	0.55
	梁与墙或梁与柱整体连接	0.5	0.55			
集中荷载	搁置在墙上	0.42	0.65	0.60	0.55	0.55
	与梁整体连接	0.50	0.60			

五、梁、板的内力计算及构造要求

(一) 板的计算及构造措施

1. 板的计算要求

(1) 支承在次梁或砖墙上的连续板,一般可按塑性内力重分布的方法计算。

(2) 板一般均能满足斜截面抗剪要求,设计时不需进行抗剪计算。

(3) 四周与梁整浇的板,在负弯矩作用下支座上部开裂,在正弯矩的作用跨中下部开裂,板实际轴线成为一个拱形。在竖向荷载作用下,受到支座水平推力的影响,板的弯矩有所减少。因此,板中间跨的跨中截面及中间支座,计算弯矩可减少 20%,但边跨跨中及第一内支座的弯矩不予降低。

(4) 根据弯矩算出各控制截面的钢筋面积后,为保证配筋协调(直径、间距协调),应按先内跨后边跨、先跨中后支座的顺序选配钢筋。

2. 板的构造措施

1) 板的支承长度

板的支承长度应满足其受力钢筋在支座内锚固的要求,且一般不小于板厚,当搁置在砖墙上时,不少于 120 mm。

2) 受力钢筋的配筋方式

等跨连续板受力钢筋有弯起式和分离式两种配筋方式,如图 7-7 所示。其中 g、q 分别为均布恒荷载和活荷载的设计值。

弯起式配筋的特点是钢筋锚固较好,整体性强,省钢材,但施工较复杂,目前已很少采用。

分离式配筋是指在跨中和支座钢筋各自单独选配。其特点是配筋构造简单,但其锚固能力较差,整体性不如弯起式配筋,耗钢量也较多。

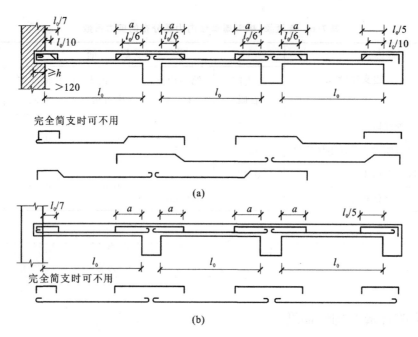

图 7-7 板的配筋方式
(a)弯起式;(b)分离式

3) 构造钢筋

(1) 分布钢筋。分布钢筋沿板的长跨方向(与受力钢筋垂直)布置,并放在受力钢筋的内侧,其单位长度上的截面面积不应小于单位宽度上受力钢筋截面面积的 15%,且配筋率不宜小于 0.15%;分布钢筋的直径不宜小于 6 mm,间距不宜大于 250 mm。

(2) 板面构造钢筋。对与支承结构整体浇筑或嵌固在承重砌体墙内的现浇板,为了避免沿墙边(或梁边)板面产生裂缝,应沿支承周边配置上部构造钢筋,并应符合下列要求。

① 钢筋直径不宜小于 8 mm,间距不宜大于 200 mm,且单位宽度内的配筋面积不宜小于跨中相应方向板底钢筋截面面积的 1/3。与混凝土梁、混凝土墙整体浇筑单向板的非受力方向,钢筋截面面积尚不宜小于受力方向跨中板底钢筋截面面积的 1/3。

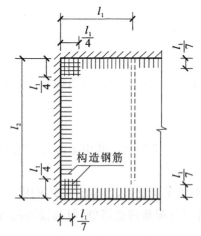

图 7-8 板的上部构造钢筋

② 该构造钢筋从砌体墙支座处伸入板内的长度不宜小于 $l_1/7$,钢筋从混凝土梁边、柱边、墙边伸入板内的长度不宜小于 $l_1/4$,其中 l_1 对单向板按受力方向考虑,双向板按短边方向考虑。

③ 在楼板角部,宜沿两个正方向正交、斜向平行或放射状布置附加钢筋。对于两边均嵌固在墙内的板角部分,在板上部离板角点 $l_1/4$ 范围内应双向配置上部构造钢筋,该钢筋从墙边算起伸入板内的长度不宜小于 $l_1/4$,如图 7-8 所示。

④ 钢筋应在梁内、墙内或柱内可靠锚固。

(二) 梁的计算及构造措施

1. 梁的计算要点

1) 次梁的计算要点

(1) 配筋计算时,跨中可按 T 形截面计算,但支座只能按矩形截面计算。

(2) 计算腹筋时,一般只利用箍筋抗剪;但当荷载、跨度较大时,宜在支座附近设置弯起钢筋,以减少箍筋用量。

2) 主梁的计算要点

(1) 主梁按弹性理论计算,不考虑塑性内力重分布。

(2) 截面配筋计算时,跨中可按 T 形截面计算,但支座只按矩形截面计算。

(3) 主梁受剪钢筋宜优先采用箍筋。如果在斜截面抗剪承载力计算中,需要利用弯起钢筋抵抗部分剪力,则应考虑跨中有足够的钢筋可供弯起,以使抗剪承载力图形完全覆盖剪力包络图。若跨中钢筋可供弯起的根数不多,则应在支座设置专门的抗剪鸭筋。

2. 梁的构造措施

1) 纵向受力钢筋

纵向受力钢筋应符合下列规定。

(1) 伸入梁支座范围内的钢筋不应小于 2 根。

(2) 梁高 $h \geqslant 300$ mm 时,钢筋直径不应小于 10 mm;梁高 $h < 300$ mm 时,钢筋直径不应小于 8 mm。

(3) 梁上部钢筋水平方向的净距不应小于 30 mm 和 $1.5d$;梁下部钢筋水平方向的净距不应小于 25 mm 和 d。

(4) 在梁配筋密集区域宜采用并筋的配筋形式。

2) 锚固

简支梁和连续梁简支端的下部纵向受力钢筋,从支座边缘算起伸入支座内的锚固长度应符合下列规定。

(1) 当 $V \leqslant 0.7f_tbh_0$ 时,不小于 $5d$;当 $V > 0.7f_tbh_0$ 时,对于带肋钢筋不小于 $12d$,对于光圆钢筋不小于 $15d$,d 为钢筋的最大直径。

(2) 如果纵向受力钢筋伸入梁支座范围内的锚固长度不符合(1)中的规定,则可采取弯钩或机械锚固措施,并应满足《混凝土结构设计规范》(GB 50010—2010)的相关规定。

3) 截断

梁支座截面负弯矩纵向受拉钢筋不宜在受拉区截断,当需要截断时,应符合下列规定。

(1) 当 $V \leqslant 0.7f_tbh_0$ 时,应延伸至按正截面受弯承载力计算不需要该钢筋的截面以外不小于 $20d$ 处截断,且从该钢筋强度充分利用截面伸出的长度不应小于 $1.2l_a$。

(2) 当 $V > 0.7f_tbh_0$ 时,应延伸至按正截面受弯承载力计算不需要该钢筋的截面以外不小于 h_0 且不小于 $20d$ 处截断,且从该钢筋强度充分利用截面伸出的长度不应小于 $1.2l_a+h_0$。

(3) 若按(1)、(2)确定的截断点仍位于负弯矩对应的受拉区内,则应延伸至按正截面受弯承载力计算不需要该钢筋的截面以外不小于 $1.3h_0$ 且不小于 $20d$ 处截断,且从该钢筋强度充分利用截面伸出的长度不应小于 $1.2l_a+1.7h_0$。

4) 梁上部纵向构造钢筋

梁上部纵向构造钢筋应符合下列规定。

(1) 当梁端按简支计算但实际受到部分约束时,应在支座区上部设置纵向构造钢筋。其截面面积不应小于梁跨中下部纵向受力钢筋计算所需截面面积的 1/4,且不应少于 2 根。该纵向构造钢筋自支座边缘向跨内伸出的长度不应小于 $l_0/5$,l_0 为梁的计算跨度。

(2) 对架立钢筋,当梁的跨度小于 4 m 时,直径不宜小于 8 mm;当梁的跨度为 4 m~6 m 时,直径不应小于 10 mm;当梁的跨度大于 6 m 时,直径不宜小于 12 mm。

5) 梁中的横向钢筋

(1) 梁中宜采用箍筋作为承受剪力的钢筋,当采用弯起钢筋时,弯起角宜取 45°或 60°,弯终点外应留有平行于梁轴线的锚固长度,且在受拉区不应小于 $20d$,在受压区不应小于 $10d$,d 为弯起钢筋的直径;梁底层钢筋中的角部钢筋不应弯起,顶层钢筋中的角部钢筋不应弯下。

(2) 在混凝土受拉区中,弯起钢筋的弯起点可设在按正截面受弯承载力计算不需要该钢筋的截面之前,但弯起钢筋与梁中线的交点应位于不需要该钢筋的截面之外;同时弯起点与按计算充分利用该钢筋的截面之间的距离不应小于 $h_0/2$。

(3) 梁中箍筋的配置应符合下列规定。

① 按承载力计算不需要箍筋的梁,当截面高度大于 300 mm 时,应沿梁全长设置构造箍筋;当截面高度等于 150 mm~300 mm 时,可仅在 $l_0/4$ 范围内设置构造箍筋,l_0 为计算跨度。但当在构件中部 $l_0/2$ 范围内有集中荷载作用时,应沿梁全长设置箍筋。当截面高度小于 150 mm 时,可不设置箍筋。

② 对于截面高度大于 800 mm 的梁,箍筋直径不宜小于 8 mm;对于截面高度不大于 800 mm 的梁,箍筋直径不宜小于 6 mm。

6) 梁的配筋方式

梁的配筋方式分为两种,即分离式配筋和弯起式配筋,如图 7-9(a)、(b)所示。不同类型端支座的配筋构造如图 7-9(c)所示。

7) 局部配筋

在次梁与主梁相交处,应设置附加横向钢筋,以承担由次梁传至主梁的集中荷载,防止主梁下部发生局部开裂破坏。附加横向钢筋有箍筋和吊筋两种形式,宜优先采用附加箍筋,如图 7-10(a)、(b)所示。附加横向钢筋应布置在 $s=2h_1+3b$(b 为次梁的宽度,h_1 为次梁底至主梁下部纵向受力钢筋合力作用点间的距离)的长度范围内,第一道附加箍筋位于离次梁边 50 mm 处。

附加横向钢筋所需的总截面面积应符合下列规定:

$$A_{sv} \geqslant F/(f_{yv}\sin\alpha) \tag{7-10}$$

式中:A_{sv}——承受集中荷载所需的附加横向钢筋总截面面积,当采用附加吊筋时,A_{sv} 应为左、右弯起段截面面积之和;

f_{yv}——附加钢筋的抗拉强度设计值;

F——作用在梁上的下部或梁截面高度范围内的集中荷载设计值;

α——附加横向钢筋与梁轴线间的夹角。

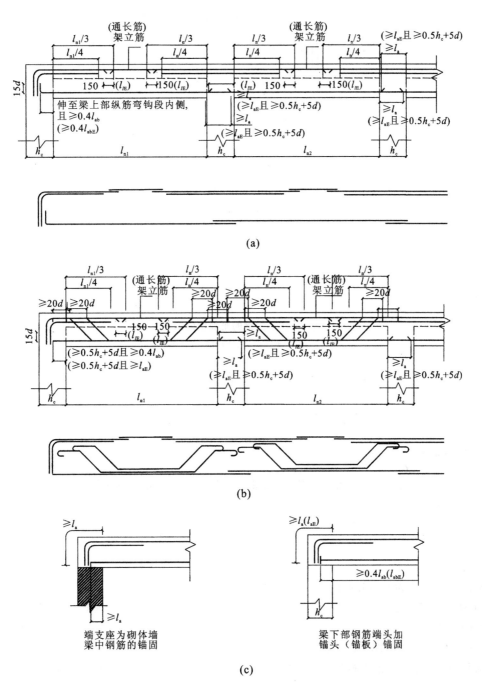

注：①跨度值 l_n 为左跨 l_{ni} 和右跨 l_{ni+1} 之较大值，其中 i=1、2、3……
②图中 h_c 为柱截面沿框架方向的高度；
③当梁上部有通长钢筋时，连接位置宜位于跨中 $l_n/3$ 范围内，梁下部钢筋连接位置宜位于支座 $l_n/3$ 范围内，在同一连接区段内钢筋接头面积百分率不宜大于50%；
④括号中的标注用于考虑抗震要求的梁；
⑤未标出的钢筋锚固长度均按标准设计图集取用；
⑥弯起钢筋的弯起点和弯终点由弯矩包络图确定。

图 7-9 梁配筋的两种方式

(a)分离式配筋；(b)弯起式配筋；(c)不同类型端支座配筋构造

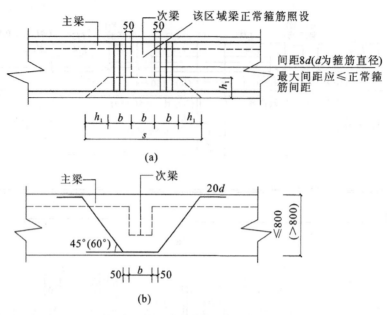

图 7-10 主梁的附加横向钢筋
(a)附加箍筋构造;(b)附加吊筋构造

六、设计实例

1. 设计题目

某书库为框架结构,楼面为现浇钢筋混凝土肋形楼盖,结构平面布置如图 7-11 所示,试设计该楼盖。

2. 设计资料

1) 楼面活荷载值

楼面活荷载值为 5.0 kN/m²。

2) 楼面构造做法

缸砖地面	2.1 kN/m²
结构层:80 mm 厚现浇钢筋混凝土板	0.08×25=2.0 kN/m²
抹灰层:10 mm 厚混合砂浆	0.01×17=0.17 kN/m²

3) 材料选用

(1) 混凝土采用 C25(f_c=11.9 N/mm²,f_t=1.27 N/mm²)(可以调整)。

(2) 钢筋梁中受力钢筋采用 HRB400 级(f_y=360 N/mm²),板中受力筋采用 HRB335 级钢筋(f_y=300 N/mm²),箍筋采用 HRB335 级钢筋(f_y=300 N/mm²)(可以调整)。

3. 设计要求

(1) 板、次梁的内力和配筋计算(按塑性理论计算内力)。

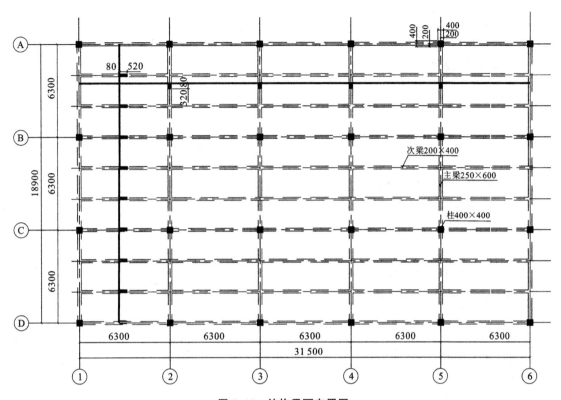

图 7-11 结构平面布置图

(2) 主梁的内力、配筋计算(按弹性理论计算内力)。

(3) 绘制梁板施工图。

4. 初步确定构件尺寸

(1) 板厚。

多跨连续单向板的厚度不小于 $l/30$,同时对于现浇民用建筑,楼板单向板厚度应不小于 60 mm。$l/30=(2100/30)$ mm$=70$ mm,取板厚为 80 mm。

(2) 次梁的截面高度。

$\left(\dfrac{1}{18} \sim \dfrac{1}{12}\right) \times 6300$ mm$=(350 \sim 525)$ mm,取 $h=400$ mm。

(3) 次梁的截面宽度。

$\left(\dfrac{1}{3} \sim \dfrac{1}{2}\right) \times 400$ mm$=(1/3 \sim 1/2) \times 400$ mm$=(133 \sim 200)$ mm,取 $b=200$ mm。

(4) 主梁的截面高度。

$\left(\dfrac{1}{14} \sim \dfrac{1}{8}\right) \times 6300$ mm$=(450 \sim 788)$ mm,取 600 mm。

(5) 主梁的截面宽度。

$\left(\dfrac{1}{3} \sim \dfrac{1}{2}\right) \times 600 \text{ mm} = (200 \sim 300) \text{ mm}$，取 250 mm。

5. 单向板的设计

(1) 取 1 m 宽板带为计算单元。

(2) 计算跨度,楼板按塑性理论计算。

边跨　　　　　　　　$l_0 = l_n = (2100 - 200) \text{ mm} = 1900 \text{ mm}$

中间跨　　　　　　　$l_0 = l_n = (2100 - 200) \text{ mm} = 1900 \text{ mm}$

边跨与中间跨的计算跨度相差为 0%,按等跨连续板计算。

(3) 计算跨数。板的实际跨数为 9 跨,可简化为 5 跨连续板计算。

(4) 荷载计算。

缸砖地面	2.1 kN/m²
结构层:80 mm 厚现浇钢筋混凝土板	0.08×25=2.0 kN/m²
抹灰层:10 mm 厚混合砂浆	0.01×17=0.17 kN/m²

永久荷载标准值　　　　　　　　　　　　　　　　　$g_k = 4.27 \text{ kN/m}^2$

可变荷载标准值　　　　　　　　　　　　　　　　　$q_k = 5.0 \text{ kN/m}^2$

荷载设计值　　$g + q = 1.2 \times 4.27 \text{ kN/m}^2 + 1.4 \times 1.0 \times 5.0 \text{ kN/m}^2 = 12.124 \text{ kN/m}^2$

(5) 板的计算简图如图 7-12 所示。

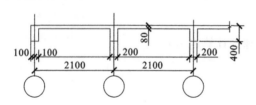

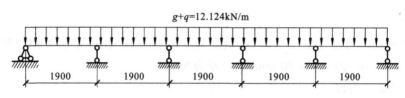

图 7-12 板的计算简图

(6) 板的内力及配筋计算。

取 1 m 宽板带计算,C25 混凝土在室内正常环境下(一类环境)保护层厚度为 20 mm,$h_0 = 80 \text{ mm} - 20 \text{ mm} - 5 \text{ mm} = 55 \text{ mm}$。板的内力和配筋计算如表 7-7 所示。

表7-7 板的内力及配筋计算

截面	边支座	边跨中	第一内支座	中跨中	中间支座
荷载设计值 $g+q$/(kN/m)	12.124	12.124	12.124	12.124	12.124
计算跨度 l_0/m	1.9	1.9	1.9	1.9	1.9
弯矩系数 α_m	$-\frac{1}{16}$	$\frac{1}{14}$	$-\frac{1}{11}$	$\frac{1}{16}$	$-\frac{1}{14}$
弯矩 $M=\alpha_m(g+q)l_0^2$/(kN·m)	−2.74	3.13	−3.98	2.74	13.13
截面有效高度 h_0/mm	55	55	55	55	55
$\alpha_s=M/(\alpha_1 f_c b h_0^2)$	0.076	0.087	0.111	0.076	0.087
$\gamma_s=0.5(1+\sqrt{1-2\alpha_s})$	0.960	0.954	0.941	0.960	0.954
$A_s=M/(f_y\gamma_s h_0)$/mm²	173	199	256	173	199
选配钢筋	Φ8@200	Φ8@200	Φ8@190	Φ8@200	Φ8@200
实际配筋面积/mm²	251	251	251	251	251

(7) 配置各种构造钢筋(按《混凝土结构设计规范》(GB 50010—2010)要求)

(8) 绘制板的配筋图,如图7-13所示。

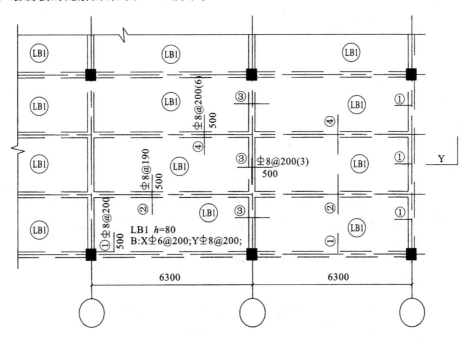

图7-13 板的配筋图

6. 次梁的设计

1) 次梁截面尺寸

$$b \times h = 200 \text{ mm} \times 400 \text{ mm}$$

2) 荷载计算

由板传来的永久荷载标准值：$\qquad$ 4.27 kN/m² × 2.1 m = 8.97 kN/m

次梁自重：$\qquad$ 25 kN/m³ × 0.2 m × (0.40−0.08) m = 1.60 kN/m

次梁抹灰 $\qquad$ 17 kN/m³ × 0.01 m × {(0.40−0.08) × 2 + 0.2} m = 0.14 kN/m

永久荷载标准值 $\qquad$ g_k = 10.71 kN/m

可变荷载标准值（由板传来，梁每侧半个板宽）$\qquad$ q_k = 5.0 kN/m² × 2.1 m = 10.5 kN/m

荷载设计值 $\qquad$ $g + q = 1.2 × g_k + 1.4 × \gamma_{L_1} × q_k = 27.55$ kN/m

3) 计算跨度

取净跨 l_n

边跨：$l_0 = l_n = \left(6300 - \dfrac{250}{2} - \dfrac{250}{2}\right)$ mm = 6050 mm

中间跨：$l_0 = l_n = \left(6300 - \dfrac{250}{2} - \dfrac{250}{2}\right)$ mm = 6050 mm

跨差为 0%，按等跨连续梁计算。

4) 计算跨数

取实际跨数 5 跨计算。

5) 计算简图

次梁计算简图如图 7-14 所示。

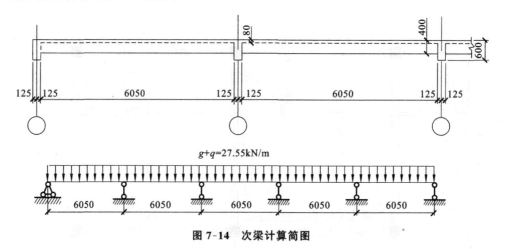

图 7-14 次梁计算简图

6) 内力及配筋计算

C25 混凝土在室内正常环境下保护层厚度为 25 mm，箍筋直径预估为 8 mm，受拉钢筋直径预估为 20 mm，$h_0 = (400 − 25 − 8 − 20/2)$ mm = 357 mm。

(1) 正截面承载力计算。

次梁跨中按 T 形截面计算，其翼缘宽度 b'_f 查《混凝土结构设计规范》(GB 50010—2010) 知，应取下面两式中的较小者：

$$b'_f = \dfrac{l_0}{3} = \left(\dfrac{6050 \text{ mm}}{3}\right) = 2017 \text{ mm} = 2.017 \text{ m}$$

$$b'_f = b + s_n = 200 \text{ mm} + 2100 \text{ mm} = 2300 \text{ mm} = 2.3 \text{ m}$$

取 $b_f' = 2.017$ m。

判断 T 形截面的类型,因 608.7 > M_{max} = 91.67,故各跨跨中属于第一类 T 形截面。

次梁的正截面内力及配筋计算如表 7-8 所示。

表 7-8 次梁的正截面内力及配筋计算

截面位置	边支座	边跨中	第一内支座	中跨中	中间支座
l_0/m	6.05	6.05	6.05	6.05	6.05
α_m	$-\frac{1}{24}$	$\frac{1}{14}$	$-\frac{1}{11}$	$\frac{1}{16}$	$-\frac{1}{14}$
$g+q$/(kN/m)	27.55	27.55	27.55	27.55	27.55
$M = \alpha_m(g+q)l_0^2$/(kN·m)	−42.02	72.03	−91.67	63.02	−72.03
b 或 b_f'/mm	200	2017	200	2017	200
$\alpha_s = M/(\alpha_1 f_c b h_0^2)$ 或 $\alpha_s = M/(\alpha_1 f_c b_f' h_0^2)$	0.138	0.024	0.302	0.021	0.237
$\gamma_s = 0.5(1+\sqrt{1-2\alpha_s})$	0.925	0.988	0.814	0.990	0.862
$A_s = M/(f_y \gamma_s h_0)$/mm²	353	567	876	495	650
选配钢筋	2 ⏀ 16	3 ⏀ 16	4 ⏀ 18	2 ⏀ 18	3 ⏀ 18
实际配筋面积/mm²	402	603	1017	509	763

(2) 次梁斜截面承载力计算。

次梁斜截面内力及配筋计算如表 7-9 所示。

表 7-9 次梁斜截面内力及配筋计算

截面位置	边支座右侧	第一内支座左侧	第一内支座右侧	中间支座
净跨 l_n/m	6.05	6.05	6.05	6.05
剪力系数 α_V	0.5	0.55	0.55	0.55
剪力 $V = \alpha_V(g+q)l_n$/kN	83.34	91.67	91.67	91.67
$0.25\beta_c f_c b h_0$/kN	212.42 > V,截面尺寸满足要求			
$0.7 f_t b h_0$/kN	63.47 < V,按计算配置箍筋			
箍筋肢数、直径	双肢箍 ⏀ 6			
$A_{sv} = nA_{sv1}$/mm²	56.6			
$s = \dfrac{f_{yv} A_{sv} h_0}{(V-0.7 f_t b h_0)}$/mm	305	215	215	215
实配箍筋间距/mm	200	200	200	200
箍筋最大间距/mm	200	200	200	200

7) 绘制次梁配筋图

次梁配筋图如图 7-15 所示。

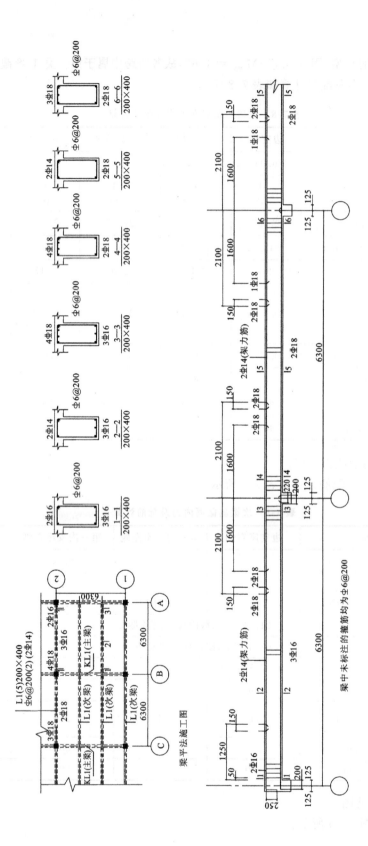

图7-15 次梁配筋图

7. 主梁的设计

1）主梁截面尺寸
$$b \times h = 250 \text{ mm} \times 600 \text{ mm}$$

2）荷载计算

由次梁传来的永久荷载标准值：　　　　　　　　　　　　$10.71 \text{ kN/m} \times 6.3 \text{ m} = 67.47 \text{ kN}$

主梁自重：　　　　　$25 \text{ kN/m}^3 \times 0.25 \text{ m} \times (0.6-0.08) \text{ m} \times 2.1 \text{ m} = 6.83 \text{ kN}$

主梁抹灰：　　$17 \text{ kN/m}^3 \times 0.01 \text{ m} \times [(0.6-0.08) \times 2 + 0.25] \text{ m} \times 2.1 \text{ m} = 0.46 \text{ kN}$

永久荷载标准值　　　　　　　　　　　　　　　　　　　$G_k = 74.76 \text{ kN}$

可变荷载标准值（由板传来，梁每侧半个板宽）　　$Q_k = 10.5 \text{ kN/m} \times 6.3 \text{ m} = 66.15 \text{ kN}$

永久荷载设计值　　　　　　　　　　　　　$G = 1.2 \times G_k = 1.2 \times 74.76 \text{ kN} = 89.71 \text{ kN}$

可变荷载设计值　　　　　　　$Q = 1.4 \times \gamma_{L_1} Q_k = 1.4 \times 1.0 \times 66.15 \text{ kN} = 92.61 \text{ kN}$

3）计算跨度

取轴线间的距离

边跨：　　　　　　　　　　$l_0 = l_c = 6300 \text{ mm}$

中间跨：　　　　　　　　　$l_0 = l_c = 6300 \text{ mm}$

跨差为 0%，按等跨连续梁计算。

4）计算跨数

按实际跨数 3 跨计算。

5）计算简图

主梁计算简图如图 7-16 所示。

6）内力计算

主梁的弯矩和剪力计算分别如表 7-10 和表 7-11 所示。
$$M = k_1 G l_0 + k_2 Q l_0$$
$$V = k_3 G + k_4 Q$$

式中：M——弯矩设计值（kN·m）；

V——剪力设计值（kN）；

k_1、k_2——永久荷载和可变荷载作用下的弯矩系数；

k_3、k_4——永久荷载和可变荷载作用下的剪力系数。

边跨　　　　$G l_0 = 89.71 \times 6.3 \text{ kN·m} = 565.17 \text{ kN·m}$
　　　　　　$Q l_0 = 92.61 \times 6.3 \text{ kN·m} = 583.44 \text{ kN·m}$

中跨　　　　$G l_0 = 89.71 \times 6.3 \text{ kN·m} = 565.17 \text{ kN·m}$
　　　　　　$Q l_0 = 92.61 \times 6.3 \text{ kN·m} = 583.44 \text{ kN·m}$

B 支座　　　$G l_0 = 89.71 \times 6.3 \text{ kN·m} = 565.17 \text{ kN·m}$
　　　　　　$Q l_0 = 92.61 \times 6.3 \text{ kN·m} = 583.44 \text{ kN·m}$

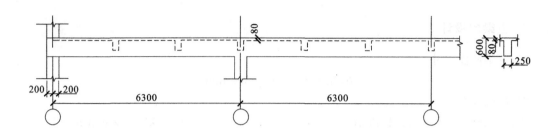

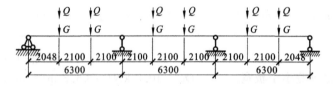

图 7-16 主梁计算简图

表 7-10 主梁弯矩计算

项次	荷载简图	弯矩值/(kN·m)				
		边跨跨中		B 支座	中间跨中	
		$\dfrac{k}{M_{1-1}}$	$\dfrac{k}{M_{2-2}}$	$\dfrac{k}{M_B}$	$\dfrac{k}{M_{2-1}}$	$\dfrac{k}{M_{2-2}}$
①	永久荷载满布	0.244 137.9	— 87.79	−0.267 −150.9	0.067 37.87	0.067 37.87
②	1、3 跨可变荷载	0.289 168.61	— 142.75	−0.133 −77.6	— −77.6	— −77.6
③	2 跨可变荷载	— −25.87	— −51.73	−0.133 −77.6	0.2 116.69	0.2 116.69
④	1、2 跨可变荷载	0.229 133.61	— 73.51	−0.311 −181.45	— 56.42	0.17 99.18
⑤	2、3 跨可变荷载	— −17.31	— −34.62	−0.089 −51.93	0.17 99.18	— 56.42
内力组合	①+②	306.51	230.54	−228.5	−39.73	−39.73
	①+③	112.03	36.06	−228.5	154.56	154.56
	①+④	271.51	161.3	−332.35	94.29	137.05
	①+⑤	120.59	53.17	−202.83	137.05	94.29
最不利组合	M_{min} 组合项次	①+③	①+③	①+④	①+②	①+②
	M_{min} 组合值	112.03	36.06	−332.35	−39.73	−39.73
	M_{max} 组合项次	①+②	①+②	①+⑤	①+③	①+③
	M_{max} 组合值	306.51	230.54	−202.83	154.56	154.56

注：标注"—"符号的弯矩由内力平衡关系求出。

表 7-11 主梁剪力计算

项次	荷载简图	剪力值/kN		
		A 支座	B 支座	
		$\dfrac{k}{V_A}$	$\dfrac{k}{V_{B左}}$	$\dfrac{k}{V_{B右}}$
①	永久荷载满布	0.733 65.76	−1.267 −113.66	1.000 89.71
②	1、3 跨布置可变荷载	0.866 80.2	−1.134 −105.02	0 0
③	2 跨布置可变荷载	−0.133 −12.32	−0.133 −12.32	1.000 92.61
④	1、2 跨布置可变荷载	0.689 63.81	−1.311 −121.41	1.222 113.17
⑤	2、3 跨布置可变荷载	−0.089 −8.24	−0.089 −8.24	0.778 72.05
内力组合	①+②	145.96	−218.68	89.71
	①+③	53.44	−125.98	182.32
	①+④	129.57	−235.07	202.88
	①+⑤	57.52	−121.9	161.76
最不利组合	M_{min} 组合项次	①+③	①+④	①+②
	M_{min} 组合值	53.44	−235.07	89.71
	M_{max} 组合项次	①+②	①+⑤	①+④
	M_{max} 组合值	145.96	−121.9	202.88

主梁内力包络图如图 7-17 所示。

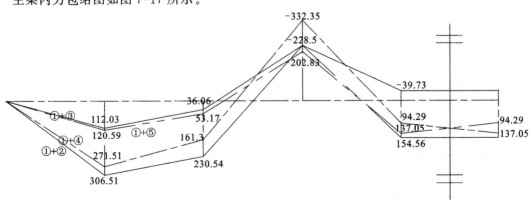

图 7-17 主梁内力包络图

7)配筋计算

(1)主梁正截面配筋计算。

C25 混凝土在室内正常环境下保护层厚度为 25 mm,h_0=(600-25-8-10) mm=557 mm。

正截面配筋计算:主梁跨中按 T 形截面计算 b'_f 取下面两者中的最小值,即

$$b'_f = \frac{l_0}{3} = \frac{6300}{3} \text{ mm} = 2100 \text{ mm} = 2.1 \text{ m}$$

$$b'_f = b + s_n = 250 \text{ mm} + 2100 \text{ mm} = 2350 \text{ mm} = 2.35 \text{ m}$$

取 $b'_f = 2.1$ m。

判断各跨跨中 T 形截面类型:h_0=557 mm,则 $\alpha_1 f_c b'_f h'_f \left(h_0 - \frac{h'}{2}\right)$=1.0×11.9×2100×80×(557-80/2) kN·m=1033.59 kN·m>M_{max}=306.51 kN·m。故各跨跨中截面均属于第一类 T 形截面。

主梁正截面配筋计算如表 7-12 所示。

表 7-12 主梁正截面配筋计算表

截面位置	边跨中	中间支座	中跨中
b'_f 或 b/mm	2100	250	250 2100
M/(kN·m)	306.51	-332.35	-39.73 154.56
$V_0 \frac{b}{2}$/kN·m	—	$202.88 \times \frac{0.4}{2}=40.58$	—
$M - V_0 \frac{b}{2}$/kN·m	306.51	-291.77	-39.73 154.56
$\alpha_s = \frac{M}{(\alpha_1 f_c b h_0^2)}$ 或 $\alpha_s = \frac{M}{(\alpha_1 f_c b'_f h_0^2)}$	0.04	0.316	0.043 0.020
$\gamma_s = 0.5(1+\sqrt{1-2\alpha_s})$	0.98	0.803	0.978 0.990
$A_s = M/(f_y \gamma_s h_0)$/mm²	1560	1812	203 779
选配钢筋	2 ⌀ 20 2 ⌀ 25	4 ⌀ 25	2 ⌀ 18 2 ⌀ 25
实配钢筋面积/mm²	1610	1964	308 982

(2)主梁斜截面配筋计算,如表 7-13 所示。

8)次梁支座处附加箍筋计算

由次梁传来的全部集中荷载为 $G+Q$=(67.47×1.2+66.15×1.4) kN=173.57 kN

表7-13 主梁斜截面配筋计算表

截面位置	支座A	B支座（左侧）	B支座（右侧）
剪力 V/kN	145.96	−235.07	202.88
$0.25\beta_c f_c bh_0$/kN	414.3＞V，截面尺寸满足要求		
$0.7 f_t bh_0$/kN	123.79＜V，按计算配置箍筋		
箍筋肢数、直径	双肢箍Φ8		
$A_{sv}=nA_{sv1}$/mm²	100.6		
$s=\dfrac{f_{yv}A_{sv}h_0}{(V-0.7f_t bh_0)}$/mm	758	151	213
实配箍筋间距/mm	200	150	200
箍筋最大间距/mm	250	250	250

配置箍筋的范围为 $3b+2h_1=(3\times200+2\times200)$ mm$=1000$ mm

$$A_{sv}=\frac{G+Q}{f_{yv}}=\left(\frac{173.57\times10^3}{300}\right) \text{mm}^2=579 \text{ mm}^2$$

在次梁两侧各附加3道双肢箍Φ8箍筋

$$A_{sv}=3\times2\times2\times50.3 \text{ mm}^2=604 \text{ mm}^2>579 \text{ mm}^2$$

9）主梁配筋图

主梁配筋图如图7-18所示。

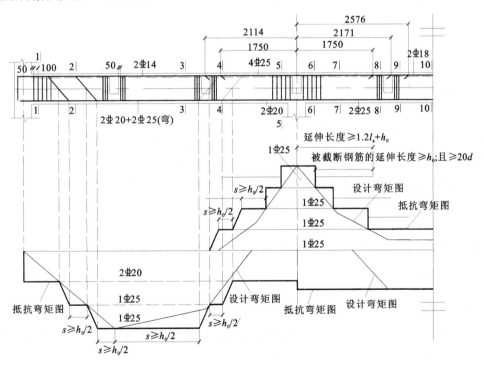

图7-18 主梁配筋图

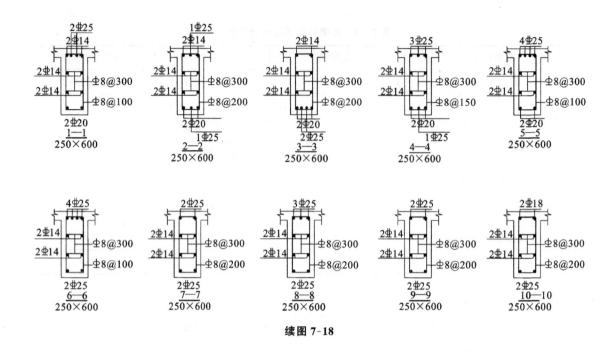

续图 7-18

任务 3 现浇混凝土双向板肋梁楼盖

一、双向板楼盖的受力特点和主要试验结果

理论上,凡纵横两个方向的受力不能忽略的板均称为双向板。双向板的支承形式可分为四边支承、三边支承或两邻边支承,包括四边简支,四边固定,三边简支、一边固定,两边简支、两边固定及三边固定、一边简支;承受的荷载可以是均布荷载、局部荷载或三角形分布荷载。板常见的平面形状有矩形、圆形、三角形等。在楼盖设计中,常见的是均布荷载作用下的四边支承矩形板。在工程实际中,对于四边支承的矩形板,当长边与短边长度之比不大于 2.0 时,应按双向板计算;当长边与短边长度之比大于 2.0,但小于 3.0 时,宜按双向板计算。

1. 受力特点

(1) 沿两个方向发生弯曲和传递荷载,即两个方向共同受力。

(2) 板角上翘,双向板在荷载作用下,四角有翘起的趋势,所以板传给四边支座的压力沿板长方向不是均匀的,中部大、两端小,大致按正弦曲线分布。

2. 主要试验结果

试验结果表明：加载后在双向板板底中部出现第一批裂缝，随荷载加大，裂缝逐渐沿45°角向板的四角扩展，直至板底部钢筋屈服而裂缝显著增大；当板即将破坏时，板顶面四角产生环状裂缝，这些裂缝的出现促进了板底面裂缝的进一步扩展，最后双向板告破坏，如图7-19所示。

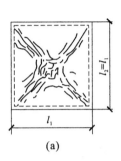 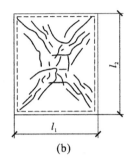 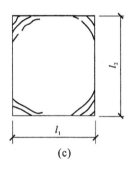

图7-19　板裂缝开展图
(a)正方形板板底裂缝；(b)矩形板板底裂缝；(c)矩形板板顶面裂缝

二、按弹性理论计算双向板

双向板内力计算的方法有两种：一种是弹性计算方法；另一种是塑性计算方法。本节只介绍弹性计算方法。

若把双向板视为各向同性的，且板厚远小于板的平面尺寸，则双向可按弹性薄板理论计算。《建筑结构静力计算手册》中双向板的计算表格就是按弹性薄板理论编制的，表中列出的最大弯矩和挠度系数，都是按上述方法近似确定的，虽然此系数的近似值与理论的最大系数值有一定差别，但误差不大，能满足实际工程要求。

1. 单跨双向板的计算

单跨双向板在计算时可根据不同的支承情况查表7-14中的弯矩系数，表中的系数是根据混凝土的横向变形系数为1/6或0.2时得出的。双向板跨中和支座弯矩可按下式进行计算：

$$M = 表7\text{-}14中弯矩系数 \times (g+q)l_0^2$$

其中：M——跨中或支座单位板宽内的弯矩；

g、q——作用于板上的恒荷载和活荷载设计值；

l_0——取l_1和l_2中的较小值（短方向上的计算跨度）。

表 7-14　按弹性理论计算矩形截面双向板在均布荷载作用下的弯矩系数

边界条件	(1)四边简支		(2)三边简支、一边固定				
l_x/l_y	α_x	α_y	α_x	$\alpha_{x,max}$	α_y	$\alpha_{y,max}$	α'_y
0.50	0.0994	0.0335	0.0914	0.0930	0.0352	0.0397	−0.1215
0.55	0.0927	0.0359	0.0832	0.0846	0.0371	0.0405	−0.1193
0.60	0.0860	0.0379	0.0752	0.0765	0.0386	0.0409	−0.116
0.65	0.0795	0.0396	0.0676	0.0688	0.0396	0.0412	−0.1133
0.70	0.0732	0.0410	0.0604	0.0616	0.0400	0.0417	−0.1096
0.75	0.0673	0.0420	0.0538	0.0519	0.0400	0.0417	0.1056
0.80	0.0617	0.0428	0.0478	0.0490	0.0397	0.0415	0.1014
0.85	0.0564	0.0432	0.0425	0.0436	0.0391	0.0410	−0.0970
0.90	0.0516	0.0434	0.0377	0.0388	0.0382	0.402	−0.0926
0.95	0.0471	0.0432	0.0334	0.0345	0.0371	0.0393	−0.0882
1.00	0.0429	0.0429	0.0296	0.0306	0.0360	0.0388	−0.0839

边界条件	(2)三边简支、一边固定				(3)两对边简支、两对边固定			
l_x/l_y	α_x	$\alpha_{x,max}$	α_y	$\alpha_{y,max}$	α'_x	α_x	α_y	α'_y
0.50	0.0593	0.0657	0.0157	0.0171	−0.1212	0.0837	0.0367	−0.1191
0.55	0.0577	0.0633	0.0175	0.0190	−0.1187	0.0743	0.0383	0.1156
0.60	0.0556	0.0608	0.0194	0.0209	−0.1158	0.0653	0.0393	−0.1114
0.65	0.0534	0.0581	0.0212	0.0226	−0.1124	0.0569	0.0394	−0.1066
0.70	0.0510	0.0555	0.0229	0.0242	−1.1087	0.0494	0.0392	−0.1031
0.75	0.0485	0.0525	0.0244	0.0257	−0.1048	0.0428	0.0383	0.0959
0.80	0.0459	0.0495	0.0258	0.0270	−0.1007	0.0369	0.0372	−0.0904
0.85	0.0434	0.0466	0.0271	0.0283	−0.0965	0.0318	0.0358	−0.0850
0.90	0.0409	0.0438	0.0281	0.0293	−0.0922	0.0275	0.0343	−0.0767
0.95	0.0384	0.0409	0.0290	0.0301	−0.0880	0.0238	0.0328	−0.0746
1.00	0.0360	0.0388	0.0296	0.0306	−0.0839	0.0206	0.0311	−0.0698

续表

边界条件	(3)两对边简支、两对边固定			(4)两邻边简支、两邻边固定					
l_x/l_y	α_x	α_y	α'_x	α_x	$\alpha_{x,max}$	α_y	$\alpha_{y,max}$	α'_x	α'_y
0.50	0.0419	0.0086	−0.0843	0.0572	0.0584	0.0172	0.0229	−0.1179	−0.0786
0.55	0.0415	0.0096	−0.0840	0.0546	0.0556	0.0192	0.0241	−0.1140	−0.0785
0.60	0.0409	0.0109	−0.0834	0.0518	0.0526	0.0212	0.0252	−0.1095	−0.0782
0.65	0.0402	0.0122	−0.0826	0.0486	0.0496	0.0228	0.0261	−0.1045	−0.0777
0.70	0.0391	0.0135	−0.0814	0.0455	0.0465	0.0243	0.0267	−0.0992	−0.0770
0.75	0.0381	0.0149	−0.0799	0.0422	0.0430	0.0254	0.0272	−0.0938	−0.0760
0.80	0.0368	0.0162	−0.0782	0.0390	0.0397	0.0263	0.0278	−0.0883	−0.0748
0.85	0.0355	0.0174	−0.0763	0.0358	0.0366	0.0269	0.0284	−0.0829	−0.0733
0.90	0.0341	0.0186	−0.0743	0.0328	0.0337	0.0273	0.0288	−0.0776	−0.0716
0.95	0.0326	0.0196	−0.0721	0.0299	0.0308	0.0273	0.0289	−0.0726	−0.0698
1.00	0.0311	0.0206	−0.0698	0.0273	0.0281	0.0273	0.0289	−0.0677	0.0677

边界条件	(5)一边简支、三边固定								
l_x/l_y	α_x	$\alpha_{x,max}$	α_y	$\alpha_{y,max}$	α'_x	α'_y	α'_x	$\alpha_{x,max}$	α_y
0.50	0.0413	0.0424	0.0096	0.0157	−0.0836	−0.0569	0.0551	0.0605	0.0188
0.55	0.0405	0.0415	0.0108	0.0160	−0.0827	−0.0570	0.0517	0.0563	0.0210
0.60	0.0394	0.0404	0.0123	0.0169	−0.0814	−0.0571	0.0480	0.0520	0.0229
0.65	0.0381	0.0390	0.0137	0.0178	−0.0796	−0.0572	0.0441	0.0476	0.0244
0.70	0.0366	0.0375	0.0151	0.0186	−0.0774	−0.0572	0.0402	0.0433	0.0256
0.75	0.0349	0.0358	0.0164	0.0193	−0.0750	−0.0572	0.0364	0.0390	0.0263
0.80	0.0331	0.0339	0.0176	0.0199	−0.0722	−0.0570	0.0327	0.0348	0.0267
0.85	0.0312	0.0319	0.0186	0.0204	−0.0693	−0.0567	0.0293	0.0312	0.0268
0.90	0.0295	0.0300	0.0201	0.0209	−0.0663	−0.0563	0.0261	0.0277	0.0265
0.95	0.0274	0.0281	0.0204	0.0214	−0.0631	−0.0558	0.0232	0.0246	0.0261
1.00	0.0255	0.0261	0.0206	0.0219	−0.0600	−0.0500	0.0206	0.0219	0.0255

续表

边界条件	(5)一边简支、三边固定			(6)四边固定			
l_x/l_y	$\alpha_{y,max}$	α'_y	α'_x	α_x	α_y	α'_x	α'_y
0.50	0.0201	−0.0784	−0.1146	0.0406	0.0105	−0.0829	−0.0570
0.55	0.0223	−0.0780	−0.1093	0.0394	0.0120	−0.0814	−0.0571
0.60	0.0242	−0.0773	−0.1033	0.0380	0.0137	−0.0793	−0.0571
0.65	0.0256	−0.0762	−0.0970	0.0361	0.0152	−0.0766	−0.0571
0.70	0.0267	−0.0748	−0.0903	0.0340	0.0167	−0.0735	−0.0569
0.75	0.0273	−0.0729	−0.0837	0.0318	0.0179	−0.0701	−0.0565
0.80	0.0267	−0.0707	−0.0772	0.0295	0.0189	−0.0664	0.0559
0.85	0.0277	−0.0683	−0.0711	0.0272	0.0197	−0.0626	−0.0551
0.90	0.0273	−0.0656	−0.0653	0.0249	0.0202	−0.0588	−0.0541
0.95	0.0269	−0.0629	−0.0599	0.0227	0.0205	−0.0550	−0.0528
1.00	0.0261	−0.0600	−0.0550	0.0205	0.0205	−0.0513	−0.0513

边界条件	(7)三边固定、一边自由					

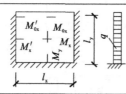

l_x/l_y	α_x	α_y	α'_x	α'_y	α_{0x}	α'_{0x}
0.30	0.0018	−0.0039	−0.0135	−0.0344	0.0068	−0.0345
0.35	0.0039	−0.0026	−0.0179	−0.0406	0.0112	−0.0432
0.40	0.0063	0.0008	−0.0227	−0.0454	0.0160	−0.0506
0.45	0.0090	0.0014	−0.0275	−0.0489	0.0207	−0.0564
0.50	0.0166	0.0034	−0.0322	−0.0513	0.0250	−0.0607
0.55	0.0142	0.0054	−0.0368	−0.0530	0.0288	−0.0635
0.60	0.0166	0.0072	−0.0412	0.0541	0.0320	−0.0652
0.65	0.0188	0.0087	−0.0453	−0.0548	0.0347	−0.0661
0.70	0.0209	0.0100	−0.0490	0.0553	0.0368	−0.0663
0.75	0.0228	0.0111	−0.0526	0.0557	0.0385	−0.0661
0.80	0.0246	0.0119	−0.0558	−0.0560	0.0399	−0.0656
0.85	0.0262	0.0125	−0.558	−0.0562	0.0409	−0.0651
0.90	0.0277	0.0129	−0.0615	−0.0563	0.0417	−0.0644
0.95	0.0291	0.0132	−0.0639	−0.0564	0.0422	−0.0638

续表

边界条件	(7)三边固定、一边自由					
l_x/l_y	α_x	α_y	α'_x	α'_y	α_{0x}	α'_{0x}
1.00	0.0304	0.0133	−0.0662	−0.0565	0.0427	−0.0632
1.10	0.0327	0.0133	−0.0701	−0.0566	0.0431	−0.0623
1.20	0.0345	0.0130	−0.0732	−0.0567	0.0433	−0.0617
1.30	0.0368	0.0125	−0.0758	−0.0568	0.0434	−0.0614
1.40	0.0380	0.0119	−0.0778	−0.0568	0.0433	−0.0614
1.50	0.0390	0.0113	−0.0794	−0.0569	0.0433	−0.0616
1.75	0.0405	0.0099	−0.0819	−0.0569	0.0431	−0.0625
2.00	0.0413	0.0087	−0.0832	−0.0569	0.0431	−0.0637

2. 多跨连续双向板的实用计算

多跨连续双向板计算若要考虑其他跨板对所计算板的影响,需要考虑活荷载的不利布置,精确计算相当复杂,故在实际应用中采用以单跨双向板计算为基础的实用计算方法,此方法假定支承梁不产生竖向位移且不受扭,同时还规定,双向板沿同一方向相邻跨度的比值 $l_{min}/l_{max} \geqslant 0.75$,以免计算误差过大。

1) 跨中的最大正弯矩

若要计算某跨跨中的最大弯矩,活荷载的布置应按图 7-20(b)所示棋盘布置,即在该跨区格中布置活荷载,然后在其前后左右每隔一区格布置活荷载,可使所求区格跨中弯矩最大。为计算简便,可将这种分布情况的荷载分解成满布荷载 $g+\frac{q}{2}$ 及间隔布置荷载 $\pm\frac{q}{2}$ 两种情况之和,分别如图 7-20(c)和(d)所示。

在对称荷载 $g+\frac{q}{2}$ 作用下,板在中间支座处的转角很小,可近似地认为转角为零,中间支座均可视为固定支座。因此,所有中间区格均可按四边固定的单跨双向板计算;其他区格可根据边支座情况而定,可分为三边简支、一边固定,两边简支、两边固定和三边固定、一边简支等。

在反对称荷载 $\pm\frac{q}{2}$ 作用下,板在中间支座处转角方向一致、大小相等,接近于简支板的转角,所有中间支座均可视为简支支座。因此,每个区格均可按四边简支的单跨双向板计算。

将上述两种荷载作用下求得的弯矩叠加,即为在棋盘式活荷载不利位置下双向板的跨中最大弯矩。

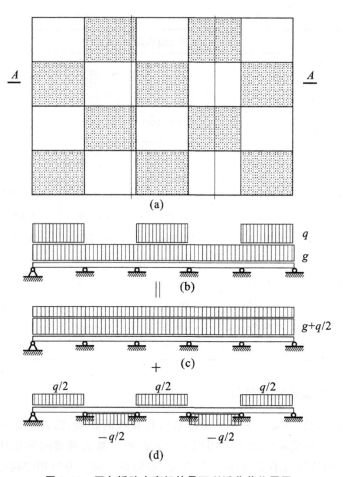

图 7-20 双向板跨中弯矩的最不利活荷载位置图

2) 支座的最大负弯矩

支座弯矩的活荷载不利位置,应在该支座两侧区格内布置活荷载,然后再隔跨布置,考虑到隔跨活荷载的影响很小,可假定板上所有区格均满布荷载 $g+q$ 时得出的支座弯矩,即为支座的最大弯矩。这样,所有中间支座均可视为固定支座,边支座则按实际情况考虑,因此可直接由单跨双向板的弯矩系数表查得弯矩系数,计算支座弯矩。当相邻两区格板的支承情况不同或跨度不等(相差小于 20%)时,则支座弯矩可偏安全地取相邻两区格板得出的支座弯矩的较大值。

三、双向板截面设计和构造要求

1. 双向板截面设计

1) 弯矩设计值

在设计周边与梁整体连接的双向板时,应考虑极限状态下周边支承梁对板的推力的有利影响,截面的弯矩设计值可予以折减。折减系数按下列规定采用。

(1) 对于连续板中间区格的跨中截面和中间支座截面,折减系数为 0.8。

(2) 对于边区格的跨中截面和第一内支座截面:

当 $l_b/l<1.5$ 时,折减系数为 0.8;

当 $1.5 \leqslant l_b/l<2$ 时,折减系数为 0.9。

式中:l_b——边区格沿楼板边缘方向的跨度;

l——垂直于楼板边缘方向的跨度。

(3) 对于角区格的各截面,不应折减。

双向板各区格名称如图 7-21 所示。

2) 板的有效高度

由于短跨方向的弯矩比长跨方向的弯矩大,故板跨中短跨方向的受力钢筋应放在长跨方向受力钢筋

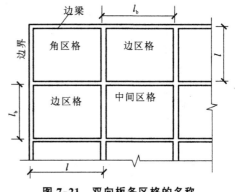

图 7-21 双向板各区格的名称

的外侧(在跨中正弯矩截面短跨方向钢筋放在下排),在支座处短跨方向的受力钢筋应放在长跨方向受力钢筋的外侧(支座负弯矩截面短跨方向钢筋放在上排)。

双向板短边和长边的有效高度分别为 h_{0x} 和 h_{0y}:

$$短向\ h_{0x}=h-a_s, \quad 长向\ h_{0y}=h_{0x}-d$$

其中:h、h_{0x}、h_{0y}——分别为板的厚度、板短边的有效高度、板长边的有效高度;

a_s——为纵向受力钢筋合力点至截面受压边缘的距离;

d——短方向上钢筋的直径。

3) 配筋计算

在计算单位板宽内的受力钢筋截面面积 $A_s=M/(f_y\gamma_s h_0)$ 时,内力臂系数 γ_s 可取 $0.9\sim 0.95$。

2. 双向板构造要求

1) 板厚

双向板的板厚不宜小于 80 mm。双向板的挠度一般不另作验算,因此为满足板的刚度要求,板厚 $h\geqslant l/40$(l 为双向板的短边的计算跨度)。

2) 板中钢筋配置

板纵向受力钢筋宜采用 HRB400、HRB500、HRBF400、HRBF500 钢筋,也可采用 HPB300、HRB335、HRBF335、RRB400 钢筋。双向板的配筋方式有弯起式和分离式两种(见图 7-22),在实际工程中为方便施工多采用分离式。

双向板按跨中正弯矩求得的钢筋数量为板的中央处的数量,靠近板的两边,其弯矩减小,钢筋数量也可逐渐减少。为方便施工,可将板在短跨和长跨方向各划分为两个宽为 $l_1/4$(l_1 为短跨)的边缘板带和一个中间板带,如图 7-23 所示。

在中间板带按跨中最大正弯矩求得的板底钢筋均匀布置,边缘板带内则减少一半,但每米宽板带内不得少于三根;支座负弯矩钢筋按支座最大支座负弯矩求得的钢筋沿支座均匀分布,不在边缘板带内减少。

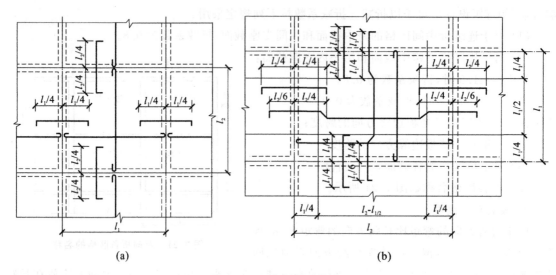

图 7-22 双向板的配筋方式
(a)分离式配筋；(b)弯起式配筋

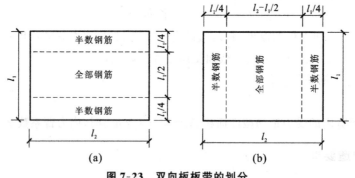

图 7-23 双向板板带的划分

四、计算实例

1. 计算资料

内蒙古自治区某学院的书库为双向板肋梁楼盖，结构平面布置如图 7-24 所示，楼板厚 130 mm，梁的截面尺寸为 $b \times h = 300 \text{ mm} \times 600 \text{ mm}$，恒荷载设计值 $g = 4.94 \text{ kN/m}^2$，楼面活荷载设计值 $q = 7.0 \text{ kN/m}^2$（即 5.0（书库的活荷载标准值）×1.4（活荷载分项系数）×1.0（设计使用年限调整系数）），混凝土强度等级采用 C30（$f_c = 14.3 \text{ N/mm}^2$；$f_t = 1.43 \text{ N/mm}^2$），钢筋采用 HRB400 级钢筋（$f_y = 360 \text{ N/mm}^2$）。要求采用弹性理论计算此双向板各区格的内力。

2. 解题步骤

1）板区格划分

根据板的支承条件和尺寸以及结构的对称性，将楼板划分为 A、B、C、D 各区格。

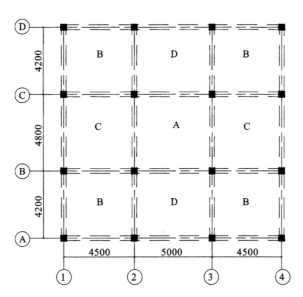

图 7-24 书库双向板肋梁楼盖结构平面布置图

2）按弹性理论计算各区格的弯矩

（1）计算跨度。

$$l_0 = l_c$$

其中：l_c——轴线间的距离。

（2）设计荷载。

$$g+q = 11.94 \text{ kN/m}^2$$

$$g+\frac{q}{2} = 8.44 \text{ kN/m}^2$$

$$\frac{q}{2} = 3.5 \text{ kN/m}^2$$

（3）各区格板的弯矩计算。

区格 A：

$l_x = 4.8$ m，$l_y = 5.0$ m，$l_x/l_y = 0.96$，查表 7-14 得弯矩系数（α 为弯矩系数），如表 7-15 所示。

表 7-15 计算实例区格 A 弯矩系数值

l_x/l_y	支承条件	α_x	α_y	α'_x	α'_y
0.96	四边固定	0.0223	0.0205	−0.0543	−0.0525
	四边简支	0.0463	0.0431	—	—

$$M_x = 0.0223 \times \left(g+\frac{q}{2}\right) \times l_x^2 + 0.0463 \times \frac{q}{2} \times l_x^2$$

$$= (0.0223 \times 8.44 \times 4.8^2 + 0.0463 \times 3.5 \times 4.8^2) \text{ kN·m} = 8.07 \text{ kN·m}$$

$$M_y = 0.0205 \times \left(g+\frac{q}{2}\right) \times l_y^2 + 0.0431 \times \frac{q}{2} \times l_y^2$$

$$= (0.0205 \times 8.44 \times 5.0^2 + 0.0431 \times 3.5 \times 5.0^2) \text{ kN·m} = 8.1 \text{ kN·m}$$

$$M'_x = -0.0543 \times (g+q) \times l_x^2 = -0.0543 \times 11.94 \times 4.8^2 \text{ kN} \cdot \text{m}$$
$$= -14.94 \text{ kN} \cdot \text{m}$$
$$M'_y = -0.0525 \times (g+q) \times l_y^2 = -0.0525 \times 11.94 \times 5.0^2 \text{ kN} \cdot \text{m}$$
$$= -15.67 \text{ kN} \cdot \text{m}$$

区格 D：

$l_x = 4.2$ m，$l_y = 5.0$ m，$l_x/l_y = 0.84$，查表 7-14 得弯矩系数（α 为弯矩系数），如表 7-16 所示。

表 7-16　计算实例区格 D 弯矩系数值

l_x/l_y	支承条件	α_x	α_y	α'_x	α'_y
0.84	四边固定	0.0277	0.0195	-0.0634	-0.0553
	四边简支	0.0575	0.0431	—	—

$$M_x = 0.0277 \times \left(g + \frac{q}{2}\right) \times l_x^2 + 0.0575 \times \frac{q}{2} \times l_x^2$$
$$= (0.0277 \times 8.44 \times 4.2^2 + 0.0575 \times 3.5 \times 4.2^2) \text{ kN} \cdot \text{m}$$
$$= 7.67 \text{ kN} \cdot \text{m}$$
$$M_y = 0.0195 \times \left(g + \frac{q}{2}\right) \times l_y^2 + 0.0431 \times \frac{q}{2} \times l_y^2$$
$$= (0.0195 \times 8.44 \times 5.0^2 + 0.0431 \times 3.5 \times 5.0^2) \text{ kN} \cdot \text{m}$$
$$= 7.89 \text{ kN} \cdot \text{m}$$
$$M'_x = -0.0634 \times (g+q) \times l_x^2 = -0.0634 \times 11.94 \times 4.2^2 \text{ kN} \cdot \text{m}$$
$$= -13.35 \text{ kN} \cdot \text{m}$$
$$M'_y = -0.0553 \times (g+q) \times l_y^2 = -0.0553 \times 11.94 \times 5.0^2 \text{ kN} \cdot \text{m}$$
$$= -16.51 \text{ kN} \cdot \text{m}$$

区格 C：

$l_x = 4.5$ m，$l_y = 4.8$ m，$l_x/l_y = 0.94$，查表 7-14 得弯矩系数（α 为弯矩系数），如表 7-17 所示。

表 7-17　计算实例区格 C 弯矩系数值

l_x/l_y	支承条件	α_x	α_y	α'_x	α'_y
0.94	四边固定	0.0231	0.0204	-0.056	-0.0528
	四边简支	0.048	0.0432	—	—

$$M_x = 0.0231 \times \left(g + \frac{q}{2}\right) \times l_x^2 + 0.048 \times \frac{q}{2} \times l_x^2$$
$$= (0.0231 \times 8.44 \times 4.5^2 + 0.048 \times 3.5 \times 4.5^2) \text{ kN} \cdot \text{m}$$
$$= 7.35 \text{ kN} \cdot \text{m}$$
$$M_y = 0.0204 \times \left(g + \frac{q}{2}\right) \times l_y^2 + 0.0432 \times \frac{q}{2} \times l_y^2$$
$$= (0.0204 \times 8.44 \times 4.8^2 + 0.0432 \times 3.5 \times 4.8^2) \text{ kN} \cdot \text{m}$$
$$= 7.45 \text{ kN} \cdot \text{m}$$

$$M'_x = -0.056 \times (g+q) \times l_x^2$$
$$= -0.056 \times 11.94 \times 4.5^2 \text{ kN} \cdot \text{m} = -13.54 \text{ kN} \cdot \text{m}$$
$$M'_y = -0.0528 \times (g+q) \times l_y^2$$
$$= -0.0528 \times 11.94 \times 4.8^2 \text{ kN} \cdot \text{m} = -14.53 \text{ kN} \cdot \text{m}$$

区格 B：

$l_x = 4.2$ m, $l_y = 4.5$ m, $l_x/l_y = 0.93$，查表 7-14 得弯矩系数（α 为弯矩系数），如表 7-18 所示。

表 7-18 计算实例区格 B 弯矩系数值

l_x/l_y	支承条件	α_x	α_y	α'_x	α'_y
0.93	四边固定	0.0236	0.0204	−0.0565	−0.0533
	四边简支	0.0489	0.0433	—	—

$$M_x = 0.0236 \times \left(g + \frac{q}{2}\right) \times l_x^2 + 0.0489 \times \frac{q}{2} \times l_x^2$$
$$= (0.0236 \times 8.44 \times 4.2^2 + 0.0489 \times 3.5 \times 4.2^2) \text{ kN} \cdot \text{m} = 6.53 \text{ kN} \cdot \text{m}$$
$$M_y = 0.0204 \times \left(g + \frac{q}{2}\right) \times l_y^2 + 0.0433 \times \frac{q}{2} \times l_y^2$$
$$= (0.0204 \times 8.44 \times 4.5^2 + 0.0433 \times 3.5 \times 4.5^2) \text{ kN} \cdot \text{m} = 6.56 \text{ kN} \cdot \text{m}$$
$$M'_x = -0.0565 \times (g+q) \times l_x^2 = -0.0565 \times 11.94 \times 4.2^2 \text{ kN} \cdot \text{m}$$
$$= -11.9 \text{ kN} \cdot \text{m}$$
$$M'_y = -0.0533 \times (g+q) \times l_y^2 = -0.0533 \times 11.94 \times 4.5^2 \text{ kN} \cdot \text{m}$$
$$= -12.89 \text{ kN} \cdot \text{m}$$

3）截面设计

板跨中截面两个方向的有效高度 h_0 的确定：假定钢筋选用 ⊕10，则：
$$h_{0x} = h - a_s = (130 - 15 - 5) \text{ mm} = 105 \text{ mm}$$
$$h_{0y} = h - a_s - d = (130 - 15 - 5 - 10) \text{ mm} = 95 \text{ mm}$$

板支座截面有效高度 $h_0 = h - a_s = (130 - 20 - 5) \text{ mm} = 105 \text{ mm}$

由于楼板周边与梁整体连接，因此除角区格外，可考虑周边支承梁对板的有利影响，将截面的计算弯矩乘以下列折减系数。

① 对于连续板的中间区格，其跨中截面及中间支座截面折减系数为 0.8。

② 对于边区格跨中截面及第一内支座截面，当 $l_b/l_0 < 1.5$ 时，折减系数为 0.8；当 $1.5 \leq l_b/l_0 < 2$ 时，折减系数为 0.9。其中：l_0——垂直于楼板边缘方向板的计算跨度；l_b——平行于楼板边缘方向板的计算跨度；

③ 楼板的角区格不应折减。

4）配筋计算

计算公式：
$$A_s = \frac{M}{0.9 f_y h_0}$$

配筋计算结果如表 7-19 所示。

表 7-19 双向板配筋计算

截面			h	M	A_s	配筋	实际配筋
跨中	区格 A	l_x 方向	105	8.07×0.8	189	Φ8@200	251
		l_y 方向	95	8.1×0.8	210	Φ8@200	251
	区格 B	l_x 方向	105	6.53	192	Φ8@200	251
		l_y 方向	95	6.56	213	Φ8@200	251
	区格 C	l_x 方向	105	7.35×0.8	120	Φ8@200	251
		l_y 方向	95	7.45×0.8	194	Φ8@200	251
	区格 D	l_x 方向	105	8.38×0.8	197	Φ8@200	251
		l_y 方向	95	7.89×0.8	205	Φ8@200	251
支座	A-D		105	−14.94×0.8	351	Φ8@140	419
	A-C		105	−15.67×0.8	368	Φ8@130	419
	B-C		105	−14.53×0.8	342	Φ8@140	419
	B-D		105	−16.51×0.8	388	Φ8@120	419
	B 边支座(l_x 方向)		105	−11.9	350	Φ8@130	419
	B 边支座(l_y 方向)		105	−12.89	379	Φ8@130	419
	C 边支座(l_x 方向)		105	−13.54	398	Φ8@120	419
	D 边支座(l_x 方向)		105	−13.35	392	Φ8@120	419

5) 配筋图如图 7-25 所示。

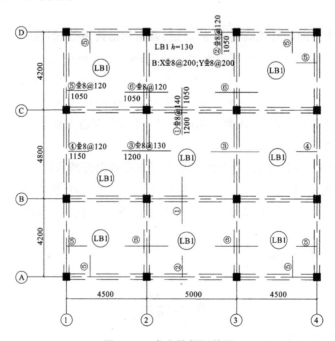

图 7-25 书库楼板配筋图

任务 4 装配式楼盖

一、装配式楼盖概述

装配式楼盖主要有铺板式、密肋式和无梁式。其中铺板式是目前工业与民用建筑最常用的形式,铺板式楼面是将密铺的预制板两端支承在砖墙上或楼面梁上构成,它的预制构件主要是预制板和预制梁。各地大量采用的是本地区通用的定型构件,由各地预制构件厂按标准图生产供应。当有特殊要求或施工条件限制时,才会进行专门的构件设计。

装配式楼盖的设计内容主要有:合理地进行楼盖结构布置;正确选用预制构件,并对构件进行验算;妥善处理好预制构件间的连接及预制构件和墙、柱的连接等。装配式楼盖设计中还应注意以下问题:

(1) 减少构件类型,提高构件的通用性;
(2) 构件的重量和尺寸适合运输和吊装,单个构件的重量不超过起重设备的最大起重量;
(3) 构件外形尽量简单,便于制作、堆放、运输和安装;
(4) 接头安全可靠,构造简单,受力明确;
(5) 尽量扩大预制范围,减少湿作业;
(6) 必须进行构件吊装验算;
(7) 最大限度地降低材料消耗。

二、预制板、预制梁的形式

1. 预制板

常用的预制板楼盖体系,如图 7-26 所示。

常用的预制板有实心板、空心板、槽形板、T 形板、夹心板等,一般均为本地区通用定型构件,由预制构件厂供应。

实心板上下表面平整,制作简单,适用于荷载及跨度较小的走廊板、楼梯平台板、地沟盖板等。实心板具有形状简单、施工方便、建筑物高度小和结构整体刚度大等优点,但截面材料不经济,自重大,运输不便。

空心板较实心板的自重轻,节省材料,且刚度大,隔音、隔热效果亦好,但其板面不能任意开洞。空心板的空洞可为圆形、正方形、长方形、椭圆形等,如图 7-27 所示。

槽形板有肋向下的正放槽形板和肋向上的倒放槽形板。正放槽形板受力合理,与空心板相比,具有自重较轻、结构材料耗量较少、便于开洞和设置与支承结构相连接的预埋件等优点,但

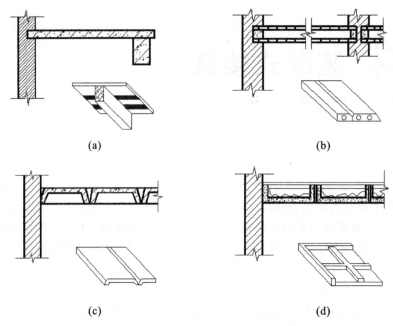

图 7-26 常见的预制板楼盖体系
(a)平板；(b)空心板；(c)正放槽形板；(d)倒放槽形板

它不能提供平整的天棚面,隔声和隔热效果较差。正放槽形板在工业建筑结构中得到了广泛的应用。

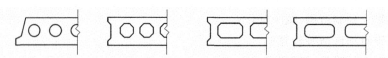

图 7-27 空心板空洞的形状

2. 预制梁

预制的楼盖梁一般为简支梁或悬臂梁,其截面形式主要有矩形、花篮形、十字形、T 形和倒 T 形等。有时为了加强楼盖的整体性,楼盖梁也可采用叠合梁,即先预制梁的一部分,并留出箍筋,吊装就位后,再浇捣梁上部的混凝土,使板与梁连成整体,如图 7-28 所示。在设计装配式混凝土楼盖时,当结构平面布置确定后,可根据房间的开间和进深尺寸,按照荷载设计值或内力设计值来选用合适的预制构件。

三、装配式楼盖的连接

装配式楼盖的连接包括板与板之间、板与墙(或梁)之间的连接。

1. 板的布置与连接

布置预制板时,应根据房间平面的净尺寸及当地的施工吊装能力,尽可能选择较宽的板,且

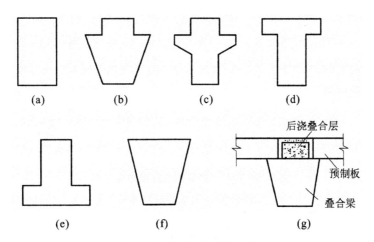

图 7-28 预制梁的截面形式
(a)矩形梁;(b)花篮形梁;(c)十字形梁;(d)T 形梁;(e)倒 T 形梁;(f)叠合梁;(g)叠合梁与板的连接方式

板的型号不宜过多。板的实际宽度比编号上所示宽度小 10 mm,排板时允许板与板之间留有 10 mm~20 mm 的空隙,以便灌缝,如图 7-29(a)所示,可用不低于 C30 的细石混凝土灌缝。当楼板有振动荷载或不允许开裂以及对楼盖整体性要求较高时,可在板缝内加短钢筋,如图 7-29 (b)所示,以加强整体性,必要时可在板上现浇一层配有钢筋网的混凝土面层。排板时尽量以一种型号为主,其他型号作为调整之用。当剩余宽度小于 120 mm 时,可采用现浇板带,如图 7-30 (a)所示,或者采用挑砖的方法,如图 7-30(b)所示。

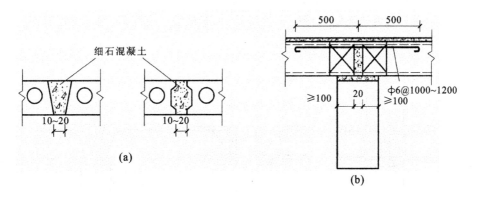

图 7-29 预制板的灌缝及面层
(a)预制板灌缝;(b)预制板面层

预制板侧应为双齿边;拼缝上口宽度不应小于 30 mm;空心板端头应有堵头,深度不宜小于 60 mm;拼缝中应灌注强度不低于 C30 的细石混凝土。

预制板端宜伸出锚固钢筋相互连接,并应与板的支承结构(圈梁、梁顶或墙顶)伸出及板端拼缝中设置的通长钢筋连接。

整体性要求较高的装配整体式楼盖、屋盖,应采用预制构件加现浇叠合层的形式;或在预制

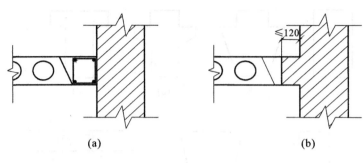

图 7-30 排板剩余宽度处理
(a)现浇板带；(b)沿墙挑砖

板侧设置配筋混凝土后浇带，并在板端设置负弯矩钢筋、板的周边沿拼缝设置拉结钢筋与支座连接。

2. 板与墙或板与梁的连接

1) 板与支承墙或支承梁的连接

板与支承墙或支承梁的连接可采用在支座上坐浆 10 mm～20 mm 厚，且板在砖墙上的支承长度≥100 mm，在混凝土梁上≥80 mm，如图 7-31 所示。空心板两端的孔洞应用混凝土块或砖块堵实，避免在灌缝或浇筑混凝土面层时漏浆。

2) 板与非支承墙的连接

板与非支承墙的连接一般采用细石混凝土灌缝，如图 7-32(a)所示。当板长≥5 m 时，应配置锚拉筋，以加强其与墙的连接，如图 7-32(b)所示；若横墙上有圈梁，则可将灌缝部分与圈梁连成整体，其整体性更好，如图 7-32(c)所示。

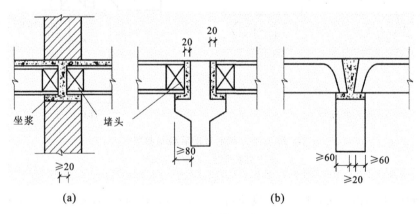

图 7-31 板与支承墙(或梁)的连接
(a)板与支承墙的连接；(b)板与支承梁的连接

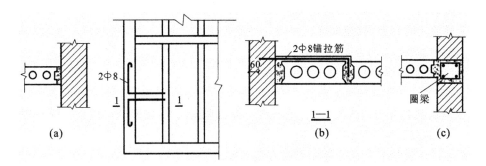

图 7-32　板与非支承墙的连接
(a)板与非支承墙连接；(b)板长≥5 m 配锚拉筋；(c)板长≥5 m 配圈梁

单元小结

7.1　按施工方法可将楼盖分为现浇式楼盖、装配式楼盖和装配整体式楼盖三种类型。

7.2　现浇混凝土单向板肋梁楼盖。

1) 楼盖结构平面布置。

结构平面布置应满足建筑功能和使用要求，结构受力合理，节约材料，造价低，施工方便。

2) 构件截面初估。

板厚度的确定与板的类型、用途及板的跨度有关。板的厚度主要应由设计计算来确定，还应满足《混凝土结构设计规范》(GB 50010—2010)规定的板的最小厚度。

梁的截面尺寸应根据设计计算决定。一般不需要作挠度验算的钢筋混凝土梁截面最小高度可按结构静力计算手册中关于梁截面尺寸的一般规定采用。

梁的截面宽度 b 与截面高度 h 的比值 (b/h)，对于矩形截面梁一般为 $\frac{1}{2} \sim \frac{1}{3}$，对于 T 形截面梁一般为 $\frac{1}{2.5} \sim \frac{1}{3}$。

3) 计算简图。

可根据具体情况来选用弹性理论计算或塑性理论计算，一般情况下，单向板中板和次梁采用塑性理论计算，主梁采用弹性理论计算。

结构平面布置确定以后即可确定梁、板的计算简图，其内容包括支承条件、荷载、计算跨度与计算跨数。

4) 内力计算方法。

(1) 按弹性理论计算连续梁、板的内力，包括计算的基本假定、计算要素、活荷载的不利布置、支座弯矩及剪力的修正、内力包络图。

(2) 按塑性理论计算连续梁、板的内力，包括塑性铰的概念和特点及考虑塑性内力重分布的设计考虑。

5) 梁板的内力计算及构造要求。

(1) 板的计算、板的构造要求、板的构造配筋，分布筋和板面构造钢筋。

(2) 次梁的内力计算和配筋构造要求、配筋方式。

(3) 主梁的内力计算、构造要求。

7.3 现浇混凝土双向板肋梁楼盖。

1) 双向板楼盖的受力特点和主要试验结果。

2) 按弹性理论计算双向板。

若把双向板视为各向同性的,且板厚远小于板的平面尺寸,则双向可按弹性薄板理论计算。

3) 双向板的截面设计和构造要求。

(1) 截面设计包括弯矩设计值和板的有效高度。

(2) 构造要求包括板厚和板中钢筋配置。

7.4 装配式楼盖主要讲解预制板和预制梁的形式及楼盖的连接。

7.1 钢筋混凝土楼盖有哪些类型,它们各自的特点和适用范围是什么?

7.2 单向板与双向板是如何划分的,各自的优缺点是什么?

7.3 单向板肋梁楼盖设计的一般步骤是什么?

7.4 单向板肋梁楼盖荷载传递的路径是什么?

7.5 板和梁整体现浇时及板和次梁进行内力计算时为什么要采用折算荷载,如何取值?

7.6 为什么在进行截面设计时不取支座中心处的最大弯矩或剪力,而取支座边缘处的相对小一点的弯矩或剪力进行计算?

7.7 什么叫"塑性铰"?

7.8 什么叫弯矩调幅法?考虑塑性内力重分布计算钢筋混凝土连续梁的内力时,为什么要控制"弯矩调幅"?

7.9 在主次梁交接处,主梁中为什么要设置吊筋或附加箍筋?

7.10 现浇单向板肋梁楼盖中,楼板、次梁和主梁的内力计算和配筋有哪些要点?

单元 8
楼梯、雨篷的构造与计算

学习目标

☆ **知识目标**

(1) 楼梯的构造与计算公式及设计步骤。
(2) 雨篷的构造与计算公式及设计步骤。

☆ **能力目标**

(1) 熟悉楼梯的组成构件及其配筋计算和构造要求。
(2) 熟悉雨篷的组成构件及其配筋计算和构造要求。

❖ 知识链接:常见钢筋混凝土楼梯形式

钢筋混凝土楼梯由于经济耐用,防火性好,因此在一般多层房屋中被广泛采用。楼梯的平面布置、踏步尺寸、栏杆形式等由建筑设计确定。板式楼梯和梁式楼梯是最常见的现浇楼梯,宾馆和公共建筑有时也采用悬挑式楼梯或螺旋式特种楼梯(见图8-1)。

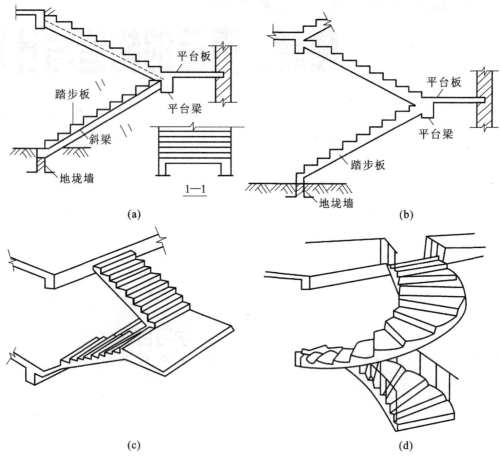

图8-1 各种形式的楼梯
(a)梁式楼梯;(b)板式楼梯;(c)悬挑式楼梯;(d)螺旋式特种楼梯

任务 1 楼梯

楼梯是建筑物必不可少的垂直交通工具。作为楼梯最基本的形式,整体式板式楼梯和整体式梁式楼梯是本单元学习的重点。其中:整体式板式楼梯由平台梁、平台板、梯段板(又称踏步板)三种基本构件组成;而整体式梁式楼梯由平台梁、平台板、梯段板(又称踏步板)及斜梁四种基本构件组成。

一、现浇板式楼梯的计算

当楼梯的跨度不大、活荷载较小时,一般可采用板式楼梯。其中,梯段板是一块带有踏步的斜板,分别支承于上、下平台梁上(见图 8-2(a))。

板式楼梯的优点是下表面平整,施工支模较方便,外观比较轻巧;缺点是斜板较厚,其混凝土和钢筋用量都较多,一般适用于梯段板水平跨长不超过 3 m 的楼梯。

1. 梯段板的计算

从梯段板中取 1 m 宽板带作为计算单元,并近似认为梯段板都是简支于平台梁上的,如图 8-2(b)所示。

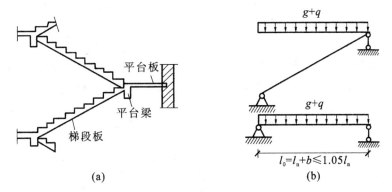

图 8-2 板式楼梯及其计算简图

梯段板为一简支斜板。由结构力学可知,斜置简支梁的跨中弯矩可按平置梁计算。跨长取斜梁的水平投影长度,荷载应按水平方向计算,即 $M_{max}=\frac{1}{8}(g+q)l_0^2$。由于板的两端与平台梁为整体连接,考虑梁对板的弹性约束,板的跨中弯矩相对于简支有所减少,通常按下式计算:

$$M=\frac{1}{10}(g+q)l_0^2$$

式中:g——梯段板上单位水平长度内的恒荷载设计值;

q——梯段板上单位水平长度内的活荷载设计值;

l_0——梯段板计算跨度的水平投影长度。设计时取 $l_0=l_n+b$,l_n 为梯段板净跨的水平投影长度,b 为平台梁的宽度。

2. 平台板的计算

平台板一般可视为单向板(有时也可能是双向板)。当板的两端均与梁整体连接时,板的跨中弯矩可取

$$M=\frac{1}{10}(g+q)l_0^2$$

当板的一端支承于墙上而另一端与梁整体连接时,跨中弯矩可取

$$M=\frac{1}{8}(g+q)l_0^2$$

式中：l_0——平台板的计算跨度。

3. 平台梁的计算

平台梁可按单跨简支梁计算。平台梁承受梯段板、平台板传来的荷载及平台梁自重，荷载按沿梁长均布考虑。

二、现浇板式楼梯的构造措施

1. 梯段板的构造措施

梯段板的厚度取$(1/25 \sim 1/30)l_0$，l_0为梯段板计算跨度的水平投影长度。一般可取板厚$h = 100 \text{ mm} \sim 120 \text{ mm}$。梯段板中受力钢筋按跨中弯矩求得，配筋可采用弯起式或分离式。采用弯起式时，一半钢筋伸入支座，一半靠近支座处弯起，以承受支座处实际存在的负弯矩，支座截面负筋的用量一般可取与跨中截面相同，受力钢筋的弯起点位置如图8-3所示。在垂直受力钢筋方向仍应按构造配置分布钢筋，放置在受力钢筋的内侧，并要求每个踏步板内至少放置一根钢筋。梯段板和一般板计算一样，可不必进行斜截面抗剪承载力验算。

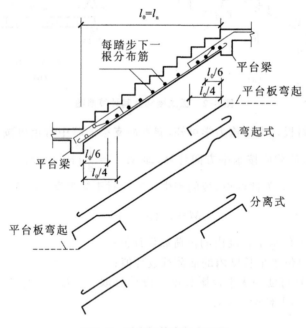

图8-3 受力钢筋弯起点位置

2. 平台板的构造措施

平台板配筋方式及构造要求与普通板的一样。

3. 平台梁的构造措施

平台梁的截面高度$h \geqslant (1/10)l_0$，l_0为平台梁的计算跨度，其他构造要求与一般梁相同。

三、现浇板式楼梯实例

【例 8-1】 某办公楼的现浇板式楼梯,楼梯结构平面布置如图 8-4 所示。层高 3.3 m,踏步尺寸为 150 mm×300 mm。梯段板和平台板构造做法:30 mm 厚水磨石面层,20 mm 厚混合砂浆板底抹灰。采用混凝土强度等级 C30,板梁纵向受力钢筋采用 HRB335。楼梯上的均布活荷载标准值为 $q_k = 2.5$ kN/m², 环境等级为一类,试设计此楼梯。

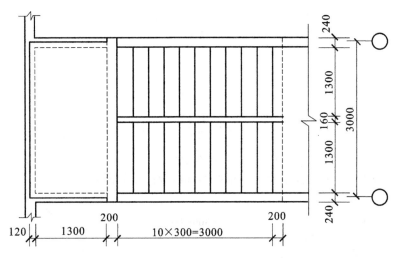

图 8-4 楼梯结构平面图

【解】

1. 梯段板计算

板倾斜度 $\tan\alpha = 150/300 = 0.5$, $\cos\alpha = 300/\sqrt{112\,500} = 0.894$
斜板厚 $h = l_0/28 = 3000/28$ mm $= 107$ mm,取 $h = 110$ mm。
取 1 m 宽板带计算。

1) 荷载计算
恒荷载标准值:
水磨石面层 $(0.3 + 0.15) \times 0.65 \times 1/0.3$ kN/m $= 0.98$ kN/m
三角形踏步 $1/2 \times 0.3 \times 0.15 \times 25 \times 1/0.3$ kN/m $= 1.88$ kN/m
110 mm 厚斜板 $0.11 \times 25 \times 1/0.894$ kN/m $= 3.08$ kN/m
板底抹灰 $0.02 \times 17 \times 1/0.894$ kN/m $= 0.38$ kN/m

小计 $g_k = 6.32$ kN/m
活荷载标准值 $q_k = 2.5 \times 1$ kN/m $= 2.5$ kN/m
总荷载设计值 $(1.2 \times 6.32 + 1.4 \times 1.0 \times 2.5)$ kN/m $= 11.08$ kN/m
                    $(1.35 \times 6.32 + 1.4 \times 1.0 \times 0.7 \times 2.5)$ kN/m $= 10.98$ kN/m
取 $p = 11.08$ kN/m。

2）截面设计

斜板水平计算跨度 $l_0 = 3.0$ m。

弯矩设计值 $M = \dfrac{1}{10} p l_0^2 = \dfrac{1}{10} \times 11.08 \times 3.0^2$ kN·m $= 9.97$ kN·m

$$h_0 = 110 \text{ mm} - 20 \text{ mm} = 90 \text{ mm}$$

$$\alpha_s = \frac{M}{\alpha_1 f_c b h_0^2} = \frac{9.97 \times 10^6}{1.0 \times 14.3 \times 1000 \times 90^2} = 0.086$$

$$\xi = 1 - \sqrt{1 - 2\alpha_s} = 1 - \sqrt{1 - 2 \times 0.086} = 0.089 < \xi_b = 0.550$$

$$A_s = \frac{\alpha_1 f_c b h_0 \xi}{f_y} = \frac{1.0 \times 14.3 \times 1000 \times 90 \times 0.089}{300} \text{ mm}^2 = 381.8 \text{ mm}^2$$

选用 $\Phi 8@100$, $A_s = 503$ mm²。

$$\rho = \frac{A_s}{bh_0} = \frac{503}{1000 \times 90} = 0.56\%$$

$$\rho_{\min} = 0.45 \frac{f_t}{f_y} = 0.45 \times \frac{1.43}{300} = 0.215\% > 0.2\%$$

$$\rho = 0.56\% > \rho_{\min} = 0.215\%$$

分布筋选用 $\Phi 8@300$，每级踏步下一根 $\Phi 8$，梯段板配筋如图 8-5 所示。

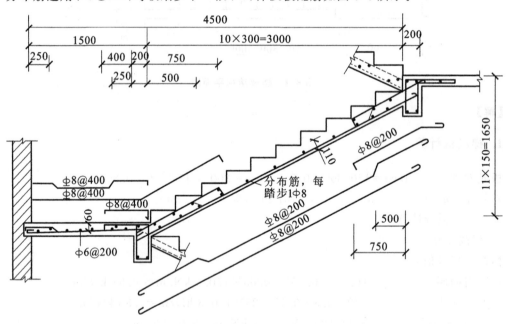

图 8-5　梯段板和平台板配筋图

2. 平台板计算

设平台板厚 $h = 60$ mm，取 1 m 宽板带计算。

1）荷载计算

平台板的恒荷载标准值

水磨石面层	0.65×1 kN/m $= 0.65$ kN/m
60 mm 厚混凝土板	$0.06 \times 25 \times 1$ kN/m $= 1.5$ kN/m
板底抹灰	$0.02 \times 17 \times 1$ kN/m $= 0.34$ kN/m

小计　　　　　　　　$g_k = 2.49$ kN/m

活荷载标准值　　　　$q_k = 2.5 \times 1$ kN/m $= 2.5$ kN/m

总荷载设计值　　　　$(1.2 \times 2.49 + 1.4 \times 1.0 \times 2.5)$ kN/m $= 6.49$ kN/m

　　　　　　　　　　$(1.35 \times 2.49 + 1.4 \times 1.0 \times 0.7 \times 2.5)$ kN/m $= 5.81$ kN/m

取 $p = 6.49$ kN/m。

2）截面设计

平台板的计算跨度　$l_0 = (1.3 + 0.2/2 + 0.12/2)$ m $= 1.46$ m

弯矩设计值　$M = \dfrac{1}{8} p l_0^2 = \dfrac{1}{8} \times 6.49 \times 1.46^2$ kN·m $= 1.73$ kN·m

$$h_0 = 60 \text{ mm} - 20 \text{ mm} = 40 \text{ mm}$$

$$\alpha_s = \frac{M}{\alpha_1 f_c b h_0^2} = \frac{1.73 \times 10^6}{1.0 \times 14.3 \times 1000 \times 40^2} = 0.076$$

$$\xi = 1 - \sqrt{1 - 2\alpha_s} = 1 - \sqrt{1 - 2 \times 0.076} = 0.079 < \xi_b = 0.550$$

$$A_s = \frac{\alpha_1 f_c b h_0 \xi}{f_y} = \frac{1.0 \times 14.3 \times 1000 \times 40 \times 0.079}{300} \text{ mm}^2 = 151 \text{ mm}^2$$

选用 $\Phi 8@200$，$A_s = 251$ mm²。

$$\rho = \frac{A_s}{b h_0} = \frac{251}{1000 \times 40} = 0.63\%$$

$$\rho_{\min} = 0.45 \frac{f_t}{f_y} = 0.45 \times \frac{1.43}{300} = 0.215\% > 0.2\%$$

$$\rho = 0.63\% > \rho_{\min} = 0.215\%$$

分布筋选用 $\Phi 6@200$。平台板配筋如图 8-5 所示。

3. 平台梁计算

设平台梁截面 $b = 200$ mm，$h = 350$ mm。

1）荷载计算

平台梁的恒荷载标准值

梯段板传来	$6.32 \times 1/2 \times 3.0$ kN/m $= 9.48$ kN/m
平台板传来	$2.49 \times (1/2 \times 1.3 + 0.2)$ kN/m $= 2.12$ kN/m
平台梁自重	$0.2 \times (0.35 - 0.06) \times 25$ kN/m $= 1.45$ kN/m
梁侧抹灰	$0.02 \times (0.35 - 0.06) \times 2 \times 17$ kN/m $= 0.20$ kN/m

小计　　　　　　　　$g_k = 13.25$ kN/m

活荷载标准值　$q_k = 2.5 \times (3.0/2 + 1.3/2 + 0.2)$ kN/m $= 5.88$ kN/m

总荷载设计值　　　　$(1.2 \times 13.25 + 1.4 \times 1.0 \times 5.88)$ kN/m $= 24.13$ kN/m

$(1.35 \times 13.25 + 1.4 \times 1.0 \times 0.7 \times 5.88)$ kN/m $= 23.65$ kN/m

取 $p = 24.13$ kN/m。

2) 截面设计

计算跨度　　　　$l_0 = 1.05 l_n = 1.05 \times (3.0 - 0.24)$ m $= 2.90$ m

弯矩设计值　　$M = \dfrac{1}{8} p l_0^2 = \dfrac{1}{8} \times 24.13 \times 2.90^2$ kN·m $= 25.37$ kN·m

剪力设计值　　$V = \dfrac{1}{2} p l_n = \dfrac{1}{2} \times 24.13 \times (3.0 - 0.24)$ kN $= 33.30$ kN

(1) 正截面承载力计算。

受压翼缘的计算宽度 b'_f：

$$\dfrac{l_0}{6} = \dfrac{1}{6} \times 2900 \text{ mm} = 483 \text{ mm}$$

$$b + s_n/2 = \left(200 + \dfrac{1300}{2}\right) \text{ mm} = 850 \text{ mm}$$

$$b + 5 h'_f = (200 + 5 \times 60) \text{ mm} = 500 \text{ mm}$$

取 $b'_f = 483$ mm。

$$h_0 = 350 \text{ mm} - 35 \text{ mm} = 315 \text{ mm}$$

截面按第一类倒 T 形截面计算公式计算

$$\alpha_s = \dfrac{M}{\alpha_1 f_c b'_f h_0^2} = \dfrac{25.37 \times 10^6}{1.0 \times 14.3 \times 483 \times 315^2} = 0.037$$

$$\xi = 1 - \sqrt{1 - 2\alpha_s} = 1 - \sqrt{1 - 2 \times 0.037} = 0.038 < \xi_b = 0.550$$

$$A_s = \dfrac{\alpha_1 f_c b'_f h_0 \xi}{f_y} = \dfrac{1.0 \times 14.3 \times 483 \times 315 \times 0.038}{300} \text{ mm}^2 = 276 \text{ mm}^2$$

选用 $2 \underline{\Phi} 14$，$A_s = 308$ mm²。

$$\rho = \dfrac{A_s}{b h_0} = \dfrac{308}{200 \times 315} = 0.49 \%$$

$$\rho_{\min} = 0.45 \dfrac{f_t}{f_y} = 0.45 \times \dfrac{1.43}{300} = 0.215\% > 0.2\%$$

$$\rho = 0.49\% > \rho_{\min} = 0.215\%$$

(2) 斜截面受剪承载力计算。

验算截面尺寸是否符合要求：

$0.25 \beta_c f_c b h_0 = 0.25 \times 1.0 \times 14.3 \times 200 \times 315$ N $= 225\,225$ N $= 225.23$ kN $> V = 33.30$ kN

截面尺寸满足要求。

判别是否按计算配置箍筋：

$0.7 f_t b h_0 = 0.7 \times 1.43 \times 200 \times 315$ N $= 63\,063$ N $= 63.06$ kN $> V = 33.30$ kN

按构造配置箍筋，选用双肢箍筋 $\underline{\Phi} 6@200$。

$$\rho_{sv} = \dfrac{n A_{sv}}{bs} = \dfrac{2 \times 28.3}{200 \times 200} = 0.142\% > \rho_{sv,\min} = 0.24 \dfrac{f_t}{f_{yv}} = 0.24 \times \dfrac{1.43}{300} = 0.114\%$$

满足要求。

平台梁配筋如图 8-6 所示。

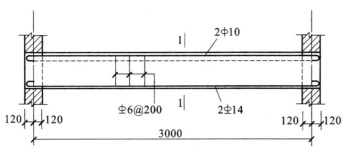 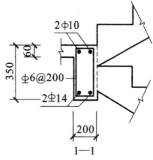

图 8-6　平台梁配筋图

四、现浇梁式楼梯的计算与构造

梁式楼梯由踏步板、斜梁、平台板和平台梁组成。梯段上的荷载以均布荷载的形式传递给踏步板；踏步板以均布荷载的形式传递给斜梁；斜梁以集中力的形式传递给平台梁，同时平台板以均布荷载的形式传递给平台梁；平台梁则以集中力的形式传递给楼梯间的侧墙或小柱。

现浇梁式楼梯的优点是：当楼梯跑长度较大时，比板式楼梯耗材少，结构自重小，比较经济。其缺点为：施工不便，模板工程较复杂，且较大尺寸的斜梁显得楼梯外观较为笨重。

1. 踏步板

踏步板承受均布荷载，按支承于两侧斜梁上的简支板计算内力，计算时一般取一个踏步作为计算单元，踏步板由斜板和三角形踏步组成，截面为梯形，可按面积相等的原则折算成同宽度的矩形截面，其折算高度可近似取梯形中位线 $h=\dfrac{h_1+h_2}{2}$（见图 8-7）。板厚一般取 30 mm～

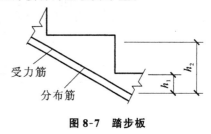

图 8-7　踏步板

40 mm。踏步板配筋除按计算确定外，要求每个踏步一般需配置不少于 2 根直径为 6 mm 的受力钢筋，并沿斜向布置间距不大于 300 mm 的 $\phi 6$ 分布钢筋。

2. 斜梁

梯段斜梁两端支承在平台梁上，承受踏步板传来的荷载。计算内力时，与板式楼梯中梯段板的计算原理相同，可简化为简支斜梁，又将其化作水平梁计算，其内力按下式计算（轴向力可不予考虑）

$$M_{\max}=\frac{1}{8}(g+q)l_0^2$$

$$V_{\max}=\frac{1}{2}(g+q)l_n$$

式中：$M_{\max}$、$V_{\max}$——简支斜梁在竖向均布荷载下的最大弯矩和最大剪力；

l_0、l_n——梯段斜梁的计算跨度及净跨的水平投影长度。

梯段斜梁的截面高度一般取 $h \geqslant l_0/20$，配筋与一般梁相同。

3. 平台梁与平台板

平台梁主要承受斜梁传来的集中荷载和平台板传来的均布荷载,平台梁、平台板的计算与板式楼梯基本相同。平台梁在斜梁支承处应设置吊筋或附加箍筋,其计算同肋形楼盖主梁。

五、现浇梁式楼梯实例

【例 8-2】 某教学楼现浇钢筋混凝土梁式楼梯,其结构平面布置图、纵剖面图如图 8-8 所示。混凝土强度等级为 C25,采用 HPB300 级钢筋。楼梯上的均布活荷载标准值为 2.5 kN/m²,踏步做法如图 8-9 所示,采用金属栏杆。环境等级为一类,试设计此楼梯踏步和斜梁尺寸及配筋。

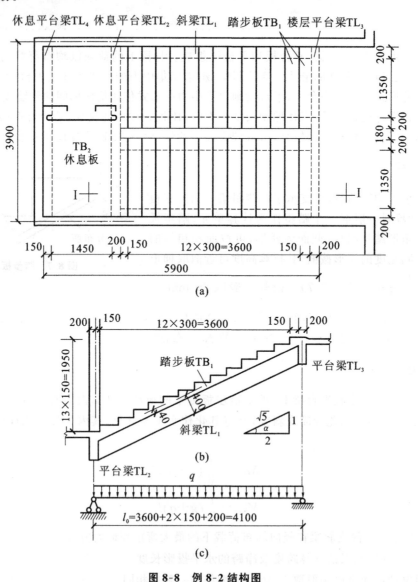

图 8-8 例 8-2 结构图

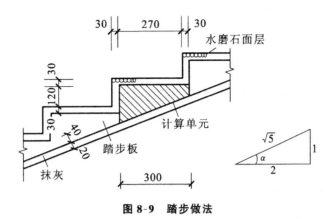

图 8-9　踏步做法

【解】（1）踏步板 TB_1 的计算（见图 8-8）。

① 荷载设计值的计算。

以一个踏步作为计算单元，踏步板的斜板部分厚度取 40 mm。

荷载设计值：

10 mm 厚水磨石面层	$(0.3+0.15)\times 0.65\times 1.2$ kN/m = 0.35 kN/m
20 mm 厚板底抹灰	$0.02\times 0.3\times \dfrac{\sqrt{5}}{2}\times 17\times 1.2$ kN/m = 0.14 kN/m
踏步板自重	$\left(1/2\times 0.15+0.04\times \dfrac{\sqrt{5}}{2}\right)\times 0.3\times 25\times 1.2$ kN/m = 1.08 kN/m
活荷载	$2.5\times 0.3\times 1.4\times 1.0$ kN/m = 1.05 kN/m

小计　　　　　　　　$q=2.62$ kN/m

② 内力计算。

计算跨度　　　　　　$l_0=1.35$ m + 0.2 m = 1.55 m

跨中最大弯矩　　$M=\dfrac{1}{8}ql_0^2=\dfrac{1}{8}\times 2.62\times 1.55^2$ kN·m = 0.79 kN·m

③ 正截面承载力计算。

查表知 $f_c=11.9$ N/mm², $f_t=1.27$ N/mm², $f_y=270$ N/mm²。

踏步截面的平均高度　$h=\left(1/2\times 150+40\times \dfrac{\sqrt{5}}{2}\right)$ mm = 120 mm

$$h_0=120\text{ mm}-20\text{ mm}=100\text{ mm}$$

$$\alpha_s=\dfrac{M}{\alpha_1 f_c bh_0^2}=\dfrac{0.79\times 10^6}{1.0\times 11.9\times 300\times 100^2}=0.022$$

$$\xi=1-\sqrt{1-2\alpha_s}=1-\sqrt{1-2\times 0.022}=0.022<\xi_b=0.614$$

$$A_s=\dfrac{\alpha_1 f_c bh_0 \xi}{f_y}=\dfrac{1.0\times 11.9\times 300\times 100\times 0.022}{270}\text{ mm}^2=29.1\text{ mm}^2$$

按构造要求，梁式楼梯踏步板配筋不应少于 2 根，现选取 2Φ8，$A_s=101$ mm²。

$$\rho_{\min}=0.2\%$$

$$\rho_{\min}=0.45\dfrac{f_t}{f_y}=0.45\times \dfrac{1.27}{270}=0.212\%$$

$$\rho = \frac{A_s}{bh} = \frac{101}{300 \times 120} = 0.28\% > \rho_{min} = 0.212\%$$

满足要求。

(2) 斜梁 TL₁ 的计算。

斜梁纵剖面及其计算简图如图 8-8(b)、(c)所示。

梁高 $h = \frac{1}{12}l_0 = \frac{1}{12} \times 4100 \text{ mm} = 342 \text{ mm}$，取 $h = 400 \text{ mm}, b = 200 \text{ mm}$。

① 荷载计算。

由踏步板传来的荷载	$2.62 \times (1.35/2 + 0.2)/0.3$ kN/m $= 7.64$ kN/m
梁自重	$0.2 \times (0.40 - 0.04) \times \frac{\sqrt{5}}{2} \times 25 \times 1.2$ kN/m $= 2.42$ kN/m
梁侧面和底面抹灰	$0.02 \times (0.2 + 2 \times 0.4) \times \frac{\sqrt{5}}{2} \times 17 \times 1.2$ kN/m $= 0.46$ kN/m
金属栏杆	0.10×1.2 kN/m $= 0.12$ kN/m
小计	$q = 10.64$ kN/m

② 内力计算。

计算跨度 $l_0 = 3.6 \text{ m} + 2 \times 0.15 \text{ m} + 0.2 \text{ m} = 4.10 \text{ m}$

最大弯矩 $M = \frac{1}{8}ql_0^2 = \frac{1}{8} \times 10.64 \times 4.10^2$ kN·m $= 22.36$ kN·m

最大剪力 $V = \frac{1}{2}ql_0 \cos\alpha = \frac{1}{2} \times 10.64 \times 4.10 \times \frac{2}{\sqrt{5}} = 19.51$ kN

③ 正截面承载力计算。

斜梁与踏步板浇筑成整体，故斜梁可按倒 L 形梁计算。

受压翼缘的厚度 $h'_f = 40$ mm

受压翼缘的计算宽度 b'_f：

$$\frac{l_0}{6} = \frac{1}{6} \times 4100 \text{ mm} = 683.3 \text{ mm}$$

$$b + s_n/2 = 200 \text{ mm} + \frac{1350}{2} \text{ mm} = 875 \text{ mm}$$

取 $b'_f = 683.3$ mm。

$$h_0 = 400 \text{ mm} - 35 \text{ mm} = 365 \text{ mm}$$

$$\alpha_1 f_c b'_f h'_f (h_0 - \frac{1}{2}h'_f) = 1.0 \times 11.9 \times 683.3 \times 40 \times (365 - \frac{1}{2} \times 40)$$

$$= 112.2 \times 10^6 \text{ N·mm} = 112.2 \text{ kN·m} > 22.36 \text{ kN·m}$$

故截面按第一类倒 L 形计算。

$$\alpha_s = \frac{M}{\alpha_1 f_c b'_f h_0^2} = \frac{22.36 \times 10^6}{1.0 \times 11.9 \times 683.3 \times 365^2} = 0.020$$

$$\xi = 1 - \sqrt{1 - 2\alpha_s} = 1 - \sqrt{1 - 2 \times 0.020} = 0.020 < \xi_b = 0.614$$

$$A_s = \frac{\alpha_1 f_c b'_f h_0 \xi}{f_y} = \frac{1.0 \times 11.9 \times 683.3 \times 365 \times 0.020}{270} \text{ mm}^2 = 220 \text{ mm}^2$$

选用 2Φ14, $A_s = 308 \text{ mm}^2$。

$$\rho_{min} = 0.2\%$$
$$\rho_{min} = 0.45 \frac{f_t}{f_y} = 0.45 \times \frac{1.27}{270} = 0.212\%$$
$$\rho = \frac{A_s}{bh} = \frac{308}{200 \times 400} = 0.385\% > \rho_{min} = 0.212\%$$

满足要求。

④ 斜截面承载力计算。

验算截面尺寸是否符合要求：

$0.25\beta_c f_c bh_0 = 0.25 \times 1.0 \times 11.9 \times 200 \times 365 \text{ N} = 217175 \text{ N} = 217.2 \text{ kN} > V = 19.51 \text{ kN}$

截面尺寸满足要求。

判别是否按计算配置箍筋：

$0.7 f_t bh_0 = 0.7 \times 1.27 \times 200 \times 365 \text{ N} = 64897 \text{N} = 64.897 \text{ kN} > V = 19.51 \text{ kN}$

故按构造配置箍筋，选用双肢箍筋Φ6@250。

斜梁配筋如图 8-10 所示。

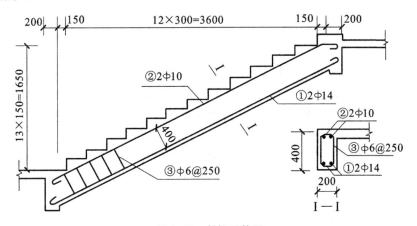

图 8-10 斜梁配筋图

任务 2 雨篷等悬挑构件

雨篷、挑檐和外阳台等构件是建筑中常见的悬挑构件。它们的设计除与一般梁板构件相同的内容之外，还需进行抗倾覆验算，以确保构件不倾覆。本任务以雨篷为例，讲述相应的计算与构造措施。

钢筋混凝土雨篷，当外挑长度不大于 3 m 时，一般可不设外柱而做成悬挑结构。其中：当外挑长度大于 1.5 m 时，宜设计成含有悬臂梁的梁板式雨篷；当外挑长度不大于 1.5 m 时，可设计成结构最为简单的悬臂板式雨篷。悬臂板式雨篷一般由雨篷板和雨篷梁两部分组成（见图

8-11)。雨篷梁既是雨篷板的支承,又兼有过梁的作用。

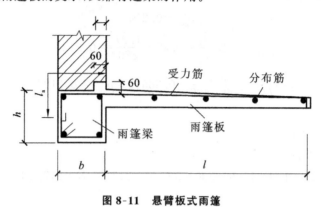

图 8-11　悬臂板式雨篷

悬臂板式雨篷可能发生的破坏有三种:雨篷板根部断裂、雨篷梁弯剪扭破坏和雨篷整体倾覆。为防止以上破坏,应对悬臂板式雨篷进行三个方面的计算:雨篷板的承载力计算、雨篷梁的承载力计算和雨篷的抗倾覆验算。

一、雨篷板的设计

一般雨篷板的挑出长度为 0.6 m～1.2 m 或更大,视建筑要求而定。现浇雨篷板多数做成变厚度的,一般根部板厚取 1/10 挑出长度,但不小于 70 mm,板端不小于 50 mm。雨篷板周围往往设置凸沿,以便能有组织地排泄雨水。雨篷板承受的荷载除永久荷载和均布活荷载外,还应考虑施工荷载或检修的集中荷载。以上荷载中,雨篷均布活荷载与雪荷载不同时考虑,取两者中较大值进行设计。施工集中荷载为 1.0 kN,进行承载能力计算时,沿板宽每隔 1.0 m 取一个集中荷载,进行雨篷抗倾覆验算时,沿板宽每隔 2.5 m～3.0 m 取一个集中荷载。

二、雨篷梁的设计

雨篷梁的宽度一般取与墙厚相同,梁的高度应按承载能力要求确定。梁两端伸进砌体的长度应考虑雨篷抗倾覆的因素确定。为防止板上雨水沿墙缝渗入墙内,往往在梁顶设置高过板顶 60 mm 的凸块,如图 8-11 所示。

雨篷梁所承受的荷载有自重、梁上砌体重、可能计入的楼盖传来的荷载以及雨篷板传来的荷载。梁上砌体重量和楼盖传来的荷载应按过梁荷载的规定计算。现以雨篷板作用均布荷载为例,来讲述雨篷梁的扭矩问题。

对于雨篷梁横截面的对称轴,板传给梁的力有沿板宽每 1 m 的竖向力 $V=pl$(单位:kN/m)和力矩 M_p(见图 8-12(a),单位:kN·m/m),此处

$$M_p = pl\left(\frac{b+l}{2}\right)$$

力矩 M_p 使雨篷梁发生转动,但由于梁两端砌固于墙体内可阻止梁转动,使梁承受了扭矩。梁上扭矩的分布规律是,在跨度中点处为零,按直线规律向两端增大至梁支座处达最大值(见图 8-12(b))。根据平衡条件,在梁两砌固端所产生的大小相等、转向相反的抵抗扭矩为

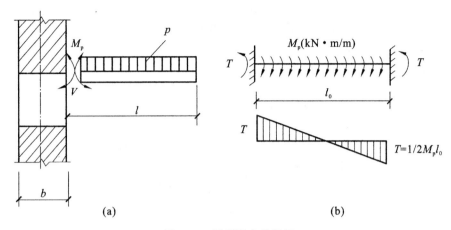

图 8-12 雨篷梁上的扭矩

(a)雨篷板传来的 V 和 M_p；(b)雨篷梁上的扭矩分布

$$T = \frac{1}{2}M_p l_0$$

此处，l_0 为雨篷梁的跨度，可近似取为 $l_0 = 1.05 l_n$（l_n 为梁的净跨）。

雨篷梁在自重、梁上砌体重等荷载作用下，承受弯、剪作用；而在雨篷板传来的荷载作用下，雨篷梁不仅受弯、受剪，而且还受扭，因此雨篷梁是受弯、剪、扭的构件。雨篷梁应按弯、剪、扭构件确定所需纵向钢筋和箍筋的截面面积，并满足有关构造要求。

三、雨篷抗倾覆验算

雨篷板上的荷载可使整个雨篷绕雨篷梁底的倾覆点 O 转动而倾倒（见图 8-13），但是梁的自重、梁上砌体重等却有阻止雨篷倾覆的作用。为保证雨篷的整体稳定，需按下式对雨篷进行抗倾覆验算。

$$M_{ov} \leqslant M_r$$

式中：M_{ov}——雨篷的倾覆力矩设计值；

M_r——雨篷的抗倾覆力矩设计值。

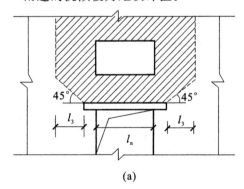 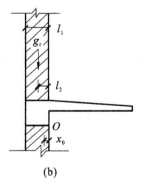

图 8-13 雨篷的抗倾覆计算

(a)雨篷的抗倾覆荷载；(b)倾覆点 O 和抗倾覆荷载 g_r

计算 M_r 时,应考虑可能出现的最小力矩,即只能考虑恒荷载的作用(如雨篷梁自重、梁上砌体重及压在雨篷梁上的梁板自重),且应考虑恒荷载有变小的可能。

$$M_r = 0.8 g_{rk}(l_2 - x_0)$$

式中:g_{rk}——抗倾覆恒荷载的标准值,按图 8-13(a)计算,图中 $l_3 = \frac{1}{2} l_n$;

l_2——g_{rk} 作用点到墙外边缘的距离;

x_0——倾覆点 O 到墙外边缘的距离,$x_0 = 0.13 l_1$,l_1 为墙厚度。

计算 M_{ov} 时,应考虑可能出现的最大力矩,即应考虑作用于雨篷板上的全部恒荷载和活荷载对 O 点处的力矩,且应考虑恒荷载和活荷载有变大的可能,用恒荷载系数 1.2 和活荷载系数 1.4。当雨篷抗倾覆验算不满足要求时,应采取保证稳定的措施,如增加雨篷梁在砌体内的长度或将雨篷梁与周围的结构(如柱子)相连接。

四、雨篷的配筋

雨篷板配筋按悬臂板计算,但必须配分布钢筋,受力筋必须伸入雨篷梁并与梁中的钢筋连接。雨篷梁是按弯剪扭构件设计配筋的,其箍筋必须按抗扭钢箍要求制作。具体配筋构造如图 8-14 所示。

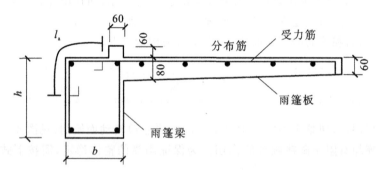

图 8-14 雨篷配筋图

五、雨篷实例

【例 8-3】 设计资料:如图 8-15 所示,某车间大门的雨篷。所用材料:混凝土强度等级为 C30,钢筋为 HRB335 级。试设计该雨篷。

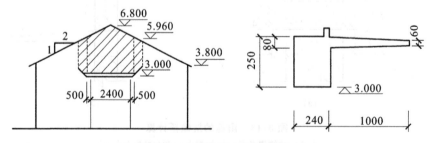

图 8-15 某车间大门的雨篷

【解】（1）雨篷板的抗弯承载力计算，取 1 m 板宽。

① 荷载计算。

恒荷载标准值：

20 mm 厚水泥砂浆面层	$0.02 \times 1 \times 20$ kN/m $= 0.4$ kN/m
15 mm 厚板底抹灰	$0.015 \times 1 \times 17$ kN/m $= 0.26$ kN/m
混凝土板自重	$1/2 \times (0.08 + 0.06) \times 1 \times 25$ kN/m $= 1.75$ kN/m
恒荷载标准值	$g_k = 2.41$ kN/m
恒荷载设计值	$g = 1.2 \times 2.41$ kN/m $= 2.89$ kN/m
均布活荷载设计值	$q = 1.4 \times 1.0 \times 0.5$ kN/m $= 0.7$ kN/m
施工或检修荷载设计值	$p = 1.4 \times 1.0 \times 1.0$ kN/m $= 1.4$ kN/m

② 计算简图（见图 8-16）。

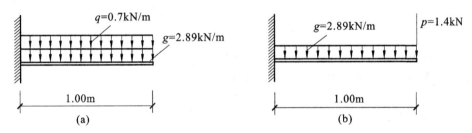

图 8-16 雨篷板的计算简图
(a) 荷载情况一；(b) 荷载情况二

③ 内力计算

$$M = \frac{1}{2}(g+q)l_0^2 = \frac{1}{2} \times (2.89+0.7) \times 1^2 \text{ kN·m} = 1.80 \text{ kN·m}$$

$$M = \frac{1}{2}gl_0^2 + pl_0 = \frac{1}{2} \times 2.89 \times 1^2 \text{ kN·m} + 1.4 \times 1 \text{ kN·m} = 2.85 \text{ kN·m}$$

取 $M = 2.85$ kN·m。

④ 配筋计算。

$$h_0 = 80 \text{ mm} - 20 \text{ mm} = 60 \text{ mm}$$

$$\alpha_s = \frac{M}{\alpha_1 f_c b h_0^2} = \frac{2.85 \times 10^6}{1.0 \times 14.3 \times 1000 \times 60^2} = 0.055$$

$$\xi = 1 - \sqrt{1-2\alpha_s} = 1 - \sqrt{1-2 \times 0.055} = 0.057$$

$$A_s = \frac{\alpha_1 f_c b h_0 \xi}{f_y} = \frac{1.0 \times 14.3 \times 1000 \times 60 \times 0.057}{300} \text{ mm}^2 = 163 \text{ mm}^2$$

受力钢筋选用 $\Phi 8@200$，$A_s = 251$ mm²，分布钢筋选用 $\Phi 6@200$。

$$\rho = \frac{A_s}{bh_0} = \frac{251}{1000 \times 60} = 0.42\%$$

$$\rho_{\min} = 0.45 \frac{f_t}{f_y} = 0.45 \times \frac{1.43}{300} = 0.215\% > 0.2\%$$

$$\rho = 0.42\% > \rho_{\min} = 0.215\%$$

（2）雨篷梁在弯、剪、扭作用下的承载力计算。

雨篷梁截面取 240 mm×250 mm。

（1）抗弯计算。

a. 荷载计算。

雨篷梁抗弯计算时，梁上的荷载按与过梁相同的方法确定。

雨篷梁上的墙体平均高度

$$h_w = (6.8+5.96)/2 \text{ m} - 3.0 \text{ m} - 0.25 \text{ m} = 3.13 \text{ m} > l_n/3 = 2.4/3 = 0.8 \text{ m}$$

故按高度为 0.8 m 墙体的均布荷载计算。

恒荷载标准值：

砖墙重	$0.24 \times 0.8 \times 19 \text{ kN/m} = 3.65 \text{ kN/m}$
单面粉刷重	$0.02 \times 0.8 \times 20 \text{ kN/m} = 0.32 \text{ kN/m}$
混凝土梁自重	$0.24 \times 0.25 \times 25 \text{ kN/m} = 1.5 \text{ kN/m}$
雨篷板传来的荷载	$2.41 \times 1 \text{ kN/m} = 2.41 \text{ kN/m}$

恒荷载标准值	$g_k = 7.88 \text{ kN/m}$
雨篷板传来的活荷载标准值	$q_k = 0.5 \text{ kN/m}$

或 $p_k = 1.0 \text{ kN}$

b. 内力计算。

$$l_0 = 1.05 l_n = 1.05 \times 2.4 \text{ m} = 2.52 \text{ m}$$

$$M_g = \frac{1}{8} g l_0^2 = \frac{1}{8} \times 1.2 \times 7.88 \times 2.52^2 \text{ kN·m} = 7.51 \text{ kN·m}$$

$$M_q = \frac{1}{8} q l_0^2 = \frac{1}{8} \times 1.4 \times 1.0 \times 0.5 \times 2.52^2 \text{ kN·m} = 0.56 \text{ kN·m}$$

$$M_p = \frac{1}{4} p l_0 = \frac{1}{4} \times 1.4 \times 1.0 \times 1.0 \times 2.52 \text{ kN·m} = 0.88 \text{ kN·m}$$

取 $M = M_g + M_p = 7.51 \text{ kN·m} + 0.88 \text{ kN·m} = 8.39 \text{ kN·m}$。

c. 配筋计算。

$$h_0 = 250 \text{ mm} - 35 \text{ mm} = 215 \text{ mm}$$

$$\alpha_s = \frac{M}{\alpha_1 f_c b h_0^2} = \frac{8.39 \times 10^6}{1.0 \times 14.3 \times 240 \times 215^2} = 0.053$$

$$\xi = 1 - \sqrt{1 - 2\alpha_s} = 1 - \sqrt{1 - 2 \times 0.053} = 0.054$$

$$A_s = \frac{\alpha_1 f_c b h_0 \xi}{f_y} = \frac{1.0 \times 14.3 \times 240 \times 215 \times 0.054}{300} \text{ mm}^2 = 133 \text{ mm}^2$$

② 抗剪、抗扭计算。

a. 剪力计算。

$$V = \frac{1}{2}(g+q)l_n = \frac{1}{2} \times (1.2 \times 7.88 + 1.4 \times 0.5) \times 2.4 \text{ kN} = 12.19 \text{ kN}$$

$$V = \frac{1}{2} g l_n + p = \frac{1}{2} \times 1.2 \times 7.88 \times 2.4 \text{ kN} + 1.4 \times 1 \text{ kN} = 12.75 \text{ kN}$$

取 $V = 12.75 \text{ kN}$。

b. 扭矩计算。

作用于梁截面对称轴上的力矩：

$$M_g = 1.2 \times 2.41 \times 1.0 \times \frac{1.0+0.24}{2} \text{ kN·m/m} = 1.79 \text{ kN·m/m}$$

$$M_q = 1.4 \times 0.5 \times 1.0 \times \frac{1.0+0.24}{2} \text{ kN·m/m} = 0.43 \text{ kN·m/m}$$

$$M_p = 1.4 \times 1.0 \times \left(1.0 + \frac{0.24}{2}\right) \text{ kN·m} = 1.57 \text{ kN·m}$$

扭矩　　$T = \frac{1}{2}(M_g + M_q)l_n = \frac{1}{2} \times (1.79 + 0.43) \times 2.4 \text{ kN·m} = 2.66 \text{ kN·m}$

或　　　$T = \frac{1}{2} M_g l_n + M_p = \frac{1}{2} \times 1.79 \times 2.4 \text{ kN·m} + 1.57 \text{ kN·m} = 3.72 \text{ kN·m}$

取较大值 $T = 3.72$ kN·m。

c. 验算截面尺寸及受扭钢筋是否需要按计算配置。

$$W_t = \frac{1}{6} \times 240^2 \times (3 \times 250 - 240) \text{ mm}^3 = 4.896 \times 10^6 \text{ mm}^3$$

$$\frac{V}{bh_0} + \frac{T}{0.8W_t} = \frac{12.75 \times 10^3}{240 \times 215} \text{ N/mm}^2 + \frac{3.72 \times 10^6}{0.8 \times 4.896 \times 10^6} \text{ N/mm}^2 = 1.2 \text{ N/mm}^2 <$$

$$0.25\beta_c f_c = 0.25 \times 1.0 \times 14.3 \text{ N/mm}^2 = 3.575 \text{ N/mm}^2$$

梁的截面尺寸符合要求。

$$\frac{V}{bh_0} + \frac{T}{W_t} = \frac{12.75 \times 10^3}{240 \times 215} \text{ N/mm}^2 + \frac{3.72 \times 10^6}{4.896 \times 10^6} \text{ N/mm}^2 = 1.01 \text{ N/mm}^2$$

$$> 0.7 f_t = 0.7 \times 1.43 \text{ N/mm}^2 = 1.0 \text{ N/mm}^2$$

受扭钢筋按计算配置。

d. 抗剪强度计算。

剪扭构件混凝土受扭承载力降低系数

$$\beta_t = \frac{1.5}{1 + 0.5 \dfrac{V}{T} \times \dfrac{W_t}{bh_0}} = \frac{1.5}{1 + 0.5 \times \dfrac{12.75 \times 10^3}{3.72 \times 10^6} \times \dfrac{4.896 \times 10^6}{240 \times 215}} = 1.29 > 1.0$$

取 $\beta_t = 1.0$。

$$V_u = 0.7(1.5 - \beta_t)f_t b h_0 + f_{yv}\frac{A_{sv}}{s}h_0$$

其中，

$$0.7(1.5 - \beta_t)f_t b h_0 = 0.7 \times (1.5 - 1.0) \times 1.43 \times 240 \times 215 \text{ N} = 25.8 \times 10^3 \text{ N} = 25.8 \text{ kN}$$

因 $V = 12.75$ kN < 25.8 kN，所以抗剪强度所需箍筋按构造配置。

e. 抗扭强度计算。

取 $\xi = 1.2$，有

$$A_{cor} = b_{cor} h_{cor} = (240 - 60) \times (250 - 60) \text{ mm}^2 = 180 \times 190 \text{ mm}^2 = 34\,200 \text{ mm}^2$$

$$u_{cor} = 2(b_{cor} + h_{cor}) = 2 \times (180 + 190) \text{ mm} = 740 \text{ mm}$$

代入抗扭强度计算公式

$$T \leqslant 0.35\beta_t f_t W_t + 1.2\sqrt{\xi} f_{yv} \frac{A_{st1} A_{cor}}{s}$$

即 $3.72\times10^6=0.35\times1.0\times1.43\times4.896\times10^6+1.2\times\sqrt{1.2}\times300\times\dfrac{A_{sv1}}{s}\times34\ 200$

所以,
$$\dfrac{A_{sv1}}{s}=0.094$$

箍筋选用 ⊥6, $s=\dfrac{28.3}{0.094}$ mm$=301$ mm,取 $s=200$ mm。所以配双肢箍筋⊥6@200。

计算抗扭强度所需纵筋截面面积 A_{st}:

$$A_{st}=\dfrac{\xi f_{yv}A_{sv1}u_{cor}}{f_y s}=\dfrac{1.2\times300\times28.3\times740}{300\times200}\ \text{mm}^2=126\ \text{mm}^2$$

置于梁上部纵筋面积为 $A_{st}/2=126/2$ mm$^2=63$ mm^2,选用 $2\Phi 8(A_s=101$ mm$^2)$。

置于梁下部纵筋面积为 $A_s+A_{st}/2=133$ mm$^2+126/2$ mm$^2=196$ mm^2,选用 $2\Phi 14(A_s=308$ mm$^2)$。

雨篷配筋如图 8-14 所示,请读者把计算结果标到图形上。

(3) 雨篷的抗倾覆验算。

① 倾覆力矩。

板上恒荷载产生的倾覆力矩

$$M_g=1.2\times2.41\times1.0\times\dfrac{1.0+0.13\times0.24}{2}\times(2.4+2\times0.5)\ \text{kN}\cdot\text{m}=5.07\ \text{kN}\cdot\text{m}$$

板上活荷载产生的倾覆力矩

$$M_q=1.4\times0.5\times1.0\times\dfrac{1.0+0.13\times0.24}{2}\times(2.4+2\times0.5)\ \text{kN}\cdot\text{m}=1.23\ \text{kN}\cdot\text{m}$$

$$M_p=1.4\times1.0\times(1.0+0.13\times0.24)\ \text{kN}\cdot\text{m}=1.44\ \text{kN}\cdot\text{m}$$

取较大值, $M_{ov}=M_g+M_p=5.07\ \text{kN}\cdot\text{m}+1.44\ \text{kN}\cdot\text{m}=6.51\ \text{kN}\cdot\text{m}$

② 抗倾覆力矩。

起抗倾覆作用的墙体垂直面积(如图 8-12 所示阴影部分)的计算:

平均墙高 $h_w=3.13$ m

阴影部分宽度 $2.4\ \text{m}+2\times(0.5+2.4/2)\ \text{m}=5.8\ \text{m}$

阴影部分面积 $3.13\times5.8\ \text{m}^2-2\times1/2\times1.2\times1.2\ \text{m}^2=16.7\ \text{m}^2$

墙体重	$0.24\times16.7\times19$ N$=76.2$ kN
单面粉刷重	$0.02\times16.7\times20$ N$=6.68$ kN
梁自重	$0.24\times0.25\times3.4\times25$ N$=5.1$ kN

小计 $g_{rk}=88.0$ kN

$M_r=0.8\times88.0\times(0.24/2-0.13\times0.24)\ \text{kN}\cdot\text{m}=6.25\ \text{kN}\cdot\text{m}$

③ 验算:

$$M_{ov}=6.51\ \text{kN}\cdot\text{m}>M_r=6.25\ \text{kN}\cdot\text{m}$$

所以雨篷不满足抗倾覆要求。可适当增加雨篷梁两端埋入砌体的支承长度,以增大抗倾覆的能力,或者采用其他拉结措施,使得 $M_{ov}\leqslant M_r$。

单元小结

8.1 楼梯的外形和几何尺寸由建筑设计确定。常见的楼梯类型较多,按施工方法的不同,可分为整体式楼梯和装配式楼梯;按楼梯段结构形式的不同,可分为板式、梁式、悬挑式和螺旋式楼梯。本章主要介绍板式楼梯和梁式楼梯的计算和构造要求。

8.2 对于雨篷、阳台等悬臂结构,除控制截面承载力计算外,尚应作整体抗倾覆的验算。

8.1 现浇普通楼梯有哪两种?各有何优缺点?由哪些部件组成?
8.2 悬臂板式雨篷可能发生哪几种破坏?应进行哪些计算?
8.3 悬臂板式雨篷应满足哪些构造要求?
8.4 板式楼梯与梁式楼梯的传力路线有何不同?
8.5 板式楼梯与梁式楼梯有何区别?这两种形式楼梯的踏步板中配筋有何不同?

单元 9
钢筋混凝土构件变形、裂缝宽度验算及耐久性

学习目标

☆ **知识目标**

(1) 理解混凝土构件刚度的计算公式,掌握挠度的验算。
(2) 掌握最大裂缝宽度计算公式并应用。
(3) 熟悉混凝土结构耐久性的意义、主要影响因素及耐久性设计的一般概念。

☆ **能力目标**

(1) 熟练进行刚度和裂缝宽度的验算。
(2) 熟悉混凝土结构耐久性设计的有关规定。

单元 9 钢筋混凝土构件变形、裂缝宽度验算及耐久性

❖ 知识链接：正常使用极限状态验算

设计钢筋混凝土结构，首先应对受力构件进行承载能力极限状态计算，以保证结构构件的安全可靠。随后，应验算各构件是否满足正常使用极限状态的要求，因为过大的变形或裂缝宽度不但影响结构的美观，更重要的是，不能保证结构的适用性。此外，在正常维护条件下，足够的耐久性也是结构功能的重要组成部分，如混凝土最小保护层厚度防止钢筋锈蚀等。鉴于此，本单元主要讲述混凝土构件按正常使用极限状态进行变形和裂缝宽度的验算方法及混凝土结构的耐久性设计。

正常使用极限状态的验算是通过将荷载组合效应值控制在一定限值之内而实现的。具体实践中，应根据其使用功能和外观要求，按下列规定对钢筋混凝土结构构件进行正常使用极限状态验算：

（1）对需要控制变形的构件，应进行变形验算；
（2）对不允许出现裂缝的构件，应进行混凝土拉应力验算；
（3）对允许出现裂缝的构件，应进行受力裂缝宽度验算；
（4）对舒适度有要求的楼盖结构，应进行竖向自振频率验算。

与以往不同，《混凝土结构设计规范》(GB 50010—2010)进一步深化了对使用功能的要求，新增了对楼盖舒适度验算的要求。

对于混凝土结构构件来说，不满足正常使用极限状态所产生的危害性较不满足承载力极限状态的危害性小，因此正常使用极限状态的目标可靠指标值 β 要小一些。故《混凝土结构设计规范》(GB 50010—2010)规定：结构构件承载力计算采用荷载效应组合设计值；而变形及裂缝宽度验算（即变形、裂缝、应力等计算值不超过相应的规定限值），则采用荷载效应标准组合或准永久组合，并考虑长期作用的影响。此处，对长期作用影响的考虑主要是因为构件的变形和裂缝宽度都随时间而增大。

任务 1 受弯构件的变形验算

一、概述

（一）变形控制的目的和要求

为了保证结构的使用功能，防止过大的变形对相关结构构件及非结构构件产生不良影响，同时为了保证变形在人心理可承受范围之内，根据工程经验，《混凝土结构设计规范》(GB 50010—2010)对受弯构件的最大挠度限值进行了规定，如表 9-1 所示。

表 9-1 受弯构件的挠度限值

构件类型		挠度限值
吊车梁	手动吊车	$l_0/500$
	电动吊车	$l_0/600$
屋盖、楼盖及楼梯构件	当 $l_0<7$ m时	$l_0/200(l_0/250)$
	当 7 m$\leqslant l_0\leqslant 9$ m时	$l_0/250(l_0/300)$
	当 $l_0>9$ m时	$l_0/300(l_0/400)$

注：① l_0 为构件的计算跨度，悬臂构件的 l_0 取实际悬臂长度的 2 倍；
② 对于对挠度有较高要求的构件，取括号内的数值。

（二）截面抗弯刚度的概念

由材料力学可知，弹性匀质材料受弯构件的最大挠度计算公式为

$$f=S\frac{Ml_0^2}{EI} \tag{9-1}$$

或

$$f=S\phi l_0^2 \tag{9-2}$$

式中：M——梁最大弯矩；

S——与荷载形式、支承条件有关的系数，如承受均布荷载的简支梁，$S=5/48$；

l_0——梁的计算跨度；

ϕ——截面曲率，即单位长度上的转角；

EI——截面抗弯刚度。

由式(9-1)和式(9-2)可知，截面抗弯刚度 $EI=M/\phi$，即欲使截面产生单位转角所需施加的弯矩。它体现了截面抵抗弯曲变形的能力，对于弹性匀质材料来说，EI 为一常数。由式(9-1)可知，弯矩 M 与挠度 f 成直线关系，如图 9-1 中的虚线 OA 所示。

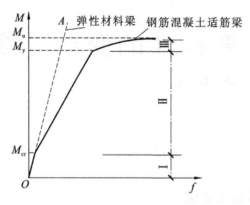

图 9-1 受弯构件的 M-f 曲线

对于钢筋混凝土梁，由于其材料的非弹性性质和受拉区裂缝的发展，梁的截面刚度随荷载的增加有所变化。图 9-1 中的实线就是一根典型的钢筋混凝土适筋梁弯矩 M 与挠度 f 的关系曲线。从中可以看出，M-f 曲线可以分为三个阶段。

第一阶段是裂缝出现以前，梁处于弹性工作阶段，M 与 f 基本上成直线关系，且与 OA 非常接

近。临近裂缝出现时,M 与 f 关系由直线逐渐向下弯曲。这是由于受拉混凝土出现了塑性变形,变形模量略有降低的原因。裂缝出现以后到受拉区钢筋屈服以前为第二阶段。此时,梁进入带裂缝工作阶段,M-f 曲线发生明显转折。梁的截面刚度明显降低,这主要是由混凝土裂缝的开展及混凝土塑性变形所引起的。试验表明,截面尺寸和材料都相同的适筋梁,配筋率越小,相应的截面抗弯刚度越小,M-f 曲线转折越明显,变形越大。当受拉区钢筋屈服以后,M-f 曲线出现第二个转折点,进入第三阶段。在此阶段,截面刚度急剧降低,弯矩稍许增加都会引起挠度的剧增。

由以上分析可以看出,混凝土受弯构件的刚度不是一个常数,而是随着荷载的增加而降低的参数,裂缝的出现与开展对其有显著影响。我们用 B 表示混凝土构件抗弯刚度,以区别均匀弹性体的抗弯刚度 EI。其中:短期刚度以 B_s 表示;考虑了一部分荷载效应长期影响的长期刚度,用 B 表示。

二、受弯构件的短期刚度 B_s

(一)试验研究分析

在使用荷载作用下,绝大多数受弯构件处于第二阶段,即裂缝出现以后到受拉区钢筋屈服以前的阶段,这是正常使用变形验算的阶段。试验表明,此时在钢筋混凝土梁纯弯段内测得的钢筋和混凝土应变具有以下分布特征(见图 9-2)。

(1)钢筋应变沿梁长分布不均匀,裂缝截面处应变较大,裂缝之间应变较小。

(2)受压区混凝土的应变沿梁长分布也是不均匀的。裂缝截面处应变较大,裂缝之间应变较小,但其应变值的波动幅度比钢筋应变的波动幅度要小得多。

(3)由于裂缝的影响,截面中和轴的高度 x_n 也呈波浪形变化,开裂截面处 x_n 小而裂缝之间截面 x_n 较大。

(4)钢筋与混凝土的平均应变符合平截面假定,即沿平均截面平均应变呈直线分布。

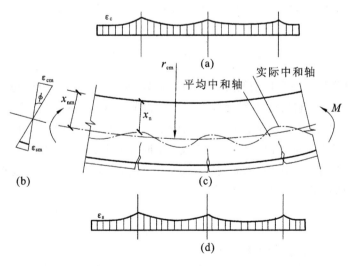

图 9-2 使用阶段梁纯弯段的应变分布及中和轴位置

（二）受弯构件短期刚度公式的建立

由试验分析可见，由于裂缝的影响，钢筋与混凝土的应变沿构件长度方向是不均匀的，但在纯弯段内，其平均应变 ε_{sm}、ε_{cm} 符合平截面假定。所以可得平均曲率

$$\phi = \frac{1}{r_{cm}} = \frac{\varepsilon_{sm} + \varepsilon_{cm}}{h_0} \tag{9-3}$$

式中：r_{cm}——平均曲率半径；

ε_{sm}——纵向受拉钢筋平均应变；

ε_{cm}——受压区边缘混凝土平均应变；

h_0——截面有效高度。

利用材料力学中弯矩与曲率的关系，可得受弯构件短期刚度 B_s

$$B_s = \frac{M_k}{\phi} = \frac{M_k h_0}{\varepsilon_{sm} + \varepsilon_{cm}} \tag{9-4}$$

式中：M_k——计算区段内，按荷载标准组合计算的最大弯矩值。

1. 纵向受拉钢筋的应变 ε_{sk}

在荷载效应标准组合作用下，钢筋在屈服以前其应力应变符合虎克定律，所以裂缝截面纵向受拉钢筋的拉应变 ε_{sk} 可按下式计算：

$$\varepsilon_{sk} = \frac{\sigma_{sk}}{E_s} \tag{9-5}$$

式中：σ_{sk}——按荷载标准组合计算的裂缝截面纵向受拉钢筋的拉应力。

式中裂缝截面处的钢筋应力 σ_{sk}，对于受弯构件可按下式计算：

$$\sigma_{sk} = \frac{M_k}{\eta h_0 A_s} \tag{9-6}$$

式中：η——裂缝截面处内力臂系数，可取 $\eta = 0.87$。

而在荷载效应标准组合下的钢筋截面平均应变 ε_{sm} 可用裂缝截面处的相应应变 ε_{sk} 来表示，即

$$\varepsilon_{sm} = \Psi \varepsilon_{sk} = \Psi \frac{\sigma_{sk}}{E_s} = \Psi \frac{M_k}{A_s \eta h_0 E_s} \tag{9-7}$$

式中的 ψ 为裂缝间纵向受拉钢筋应变不均匀系数，它是钢筋平均应变与裂缝截面处钢筋应变的比值，即 $\psi = \varepsilon_{sm}/\varepsilon_s$。它反映了裂缝截面之间的混凝土参与受拉对钢筋应变的影响程度。ψ 值越大，表示混凝土承受拉力的程度越小，各截面中钢筋的应变就比较均匀；当 $\psi = 1$ 时，就表明此时裂缝间受拉混凝土全部退出工作，所以当 $\psi > 1$ 时没有物理意义，取 $\psi = 1.0$；当 ψ 计算值较小时会过高地估计混凝土的作用，因而规定当 $\psi < 0.2$ 时，取 $\psi = 0.2$；对直接承受重复荷载的构件，取 $\psi = 1.0$。具体计算可按式(9-8)计算：

$$\psi = 1.1 - 0.65 \frac{f_{tk}}{\rho_{te} \sigma_{sq}} \tag{9-8}$$

式中：f_{tk}——混凝土轴心抗拉强度标准值；

ρ_{te}——按有效受拉混凝土截面面积计算的纵向受拉钢筋的配筋率。

$$\rho_{te} = A_s / A_{te}$$

当计算所得 $\rho_{te} < 0.01$ 时，取 $\rho_{te} = 0.01$。

式中：A_s——纵向受拉钢筋的截面面积；

A_{te}——有效受拉混凝土的截面面积。

A_{te} 可按下列规定取用：对轴心受拉构件，$A_{te} = bh$；对受弯、偏心受压和偏心受拉构件，$A_{te} = 0.5bh + (b_f - b)h_f$，如图 9-3 所示。

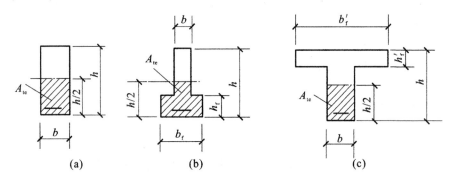

图 9-3 有效受拉混凝土截面面积

2. 截面受压区边缘混凝土应变 ε_{ck}

计算受压区混凝土在裂缝截面处的应变 ε_{ck} 时，考虑到受压混凝土的塑性变形，计算中采用混凝土的变形模量 $E_c' = vE_c$（v 为混凝土的弹性系数），则

$$\varepsilon_{ck} = \frac{\sigma_{ck}}{vE_c} \tag{9-9}$$

式中：σ_{ck}——按荷载标准组合计算的裂缝截面受压区边缘混凝土压应力。

受压区混凝土由于塑性变形，裂缝截面的压应力呈曲线分布，可用压应力为 $\omega\sigma_{ck}$ 的等效矩形应力图形来代替。ω 为矩形应力图形丰满程度系数。受压区面积为 $(b_f' - b)h_f' + \xi_0 bh_0 = (\gamma_f' + \xi_0)bh_0$，对纵向受拉钢筋的重心取矩可得

$$\sigma_{ck} = \frac{M_k}{\omega(\gamma_f' + \xi_0)\eta bh_0^2} \tag{9-10}$$

$$\gamma_f' = \frac{(b_f' - b)h_f'}{bh_0} \tag{9-11}$$

式中：ξ_0——裂缝截面处受压区高度系数，$\xi_0 = x_0/h_0$；

γ_f'——受压翼缘的加强系数，若 $\gamma_f' > 0.2h_0$，取 $\gamma_f' = 0.2h_0$。这是因为翼缘较厚时，靠近中和轴的翼缘部分受力较小，按全部 h_f' 计算，γ_f' 将使 B_s 值偏大。

在荷载效应标准组合下的截面平均应变 ε_{cm} 可用裂缝截面处的相应应变 ε_{ck} 来表示。

对于混凝土，

$$\varepsilon_{cm} = \psi_c \varepsilon_{ck} = \psi_c \frac{\sigma_{ck}}{vE_c} = \psi_c \frac{M_k}{\omega(\gamma_f' + \xi_0)\eta bh_0^2 vE_c} \tag{9-12}$$

为了简化，取 $\zeta = \omega v(\gamma_f' + \xi_0)\eta/\psi_c$，则上式简化为

$$\varepsilon_{cm} = \frac{M_k}{\zeta bh_0^2 E_c} \tag{9-13}$$

式（9-13）中，ζ 称为受压区边缘混凝土平均应变综合系数。将式（9-7）和式（9-13）代入式

(9-4),分子和分母同乘以 $E_s A_s h_0^2$,并取 $\alpha_E = E_s/E_c$, $\rho = A_s/bh_0$,即可求得受弯构件短期刚度。

$$B_s = \frac{E_s A_s h_0^2}{\dfrac{\psi}{\eta} + \dfrac{E_s A_s h_0^2}{\zeta E_c b h_0^3}} = \frac{E_s A_s h_0^2}{\dfrac{\psi}{\eta} + \dfrac{\alpha_E \rho}{\zeta}} \tag{9-14}$$

显然,当构件的截面尺寸和配筋率已确定时,上式中分母的第一项反映了钢筋应变不均匀程度对刚度的影响,分母中的第二项则反映了受压区混凝土变形对刚度的影响。

式中:α_E——钢筋弹性模量与混凝土弹性模量之比;

ρ——纵向受拉钢筋配筋率;

η——裂缝截面处内力臂长度系数;

ζ——受压边缘混凝土平均应变综合系数。

《混凝土结构设计规范》(GB 50010—2010)直接给出了 $\alpha_E \rho / \zeta$ 的计算式:

$$\frac{\alpha_E \rho}{\zeta} = 0.2 + \frac{6\alpha_E \rho}{1 + 3.5\gamma_f} \tag{9-15}$$

将 $\eta = 0.87$ 和式(9-15)代入式(9-14),则受弯构件短期刚度公式可写为

$$B_s = \frac{E_s A_s h_0^2}{1.15\psi + 0.2 + \dfrac{6\alpha_E \rho}{1 + 3.5\gamma_f}} \tag{9-16}$$

三、长期荷载作用下受弯构件的刚度公式

钢筋混凝土梁的长期荷载试验表明,在长期荷载作用下,受弯构件的变形随时间而增大,刚度随时间而降低。荷载长期作用下变形增加的原因主要是混凝土的徐变引起平均应变的增大。此外,钢筋与混凝土之间的滑移徐变使裂缝之间的受拉混凝土不断退出工作,从而引起受拉钢筋在裂缝之间的应变不断增大。混凝土的收缩也会使刚度降低,导致变形增加。因此,凡是影响混凝土徐变和收缩的因素,如混凝土的组成成分、受压钢筋的配筋率、荷载的作用时间、使用环境的温湿度等,都会引起构件刚度的变化。变形随时间而增长的规律,与混凝土长期荷载作用下的徐变变形的试验结果相似,前6个月变形增长较快,以后逐渐减缓,一年后趋于收敛,但数年后仍能发现变形有很小的增长。所以,钢筋混凝土受弯构件的刚度应在短期刚度的基础上考虑荷载长期作用的影响后确定。

长期荷载作用下受弯构件挠度的增大,可用考虑荷载准永久组合对挠度增大的影响系数 θ 来反映。《混凝土结构设计规范》(GB 50010—2010)中分别给出了考虑荷载准永久组合和荷载标准组合的长期作用对挠度增加的影响,给出了以下两个考虑荷载长期作用影响的刚度计算公式。

1. 采用荷载效应标准组合时

仅需对在 M_q 下产生的那部分挠度乘以挠度增大的影响系数,而对 $M_k - M_q$ 这部分弯矩产生的短期挠度是不必增大的。所以可求得受弯构件刚度 B 的计算公式为

$$B = \frac{M_k}{M_q(\theta - 1) + M_k} B_s \tag{9-17}$$

式中:M_k——按荷载效应的标准组合计算的弯矩,取计算区段内的最大弯矩值;

M_q——按荷载效应的准永久组合计算的弯矩,取计算区段内的最大弯矩值。

2. 采用荷载效应准永久组合时

可直接取

$$B = \frac{B_s}{\theta} \tag{9-18}$$

关于 θ 的取值,主要是根据试验结果经分析后确定。这其中考虑到了长期荷载作用下受压钢筋对混凝土受压徐变及收缩所起的约束作用,从而减少刚度降低的影响。《混凝土结构设计规范》(GB 50010—2010)规定,对钢筋混凝土受弯构件:当 $\rho'=0$ 时,取 $\theta=2.0$;当 $\rho'=\rho$ 时,取 $\theta=1.6$;当 ρ' 为中间数值时,θ 按线性内插法取用。ρ 和 ρ' 分别为受拉钢筋的配筋率与受压钢筋的配筋率。对翼缘位于受拉区的倒 T 形截面,由于在荷载标准组合作用下受拉混凝土参与工作较多,而在荷载长期作用下混凝土退出工作的影响较大,θ 值应增加 20%。

四、最小刚度原则与受弯构件挠度验算

(一) 最小刚度原则

一般混凝土受弯构件的截面弯矩沿构件长度是变化的,而截面刚度与弯矩有关,所以即使是等截面的钢筋混凝土受弯构件,其各个截面的刚度也是不相等的。如图 9-4 所示简支梁,在靠近支座的截面处,因截面弯矩小于开裂弯矩,所以不会出现正截面裂缝,因其截面刚度比纯弯区段内的截面刚度要大得多。如果用纯弯区段的截面刚度计算挠度,其计算挠度值似乎会偏大。但实际情况是,在剪跨区段内还存在着剪切变形,甚至可能出现少量斜裂缝,这些都会使梁的挠度增大。在一般情况下,这些使挠度增大的影响与按照最小刚度计算时的偏差大致可以相抵。因此,为了简化计算,《混凝土结构设计规范》(GB 50010—2010)规定:在等截面构件中,可假定各同号弯矩区段内的刚度相等,并取用该区段内最大弯矩处的刚度,即取用该区段的最小刚度作为该区段的刚度来计算挠度。这就是变形计算中的最小刚度原则。当计算跨度内的支座截面刚度不大于跨中截面刚度的两倍或不小于跨中截面刚度的 1/2 时,该跨也可按等刚度构

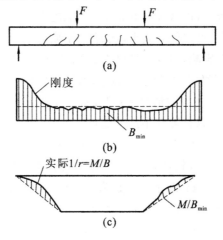

图 9-4 沿梁长刚度和曲率分布

件进行计算,其构件刚度可取跨中最大弯矩截面的刚度。对国内外约350根试验梁的验算结果显示,计算值与试验值符合较好。这说明按照最小刚度原则计算受弯构件的变形是可以满足工程要求的。

(二) 受弯构件的变形验算

对混凝土受弯构件,当按照刚度计算公式求出各同号弯矩区段中的最小刚度后,即可按结构力学的方法计算混凝土受弯构件的挠度。所求得的挠度值应满足

$$f \leqslant f_{\lim} \tag{9-19}$$

式中:$f_{\lim}$——挠度限值,按表9-1采用;

f——根据最小刚度原则并采用荷载长期作用影响的刚度 B 进行计算的挠度,当跨间为同号弯矩时,由式(9-1)可知

$$f = S \frac{M_k l_0^2}{B} \tag{9-20}$$

或

$$f = S \frac{M_q l_0^2}{B} \tag{9-21}$$

S 为与荷载形式有关的系数。例如:均布荷载作用下的简支梁 $S = \frac{5}{48}$;而集中力作用下的简支梁取 $S = \frac{1}{12}$。

五、影响截面抗弯刚度的主要因素

由以上分析可以看出,影响受弯构件刚度的因素较多。当混凝土受弯构件产生的变形值不能满足《混凝土结构设计规范》(GB 50010—2010)要求时,可采取以下措施控制变形。

(1) 在配筋率和材料一定时,增大截面高度是提高刚度最有效的措施,因其是按平方关系增大的。所以在工程实践中,一般都是根据实践经验,选取适宜的高跨比预先对混凝土受弯构件的变形进行控制。

(2) 提高混凝土强度等级,可以减少 ψ 和 α_E,增加混凝土受弯构件的刚度 B_s。

(3) 受拉钢筋配筋率增大,可以使 θ 减小,从而提高刚度 B_s。

(4) 截面形状对刚度也有影响,当仅受拉区有翼缘时,有效配筋率较小,则由式(9-8)知 ψ 也小些,刚度增大;当仅有受压翼缘时,系数 γ_f' 不为零,所以刚度增大。

(5) 在常用配筋率 $\rho = 1\% \sim 2\%$ 的情况下,提高混凝土强度等级对提高刚度的作用不大。

(6) 采用预应力混凝土,可以显著减小挠度变形。

【例9-1】 有一矩形截面混凝土简支梁,$b \times h = 300 \text{ mm} \times 600 \text{ mm}$,计算跨度 $l_0 = 7.8 \text{ m}$,混凝土等级为C30,采用HRB400级钢筋,环境类别是一类,梁上均布恒荷载(包括梁自重)$g_k = 12 \text{ kN/m}$,均布活荷载 $q_k = 7 \text{ kN/m}$,准永久系数为 $\psi_q = 0.5$,按正截面承载力验算已配受拉钢筋 $3\phi22 (A_s = 1140 \text{ mm}^2)$。试验算其变形是否满足要求。

【解】 (1) 计算梁内最大弯矩。

按荷载效应标准组合作用下的跨中最大弯矩

$$M_k = \frac{1}{8}(g_k + q_k)l_0^2 = \frac{1}{8} \times (12+7) \times 7.8^2 \text{ kN·m} = 144.5 \text{ kN·m}$$

按荷载效应准永久组合作用下的跨中最大弯矩

$$M_q = \frac{1}{8}(g_k + \psi_q q_k)l_0^2 = \frac{1}{8} \times (12 + 0.5 \times 7) \times 7.8^2 \text{ kN·m} = 117.9 \text{ kN·m}$$

（2）计算参数的确定。

C30 混凝土：$E_c = 3.0 \times 10^4 \text{ N/mm}^2$，$f_{tk} = 2.01 \text{ N/mm}^2$。

HRB400 钢筋：$E_s = 2.0 \times 10^5 \text{ N/mm}^2$。

（3）计算受拉钢筋应变不均匀系数 ψ。

$$\sigma_{sq} = \frac{M_q}{0.87 h_0 A_s} = \frac{117.9 \times 10^6}{0.87 \times 560 \times 1140} \text{ N/mm}^2 = 212.3 \text{ N/mm}^2$$

$$\rho_{te} = \frac{A_s}{A_{te}} = \frac{1140}{0.5 \times 300 \times 600} = 0.0127$$

$$\psi = 1.1 - \frac{0.65 f_{tk}}{\rho_{te} \sigma_{sq}} = 1.1 - \frac{0.65 \times 2.01}{0.0127 \times 212.3} = 0.615$$

（4）计算短期刚度 B_s。

$$\alpha_E \rho = \frac{E_s}{E_c} \frac{A_s}{bh_0} = \frac{2.0 \times 10^5}{3.0 \times 10^4} \times \frac{1140}{300 \times 560} = 0.045\,2$$

对于矩形截面，$\gamma_f' = 0$，所以

$$B_s = \frac{E_s A_s h_0^2}{1.15\psi + 0.2 + 6\alpha_E \rho} = \frac{2.0 \times 10^5 \times 1140 \times 560^2}{1.15 \times 0.615 + 0.2 + 6 \times 0.0452} \text{ N·mm}^2 = 6.07 \times 10^{13} \text{ N·mm}^2$$

（5）计算长期刚度 B。

采用荷载效应标准组合时，

$$B_k = \frac{M_k}{M_q(\theta - 1) + M_k} B_s = \frac{144.5}{117.9 \times (2-1) + 144.5} \times 6.07 \times 10^{13} \text{ N·mm}^2 = 3.34 \times 10^{13} \text{ N·mm}^2$$

采用荷载效应准永久组合时

$$B_q = \frac{B_s}{\theta} = \frac{6.07 \times 10^{13}}{2} \text{ N·mm}^2 = 3.04 \times 10^{13} \text{ N·mm}^2$$

（6）计算跨中挠度。

$$f_k = \frac{5}{48} \frac{M_k l_0^2}{B_k} = \frac{5 \times 144.5 \times 10^6 \times 7800^2}{48 \times 3.34 \times 10^{13}} \text{ mm} = 27.4 \text{ mm}$$

$$f_q = \frac{5}{48} \frac{M_q l_0^2}{B_q} = \frac{5 \times 117.9 \times 10^6 \times 7800^2}{48 \times 3.04 \times 10^{13}} \text{ mm} = 24.6 \text{ mm}$$

因 $f_k > f_q$，所以取 $f = f_k = 27.4$ mm。

（7）验算挠度变形。

$$f_{\lim} = \frac{l_0}{250} = \frac{7800}{250} \text{ mm} = 31.2 \text{ mm} > f = 27.4 \text{ mm}$$

所以满足要求。

【例 9-2】 图 9-5 所示为多孔板，计算跨度 $l_0 = 3.04$ m，混凝土为 C20，配置 9Φ6 受力筋，保护层厚度 $c = 10$ mm，按荷载效应标准组合计算的弯矩值 $M_k = 4.47$ kN·m，按荷载效应准永久组合计算的弯矩值 $M_q = 3.53$ kN·m，$f_{\lim} = l_0/200$，试验算挠度是否满足要求。

【解】 (1) 将多孔板截面换算成工形截面。

换算时按截面面积、形心位置和截面对形心轴的惯性矩不变的条件,即

$$\frac{\pi d^2}{4} = b_a h_a$$

$$\frac{\pi d^4}{64} = \frac{b_a h_a^3}{12}$$

求得: $b_a = 72.6$ mm, $h_a = 69.2$ mm。换算后的工形截面尺寸为

$$b = 890 \text{ mm} - 72.6 \times 8 \text{ mm} = 310 \text{ mm}$$

$$h_f' = 65 \text{ mm} - \frac{69.2}{2} \text{ mm} = 30.4 \text{ mm}$$

$$h_f = 55 \text{ mm} - \frac{69.2}{2} \text{ mm} = 20.4 \text{ mm}$$

(2) 参数确定。

C20 混凝土: $E_c = 2.55 \times 10^4$ N/mm², $f_{tk} = 1.54$ N/mm²。

HRB300 钢筋: $E_s = 2.1 \times 10^5$ N/mm²。

(3) 计算受拉钢筋应变不均匀系数 ψ。

$$\sigma_{sq} = \frac{M_q}{0.87 h_0 A_s} = \frac{3.53 \times 10^6}{0.87 \times 107 \times 28.3 \times 9} \text{ N/mm}^2 = 148.9 \text{ N/mm}^2$$

$$\rho_{te} = \frac{A_s}{0.5 bh + (b_f - b) h_f} = \frac{28.3 \times 9}{0.5 \times 310 \times 120 + (890 - 310) \times 20.4} = 0.008\ 37$$

$$\psi = 1.1 - \frac{0.65 f_{tk}}{\rho_{te} \sigma_{sq}} = 1.1 - \frac{0.65 \times 1.54}{0.008\ 37 \times 148.9} = 0.3$$

(4) 计算短期刚度 B_s。

$$\alpha_E \rho = \frac{E_s}{E_c} \frac{A_s}{bh_0} = \frac{2.1 \times 10^5}{2.55 \times 10^4} \times \frac{28.3 \times 9}{310 \times 107} = 0.063$$

对于工字形截面,

$$\gamma_f' = \frac{(b_f' - b) h_f'}{b h_0} = \frac{(890 - 310) \times 30.4}{310 \times 107} = 0.53$$

$$B_s = \frac{E_s A_s h_0^2}{1.15\psi + 0.2 + \frac{6\alpha_E \rho}{1 + 3.5 \gamma_f'}} = \frac{2.1 \times 10^5 \times 28.3 \times 9 \times 107^2}{1.15 \times 0.3 + 0.2 + \frac{6 \times 0.063}{1 + 3.5 \times 0.53}} \text{ N} \cdot \text{mm}^2$$

$$= 9.04 \times 10^{11} \text{ N} \cdot \text{mm}^2$$

(5) 计算长期刚度 B。

采用荷载效应标准组合时,

$$B_k = \frac{M_k}{M_q(\theta - 1) + M_k} B_s = \frac{4.47}{3.53 \times (2 - 1) + 4.47} \times 9.04 \times 10^{11} \text{ N} \cdot \text{mm}^2$$

$$= 5.05 \times 10^{11} \text{ N} \cdot \text{mm}^2$$

采用荷载效应准永久组合时,

$$B_q = \frac{B_s}{\theta} = \frac{9.04 \times 10^{11}}{2} \text{ N} \cdot \text{mm}^2 = 4.52 \times 10^{11} \text{ N} \cdot \text{mm}^2$$

(6) 计算跨中挠度。

$$f_k = \frac{5}{48} \frac{M_k l_0^2}{B_k} = \frac{5 \times 4.47 \times 10^6 \times 3040^2}{48 \times 5.05 \times 10^{11}} \text{ mm} = 8.52 \text{ mm}$$

$$f_q = \frac{5}{48} \frac{M_q l_0^2}{B_q} = \frac{5 \times 3.53 \times 10^6 \times 3040^2}{48 \times 4.52 \times 10^{11}} \text{ mm} = 7.52 \text{ mm}$$

因 $f_k > f_q$,所以取 $f = f_k = 8.52$ mm。

(7) 验算挠度变形。

$$f_{\lim} = \frac{l_0}{200} = \frac{3040}{200} \text{ mm} = 15.2 \text{ mm} > f = 8.52 \text{ mm}$$

所以满足要求。

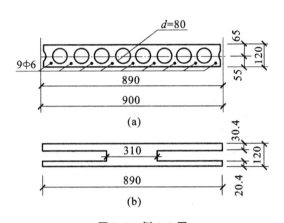

图 9-5 例 9-2 图
(a)截面尺寸;(b)换算后截面

任务 2 受弯构件裂缝宽度验算

一、裂缝控制的目的和要求

直接作用和间接作用是钢筋混凝土构件裂缝产生的主要原因。在合理设计和施工的条件下,荷载的直接作用往往不是形成过大裂缝宽度的主要原因,而温度变化、混凝土收缩、基础不均匀沉降、冰冻、钢筋锈蚀等间接作用对裂缝的产生、发展有着很大的影响。工程实践中,大多裂缝都是几种原因组合作用的结果。

外部美观、耐久适用是裂缝宽度限制的主要目的。因为裂缝过宽时气体、水分和化学介质会侵入裂缝,引起钢筋锈蚀,削弱钢筋受力面积的同时还会因钢筋体积的膨胀引起保护层的剥落,影响结构的使用寿命。近年来,高强钢筋的应用逐渐广泛,构件中钢筋应力相应提高,应变增大,裂缝必然随之加宽,钢筋锈蚀的后果也随之加重。总体来说,可根据结构构件所处环境和工作条件来控制裂缝;同时,还应考虑到裂缝对建筑物观瞻、对人的心理感受和使用者的不安程度的影响。《混凝土结构设计规范》(GB 50010—2010)将钢筋混凝土结构构件的正截面裂缝控制等级划分为三级,分别用应力及裂缝宽度进行控制。

一级——严格要求不出现裂缝的构件,按荷载效应标准组合计算时,构件受拉边缘混凝土不应产生拉应力。

二级——一般要求不出现裂缝的构件,按荷载效应标准组合计算时,构件受拉边缘混凝土拉应力不应大于混凝土轴心抗拉强度标准值;按荷载效应准永久组合计算时,构件受拉边缘混凝土不宜产生拉应力,当有可靠经验时可适当放松。

三级——允许出现裂缝的构件,对一般钢筋混凝土构件,按荷载效应准永久组合并考虑长期作用影响计算时,构件的最大裂缝宽度 w_{max} 不应超过表9-2规定的最大裂缝宽度限值。对预应力混凝土构件,按荷载效应标准组合并考虑长期作用的影响验算裂缝宽度时,构件的最大裂缝宽度 w_{max} 同样不应超过表9-2规定的最大裂缝宽度限值。在表9-2中,结构构件所处的环境类别按表9-3确定。

表 9-2 结构构件的裂缝控制等级及最大裂缝宽度的限值(mm)

环境类别	钢筋混凝土结构		预应力混凝土结构	
	裂缝控制等级	w_{lim}	裂缝控制等级	w_{lim}
一	三级	0.30(0.40)	三级	0.20
二 a	三级	0.20		0.10
二 b			二级	—
三 a、三 b			一级	—

注:① 在一类环境下,年平均相对湿度小于60%的地区采用括号内限值;
② 钢筋混凝土屋架、托架及需作疲劳验算的吊车梁,在一类环境下最大裂缝宽度限值取0.20 mm,对钢筋混凝土屋面梁和托梁,最大裂缝宽度限值取0.30 mm;
③ 表中最大裂缝宽度限值为用于验算荷载作用引起的最大裂缝宽度。

表 9-3 混凝土结构的环境类别

环境类别		条 件
一		室内干燥环境; 无侵蚀性静水浸没环境
二	a	室内潮湿环境; 非严寒和非寒冷地区的露天环境; 非严寒和非寒冷地区与无侵蚀性的水或土壤直接接触的环境; 严寒和寒冷地区的冰冻线以下与无侵蚀性的水或土壤直接接触的环境
	b	干湿交替环境; 水位频繁变动环境; 严寒和寒冷地区的露天环境; 严寒和寒冷地区的冰冻线以上与无侵蚀性的水或土壤直接接触的环境

续表

环境类别		条 件
三	a	严寒和寒冷地区冬季水位变动区环境； 受除冰盐影响环境； 海风环境
三	b	盐渍土环境； 受除冰盐作用环境； 海岸环境
四		海水环境
五		受人为或自然的侵蚀性物质影响的环境

注：① 室内潮湿环境是指构件表面经常处于结露或湿润状态的环境；
② 严寒和寒冷地区的划分应符合现行国家标准《民用建筑热工设计规范》GB 50176 的有关规定；
③ 海岸环境和海风环境宜根据当地情况，考虑主导风向及结构所处迎风、背风部位等因素的影响，由调查研究和工程经验确定；
④ 受除冰盐影响环境是指受到除冰盐盐雾影响的环境，受除冰盐作用环境是指被除冰盐溶液溅射的环境以及使用除冰盐地区的洗车房、停车楼等建筑；
⑤ 暴露的环境是指混凝土结构表面所处的环境。

二、裂缝的出现、分布和发展

以受弯构件为例，在裂缝未出现前，受拉区由钢筋和混凝土共同受力，各截面的受拉钢筋应力及受拉混凝土应力大体相等；由于混凝土与钢筋间的粘结未被破坏，沿构件纵向钢筋的应力、应变也大致相同。如图 9-6(a)所示，随着荷载的增加，截面应变不断增大，由于混凝土的极限抗拉强度很小，当受拉区外边缘的混凝土达到其抗拉强度 f_t 时，在某一薄弱截面处，首先出现第一条(批)裂缝。由于混凝土的非匀质性及截面的局部缺陷等因素的影响，第一条(批)裂缝出现的位置是随机的。当裂缝出现后，裂缝截面处的混凝土不再承受拉力，应力降至零。原先由受拉混凝土承担的拉力转由钢筋承担，使开裂截面处钢筋的应力突然增大，如图 9-6(b)所示。配筋率越低，钢筋的应力增量越大。

在裂缝出现瞬间，原受拉张紧的混凝土突然断裂回缩，使混凝土和钢筋之间产生相对滑移和粘结应力。因受到钢筋与混凝土粘结作用的影响，混凝土的回缩受到约束。离裂缝截面越远，粘结力累计越大，混凝土的回缩就越小。通过粘结力的作用，钢筋的拉应力部分传递给混凝土，使钢筋的拉应力随着离裂缝截面距离的增大而逐渐减小。混凝土的应力从裂缝处为零，随着离裂缝截面距离的增大而逐渐增大。当达到某一距离 l 后，粘结应力消失，钢筋和混凝土又具有相同的拉伸应变，各自的应力又呈均匀分布，如图 9-6(c)所示。此 l 即为粘结应力作用长度，也称为传递长度。

荷载继续增加，混凝土构件将在其他一些薄弱截面出现新的裂缝。显然，在已有裂缝两侧 l 范围内或间距小于 $2l$ 的已有裂缝间，将不可能再出现裂缝了，而只是使原有的裂缝扩展与延伸，荷载越大，裂缝越宽。因为在这些范围内，通过粘结应力传递的混凝土拉应力将小于混凝土的实际抗拉强度，不足以使混凝土开裂。随着荷载的增加，裂缝会陆续出现。当荷载增大到一定程度后，裂缝会基本出齐，裂缝间距趋于稳定。从理论上讲，最小裂缝间距为 l，最大裂缝间距为

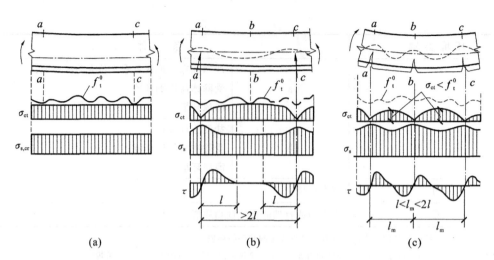

图 9-6　裂缝的出现、分布和发展

$2l$，平均裂缝间距 l_m 则为 $1.5l$。

实际上，由于材料的不均匀性以及截面尺寸的偏差等因素的影响，裂缝的出现具有某种程度的偶然性，因而裂缝的分布和宽度同样是不均匀的。但是，对大量试验资料的统计分析表明，一般来说，平均裂缝间距和平均裂缝宽度具有一定的规律性，平均裂缝宽度与最大裂缝宽度之间也具有一定的规律性。《混凝土结构设计规范》(GB 50010—2010)就是以平均裂缝间距和平均裂缝宽度为基础，根据统计求得的"扩大系数"来确定最大裂缝宽度的。

三、平均裂缝间距 l_m

以上分析可知，荷载增加到一定程度后，裂缝间距基本稳定。但裂缝间距的计算很复杂，很难用一个理想化的受力模型来进行理论计算，所以经过试验分析得出，裂缝间距主要与以下因素有关。

1) 混凝土相对受拉区面积

如果受拉区面积(A_{te})较大，开裂后混凝土就会有较大的回缩力，也就需要一个较长的距离积累更多的粘结力来阻止混凝土的回缩，所以裂缝间距较大。

2) 混凝土保护层厚度

当混凝土保护层厚度(c)较大时，受拉边缘混凝土回缩将比较自由，需要较长的距离积累粘结力以阻挡混凝土的回缩，所以就有较大的裂缝间距。

3) 混凝土与钢筋间的粘结力

混凝土与钢筋之间的粘结力大，则较短距离内钢筋就能约束混凝土的回缩，裂缝分布就密些。这主要与钢筋表面特征及钢筋表面积大小有关，同时与配筋率有关，低配筋率时钢筋应力增量较大，裂缝分布疏些。在荷载长期作用下，混凝土的滑移徐变和拉应力的松弛，将导致裂缝间受拉混凝土不断退出工作，使裂缝开展宽度增大。此外，由于荷载变动使钢筋直径时胀时缩等因素，也将引起粘结强度的降低，导致裂缝宽度的增大。

考虑以上因素，《混凝土结构设计规范》(GB 50010—2010)参照国内外试验资料,给出了受弯构件平均裂缝间距计算公式:

$$l_m = \beta\left(1.9c_s + 0.08\frac{d_{eq}}{\rho_{te}}\right) \quad (9\text{-}22)$$

β——与构件受力状态有关的系数,由试验结果分析确定。对轴心受拉构件,$\beta=1.1$;对其他受力构件,$\beta=1.0$。

c_s——最外层纵向受拉钢筋外边缘至受拉区底边的距离(mm)。当 $c_s<20$ mm 时,取 $c_s=20$ mm;当 $c_s>65$ mm 时,取 $c_s=65$ mm。

d_{eq}——纵向受拉钢筋的等效直径(mm)。d_{eq}按下式计算:

$$d_{eq} = \frac{\sum n_i d_i^2}{\sum n_i v_i d_i} \quad (9\text{-}23)$$

式中:d_i——第 i 种纵向受拉钢筋的公称直径(mm);

n_i——第 i 种纵向受拉钢筋的根数;

v_i——第 i 种纵向受拉钢筋的相对粘结特性系数。光圆钢筋的 $v_i=0.7$,带肋钢筋的 $v_i=1.0$。当采用环氧树脂涂层带肋钢筋时,v_i 值乘以 0.8 的折减系数。

ρ_{te}——按有效受拉混凝土截面面积 A_{te} 计算的纵向受拉钢筋配筋率。在最大裂缝宽度计算中,当 $\rho_{te}<0.01$ 时,取 $\rho_{te}=0.01$。

四、平均裂缝宽度

裂缝宽度是指受拉钢筋重心水平处构件侧表面上的裂缝宽度。试验表明,裂缝宽度的离散程度比裂缝间距更大,因此,平均裂缝宽度的计算是建立在稳定的平均裂缝间距基础上的。取平均裂缝宽度 w_m 等于裂缝平均间距范围内钢筋重心处的钢筋的平均伸长值与混凝土的平均伸长值之差,如图 9-7 所示,即

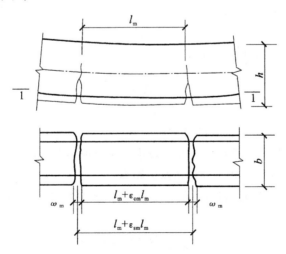

图 9-7 平均裂缝宽度计算图

$$w_m = \varepsilon_{sm} l_m - \varepsilon_{cm} l_m = \varepsilon_{sm}\left(1 - \frac{\varepsilon_{cm}}{\varepsilon_{sm}}\right) l_m = \alpha_c \varepsilon_{sm} l_m \tag{9-24}$$

式中：ε_{sm}、ε_{cm}——分别为裂缝间钢筋及混凝土的平均拉应变；

α_c——裂缝间混凝土自身伸长对裂缝宽度的影响系数，$\alpha_c = 1 - \frac{\varepsilon_{cm}}{\varepsilon_{sm}}$。

试验研究表明，系数 α_c 反映了裂缝间混凝土伸长对裂缝宽度的影响，与配筋率、截面形状和混凝土保护层厚度等因素有关。但 α_c 值的大小主要取决于混凝土构件受力状态。综合分析国内多家单位的混凝土构件裂缝加载试验结果，对受弯和偏压构件取 $\alpha_c = 0.77$，其他构件统一取 $\alpha_c = 0.85$。

将式(9-7)带入式(9-24)，则平均裂缝宽度 w_m 可表示为

$$w_m = \alpha_c \psi \frac{\sigma_{sq}}{E_s} l_m \tag{9-25}$$

对钢筋混凝土结构构件进行裂缝宽度计算时，钢筋应力采用荷载效应准永久组合 σ_{sq}，所以式(9-25)中把裂缝截面处的钢筋应力 σ_{sk} 改记为 σ_{sq}。依据受力性质，受弯、轴心受拉、偏心受拉及偏心受压构件均可按裂缝截面处力的平衡条件求得 σ_{sq}，具体如下。

1) 轴心受拉构件

$$\sigma_{sq} = \frac{N_q}{A_s} \tag{9-26}$$

式中：N_q——按荷载准永久组合计算的轴向拉力值；

A_s——纵向受拉钢筋截面面积，对轴心受拉构件，取全部纵向钢筋截面面积。

2) 受弯构件

$$\sigma_{sq} = \frac{M_q}{\eta h_0 A_s} \tag{9-27}$$

式中：M_q——按荷载准永久组合计算的弯矩值；

A_s——纵向受拉钢筋截面面积，对受弯构件，取受拉区纵向钢筋截面面积；

η——裂缝截面内力臂长度系数，可近似取 $\eta = 0.87$。

3) 偏心受拉构件

大小偏心受拉构件的 σ_{sq} 可统一写成

$$\sigma_{sq} = \frac{N_q e'}{A_s (h_0 - a_s')} \tag{9-28}$$

$$e' = e_0 + y_c - a_s'$$

式中：N_q——按荷载准永久组合计算的轴向压力值；

e'——轴向拉力作用点至受压区或受拉较小边纵向钢筋合力点的距离；

y_c——截面重心至受压或较小受拉边缘的距离；

A_s——纵向受拉钢筋截面面积，对偏心受拉构件，取受拉较大边的纵向钢筋截面面积。

4) 偏心受压构件

$$\sigma_{sq} = \frac{N_q(e-z)}{A_s z} \tag{9-29}$$

$$z = \left[0.87 - 0.12(1-\gamma_f')\left(\frac{h_0}{e}\right)^2\right] h_0 \tag{9-30}$$

$$e=\eta_s e_0 + y_s; \quad \gamma'_f = \frac{(b'_f - b)h'_f}{bh_0}; \quad \eta_s = 1 + \frac{1}{4000e_0/h_0}\left(\frac{l_0}{h}\right)^2 \tag{9-31}$$

式中：N_q——按荷载准永久组合计算的轴向压力值；

e——轴向压力作用点至纵向受拉钢筋合力点的距离；

η_s——使用阶段的轴心压力偏心距增大系数，当 $l_0/h \leqslant 14$ 时，取 $\eta_s = 1.0$；

y_s——截面重心至纵向受拉钢筋合力点的距离；

z——纵向受拉钢筋合力点至截面受压区合力点的距离，且 $z \leqslant 0.87h_0$。

五、最大裂缝宽度的确定及验算

（一）最大裂缝宽度的确定

由于混凝土的不均匀性，混凝土构件的裂缝宽度具有很大的离散性。对工程具有实际意义的是混凝土构件的最大裂缝宽度，所以应对混凝土构件的最大裂缝宽度进行验算，使其不超过《混凝土结构设计规范》（GB 50010—2010）规定的限值（见表 9-2）。

最大裂缝宽度是由平均裂缝宽度乘以扩大系数得来的。扩大系数根据试验结果的统计分析并参照使用经验确定。扩大系数的确定，要考虑两个方面的情况：一是混凝土构件在荷载效应标准组合下裂缝宽度的离散性；二是荷载长期作用下，由于混凝土的收缩、徐变及钢筋与混凝土之间的滑移徐变等因素的影响，使混凝土构件中已有裂缝发生变化。

梁的试验表明，裂缝宽度的频率基本上呈正态分布。因此，相对最大裂缝宽度可由下式求得

$$w_{max} = \tau_l \tau_s w_m = (1 + 1.645\delta)\tau_s w_m \tag{9-32}$$

式中：δ——裂缝宽度的变异系数，对于受弯构件、偏心受压构件可取 δ 的平均值 0.4；

τ_s——短期裂缝宽度扩大系数，对于受弯构件和偏心受压构件，$\tau_s = 1.66$，对于偏心受拉构件和轴心受拉构件，取 $\tau_s = 1.9$；

τ_l——长期荷载下裂缝宽度的扩大系数，可取 $\tau_l = 1.5$。

基于以上因素的考虑，《混凝土结构设计规范》（GB 50010—2010）规定在矩形、T 形、倒 T 形和 I 形截面的钢筋混凝土受拉、受弯和偏心受压构件中，按荷载准永久组合，考虑裂缝宽度分布不均匀性和荷载长期作用影响的最大裂缝宽度可按下列公式计算：

$$w_{max} = \alpha_{cr} \psi \frac{\sigma_{sq}}{E_s}\left(1.9c_s + 0.08\frac{d_{eq}}{\rho_{te}}\right) \tag{9-33}$$

式中：α_{cr}——构件受力特征系数。

对于轴心受拉构件，$\alpha_{cr} = 2.7$；对于偏心受拉构件，$\alpha_{cr} = 2.4$；对于受弯和偏心受压构件，$\alpha_{cr} = 1.9$。

（二）最大裂缝宽度的验算

验算裂缝宽度时，应满足

$$w_{max} \leqslant w_{lim} \tag{9-34}$$

式中：w_{max}——按荷载效应准永久组合并考虑长期作用影响计算的最大裂缝宽度；

w_{lim}——《混凝土结构设计规范》(GB 50010—2010)规定的最大裂缝宽度限值,按表 9-2 采用。

由式(9-33)可知,最大裂缝宽度主要与钢筋应力、有效配筋率及钢筋直径等有关。裂缝宽度的验算是在满足构件承载力的前提下进行的,此时构件的截面尺寸、配筋率等均已确定。在验算时,可能会出现满足了截面强度要求却不满足裂缝宽度要求的现象,这通常在配筋率较低而钢筋选用的直径较大的情况下出现。因此,当计算最大裂缝宽度超过允许值不大时,常可用减小钢筋直径的方法解决,必要时适当增加配筋率。

对于受拉及受弯构件,当承载力要求较高时,往往会出现不能同时满足承载力和裂缝宽度或变形限值要求的情况,这时增大截面尺寸或增加用钢量显然是不经济也是不合理的。对此,有效的措施是施加预应力。

此外,《混凝土结构设计规范》(GB 50010—2010)规定,对直接承受吊车荷载但不需作疲劳验算的受弯构件,可将计算求得的最大裂缝宽度乘以系数 0.85;对按《混凝土结构设计规范》(GB 50010—2010)要求配置表层钢筋网片的梁,最大裂缝宽度可乘以 0.7 的折减系数;对 $e_0/h_0 \leqslant 0.55$ 的偏心受压构件,可不验算裂缝宽度。

【例 9-3】 已知一矩形截面简支梁的截面尺寸 $b \times h = 250 \text{ mm} \times 500 \text{ mm}$,承受均布荷载。其中,永久荷载(包括梁自重)标准值 $g_k = 13.6 \text{ kN/m}$,可变荷载标准值 $q_k = 7.2 \text{ kN/m}$,准永久值系数 $\psi_q = 0.4$。梁的计算跨度 $l_0 = 6.6 \text{ m}$,采用 C25 混凝土,HRB335 级钢筋,由承载力计算已配置 4⌀18 纵向受力钢筋和 ⌀8@150 mm 的箍筋,试验算最大裂缝宽度是否满足要求。

【解】 (1) 内力计算。

荷载效应准永久组合:

$$M_q = \frac{1}{8}(g_k + \psi_q q_k) l_0^2 = \frac{1}{8} \times (13.6 + 0.4 \times 7.2) \times 6.6^2 \text{ kN·m} = 89.7 \text{ kN·m}$$

(2) 查表确定各类参数。

C25: $f_{tk} = 1.78 \text{ N/mm}^2$。

HRB335: $E_s = 2 \times 10^5 \text{ N/mm}^2$。

4⌀18: $A_s = 1017 \text{ mm}^2$。

环境类别一级:最大裂缝宽度限值 $w_{lim} = 0.3 \text{ mm}, c = 20 \text{ mm}, c_s = 28 \text{ mm}$。

(3) 相关参数计算

$$a_s = c + d_{sv} + \frac{d}{2} = \left(20 + 8 + \frac{18}{2}\right) \text{ mm} = 37 \text{ mm}$$

$$h_0 = h - a_s = 500 \text{ mm} - (20 + 8 + 18/2) \text{ mm} = 463 \text{ mm}$$

$$\rho_{te} = \frac{A_s}{0.5bh} = \frac{1017}{0.5 \times 250 \times 500} = 0.0163$$

$$\sigma_{sq} = \frac{M_q}{0.87 h_0 A_s} = \frac{89.7 \times 10^6}{0.87 \times 463 \times 1017} \text{ N/mm}^2 = 219.0 \text{ N/mm}^2$$

$$\psi = 1.1 - \frac{0.65 f_{tk}}{\rho_{te} \sigma_{sk}} = 1.1 - \frac{0.65 \times 1.78}{0.0163 \times 219.0} = 0.776$$

(4) 计算最大裂缝宽度：

$$w_{max} = \alpha_{cr}\psi\frac{\sigma_{sq}}{E_s}\left(1.9c_s + 0.08\frac{d_{eq}}{\rho_{te}}\right)$$

$$= 1.9 \times 0.776 \times \frac{219.0}{2 \times 10^5} \times \left(1.9 \times 28 + 0.08 \times \frac{18}{0.0163}\right) \text{ mm}$$

$$= 0.23 \text{ mm}$$

(5) 验算裂缝：$w_{max} = 0.23 \text{ mm} < w_{lim} = 0.3 \text{ mm}$，满足要求。

【例 9-4】 有一矩形截面的偏心受压柱，截面尺寸 $b \times h = 400 \text{ mm} \times 600 \text{ mm}$，对称配筋，即受拉和受压钢筋均为 4Φ20 的 HRB400 级钢筋，箍筋Φ8@150 mm，采用 C30 混凝土，柱的计算长度 $l_0 = 5.1 \text{ m}$，环境类别为二类，荷载效应标准组合的 $N_q = 420 \text{ kN}$，$M_q = 190 \text{ kN·m}$。试验算是否满足裂缝宽度要求。

【解】 (1) 查表确定各类参数与系数。

C30：$f_{tk} = 2.01 \text{ N/mm}^2$。 HRB400：$E_s = 2 \times 10^5 \text{ N/mm}^2$。 4Φ20：$A_s = A_s' = 1256 \text{ mm}^2$。

环境类别为二 a：最大裂缝宽度限值 $w_{lim} = 0.2 \text{ mm}$，$c = 25 \text{ mm}$，$c_s = 33 \text{ mm}$。

(2) 计算有关参数：

$$\frac{l_0}{h} = \frac{5100}{600} = 8.5 < 14, \eta_s = 1.0$$

$$a_s = c + d_{sv} + \frac{d}{2} = \left(25 + 8 + \frac{20}{2}\right) \text{ mm} = 43 \text{ mm}$$

$$h_0 = h - a_s = 600 \text{ mm} - 43 \text{ mm} = 557 \text{ mm}$$

$$e_0 = \frac{M_q}{N_q} = \frac{190 \times 10^6}{420 \times 10^3} \text{ mm} = 452.4 \text{ mm} > 0.55h_0 = 306.4 \text{ mm}$$

$$e = \eta_s e_0 + \frac{h}{2} - a_s = 1.0 \times 452.4 \text{ mm} + 300 \text{ mm} - 43 \text{ mm} = 709.4 \text{ mm}$$

$$z = \left[0.87 - 0.12\left(\frac{h_0}{e}\right)^2\right]h_0 = \left[0.87 - 0.12 \times \left(\frac{557}{709.4}\right)^2\right] \times 557 \text{ mm}$$

$$= 443.4 \text{ mm}$$

$$\sigma_{sq} = \frac{N_q(e-z)}{A_s z} = \frac{420 \times 10^3 \times (709.4 - 443.4)}{1256 \times 443.4} \text{ N/mm}^2 = 200.6 \text{ N/mm}^2$$

$$\rho_{te} = \frac{A_s}{0.5bh} = \frac{1256}{0.5 \times 400 \times 600} = 0.0105$$

$$\psi = 1.1 - 0.65\frac{f_{tk}}{\rho_{te}\sigma_{sq}} = 1.1 - 0.65 \times \frac{2.01}{0.0105 \times 200.6} = 0.48$$

(3) 计算最大裂缝宽度：

$$w_{max} = \alpha_{cr}\psi\frac{\sigma_{sq}}{E_s}\left(1.9c_s + 0.08\frac{d_{eq}}{\rho_{te}}\right)$$

$$= 1.9 \times 0.48 \times \frac{200.6}{2 \times 10^5}\left(1.9 \times 33 + 0.08 \times \frac{20}{0.0105}\right) \text{ mm}$$

$$= 0.197 \text{ mm}$$

(4) 验算裂缝：$w_{max} = 0.197 \text{ mm} < w_{lim} = 0.2 \text{ mm}$，满足要求。

任务 3 混凝土结构的耐久性

一、耐久性的概念与主要影响因素

(一) 混凝土结构的耐久性

应用广泛的混凝土结构处在自然和人为环境的化学和物理作用下,除要满足结构的安全性和适用性之外,还应满足结构的耐久性要求,否则将影响结构的使用寿命。因此,对混凝土结构的耐久性进行研究十分重要。从 20 世纪 70 年代起,我国对混凝土结构的耐久性问题进行了研究,建设部(现改为住房和城乡建设部)在"七五"和"八五"期间都设立了混凝土耐久性研究课题。到 20 世纪 90 年代,混凝土设计规范专题研究中专门列入了耐久性问题的项目,并相继开展了钢筋腐蚀遭受破坏和混凝土碳化等耐久性方面的调查研究,以及耐久性设计的理论与方法等方面的研究,开始编制混凝土结构耐久性设计规范和标准,并在《混凝土结构设计规范》(GB 50010—2002)中首次列入了耐久性设计的内容。

混凝土结构的耐久性是指结构或构件在预定设计使用年限内,在正常的维护条件下,不需要进行大修即可满足使用和安全功能要求的能力,即在正常维护条件下,要求结构能使用到预期的使用年限。对于一般建筑结构,我国目前规定的设计使用年限为 50 年,重要的建筑物可取 100 年,还可根据业主的需要而定。

耐久性难以用计算公式表达。根据试验结果和工程实践,混凝土结构的耐久性设计主要根据结构所处的环境类别和设计使用年限,同时考虑混凝土材料的基本要求,针对影响耐久性的主要影响因素提出相应的规定对策。

(二) 影响混凝土结构耐久性的主要因素

影响混凝土结构耐久性的因素很多,具体可分为内部因素和外部因素。内部因素主要有混凝土的强度、渗透性、保护层厚度、水泥品种、标号和用量、氯离子及碱含量、外加剂用量等;外部因素则主要是环境温度、湿度、CO_2 含量、化学介质侵蚀、冻融及磨损等。混凝土结构在内部因素与外部因素的综合作用下,将会发生耐久性能下降或耐久性能失效。现将常见的耐久性问题列举如下。

1. 混凝土的冻融破坏

浇筑混凝土时,为得到必要的和易性,往往添加的水量比水泥水化需要的水量要多些,多余的水分滞留在混凝土毛细孔中,当毛细孔中的水分遇到低温时就会结冰,产生的体积膨胀,引起混凝土内部结构的破坏。反复冻融多次,混凝土的损伤累积到一定的程度就会引起结构破坏。

防止混凝土冻融破坏的主要措施有降低水灰比、减少混凝土中的多余水分、提高混凝土的抗冻性能等。

2. 混凝土的碱集料反应

混凝土集料中的某些活性矿物与混凝土微孔中的碱性溶液产生的化学反应称为碱集料反应。碱集料反应产生的碱-硅酸盐凝胶吸水后体积膨胀,体积可增大3~4倍,从而导致混凝土开裂、混凝土剥落、钢筋外露锈蚀,直至结构构件失效。

防止碱集料反应的主要措施是采用低碱水泥,或者掺用粉煤灰等掺和料来降低混凝土中的碱性,对含活性成分的骨料加以控制。

3. 侵蚀性介质的腐蚀

在一些特殊环境条件下,如石化、化学、冶金及港湾工程中,环境中的侵蚀性介质对混凝土结构的耐久性影响很大,造成混凝土中的一些成分被溶解、流失,从而引起混凝土裂缝、孔隙,甚至松散破碎。有些化学介质侵入,与混凝土中的一些成分产生化学反应,生成的物质体积膨胀,引起混凝土结构的开裂和损伤破坏。

对于这类因素的影响,应根据实际情况,采取相应的技术措施。如从生产流程上防止化学介质散溢、采用耐酸或耐碱混凝土等。

4. 其他

混凝土碳化和钢筋锈蚀是影响混凝土结构耐久性最主要的因素,对此将在下面详细讨论。

二、混凝土的碳化和钢筋的锈蚀

(一)混凝土的碳化

混凝土的碳化是指大气中的二氧化碳与混凝土中的碱性物质发生化学反应,使其碱性下降的过程。它本身是无害的,但当混凝土保护层被碳化至钢筋表面时,将破坏钢筋表面的氧化膜。钢筋表面氧化膜的破坏是钢筋锈蚀的必要条件,这时如有水分侵入,钢筋就会锈蚀。此外,碳化会加剧混凝土的收缩,导致混凝土的开裂。

影响混凝土碳化的因素很多,归纳起来有两大类,即环境因素与材料本身的性质。环境因素主要是指空气中的二氧化碳的浓度、环境的温度与相对湿度;材料因素主要有水泥种类和用量、水灰比、外加矿物原料、骨料品种粒径和施工养护质量等,都会对混凝土的碳化有影响。

减小或延缓混凝土的碳化,可有效地提高混凝土结构的耐久性能。根据以上影响混凝土碳化的主要因素的分析,减小其碳化的主要措施如下。

(1)合理设计混凝土的配合比。按规定控制水泥用量的低限值和水灰比的高限值,合理采用掺和料。

(2)提高混凝土的密实性和抗渗性。混凝土在施工过程中应加强振捣和养护,减少水分蒸发,避免产生表面裂缝。

（3）满足钢筋的最小保护层厚度。混凝土碳化达到钢筋表面需要一定的时间，混凝土保护层越厚，需要的时间越长。

（4）采用覆盖层，可以避免混凝土与大气环境的直接接触，这对减小混凝土的碳化十分有效。

（二）钢筋的锈蚀

混凝土的碳化及其他酸性物质的侵入，使钢筋表面的氧化膜破坏，在有水分和氧气的条件下，就会引发钢筋锈蚀。钢筋的锈蚀是指钢筋的表面与周围的介质发生了化学作用或电化学作用而遭到侵蚀和破坏的过程。化学侵蚀是指钢筋直接与周围介质发生化学反应而产生的锈蚀。电化学锈蚀是指由于钢筋表面形成了原电池而产生的锈蚀，是钢筋主要的锈蚀形式。钢筋锈蚀后其体积膨胀数倍，会引起混凝土保护层的脱落和构件开裂，同时还会使钢筋有效面积减小，导致构件的承载力下降甚至结构破坏。因此，钢筋锈蚀是影响钢筋混凝土结构耐久性的关键问题。

影响钢筋锈蚀的主要因素有环境条件（如温度、湿度及干湿交替作用，海浪飞溅、海盐渗透、冻融循环作用等对混凝土中钢筋的锈蚀有明显作用）、含氧量、氯离子的含量、混凝土的密实度以及混凝土构件上的裂缝。其中，混凝土构件上的裂缝将加大混凝土的渗透性，使混凝土的碳化和钢筋的锈蚀加重，同时钢筋的锈蚀膨胀又会造成混凝土的进一步开裂，从而加重钢筋的锈蚀。混凝土裂缝与钢筋锈蚀的相互作用，使混凝土结构的耐久性大大降低。

防止钢筋锈蚀的主要措施：

（1）加强混凝土的养护，降低水灰比，提高混凝土的密实性，混凝土中的掺和料要符合标准，严格控制含氯量。

（2）采用覆盖层，防止 CO_2、O_2 和有害液体的渗入。

（3）保证钢筋保护层的厚度。

（4）在海工结构、强腐蚀介质中的混凝土结构中，可采用钢筋阻锈剂和防腐蚀钢筋，如环氧涂层钢筋、镀锌钢筋、不锈钢钢筋等。

（5）重大工程中对钢筋采用阴极防护法。

三、耐久性设计

耐久性设计的目的是保证混凝土结构的使用年限，要求在规定的设计工作寿命内，混凝土结构能在自然和人为环境的化学和物理作用下，不出现无法接受的承载力减小、使用功能降低和外观破损等耐久性问题。

在混凝土结构的使用过程中，影响其耐久性的因素复杂，涉及面广，规律不好把握。因此，与结构承载力设计不同，耐久性设计主要以定性的概念设计为主。其基本原则是按环境类别和设计使用年限进行设计。根据我国国情及大量调查分析结果，考虑混凝土结构特点并加以简化、调整，参考《混凝土结构耐久性设计规范》（GB/T 50476—2008）的相关规定，《混凝土结构设计规范》（GB 50010—2010）规定了混凝土结构耐久性设计的主要内容：确定结构所处的环境类别；提出对混凝土材料耐久性的基本要求；确定构件中钢筋的混凝土保护层厚度；不同环境条件下的耐久性技术措施;提出结构使用阶段的检测与维护要求;对临时性混凝土结构可以不考虑耐久性设计。

(一) 混凝土结构使用环境分类

混凝土结构所处环境是影响其耐久性的外部因素,二者关系密切。同一结构在强腐蚀环境中的使用寿命要比一般大气环境中的使用寿命短。因此,《混凝土结构设计规范》(GB 50010—2010)对混凝土结构使用环境进行了详细分类(见表9-3)。设计时可根据实际情况,参考表9-3确定混凝土结构所处的环境类别,然后针对不同的环境类别采取相应的措施,达到耐久性的要求。此处环境类别是指混凝土暴露表面所处的环境条件。

(二) 保证耐久性的措施

目前对结构耐久性的研究尚不够,《混凝土结构设计规范》(GB 50010—2010)对耐久性的设计规定主要是根据结构的使用环境和设计使用年限。下面针对影响耐久性的主要因素,从设计、材料、施工方面提出一些构造和技术措施。

1. 保护层的最小厚度

混凝土保护层的最小厚度的确定是从保证钢筋与混凝土的粘结和保证混凝土结构构件的耐久性这两个方面来考虑的。对处于一、二、三类环境中的一般建筑结构(设计使用年限50年),《混凝土结构设计规范》(GB 50010—2010)规定的混凝土保护层的最小厚度如表9-4所示。对处于四、五类环境中的建筑结构应按专门规定考虑。而对设计使用年限有较高要求的建筑结构(如100年),混凝土保护层厚度应按表9-4的数值乘以1.4或采取表面防护、定期维修等措施。梁、柱与墙中纵向受力钢筋的保护层厚度大于50 mm时,宜采取有效构造措施防止混凝土保护层开裂、剥落和下坠,通常做法是采用纤维混凝土或加配钢筋网片。采用钢筋网片时,网片钢筋混凝土保护层厚度不应小于25 mm,以防止防裂钢筋网片成为引导锈蚀的通道。

表9-4 混凝土保护层的最小厚度 c(mm)

环境类别		板、墙、壳	梁、柱、杆
一		15	20
二	a	20	25
	b	25	35
三	a	30	40
	b	40	50

注:① 混凝土强度等级不大于C25时,表中保护层厚度数值应增加5 mm;
② 钢筋混凝土基础宜设置混凝土垫层,保护层厚度从垫层顶面算起,且不应小于40 mm。

2. 结构耐久性对混凝土材料的基本要求

混凝土结构材料是影响结构耐久性的内部因素。《混凝土结构设计规范》(GB 50010—

2010)根据调查结果和混凝土材料性能研究,考虑材料抵抗性能退化,提出了设计使用年限为50年的结构混凝土材料耐久性基本要求,如表9-5所示。

表9-5 结构混凝土材料耐久性的基本要求

环境类别		最大水胶比	最低强度等级	最大氯离子含量(%)	最大碱含量/(kg/m³)
一		0.60	C20	0.30	不限制
二	a	0.55	C25	0.20	3.0
	b	0.50(0.55)	C30(C25)	0.15	
三	a	0.45(0.50)	C35(C30)	0.15	
	b	0.40	C40	0.10	

注:① 氯离子含量系指其占胶凝材料总量的百分比;
② 预应力构件混凝土中的最大氯离子含量为0.06%,其最低混凝土强度等级宜按表中的规定提高两个等级;
③ 素混凝土构件的水胶比及最低强度等级的要求可适当放松;
④ 当有可靠工程经验时,二类环境中的最低混凝土强度等级可降低一个等级;
⑤ 处于严寒和寒冷地区二b、三a类环境中的混凝土应使用引气剂,并可采用括号内的有关参数;
⑥ 当使用非碱活性骨料时,对混凝土中的碱含量可不作限制。

设计使用年限为100年且处于一类环境中的结构混凝土应符合下列规定:
① 钢筋混凝土结构的最低混凝土强度等级为C30,预应力混凝土结构的最低混凝土强度等级为C40;
② 混凝土中的最大氯离子含量为0.06%;
③ 宜使用非碱活性骨料,当使用碱活性骨料时,混凝土中的最大碱含量为3.0 kg/m³;

对处于不良环境或耐久性有特殊要求的混凝土结构构件,《混凝土结构设计规范》(GB 50010—2010)有针对性地提出了耐久性保护措施,如:对处于二类和三类环境中,设计使用年限为100年的混凝土结构,应采取专门有效措施;更恶劣环境(四类、五类环境类别)中的混凝土结构设计有专业规范可供参考;处于严寒及寒冷地区潮湿环境中的结构混凝土应满足抗冻要求,混凝土的抗冻等级应符合相关标准的要求;对有抗渗要求的混凝土结构,混凝土的抗渗等级应符合相关标准的要求;悬臂构件处于二类、三类环境时,宜采用悬臂梁-板结构形式,或者增设表面防护层;处于二类、三类环境时,混凝土结构构件金属部件应采取可靠防锈措施。

3. 结构设计技术措施

对于结构中使用环境较差的构件,宜设计成可更换或易维修的构件。

处于三类环境时,混凝土结构构件可采用具有耐腐蚀性能的钢筋,或者采取阴极保护措施等增强混凝土结构的耐久性。混凝土宜采用有利提高耐久性的高强混凝土。

设计使用年限内,混凝土结构应按要求使用维护,定期检查、维修或更换构件。如:建立定期检测、维修制度;可更换构件应按规定更换;按规定维护或更换构件表面防护层;及时处理可见的耐久性缺陷。

单元小结

9.1 钢筋混凝土受弯构件的挠度,可根据构件的刚度用材料力学的方法计算。在等截面构件中,可假定各同号弯矩区段内的刚度相等,并取用该区段内最大弯矩处的刚度(即最小刚度)。受弯构件的挠度应按荷载效应的准永久组合,并考虑荷载长期作用影响的长期刚度 B 进行计算,所求得的挠度计算值不应超过规定的限值。

9.2 混凝土构件的裂缝宽度是按荷载准永久组合,并考虑长期作用影响所求得的。最大裂缝宽度不应超过规定的限值。

9.3 混凝土结构的耐久性是指结构或构件在预定设计使用年限内,在正常的维护条件下,不需要进行大修即可满足使用和安全功能要求的能力。对于一般建筑结构,我国目前规定的设计使用年限为 50 年,重要的建筑物可取 100 年,还可根据业主的需要而定。

9.4 耐久性难以用计算公式表达,因此混凝土结构的耐久性设计主要根据结构所处的环境类别和设计使用年限,同时考虑混凝土材料的基本要求,针对影响耐久性的主要影响因素提出相应的规定对策。

9.1 引起混凝土构件裂缝的原因有哪些?

9.2 设计结构构件时,为什么要控制裂缝宽度和变形?受弯构件的裂缝宽度和变形计算应以哪一受力阶段为依据?

9.3 简述裂缝的出现、分布和发展的过程和机理。

9.4 最大裂缝宽度公式是怎样建立起来的?为什么不用裂缝宽度的平均值而用最大值作为评价指标?

9.5 何谓构件的截面抗弯刚度?怎样建立受弯构件的刚度公式?

9.6 何谓最小刚度原则?试分析应用该原则的合理性。

9.7 影响受弯构件长期挠度变形的因素有哪些?如何计算长期挠度?

9.8 减小受弯构件挠度和裂缝宽度的有效措施有哪些?

9.9 何谓混凝土构件截面的延性?其主要的表达方式及影响因素是什么?

9.10 影响结构耐久性的因素有哪些?《混凝土结构设计规范》(GB 50010—2010)采用了哪些措施来保证结构的耐久性?

 习 题

9.1 有一矩形截面简支梁,处于露天环境,跨度为 $l_0 = 6.0$ m,截面尺寸 $b \times h = 250$ mm $\times$ 600 mm,使用期间承受均布线荷载,其中永久荷载标准值 $g_k = 18$ kN/m,可变荷载标准值为 q_k

$=12$ kN/m,可变荷载的准永久组合系数 $\psi=0.5$。已知内配纵向受拉钢筋为 $2\Phi14+2\Phi16$($A_s=710$ mm²),混凝土为C25,试验算该梁的裂缝宽度是否满足要求。

9.2 某桁架下弦为偏心受拉构件,截面为矩形 $b\times h=200$ mm$\times 300$ mm,混凝土为C20,钢筋为HRB335,$a=a'=40$ mm,按正截面承载力计算靠近轴向力一侧配钢筋 $3\Phi18$($A_s=763$ mm²),按荷载标准组合计算的轴向力 $N_k=180$ kN,弯矩 $M_k=18$ kN·m,最大裂缝宽度限值 $w_{lim}=0.3$ mm,试验算其裂缝宽度是否满足要求。

9.3 某矩形截面的对称配筋偏心受压柱,截面尺寸 $b\times h=400$ mm$\times 600$ mm,计算长度 $l_0=6$ m,混凝土为C35,受拉和受压钢筋均为 $4\Phi22$ 的HRB335级钢筋,混凝土保护层厚度 $c=25$ mm,按荷载标准组合计算的 $N_k=390$ kN,$M_k=200$ kN·m。试验算是否满足室内正常环境使用的裂缝宽度要求。

9.4 某公共建筑门厅入口悬挑板 $l_0=3$ m(见图9-8),板厚 200 mm($h_0=177$ mm),配置Φ16@200 的受力钢筋,混凝土为C25,板上永久荷载标准值 $g_k=3$ kN/m²,可变荷载标准值 $q_k=0.5$ kN/m²,可变荷载准永久值系数 $\psi=1.0$。试计算板的挠度是否满足《混凝土结构设计规范》(GB 50010—2010)规定的挠度限值要求。

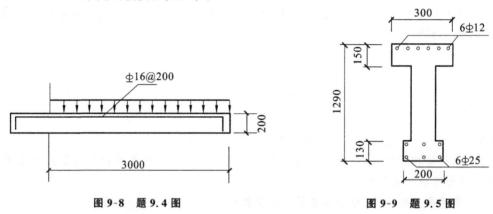

图9-8 题9.4图   图9-9 题9.5图

9.5 已知某工字形截面简支梁,截面尺寸如图9-9所示,梁跨度 $l_0=12$ m,采用C35级混凝土,HRB335级钢筋,$a=65$ mm,$a'=40$ mm,跨中截面所受的各种荷载引起的弯矩为 $M_q=560$ kN·m,$M_k=620$ kN·m,验算构件的挠度是否小于 $f_{lim}=\dfrac{l_0}{300}$。

单元 10 多层框架结构设计

学习目标

☆ **知识目标**

(1) 了解框架结构的基本形式和结构的布置原则。
(2) 掌握多层框架结构在竖向荷载作用下的内力计算方法。
(3) 掌握多层框架结构在水平荷载作用下的内力计算方法、侧移计算方法。
(4) 熟悉内力组合的目的与方法。
(5) 掌握多层框架结构的一般构造要求。
(6) 熟悉多层框架结构的基础类型。

☆ **能力目标**

能够进行多层框架结构的设计。

知识链接：多层框架结构的应用

多层房屋与高层房屋之间没有明确的界限，多层房屋是指 2～9 层或高度不大于 28 m 的住宅建筑结构和高度不大于 24 m 的其他民用建筑结构。

在 20 世纪，多层建筑多以砌体结构为主，21 世纪初，世界各国的钢筋混凝土多层框架结构的发展很快，应用很广。我国研究多层框架结构的起步比较晚，但近年来，我国的建筑业有了长足的发展，其中随着先进技术的开发与引进，多层混凝土框架结构渐渐地被广泛应用到建筑业中，这是由以下两个方面所决定的。

(1) 钢筋混凝土结构与砌体结构相比较具有承载力大、结构自重轻、抗震性能好、建造的工业化程度高等优点；与钢结构相比又具有造价低、材料来源广泛、耐火性好、结构刚度大、使用维修费用低等优点。

(2) 多层混凝土框架结构已经形成各种不同的多功能建筑结构体系和工厂化生产体系同步发展的趋势。机械化生产的不断提升，节约了大量人力、材料和时间。结构材料也朝高强、轻质、多功能方向发展，如高性能混凝土的大量应用和发展；框架结构体系朝大跨度、大空间、通用化方向发展。对于需要较大空间的建筑结构，框架结构的梁、柱构件易于标准化、定型化，便于采用装配整体式结构，以便缩短施工工期。在结构的受力性能方面，框架结构构件截面较小，因此框架结构的承载力和刚度都较低，它的受力特点类似于竖向悬臂剪切梁，楼层越高，水平位移越慢，高层框架在纵横两个方向都承受很大的水平力，所以框架结构属于柔性结构。由于多层结构层数比较少，因此对其影响不是很大。

随着建筑业的发展和人民生活水平的不断提高，建筑项目的数量与日俱增，建筑工程的质量受到了社会各界的高度重视。在当今的建筑业发展中，只有加强多层住宅建筑结构的研究与分析，提高多层住宅建筑的施工质量以及抗震性能等要求，才能够满足人们日益增长的物质文化需求，进而促进建筑业的持续发展。因此，钢筋混凝土框架结构是多层建筑最常用的结构形式。

任务 1　多层框架结构的组成与布置

一、框架结构的组成

1. 框架结构体系简介

钢筋混凝土框架结构广泛应用于住宅、办公、商业、旅馆等民用建筑。

框架结构是指由梁和柱以刚接或者铰接形式相连接而构成承重体系的结构，一般为刚性连接，即由梁和柱组成框架共同抵抗使用过程中出现的水平荷载和竖向荷载，如图 10-1 所示。框架结构的梁和柱是主要受力构件。为使框架结构具有良好的受力性能,框架梁宜拉通、对直,框架柱宜上下对中,梁柱轴线宜在同一平面内。房屋墙体不承重,仅起到围护和分隔作用,一般用预制的加气混凝土、膨胀珍珠岩、空心砖或多孔砖、浮石、蛭石、陶粒等轻质板材等材料砌筑或装配而成。

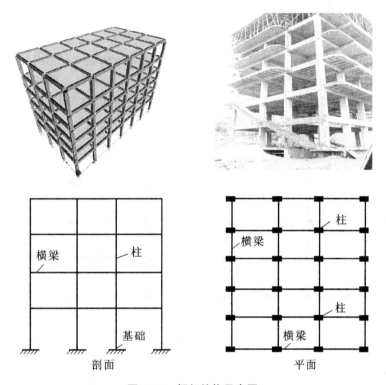

图 10-1　框架结构示意图

框架结构的优点是建筑平面布置灵活,可形成较大建筑空间,建筑立面处理也比较方便;主要缺点是侧向刚度小,层数较多时会产生较大的侧向位移,易引起非结构构件破坏,以致影响结构的使用,所以其层数受到限制,而且受地基的不均匀沉降影响也比较大。

2. 框架结构的分类

根据施工方法的不同,框架结构可分为现浇(整体)式、装配式和装配整体式三种。

整体式框架也称全现浇框架,其梁、柱均为现浇钢筋混凝土。梁的纵筋深入柱内锚固,结构的整体性好,建筑布置灵活,有利于抗震,但工程量大,模板耗费多,工期长。

装配式框架的构件全部为预制,在施工现场通过焊接拼装成整体的框架结构。由于所有的构件均为预制,其优点是节约模板,缩短工期,可实现标准化、工厂化和机械化生产。但由于运输和吊装所需费用高,因此,装配式框架造价比较高,且其整体性差,抗震性能亦弱,目前应用较少。

装配整体式框架兼有整体式框架和装配式框架的优点,其梁、柱均为预制,在现场安装就位后,通过后浇混凝土,形成框架节点,使之形成整体。这种框架具有良好的整体性和抗震能力,又可采用预制构件,但节点施工复杂。

二、框架结构的布置

1. 结构布置的一般原则

框架结构的布置应开间、进深尽可能统一,构件类型、规格尽可能减少,以便于施工。平面应简单、规则、对称及减少偏心,以使受力更合理,如图 10-2(a)所示,避免出现不规则、不对称及偏心结构,如图 10-2(b)所示。结构刚度沿高度分布应均匀,如图 10-3(a)所示,避免刚度突变,避免结构出现错层和局部夹层,如图 10-3(b)所示。框架结构的侧向刚度小,层数较多时会产生侧向位移,为了保证必要的抗侧移刚度,房屋高宽比不宜大于 5。

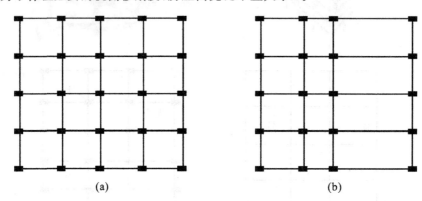

(a)   (b)

图 10-2 框架结构平面布置

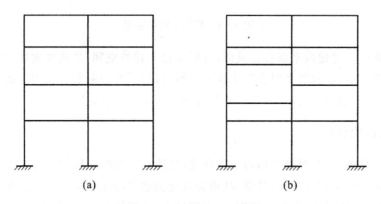

(a)   (b)

图 10-3 框架结构竖向布置

房屋的总长度宜控制在最大伸缩缝间距以内,否则需设伸缩缝或采取其他措施,以防止温度应力对结构造成的危害。在地基可能产生不均匀沉降的部位及有抗震设防要求的房屋,应合理设置沉降缝和防震缝。

2. 结构布置方案

框架结构是用梁把柱网连接起来而形成的空间受力体系。其传力的途径一般为:楼面的竖向荷载首先传给楼板,再由楼板传给梁,再由梁传给柱,柱传到基础,基础传到地基。为了计算方便,把空间框架分解成两种平面框架。沿短边方向的框架称为横向框架,沿长边方向的框架称为纵向框架。按楼板布置方式的不同,框架结构的承重方案分为以下几种。

1) 横向框架承重方案

横向框架承重方案是在横向上设置主梁,在纵向上设置连系梁,如图10-4(a)所示。楼板支承在横向框架上,楼面竖向荷载传给横向框架主梁。由于横向框架跨数较少,主梁沿横向布置有利于增加房屋横向抗侧移刚度。由于竖向荷载主要沿横向传递,所以纵向连系梁截面尺寸较小,这样有利于建筑物的通风和采光,但其主梁截面尺寸较大,当房屋需要大空间时,其净空较小。

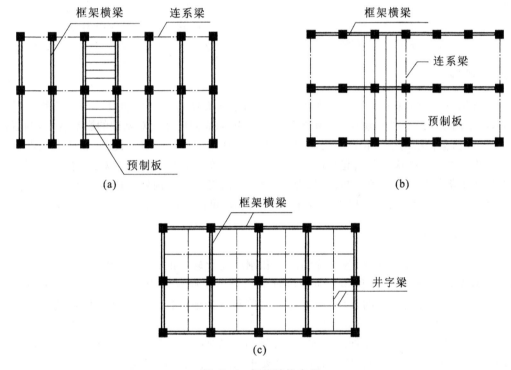

图 10-4 框架结构布置

2) 纵向框架承重方案

纵向框架承重方案是在纵向上布置框架主梁,在横向上布置连系梁,如图10-4(b)所示。楼面的竖向荷载主要沿纵向传递。横向连系梁尺寸较小,对大空间房屋,其净空较大,房间布置灵活,且有利于设备管线的穿行。另外,主梁纵向布置有利于加强房屋的纵向刚度,减小房屋纵向地基的不均匀沉降。但房屋的横向刚度较小,同时进深尺寸受到长度的限制,一般只用于层数不多的无抗震要求的工业厂房,民用建筑较少采用。

3) 纵横向框架混合承重方案

框架在纵横向均布置主梁,如图10-4(c)所示。楼板的竖向荷载沿两个方向传递。当采用现浇楼盖且楼盖为双向板时,或当楼面上作用有较大荷载时,或当框架结构房屋考虑地震作用时,常采用此种承重方案。纵横向框架混合承重方案整体性能和受力性能好,适用于整体性要求较高和楼面荷载较大的情况。

三、变形缝

在结构总体布置中,为防止温度应力、地基不均匀沉降和形体复杂对结构的不利影响,应合理设置沉降缝、伸缩缝和防震缝,将结构分成若干独立的单元。

1. 沉降缝

设置沉降缝是为了避免地基不均匀沉降在房屋构件中引起裂缝。当房屋因上部荷载不同或因地基差异而有可能产生过大的不均匀沉降时,应设置沉降缝将建筑物从基础至屋顶全部断开,使各部分能够自由沉降,不致在结构中引起过大内力,避免混凝土出现裂缝。

房屋扩建时,新建部分与原有建筑结合处也可设置沉降缝分开。因为原有建筑沉降已趋于稳定,而新建筑物部分沉降才刚刚开始,新老建筑难免会发生不均匀沉降。

2. 伸缩缝

设置伸缩缝是为了避免温度应力和混凝土收缩应力而使房屋产生裂缝。当建筑物超过一定长度时,由于温度变化会使房屋墙体、屋顶产生伸缩变形,而温度变化对基础的影响较小,两者伸缩程度不一致时,会在结构中引起较大的应力,严重的可使房屋产生裂缝。此外,新浇筑的混凝土在硬化过程中会产生收缩应力并引起结构开裂。为减小温度应力和收缩应力对结构造成的危害,可用伸缩缝将上部结构从基础顶面断开,基础不断开,从而将上部结构划分成若干个温度区段,并留有一定宽度的缝隙,使各温度区段的结构在温度变化时,可以沿水平方向自由变形。

3. 防震缝

当房屋平面或立面不规则,各部分的质量和刚度变化较大时,在地震作用下,结构的受力将变得非常复杂,导致计算困难和部分薄弱位置的结构发生破坏。为避免这种破坏,采用防震缝将房屋分割成几个较为规则的形体,使之计算简单和减少地震作用的破坏。防震缝应有足够的宽度,避免地震作用下相邻建筑物发生碰撞。

房屋既需设沉降缝又需设伸缩缝时,沉降缝可兼作伸缩缝,两缝合并设置。对有抗震设防要求的房屋,其沉降缝和伸缩缝应符合防震缝要求,并尽可能做到三缝合一。

任务 2 框架结构的计算简图

一、框架梁、柱截面形状与尺寸

1. 梁、柱截面形状

承受主要竖向荷载的框架主梁,其截面形式在全现浇的整体式框架中以 T 形和 Γ 形(见图

10-5(a))为主;在装配式框架中可做成矩形、T形、梯形和花篮形(见图10-5(b)~(g))等。

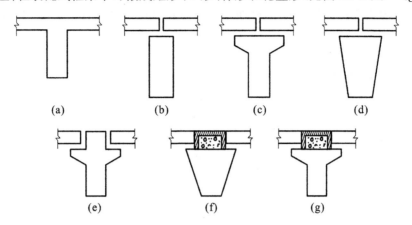

图 10-5 框架主梁截面形式

不承受主要竖向荷载的连系梁,其截面形式常用 T 形、Γ 形、矩形、⊥形、L 形等,如图 10-6 所示。

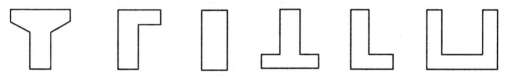

图 10-6 连系梁截面形式

框架柱的截面形式一般为矩形或正方形,也可根据需要做成圆形或其他形状。

2. 梁、柱截面尺寸

框架梁、柱截面尺寸应当根据构件承载力、刚度和延性等方面的要求来确定,设计时通常参照以往经验初步选定截面尺寸,再进行承载力计算和变形验算,检查所选尺寸是否满足要求,如不满足要求,调整后重新进行计算。

1) 梁截面尺寸

框架结构中框架梁的截面高度 h_b 可根据梁的计算跨度 l_b、约束条件及活荷载大小等进行选择,按 $h_b = (1/18 \sim 1/10)l_b$ 估算。在选用时,当框架梁为单跨或荷载较大时取大值,当框架梁为多跨或荷载较小时取小值。为了防止梁发生剪切脆性破坏,梁高 h_b 不宜大于 1/4 净跨。

为了降低楼层高度或便于管道铺设,也可将框架梁设计成宽度较大的扁梁,扁梁的截面高度可取 $h_b = (1/22 \sim 1/16)l_b$。

当采用叠合梁时,后浇部分截面高度不宜小于 100 mm(不包括板面整浇层的厚度)。

主梁截面宽度可取 $b_b = (1/3 \sim 1/2)h_b$,且 b_b 不宜小于 $1/4 h_b$ 和 200 mm。为了使端部节点传力可靠,梁宽 b_b 不宜小于柱宽的 1/2,且不宜小于 200 mm;当为宽扁梁时,可取 $b_b = (1 \sim 3)h_b$。

框架连系梁的截面高度可按 $h_b = (1/18 \sim 1/14)l_b$ 确定,宽度不宜小于梁高的 1/4。选择梁截面尺寸,还应符合规定的模数要求。

2) 柱截面尺寸

柱的截面高度 h_c 一般取 $(1/20 \sim 1/15)$ 层高,截面宽度 b_c 取 $(2/3 \sim 1)h_c$,且均不宜小于

300 mm。圆柱截面直径不宜小于 350 mm。为了提高框架抵抗水平力的能力,矩形截面的高宽比不宜大于 3。为避免发生剪切破坏,柱净高与截面长边尺寸之比宜大于 4。柱截面尺寸按下列方法进行初步估算。

(1) 框架柱承受竖向荷载为主时,可先按负荷面积估算出轴力,再按轴心受压构件计算,考虑到弯矩影响,适当将轴力乘以 1.2～1.4 的增大系数。

(2) 对有抗震设防要求的框架结构,为保证柱有足够的延性,需要限制柱的轴压比,柱截面面积应满足下式要求:

$$A_c \geqslant \frac{N}{[\mu_N]f_c} \tag{10-1}$$

式中:A_c——柱的全截面面积;
$\quad\quad N$——柱轴压力;
$\quad\quad [\mu_N]$——柱轴压比限值,如表 10-1 所示;
$\quad\quad f_c$——混凝土轴心抗压强度设计值。

表 10-1　柱轴压比限值

类别	抗震等级			
	一	二	三	四
框架结构	0.65	0.75	0.85	0.90

二、材料强度等级

1. 混凝土强度等级

非抗震设计时,混凝土的强度等级不应低于 C20。抗震设计时,当按一级抗震设计时,不应低于 C30,当按二～四级抗震等级设计时,不应低于 C20。为减小柱子的轴压比和截面尺寸,提高承载能力,宜在大荷载柱中采用高强度的混凝土。

2. 钢筋级别

一般情况下,纵向受力钢筋宜采用 HRB400、HRB500、HRBF400、HRBF500;箍筋宜采用 HRB400、HRBF400、HPB300、HRB500、HRBF500,也可采用 HRB335、HRBF335。

3. 梁柱节点混凝土

梁的混凝土强度等级宜与柱相同或不低于柱混凝土强度等级。

三、梁截面惯性矩

框架结构是超静定结构,必须先知道框架梁、柱的抗弯刚度才能计算结构的内力和变形。在初步确定梁、柱截面尺寸后,可按材料力学的方法计算截面惯性矩。但是,由于楼板参加梁的工作,在使用阶段梁又带裂缝工作,因而精确确定梁截面抗弯刚度并非易事,通常采用简化方法进行处理。

在计算框架的水平位移时,对整个框架的各个构件引入一个统一的刚度折减系数 β_c,以 $\beta_c E_c I$ 作为该构件的抗弯刚度。在风荷载作用下,对现浇框架,取 $\beta_c=0.85$;对装配式框架,取 $\beta_c=0.7\sim 0.8$。

梁截面惯性矩的取值如表 10-2 所示,其中 I_0 为梁矩形部分截面惯性矩。

表 10-2　梁截面惯性矩 I 取值

	中框架梁	边框架梁
现浇式楼面	$2.0I_0$	$1.5I_0$
装配整体式楼面	$1.5I_0$	$1.3I_0$
装配式楼面	$1.0I_0$	$1.0I_0$

四、框架结构计算简图

1. 平面计算单元

一般情况下,框架房屋是由纵向、横向框架所组成的空间结构,应按空间受力体系进行受力分析。但是,当结构布置均匀、荷载分布均匀时,横向或纵向的各榀框架产生大致相同的位移,相互间不会产生大的约束力。为了简化计算,可忽略其空间作用,将横向和纵向框架分别按平面框架进行分析计算。该单元承受的荷载如图 10-7(b) 中阴影部分所示。

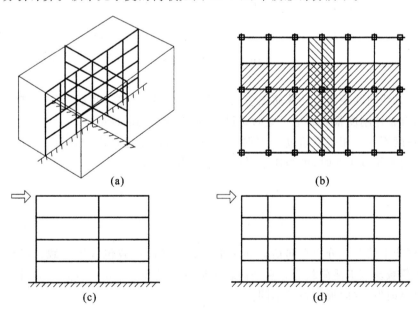

图 10-7　框架的计算单元

在竖向荷载作用下,当采用横向框架承重方案时,截取横向框架作为计算单元,认为全部竖向荷载由横向框架承担;当采用纵向框架承重方案时,截取纵向框架作为计算单元,认为全部竖向荷载由纵向框架承担,当采用纵横向框架承重方案时,应根据竖向荷载实际传递路线,按纵横向框架共同承担进行计算。

在水平荷载作用下,各方向的水平力全部由与该方向平行的框架承担,而与该方向垂直的框架不参与工作,即横向水平力由横向框架承担,纵向水平力由纵向框架承担。当水平力为风荷载时,每榀框架只承担计算单元范围内的风荷载值。当水平力为地震作用时,每榀框架承担的水平力按各榀框架的抗侧刚度比例分配。

2. 计算简图

在计算简图中,框架节点多为刚接,柱子下端在基础顶面,也按刚接考虑。杆件用轴线表示,梁柱的连接区用节点表示。等截面轴线取截面形心位置,如图 10-8(a)所示;当上、下柱截面尺寸不同时,则取上层柱形心线作为柱轴线,如图 10-8(b)所示。

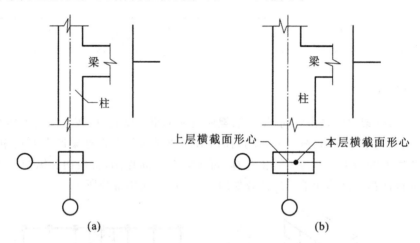

图 10-8　框架柱轴线位置

跨度取柱轴线间的距离。计算简图中的柱高,对楼层取层高;底层一般自基础顶面至二层楼板顶面,当有整体刚度很大的地下室时,可取至地下室结构的顶部。

当各跨跨度不等但相差不超过 10%时,可当作等跨框架进行内力计算;屋面斜梁或折线形横梁,当倾斜度不超过 1/8 时,可当作水平横梁进行内力计算。

五、框架上的荷载

作用在框架上的荷载分为竖向荷载和水平荷载。竖向荷载包括恒荷载、楼层使用活荷载、雪荷载、吊车荷载及施工活荷载等。水平荷载包括风荷载和水平地震作用。在计算竖向荷载作用时,要注意单向板、双向板传力的不同。

单元 10
多层框架结构设计

1. 楼面活荷载的折减

在设计住宅、宿舍、旅馆、办公楼、医院病房、托儿所、幼儿园等多层建筑时,作用于楼面上的活荷载,并非以《建筑结构荷载规范》(GB 50009—2012)中所给的标准值的大小同时满布在所有的楼面上,因此,在确定梁、墙、柱和基础时,还要考虑实际荷载沿楼面分布的变异情况,也即在确定梁、墙、柱和基础的荷载标准值时,还应按楼面活荷载标准值乘以折减系数。

1) 设计楼面梁

(1) 对住宅、宿舍、旅馆、办公楼、医院病房、托儿所、幼儿园等房屋,楼面梁的从属面积超过 25 m² 时,折减系数取 0.9。

(2) 对实验室、阅览室、会议室、医院门诊室、教室、食堂、餐厅、一般资料档案室、礼堂、剧场、影院、有固定座位的看台、公共洗衣房、商店、展览厅、车站、港口、机场大厅及其旅客等候室、无固定座位的看台、健身房、演出舞台、运动场、舞厅、书库、档案库、贮藏室、密集柜书库、通风机房、电梯机房多种房屋,楼面梁的从属面积超过 50 m² 时,折减系数取 0.9。

(3) 对汽车通道及客车停车库单向板楼盖的次梁和槽形板的纵肋应取 0.8,对单向板楼盖的主梁应取 0.6,对双向板楼盖的梁应取 0.8。

(4) 对厨房、浴室、卫生间、盥洗室、走廊、门厅、楼梯、阳台应采用与所属房屋类别相同的折减系数。

2) 设计柱

(1) 对住宅、宿舍、旅馆、办公楼、医院病房、托儿所、幼儿园等应按表 10-3 规定采用。

表 10-3 活荷载按楼层的折减系数

墙、柱、基础计算截面以上的层数	1	2~3	4~5	6~8	9~20	>20
计算截面以上各楼层活荷载总和的折减系数	1.00(0.90)	0.85	0.70	0.65	0.60	0.55

(2) 对实验室、阅览室、会议室、医院门诊室、教室、食堂、餐厅、一般资料档案室、礼堂、剧场、影院、有固定座位的看台、公共洗衣房、商店、展览厅、车站、港口、机场大厅及其旅客等候室、无固定座位的看台、健身房、演出舞台、运动场、舞厅、书库、档案库、贮藏室、密集柜书库、通风机房、电梯机房多种房屋,应采用与其楼面梁相同的折减系数。

(3) 对客车通道及客车停车库,对单向板楼盖应取 0.5,对双向板楼盖和无梁楼盖应取 0.8。

(4) 对厨房、浴室、卫生间、盥洗室、走廊、门厅、楼梯、阳台应采用与所属房屋类别相同的折减系数。

2. 风荷载

与单层工业厂房类似,作用在多层房屋外墙表面的风荷载标准值 w_k 可按下式计算:

$$w_k = \beta_z \mu_s \mu_z w_0 \tag{10-2}$$

3. 地震作用

多层框架结构,当高度不超过 40 m,且质量和刚度沿高度分布比较均匀时,可采用底部剪力法计算水平地震作用。

任务 3　竖向荷载作用下框架内力分析的近似方法

框架内力计算和侧移验算会用到梁、柱的线刚度和相对线刚度。线刚度的求法可参见力学教材（$i=\mathrm{EI}/l$）。

在竖向荷载作用下，多层框架结构的内力可用计算机辅助计算或手算来完成。

如用计算机辅助计算，一般采用矩阵位移法等结构力学方法计算。现已有多种根据这一原理编制的计算机程序，设计者只需将荷载、框架几何尺寸和材料特性等参数输入，计算机便可计算出各杆件的内力、位移、配筋量并绘制结构施工图。如采用手算，一般采用近似计算方法，可采用迭代法、分层法、弯矩二次分配法及系数法等方法计算。

一、竖向荷载作用下的分层法

1. 计算假定

多层多跨框架结构在竖向荷载作用下，用位移法或力法等精确方法计算的结果表明，框架的侧移是极小的，侧移对其内力的影响亦很小。另外，框架各层横梁上的荷载对本层横梁及与之相连的上、下柱的弯矩影响较大，而对其他层横梁及柱的影响较小。为了简化计算，分层法假定：

(1) 在竖向荷载作用下，框架的侧移可忽略不计，即不考虑框架侧移对内力的影响；

(2) 每层梁上的荷载对其他各层梁的影响可忽略不计，仅考虑对本层梁、柱内力的影响。

上述假定中所指的内力不包括柱的轴力，因为横梁上的荷载通过柱逐层传至基础，某层梁的荷载对下部各层柱的轴力均有影响。

根据上述假定，计算时可将各层梁及其上、下柱作为独立的计算单元分层进行计算，如图 10-9 所示，用弯矩分配法分层计算所得梁弯矩即为最后弯矩，由于每一层柱属于上、下两层，所以柱的弯矩由上、下两层计算弯矩相叠加而得。上、下层柱的弯矩叠加后，节点弯矩一般不会平衡，如欲进一步修正，可对不平衡弯矩再进行一次弯矩分配。

用分层法计算时，均假定上、下柱的远端为固定端，但实际仅底层柱端为固定，其他柱端均为弹性支座。分层简化后结构的刚度增大了，因此柱上、下端弯矩将加大。为减少计算误差，可进行如下修正。

除底层柱外，各层柱线刚度乘以 0.9，如图 10-10(a) 所示，柱的传递系数为 1/3，底层柱的传递系数取 1/2，如图 10-10(b) 所示。

2. 计算步骤

综上所述，分层法的计算步骤如下。

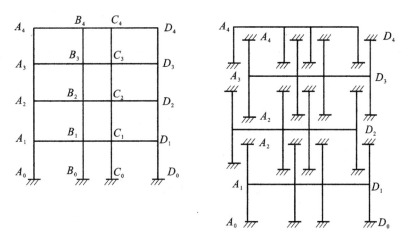

图 10-9 分层法计算简图

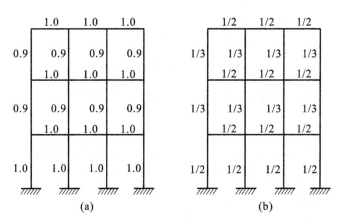

图 10-10 框架结构分层法修正
(a)线刚度修正;(b)传递系数修正

(1) 画出结构计算简图,并标明荷载及轴线尺寸。
(2) 按规定计算梁、柱的线刚度,除底层柱外,其余各层柱的线刚度均乘 0.9 的折减系数。
(3) 根据各杆件的线刚度 i 计算各节点的杆端弯矩分配系数(按各杆的转动刚度分配 $\mu = \dfrac{s_i}{\sum s_i}$,远端固定 $S=4i$),并计算竖向荷载作用下各跨梁的固端弯矩(两端固定 $M = \pm \dfrac{ql^2}{12}$)。
(4) 用弯矩分配法自上而下分层计算各杆端弯矩。
(5) 求得每层内力后,将同属于上、下两层的柱弯矩值进行叠加,作为原框架该柱的最终弯矩,梁的弯矩仅属于本层,不需叠加。
(6) 在杆端弯矩求出后,可用静力平衡条件计算梁端剪力及梁跨中弯矩;由逐层叠加柱上的竖向荷载(包括节点集中力、柱自重等)和与之相连的梁端剪力,即得柱的轴力。

由于计算的近似性,在上、下层柱端弯矩值相加后,将引起新的节点不平衡弯矩,这是由于分层计算单元与实际结构不符所带来的误差。如欲进一步修正,可对这些不平衡弯矩再进行一次弯矩分配。

分层法一般用于结构与荷载沿高度比较均匀的多层框架,否则基本假定难以成立,误差较大。

【例 10-1】 图 10-11 所示为一个两层两跨框架,用分层法作框架的弯矩图,括号内数值表示每根杆件的线刚度。

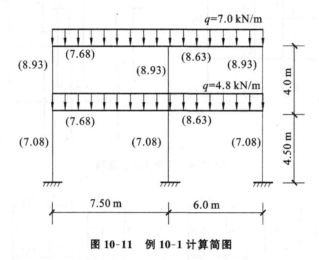

图 10-11　例 10-1 计算简图

【解】 将第二层各柱线刚度乘 0.9,分为两层计算,各层计算单元如图 10-12 和图 10-13 所示。

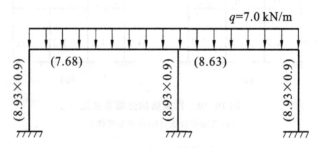

图 10-12　例 10-1 二层计算单元

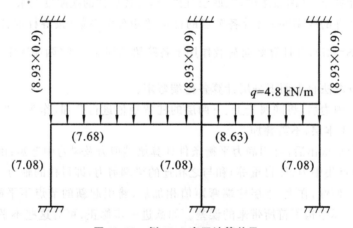

图 10-13　例 10-1 底层计算单元

分层法弯矩分配计算过程如图 10-14 和图 10-15 所示。

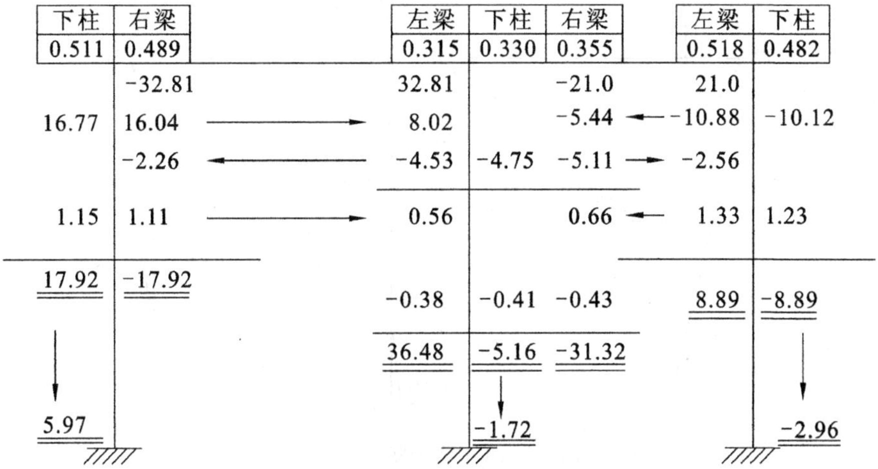

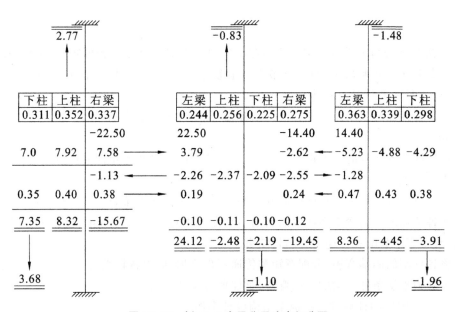

图 10-14 例 10-1 二层分层法弯矩分配

图 10-15 例 10-1 底层分层法弯矩分配

作此框架结构的杆端弯矩图,如图 10-16 所示。

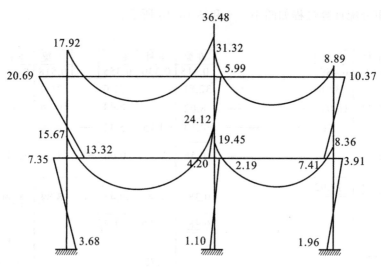

图 10-16 例 10-1 弯矩图（单位：kN·m）

二、弯矩二次分配法

弯矩二次分配法与力学教材中介绍的弯矩分配法类似。由分层法可知，多层框架的节点不平衡弯矩对邻近节点影响较大，对较远节点影响较小。为简化计算，将各节点的不平衡弯矩同时分配，且仅进行两轮计算。具体步骤如下。

(1) 根据各杆件的线刚度计算各节点的杆端弯矩分配系数，并计算竖向荷载作用下各跨梁的固端弯矩。

(2) 计算框架各节点的不平衡弯矩，并对所有节点的不平衡弯矩同时进行第一次分配（其间不进行弯矩传递）。

(3) 将所有杆端的分配弯矩同时向其远端传递（对于刚接框架，传递系数均取 1/2）。

(4) 将各节点因传递弯矩而产生的新的不平衡弯矩进行第二次分配，使各节点处于平衡状态。至此，整个弯矩分配和传递过程即告结束。

(5) 将各杆端的固端弯矩、分配弯矩和传递弯矩叠加，即得各杆端弯矩。

(6) 由静力平衡条件求梁的跨中弯矩、梁柱剪力及柱轴力。

弯矩二次分配法的计算过程见框架结构设计实例。

三、竖向荷载作用下的内力

框架结构在竖向荷载作用下的内力具有如下特点。

框架梁的弯矩图呈抛物线形分布，跨中截面 $+M_{max}$，支座截面 $-M_{min}$，框架柱的弯矩图呈线性分布，柱上、下端弯矩最大，如图 10-17(b)所示。

框架梁的剪力图呈线性变化，梁端支座截面 V_{max}，框架柱的剪力图沿层高均匀分布，如图 10-17(c)所示。

框架柱的截面还产生轴向压力,轴力图如图 10-17(d)所示。

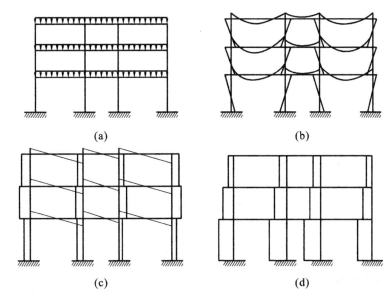

图 10-17 框架结构在竖向荷载作用下的内力图
(a)竖向荷载作用下的计算简图;(b)弯矩图;(c)剪力图;(d)轴力图

任务 4　水平荷载作用下框架结构内力和侧移的近似计算

多层多跨框架所受水平荷载主要是风荷载和水平地震作用,可简化为作用在框架节点上的集中荷载,这时框架的侧移是主要的变形因素。框架受力后的弯矩图和变位图如图 10-18 所示,它的特点是,各杆的弯矩图都是直线形的,每杆都有一个零弯矩点,称为反弯点。因此,水平荷载作用下框架结构近似计算的关键,是确定各柱间的剪力分配和各柱的反弯点高度。

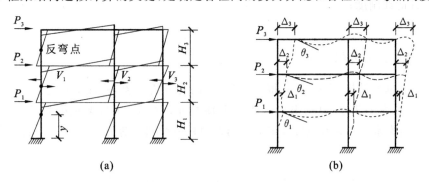

图 10-18 框架的弯矩图和变位图
(a)弯矩图;(b)变位图

一、反弯点法

反弯点法适用于结构比较均匀、层数不多的多层框架。梁的线刚度与柱的线刚度之比大于3,采用反弯点法计算内力,可以获得良好的近似。

1. 基本假定

为了方便求得各柱的柱间剪力和反弯点位置,根据框架结构的变形特点,作如下假定。

(1) 在进行各柱间的剪力分配时,假定梁与柱的线刚度之比为无穷大,即各柱上、下两端的转角为零。

(2) 在确定各柱的反弯点位置时,假定除底层柱以外的各层柱,受力后上、下两端将产生相同的转角。

(3) 忽略框架梁的轴向变形,同一层各节点水平位移相等。

2. 反弯点高度的确定

反弯点高度为反弯点至该层柱下端的距离。对于上层各柱,根据假定(2),各柱的上、下端转角相等,此时柱上、下端弯矩也相等,因而反弯点在柱中央。

对于底层柱,当柱脚为固定时,柱下端转角为零,上端弯矩比下端弯矩小,反弯点偏离中央而向上移动,通常假定 $y = \frac{2}{3}h$。

3. 侧移刚度 d 的确定

侧移刚度 d 表示柱上、下两端有单位侧移时在柱中产生的剪力。根据假定(1),梁与柱的线刚度之比为无穷大,则各柱端转角为零,由结构力学的两端无转角但有单位水平位移时杆件的杆端剪力方程,柱的侧移刚度 d 可写成

$$d = \frac{V}{\Delta} = \frac{12i_c}{h^2} \tag{10-3}$$

式中:i_c——柱的线刚度;

h——层高。

4. 同层各柱剪力分配

现有一 n 层框架结构,每层有 m 根柱,以第 j 层为分析对象,将柱沿反弯点处切开,将其内力(即剪力、轴力、弯矩为零)显示出来,如图 10-19 所示。令 V_j 为框架在第 j 层的层间剪力,它等于 j 层以上所有水平力之和;V_{jk} 为第 j 层第 k 根柱分配到的剪力。按水平力的平衡条件得层间总剪力为

$$V_j = V_{j1} + V_{j2} + \cdots + V_{jk} + \cdots + V_{jm} = \sum_{k=1}^{m} V_{jk} \tag{10-4}$$

$$V_j = F_j + F_{j+1} + \cdots + F_k + \cdots + F_n = \sum_{k=1}^{n} F_k \tag{10-5}$$

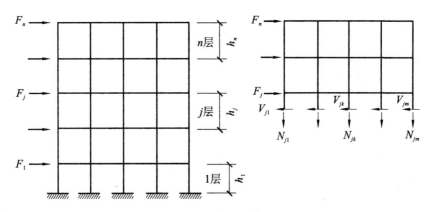

图 10-19 框架示意图

根据式(10-3)可知,

将式(10-6)代入式(10-4)得

$$V_{jk} = d_{jk}\Delta_j \tag{10-6}$$

$$V_j = \sum_{k=1}^{m} d_{jk}\Delta_j \tag{10-7}$$

$$\Delta_j = \frac{1}{\sum_{k=1}^{m} d_{jk}} V_j \tag{10-8}$$

再将式(10-8)代入式(10-6)得

$$V_{jk} = \frac{d_{jk}}{\sum_{k=1}^{m} d_{jk}} V_j \tag{10-9}$$

各层的层间总剪力按各柱侧移刚度在该层侧移刚度所占比例分配到各柱。

5. 框架梁柱内力

根据求得的各柱层间剪力和反弯点位置,即可确定柱端弯矩,再由节点平衡条件,进而求出梁柱内力。

1) 柱端弯矩

求得柱反弯点高度 yh 后,由图 10-20,按下式计算柱端弯矩:

$$M_{jk}^d = V_{jk} yh \tag{10-10}$$

$$M_{jk}^u = V_{jk}(1-y)h \tag{10-11}$$

式中:M_{jk}^u——第 j 层第 k 根柱上端弯矩;

M_{jk}^d——第 j 层第 k 根柱下端弯矩。

2) 梁端弯矩

根据节点平衡条件,梁端弯矩之和等于柱端弯矩之和,节点左右两端弯矩大小按其线刚度比例分配,由图 10-21,可得

$$M_b^l = \frac{i_b^l}{i_b^l + i_b^r}(M_c^u + M_c^d) \tag{10-12}$$

$$M_b^r = \frac{i_b^r}{i_b^l + i_b^r}(M_c^u + M_c^d) \tag{10-13}$$

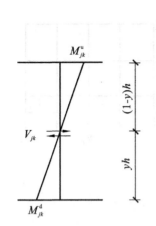

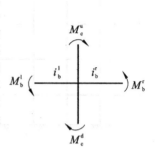

图 10-20　柱端弯矩计算　　　　　图 10-21　梁端弯矩计算

式中：M_c^u、M_c^d——分别表示节点上、下两端柱的弯矩，由式(10-10)、式(10-11)确定；

M_b^l、M_b^r——分别表示节点左、右两端梁的弯矩；

i_b^l、i_b^r——分别表示节点左梁和右梁的线刚度。

3）梁端剪力

根据梁的平衡条件，由图 10-22 求出水平力作用下梁端剪力为

$$V_b^l = V_b^r = \frac{(M_b^l + M_b^r)}{l} \tag{10-14}$$

式中：V_b^l、V_b^r——分别表示梁左、右两端剪力；

l——梁的跨度。

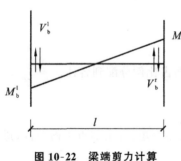

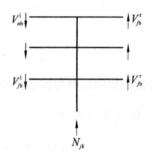

图 10-22　梁端剪力计算　　　　　10-23　柱轴力计算

4）柱的轴力

节点左、右两端剪力之和即为柱的层间轴力，由图 10-23，第 j 层第 k 柱轴力即为其上各层左、右梁端剪力代数和。

$$N_{jk} = \sum_j^n (V_{jb}^l - V_{jb}^r) \tag{10-15}$$

式中：N_{jk}——第 j 层第 k 根柱子的轴力；

V_{jb}^l、V_{jb}^r——分别为第 j 层第 k 根柱子左、右两侧梁端传来的剪力，由式(10-14)确定。

二、修正反弯点法

反弯点法是梁柱线刚度比大于 3 时，假定节点转角为零的一种近似计算方法。对于层数较

单元10 多层框架结构设计

多的框架,由于柱轴力大,柱截面往往较大,梁柱线刚度比较接近,框架结构在荷载作用下各节点均有转角,柱的侧移刚度有所下降。另外,利用反弯点法计算反弯点高度时,其值是一个定值。实际上,当梁柱线刚度比、上下梁线刚度比和上、下层层高发生变化时,将影响柱两端转角的大小,而各层柱的反弯点位置与该柱上、下端转角的大小有关,反弯点向转角小的一方移动,因此,此种情况下,用反弯点法计算水平荷载作用下的框架结构的内力时,误差较大。

修正反弯点法认为,柱的侧移刚度不仅和柱本身线刚度和层高有关,而且还和梁的线刚度有关;柱的反弯点高度不是定值,它随梁柱线刚度比、该柱所在层位置、上下层梁柱线刚度比、上下层层高以及房屋总层数的不同发生变化。修正后的侧移刚度用 D 表示。

修正反弯点法的基本思路是:首先求出每根框架柱的抗侧刚度 D 和每一层柱的反弯点高度,然后按剪力分配法求得任一根层间柱的反弯点处的水平剪力,最后由节点的平衡条件求出梁端的弯矩,再由梁两端弯矩绝对值之和除以梁的跨度得到相应的梁端剪力。

1. 修正后柱侧移刚度 D

柱的抗侧刚度 D 是指要使柱顶产生单位水平位移时,在柱顶施加的水平集中力值,D 与本身的线刚度、层高和柱两端的支承情况有关。

修正反弯点法认为框架的节点均有转角,柱的侧移刚度有所降低,降低后的侧移刚度可表示为

$$D = \alpha_c \frac{12 i_c}{h^2} \tag{10-16}$$

式中:α_c——柱抗侧刚度修正系数($\alpha_c < 1$),如表 10-4 所示。

表 10-4 柱抗侧刚度修正系数

位置		边 柱		中 柱		α_c
		简图	$\overline{K}$	简图	$\overline{K}$	
一般层		i_c, i_2, i_4	$\overline{K} = \dfrac{i_2 + i_4}{2 i_c}$	i_1, i_2, i_3, i_4, i_c	$\overline{K} = \dfrac{i_1 + i_2 + i_3 + i_4}{2 i_c}$	$\alpha_c = \dfrac{\overline{K}}{2 + \overline{K}}$
底层	固接	i_c, i_2	$\overline{K} = \dfrac{i_2}{i_c}$	i_1, i_2, i_c	$\overline{K} = \dfrac{i_1 + i_2}{i_c}$	$\alpha_c = \dfrac{0.5 + \overline{K}}{2 + \overline{K}}$
底层	铰接	i_c, i_2	$\overline{K} = \dfrac{i_2}{i_c}$	i_1, i_2, i_c	$\overline{K} = \dfrac{i_1 + i_2}{i_c}$	$\alpha_c = \dfrac{0.5 \overline{K}}{1 + 2 \overline{K}}$

2. 柱的反弯点高度

当横梁线刚度与柱的线刚度之比不是很大时,柱的两端转角相差较大,尤其是最上层和最

下几层,其反弯点并不在柱的中央,它取决于柱上、下两端的转角。当上端转角大于下端转角时,反弯点移向柱上端;反之,则移向柱下端。

各层柱反弯点高度可统一按下式计算:

$$yh = (y_0 + y_1 + y_2 + y_3)h \tag{10-17}$$

式中:y——各层柱的反弯点高度比;

y_0——标准反弯点高度比,由框架总层数、该柱所在层数及梁柱平均线刚度比 $\overline{K}$ 确定,如表 10-5 和表 10-6 所示,框架底层柱不考虑此项修正;

y_1——上、下梁线刚度变化时反弯点高度的修正值,如表 10-7 所示,对于框架底层柱不考虑此项修正;

y_2——上、下层层高变化时反弯点高度的修正值,如表 10-8 所示,其中 $\alpha_2 = \dfrac{h_{上}}{h}$,对于框架顶层柱不考虑此项修正;

y_3——上、下层层高变化时反弯点高度的修正值,如表 10-9 所示,$\alpha_3 = \dfrac{h_{下}}{h}$,对于框架底层柱不考虑此项修正。

表 10-5 规则框架承受均布水平力作用时标准反弯点高度比 y_0 的值

n	j \ $\overline{K}$	0.1	0.2	0.3	0.4	0.5	0.6	0.7	0.8	0.9	1.0	2.0	3.0	4.0	5.0
1	1	0.80	0.75	0.70	0.65	0.65	0.60	0.60	0.60	0.60	0.55	0.55	0.55	0.55	0.55
2	2	0.45	0.40	0.35	0.35	0.35	0.35	0.40	0.40	0.40	0.40	0.45	0.45	0.45	0.45
	1	0.95	0.80	0.75	0.70	0.65	0.65	0.65	0.60	0.60	0.60	0.55	0.55	0.55	0.50
3	3	0.15	0.20	0.20	0.25	0.30	0.30	0.30	0.35	0.35	0.35	0.40	0.45	0.45	0.45
	2	0.55	0.50	0.45	0.45	0.45	0.45	0.45	0.45	0.45	0.45	0.50	0.50	0.50	0.50
	1	1.00	0.85	0.80	0.75	0.70	0.70	0.65	0.65	0.65	0.60	0.55	0.55	0.55	0.55
4	4	−0.05	0.05	0.15	0.20	0.25	0.30	0.30	0.35	0.35	0.35	0.40	0.45	0.45	0.45
	3	0.25	0.30	0.30	0.35	0.35	0.40	0.40	0.40	0.40	0.45	0.45	0.50	0.50	0.50
	2	0.65	0.55	0.50	0.50	0.45	0.45	0.45	0.45	0.45	0.45	0.50	0.50	0.50	0.50
	1	1.10	0.90	0.80	0.75	0.70	0.70	0.65	0.65	0.65	0.60	0.55	0.55	0.55	0.55
5	5	−0.20	0.00	0.15	0.20	0.25	0.30	0.30	0.30	0.35	0.35	0.40	0.45	0.45	0.45
	4	0.10	0.20	0.25	0.30	0.35	0.35	0.40	0.40	0.40	0.40	0.45	0.45	0.50	0.50
	3	0.40	0.40	0.40	0.40	0.40	0.45	0.45	0.45	0.45	0.45	0.50	0.50	0.50	0.50
	2	0.65	0.55	0.50	0.50	0.50	0.50	0.50	0.50	0.50	0.50	0.50	0.50	0.50	0.50
	1	1.20	0.95	0.80	0.75	0.75	0.70	0.70	0.65	0.65	0.65	0.55	0.55	0.55	0.55
6	6	−0.30	0.00	0.10	0.20	0.25	0.25	0.30	0.30	0.35	0.35	0.40	0.45	0.45	0.45
	5	0.00	0.20	0.25	0.30	0.35	0.35	0.40	0.40	0.40	0.40	0.45	0.45	0.50	0.50
	4	0.20	0.30	0.35	0.35	0.40	0.40	0.40	0.45	0.45	0.45	0.45	0.50	0.50	0.50
	3	0.40	0.40	0.40	0.45	0.45	0.45	0.45	0.45	0.45	0.45	0.50	0.50	0.50	0.50
	2	0.70	0.60	0.55	0.50	0.50	0.50	0.50	0.50	0.50	0.50	0.50	0.50	0.50	0.50
	1	1.20	0.95	0.85	0.80	0.75	0.70	0.70	0.65	0.65	0.65	0.55	0.55	0.55	0.55

续表

n	j \ $\overline{K}$	0.1	0.2	0.3	0.4	0.5	0.6	0.7	0.8	0.9	1.0	2.0	3.0	4.0	5.0
7	7	−0.35	−0.05	0.10	0.20	0.20	0.25	0.30	0.30	0.35	0.35	0.40	0.45	0.45	0.45
	6	−0.10	0.15	0.25	0.30	0.35	0.35	0.35	0.40	0.40	0.40	0.45	0.45	0.50	0.50
	5	0.10	0.25	0.30	0.35	0.40	0.40	0.40	0.45	0.45	0.45	0.45	0.50	0.50	0.50
	4	0.30	0.35	0.40	0.40	0.40	0.45	0.45	0.45	0.45	0.45	0.50	0.50	0.50	0.50
	3	0.50	0.45	0.45	0.45	0.45	0.45	0.45	0.45	0.45	0.45	0.50	0.50	0.50	0.50
	2	0.75	0.60	0.55	0.50	0.50	0.50	0.50	0.50	0.50	0.50	0.50	0.50	0.50	0.50
	1	1.20	0.95	0.85	0.80	0.75	0.70	0.70	0.65	0.65	0.65	0.55	0.55	0.55	0.55
8	8	−0.35	−0.15	0.10	0.15	0.25	0.25	0.30	0.30	0.35	0.35	0.40	0.45	0.45	0.45
	7	−0.10	0.15	0.25	0.30	0.35	0.35	0.40	0.40	0.40	0.40	0.45	0.50	0.50	0.50
	6	0.05	0.25	0.30	0.35	0.40	0.40	0.40	0.45	0.45	0.45	0.45	0.50	0.50	0.50
	5	0.20	0.30	0.35	0.40	0.40	0.45	0.45	0.45	0.45	0.45	0.50	0.50	0.50	0.50
	4	0.35	0.40	0.40	0.45	0.45	0.45	0.45	0.45	0.45	0.45	0.50	0.50	0.50	0.50
	3	0.50	0.45	0.45	0.45	0.45	0.45	0.45	0.45	0.50	0.50	0.50	0.50	0.50	0.50
	2	0.75	0.60	0.55	0.55	0.50	0.50	0.50	0.50	0.50	0.50	0.50	0.50	0.50	0.50
	1	1.20	1.00	0.85	0.80	0.75	0.70	0.70	0.65	0.65	0.65	0.55	0.55	0.55	0.55
9	9	−0.40	−0.05	0.10	0.20	0.25	0.25	0.30	0.30	0.35	0.35	0.45	0.45	0.45	0.45
	8	−0.15	0.15	0.20	0.30	0.35	0.35	0.35	0.40	0.40	0.40	0.45	0.45	0.50	0.50
	7	0.05	0.25	0.30	0.35	0.40	0.40	0.40	0.45	0.45	0.45	0.45	0.50	0.50	0.50
	6	0.15	0.30	0.35	0.40	0.40	0.45	0.45	0.45	0.45	0.45	0.50	0.50	0.50	0.50
	5	0.25	0.35	0.40	0.40	0.45	0.45	0.45	0.45	0.45	0.45	0.50	0.50	0.50	0.50
	4	0.40	0.40	0.40	0.45	0.45	0.45	0.45	0.45	0.45	0.45	0.50	0.50	0.50	0.50
	3	0.50	0.45	0.45	0.45	0.45	0.45	0.45	0.45	0.50	0.50	0.50	0.50	0.50	0.50
	2	0.80	0.65	0.55	0.55	0.50	0.50	0.50	0.50	0.50	0.50	0.50	0.50	0.50	0.50
	1	1.20	1.00	0.85	0.80	0.75	0.70	0.70	0.65	0.65	0.65	0.55	0.55	0.55	0.55
10	10	−0.40	−0.05	0.10	0.20	0.25	0.30	0.30	0.30	0.35	0.35	0.40	0.45	0.45	0.45
	9	−0.15	0.15	0.25	0.30	0.35	0.35	0.40	0.40	0.40	0.40	0.45	0.45	0.50	0.50
	8	0.00	0.25	0.30	0.35	0.40	0.40	0.40	0.45	0.45	0.45	0.45	0.50	0.50	0.50
	7	0.10	0.30	0.35	0.40	0.40	0.45	0.45	0.45	0.45	0.45	0.50	0.50	0.50	0.50
	6	0.20	0.35	0.40	0.40	0.45	0.45	0.45	0.45	0.45	0.45	0.50	0.50	0.50	0.50
	5	0.30	0.40	0.40	0.45	0.45	0.45	0.45	0.45	0.45	0.50	0.50	0.50	0.50	0.50
	4	0.40	0.40	0.45	0.45	0.45	0.45	0.45	0.45	0.50	0.50	0.50	0.50	0.50	0.50
	3	0.55	0.50	0.45	0.45	0.45	0.50	0.50	0.50	0.50	0.50	0.50	0.50	0.50	0.50
	2	0.80	0.65	0.55	0.55	0.55	0.50	0.50	0.50	0.50	0.50	0.50	0.50	0.50	0.50
	1	1.30	1.00	0.85	0.80	0.75	0.70	0.70	0.65	0.65	0.65	0.60	0.55	0.55	0.55

续表

n	j \ $\overline{K}$	0.1	0.2	0.3	0.4	0.5	0.6	0.7	0.8	0.9	1.0	2.0	3.0	4.0	5.0
11	11	−0.40	0.05	0.10	0.20	0.25	0.30	0.30	0.30	0.35	0.35	0.40	0.45	0.45	0.45
	10	−0.15	0.15	0.25	0.30	0.35	0.35	0.40	0.40	0.40	0.45	0.45	0.50	0.50	0.50
	9	0.00	0.25	0.30	0.35	0.40	0.40	0.40	0.45	0.45	0.45	0.45	0.50	0.50	0.50
	8	0.10	0.30	0.35	0.40	0.40	0.45	0.45	0.45	0.45	0.45	0.45	0.50	0.50	0.50
	7	0.20	0.35	0.40	0.45	0.45	0.45	0.45	0.45	0.45	0.45	0.50	0.50	0.50	0.50
	6	0.25	0.35	0.40	0.45	0.45	0.45	0.45	0.45	0.45	0.45	0.50	0.50	0.50	0.50
	5	0.35	0.40	0.40	0.45	0.45	0.45	0.45	0.45	0.45	0.50	0.50	0.50	0.50	0.50
	4	0.40	0.45	0.45	0.45	0.45	0.45	0.45	0.50	0.50	0.50	0.50	0.50	0.50	0.50
	3	0.55	0.50	0.50	0.50	0.50	0.50	0.50	0.50	0.50	0.50	0.50	0.50	0.50	0.50
	2	0.80	0.65	0.60	0.55	0.55	0.50	0.50	0.50	0.50	0.50	0.50	0.50	0.50	0.50
	1	1.30	1.00	0.85	0.80	0.75	0.70	0.70	0.65	0.65	0.65	0.60	0.55	0.55	0.55
12以上	↓1	−0.40	0.00	0.10	0.20	0.25	0.30	0.30	0.30	0.35	0.35	0.40	0.45	0.45	0.45
	2	−0.15	0.15	0.25	0.30	0.35	0.35	0.40	0.40	0.40	0.40	0.45	0.45	0.50	0.50
	3	0.00	0.25	0.30	0.35	0.40	0.40	0.40	0.45	0.45	0.45	0.45	0.50	0.50	0.50
	4	0.10	0.30	0.35	0.40	0.40	0.45	0.45	0.45	0.45	0.45	0.45	0.50	0.50	0.50
	5	0.20	0.35	0.40	0.40	0.45	0.45	0.45	0.45	0.45	0.45	0.50	0.50	0.50	0.50
	6	0.25	0.35	0.40	0.45	0.45	0.45	0.45	0.45	0.45	0.45	0.500	0.50	0.50	0.50
	7	0.30	0.40	0.40	0.45	0.45	0.45	0.45	0.45	0.50	0.50	0.50	0.50	0.50	0.50
	8	0.35	0.40	0.45	0.45	0.45	0.45	0.45	0.50	0.50	0.50	0.50	0.50	0.50	0.50
	中间	0.40	0.40	0.45	0.45	0.45	0.45	0.50	0.50	0.50	0.50	0.50	0.50	0.50	0.50
	4	0.45	0.45	0.45	0.45	0.50	0.50	0.50	0.50	0.50	0.50	0.50	0.50	0.50	0.50
	3	0.60	0.50	0.50	0.50	0.50	0.50	0.50	0.50	0.50	0.50	0.50	0.50	0.50	0.50
	2	0.80	0.65	0.60	0.55	0.55	0.50	0.50	0.50	0.50	0.50	0.50	0.50	0.50	0.50
	↑1	1.30	1.00	0.85	0.80	0.75	0.70	0.70	0.65	0.65	0.65	0.55	0.55	0.55	0.55

注：

$$\overline{K} = \frac{i_1 + i_2 + i_3 + i_4}{2i_c}$$

表 10-6　规则框架承受倒三角形水平力作用时标准反弯点高度比 y_0 的值

n	j \ $\overline{K}$	0.1	0.2	0.3	0.4	0.5	0.6	0.7	0.8	0.9	1.0	2.0	3.0	4.0	5.0
1	1	0.80	0.75	0.70	0.65	0.65	0.60	0.60	0.60	0.60	0.55	0.55	0.55	0.55	0.55
2	2	0.50	0.45	0.40	0.40	0.40	0.40	0.40	0.40	0.40	0.45	0.45	0.45	0.45	0.50
	1	1.00	0.85	0.75	0.70	0.70	0.65	0.65	0.65	0.65	0.60	0.60	0.55	0.55	0.55

单元10 多层框架结构设计

续表

n	j \ $\overline{K}$	0.1	0.2	0.3	0.4	0.5	0.6	0.7	0.8	0.9	1.0	2.0	3.0	4.0	5.0
3	3	0.25	0.25	0.25	0.30	0.30	0.35	0.35	0.35	0.40	0.40	0.45	0.45	0.45	0.50
	2	0.60	0.50	0.50	0.50	0.50	0.45	0.45	0.45	0.45	0.45	0.50	0.50	0.50	0.50
	1	1.15	0.90	0.80	0.75	0.75	0.70	0.70	0.65	0.65	0.65	0.60	0.55	0.55	0.55
4	4	0.10	0.15	0.20	0.25	0.30	0.30	0.35	0.35	0.35	0.40	0.45	0.45	0.45	0.45
	3	0.35	0.35	0.35	0.40	0.40	0.40	0.40	0.45	0.45	0.45	0.50	0.50	0.50	0.50
	2	0.70	0.60	0.55	0.50	0.50	0.50	0.50	0.50	0.50	0.50	0.50	0.50	0.50	0.50
	1	1.20	0.95	0.85	0.80	0.75	0.70	0.70	0.70	0.65	0.65	0.55	0.55	0.55	0.55
5	5	−0.05	0.10	0.20	0.25	0.30	0.30	0.35	0.35	0.35	0.35	0.40	0.45	0.45	0.45
	4	0.20	0.25	0.35	0.35	0.40	0.40	0.40	0.40	0.40	0.45	0.50	0.50	0.50	0.50
	3	0.45	0.40	0.45	0.45	0.45	0.45	0.45	0.45	0.45	0.45	0.50	0.50	0.50	0.50
	2	0.75	0.60	0.55	0.55	0.50	0.50	0.50	0.50	0.50	0.50	0.50	0.50	0.50	0.50
	1	1.30	1.00	0.85	0.80	0.75	0.70	0.70	0.65	0.65	0.65	0.65	0.55	0.55	0.55
6	6	−0.15	0.05	0.15	0.20	0.25	0.30	0.30	0.35	0.35	0.35	0.40	0.45	0.45	0.45
	5	0.10	0.25	0.30	0.35	0.35	0.40	0.40	0.40	0.45	0.45	0.45	0.50	0.50	0.50
	4	0.30	0.35	0.40	0.40	0.45	0.45	0.45	0.45	0.45	0.45	0.50	0.50	0.50	0.50
	3	0.50	0.45	0.45	0.45	0.45	0.45	0.45	0.45	0.45	0.50	0.50	0.50	0.50	0.50
	2	0.80	0.65	0.55	0.55	0.55	0.55	0.50	0.50	0.50	0.50	0.50	0.50	0.50	0.50
	1	1.30	1.00	0.85	0.80	0.75	0.70	0.70	0.65	0.65	0.65	0.60	0.55	0.55	0.55
7	7	−0.20	0.05	0.15	0.20	0.25	0.30	0.30	0.35	0.35	0.35	0.45	0.45	0.45	0.45
	6	0.05	0.20	0.30	0.35	0.35	0.40	0.40	0.40	0.40	0.45	0.45	0.50	0.50	0.50
	5	0.20	0.30	0.35	0.40	0.40	0.45	0.45	0.45	0.45	0.45	0.50	0.50	0.50	0.50
	4	0.35	0.40	0.40	0.45	0.45	0.45	0.45	0.45	0.45	0.45	0.50	0.50	0.50	0.50
	3	0.55	0.50	0.50	0.50	0.50	0.50	0.50	0.50	0.50	0.50	0.50	0.50	0.50	0.50
	2	0.80	0.65	0.60	0.55	0.55	0.55	0.50	0.50	0.50	0.50	0.50	0.50	0.50	0.50
	1	1.30	1.00	0.90	0.80	0.75	0.70	0.70	0.70	0.65	0.65	0.60	0.55	0.55	0.55
8	8	−0.20	0.05	0.15	0.20	0.25	0.30	0.30	0.35	0.35	0.35	0.45	0.45	0.45	0.45
	7	0.00	0.20	0.30	0.35	0.35	0.40	0.40	0.40	0.40	0.45	0.45	0.50	0.50	0.50
	6	0.15	0.30	0.35	0.40	0.40	0.45	0.45	0.45	0.45	0.45	0.50	0.50	0.50	0.50
	5	0.30	0.40	0.40	0.45	0.45	0.45	0.45	0.45	0.45	0.45	0.50	0.50	0.50	0.50
	4	0.40	0.45	0.45	0.45	0.45	0.45	0.45	0.45	0.50	0.50	0.50	0.50	0.50	0.50
	3	0.60	0.50	0.50	0.50	0.50	0.50	0.50	0.50	0.50	0.50	0.50	0.50	0.50	0.50
	2	0.85	0.65	0.60	0.55	0.55	0.55	0.50	0.50	0.50	0.50	0.50	0.50	0.50	0.50
	1	1.30	1.00	0.90	0.80	0.75	0.70	0.70	0.70	0.70	0.65	0.60	0.55	0.55	0.55
9	9	−0.25	0.00	0.15	0.20	0.25	0.30	0.30	0.35	0.35	0.40	0.45	0.45	0.45	0.45
	8	0.00	0.20	0.30	0.35	0.35	0.40	0.40	0.40	0.40	0.45	0.45	0.50	0.50	0.50
	7	0.15	0.30	0.35	0.40	0.40	0.45	0.45	0.45	0.45	0.45	0.50	0.50	0.50	0.50
	6	0.25	0.35	0.40	0.40	0.45	0.45	0.45	0.45	0.45	0.50	0.50	0.50	0.50	0.50
	5	0.35	0.40	0.45	0.45	0.45	0.45	0.45	0.45	0.50	0.50	0.50	0.50	0.50	0.50
	4	0.45	0.45	0.45	0.45	0.45	0.50	0.50	0.50	0.50	0.50	0.50	0.50	0.50	0.50
	3	0.60	0.50	0.50	0.50	0.50	0.50	0.50	0.50	0.50	0.50	0.50	0.50	0.50	0.50
	2	0.85	0.65	0.60	0.55	0.55	0.55	0.50	0.50	0.50	0.50	0.50	0.50	0.50	0.50
	1	1.35	1.00	0.90	0.80	0.75	0.75	0.70	0.70	0.65	0.65	0.60	0.55	0.55	0.55

续表

n	$\overline{K} \diagdown j$	0.1	0.2	0.3	0.4	0.5	0.6	0.7	0.8	0.9	1.0	2.0	3.0	4.0	5.0
10	10	−0.25	0.00	0.15	0.20	0.25	0.30	0.30	0.35	0.35	0.40	0.45	0.45	0.45	0.45
	9	−0.10	0.20	0.30	0.35	0.35	0.40	0.40	0.40	0.40	0.45	0.45	0.50	0.50	0.50
	8	0.10	0.30	0.35	0.40	0.40	0.40	0.45	0.45	0.45	0.45	0.50	0.50	0.50	0.50
	7	0.20	0.35	0.40	0.40	0.45	0.45	0.45	0.45	0.45	0.50	0.50	0.50	0.50	0.50
	6	0.30	0.40	0.40	0.45	0.45	0.45	0.45	0.45	0.45	0.50	0.50	0.50	0.50	0.50
	5	0.40	0.45	0.45	0.45	0.45	0.45	0.45	0.50	0.50	0.50	0.50	0.50	0.50	0.50
	4	0.50	0.45	0.45	0.45	0.50	0.50	0.50	0.50	0.50	0.50	0.50	0.50	0.50	0.50
	3	0.60	0.55	0.50	0.50	0.50	0.50	0.50	0.50	0.50	0.50	0.50	0.50	0.50	0.50
	2	0.85	0.65	0.60	0.55	0.55	0.55	0.55	0.50	0.50	0.50	0.50	0.50	0.50	0.50
	1	1.35	1.00	0.90	0.80	0.75	0.75	0.70	0.70	0.65	0.65	0.60	0.55	0.55	0.55
11	11	−0.25	0.00	0.15	0.20	0.25	0.30	0.30	0.30	0.35	0.35	0.45	0.45	0.45	0.45
	10	−0.05	0.20	0.25	0.30	0.35	0.40	0.40	0.40	0.40	0.45	0.45	0.50	0.50	0.50
	9	0.10	0.30	0.35	0.40	0.40	0.40	0.45	0.45	0.45	0.45	0.50	0.50	0.50	0.50
	8	0.20	0.35	0.40	0.40	0.45	0.45	0.45	0.45	0.45	0.50	0.50	0.50	0.50	0.50
	7	0.25	0.40	0.40	0.45	0.45	0.45	0.45	0.45	0.50	0.50	0.50	0.50	0.50	0.50
	6	0.35	0.40	0.40	0.45	0.45	0.45	0.45	0.50	0.50	0.50	0.50	0.50	0.50	0.50
	5	0.40	0.45	0.45	0.45	0.45	0.50	0.50	0.50	0.50	0.50	0.50	0.50	0.50	0.50
	4	0.50	0.50	0.50	0.50	0.50	0.50	0.50	0.50	0.50	0.50	0.50	0.50	0.50	0.50
	3	0.65	0.55	0.60	0.50	0.50	0.50	0.50	0.50	0.50	0.50	0.50	0.50	0.50	0.50
	2	0.85	0.65	0.60	0.55	0.55	0.55	0.55	0.50	0.50	0.50	0.50	0.50	0.50	0.50
	1	1.35	1.05	0.90	0.80	0.75	0.75	0.70	0.70	0.65	0.65	0.60	0.55	0.55	0.55
12 以上	↓1	−0.30	0.00	0.15	0.20	0.25	0.30	0.30	0.30	0.35	0.35	0.40	0.45	0.45	0.45
	2	−0.10	0.20	0.25	0.30	0.35	0.40	0.40	0.40	0.40	0.40	0.45	0.45	0.45	0.50
	3	0.05	0.25	0.35	0.40	0.40	0.40	0.45	0.45	0.45	0.45	0.45	0.50	0.50	0.50
	4	0.15	0.30	0.40	0.40	0.45	0.45	0.45	0.45	0.45	0.45	0.50	0.50	0.50	0.50
	5	0.25	0.35	0.50	0.45	0.45	0.45	0.45	0.45	0.45	0.50	0.50	0.50	0.50	0.50
	6	0.30	0.40	0.50	0.45	0.45	0.45	0.45	0.50	0.50	0.50	0.50	0.50	0.50	0.50
	7	0.35	0.40	0.55	0.45	0.45	0.45	0.50	0.50	0.50	0.50	0.50	0.50	0.50	0.50
	8	0.35	0.45	0.55	0.45	0.50	0.50	0.50	0.50	0.50	0.50	0.50	0.50	0.50	0.50
	中间	0.45	0.45	0.55	0.45	0.50	0.50	0.50	0.50	0.50	0.50	0.50	0.50	0.50	0.50
	4	0.55	0.50	0.50	0.50	0.50	0.50	0.50	0.50	0.50	0.50	0.50	0.50	0.50	0.50
	3	0.65	0.55	0.50	0.50	0.50	0.50	0.50	0.50	0.50	0.50	0.50	0.50	0.50	0.50
	2	0.70	0.70	0.60	0.55	0.55	0.55	0.55	0.50	0.50	0.50	0.50	0.50	0.50	0.50
	↑	1.35	1.05	0.90	0.80	0.75	0.70	0.70	0.70	0.65	0.65	0.60	0.55	0.55	0.55

单元 10 多层框架结构设计

表 10-7 上、下层横梁线刚度比对 y_0 的修正值 y_1

α_1 \ $\overline{K}$	0.1	0.2	0.3	0.4	0.5	0.6	0.7	0.8	0.9	1.0	2.0	3.0	4.0	5.0
0.4	0.55	0.40 0.30 0.20 0.15	0.30	0.25	0.20	0.20	0.20	0.15	0.15	0.15	0.05	0.05	0.05	0.05
0.5	0.45	0.10	0.20	0.20	0.15	0.15	0.15	0.10	0.10	0.10	0.05	0.05	0.05	0.05
0.6	0.30	0.0	0.15	0.15	0.10	0.10	0.10	0.10	0.05	0.05	0.05	0.05	0	0
0.7	0.20		0.10	0.10	0.10	0.10	0.05	0.05	0.05	0.05	0	0	0	0
0.8	0.15		0.05	0.05	0.05	0.05	0.05	0.05	0.05	0	0	0	0	0
0.9	0.05		0.05	0.05	0	0	0	0	0	0	0	0	0	0

注：① $\alpha_1 = \dfrac{i_1+i_2}{i_3+i_4}$，当 $i_1+i_2 > i_3+i_4$ 时，则 α_1 取倒数，即 $\alpha_1 = \dfrac{i_3+i_4}{i_1+i_2}$，并且 y_1 值取负号"-"；

②

i_1	i_2
i_3 i_c	i_4

$\overline{K} = \dfrac{i_1+i_2+i_3+i_4}{2i_c}$。

表 10-8 上、下层层高变化时对 y_0 的修正值 y_2 和 y_3

α_2	α_3	0.1	0.2	0.3	0.4	0.5	0.6	0.7	0.8	0.9	1.0	2.0	3.0	4.0	5.0
2.0		0.25	0.15	0.15	0.10	0.10	0.10	0.10	0.10	0.05	0.05	0.05	0.05	0.0	0.0
1.8		0.20	0.15	0.10	0.10	0.10	0.05	0.05	0.05	0.05	0.05	0.0	0.0	0.0	0.0
1.6	0.4	0.15	0.10	0.10	0.05	0.05	0.05	0.05	0.05	0.05	0.05	0.0	0.0	0.0	0.0
1.4	0.6	0.10	0.05	0.05	0.05	0.05	0.05	0.05	0.05	0.05	0.0	0.0	0.0	0.0	0.0
1.2	0.8	0.05	0.05	0.05	0.0	0.0	0.0	0.0	0.0	0.0	0.0	0.0	0.0	0.0	0.0
1.0	1.0	0.0	0.0	0.0	0.0	0.0	0.0	0.0	0.0	0.0	0.0	0.0	0.0	0.0	0.0
0.8	1.2	-0.05	-0.05	-0.05	0.0	0.0	0.0	0.0	0.0	0.0	0.0	0.0	0.0	0.0	0.0
0.6	1.4	-0.10	-0.05	-0.05	-0.05	-0.05	-0.05	-0.05	-0.05	0.0	0.0	0.0	0.0	0.0	0.0
0.4	1.6	-0.15	-0.10	-0.10	-0.05	-0.05	-0.05	-0.05	-0.05	-0.05	-0.05	0.0	0.0	0.0	0.0
	1.8	-0.20	-0.15	-0.10	-0.10	-0.10	-0.05	-0.05	-0.05	-0.05	-0.05	0.0	0.0	0.0	0.0
	2.0	-0.25	-0.15	-0.15	-0.10	-0.10	-0.10	-0.10	-0.05	-0.05	-0.05	-0.05	0.0	0.0	0.0

注：y_2——按照 $\overline{K}$ 及 α_2 求得，上层较高时为正值；

y_3——按照 $\overline{K}$ 及 α_3 求得。

当各层框架柱的 D 和反弯点的位置 yh 确定后,与反弯点法一样,就可以确定各柱在反弯点处的剪力值和柱端弯矩,再由节点平衡条件,进而求出梁柱内力。

【例 10-2】 某钢筋混凝土框架结构承受风荷载如图 10-24 所示,其中括号内的数值为相应的线刚度 i(单位为 $10^{-4}Em^3$)。试用修正反弯点法求解该框架的弯矩,并作弯矩图。

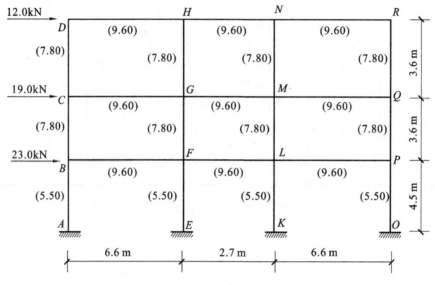

图 10-24 例 10-2 计算简图

【解】 此框架结构为对称结构,取一半进行计算。

(1) 确定修正后的抗侧刚度 D 值。

① 确定各柱的梁柱线刚度比 $\overline{K}$ 值。

第一层各柱:

$$\overline{K}_{AB} = \frac{9.60}{5.50} = 1.745, \overline{K}_{EF} = \frac{9.60+9.60}{5.50} = 3.491$$

第二、三层各柱:

$$\overline{K}_{BC} = \overline{K}_{CD} = \frac{9.60+9.60}{2\times 7.80} = 1.231$$

$$\overline{K}_{FG} = \overline{K}_{GH} = \frac{9.60+9.60+9.60+9.60}{2\times 7.80} = 2.462$$

② 根据计算所得的 $\overline{K}$ 值和表 10-4,确定各柱的抗侧刚度系数 α_c 值。

第一层柱 $\alpha_c = \dfrac{0.5+\overline{K}}{2+\overline{K}}$,则有

$$AB \text{ 柱}: \alpha_c = \frac{0.5+1.745}{2+1.745} = 0.599$$

$$EF \text{ 柱}: \alpha_c = \frac{0.5+3.491}{2+3.491} = 0.727$$

第二、三层柱 $\alpha_c = \dfrac{\overline{K}}{2+\overline{K}}$,则有

$$BC \text{、} CD \text{ 柱}: \alpha_c = \frac{1.231}{2+1.231} = 0.381$$

$$FG \text{、} GH \text{ 柱}: \alpha_c = \frac{2.462}{2+2.462} = 0.552$$

③ 计算各柱的抗侧刚度 $D = \alpha_c \frac{12i_c}{h^2}$ 及每层总抗侧刚度 $\sum D$。

第一层柱：

$$D_{AB} = 0.599 \times \frac{12 \times 5.50 \times 10^{-4}}{4.5^2} Em^3 = 1.952 \times 10^{-4} Em^3$$

$$D_{EF} = 0.727 \times \frac{12 \times 5.50 \times 10^{-4}}{4.5^2} Em^3 = 2.369 \times 10^{-4} Em^3$$

$$\sum D = 2 \times (1.952 + 2.369) \times 10^{-4} Em^3 = 8.642 \times 10^{-4} Em^3$$

第二、三层柱：

$$D_{BC} = D_{CD} = 0.381 \times \frac{12 \times 7.80 \times 10^{-4}}{3.6^2} Em^3 = 2.752 \times 10^{-4} Em^3$$

$$D_{FG} = D_{GH} = 0.552 \times \frac{12 \times 7.80 \times 10^{-4}}{3.6^2} Em^3 = 3.987 \times 10^{-4} Em^3$$

$$\sum D = 2 \times (2.752 + 3.987) \times 10^{-4} Em^3 = 13.478 \times 10^{-4} Em^3$$

(2) 确定各柱的反弯点高度比 y。

第一层柱：$m=3, n=1$，则

AB 柱　$\overline{K}_{AB} = 1.745, \alpha_2 = \frac{3.6}{4.5} = 0.8, y_0 = 0.55, y_2 = 0, y = 0.55 + 0 = 0.55$；

EF 柱　$\overline{K}_{EF} = 3.491, \alpha_2 = \frac{3.6}{4.5} = 0.8, y_0 = 0.55, y_2 = 0, y = 0.55 + 0 = 0.55$。

第二层柱：$m=3, n=2$，则

BC 柱　$\overline{K}_{BC} = 1.231, \alpha_1 = \frac{9.6}{9.6} = 1.0, \alpha_2 = \frac{3.6}{3.6} = 1.0, \alpha_3 = \frac{4.5}{3.6} = 1.25$，

$y_0 = 0.45, y_1 = 0, y_2 = 0, y_3 = 0, y = 0.45 + 0 + 0 + 0 = 0.45$；

FG 柱　$\overline{K}_{FG} = 2.462, \alpha_1 = \frac{9.6}{9.6} = 1.0, \alpha_2 = \frac{3.6}{3.6} = 1.0, \alpha_3 = \frac{4.5}{3.6} = 1.25$，

$y_0 = 0.47, y_1 = 0, y_2 = 0, y_3 = 0, y = 0.47 + 0 + 0 + 0 = 0.47$。

第三层柱：$m=3, n=3$，则

CD 柱　$\overline{K}_{CD} = 1.231, \alpha_1 = \frac{9.6}{9.6} = 1.0, \alpha_3 = \frac{3.6}{3.6} = 1.0$，

$y_0 = 0.36, y_1 = 0, y_3 = 0, y = 0.36 + 0 + 0 = 0.36$；

GH 柱　$\overline{K}_{GH} = 2.462, \alpha_1 = \frac{9.6}{9.6} = 1.0, \alpha_3 = \frac{3.6}{3.6} = 1.0$，

$y_0 = 0.42, y_1 = 0, y_3 = 0, y = 0.42 + 0 + 0 = 0.42$。

(3) 确定层间剪力 V_j。

第一层层间剪力：$V_1 = (12.0 + 19.0 + 23.0)$ kN $= 54.0$ kN

第二层层间剪力：$V_2 = (12.0 + 19.0)$ kN $= 31.0$ kN

第三层层间剪力：$V_3 = 12.0$ kN

（4）确定各层各柱分配到的剪力 V_{jk}。

第一层柱：$V_{AB} = \dfrac{1.952}{8.642} \times 54$ kN $= 12.20$ kN，$V_{EF} = \dfrac{2.369}{8.642} \times 54$ kN $= 14.80$ kN。

第二层柱：$V_{BC} = \dfrac{2.752}{13.478} \times 31$ kN $= 6.33$ kN，$V_{FG} = \dfrac{3.987}{13.478} \times 31$ kN $= 9.17$ kN。

第三层柱：$V_{CD} = \dfrac{2.752}{13.478} \times 12$ kN $= 2.45$ kN，$V_{GH} = \dfrac{3.987}{13.478} \times 12$ kN $= 3.55$ kN。

（5）确定柱端弯矩。

第一层柱：

$M_{AB} = (12.20 \times 0.55 \times 4.5)$ kN·m $= 30.20$ kN·m

$M_{BA} = (12.20 \times 0.45 \times 4.5)$ kN·m $= 24.70$ kN·m

$M_{EF} = (14.80 \times 0.55 \times 4.5)$ kN·m $= 36.63$ kN·m

$M_{FE} = (14.80 \times 0.45 \times 4.5)$ kN·m $= 29.97$ kN·m

第二层柱：

$M_{BC} = (6.33 \times 0.45 \times 3.6)$ kN·m $= 10.25$ kN·m

$M_{CB} = (6.33 \times 0.55 \times 3.6)$ kN·m $= 12.53$ kN·m

$M_{FG} = (9.17 \times 0.47 \times 3.6)$ kN·m $= 15.52$ kN·m

$M_{GF} = (9.17 \times 0.53 \times 3.6)$ kN·m $= 17.50$ kN·m

第三层柱：

$M_{CD} = (2.45 \times 0.36 \times 3.6)$ kN·m $= 3.18$ kN·m

$M_{DC} = (2.45 \times 0.64 \times 3.6)$ kN·m $= 5.64$ kN·m

$M_{GH} = (3.55 \times 0.42 \times 3.6)$ kN·m $= 5.37$ kN·m

$M_{HG} = (3.55 \times 0.58 \times 3.6)$ kN·m $= 7.41$ kN·m

（6）确定梁端弯矩。

第一层梁：

$M_{BF} = M_{BA} + M_{BC} = (24.70 + 10.25)$ kN·m $= 34.95$ kN·m

$M_{FB} = \left[\dfrac{i_{FB}}{i_{FB} + i_{FL}} (M_{FE} + M_{FG}) \right] = \left[\dfrac{9.60}{9.60 + 9.60}(29.97 + 15.52) \right]$ kN·m $= 22.74$ kN·m

$M_{FL} = \left[\dfrac{i_{FL}}{i_{FB} + i_{FL}} (M_{FE} + M_{FG}) \right] = \left[\dfrac{9.60}{9.60 + 9.60}(29.97 + 15.52) \right]$ kN·m $= 22.74$ kN·m

第二层梁：

$M_{CG} = M_{CB} + M_{CD} = (12.53 + 3.18)$ kN·m $= 15.71$ kN·m

$M_{GC} = \left[\dfrac{i_{GC}}{i_{GC} + i_{GM}} (M_{GF} + M_{GH}) \right] = \left[\dfrac{9.60}{9.60 + 9.60}(17.50 + 5.37) \right]$ kN·m $= 11.44$ kN·m

$M_{GC} = \left[\dfrac{i_{GM}}{i_{GC} + i_{GM}} (M_{GF} + M_{GH}) \right] = \left[\dfrac{9.60}{9.60 + 9.60}(17.50 + 5.37) \right]$ kN·m $= 11.44$ kN·m

第三层梁：

$M_{DH} = M_{DC} = 5.64$ kN·m

$M_{HD} = \left(\dfrac{i_{HD}}{i_{HD} + i_{HN}} M_{HG} \right) = \left(\dfrac{9.60}{9.60 + 9.60} \times 7.41 \right)$ kN·m $= 3.70$ kN·m

$$M_{HN} = \left(\frac{i_{HN}}{i_{HD}+i_{HN}}M_{HG}\right) = \left(\frac{9.60}{9.60+9.60}\times 7.41\right) \text{kN}\cdot\text{m} = 3.70 \text{ kN}\cdot\text{m}$$

（7）绘制各梁柱的弯矩图。

其结果如图 10-25 所示。

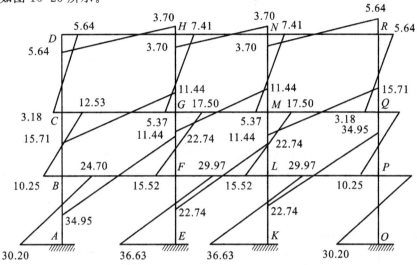

图 10-25　例 10-2 弯矩图（单位：kN·m）

三、水平荷载作用下的内力

框架结构在水平荷载作用下具有如下特点。

框架梁、柱的弯矩图均呈线性变化，梁、柱支座端部截面分别产生 $\pm M_{max}$，如图 10-26(b)所示。

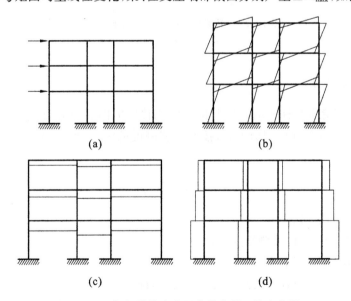

图 10-26　框架结构在水平荷载作用下的内力图

(a)水平荷载作用下的计算简图；(b)弯矩图；(c)剪力图；(d)轴力图

剪力图在框架梁各跨、框架柱层高内均呈均匀分布,如图 10-26(c)所示。

轴力图为部分框架柱内受拉,部分框架柱内受压,如图 10-26(d)所示。

水平集中力还可能反方向作用,当水平集中力的方向改变时,相应的弯矩、剪力及轴力的方向也随之变化。

四、框架结构的侧移计算及限值

框架的侧移主要是由水平荷载引起的。框架的侧移包括两个部分:一是顶层最大位移,若过大会影响正常使用;二是层间相对侧移,过大会使填充墙出现裂缝。因而,必须对这两个部分侧移加以限制。

框架结构在水平荷载作用下的侧移,可以看作是梁柱弯曲变形(见图 10-27(a))和柱的轴向变形(见图 10-27(b))所引起的侧移的叠加。

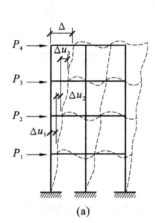
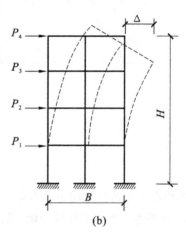

图 10-27 框架在水平荷载作用下的变形
(a)梁柱弯曲变形;(b)柱的轴向变形

1. 侧移的近似计算

侧移刚度的物理意义是柱两端产生单位层间侧移所需的层间剪力。当已知框架结构某一层所有柱的侧移刚度 D 值和层间剪力后,按照侧移刚度的定义,可得第 j 层框架的层间相对侧移 Δu_j 应为

$$\Delta u_j = V_j / \sum_{i=1}^{m} D_{ji} \tag{10-18}$$

式中:V_j——第 j 层的层间剪力;

D_{ji}——第 j 层第 i 根柱的侧移刚度;

m——框架第 j 层的总柱数。

框架顶点的总侧移应为各层层间相对侧移之和,即

$$\Delta = \sum_{j=1}^{n} \Delta u_j \tag{10-19}$$

式中：n——框架结构的总层数。

2. 弹性侧移的限值

框架结构的侧向刚度过小，水平位移过大，将影响正常使用；侧向刚度过大，水平位移过小，虽满足使用要求，但不满足经济性要求。因此，框架结构的侧向刚度宜合适，一般以使结构满足层间位移限值为宜。

我国《高层建筑混凝土结构技术规程》(JGJ 3—2010)规定，按弹性方法计算的楼层层间最大位移与层高之比 $\Delta u_j/h_j$ 宜小于其限值$[\Delta u_j/h_j]$，即

$$\Delta u_j/h_j \leqslant [\Delta u_j/h_j] \tag{10-20}$$

$[\Delta u_j/h_j]$表示层间位移的限值，对框架结构取 1/550，h_j为层高。

任务 5 多层框架内力组合

一、控制截面及最不利内力组合

构件内力往往沿杆件长度发生变化，构件截面有时也会在杆件某处发生改变，设计时应根据构件内力分布特点和截面尺寸变化情况，选取内力较大的截面或尺寸改变处的截面作为控制截面。

在构件设计时应找出构件控制截面上的最不利内力，作为配筋的依据。一个构件有几个控制截面，而同一截面上又有好几组不同的内力组合，最不利内力组合就是使截面配筋最大的内力组合。

1. 框架梁

对于框架横梁，其控制截面通常是两个支座截面（梁端截面）及跨中截面。梁支座截面是最大负弯矩及最大剪力作用的截面，在水平荷载作用下可能出现正弯矩；而跨中控制截面常常是最大正弯矩作用的截面，也有可能出现最大负弯矩。梁端控制截面在柱边，严格地说，在进行内力组合之前，应先求出各种单项荷载作用下的框架梁、柱边缘处的内力值，然后再组合，如图 10-28 所示。框架梁的控制截面最不利内力组合有以下几种。

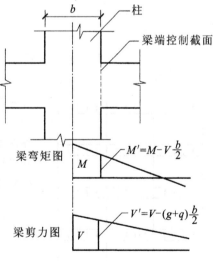

图 10-28 梁端控制截面弯矩及剪力

(1) 梁端支座截面 $-M_{\max}$、$+M_{\max}$ 和 $V_{\max}$；

(2) 梁跨中截面 $+M_{\max}$、$-M_{\max}$（可能出现）。

根据梁端截面最大负弯矩和跨中截面最大正弯矩,进行正截面受弯承载力计算;根据梁端截面最大剪力进行斜截面受剪承载力计算。

2. 框架柱

柱的控制截面为柱的上、下两个端截面,柱端控制截面在梁底及梁顶,柱端可按轴心位置计算。柱的剪力和轴力在同一层柱内变化很小,甚至没有变化,而柱的梁端弯矩最大。同一柱端截面在内力组合时,有可能出现正弯矩和负弯矩,考虑到框架柱一般采用对称配筋,组合时只需选择绝对值的弯矩。框架柱的控制截面最不利内力组合有以下几种。

(1) $|M_{\max}|$ 及相应的 N 和 V;

(2) $N_{\max}$ 及相应的 M 和 V;

(3) $N_{\min}$ 及相应的 M 和 V。

这三组内力组合的前两组用来计算柱正截面受压承载力,以确定纵向受力钢筋数量;第三组用以计算斜截面受剪承载力,以确定箍筋数量。

二、荷载效应组合

在结构设计时,还必须考虑当几种荷载同时作用时的最不利情况。由于各种荷载的性质不同,发生的概率和对结构的影响也不同,因此在进行内力组合时,应分析各种荷载同时出现的可能性,并进行计算。《建筑结构荷载规范》(GB 50009—2012)规定:对于一般排架、框架结构,荷载效应组合可以采用简化公式进行计算。

三、竖向活荷载的最不利位置

作用于框架结构上的竖向荷载包括永久荷载和可变荷载。永久荷载是长期作用在结构上的荷载,又称恒荷载;可变荷载是随机作用于结构上的竖向荷载,又称活荷载。永久荷载在任何时候都必须全部考虑,在计算内力时,恒荷载必须满布,如图10-29所示。但是活荷载却不同,它有时作用,有时不作用。各种不同的布置就会产生不同的内力,因此应该由最不利布置方式计算内力,以求得截面最不利内力。这里仅介绍考虑活荷载最不利布置的满布法和逐层逐跨布置法。

1. 满布法

当活荷载较小或其与恒荷载的比值不大于1时,或当与地震作用组合时,可以不考虑活荷载不利布置,与恒荷载一样均按满布方式计算内力,从而使计算工作量大为减少。采用满布法求得的内力在梁支座处与活荷载不利布置计算所得结果极为接近,可直接进行内力组合,但求得的跨中弯矩比考虑活荷载不利布置计算所得结果要小,因此,对梁跨中弯矩宜乘以1.1~1.2的增大系数。

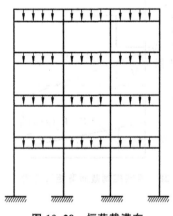

图 10-29 恒荷载满布

2. 逐层逐跨布置法

逐层逐跨布置法将活荷载逐层逐跨单独作用在结构上,如图 10-30 所示。

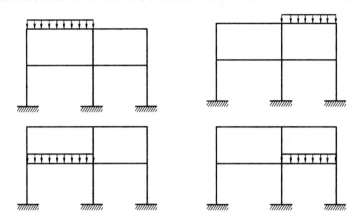

图 10-30　活荷载逐层逐跨布置

逐层逐跨布置法分别计算出整个结构的内力,再根据不同的构件、不同的截面、不同的内力种类,组合出最不利内力。因此,对于一个多层多跨框架,共有"跨数×层数"种不同的活荷载布置方式,即需要计算"跨数×层数"次结构的内力,计算量大,但求得内力后,即可求得任意截面上的最不利内力。运用计算机进行内力组合时,常采用这种方法。

四、风荷载的布置

风荷载可能沿某方向的正、反两个方向作用。在对称结构中,只需进行一次内力计算,荷载在反向作用时,内力改变符号即可,如图 10-31 所示。

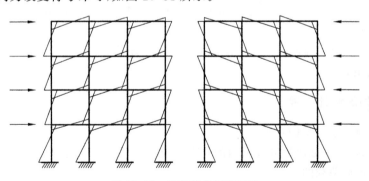

图 10-31　风荷载作用弯矩图

五、梁端弯矩调幅

对于混凝土结构,除了必须满足承载能力极限状态和正常使用极限状态外,还要考虑到结构必须具备必要的塑性变形能力,或者说要求其具有一定的延性。为了提高框架结构的延性,常采用塑性内力重分布的方法对框架梁端进行支座的弯矩调幅。

调幅在内力组合之前进行,现浇框架调幅系数采用 0.8~0.9,由于荷载组合不同的原因,支座弯矩因塑性铰而进行调幅后,相应的跨中弯矩一般仍不超过最大跨中弯矩,因此,跨中最大正弯矩不必再加大。

弯矩调幅只对竖向荷载作用下的内力进行,水平荷载的弯矩不作调幅。

任务 6　非抗震设计时框架结构设计和构造

一、无抗震设防要求时框架结构设计

1. 柱的计算长度

钢筋混凝土的框架柱的计算长度应根据框架不同的侧向约束条件来确定。一般多层房屋中梁与柱刚接的钢筋混凝土框架柱的计算长度取值方法如下:

现浇式楼盖
  底层柱 $l_0=1.0H$
  其余各层柱 $l_0=1.25H$

装配式楼盖
  底层柱 $l_0=1.25H$
  其余各层柱 $l_0=1.5H$

不设楼板或楼板上开洞较大的多层钢筋混凝土框架柱以及无抗侧刚性墙体的单跨钢筋混凝土框架柱的计算长度的取值应适当加大。

对底层柱,H 取为基础顶面至一层楼板顶面之间的距离;对其余各层柱,H 取为上、下两层楼盖顶面之间的距离。

2. 框架结构的设计步骤

(1) 确定结构方案与结构步骤。
(2) 先估计梁、柱的截面尺寸及材料的强度等级。
(3) 框架上各类荷载的计算。
(4) 风荷载作用下弹性位移验算,如不满足规范要求,则对梁、柱的截面尺寸及材料的强度等级进行调整。
(5) 竖向荷载作用下屋盖和楼盖设计。
(6) 竖向荷载作用下和水平荷载作用下的框架结构的内力计算。
(7) 内力组合。
(8) 梁、柱截面配筋计算。
(9) 梁、柱节点构造设计。

(10) 结构的基础设计。
(11) 绘制施工图。

二、非抗震设防时框架节点的构造要求

对于框架结构中的基本构件,应分别满足受弯构件和受压构件的各种构造要求。

节点设计是框架结构设计中极为重要的内容。在非抗震设防区,框架节点的承载能力是通过构造措施来保证的。节点设计应遵循安全可靠、经济合理且便于施工的原则。

现浇整体式框架结构的梁柱节点,一般做成刚性节点,其主要构造要求是保证梁、柱受力钢筋在节点区的锚固长度。

1. 框架梁纵筋在中间层端节点的锚固

1)框架梁上部纵向钢筋在中间层端节点的锚固

框架梁上部纵向钢筋在中间层端节点的锚固应满足下列要求。

(1) 当采用直线锚固形式时,锚固长度不应小于 l_a,且应伸过柱中心线,伸过的长度不应小于 $5d$,d 为梁上部纵向钢筋的直径。

(2) 当柱截面尺寸不满足直线锚固的要求时,梁上部纵向钢筋可采用钢筋端部加机械锚头的锚固方式。梁上部纵向钢筋宜伸至柱外侧纵向钢筋内边,包括机械锚头在内的水平投影锚固长度不应小于 $0.4l_{ab}$,如图 10-32(a)所示。

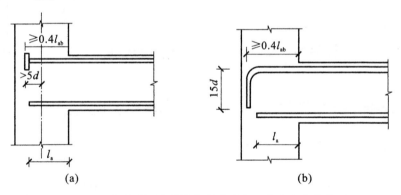

图 10-32 框架梁上部纵向钢筋在中间层端节点内的锚固
(a)钢筋端部加锚头锚固;(b)钢筋末端 90°弯折锚固

(3) 梁上部纵向钢筋也可采用 90°弯折锚固方式,此时梁上部纵向钢筋应伸至柱外侧纵向钢筋内边,并向节点内弯折其包含弯弧在内的水平投影长度不应小于 $0.4l_{ab}$,弯折钢筋在弯折平面内包含弯弧段的投影长度不应小于 $15d$,如图 10-32(b)所示。

2)框架梁下部纵向钢筋在中间层端节点的锚固

框架梁下部纵向钢筋在中间层端节点的锚固应满足下列要求。

(1) 当计算中充分利用该钢筋的抗拉强度时,钢筋的锚固方式及长度应与上部钢筋的规定相同。

(2) 当计算中不利用该钢筋的强度时,其伸入节点或支座的锚固长度为:带肋钢筋不小于 $12d$,光面钢筋不小于 $15d$,d 为钢筋的最大直径。

(3) 当计算中充分利用该钢筋的抗压强度时,钢筋应按受压钢筋锚固在支座内,其直线锚固长度不应小于 $0.7l_a$。

2. 框架梁纵筋中间层中节点的锚固

1) 框架梁上部纵向钢筋在中间层中节点的锚固

框架梁上部纵向钢筋应贯穿中间节点(或中间支座)。

2) 框架梁下部纵向钢筋在中间层中节点的锚固

框架梁下部纵向钢筋宜贯穿节点或支座。当必须锚固时,应符合下列锚固要求。

(1) 当计算中不利用该钢筋的强度时,其伸入节点或支座的锚固长度对带肋钢筋不小于 $12d$,光面钢筋不小于 $15d$,d 为钢筋的最大直径。

(2) 当计算中充分利用该钢筋的抗压强度时,钢筋应按受压钢筋锚固在支座内,其直线锚固长度不应小于 $0.7l_a$。

(3) 当计算中充分利用钢筋的抗拉强度时,钢筋可采用直线方式锚固在节点内或支座内,锚固长度不应小于钢筋的受拉锚固长度 l_a,如图 10-33(a)所示。

(4) 当柱截面尺寸不足时,可采用框架梁上部纵向钢筋在中间层端节点的锚固方式,采用钢筋端部加机械锚头的锚固方式,也可采用 90°弯折锚固方式。

(5) 钢筋可在节点或支座外梁中弯矩较小处设置搭接接头,搭接长度的起始点至节点或支座边缘距离不应小于 $1.5h_0$,如图 10-33(b)所示。

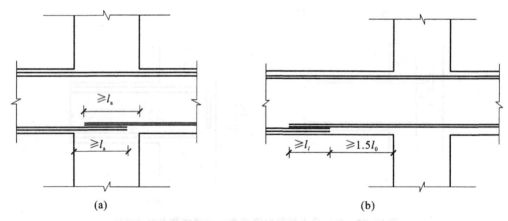

图 10-33 框架梁下部纵向钢筋在中间节点内的锚固与搭接
(a)下部纵向钢筋在节点中直线锚固;(b)下部纵向钢筋在节点或支座范围外的搭接

对顶层端节点处梁上部纵向钢筋的截面面积 A_s 应符合下式的规定:

$$A_s \leqslant \frac{0.35\beta_c f_c b_b h_0}{f_y} \tag{10-21}$$

式中:b_b——梁腹板宽度;

h_0——梁截面有效高度。

3. 框架柱纵筋的锚固

柱纵向钢筋应贯穿中间层的中间节点或端节点,接头应设在节点区以外。

1) 柱纵向钢筋在顶层中节点的锚固

柱纵向钢筋在顶层中节点的锚固应符合下列要求。

(1) 柱纵向钢筋应伸至柱顶,且自梁底算起的锚固长度不应小于 l_a。

(2) 当截面尺寸不满足直线锚固要求时,可采用 90°弯折锚固措施。此时,包括弯弧在内的钢筋垂直锚固投影长度不应小于 $0.5l_{ab}$,在弯折平面内包含弯弧段的水平投影长度不宜小于 $12d$,如图 10-34(a)所示。

(3) 当截面尺寸不足时,也可采用带锚头的机械锚固措施。此时,包含锚固在内的竖向锚固长度不应小于 $0.5l_{ab}$,如图 10-34(b)所示。

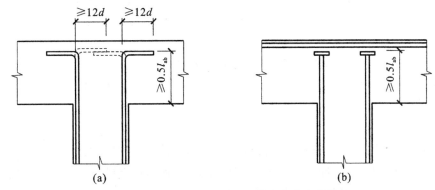

图 10-34 顶层节点中柱纵向钢筋在节点内的锚固
(a)柱纵向钢筋 90°弯折锚固;(b)柱纵向钢筋端头加锚板锚固

2) 柱纵向钢筋在顶层端节点的锚固与搭接

顶层端节点柱外侧纵向钢筋可弯入梁内作梁上部纵向钢筋,也可将梁上部纵向钢筋与柱外侧纵向钢筋在节点及附近部位搭接。搭接可采用下列方式。

(1) 搭接接头可沿顶层端节点外侧及梁端顶部布置,搭接长度不应小于 $1.5l_{ab}$,如图 10-35(a)所示。其中:伸入梁内的柱外侧钢筋截面面积不宜小于其全部面积的 65%;梁宽范围以外的柱外侧钢筋宜沿节点顶部伸至柱内边锚固。当柱钢筋位于柱顶第一层时,钢筋伸至柱内边后宜向下弯折不小于 $8d$ 后截断,如图 10-35(a)所示。当柱纵向钢筋位于柱顶第二层时,可不向下弯折,d 为柱纵向钢筋的直径。当现浇板厚度不小于 100 mm 时,梁宽范围以外的柱外侧纵向钢筋也可伸入现浇板内,其长度与伸入梁内的柱纵向钢筋相同。

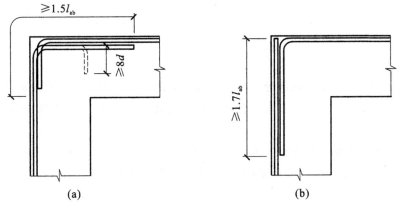

图 10-35 顶层端节点梁、柱纵向钢筋在节点内的锚固与搭接
(a)搭接接头沿顶层端节点外侧及梁端顶部布置;(b)搭接接头沿节点外侧直线布置

(2) 当柱外侧纵向钢筋配筋率大于 1.2％时,伸入梁内的柱纵向钢筋应满足上述规定且宜分两批截断,截断点之间的距离不宜小于 $20d$,d 为柱外侧纵向钢筋的直径。梁上部纵向钢筋应伸至节点外侧并向下弯至梁下边缘高度位置截断。

(3) 纵向钢筋搭接接头也可沿节点外侧直线布置,如图 10-35(b)所示,此时,搭接长度自柱顶算起不应小于 $1.7l_{ab}$。当上部梁纵向钢筋的配筋率大于 1.2％时,弯入柱外侧的梁上部纵向钢筋应满足以上规定的搭接长度,且宜分两批截断,其截断点之间的距离不宜小于 $20d$,d 为梁上部纵向钢筋的直径。

(4) 当梁的截面高度较大,梁、柱钢筋相对较小,从梁底算起的直线搭接长度未延伸至柱顶即已满足 $1.5l_{ab}$ 的要求时,应将搭接长度延伸至柱顶并满足搭接长度 $1.7l_{ab}$ 的要求;当柱的截面高度较大,梁、柱钢筋相对较小,从梁底算起的弯折搭接长度未延伸至柱内侧边缘即已满足 $1.5l_{ab}$ 的要求时,其弯折后包括弯弧在内的水平段的长度不应小于 $15d$,d 为柱纵向钢筋的直径。

柱内侧纵向钢筋的锚固应符合柱纵向钢筋在顶层中节点的锚固要求。

4. 箍筋

在框架节点内应设置水平箍筋,以约束柱纵筋和节点核芯区混凝土。节点箍筋构造应符合相应柱中箍筋的构造规定,但间距不宜大于 250 mm。对四边均有梁与之相连的中间节点,节点内可只设置沿周边的矩形箍筋,而不设复合箍筋。

当顶层端节点内设有梁上部纵筋和柱外侧纵筋的搭接接头时,节点内的水平箍筋应符合规范要求,即当锚固钢筋的保护层厚度不大于 $5d$ 时,锚固范围应配置横向构造钢筋,其直径不小于 $d/4$;对梁、柱斜撑等构件间距不大于 $5d$,且均不应大于 100 mm,此处 d 为锚固钢筋的直径。当受压钢筋直径大于 25 mm 时,尚应在搭接接头两个断面外 100 mm 范围内各设置两道箍筋。

任务 7 多层框架结构基础

一、基础类型的选择

建筑物由上部结构和基础两部分组成。基础是上部结构与土层之间的过渡性构件,它具有承上启下的作用。基础除了保证其本身有足够的承载力和刚度外,还需要选择合理的基础形式和截面尺寸,以保证其满足要求。

基础形式除了与上部结构有很大关系外,与地基的土质也有很大关系。框架结构体系常采用的基础类型有柱下独立基础、条形基础、十字交叉条形基础和片筏基础等,必要时采用箱形基础或桩基础。

1. 柱下独立基础

柱下独立基础是柱基础中最常用、最经济的基础类型,是独立的块状形式。常用的断面形式有踏步形(阶梯形)、锥形、杯形,如图 10-36 所示。这种类型适用于框架层数不多、上部荷载较小或地基条件较好且柱距较大的情况。为了加强基础的整体性,单独基础常用拉梁联结。

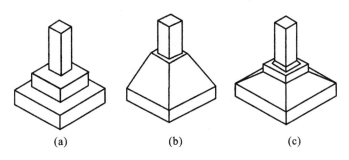

图 10-36 柱下独立基础的断面形式
(a)阶梯状;(b)锥形;(c)杯形

2. 条形基础

条形基础是指基础长度远远大于宽度的一种基础形式,基础是连续带形,也称带形基础,如图 10-37 所示。一般沿柱列条状布置,把上部各榀框架连成整体,使其不均匀沉降减少。条形基础经济指标高于独立基础,只用在上部结构荷载较大或地基土质较差的情况下。

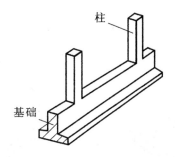

图 10-37 柱下条形基础

条形基础按上部结构分为墙下条形基础和柱下条形基础。条形基础的特点是,布置在一条轴线上且与两条以上轴线相交,有时也和独立基础相连,但截面尺寸与配筋不尽相同。另外,横向配筋为主要受力钢筋,纵向配筋为次要受力钢筋或者是分布钢筋。主要受力钢筋布置在下面。

3. 十字交叉条形基础

柱下十字交叉条形基础是由柱网下的纵横两组条形基础组成的空间结构,使两个方向的框架都连成整体,如图 10-38 所示,柱网传来的集中荷载与弯矩作用在两组条形基础的交叉点上。

如果地基软弱且在两个方向上分布不均,需要基础在两个方向都具有一定的刚度来调整不

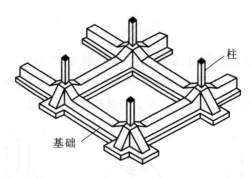

图 10-38 十字交叉条形基础

均匀沉降,则可在柱网下纵横两向分别设置钢筋混凝土条形基础,从而形成柱下交叉条形基础。

4. 片筏基础

当上部结构荷载较大,地基承载力较低,采用十字交叉条形基础仍不能满足要求时,可把十字交叉条线基础翼板连成一体,使其具有一定厚度且可支承整个建筑物的大面积整体钢筋混凝土基础,即为片筏基础。为了增加结构刚度,在板上或板底的单向或双向设置肋梁,以形成梁板组合基础,如图 10-39(a)所示。当柱荷载不大,柱距较小时,也可采用平板式,如图 10-39(b)所示。

片筏基础能减小基底压力,增加基础的整体刚度,调整不均匀沉降,是一种较好的基础形式。因此,片筏基础适用于土质软弱、地基承载力低、上部结构传递到基础的荷载很大及上部结构对地基不均匀沉降敏感的情况。

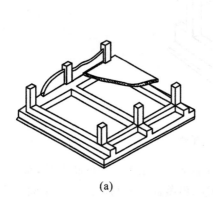
(a)

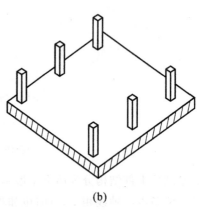
(b)

图 10-39 片筏基础
(a)梁板式;(b)平板式

5. 箱形基础

箱形基础是由钢筋混凝土的底板、顶板、侧墙及一定数量的内隔墙构成封闭的箱体,如图 10-40 所示,基础中部可在内隔墙开门洞作地下室。其整体性和刚度好,调整不均匀沉降的能力较强,可消除因地基变形使建筑物开裂的可能性,减少基底处原有地基自重应力,降低总沉降量。

它适用于上部建筑物荷载大、对地基不均匀沉降要求严格的高层建筑、重型建筑或特殊构筑物以及软弱土地基上多层建筑的基础,但混凝土及钢材用量较多,造价也较高。

6. 桩基础

桩基础由基桩和连接于桩顶的承台共同组成,如图 10-41 所示。当浅层地基上不能满足建筑物对地基承载力和变形的要求,而又不适宜采取地基处理措施时,就要考虑以下部坚实土层或岩层作为持力层的深基础。

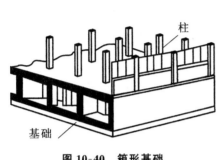

图 10-40 箱形基础

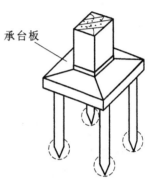

图 10-41 桩基础

二、基础埋置深度

确定基础埋置深度应从两个方面加以考虑:一是建筑物使用要求、结构类型、作用荷载大小等建筑物本身情况;二是工程地质条件、地基土的冻胀性、与相邻基础的关系等建筑物的场地因素。具体要求如下。

(1) 建筑物的基础应埋置在较好的土层上,埋置深度不应小于 500 mm,并使基础顶面低于室外地坪。

(2) 当建筑物承受较大水平荷载时,应有足够的强度以满足结构稳定性的要求。因此,有抗震设防要求的房屋,采用天然地基时,埋置深度不宜小于建筑物高度的 $1/14 \sim 1/12$。

(3) 当地基上层土的承载力大于下层土时,一般宜采用上层土作为持力层;当下层土的承载力大于上层土时,应经过方案比较,再确定基础放在哪层土上。

(4) 确定基础埋深时,应保证相邻建筑的安全性。一般宜使新建建筑的基础浅于或等于相邻建筑的基础。当必须深于原有建筑物基础时,应使两基础之间保持一定的净距。

单元小结

10.1 多层框架结构适用于有大空间要求的民用建筑及工业建筑,框架结构的布置要满足使用和功能要求。施工方法可以采用全现浇、装配式和装配整体式。

10.2 多层框架结构的设计步骤:进行结构平面布置和竖向布置;绘制结构计算简图;初选结构的截面尺寸;对不同编号的框架进行结构竖向荷载和水平荷载作用下的内力计算;内力组合确定最不利内力;配置钢筋;柱下基础计算;绘制施工图。

10.3 框架结构在竖向荷载作用下,其内力计算方法有分层法和弯矩二次分配法;在水平荷载作用下,其内力计算方法有反弯点法和修正反弯点法。

10.4 现浇框架结构的梁、柱的纵向钢筋和箍筋,除满足计算要求外,还需满足钢筋直径、间距、搭接长度、截断和节点配筋等构造要求。

10.5 现浇框架柱下基础,根据荷载大小、地基承载力等情况,可以分别采用柱下独立基础、柱下条形基础、柱下十字交叉条形基础、箱形基础和桩基础等。

10.1 什么是框架结构?它有何特点?
10.2 框架结构的布置原则是什么?
10.3 框架结构的承重方式有哪几种?特点如何?
10.4 如何估算框架梁、柱截面尺寸?
10.5 多层框架结构在荷载(竖向荷载和水平荷载)作用下的内力和侧移计算,采用的方法有哪些?
10.6 多层框架在竖向荷载作用下的计算方法有哪几种?
10.7 用弯矩二次分配法计算多层框架在竖向荷载作用下的内力时,如何进行弯矩分配?
10.8 用分层法计算竖向荷载作用下的内力时,有何基本假定条件?适合什么情况下采用?
10.9 用分层法计算竖向荷载作用下的内力时,为何要对线刚度和弯矩传递系数进行调整?
10.10 什么叫反弯点?反弯点的位置是如何确定的?
10.11 用反弯点法计算水平荷载作用下框架结构的内力时,有哪些基本假定?
10.12 什么叫修正反弯点法?它对反弯点法修正了什么?
10.13 在进行框架结构设计时,为何要对梁端弯矩进行调幅?如何调幅?
10.14 内力组合时,如何考虑框架结构竖向活荷载最不利布置?
10.15 多层框架结构的基础类型有哪些?

10.1 试用分层法作图 10-42 所示的钢筋混凝土框架的弯矩图,其中括号内的数值表示梁柱各杆件的线刚度 i。

10.2 试用弯矩二次分配法作图 10-42 所示的钢筋混凝土框架的弯矩图,其中括号内的数值表示梁柱各杆件的线刚度 i。

10.3 试用反弯点法作图 10-43 所示的钢筋混凝土框架的弯矩图,其中括号内的数值表示梁柱各杆件的线刚度 i。

10.4 试用修正反弯点法作图 10-43 所示的钢筋混凝土框架的弯矩图,其中括号内的数值表示梁柱各杆件的线刚度 i。

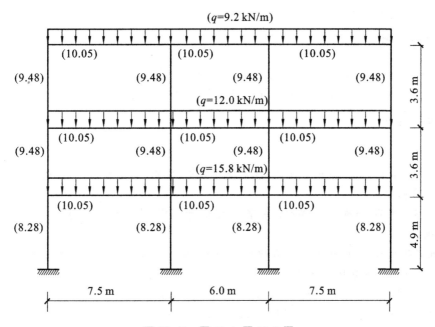

图 10-42 题 10.1、题 10.2 图

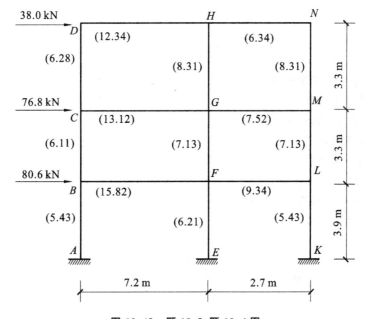

图 10-43 题 10.3、题 10.4 图

框架结构设计实例

多层框架设计任务书

一、设计题目

内蒙古建筑职业技术学院三号教学楼。

二、工程概况

拟建建筑位于呼和浩特市回民区内蒙古建筑职业技术学院校内;本项目为内蒙古建筑职业技术学院三号教学楼,建筑面积约 4000 m²,建筑层数为四层,框架结构。

三、设计条件

1. 设计要求
合理确定平面柱网尺寸;布置房间;确定楼梯数量、位置;满足室内采光、通风要求。
2. 建筑房间要求
值班室、普通教室、合班教室、多媒体教室、制图室、教研室、教师休息室、会议室、配电室、厕所等。
3. 建筑标准
建筑抗震等级二级(抗震计算为后续所学内容,在此不涉及),耐火等级二级,层高 3.6 m。室内外高差 0.45 m,基础顶面标高 -1.15m。
场地类别:Ⅱ类。表层为耕植土,厚度 0.5 m~0.7 m,其下为粉质黏土,塑性指数 10.5,液性指数 0.25。承载力特征值为 180 kPa,基础形式为独立基础。
4. 基本资料
1) 屋面做法
SBS 防水层(柔性)
找平层:15 厚水泥砂浆
找坡层:40 厚(最薄处)水泥石灰焦砟砂浆 2%找坡
保温层:100 厚挤塑聚苯板保温层
找平层:20 厚水泥砂浆
结构层:100 厚现浇钢筋混凝土板
抹灰层:10 厚混合砂浆
2) 楼面做法(陶瓷地砖楼面)
陶瓷地砖楼面
结构层:100 厚现浇钢筋混凝土板
抹灰层:10 厚混合砂浆
3) 墙体做法
(1) 外墙。
外墙内抹灰:20 厚混合砂浆
外墙主体均采用 200 厚陶粒砌块填充
保温层:80 厚阻燃型挤塑聚苯板

找平层:20 厚水泥砂浆

外墙外涂料:防水材料

(2) 内墙。

内墙均采用 200 厚陶粒砌块填充

内墙抹灰:20 厚混合砂浆

4) 门窗做法

铝合金窗;防盗门

5) 屋面及楼面活荷载标准值

根据《建筑结构荷载规范》(GB 50009—2012)查得:

不上人屋面均布活荷载标准值　　　　　　　　　　0.5 kN/m²

楼面活荷载标准值　　　　　　　　　　　　　　　2.5 kN/m²

走廊活荷载标准值　　　　　　　　　　　　　　　3.5 kN/m²

6) 女儿墙做法

100 mm 混凝土压顶,1200 mm 加气混凝土墙。

7) 其他

基本雪压 0.40 kN/m²,准永久值系数 0.2;基本风压 0.55 kN/m²。场地类别:Ⅱ类。表层为耕植土,厚度 0.5 m~0.7 m,其下为粉质黏土,塑性指数 10.5,液性指数 0.25。承载力特征值为 180 kPa,基础形式为独立基础。

四、结构选型

结构体系选型:采用钢筋混凝土现浇框架结构体系,如图 10-44 所示。

屋面结构:采用现浇混凝土肋型屋盖,屋面板厚 100 mm。

楼面结构:采用现浇混凝土肋型楼盖,楼面板厚 100 mm。

楼梯结构:采用钢筋混凝土板式楼梯。

五、结构布置及梁柱截面初步估算

1. 结构布置

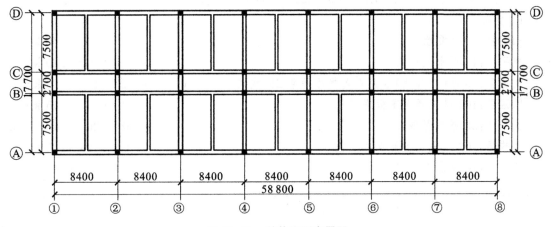

图 10-44　结构平面布置图

2. 梁柱截面初选

1) 框架梁

横向框架梁 AB：主梁 $h = \left(\dfrac{1}{10} \sim \dfrac{1}{18}\right) \times 7500$ mm $= (750 \sim 417)$ mm,

截面宽度 $b = \left(\dfrac{1}{3} \sim \dfrac{1}{2}\right) h$，且 $b \geqslant 200$ mm,

取横向框架梁截面尺寸 $b \times h = 300$ mm $\times 600$ mm,

次梁截面尺寸 $b \times h = 250$ mm $\times 550$ mm。

横向框架梁 BC：$b \times h = 300$ mm $\times 350$ mm（考虑到施工的方便性，横向框架梁截面宽度统一取为 300 mm）。

纵向框架梁：房间主梁 $h = \left(\dfrac{1}{10} \sim \dfrac{1}{18}\right) \times 8400$ mm $= (840 \sim 467)$ mm,

截面宽度 $b = \left(\dfrac{1}{3} \sim \dfrac{1}{2}\right) h$，且 $b \geqslant 200$ mm,

取纵向框架梁截面尺寸 $b \times h = 300$ mm $\times 650$ mm。

2) 柱截面初选

框架柱的截面尺寸 $b_c = \left(\dfrac{1}{10} \sim \dfrac{1}{15}\right) H_i$，$h_c = \left(\dfrac{1}{10} \sim \dfrac{1}{15}\right) H_i$，且截面边长大于 300 mm。综合工程经验，初选 $h_c \times b_c = 550$ mm $\times 550$ mm。

六、框架计算简图

框架的计算单元如图 10-45 所示，选取④轴线上的一榀框架进行计算，其余框架可参照此框架进行配筋。假定框架柱嵌固于基础顶面，框架梁与柱刚接。由于各层柱的截面尺寸不变，故梁跨等于柱截面形心轴线之间的距离。

七、荷载计算

1. 恒荷载标准值计算

查《建筑结构荷载规范》(GB 50009—2012) 可取如下数值。

1) 屋面

SBS 防水层（柔性）	0.05 kN/m²
找平层：15 厚水泥砂浆	0.015×20＝0.30 kN/m²
找坡层：40 厚（最薄处）水泥石灰焦砟砂浆 2% 找坡	0.129×14＝1.80 kN/m²
保温层：100 厚挤塑聚苯板保温层	0.1×0.5＝0.05 kN/m²
找平层：20 厚水泥砂浆	0.020×20＝0.40 kN/m²
结构层：100 厚现浇钢筋混凝土板	0.10×25＝2.5 kN/m²
抹灰层：10 厚混合砂浆	0.01×17＝0.17 kN/m²
合计	5.27 kN/m²

2) 各层楼面（查《05 系列建筑标准设计图集》）

陶瓷地砖楼面　　　　　　　　　　　　　　　　　　　　　　　　　　0.70 kN/m²

结构层:100 厚现浇钢筋混凝土板　　　　　　　　　　　　$0.10 \times 25 = 2.5 \text{ kN/m}^2$
抹灰层:10 厚混合砂浆　　　　　　　　　　　　　　　　$0.01 \times 17 = 0.17 \text{ kN/m}^2$

合计　　　　　　　　　　　　　　　　　　　　　　　　　3.37 kN/m^2

3) 梁自重

纵向框架梁 $b \times h = 300 \text{ mm} \times 650 \text{ mm}$
梁自重　　　　　　　　　　　　　　　　$25 \times 0.30 \times (0.65 - 0.10) = 4.13 \text{ kN/m}$
10 厚混合砂浆抹灰层　　　　　$0.01 \times [(0.65 - 0.10) \times 2 + 0.30] \times 17 = 0.24 \text{ kN/m}$

合计　　　　　　　　　　　　　　　　　　　　　　　　　4.37 kN/m^2

横向框架梁 $b \times h = 300 \text{ mm} \times 600 \text{ mm}$
梁自重　　　　　　　　　　　　　　　　$25 \times 0.3 \times (0.60 - 0.10) = 3.75 \text{ kN/m}$
10 厚混合砂浆抹灰层　　　　　$0.10 \times [(0.60 - 0.10) \times 2 + 0.30] \times 17 = 0.22 \text{ kN/m}$

合计　　　　　　　　　　　　　　　　　　　　　　　　　3.95 kN/m

中间横向框架梁 $b \times h = 300 \text{ mm} \times 350 \text{ mm}$
梁自重　　　　　　　　　　　　　　　　$25 \times 0.30 \times (0.35 - 0.10) = 1.88 \text{ kN/m}$
10 厚混合砂浆抹灰层　　　　　$0.01 \times [(0.35 - 0.10) \times 2 + 0.30] \times 17 = 0.14 \text{ kN/m}$

合计　　　　　　　　　　　　　　　　　　　　　　　　　2.02 kN/m

次梁 $b \times h = 250 \text{ mm} \times 550 \text{ mm}$
梁自重　　　　　　　　　　　　　　　　$25 \times 0.25 \times (0.55 - 0.10) = 2.81 \text{ kN/m}$
抹灰层:10 厚混合砂浆　　　　　$0.01 \times [(0.55 - 0.10) \times 2 + 0.25] \times 17 = 0.20 \text{ kN/m}$

合计　　　　　　　　　　　　　　　　　　　　　　　　　3.01 kN/m

基础梁 $250 \text{ mm} \times 700 \text{ mm}$
梁自重　　　　　　　　　　　　　　　　　　　　$25 \times 0.25 \times 0.7 = 4.38 \text{ kN/m}$

合计　　　　　　　　　　　　　　　　　　　　　　　　　4.38 kN/m

4) 柱自重

柱 $b \times h = 550 \text{ mm} \times 550 \text{ mm}$
柱自重　　　　　　　　　　　　　　　　　　　　$25 \times 0.55 \times 0.55 = 7.56 \text{ kN/m}$
抹灰层:10 厚混合砂浆　　　　　　　　　$0.01 \times 0.55 \times 4 \times 17 = 0.37 \text{ kN/m}$

合计　　　　　　　　　　　　　　　　　　　　　　　　　7.93 kN/m

5) 外纵墙自重

二~四层纵墙自重:

墙体　　$\{[(8.4 - 0.55) \times (3.6 - 0.65) - 2.7 \times 2.1 \times 2] \times 0.20 \times 5\}/8.4 = 1.41 \text{ kN/m}$

铝合金窗　　　　　　　　　　　　　　　　　　　$2.7 \times 2.1 \times 0.35 \times 2/8.4 = 0.47 \text{ kN/m}$

80 厚阻燃型挤塑聚苯板 $0.25 \times 0.08 = 0.02$ kN/m

20 厚水泥砂浆 $0.02 \times (3.6 - 0.65) \times 20 = 1.18$ kN/m

合计   3.08 kN/m

底层纵墙自重：

墙体 $[(8.4 - 0.55) \times (4.75 - 0.7 - 0.65) - 2.7 \times 2.1 \times 2] \times 0.20 \times 5/8.4 = 1.83$ kN/m

铝合金窗 $(2.7 \times 2.1 \times 0.35 \times 2)/7.5 = 0.53$ kN/m

80 厚阻燃型挤塑聚苯板 $0.25 \times 0.08 = 0.02$ kN/m

20 厚水泥砂浆 $0.02 \times (4.75 - 0.7 - 0.65) \times 20 = 1.36$ kN/m

合计   3.74 kN/m

6) 内纵墙自重

二～四层内纵墙：

墙体 $\{[(8.40 - 0.55) \times (3.6 - 0.65) - 1 \times 2.1 \times 2] \times 0.2 \times 5\}/8.4 = 2.26$ kN/m

门 $1 \times 2.1 \times 0.45 \times 2/8.4 = 0.23$ kN/m

20 厚混合砂浆抹灰 $0.02 \times 2(3.6 - 0.65) \times 17 = 2.01$ kN/m

合计   4.50 kN/m

底层内纵墙：

墙体 $\{[(8.40 - 0.55) \times (4.75 - 0.7 - 0.65) - 1 \times 2.1 \times 2] \times 0.2 \times 5\}/8.4 = 2.52$ kN/m

防盗门 $1 \times 2.1 \times 0.45 \times 2/8.4 = 0.23$ kN/m

20 厚混合砂浆两次抹灰 $0.02 \times 2(4.75 - 0.7 - 0.65) \times 17 = 2.31$ kN/m

合计   5.06 kN/m

7) 外横墙自重

二～四层外横墙：

墙体 $[(7.5 - 0.55) \times (3.60 - 0.60)] \times 0.2 \times 5/7.5 = 2.78$ kN/m

80 厚阻燃型挤塑聚苯板 $0.25 \times 0.08 = 0.02$ kN/m

20 厚水泥砂浆 $0.02 \times (3.60 - 0.60) \times 20 = 1.20$ kN/m

合计   4.00 kN/m

底层外横墙：

墙体 $(7.5 - 0.55) \times (4.75 - 0.70 - 0.60) \times 0.2 \times 5/7.5 = 3.20$ kN/m

80 厚阻燃型挤塑聚苯板 $0.25 \times 0.08 = 0.02$ kN/m

20 厚水泥砂浆 $0.02 \times (4.75 - 0.7 - 0.60) \times 120 = 1.38$ kN/m

合计   4.60 kN/m

8) 内横墙自重

二～四层内横墙：

墙体	$[(7.5-0.55)\times(3.60-0.60)]\times 0.2\times 5/7.5=2.78$ kN/m
20 厚混合砂浆两次抹灰	$0.02\times 2\times(3.60-0.60)\times 17=2.04$ kN/m
合计	4.82 kN/m
底层内横墙：	
内横墙自重	$[(7.5-0.55)\times(4.75-0.7-0.60)]\times 0.2\times 5/7.5=3.19$ kN/m
20 厚混合砂浆两次抹灰	$0.02\times 2\times(4.75-0.7-0.60)\times 17=2.35$ kN/m
合计	5.55 kN/m

9) 女儿墙自重

墙体自重	$1.2\times 0.2\times 5=1.20$ kN/m
混凝土压顶	$0.2\times 0.1\times 25=0.50$ kN/m
合计	1.70 kN/m

2. 活荷载标准值计算

1) 屋面和楼面活荷载标准值

根据《建筑结构荷载规范》(GB 50009—2012)查得：

不上人屋面	0.50 kN/m²
楼面：教室	2.50 kN/m²
走廊	3.50 kN/m²
2) 雪荷载	$S_k=0.40$ kN/m²

屋面活荷载与雪荷载不同时考虑，取两者中较大值。

3. 竖向荷载作用下框架受荷载总图

经计算，走廊的现浇板长边和短边之比大于 3，按单向板计算；其余现浇板板块的长边与短边比均不大于 3.0，宜按双向板计算。从四角处画 45°平分线，区格板被分为四个小块，每小块荷载传给与之相邻的梁，板传荷载示意图如图 10-45 所示。

1) 梁竖向受荷标准值计算

(1) A～B 轴间框架梁。

板传至梁上的三角形荷载或梯形荷载的等效均布荷载，荷载传递如图 10-45 所示。

$$\alpha=\frac{2.1}{7.5}=0.28,\quad 1-2\alpha^2+\alpha^3=0.865$$

屋面板两个梯形荷载的等效均布荷载：

恒荷载　$5.27\times 2.1\times 0.865\times 2=19.15$ kN/m

活荷载　$0.5\times 2.1\times 0.865\times 2=1.82$ kN/m

楼面板两个梯形荷载的等效均布荷载：

恒荷载　$3.37\times 2.1\times 0.865\times 2=12.25$ kN/m

《建筑结构荷载规范》(GB 50009—2012)规定，当教室的楼面梁从属面积超过 50 m² 时，其楼面活荷载标准值应乘以 0.9 的折减系数。

活荷载　$0.9\times 2.5\times 2.1\times 0.865\times 2=8.16$ kN/m

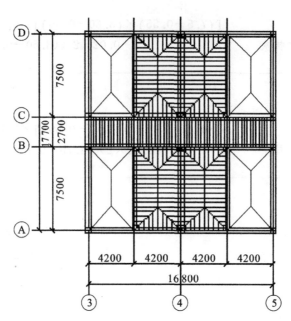

图 10-45 板传荷载示意图

A～B 轴间框架梁承受的均布荷载：

屋面梁　恒荷载＝梁自重＋板传恒荷载＝3.95 kN/m＋19.15 kN/m＝23.10 kN/m

　　　　活荷载＝板传活荷载＝1.82 kN/m

楼面梁　恒荷载＝内横墙自重＋梁自重＋板传恒荷载＝4.82 kN/m＋3.95 kN/m＋12.25 kN/m＝21.02 kN/m

　　　　活荷载＝板传活荷载＝8.16 kN/m

(2) B～C 轴间框架梁。

B～C 轴间框架梁承受的均布荷载：

屋面梁、楼面梁　恒荷载＝梁自重＝2.02 kN/m

　　　　　　　　活荷载＝0 kN/m

2) 柱竖向受荷计算

(1) A 柱承受的纵向集中荷载计算。

四层柱

屋面板三角形荷载等效为均布荷载：

恒荷载　$\dfrac{5}{8}\times 5.27\times 2.1=6.92$ kN/m

活荷载　$\dfrac{5}{8}\times 0.5\times 2.1=0.66$ kN/m

四层柱恒荷载＝女儿墙自重＋梁自重＋板传恒荷载

$$=[1.70\times 8.4+4.37\times(8.40-0.55)+3.95\times(7.5-0.55)\times\dfrac{1}{2}+3.01\times(7.5-0.3)\times\dfrac{1}{4}\times 2+19.15\times\dfrac{7.5}{2}\times 2+4.2\times 6.92\times 2]\text{ kN}=274.90\text{ kN}$$

四层柱活荷载＝板传活荷载

$$= (1.82 \times \frac{7.5}{2} \times 2 + 0.66 \times 4.2 \times 2) \text{ kN} = 19.20 \text{ kN}$$

一～三层柱

楼板三角形荷载等效为均布荷载：

恒荷载 $\frac{5}{8} \times 3.37 \times 2.1 = 4.42 \text{ kN/m}$

活荷载 $\frac{5}{8} \times 2.5 \times 2.1 = 3.28 \text{ kN/m}$

一～三层柱每层柱承受的恒荷载＝墙体自重＋梁自重＋板传恒荷载

$$= [8.4 \times 3.08 + 4.82 \times \frac{7.5}{2} + 4.37 \times (8.40 - 0.55)$$
$$+ 3.95 \times (7.5 - 0.55) \times \frac{1}{2} + 3.01 \times (7.5 - 0.3) \times \frac{1}{4}$$
$$\times 2 + 12.25 \times \frac{7.5}{2} \times 2 + 4.42 \times 4.2 \times 2] \text{ kN} = 231.82 \text{ kN}$$

一～三层柱每层柱承受的活荷载＝板传活荷载

$$= (2.5 \times 2.1 \times 0.865 \times 2 \times \frac{7.5}{2} \times 2 + 3.28 \times 4.2 \times 2) \text{ kN}$$
$$= 95.67 \text{ kN}$$

（注：A柱的从属面积小于50 m²，所以计算柱和基础所承受的活荷载时，不乘以0.9的折减系数。）

（2）B轴柱纵向集中荷载的计算。

四层柱

四层柱恒荷载＝梁自重＋板传恒荷载

$$= [4.37 \times (8.40 - 0.55) + 3.95 \times (7.5 - 0.55) \times \frac{1}{2} + 2.02 \times (2.7 - 0.55) \times \frac{1}{2}$$
$$+ 3.01 \times (7.5 - 0.3) \times \frac{1}{4} \times 2 + 19.15 \times \frac{7.5}{2} \times 2 + 4.2 \times 6.92 \times 2$$
$$+ 5.27 \times 4.2 \times \frac{2.7}{2} \times 2] \text{ kN} = 322.55 \text{ kN}$$

四层柱活荷载＝板传活荷载

$$= (1.82 \times \frac{7.5}{2} \times 2 + 0.66 \times 4.2 \times 2 + 0.5 \times 4.2 \times \frac{2.7}{2} \times 2) \text{ kN} = 30.54 \text{ kN}$$

一～三层柱

一～三层柱每层柱承受的恒荷载＝墙体自重＋梁自重＋板传恒荷载

$$= [8.4 \times 4.50 + 4.82 \times \frac{7.5}{2} + 4.37 \times (8.40 - 0.55)$$
$$+ 3.95 \times (7.5 - 0.55) \times \frac{1}{2} + 2.02 \times (2.7 - 0.55) \times \frac{1}{2}$$
$$+ 3.01 \times (7.5 - 0.3) \times \frac{1}{4} \times 2 + 12.25 \times \frac{7.5}{2} \times 2$$
$$+ 4.42 \times 4.2 \times 2 + 3.37 \times 4.2 \times \frac{2.7}{2} \times 2] \text{ kN} = 284.14 \text{ kN}$$

一～三层柱每层柱承受的活荷载＝板传活荷载

$$= (2.5 \times 2.1 \times 0.865 \times 2 \times \frac{7.5}{2} \times 2 + 3.28 \times 4.2 \times 2 + 3.5$$

$$\times 4.2 \times \frac{2.7}{2} \times 2) \text{ kN} = 135.36 \text{ kN}$$

(注：B柱的从属面积小于 50 m²，所以计算柱和基础所承受的活荷载时，不乘以 0.9 的折减系数。)

八、框架侧移刚度计算

1. 梁柱线刚度计算

对于现浇楼板，对于边框架梁取 $I=1.5I_0$，中框架梁取 $I=2.0I_0$，$I_0=\frac{1}{12}bh^3$，$i=\frac{E_cI}{l}$。各跨框架梁和框架柱的线刚度计算分别如表 10-9 和表 10-10 所示。

表 10-9 梁线刚度 i_b 的计算

构件	$b \times h$ /(mm× mm)	I_0 /mm⁴	l/mm	$2E_cI_0/l$
框架梁 AB	300×600	5.40×10⁹	7500	1.44×10⁶ E_c
框架梁 BC	300×350	1.07×10⁹	2700	0.794×10⁶ E_c

表 10-10 柱线刚度 i_c 的计算

层	$b \times h$/(mm× mm)	I_0/ mm⁴	H/mm	E_cI_0/H
1	550×550	7.63×10⁹	4750	1.61×10⁶ E_c
2~4	550×550	7.63×10⁹	3600	2.12×10⁶ E_c

由于该榀框架结构对称，因此只需计算半边结构。

九、内力计算

为简化计算，考虑如下几种单独的情况：

(1) 恒荷载作用；

(2) 活荷载作用；

(3) 雪荷载作用。

由《建筑结构荷载规范》(GB 50009—2012)可知，活荷载和雪荷载不同时考虑，取大值。

1. 恒荷载作用下结构的内力计算

1) 梁端弯矩计算

按弯矩二次分配法计算梁端弯矩，计算过程如图 10-46 所示。

2) 跨中弯矩计算

跨中弯矩的计算：根据求得的支座弯矩和各跨的实际分布荷载按平衡条件求得跨中弯矩，而不能按等效分布荷载计算。

(1) 四层屋面梁。

① AB 跨跨中弯矩计算。

均布荷载作用下跨中弯矩：$\frac{1}{8}ql^2 = \frac{1}{8} \times 3.95 \times 7.5^2$ kN·m = 27.77 kN·m

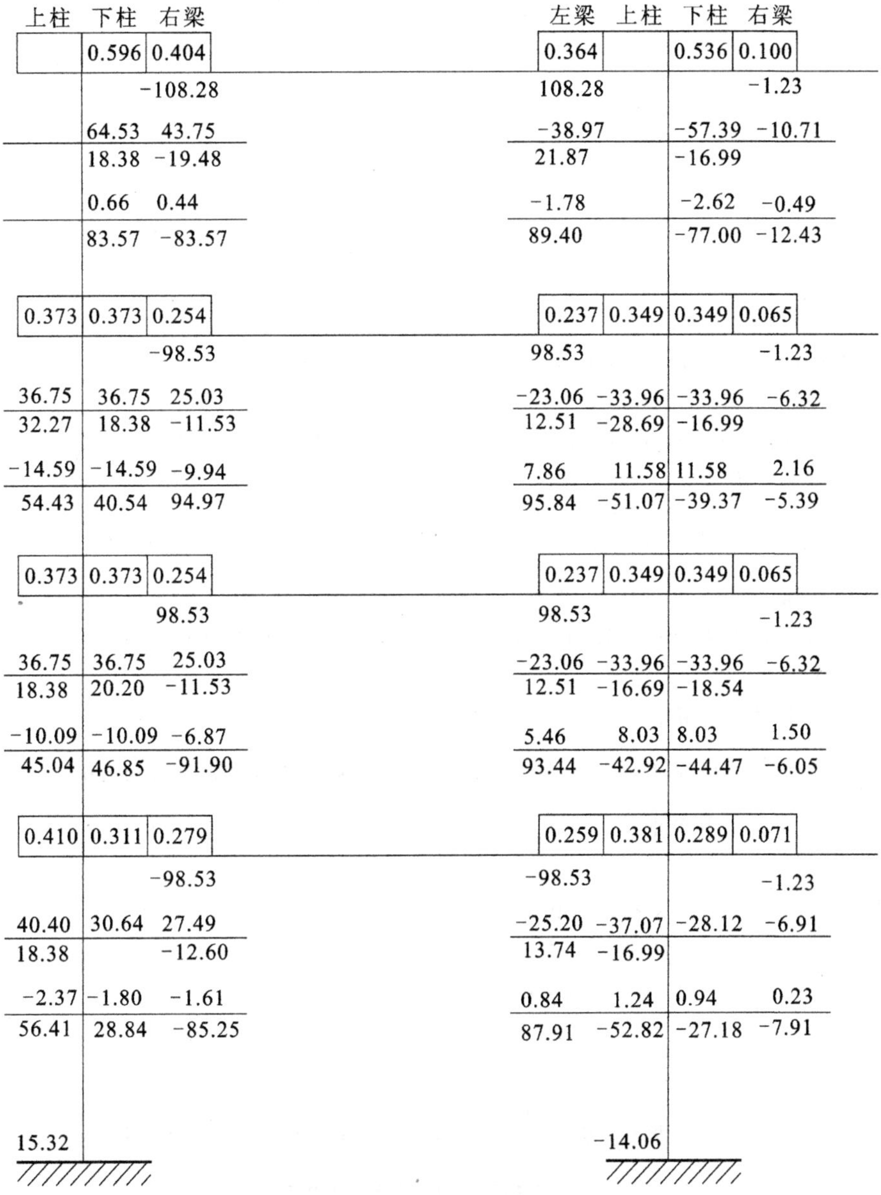

上柱	下柱	右梁		左梁	上柱	下柱	右梁
	0.596	0.404		0.364		0.536	0.100
		−108.28		108.28			−1.23
	64.53	43.75		−38.97	−57.39		−10.71
	18.38	−19.48		21.87		−16.99	
	0.66	0.44		−1.78	−2.62		−0.49
	83.57	−83.57		89.40		−77.00	−12.43

0.373	0.373	0.254		0.237	0.349	0.349	0.065
		−98.53		98.53			−1.23
36.75	36.75	25.03		−23.06	−33.96	−33.96	−6.32
32.27	18.38	−11.53		12.51	−28.69	−16.99	
−14.59	−14.59	−9.94		7.86	11.58	11.58	2.16
54.43	40.54	94.97		95.84	−51.07	−39.37	−5.39

0.373	0.373	0.254		0.237	0.349	0.349	0.065
		98.53		98.53			−1.23
36.75	36.75	25.03		−23.06	−33.96	−33.96	−6.32
18.38	20.20	−11.53		12.51	−16.69	−18.54	
−10.09	−10.09	−6.87		5.46	8.03	8.03	1.50
45.04	46.85	−91.90		93.44	−42.92	−44.47	−6.05

0.410	0.311	0.279		0.259	0.381	0.289	0.071
		−98.53		−98.53			−1.23
40.40	30.64	27.49		−25.20	−37.07	−28.12	−6.91
18.38		−12.60		13.74	−16.99		
−2.37	−1.80	−1.61		0.84	1.24	0.94	0.23
56.41	28.84	−85.25		87.91	−52.82	−27.18	−7.91

15.32   −14.06

图 10-46 恒荷载作用下的弯矩二次分配法计算图

梯形荷载作用下跨中弯矩:$ql^2(3-4\alpha^2)/24 = 5.27 \times 4.2 \times 7.5^2(3-4 \times 0.28^2)/24$ kN·m
$= 155.62$ kN·m

合计跨中弯矩:27.77 kN·m + 155.62 kN·m = 183.39 kN·m

支座弯矩:$M_{AB} = -83.57 \times 0.8$ kN·m $= -66.86$ kN·m,
$M_{BA} = 89.40 \times 0.8$ kN·m $= 71.52$ kN·m

跨中弯矩:183.39 kN·m − (66.86 + 71.52)/2 kN·m = 114.20 kN·m

② BC 跨跨中弯矩计算。

均布荷载作用下跨中弯矩:$\frac{1}{8}ql^2 = \frac{1}{8} \times 2.02 \times 7.5^2$ kN·m $= 14.20$ kN·m

支座弯矩：$M_{BC}=-12.43\times0.8$ kN·m $=-9.94$ kN·m $=-M_{CB}$

跨中弯矩：14.20 kN·m$-(9.94+9.94)/2$ kN·m $=4.26$ kN·m

(2) 三层屋面梁。

① AB 跨跨中弯矩计算。

均布荷载作用下跨中弯矩：$\frac{1}{8}ql^2=\frac{1}{8}\times3.95\times7.5^2$ kN·m $=27.77$ kN·m

梯形荷载作用下跨中弯矩：$ql^2(3-4\alpha^2)/24=3.37\times4.2\times7.5^2(3-4\times0.28^2)/24$ kN·m
$\qquad\qquad\qquad\qquad\qquad =89.12$ kN·m

合计跨中弯矩：27.77 kN·m$+89.12$ kN·m $=116.89$ kN·m

支座弯矩：$M_{AB}=-94.97\times0.8$ kN·m $=-75.98$ kN·m，
$\qquad\quad M_{BA}=95.84\times0.8$ kN·m $=76.67$ kN·m

跨中弯矩：116.89 kN·m$-(75.98+76.67)/2$ kN·m $=40.57$ kN·m

② BC 跨跨中弯矩计算。

均布荷载作用下跨中弯矩：$\frac{1}{8}ql^2=\frac{1}{8}\times2.02\times7.5^2$ kN·m $=14.20$ kN·m

支座弯矩：$M_{BC}=-5.39\times0.8$ kN·m $=-4.31$ kN·m $=-M_{CB}$

跨中弯矩：14.20 kN·m$-(4.31+4.31)/2$ kN·m $=9.89$ kN·m

(3) 二层屋面梁。

① AB 跨跨中弯矩计算。

均布荷载作用下跨中弯矩：$\frac{1}{8}ql^2=\frac{1}{8}\times3.95\times7.5^2$ kN·m $=27.77$ kN·m

梯形荷载作用下跨中弯矩：$ql^2(3-4\alpha^2)/24=3.37\times4.2\times7.5^2(3-4\times0.28^2)/24$ kN·m
$\qquad\qquad\qquad\qquad\qquad =89.12$ kN·m

合计跨中弯矩：27.77 kN·m$+89.12$ kN·m $=116.89$ kN·m

支座弯矩：$M_{AB}=-91.90\times0.8$ kN·m $=-73.52$ kN·m
$\qquad\quad M_{BA}=93.44\times0.8$ kN·m $=74.75$ kN·m

跨中弯矩：116.89 kN·m$-(73.52+74.75)/2$ kN·m $=42.76$ kN·m

② BC 跨跨中弯矩计算。

均布荷载作用下跨中弯矩：$\frac{1}{8}ql^2=\frac{1}{8}\times2.02\times7.5^2$ kN·m $=14.20$ kN·m

支座弯矩：$M_{BC}=-6.05\times0.8$ kN·m $=-4.84$ kN·m $=-M_{CB}$

跨中弯矩：14.20 kN·m$-(4.84+4.84)/2$ kN·m $=9.36$ kN·m

(4) 一层屋面梁。

① AB 跨跨中弯矩计算。

均布荷载作用下跨中弯矩：$\frac{1}{8}ql^2=\frac{1}{8}\times3.95\times7.5^2$ kN·m $=27.77$ kN·m

梯形荷载作用下跨中弯矩：$ql^2(3-4\alpha^2)/24=3.37\times4.2\times7.5^2(3-4\times0.28^2)/24$ kN·m
$\qquad\qquad\qquad\qquad\qquad =89.12$ kN·m

合计跨中弯矩：27.77 kN·m$+89.12$ kN·m $=116.89$ kN·m

支座弯矩：$M_{AB}=-85.25\times0.8$ kN·m $=-68.20$ kN·m，
$\qquad\quad M_{BA}=87.91\times0.8$ kN·m $=70.33$ kN·m

跨中弯矩：116.89 kN·m－(68.20＋70.33)/2 kN·m＝47.63 kN·m
② BC跨跨中弯矩计算。

均布荷载作用下跨中弯矩：$\frac{1}{8}ql^2 = \frac{1}{8} \times 2.02 \times 7.5^2$ kN·m＝14.20 kN·m

支座弯矩：$M_{BC} = -7.91 \times 0.8$ kN·m＝－6.33 kN·m＝－M_{CB}

跨中弯矩：14.20 kN·m－(6.33＋6.33)/2 kN·m＝7.87 kN·m

3）梁端剪力计算
四层屋面梁：

$$V_A = V_{B左} = \frac{1}{2}q_d l = \frac{1}{2} \times 23.10 \times 7.5 \text{ kN} = 86.63 \text{ kN}$$

$$V_{B右} = \frac{1}{2}ql = \frac{1}{2} \times 2.02 \times 2.7 \text{ kN} = 2.73 \text{ kN}$$

一～三层屋面梁：

$$V_A = V_{B左} = \frac{1}{2}q_d l = \frac{1}{2} \times 21.02 \times 7.5 \text{ kN} = 78.83 \text{ kN}$$

$$V_{B右} = \frac{1}{2}ql = \frac{1}{2} \times 2.02 \times 2.7 \text{ kN} = 2.73 \text{ kN}$$

4）柱轴力计算

柱轴力计算如表10-11所示。

表10-11 恒荷载作用下柱轴力计算

柱号	楼层	截面	柱自重	ΔN	柱轴力 N
A	4	柱顶	28.55	274.90	274.90
		柱底			303.45
	3	柱顶	28.55	231.82	535.27
		柱底			563.82
	2	柱顶	28.55	231.82	795.64
		柱底			824.19
	1	柱顶	37.67	231.82	1056.01
		柱底			1093.68
B	4	柱顶	28.55	322.55	322.55
		柱底			351.10
	3	柱顶	28.55	284.14	635.24
		柱底			663.79
	2	柱顶	28.55	284.14	947.93
		柱底			976.48
	1	柱顶	37.67	284.14	1260.62
		柱底			1298.29

2. 活荷载作用下结构的内力计算

1) 梁端弯矩计算

按弯矩二次分配法计算梁端弯矩,具体计算过程如图10-47所示。

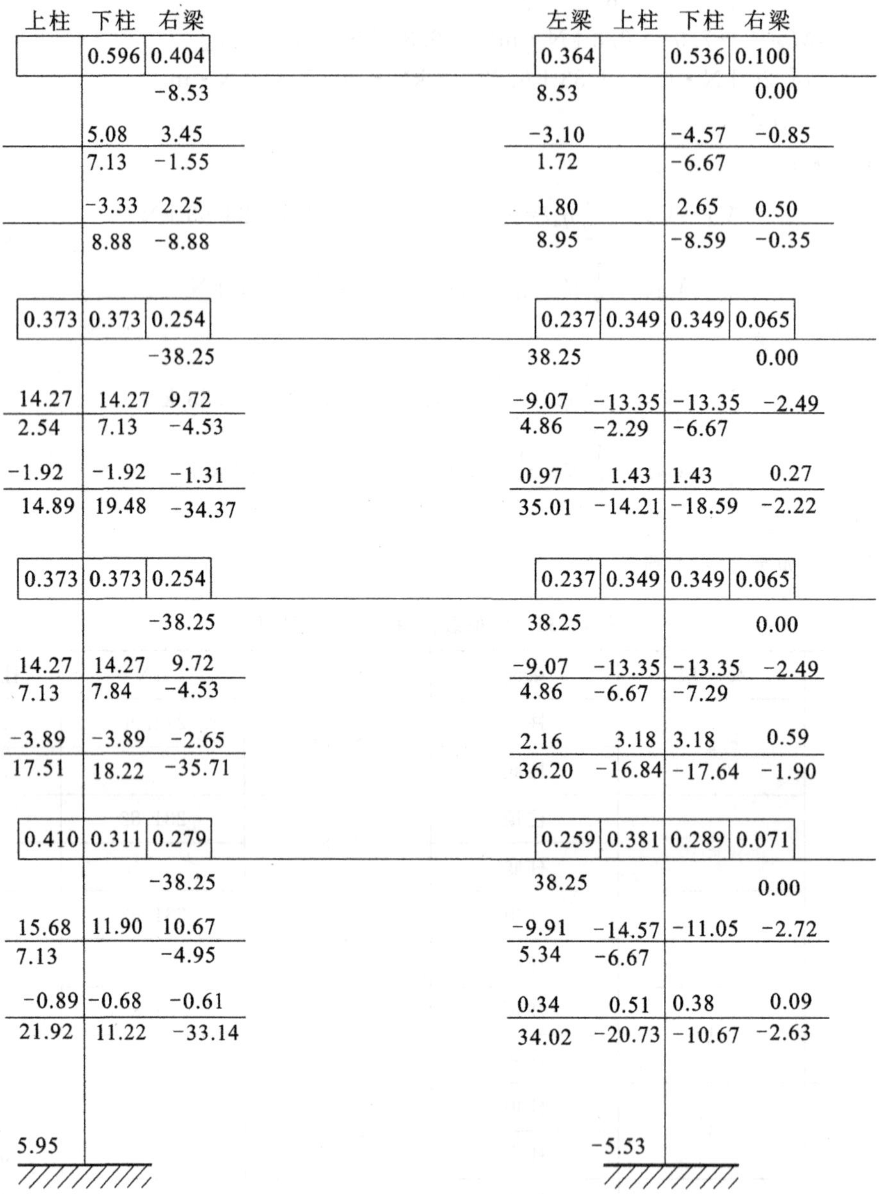

上柱	下柱	右梁		左梁	上柱	下柱	右梁
	0.596	0.404		0.364		0.536	0.100
		−8.53		8.53			0.00
	5.08	3.45		−3.10		−4.57	−0.85
	7.13	−1.55		1.72		−6.67	
	−3.33	2.25		1.80		2.65	0.50
	8.88	−8.88		8.95		−8.59	−0.35
0.373	0.373	0.254		0.237	0.349	0.349	0.065
		−38.25		38.25			0.00
14.27	14.27	9.72		−9.07	−13.35	−13.35	−2.49
2.54	7.13	−4.53		4.86	−2.29	−6.67	
−1.92	−1.92	−1.31		0.97	1.43	1.43	0.27
14.89	19.48	−34.37		35.01	−14.21	−18.59	−2.22
0.373	0.373	0.254		0.237	0.349	0.349	0.065
		−38.25		38.25			0.00
14.27	14.27	9.72		−9.07	−13.35	−13.35	−2.49
7.13	7.84	−4.53		4.86	−6.67	−7.29	
−3.89	−3.89	−2.65		2.16	3.18	3.18	0.59
17.51	18.22	−35.71		36.20	−16.84	−17.64	−1.90
0.410	0.311	0.279		0.259	0.381	0.289	0.071
		−38.25		38.25			0.00
15.68	11.90	10.67		−9.91	−14.57	−11.05	−2.72
7.13		−4.95		5.34	−6.67		
−0.89	−0.68	−0.61		0.34	0.51	0.38	0.09
21.92	11.22	−33.14		34.02	−20.73	−10.67	−2.63
5.95				−5.53			

图 10-47 活荷载作用下的弯矩二次分配法计算图

2) 跨中弯矩计算

跨中弯矩的计算:根据求得的支座弯矩和各跨的实际分布荷载按平衡条件求得跨中弯矩,而不能按等效分布荷载计算。

(1) 四层屋面梁。

① AB 跨跨中弯矩计算。

梯形荷载作用下跨中弯矩：$ql^2(3-4\alpha^2)/24=0.5×4.2×7.5^2(3-4×0.28^2)/24$ kN·m
$\qquad\qquad\qquad\qquad\qquad\qquad =13.22$ kN·m

支座弯矩：$M_{AB}=-8.88×0.8$ kN·m$=-7.10$ kN·m
$\qquad\quad M_{BA}=8.95×0.8$ kN·m$=7.16$ kN·m

跨中弯矩：13.22 kN·m$-(7.10+7.16)/2$ kN·m$=6.09$ kN·m

② BC跨跨中弯矩计算。

均布荷载作用下跨中弯矩：0 kN·m

支座弯矩：$M_{BC}=-0.35×0.8$ kN·m$=-0.28$ kN·m$=-M_{CB}$

跨中弯矩：0 kN·m$-(0.28+0.28)/2$ kN·m$=-0.28$ kN·m

(2) 三层屋面梁。

① AB跨跨中弯矩计算。

梯形荷载作用下跨中弯矩：$ql^2(3-4\alpha^2)/24=2.5×4.2×7.5^2(3-4×0.28^2)/24$ kN·m
$\qquad\qquad\qquad\qquad\qquad\qquad =66.10$ kN·m

支座弯矩：$M_{AB}=-34.37×0.8$ kN·m$=-27.50$ kN·m
$\qquad\quad M_{BA}=35.01×0.8$ kN·m$=28.01$ kN·m

跨中弯矩：66.10 kN·m$-(27.50+28.01)/2$ kN·m$=38.35$ kN·m

② BC跨跨中弯矩计算。

均布荷载作用下跨中弯矩：0 kN·m

支座弯矩：$M_{BC}=-2.22×0.8$ kN·m$=-1.78$ kN·m$=-M_{CB}$

跨中弯矩：0 kN·m$-(1.78+1.78)/2$ kN·m$=-1.78$ kN·m

(3) 二层屋面梁。

① AB跨跨中弯矩计算。

梯形荷载作用下跨中弯矩：$ql^2(3-4\alpha^2)/24=2.5×4.2×7.5^2(3-4×0.28^2)/24$ kN·m
$\qquad\qquad\qquad\qquad\qquad\qquad =66.10$ kN·m

支座弯矩：$M_{AB}=-35.71×0.8$ kN·m$=-28.57$ kN·m
$\qquad\quad M_{BA}=36.20×0.8$ kN·m$=28.96$ kN·m

跨中弯矩：66.10 kN·m$-(28.57+28.96)/2$ kN·m$=37.34$ kN·m

② BC跨跨中弯矩计算。

均布荷载作用下跨中弯矩：0 kN·m

支座弯矩：$M_{BC}=-1.90×0.8$ kN·m$=-1.52$ kN·m$=-M_{CB}$

跨中弯矩：0 kN·m$-(1.52+1.52)/2$ kN·m$=-1.52$ kN·m

(4) 一层屋面梁。

① AB跨跨中弯矩计算。

梯形荷载作用下跨中弯矩：$ql^2(3-4\alpha^2)/24=2.5×4.2×7.5^2(3-4×0.28^2)/24$ kN·m
$\qquad\qquad\qquad\qquad\qquad\qquad =66.10$ kN·m

支座弯矩：$M_{AB}=-33.14×0.8$ kN·m$=-26.51$ kN·m
$\qquad\quad M_{BA}=34.02×0.8$ kN·m$=27.22$ kN·m

跨中弯矩:66.10 kN·m-(26.51+27.22)/2 kN·m=39.24 kN·m

② BC跨跨中弯矩计算。

均布荷载作用下跨中弯矩:0 kN·m

支座弯矩:$M_{BC}=-2.63\times0.8$ kN·m$=-2.10$ kN·m$=-M_{CB}$

跨中弯矩:0 kN·m-(2.10+2.10)/2 kN·m=-2.10 kN·m

3) 梁端剪力计算

四层屋面梁:

$$V_{A右}=V_{B左}=\frac{1}{2}q_dl=\frac{1}{2}\times1.82\times7.5 \text{ kN}=6.83 \text{ kN}$$

$$V_{B右}=\frac{1}{2}ql=\frac{1}{2}\times0\times2.7 \text{ kN}=0 \text{ kN}$$

一～三层屋面梁:

$$V_{A右}=V_{B左}=\frac{1}{2}q_dl=\frac{1}{2}\times8.16\times7.5 \text{ kN}=30.61 \text{ kN}$$

$$V_{B右}=\frac{1}{2}ql=\frac{1}{2}\times0\times2.7 \text{ kN}=0 \text{ kN}$$

4) 柱轴力计算

柱轴力计算如表10-12所示。

表10-12 活荷载作用下柱轴力计算

柱 号	楼层	截面	ΔN	柱轴力 N
A	4	柱顶	19.20	19.20
		柱底		19.20
	3	柱顶	95.67	114.87
		柱底		114.87
	2	柱顶	95.67	210.54
		柱底		210.54
	1	柱顶	95.67	306.21
		柱底		306.21
B	4	柱顶	30.54	30.54
		柱底		30.54
	3	柱顶	135.36	165.90
		柱底		165.90
	2	柱顶	135.36	301.26
		柱底		301.26
	1	柱顶	135.36	436.62
		柱底		436.62

十、内力组合

1. 框架梁内力组合

为了保证构件的安全,每根梁选取两个控制截面,分别为梁端负弯矩控制截面、跨中控制截面,具体如表 10-13 所示。

表 10-13 框架梁内力组合

楼层	位置	内力	荷载类别		荷载组合	
			恒荷载①	活荷载②	活荷载起控制作用	恒荷载起控制作用
4	A_4右	M	−66.86	−7.10	−90.17	−97.22
		V	86.63	6.83	113.52	123.64
	B_4左	M	−71.52	−7.16	−95.85	−103.57
		V	86.63	6.83	113.52	123.64
	AB 跨中	M	114.20	6.09	145.57	160.14
	B_4右	M	−9.94	−0.28	−12.32	−13.69
		V	2.73	0	3.28	3.69
	BC 跨中	M	4.26	−0.28	5.11	5.75
3	A_3右	M	−75.98	−27.50	−129.68	−129.52
		V	78.83	30.61	137.45	136.42
	B_3左	M	−76.67	−28.01	−228.11	−198.78
		V	78.83	30.61	137.45	136.42
	AB 跨中	M	40.57	38.35	102.37	92.35
	B_3右	M	−4.31	−1.78	−7.66	−7.56
		V	2.73	0	3.28	3.69
	BC 跨中	M	9.89	−1.78	11.87	13.35
2	A_2右	M	−73.52	−28.57	−128.22	−127.25
		V	78.83	30.61	137.45	136.42
	B_2左	M	−74.75	−28.96	−130.24	−129.29
		V	78.83	30.61	137.45	136.42
	AB 跨中	M	42.76	37.34	103.59	94.32
	B_2右	M	−4.84	−1.52	−7.94	−8.02
		V	2.73	0	3.28	3.69
	BC 跨中	M	9.36	−1.52	11.23	12.64

续表

楼层	位置	内力	荷载类别		荷载组合	
			恒荷载①	活荷载②	活荷载起控制作用	恒荷载起控制作用
1	A₁右	M	−68.20	−26.51	−118.95	−118.05
		V	78.83	30.61	137.45	136.42
	B₁左	M	−70.33	−27.22	−122.50	−121.62
		V	78.83	30.61	137.45	136.42
	AB跨中	M	47.63	39.24	112.09	102.76
	B₁右	M	−6.33	−2.10	−10.54	−10.60
		V	2.73	0	3.28	3.69
	BC跨中	M	7.87	−2.10	9.44	10.62

注:根据《建筑结构可靠度设计统一标准》(GB 50068—2001),当可变荷载效应对结构构件的承载力有利时,应取为0。

2. 框架柱内力组合

为了保证构件的安全,框架柱取每层柱顶和柱底两个控制截面。A柱的内力组合如表10-14所示,B柱的内力组合如表10-15所示。

表10-14 A柱内力组合

楼层	位置	内力	荷载类别		荷载组合	
			恒荷载①	活荷载②	活荷载起控制作用	恒荷载起控制作用
4	柱顶	M	83.57	8.88	112.72	121.52
		N	274.90	19.20	356.76	389.93
	柱底	M	54.43	14.89	86.16	88.07
		N	303.45	19.20	391.02	428.47
3	柱顶	M	40.54	19.48	75.92	73.82
		N	535.27	114.87	803.14	835.19
	柱底	M	45.04	17.51	78.56	77.96
		N	563.82	114.87	837.40	873.73
2	柱顶	M	46.85	18.22	81.73	81.10
		N	795.64	210.54	1249.52	1280.44
	柱底	M	56.41	21.92	98.38	97.64
		N	824.19	210.54	1283.78	1318.99
1	柱顶	M	28.84	11.22	50.32	49.93
		N	1056.01	306.21	1695.91	1725.70
	柱底	M	15.32	5.98	26.76	26.54
		N	1093.68	306.21	1741.11	1776.55

表 10-15　B柱内力组合

楼层	位置	内力	荷载类别		荷载组合	
			恒荷载①	活荷载②	活荷载起控制作用	恒荷载起控制作用
4	柱顶	M	77.00	8.54	104.36	112.32
		N	322.55	30.54	429.82	465.37
	柱底	M	51.07	14.21	81.18	82.87
		N	351.10	30.54	464.08	503.91
3	柱顶	M	39.79	18.59	73.77	71.93
		N	635.24	165.90	994.55	1020.16
	柱底	M	42.92	16.84	75.08	74.45
		N	663.79	165.90	1028.81	1058.70
2	柱顶	M	44.47	17.46	77.81	77.15
		N	947.93	301.26	1559.28	1574.94
	柱底	M	52.82	20.73	92.41	91.62
		N	976.48	301.26	1593.54	1613.48
1	柱顶	M	27.18	10.67	47.55	47.15
		N	1260.62	436.62	2124.01	2129.72
	柱底	M	14.06	5.53	24.61	24.40
		N	1298.29	436.62	2169.22	2180.58

十一、截面设计

1. 梁的正截面受弯承载力计算

梁在跨中截面正弯矩作用下按T形截面计算,梁在支座负弯矩作用下按矩形截面计算,梁在跨中负弯矩作用下按矩形截面计算。

梁的有效高度 h_0 的计算:

跨中正弯矩 $h_0 = (600-20-10-10)$ mm $= 560$ mm

梁翼缘宽度按下列两项的最小值取用:

$l_0/3 = 7.5/3$ m $= 2.5$ m

$b + s_n = 0.30$ m $+ [4.2-(0.3+0.25)/2]$ m $= 4.76$ m

$h'_f/h_0 = 100/560 = 0.179 \geqslant 0.1$,即翼缘宽度不受此项限制。

综上所述,翼缘宽度 $b'_f = 2.5$ m $= 2500$ mm

梁采用C40混凝土　　$f_t = 1.71$ N/mm², $f_c = 19.1$ N/mm²

纵向钢筋采用HRB400　　$f_y = 360$ N/mm²

箍筋采用HRB335　　$f_y = 300$ N/mm²

判别T形截面类型:

$$M_\mathrm{f} = \alpha_1 f_\mathrm{c} b'_\mathrm{f} h'_\mathrm{f} \left(h_0 - \frac{h'_\mathrm{f}}{2} \right) = 1.0 \times 17.1 \times 2500 \times 100 \left(560 - \frac{100}{2} \right) \text{ kN} \cdot \text{m} = 2180.25 \text{ kN} \cdot \text{m} >$$

$M_{\max} = 160.14$ kN·m。

故所有承受跨中正弯矩的截面都属于第Ⅰ类T形截面。

1) AB跨跨中梁配筋计算

仅取第一层梁进行正截面承载力计算，控制截面的 $M = 112.09$ kN·m $< M_\mathrm{f}$。

由 $M = \alpha_1 f_\mathrm{c} b'_\mathrm{f} x \left(h_0 - \frac{x}{2} \right)$ 得

$$112.09 \times 10^6 = 1.0 \times 19.1 \times 2500 x \left(560 - \frac{x}{2} \right)$$

解得 $x = 4$ mm $\leqslant \xi_\mathrm{b} h_0 = 0.518 \times 560$ mm $= 290$ mm，故为适筋梁破坏。

由 $\alpha_1 f_\mathrm{c} b x = f_\mathrm{y} A_\mathrm{s}$ 得

$$A_\mathrm{s} = \frac{\alpha_1 f_\mathrm{c} b x}{f_\mathrm{y}} = \frac{1.0 \times 19.1 \times 2500 \times 4}{360} \text{ mm}^2 = 557 \text{ mm}^2$$

$$\rho_{\min} = \max\{0.20\%; (45 f_\mathrm{t}/f_\mathrm{y})\%\} = \max\{0.20\%; (45 \times 1.71/360)\%\} = 0.214\%$$

则 $A_{\mathrm{s,min}} = 0.214\% \times (600 - 100) \times 300$ mm $= 321$ mm² $\leqslant 557$ mm²

取 $A_\mathrm{s} = 557$ mm²，选用 3ϕ16，$A_\mathrm{s} = 603$ mm²。

2) AB跨支座A、B梁配筋计算

$M_{A\text{右}} = 118.95$ kN·m；$M_{B\text{左}} = 122.50$ kN·m。

对于支座，承受负弯矩，上面受拉，下面受压，故按矩形截面进行配筋计算。

由 $M = \alpha_1 f_\mathrm{c} b x \left(h_0 - \frac{x}{2} \right)$ 得

$$M_{A\text{右}} = 118.95 \times 10^6 \text{ kN} \cdot \text{m} = 1.0 \times 19.1 \times 300 x \left(560 - \frac{x}{2} \right)$$

解得 $x = 38$ mm $\leqslant \xi_\mathrm{b} h_0 = 0.518 \times 560$ mm $= 290$ mm，故为适筋梁破坏。

由 $\alpha_1 f_\mathrm{c} b x = f_\mathrm{y} A_\mathrm{s}$ 得

$$A_\mathrm{s} = \frac{\alpha_1 f_\mathrm{c} b x}{f_\mathrm{y}} = \frac{1.0 \times 19.1 \times 300 \times 38}{360} \text{ mm}^2 = 611.2 \text{ mm}^2$$

$$\rho_{\min} = \max\{0.20\%; (45 f_\mathrm{t}/f_\mathrm{y})\%\} = \max\{0.20\%; (45 \times 1.71/360)\%\} = 0.214\%$$

则 $A_{\mathrm{s,min}} = 0.214\% \times (600 - 100) \times 300$ mm² $= 321$ mm² $\leqslant 611$ mm²

取 $A_\mathrm{s} = 611$ mm²。

同理：$M_{B\text{左}} = 122.50$ kN·m，计算其配筋，得 $A_\mathrm{s} = 637$ mm²。

考虑到施工的方便性，选用 3ϕ18，$A_\mathrm{s} = 763$ mm²。

3) BC跨支座及跨中配筋计算

$M_{B\text{右}} = 10.60$ kN·m，$M_{BC\text{中}} = 10.62$ kN·m，和AB支座及跨中弯矩相比都很小，但考虑到施工的方便性及连续性，AB跨的跨中钢筋及支座钢筋连续贯通，这样既方便施工又能保证结构的受力。

2. 梁的斜截面承载力计算

仅取第一层梁进行斜截面承载力计算。一层受剪承载力有三个控制截面，分别为 $V_{A\text{右}} = V_{B\text{左}} = 137.45$ kN，$V_{B\text{右}} = 3.69$ kN。

1) 梁 A_1B_1（下标 1 表示楼层）受剪承载力计算
$$h_w = h_0 - h_f' = 560 \text{ mm} - 100 \text{ mm} = 460 \text{ mm}$$
$$h_w/b = 460/300 = 1.53 \leqslant 4$$

则 $0.25\beta_c f_c bh_0 = 0.25 \times 1.0 \times 19.1 \times 300 \times 560 \text{ kN} = 802.20 \text{ kN} \geqslant 137.45 \text{ kN}$，截面尺寸符合要求。

对于一般受弯构件，$\alpha_{cv} = 0.7$。

$\alpha_{cv} f_t bh_0 = 0.7 \times 1.71 \times 300 \times 560 \text{ kN} = 201.10 \text{ kN} \geqslant 137.45 \text{ kN}$，因此，箍筋配置符合构造要求即可。

对于梁 A_1B_1，梁因梁高 $h = 600 \text{ mm} > 300 \text{ mm}$，故沿梁全长配置箍筋。
$$0.7 f_t bh_0 = 0.7 \times 1.71 \times 300 \times 560 \text{ kN} = 201.10 \text{ kN} \geqslant 137.45 \text{ kN}$$

故梁 A_1B_1 中箍筋最大间距不能超过 350 mm，直径不能小于 6 mm，故箍筋选 B8@300 即可满足要求。

2) 梁 B_1C_1 受剪承载力计算
$$h_w = h_0 - h_f' = [(350-40) - 100] \text{ mm} = 310 \text{ mm}$$
$$h_w/b = 310/300 = 1.03 \leqslant 4$$

$0.25\beta_c f_c bh_0 = 0.25 \times 1.0 \times 19.1 \times 300 \times 310 \text{ kN} = 444.08 \text{ kN} \geqslant 3.69 \text{ kN}$，截面尺寸符合要求。

$\alpha_{cv} f_t bh_0 = 0.7 \times 1.71 \times 300 \times 310 \text{ kN} = 111.32 \text{ kN} \geqslant 3.69 \text{ kN}$，因此，箍筋配置符合构造要求即可。

对于梁 B_1C_1，梁因梁高 $h = 350 \text{ mm} > 300 \text{ mm}$，故沿梁全长配置箍筋。
$$0.7 f_t bh_0 = 0.7 \times 1.71 \times 300 \times 310 \text{ kN} = 111.32 \text{ kN} \geqslant 3.69 \text{ kN}$$

故梁 B_1C_1 中箍筋最大间距不能超过 300 mm，直径不能小于 6 mm，故箍筋选 B8@300 即可满足要求。

3. 柱的正截面受压承载力计算

以第一层 A、B 柱为例进行截面设计，采用 C40 混凝土，$f_c = 19.1 \text{ N/mm}^2$；纵向钢筋采用 HRB400，$f_y = 360 \text{ N/mm}^2$；箍筋采用 HRB335，$f_y = 300 \text{ N/mm}^2$。

柱的有效高度 $h_0 = (550 - 20 - 10 - 10) \text{ mm} = 510 \text{ mm}$。

1) A 柱正截面设计

$N_b = \alpha_1 f_c bh_0 \varepsilon_b = 1.0 \times 19.1 \times 550 \times 510 \times 0.518 \text{ kN} = 2775.21 \text{ kN} \geqslant 1776.55 \text{ kN}$，故为大偏心受压。四组内力组合，选取柱顶 $M_2 = 50.32 \text{ kN} \cdot \text{m}$，$N_2 = 1695.91 \text{ kN}$，柱底 $M_1 = 26.76 \text{ kN} \cdot \text{m}$，$N_2 = 1741.11 \text{ kN}$ 为控制截面。

因为 $\dfrac{M_1}{M_2} = \dfrac{26.76}{50.32} = 0.53 \leqslant 0.9$，$\dfrac{1741.11 \times 10^3}{19.1 \times 550 \times 550} = 0.30 \leqslant 0.9$，不考虑轴向压力在杆件挠曲中产生的附加弯矩。

截面设计时，$M = 50.32 \text{ kN} \cdot \text{m}$，$N = 1695.91 \text{ kN}$ 进行配筋计算。

$$e_0 = \frac{M}{N} = \frac{50.32}{1695.91} \text{ mm} = 30 \text{ mm}$$

$$e_a = \max\left\{20; \frac{550}{30}\right\} = 20 \text{ mm}$$

$$e_i = e_0 + e_a = 30 \text{ mm} + 20 \text{ mm} = 50 \text{ mm}$$

$$e = e_i + \frac{h}{2} - a_s = (50 + \frac{550}{2} - 40) \text{ mm} = 285 \text{ mm}$$

$$x = \frac{N}{\alpha_1 f_c b} = \frac{1695.91 \times 10^3}{1.0 \times 19.1 \times 550} \text{ mm} = 161 \text{ mm} \leqslant \xi_b h_0 = 0.518 \times 510 \text{ mm} = 264 \text{ mm},为大偏压破坏。$$

同时,$x \geqslant 2a_s' = 2 \times 40 \text{ mm} = 80 \text{ mm}$。

由 $Ne = \alpha_1 f_c bx \left(h_0 - \frac{x}{2} \right) + f_y' A_s' (h_0 - a_s')$,即

$$1695.91 \times 10^3 \times 285 = 1.0 \times 19.1 \times 550 \times 161 \left(510 - \frac{161}{2} \right) + 360 A_s' (510 - 40)$$

得 $A_s' < 0$,按构造配筋即可。

全部纵向钢筋 $A_{s,\min} = \rho_{\min} bh = 0.55\% \times 550 \times 550 \text{ mm}^2 = 1664 \text{ mm}^2$

一侧纵向钢筋 $A_{s,\min} = \rho_{\min} bh = 0.20\% \times 550 \times 550 \text{ mm}^2 = 605 \text{ mm}^2$

选筋:$4\phi 16, A_s = A_s' = 804 \text{ mm}^2$。

全部纵向钢筋 $A_s = 12 \times 201 \text{ mm}^2 = 2412 \text{ mm}^2 \geqslant 1664 \text{ mm}^2$(平行于柱高方向也选 $4\phi 16$),满足要求。

一侧纵向钢筋 $A_s = 4 \times 201 \text{ mm}^2 = 804 \text{ mm}^2 \geqslant 605 \text{ mm}^2$,满足要求。

2)B柱正截面设计

$N_b = \alpha_1 f_c b h_0 \xi_b = 1.0 \times 19.1 \times 550 \times 510 \times 0.518 \text{ kN} = 2775.21 \text{ kN} \geqslant 2180.58 \text{ kN}$,故为大偏心受压。

四组内力组合,选取柱顶 $M_2 = 47.55 \text{ kN} \cdot \text{m}, N_2 = 2124.01 \text{ kN}$,柱底 $M_1 = 24.61 \text{ kN} \cdot \text{m}, N_1 = 2169.22 \text{ kN}$ 为控制截面。

因为 $\frac{M_1}{M_2} = \frac{24.61}{47.55} = 0.52 \leqslant 0.9, \frac{2169.22 \times 10^3}{19.1 \times 550 \times 550} = 0.38 \leqslant 0.9$,不考虑轴向压力在杆件挠曲中产生的附加弯矩。

截面设计时,$M = 47.55 \text{ kN} \cdot \text{m}, N = 2124.01 \text{ kN}$ 进行配筋计算。

$$e_0 = \frac{M}{N} = \frac{47.55}{2124.01} \text{ m} = 22 \text{ mm}$$

$$e_a = \max \left\{ 20; \frac{550}{30} \right\} = 20 \text{ mm}$$

$e_i = e_0 + e_a = 22 \text{ mm} + 20 \text{ mm} = 42 \text{ mm}$

$$e = e_i + \frac{h}{2} - a_s = \left(42 + \frac{550}{2} - 40 \right) \text{ mm} = 277 \text{ mm}$$

$$x = \frac{N}{\alpha_1 f_c b} = \frac{2124.01 \times 10^3}{1.0 \times 19.1 \times 550} \text{ mm} = 202 \text{ mm} \leqslant \xi_b h_0 = 0.518 \times 510 \text{ mm} = 264 \text{ mm},为大偏压破坏。$$

同时,$x \geqslant 2a_s' = 2 \times 40 \text{ mm} = 80 \text{ mm}$。

由 $Ne = \alpha_1 f_c bx \left(h_0 - \frac{x}{2} \right) + f_y' A_s' (h_0 - a_s')$,即

$$2124.01 \times 10^3 \times 277 = 1.0 \times 19.1 \times 550 \times 202 \left(510 - \frac{202}{2} \right) + 360 A_s' (510 - 40)$$

得 $A_s' < 0$,按构造配筋即可。

全部纵向钢筋 $A_{s,\min} = \rho_{\min} bh = 0.55\% \times 550 \times 550 \text{ mm}^2 = 1664 \text{ mm}^2$

一侧纵向钢筋 $A_{s,\min} = \rho_{\min} bh = 0.20\% \times 550 \times 550 \text{ mm}^2 = 605 \text{ mm}^2$

选筋：$4\phi16, A_s = A_s' = 804 \text{ mm}^2$。

全部纵向钢筋 $A_s = 12 \times 201 \text{ mm}^2 = 2412 \text{ mm}^2 \geqslant 1664 \text{ mm}^2$（平行于柱高方向也选 $4\phi16$），满足要求。

一侧纵向钢筋 $A_s = 4 \times 201 \text{ mm}^2 = 804 \text{ mm}^2 \geqslant 605 \text{ mm}^2$,满足要求。

单元 11 预应力混凝土结构基本知识

学习目标

☆ **知识目标**

（1）掌握预应力混凝土的基本理论知识。
（2）熟悉预应力混凝土材料的相关知识。
（3）熟悉预应力损失的基本计算方法及组合。
（4）了解预应力混凝土结构构件的基本构造要求。

☆ **能力目标**

能够运用预应力混凝土结构基本知识对具体构件进行分析。

单元 11 预应力混凝土结构基本知识

✧ 知识链接：预应力钢筋混凝土结构发展历程

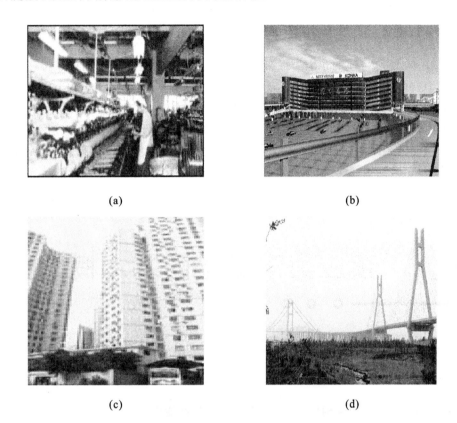

图 11-1 预应力混凝土结构应用举例
(a) 上海色织四厂六层双跨框架结构是我国最早应用预应力混凝土的工程；
(b) 深圳车港 1#楼结构是我国柱网尺寸最大框架结构的预应力工程；
(c) 上海福源商厦，所有楼板均为无粘结预应力混凝土平板结构；
(d) 润扬长江大桥主跨部分为预应力悬索桥，副跨为预应力斜拉桥

1. 初期阶段

1886 年前后，美国工程师杰克森申请了在混凝土拱内进行钢筋张拉作楼板的专利。

1888 年，德国的陶林取得了加有预应力的钢丝浇入混凝土中以制作板和梁的专利，这也是采用预应力筋制作混凝土预制构件的首次创意。

1908 年，美国的斯坦纳提出了二次张拉的建议。

1925 年，美国的迪尔试用无粘结的做法。

2. 工程实用阶段

1928 年，法国工程师弗莱西奈指出了预应力混凝土必须采用高强钢材和高强混凝土，这一点对预应力混凝土的发展在理论上起到了关键性的作用。

1939 年，弗莱西奈发明了端部锚固用的锥形楔等，在工艺上提供了切实可行的方法，使预应力结构得到真正的推广。

20 世纪 40 年代,弗莱西奈设计跨越法国马恩河、孔径为 55 m 的预应力桥,至此人们才接受预应力损失可以控制和计算的见解。

3. 迅速发展阶段

20 世纪 40 年代,大规模的预应力混凝土被推广。第二次世界大战结束后,西欧的工业、交通、城市建设急待恢复和重建,在钢材供应十分紧张的情况下,原先钢结构的工程纷纷改为预应力混凝土结构,工程的应用范围也从桥梁、工厂扩大到土木、建筑工程的各个领域。

我国预应力混凝土是在 20 世纪 50 年代中期开始发展的,预应力技术在我国桥梁建设中发展较快,因为当时的公路和铁路桥梁大量采用标准化的后张预应力梁。近几十年来,预应力混凝土的应用逐步扩大到居住建筑、大跨度和大空间公共建筑、高层建筑、高耸建筑和地下结构等各个领域。

任务 1　预应力混凝土的基本概念

一、预应力混凝土的基本原理

在普通钢筋混凝土结构或构件中,混凝土材料力学性能中的一个基本矛盾是:抗压强度高,抗拉强度很低,混凝土的极限拉应变仅为极限压应变的 $1/20 \sim 1/30$。对于不允许开裂的构件,受拉钢筋应力只能达到 $20\ \text{N/mm}^2 \sim 30\ \text{N/mm}^2$,大概只发挥了其强度的十分之一;对于使用阶段允许开裂的构件,当受拉钢筋的应力达到 $250\ \text{N/mm}^2$ 时,裂缝宽度已达 $0.2\ \text{mm} \sim 0.3\ \text{mm}$。若构件中采用高强度钢筋,将使荷载作用下钢筋的工作应力提高很多,但其挠度和裂缝宽度将远远超过允许值,无法满足使用要求。因此采用高强度钢筋,不能充分发挥其强度。同时,采用高强度混凝土也是没有意义的,因为高强度混凝土对提高抗裂度、刚度和减小裂缝宽度的作用很小。

总之,钢筋混凝土构件过早开裂的问题不解决,就不能有效利用高强材料,这限制了其应用范围。

由于普通钢筋混凝土存在以上矛盾,可设法借助于混凝土的抗压强度来补偿其抗拉强度的不足,以推迟受拉区混凝土的开裂,即在构件受外荷载以前,预先对由外荷载引起的混凝土的受拉区施加压力,用以减小或抵消外荷载作用时产生的拉应力,这种在混凝土构件承受外荷载之前对其受拉区预先施加压应力的结构就称为预应力混凝土结构。预压应力可以部分或全部抵消外荷载产生的拉应力,因而可推迟甚至避免裂缝的出现。

现以图 11-2 所示预应力简支梁为例,说明预应力混凝土的基本概念和基本原理。

如图 11-2(a)所示,简支梁在承受外荷载之前,先在梁的受拉区施加一对大小相等、方向相反的偏心预压力 N,从而在梁截面下边缘混凝土中产生预压应力 σ_c,上边缘将产生预拉应力 σ_{ct},

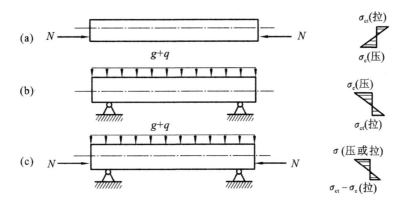

图 11-2 预应力混凝土受弯构件
(a)预应力作用；(b)使用荷载作用；(c)预应力和使用荷载共同作用

使梁产生反拱；在外荷载（包括梁自重）作用时，梁跨中截面应力如图 11-2(b)所示，在截面下边缘产生拉应力 σ_{ct}，上截面边缘将产生压应力 σ_c；在预加应力 N 和外荷载的共同作用下，梁的下边缘应力将减至 $\sigma_{ct}-\sigma_c$，即将图 11-2(a)和图 11-2(b)应力图叠加即得梁跨中截面应力分布图，如图 11-2(c)所示。显然通过人为控制预压力的大小，可使梁截面受拉边缘混凝土产生压应力、零应力或很小的拉应力，以满足不同的裂缝控制要求，从而改善了普通钢筋混凝土构件原有的抗裂性能差的缺点。

二、预应力混凝土的分类

(1) 根据预加应力值大小对构件截面裂缝控制程度的不同，预应力混凝土构件分为全预应力混凝土和部分预应力混凝土两类。

全预应力混凝土是指在使用荷载作用下，不允许截面上混凝土出现拉应力的构件，属严格要求不出现裂缝的构件，相当于裂缝控制等级为一级的构件。

部分预应力混凝土是指在使用荷载作用下，允许出现裂缝，但最大裂缝宽度不超过允许值的构件，相当于裂缝控制等级为三级的构件，属允许出现裂缝的构件。

此外，还有一种限值预应力混凝土，一般也认为属于部分预应力混凝土，即在使用荷载作用下，根据荷载效应组合情况，不同程度地保证混凝土不开裂的构件，这种构件属一般情况下要求不出现裂缝的构件，相当于裂缝控制等级为二级的构件。可见，部分预应力混凝土介于全预应力混凝土和钢筋混凝土两者之间。

(2) 按张拉预应力钢筋与浇筑混凝土先后顺序不同，可划分为先张法和后张法。

先张法是在浇筑混凝土前张拉预应力筋并将预应力筋临时固定在台座或钢模上，然后浇筑混凝土，待混凝土达到一定强度后放松预应力筋，借助混凝土与预应力筋的粘结，使混凝土产生预压应力。因此在先张法中，预应力是靠钢筋与混凝土之间的粘结力来传递的。

后张法：制备留有孔道的混凝土构件，混凝土达到设计规定强度后，穿筋并用张拉机具张拉钢筋至设计规定应力值，借助锚具把预应力筋锚固在构件端部，最后进行孔道灌浆。因此，在后张法中是借助锚具传递预应力的。

(3) 按照粘结方式，预应力混凝土还可分为有粘结预应力混凝土和无粘结预应力混凝土。

无粘结预应力混凝土是指配置无粘结预应力钢筋的后张法预应力混凝土。无粘结预应力钢筋是将预应力钢筋的外表面涂以沥青、油脂或其他润滑防锈材料，以减小摩擦力并防锈蚀，并用塑料套管或以纸带、塑料带包裹，以防止施工中碰坏涂层，并使之与周围混凝土隔离，而在张拉时可沿纵向发生相对滑移的后张预应力钢筋。无粘结预应力钢筋在施工时，像普通钢筋一样，可直接按配置的位置放入模板中，并浇灌混凝土，待混凝土达到规定强度后即可进行张拉。无粘结预应力混凝土不需要预留孔道，也不必灌浆，因此施工简便、快速，造价较低，易于推广应用，目前已在建筑工程中广泛应用此项技术。

三、预应力混凝土的特点

预应力混凝土与普通钢筋混凝土相比，具有如下特点。

1) 提高了构件的抗裂能力

因为承受外荷载之前，受拉区已有预压应力存在，所以在外荷载作用下只有当混凝土的预压应力被全部抵消转而受拉且拉应变超过混凝土的极限拉应变时，构件才会开裂。

2) 增大了构件的刚度

因为预应力混凝土构件正常使用时，在荷载效应标准组合下可能不开裂或只有很小的裂缝，混凝土基本上处于弹性阶段工作，因而构件的刚度比普通钢筋混凝土构件的有所增大。

3) 充分利用高强度材料

预应力钢筋先被预拉，而后在外荷载作用下钢筋拉应力进一步增大，因而始终处于高拉应力状态，即能够有效利用高强度钢筋；采用强度等级较高的混凝土，以便与高强度钢筋相配合，获得较经济的构件截面尺寸。

4) 扩大了构件的应用范围

由于预应力混凝土改善了构件的抗裂性能，因而可用于有防水、抗渗及抗腐蚀要求的环境；采用高强度材料，结构轻巧，刚度大、变形小，可用于大跨度、重荷载及承受反复荷载的结构。

预应力混凝土工序较多，施工较复杂，且需要张拉设备和锚具等设施。

任务 2　预应力的施加方法及锚夹具

一、预加应力的方法

预应力的施加方法，按混凝土浇筑成型和预应力钢筋张拉的先后顺序，可分为先张法和后张法两大类。

1. 先张法

先张拉预应力钢筋,然后浇筑混凝土的施工方法,称为先张法。先张法的张拉台座设备如图 11-3 所示。

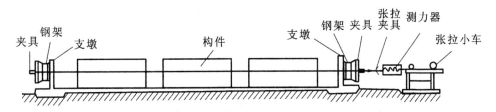

图 11-3　先张法的张拉台座设备

台座是先张法生产的主要设备之一,它承受预应力筋的全部张拉力,因此,台座应有足够的强度、刚度和稳定性,以免台座变形、倾覆、滑移而引起预应力值的损失。

台座分为墩式台座和槽式台座。

墩式台座由承力台墩、台面与横梁三部分组成,其长度宜为 50 m～150 m。台座的承载力应根据构件张拉力的大小设计,可按台座每米宽的承载力为 200 kN～500 kN 设计台座。

槽式台座由钢筋混凝土压杆,上、下横梁及台面组成,如图 11-4 所示。台座的长度一般不超过 50 m,承载力可达 1000 kN 以上。为了便于浇筑混凝土和蒸汽养护,槽式台座一般低于地面。在施工现场还可将已预制的柱、桩等构件装配成简易的槽式台座。

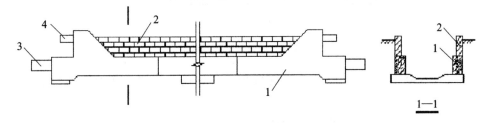

图 11-4　槽式台座

1—钢筋混凝土压杆;2—砖墙;3—上横梁;4—下横梁

先张法的施工工序如下。

(1) 在台座或钢模上张拉预应力钢筋,待钢筋张拉到预定的张拉控制应力或伸长值后,将预应力钢筋用锚(或夹)具固定在台座或钢模上,如图 11-5(a)、(b)所示。

(2) 支模、绑扎非预应力筋,并浇筑混凝土,如图 11-5(c)所示。

(3) 当混凝土达到一定强度(约为混凝土设计强度的 75%)后,切断或放松预应力钢筋,预应力钢筋在回缩时挤压混凝土,使混凝土获得预压应力,如图 11-5(d)所示。

2. 后张法

后张法是先浇筑构件混凝土,待混凝土结硬后,在张拉钢筋束的方法。后张法的张拉设备如图 11-6 所示。

后张法的施工工序如下。

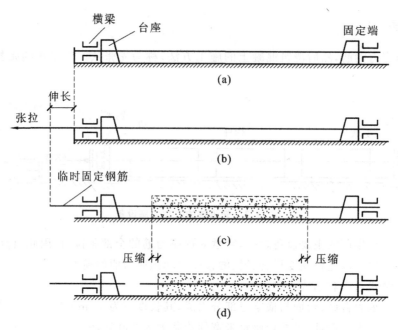

图 11-5 先张法主要工序示意图

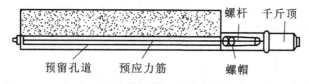

图 11-6 后张法的张拉设备

(1) 先浇筑混凝土构件,并在构件中配置预应力钢筋的位置上预留孔道和灌浆孔,如图 11-7(a)所示。

(2) 待混凝土达到规定的强度后,将预应力钢筋穿入预留孔道,安装固定端锚具,利用构件本身作为台座张拉钢筋,在张拉钢筋的同时,混凝土被压缩并获得预压应力,如图 11-7(b)所示。

(3) 当预应力钢筋的张拉应力达到设计规定值后,在张拉端用锚具将钢筋锚固(锚具留在构件上,不再取下),使构件保持预压状态,如图 11-7(c)所示。

(4) 最后在预留孔道内灌注水泥浆,保护预应力钢筋不被锈蚀并使预应力钢筋和混凝土结成整体,如图 11-7(d)所示。也可不灌浆,完全通过锚具传递压力,形成无粘结预应力混凝土构件。

3. 锚具与夹具

锚固预应力钢筋和钢丝的工具通常分为夹具和锚具两种类型。在构件制作完毕后,能够取下重复使用的,称为夹具(先张法用);永远锚固在构件端部,与构件联成一体共同受力,不能取下重复使用的,称为锚具(后张法用)。有时为了方便,将锚具和夹具统称为锚具。

锚具之所以能夹住或锚住钢筋,主要是靠摩擦力、握裹力和承压锚固力,因此对锚具的要求是:

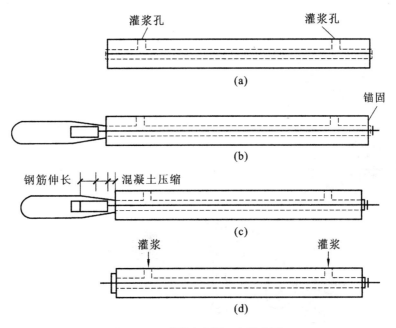

图 11-7 后张法主要工序示意图

(1) 安全可靠,其本身应具有足够的强度和刚度;
(2) 预应力损失小,应使预应力钢筋尽可能不产生滑移;
(3) 构造简单,便于加工制作和施工;
(4) 节省材料,降低成本。

锚具的形式很多,按所锚固的钢筋类型可分为锚固粗钢筋的锚具、锚固平行钢筋(丝)束的锚具和锚固钢绞线束的锚具;按锚固和传递预拉力的原理可分为依靠承压力的锚具、依靠摩擦力的锚具和依靠粘结力的锚具;按锚具的材料可分为钢锚具和混凝土锚具;按锚具使用的部位不同可分为张拉端锚具和固定端锚具。

图 11-8 所示为几种工程中常用的锚具。

夹片式锚具是一种用于高强螺纹钢筋后张锚固的锚具,由锚环、锚头组成,如图 11-8(a) 所示。

张拉端锚具由夹片、锚环、锚垫板及螺旋筋四部分组成,夹片是锚固体系的关键部件,其形式为二片式,用优质合金钢制造,如图 11-8(c) 所示。

镦头锚具体系包括四种锚具,即 A 型、B 型、C 型和 K 型,可锚固标准强度为 1570 MPa、1680 MPa 的 ϕ5、ϕ7 高强度钢丝束,用于后张拉预应力混凝土构件中,如图 11-8(d) 所示。

4. 张拉设备

按机型不同,可分为拉杆式千斤顶、穿心式千斤顶、锥锚式千斤顶和台座式千斤顶等;按使用功能不同,可分为单作用千斤顶和双作用千斤顶。

图 11-9 所示为穿心式千斤顶示意图。

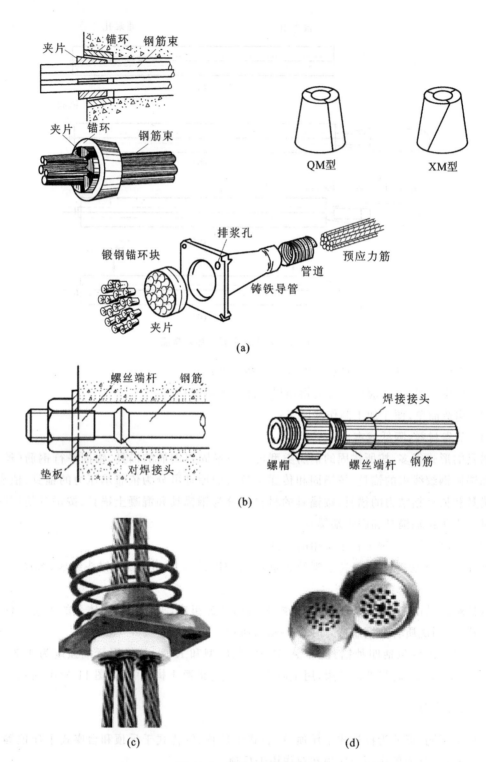

图 11-8 几种常用的锚具
(a)夹片式锚具；(b)螺丝杆端锚具；(c)张拉端锚具；(d)镦头锚具

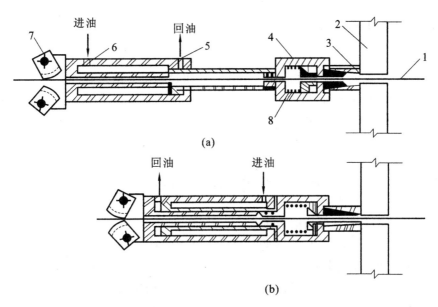

图 11-9 穿心式千斤顶

1—钢筋；2—台座；3—穿心式夹具；4—弹性顶压头；5、6—油嘴；7—偏心式夹具；8—弹簧

5. 两种张拉方法的比较

先张法是将张拉后的预应力钢筋直接浇筑在混凝土内，依靠预应力钢筋与周围混凝土之间的粘结力来传递预应力；先张法需要有用来张拉和临时固定钢筋的台座，因此初期投资费用较大；先张法施工工序简单，钢筋靠粘结力自锚，在构件上不需设永久性锚具，临时固定的锚具都可以重复使用；在大批量生产时先张法构件比较经济，质量易保证；为了便于吊装运输，先张法一般宜于生产中小型构件。

后张法不需要台座，构件可以在工厂预制，也可以在现场施工，应用比较灵活，但是对构件施加预应力需要逐个进行，操作比较麻烦。而且每个构件均需要永久性锚具，用钢量大，因此成本比较高。后张法适用于运输不方便的大型预应力混凝土构件。

任务 3 预应力混凝土的材料

一、钢材

预应力结构中用作建立预压应力的钢筋（钢丝）称为预应力筋。

1. 对预应力筋的基本要求

1）强度高

预应力钢筋的张拉应力在构件的整个制作和使用过程中会出现各种应力损失。这些损失的总和有时可达到 200 N/mm² 以上，如果所用的钢筋强度不高，那么张力时所建立的应力有可能会损失殆尽，因此要求预应力钢筋有较高的抗拉强度。

2）具有一定的塑性和良好的加工性能

钢材强度越高，其塑性越低，当钢筋塑性太低时，特别当处于低温和冲击荷载条件下时，就有可能发生脆性断裂。良好的加工性能是指焊接性能好，以及采用镦头锚板时，钢筋头部镦粗后其不影响其原有的力学性能等。

3）与混凝土之间具有良好的粘结强度

在先张法中，主要是通过预应力钢筋与混凝土之间的粘结力来传递预压应力的，因此预应力钢筋与混凝土之间必须有较高的粘结强度。对一些高强度的光面钢丝，要经过"刻痕"、"压波"或"扭结"，使其形成刻痕钢丝、波形钢丝或扭结钢丝，以增加粘结力。

2. 预压力筋的种类

1）钢绞线

钢绞线是用 3 股或 7 股高强钢丝扭结而成的一种高强预应力筋，如图 11-10 所示，其中以 7 股钢绞线应用最多。7 股钢绞线的公称直径为 9.5 mm、12.7 mm、15.2 mm、17.8 mm 和 21.6 mm 五种，通常用于无粘结预应力筋，极限强度标准值 f_{ptk} 可高达 1960 N/mm²，但注意极限强度标准值为 1960 N/mm² 的钢绞线作为后张预应力配筋时，应有可靠的工程经验。

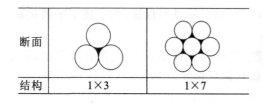

图 11-10 钢绞线

2）消除应力钢丝

消除应力钢丝是用高碳钢轧制后，经多次冷拔，矫直回火而成。钢丝经冷拔后有较大的内应力，一般都需要采用低温回火处理来消除内应力。消除应力钢丝的比例极限、条件屈服强度和弹性模量均比消除应力前有所提高，塑性也有所改善。这种钢丝分光面和螺旋肋两种，直径为 5 mm、7 mm 和 9 mm，极限强度标准值 f_{ptk} 在 1470 N/mm²～1860 N/mm² 之间。

3）中强度预应力钢丝

中强度预应力钢丝是《混凝土结构设计规范》(GB 50010—2010) 中新增品种，钢丝直径为 5 mm、7 mm 和 9 mm，也分为光面和螺旋肋两种。极限强度标准值 f_{ptk} 在 800 N/mm²～1270 N/mm² 之间。

4）预应力螺纹钢筋

预应力螺纹钢筋是《混凝土结构设计规范》(GB 50010—2010) 中新增加的大直径预应力钢

筋品种,如图 11-11 所示,是一种特殊形状带有不连续的外螺纹的直条钢筋。该钢筋在任意截面处,均可以用带有内螺纹的连接器或锚具进行连接或锚固。其直径有 18 mm、25 mm、32 mm、40 mm 和 50 mm 五种,极限强度标准值 f_{ptk} 可为 980 N/mm² ~ 1230 N/mm²。

图 11-11 预应力螺纹钢筋

二、预应力混凝土

预应力混凝土构件中使混凝土获得预压应力,以提高构件的抗裂性能的混凝土称为预应力混凝土。其对混凝土提出了以下要求。

1) 具有较高的强度

预应力混凝土要求采用高强混凝土才可以施加较大的预压应力,从而减小构件截面尺寸和减轻结构自重,以适用于大跨度的要求,且有利于提高局部承压能力,便于后张锚具的布置和减小锚具垫板的尺寸。

2) 收缩、徐变小

减少收缩有利于减小徐变引起的预应力损失。

3) 快硬、早强

强度早期发展较快,可较早施加预应力,加快施工速度,提高台座、模具、夹具的周转率,降低间接费用。

4) 弹性模量高

弹性模量高有利于提高截面抗弯刚度,减少预压时的弹性回缩。

5) 与钢筋有较大粘结强度

与钢筋有较大粘结强度,减少先张法预应力筋的应力传递长度。

《混凝土结构设计规范》(GB 50010—2010)要求预应力混凝土结构的混凝土强度等级不宜低于C40,且不应低于C30。

施加预应力时,所需的混凝土立方体抗压强度应经计算确定,但不宜低于设计的混凝土强度等级的75%。如果张拉预应力筋是为防止混凝土早期出现的收缩裂缝而使用的,混凝土立方体抗压强度可不受此限制,但应符合局部受压承载力的规定。

三、孔道成型

后张有粘结预应力钢筋的孔道成型方法分抽拔型和预埋型两类。

抽拔型是在浇筑混凝土前预埋钢管或充水(充压)的橡胶管,在浇筑混凝土后并达到一定强度时拔抽出预埋管,便形成了预留在混凝土中的孔道。它适用于直线形孔道。

预埋型是在浇筑混凝土前预埋金属波纹管(或塑料波纹管),如图11-12所示,在浇筑混凝土后不再拔出而永久留在混凝土中,便形成了预留孔道。它适用于各种曲线型孔道。

金属波纹管　　　　　　SBG塑料波纹管及连接套管

图 11-12　孔道成型材料

任务 4　张拉控制应力和预应力损失及其组合

一、预应力钢筋的张拉控制应力 σ_{con}

1. 张拉控制应力的定义

张拉控制应力是指预应力钢筋张拉时需要达到的最大应力值,即用张拉设备所控制施加的张拉力除以预应力钢筋截面面积所得到的应力,用 σ_{con} 表示。

2. 张拉控制应力的确定原则

张拉控制应力的取值对预应力混凝土构件的受力性能影响很大。张拉控制应力愈高,混凝土所受到的预压应力愈大,构件的抗裂性能愈好,还可以节约预应力钢筋,所以张拉控制应力不能过低。但张拉控制应力过高会造成构件在施工阶段的预压区拉应力过大,甚至开裂;过大的预压应力还会使构件开裂荷载值与极限荷载值很接近,使构件破坏前无明显预兆,构件的延性较差。此外,为了减小预应力损失,往往要进行超张拉,过高的张拉应力可能使个别预应力钢筋超过它的实际屈服强度,使钢筋产生塑性变形,对于高强度硬钢,甚至可能发生脆断。

张拉控制应力值的大小主要与张拉方法及钢筋种类有关。根据设计和施工经验,并参考国内外的相关规范,我国《混凝土结构设计规范》(GB 50010—2010)规定,预应力筋的张拉控制应力 σ_{con} 应符合下列规定:

消除应力钢丝、钢绞线 $\quad\sigma_{con} \leqslant 0.75 f_{ptk}$ (11-1)

中强度预应力钢丝 $\quad\sigma_{con} \leqslant 0.70 f_{ptk}$ (11-2)

预应力螺纹钢筋 $\quad\sigma_{con} \leqslant 0.85 f_{pyk}$ (11-3)

式中:f_{ptk}——预应力筋极限强度标准值,按表 2-10 取用;

f_{pyk}——预应力螺纹钢筋屈服强度标准值,按表 2-10 取用。

消除应力钢丝、钢绞线、中强度预应力钢丝的张拉控制应力值不应小于 $0.4 f_{ptk}$;预应力螺纹钢筋的张拉控制应力值不宜小于 $0.5 f_{pyk}$。

当符合下列情况之一时,上述张拉控制应力限值可相应提高 $0.05 f_{ptk}$ 或 $0.05 f_{pyk}$:

(1) 要求提高构件在施工阶段的抗裂性能而在使用阶段受压区内设置的预应力筋;

(2) 要求部分抵消由于应力松弛、摩擦、钢筋分批张拉以及预应力筋与张拉台座之间的温差等因素产生的预应力损失。

二、预应力损失

在预应力混凝土构件制作、运输及使用过程中,预应力钢筋的张拉应力值由于预应力施工工艺和材料特性等原因不断降低,这种现象称为预应力损失。预应力损失从张拉钢筋开始,在整个使用期间都存在,在设计时要正确计算预应力损失值,在施工时要尽量减少预应力损失。下面分项讨论引起预应力损失的原因、预应力损失值的计算及减小损失的原因。

1. 张拉端锚具变形和预应力筋内缩引起的预应力损失 σ_{l1}

1) 预应力筋 σ_{l1} 的计算

直线预应力钢筋张拉后,由于经过张拉的预应力钢筋被锚固在台座或构件上以后,锚具、垫板与构件之间的缝隙被压紧,以及预应力钢筋在锚具中的滑动,造成预应力钢筋回缩而产生的预应力损失,引起的预应力损失 σ_{l1} 可由式(11-4)计算

$$\sigma_{l1} = \frac{a}{l} E_s \quad (11-4)$$

式中:a——张拉端锚具变形和预应力筋内缩值(mm),按表 11-1 取用;

l——张拉端至锚固端之间的距离(mm);

E_s——预应力钢筋弹性模量(N/mm^2)。

表 11-1 锚具变形和预应力筋内缩值 a (mm)

锚具类别		a
支承式锚具（钢丝束镦头锚具等）	螺帽缝隙	1
	每块后加垫板的缝隙	1
夹片式锚具	有顶压时	5
	无顶压时	6~8

注：① 表中的锚具变形和预应力筋内缩值也可根据实测数据确定；
② 其他类型的锚具变形和预应力筋内缩值应根据实测数据确定。

对块体拼成的结构，其预应力损失尚应计算块体间填缝的预压变形。当采用混凝土或砂浆为填缝材料时，每条填缝的预压变形值可取为 1 mm。

后张法构件预应力曲线钢筋或折线钢筋由于锚具变形和预应力筋内缩引起的预应力损失值 σ_{l1}，应根据预应力曲线钢筋或折线钢筋与孔道壁之间反向摩擦影响长度 l_f 范围内的预应力筋变形值等于锚具变形和钢筋内缩值的条件确定，反向摩擦系数可按表 11-2 中的数值采用。

2) 减小预应力损失 σ_{l1} 的措施

减小由于张拉端锚具变形和预应力筋内缩引起的预应力损失 σ_{l1} 的措施有：

(1) 选择变形小或预应力筋滑动小的锚具、夹具，并尽量减少垫板的数量；

(2) 增加台座的长度。在锚具、钢材等相同时，构件长度（或台座长度）越长，则预应力损失 σ_{l1} 越小，两者之间成反比。对于先张法张拉工艺，当台座长度超过 100 m 时，σ_{l1} 可忽略不计。

2. 预应力筋与孔道壁之间的摩擦引起的预应力损失 σ_{l2}

摩擦损失是指在后张法张拉钢筋时，由于预应力筋与周围接触的混凝土或套管之间存在摩擦，引起预应力筋应力随距张拉端距离的增加而逐渐减小的现象。

1) 钢筋与孔道壁间摩擦力产生的原因

(1) 直线预留孔道因施工原因发生凹凸和轴线的偏差，使钢筋与孔道壁产生法向压力而引起摩擦力；

(2) 曲线预应力钢筋与孔道壁之间的法向压力引起摩擦力。

2) 预应力损失 σ_{l2} 的计算

预应力筋与孔道壁之间的摩擦引起的预应力损失值 σ_{l2}，宜按式(11-5)计算：

$$\sigma_{l2} = \sigma_{con}\left(1 - \frac{1}{e^{\kappa x + \mu\theta}}\right) \tag{11-5}$$

当 $\kappa x + \mu\theta \leqslant 0.3$ 时，σ_{l2} 可按式(11-6)近似计算：

$$\sigma_{l2} = (\kappa x + \mu\theta)\sigma_{con} \tag{11-6}$$

式中：x——从张拉端至计算截面的孔道长度，可近似取该段孔道在纵轴上的投影长度(m)，如图 11-13 所示；

θ——张拉端至计算截面曲线孔道各部分切线的夹角之和(rad)；

κ——考虑孔道每米长度局部偏差的摩擦系数，按表 11-2 采用；

μ——预应力钢筋与孔道壁之间的摩擦系数，按表 11-2 采用。

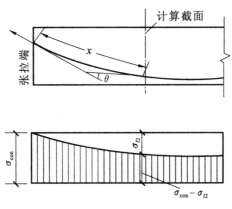

图 11-13　预应力摩擦损失 σ_{l2} 计算简图

表 11-2　摩擦系数

孔道成型方式	κ	μ	
		钢绞线、钢丝束	预应力螺纹钢筋
预埋金属波纹管	0.0015	0.25	0.50
预埋塑料波纹管	0.0015	0.15	—
预埋钢管	0.0010	0.30	—
抽芯成型	0.0014	0.55	0.60
无粘结预应力筋	0.0040	0.09	—

注：表中系数也可根据实测数据确定。

另外，预应力筋与张拉端锚口摩擦引起的预应力损失 σ_{l2} 应按实测值或厂家提供的数据确定；预应力筋在转向装置处的摩擦引起的预应力损失 σ_{l2} 应按实际情况确定。

3）减小 σ_{l2} 的措施

(1) 采用两端张拉。

由图 11-14(b)可见，采用两端张拉时孔道长度可取构件长度的一半计算，其摩擦损失也减小一半，但该措施将引起 σ_{l1} 的增加，使用时应加以注意。

(2) 采用超张拉。

其张拉程序为：$0 \longrightarrow 1.1\sigma_{con} \xrightarrow{\text{持荷 2 分钟}} 0.85\sigma_{con} \longrightarrow \sigma_{con}$。当张拉端 A 超张拉至 $1.1\sigma_{con}$ 时，预应力钢筋中的应力分布曲线为 EHD，如图 11-14(c)所示；当卸荷至 $0.85\sigma_{con}$ 时，由于孔道与钢筋之间的反向摩擦，预应力钢筋中的应力沿 $FGHD$ 分布；当张拉端 A 再次张拉至 σ_{con} 时，预应力钢筋中应力沿 $CGHD$ 分布，它比一次张拉至 σ_{con}（见图 11-14(a)）的预拉应力分布均匀。

3. 混凝土加热养护时，预应力筋与承受拉力的设备之间温差引起的预应力损失 σ_{l3}

在先张法构件的生产过程中，为缩短先张法构件的生产周期，常采用蒸汽养护加快混凝土的凝结硬化。升温时，新浇筑混凝土尚未凝结硬化，钢筋受热膨胀，但张拉预应力筋的台座是固定不动的，亦即钢筋长度不变，因此预应力筋中的应力随温度的增高而降低，产生预应力损失 σ_{l3}。

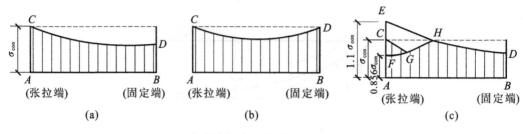

图 11-14 钢筋张拉方法对减少预应力损失的影响
(a) 一端张拉;(b) 两端张拉;(c) 超张拉

降温时,混凝土达到了一定的强度,与预应力筋之间已具有粘结作用,两者共同回缩,因两者的温度线膨胀系数相近,此时将产生基本相同收缩,其应力不再变化,已产生的预应力损失 σ_{l3} 无法恢复。

1) 预应力损失 σ_{l3} 的计算

预应力钢筋与台座之间的温差为 $\Delta t(\text{℃})$,钢筋的温度线膨胀系数 $\alpha=0.00001/\text{℃}$,则预应力钢筋与承受拉力的设备之间的温差引起的预应力损失 σ_{l3} 按式(11-7)计算:

$$\sigma_{l3}=\alpha E_s \Delta t=0.00001\times 2.0\times 10^5 \times \Delta t=2\Delta t (\text{单位}:\text{N/mm}^2) \tag{11-7}$$

2) 减小 σ_{l3} 的措施

为了减少此项损失,可采取下列措施。

(1) 采用二次升温养护方法。

先在常温或略高于常温下养护,待混凝土达到一定强度后,再逐渐升温至养护温度,这时因为混凝土已硬化与钢筋粘结成整体,能够一起伸缩而不会引起应力变化。

(2) 采用整体式钢模板。

预应力钢筋锚固在钢模上,因钢模与构件一起加热养护,不会引起此项预应力损失。

4. 预应力筋应力松弛引起的预应力损失 σ_{l4}

钢筋在高拉应力作用下,随时间的增长,钢筋中将产生塑性变形,在钢筋长度保持不变的情况下,钢筋的拉应力会随时间的增长而逐渐降低,这种现象称为钢筋的应力松弛。此外,在钢筋应力保持不变的条件下,其应变会随时间的增长而逐渐增大,这一现象称为钢筋的徐变。由钢筋的松弛和徐变所引起的预应力筋的预应力损失统称为预应力松弛损失。

由预应力筋的应力松弛引起的预应力损失 σ_{l4} 按下列公式计算。

1) 消除应力钢丝、钢绞线

(1) 普通松弛:

$$\sigma_{l4}=0.4\left(\frac{\sigma_{con}}{f_{ptk}}-0.5\right)\sigma_{con} \tag{11-8}$$

(2) 低松弛:

当 $\sigma_{con} \leqslant 0.7 f_{ptk}$ 时,

$$\sigma_{l4}=0.125\left(\frac{\sigma_{con}}{f_{ptk}}-0.5\right)\sigma_{con} \tag{11-9}$$

当 $0.7 f_{ptk} < \sigma_{con} \leqslant 0.8 f_{ptk}$ 时,

$$\sigma_{l4}=0.2\left(\frac{\sigma_{con}}{f_{ptk}}-0.575\right)\sigma_{con} \tag{11-10}$$

2) 中等强度预应力钢丝

$$\sigma_{l4}=0.08\sigma_{con} \tag{11-11}$$

3) 预应力螺纹钢筋

$$\sigma_{l4}=0.03\sigma_{con} \tag{11-12}$$

当 $\frac{\sigma_{con}}{f_{ptk}} \leqslant 0.5$ 时,预应力钢筋应力松弛损失值可取为零。

为减小预应力钢筋应力松弛损失可采用超张拉。先将预应力钢筋张拉至 $1.05\sigma_{con} \sim 1.1\sigma_{con}$,持荷 2～5 分钟,待卸荷后再次张拉至控制应力 σ_{con},因为在高应力状态下,短时间所产生的应力松弛值即可达到在低应力状态下较长时间才能完成的松弛值,所以,经超张拉后部分松弛已经完成,锚固后的松弛值即可减小,这样就可以减小松弛引起的预应力损失。

5. 混凝土收缩和徐变引起的预应力损失 σ_{l5}

混凝土收缩和徐变都使构件长度缩短,预应力钢筋也随之回缩,造成预应力损失。混凝土收缩和徐变虽是两种性质不同的现象,但它们的影响是相似的,为了简化计算,将此两项预应力损失一起考虑。

混凝土收缩、徐变引起受拉区和受压区预应力钢筋的预应力损失 σ_{l5} 可按下列公式计算。

1) 一般情况

(1) 先张法构件:

$$\sigma_{l5}=\frac{60+340\dfrac{\sigma_{pc}}{f'_{cu}}}{1+15\rho} \tag{11-13}$$

$$\sigma'_{l5}=\frac{60+340\dfrac{\sigma'_{pc}}{f'_{cu}}}{1+15\rho'} \tag{11-14}$$

$$\rho=\frac{A_p+A_s}{A_0}, \quad \rho'=\frac{A'_p+A'_s}{A_0}$$

(2) 后张法构件:

$$\sigma_{l5}=\frac{55+300\dfrac{\sigma_{pc}}{f'_{cu}}}{1+15\rho} \tag{11-15}$$

$$\sigma'_{l5}=\frac{55+300\dfrac{\sigma'_{pc}}{f'_{cu}}}{1+15\rho'} \tag{11-16}$$

$$\rho=\frac{A_p+A_s}{A_n}, \quad \rho'=\frac{A'_p+A'_s}{A_n}$$

式中:σ_{pc}、σ'_{pc}——受拉区、受压区预应力筋合力点处的混凝土法向压应力,计算 σ_{pc}、σ'_{pc} 时,仅考虑混凝土预压前的第一批损失,σ_{pc}、σ'_{pc} 值不得大于 $0.5f'_{cu}$,当 σ'_{pc} 为拉应力时,取 $\sigma'_{pc}=0$ 计算;

f'_{cu}——施加预应力时的混凝土立方体抗压强度;

$\rho、\rho'$——受拉区、受压区预应力筋和普通钢筋的配筋率,对于对称配置预应力钢筋和非预应力钢筋的构件,配筋率 $\rho、\rho'$ 应按钢筋总截面面积的一半计算;

$A_p、A_p'$——受拉区、受压区纵向预应力筋的截面面积;

$A_s、A_s'$——受拉区、受压区纵向普通钢筋的截面面积;

A_0——换算截面面积,包括净截面面积以及全部纵向预应力筋截面面积换算成混凝土的截面面积;

A_n——净截面面积,即扣除孔道、凹槽等削弱部分以外的混凝土全部截面面积及纵向非预应力筋截面面积换算成混凝土的截面面积之和,对由不同混凝土强度等级组成的截面,应根据混凝土弹性模量比值换算成同一混凝土强度等级的截面面积。

当结构处于年平均相对湿度低于40%的环境下,σ_{l5} 及 σ_{l5}' 值应增加30%。当采用泵送混凝土时,宜根据实际情况考虑混凝土收缩、徐变引起应力损失值的增大。

混凝土收缩和徐变引起的预应力损失 σ_{l5} 在预应力总损失中占的比重较大,在设计中应注意采取措施减少混凝土的收缩和徐变。可采取的措施有:

(1) 采用高标号水泥,以减少水泥用量;
(2) 采用高效减水剂,以减小水灰比;
(3) 采用级配好的骨料,加强振捣,提高混凝土的密实性;
(4) 加强养护,以减小混凝土的收缩。

6. 用螺旋式预应力筋作配筋的环形构件,由于混凝土的局部挤压引起的预应力损失 σ_{l6}

采用螺旋式预应力筋作配筋的环形构件,当直径 d 不大于 3 m 时,由于预应力筋对混凝土的局部挤压,使环形构件的直径有所减小,预应力筋中的拉应力就会降低,从而引起预应力损失 σ_{l6},如图 10-15 所示。

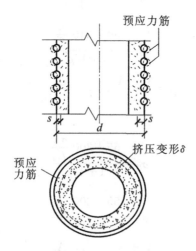

图 11-15 螺旋式预应力筋对环形构件的局部挤压变形

σ_{l6} 的大小与构件的直径成反比,直径愈小,损失愈大。

因此对后张法构件,采用螺旋式预应力筋作配筋的环形构件,当直径 d 不大于 3 m 时,由于预应力筋对混凝土的局部挤压,引起预应力损失 $\sigma_{l6}=30$ N/mm²。

减小此项损失的措施是增大环形构件的直径。

三、预应力损失值的组合

1. 预应力损失的特点

有的在先张法构件中产生,有的在后张法构件中产生,有的在先张法和后张法构件中均产生;有的是单独产生,有的是和别的预应力损失同时产生。

前述各公式是分别计算,未考虑相互关系。

2. 预应力损失值的组合

为了便于分析和计算,设计时可将预应力损失分为两批:

(1) 混凝土预压完成前出现的损失,称第一批损失 σ_{lI};

(2) 混凝土预压完成后出现的损失,称第二批损失 σ_{lII}。

总的预应力损失为 $\sigma_l = \sigma_{lI} + \sigma_{lII}$。对于预应力构件在各阶段的预应力损失值可按表 11-3 的规定进行相应的组合。

表 11-3 各阶段的预应力损失组合

预应力的损失组合	先张法构件	后张法构件
混凝土预压前(第一批)的损失	$\sigma_{l1} + \sigma_{l2} + \sigma_{l3} + \sigma_{l4}$	$\sigma_{l1} + \sigma_{l2}$
混凝土预压后(第二批)的损失	σ_{l5}	$\sigma_{l4} + \sigma_{l5} + \sigma_{l6}$

注:先张法构件由于钢筋应力松弛引起的损失值 σ_{l4} 在第一批和第二批损失中所占的比例,如需区分,可根据实际情况确定。

3. 预应力总损失的下限值

考虑到预应力损失的计算值与实际值可能存在一定差异,为确保预应力构件的抗裂性,《混凝土结构设计规范》(GB 50010—2010)规定,当计算求得的预应力总损失值 σ_l 小于下列数值时,应按下列数据取用:

先张法构件　　　100 N/mm²;
后张法构件　　　80 N/mm²。

任务 5 预应力混凝土结构构件的构造要求

一、截面形式和尺寸

预应力混凝土构件的截面形式应根据构件的受力特点进行合理选择,其截面形式如图 11-16 所示。

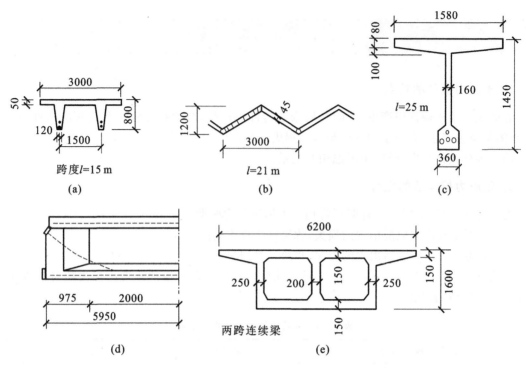

图 11-16 预应力混凝土构件的截面形式

矩形截面外形简单,模板最省;但核心区域小,自重大,受拉区混凝土对抗弯不起作用,截面有效性差。矩形截面一般适用于实心板和一些短跨先张预应力混凝土梁。

工字形截面核心区域大,预应力筋布置的有效范围大,截面材料利用较为有效,自重较小;但应注意腹板应保证一定的厚度,以使构件具有足够的受剪承载力,便于混凝土的浇筑。

箱形截面和工字形截面具有同样的截面性质,并可抵抗较大的扭转作用,常用于跨度较大的公路桥梁。

预应力混凝土受弯构件的挠度变形控制容易满足,因此跨高比可取得较大。但跨高比过大,则反拱和挠度会对预加外力的作用位置以及温度波动比较敏感,对结构的振动影响也更为显著。

二、纵向非预应力钢筋

(1) 对部分预应力混凝土,当通过配置一定的预应力钢筋 A_p 已能使构件满足抗裂或裂缝控制要求时,根据承载力计算所需的其余受拉钢筋可以采用非预应力钢筋 A_s。

(2) 非预应力钢筋可保证构件具有一定的延性。

(3) 在后张法构件未施加预应力前进行吊装时,非预应力钢筋的配置也很重要。

(4) 为对裂缝分布和开展宽度起到一定的控制作用,非预应力钢筋宜采用 HRB335 级和 HRB400 级钢筋。

(5) 预拉区的非预应力纵向钢筋宜配置带肋钢筋,其直径不宜大于 14 mm,并应沿构件预拉区的外边缘均匀配置,如图 11-17 所示。

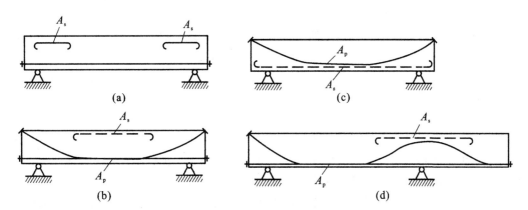

图 11-17 非预应力的布置

三、预应力混凝土构造规定

(1) 预应力钢筋(丝)的净间距。

先张法预应力筋之间的净间距不应小于其公称直径的 2.5 倍和混凝土粗骨料最大直径的 1.25 倍(当混凝土振捣密实性具有可靠保证时,净间距可放宽至最大粗骨料直径的 1.0 倍),且应符合下列规定:对预应力钢丝,不应小于 15 mm;对 3 股钢绞线,不应小于 20 mm;对 7 股钢绞线,不应小于 25 mm。

(2) 端部构造要求。

对先张法预应力混凝土构件端部宜采取下列构造措施。

① 对单根配置的预应力筋,其端部宜设置螺旋筋。

② 对分散布置的多根预应力筋,在构件端部 $10d$(d 为预应力筋的公称直径)且不小于 100 mm 的范围内宜设置 3~5 片与预应力筋垂直的钢筋网片。

③ 对采用预应力钢丝配筋的薄板,在板端 100 mm 范围内应适当加密横向钢筋。

④ 对槽形板类构件,应在构件端部 100 mm 范围内沿构件板面设置附加横向钢筋,其数量不应少于 2 根。

当有可靠的工程经验时,上述构造措施可作适当调整。

(3) 其他要求。

对预应力筋在构件端部全部弯起的受弯构件或直线配筋的先张法构件,当构件端部与下部支承结构焊接时,应考虑混凝土收缩、徐变及温度变化所产生的不利影响,宜在构件端部可能产生裂缝的部位设置足够的非预应力纵向构造钢筋。

(4) 后张法预应力筋采用预留孔道应符合下列规定。

① 对预制构件,预留孔道之间的水平净间距不宜小于 50 mm,且不宜小于粗骨料粒径的 1.25 倍;孔道至构件边缘的净间距不宜小于 30 mm,且不宜小于孔道直径的一半。

② 现浇混凝土梁中,预留孔道在竖直方向的净间距不应小于孔道外径,水平方向的净间距不宜小于 1.5 倍孔道外径,且不应小于粗骨料粒径的 1.25 倍;从孔道外壁至构件边缘的净间距,对梁底不宜小于 50 mm,对梁侧不宜小于 40 mm;对裂缝控制等级为三级的梁,上述净间距

分别不宜小于 60 mm 和 50 mm。

③ 预留孔道的内径宜比预应力束外径及需穿过孔道的连接器外径大 6 mm～15 mm；且孔道的截面面积宜为穿入预应力筋截面面积的 3.0～4.0 倍。

④ 当有可靠经验，并能保证混凝土浇筑质量时，预应力筋孔道可水平并列贴紧布置，但并排的数量不应超过 2 束。

⑤ 在现浇楼板中采用扁形锚固体系时，穿过每个预留孔道的预应力筋数量为 3～5 根；在常用荷载情况下，孔道在水平方向的净间距不应超过 8 倍板厚及 1.5 m 中的较大者。

⑥ 板中单根无粘结预应力筋的间距不宜大于板厚的 6 倍，且不宜大于 1 m；带状束的无粘结预应力筋根数不宜多于 5 根，带状束间距不宜大于板厚的 12 倍，且不宜大于 2.4 m。

⑦ 梁中集束布置的无粘结预应力筋，集束的水平净间距不宜小于 50 mm，束至构件边缘的净距不宜小于 40 mm。

(5) 对后张法预应力混凝土构件的端部锚固区，应按下列规定配置间接钢筋。

① 当采用普通垫板时，应按《混凝土结构设计规范》(GB 50010—2010)规定进行局部受压承载力计算，并配置间接钢筋，其体积配筋率不应小于 0.5%，垫板的刚性扩散角应取 45°。

② 当采用整体铸造垫板时，其局部受压区的设计应符合相关标准的规定。

③ 在局部受压间接钢筋配置区以外，在构件端部长度 l 不小于截面重心线上部或下部预应力筋的合力点至邻近边缘的距离 e 的 3 倍，但不大于构件端部截面高度 h 的 1.2 倍。高度为 $2e$ 的附加配筋区范围内，应均匀配置附加防劈裂箍筋或网片。

(6) 后张法预应力筋所用锚具、夹具和连接器等的形式和质量应符合国家现行有关标准的规定。

(7) 对后张预应力混凝土外露金属锚具，应采取可靠的防锈及耐火措施，并应符合下列规定。

① 无粘结预应力筋外露锚具应采用注有足量防腐油脂的塑料帽封闭锚具端头，并采用无收缩砂浆或细石混凝土封闭。

② 采用混凝土封闭时混凝土强度等级宜与结构混凝土强度等级一致，且不宜低于 C30。封锚混凝土与结构混凝土应可靠粘结，且宜配置 1～2 片钢筋网，钢筋网应与结构混凝土拉结。

③ 采用无收缩砂浆或混凝土封闭保护时，其锚具及预应力筋端部的保护层厚度不应小于：一类环境时 20 mm，二类(a、b)环境时 50 mm，三类(a、b)环境时 80 mm。

④ 对于处于二 b、三 a、三 b 类环境条件下的无粘结预应力锚固系统，应采用全封闭的防腐蚀体系，其封锚端及各连接部位应能承受 10 kPa 的静水压力而不得透水。

单元小结

11.1　预应力混凝土结构可分为全预应力混凝土构件和部分预应力混凝土构件。

11.2　预应力混凝土结构的优点。

提高构件的抗裂度和刚度；节省材料，减少自重；减小混凝土梁的竖向剪力和主拉应力；结构质量安全可靠；预应力可作为结构构件连接手段，促进了桥梁结构新体系与施工方法的发展。

11.3 预应力混凝土结构的缺点。

工艺复杂,对施工质量要求高;需要专门的设备;预应力上拱度不易控制;开工费用大,对于跨径小、构件少的工程成本高。

11.4 先张法是先拉钢筋,后浇筑构件混凝土的方法。

优点:工序简单,预应力钢筋靠粘接力自锚,临时固定所用锚具可以反复使用,比较经济,质量稳定。

缺点:施工设备和工艺复杂,且需庞大的张拉台座,很少采用先张法。

11.5 后张法是先浇筑构件混凝土,待混凝土结硬后,再张拉预应力钢筋并锚固的方法。

优点:能使砼保持较好的预应力度。

缺点:工艺复杂,对施工质量要求高。

11.6 预应力混凝土材料要求。

高强混凝土是指具有良好的工作性能,并在硬化后具有高强度、高密实性的强度等级为C50及以上的混凝土。

钢筋:强度要高;有较好的塑性;具有良好的与混凝土粘结的性能;应力松弛损失要低。

11.7 钢筋预应力损失。

预应力筋与管道壁间摩擦引起的应力损失;锚具变形、钢筋回缩和接缝压缩引起的应力损失;钢筋与台座间的温差引起的应力损失;混凝土弹性压缩引起的应力损失;钢筋松弛引起的应力损失;混凝土收缩和徐变引起的应力损失。

11.1 什么是先张法,什么是后张法?
11.2 何谓应力损失?为什么要超张拉和重复张拉?
11.3 什么是预应力混凝土?预应力混凝土的优点和缺点及其应用范围是什么?
11.4 预应力筋张拉时,主要应注意哪些问题?
11.5 预应力混凝土构件孔道留设的方法有哪几种及施工中应注意哪些问题?

 习 题

11.1 选择题。

1.《混凝土结构设计规范》(GB 50010—2010)规定,预应力混凝土构件的混凝土强度等级不应低于( )。

A. C20   B. C30   C. C35   D. C40

2. 预应力混凝土先张法构件中,混凝土预压前第一批预应力损失 σ_{lI} 应为( )。

A. $\sigma_{l1}+\sigma_{l2}$
B. $\sigma_{l1}+\sigma_{l2}+\sigma_{l3}$
C. $\sigma_{l1}+\sigma_{l2}+\sigma_{l3}+\sigma_{l4}$
D. $\sigma_{l1}+\sigma_{l2}+\sigma_{l3}+\sigma_{l4}+\sigma_{l5}$

3. ( )可以减少预应力直线钢筋由于锚具变形和钢筋内缩引起的预应力损失 σ_{l1}。
A. 两次升温法　　　　B. 采用超张拉　　　　C. 增加台座长度　　　　D. 采用两端张拉

4. 全预应力混凝土构件在使用条件下,构件截面混凝土( )。
A. 不出现拉应力　　　B. 允许出现拉应力　　　C. 不出现压应力　　　D. 允许出现压应力

5.《混凝土结构设计规范》(GB 50010—2010)规定,预应力钢绞线的张拉控制应力不宜超过规定的张拉控制应力限值,且不应小于( )。
A. $0.3f_{ptk}$　　　　B. $0.4f_{ptk}$　　　　C. $0.5f_{ptk}$　　　　D. $0.6f_{ptk}$

6. 预应力混凝土后张法构件中,混凝土预压前第一批预应力损失 σ_{lI} 应为( )。
A. $\sigma_{l1}+\sigma_{l2}$
B. $\sigma_{l1}+\sigma_{l2}+\sigma_{l3}$
C. $\sigma_{l1}+\sigma_{l2}+\sigma_{l3}+\sigma_{l4}$
D. $\sigma_{l1}+\sigma_{l2}+\sigma_{l3}+\sigma_{l4}+\sigma_{l5}$

7. 先张法预应力混凝土构件,预应力总损失值不应小于( )。
A. 80 N/mm²　　　　B. 100 N/mm²　　　　C. 90 N/mm²　　　　D. 110 N/mm²

8. 后张法预应力混凝土构件,预应力总损失值不应小于( )。
A. 80 N/mm²　　　　B. 100 N/mm²　　　　C. 90 N/mm²　　　　D. 110 N/mm²

11.2 判断题。

1. 在浇灌混凝土之前张拉钢筋的方法称为先张法。( )
2. 预应力混凝土结构可以避免构件裂缝的过早出现。( )
3. 预应力混凝土构件制作后可以取下重复使用的称为锚具。( )
4. σ_{con} 张拉控制应力的确定是越大越好。( )
5. 混凝土预压前发生的预应力损失称为第一批预应力损失组合。( )
6. 张拉控制应力只与张拉方法有关系。( )

11.3 问答题。

1. 为什么预应力混凝土构件所选用的材料都要求有较高的强度?
2. 什么是张拉控制应力?为何先张法的张拉控制应力略高于后张法的?
3. 预应力损失包括哪些?如何减少各项预应力损失值?
4. 预应力损失值为什么要分第一批和第二批损失?先张法和后张法各项预应力损失是怎样组合的?
5. 预应力混凝土构件主要构造要求有哪些?

单元 12 钢筋混凝土高层建筑结构简介

学习目标

☆ 知识目标

(1)了解常用高层结构体系的类型、特点和适用高度。
(2)熟悉高层建筑结构布置的重要性及原则。
(3)掌握承重框架布置方案,框架结构房屋的柱网、层高布置原则、常用尺寸及其受力特点和构造要求。
(4)掌握剪力墙结构布置原则和构造要求。
(5)掌握框架-剪力墙结构的优点及结构布置和构造要求。

☆ 能力目标

能够运用高层建筑结构的知识对具体结构进行分析。

◈ **知识链接：高层建筑的发展历程**

高层建筑是随着经济的发展、科技的进步和人类社会的繁荣而产生的。

古代的高层建筑主要是为防御、宗教需要或者航海而建造的，主要材料是砖、石和木材，不以居住和办公为目的，没有现代化的垂直交通系统，缺少防火防雷等措施。例如埃及亚历山大港灯塔（公元前270年）、河南登封嵩岳寺塔（公元523年，见图12-1）、山西应县佛宫寺释迦塔（公元1056年，简称应县木塔，见图12-2）等。

图12-1 河南登封嵩岳寺塔

图12-2 应县佛宫寺释迦塔

欧洲工业革命以后，随着经济的发展，城市人口日益集中，城市用地也逐渐紧张，使得城市建造高层建筑成为一种社会需求。而这一时期材料、结构及设备方面的发展和进步为高层建筑的形成提供了必要的条件。比如，钢材的广泛使用、电梯系统的出现等。芝加哥家庭保险公司大楼（1866年），共10层，高55 m，是世界上第一幢按现代钢框架结构原理建造的高层建筑，开摩天大楼建造之先河。之后，世界各国都有各自的作品展示，如美国芝加哥韦莱集团大厦（2009年以前叫西尔斯大厦，1974年，443米）、吉隆坡石油双塔（别称佩重纳斯大厦，1996年，452米）、台北"101"大楼（2003年，508米）等。目前世界最高建筑是阿拉伯联合酋长国迪拜哈利法塔（2010年，828米）。我国比较高的建筑有2008年竣工的上海环球金融中心，492米，如图12-3所示；此外，还有上海环球金融中心旁边的金茂大厦（1999年，420.5米，见图12-4）等。

图12-3 上海环球金融中心

图12-4 金茂大厦

单元 12 钢筋混凝土高层建筑结构简介

任务 1 高层建筑结构概述

超过一定层数或高度的建筑将成为高层建筑。关于高层建筑的起点高度或层数,各国规定不一,且多无绝对、严格的标准。在我国《高层建筑混凝土结构技术规程》(JGJ 3—2010)中把 10 层及 10 层以上或房屋高度大于 28 m 的住宅建筑结构和房屋高度大于 24 m 的其他高层民用建筑结构统称为高层建筑。高层建筑是随着社会生产的发展和人们生活的需要而发展起来的,是商业化、工业化和城市化的结果。

一、高层建筑结构的优缺点及设计特点

1. 高层建筑结构的优点

1) 节约土地资源

从节约土地资源来看,高层建筑有着明显的优势,毕竟楼层越高,同等土地面积楼房生产率也就越高,对提高人均居住面积有着不可忽视的作用。

2) 节约城市基础设施的投资

高层建筑可以节约城市基础设施投资,比如道路交通,水源、给排水和污水处理,电源、热源、气源的输送和配置,园林绿化、环境保护和市容卫生,消防,文化教育等。

3) 提高土地利用率,节约能源消耗

可以在有限的用地内,获得更多的建筑面积,并将多种功能集中在一起,不但提高了土地的利用率,而且便于集中使用各种现代化设备等公共设施,节约能源消耗。

4) 是大都市的重要景观

高层建筑并不仅仅是一种对高度的追求,更能表现出建筑、结构、机械设备、建材和施工技术等的最高成果,是显示一个国家整体实力的大好机会,是国家和地区经济繁荣和科技进步的象征。此外,高层建筑的地下层是城市的防空避难所,对城市轮廓线和天际线也是不错的点缀。

2. 高层建筑结构的缺点

1) 安全问题

高层建筑比其他民用建筑潜伏着更多的火灾隐患,而且一旦发生火灾,扑救极其困难。地震、爆炸等突发事件对高层建筑的威胁也远远大于低层建筑,即使再完备的安全设施,也难防万一。

2) 投资巨大

高层建筑往往建在发达城市的市中心,地价昂贵,不仅启动资金数目庞大,开发资金也高得惊人,这样就使得建造高层建筑的经济效益大打折扣。

3) 建筑结构设计问题

高层建筑外观比较单调、雷同,需要建筑师花费更多的精力去探索;高层建筑荷载大,结构计算复杂,涉及建筑材料、结构方案、计算理论等很多问题。

4) 高层建筑威胁着城市的环境

高层建筑容易形成的"城市洼地",不仅使得高层附近的日照量减少,而且还会阻隔视线,有的甚至会破坏周围的景观和环境。此外,高层建筑将人与地面分隔开来,减少了人情味,增加了孤独感;低层建筑中一些不成为问题的事情也将被放大,比如擦玻璃等。

3. 高层建筑结构的设计特点

1) 荷载大

在低层和多层建筑结构中,往往是以重力为代表的竖向荷载控制着结构设计。而在高层建筑中,由于建筑的总高度高,层数多,竖向荷载仍对结构设计产生重要影响,但水平荷载却起着决定性作用。因为建筑自重和楼面使用荷载在竖向构件中所引起的轴力仅与建筑高度成线性正比关系;而水平荷载对结构产生的倾覆力矩是与建筑高度的两次方成正比。另一方面,对于一定高度建筑来说,竖向荷载大体上是定值,而作为水平荷载的风荷载和地震作用,其数值是随着结构动力特性的不同而有较大的区别的。

2) 侧移大

与低层和多层建筑结构不同,结构侧移已成为高层建筑结构设计中的关键因素。随着建筑结构高度的增加,水平荷载下结构的侧移变形迅速增大,因而结构在水平荷载作用下的侧移应被控制在某一限度之内。因为过大的侧移会使人不舒服,使电梯运行困难,影响人们在建筑物内的正常工作和生活;会使建筑装修开裂,甚至脱落,影响建筑物的美观、隔音、保暖等;还会使结构出现附加变形,从而产生附加内力,使结构主体出现裂缝,严重的会引起房屋的破坏或倒塌。因此,高层建筑结构设计不仅仅要进行结构强度设计,还必须计算建筑结构的水平侧移,并采取措施加以控制。

3) 材料选择

钢筋混凝土结构有良好的可塑性,建筑平面布置灵活,抗震性能好,材料来源丰富,造价相对较低,耐火性能好,结构刚度大,因而应用广泛。但其自重大。今后,高层建筑结构的材料将朝着轻质、高强、新型、复合方向发展,如高强混凝土、高强钢筋、纤维混凝土等。

二、高层建筑结构的类型

常见的高层建筑结构主要有以下几种类型。

1. 框架结构

框架结构是采用梁、柱组成框架,承受竖向和水平作用的结构。在框架结构中,所有的内外墙都不承重,仅仅起着填充和维护作用,框架与框架之间由连系梁和楼板连成整体,如图12-5所示。

框架结构建筑平面布置灵活,可以形成较大空间,易于满足生产工艺和使用要求,具有较高的承载力和较好的整体性,因而很适合于多层工业厂房和民用建筑中的多高层办公楼、旅馆、医

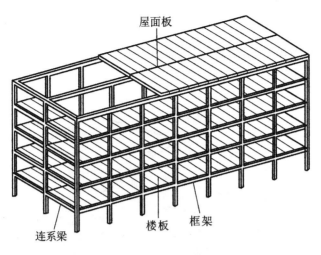

图 12-5 框架结构

院、学校、商店和住宅建筑。框架结构一般适用于非震区或层数较少的高层建筑,在地震区常用于 10 层以下的房屋。当建筑层数大于 15 层或在地震区建造高层建筑时,不宜用此结构。

2. 剪力墙结构

所谓剪力墙,就是固结于基础的钢筋混凝土墙片,具有很高的抗侧移能力。由于墙体除了承受压力以外,还要承受水平荷载所引起的剪力和弯矩,所以习惯上称为剪力墙。

剪力墙结构就是利用建筑物的墙体作为竖向承重和抵抗侧力的结构。楼板直接支撑在墙上,墙体既是承重构件,又起维护、分割作用,如图 12-6 所示。

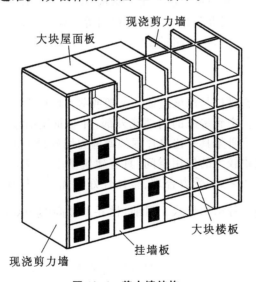

图 12-6 剪力墙结构

剪力墙结构横墙多,侧向刚度大,整体性好,对承受水平荷载有利,所以抗震性能好,适用于地震区建造高度为 15~50 层的高层建筑。但是,由于墙体的间距密,房间划分受到很大限制,因而一般用于住宅、旅馆等开间要求较小的建筑。剪力墙结构自重大,施工较麻烦,造价较高。

3. 框架-剪力墙结构

框架—剪力墙结构简称框-剪结构,是把框架和剪力墙结合在一起共同承受竖向力和水平力的结构,如图12-7所示。

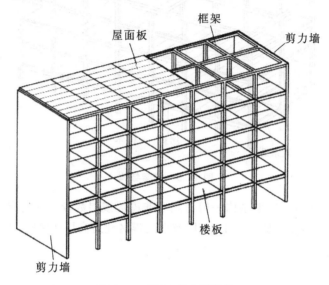

图 12-7 框架-剪力墙结构

框架-剪力墙结构既有框架结构可获得较大的使用空间、便于建筑平面自由灵活布置等优点,又有剪力墙抗侧刚度大、侧移小、抗震性能好、可避免填充墙在地震中严重破坏等优点。它取长补短,是目前国内外高层建筑中广泛采用的结构,可以满足不同建筑功能的要求,尤其在高层公共建筑中应用较多,如高层办公楼、写字楼、旅馆等。在一般的建筑抗震设计中,框架-剪力墙结构的适用高度为15～25层,不宜超过130 m。

4. 筒体结构

筒体结构是由若干片密排柱与深梁组成的框架或剪力墙所围成的筒状空间结构。

筒体结构是将剪力墙集中到房屋的内部或外部,并与每层的楼板有效连接,形成的一个空间封闭承重骨架。整个承重骨架具有比单片框架或剪力墙好得多的空间侧移刚度,具有更好的抗震性能。筒体结构能提供较大的使用空间,具有建筑平面布置灵活、平面形式多样(如方形、矩形、圆形、三角形等)、便于采光、受力合理、整体性好等优点。筒体结构是20世纪60年代以来常用的超高层建筑中的一种结构形式。目前,世界上最高的100幢高层建筑中,约有$\frac{2}{3}$采用筒体结构。

三、高层建筑结构的总体布置

高层建筑承受的竖向荷载较大,同时还承受起控制作用的水平力,因此,结构布置的合理性对高层建筑结构的经济性及施工的合理性影响较大。所以,高层建筑结构设计应该注重概念设计,重视结构选型与建筑平面、立面布置的规律性,选择最佳结构体系,加强构造措施以保证建筑结构的整体性，使整个结构具有必要的强度、刚度和变形能力。

1．结构布置总原则

1）选择有利的场地，避开不利的场地

高层建筑首先应选择有利的场地，避开对抗震不利的地段。当条件不允许避开时，应该采取可靠措施，使建筑物在地震时不致由于地基失稳而被破坏，或者产生过量下沉或倾斜。

2）选择合理的基础形式

高层建筑应该采用整体性好、能满足地基承载力和建筑物容许变形要求并能调节不均匀沉降的基础形式。一般宜采用筏形基础，必要时可采用箱形基础。当地质条件好、荷载较小且能满足地基承载力和变形要求时，也可采用交叉梁基础或者其他基础形式；当地基承载力和变形不能满足要求时，可采用桩基础或者复合地基。

高层建筑的基础应该有一定埋置深度。在确定埋置深度时，应该考虑建筑物的高度、体型、地基、抗震设防等因素。基础埋深 d（见图 12-8）一般按照下列规定采用：在抗震设防区，除岩石地基外，天然地基上的箱形和筏形基础其埋置深度不宜小于建筑物高度的 1/15；桩箱或桩筏基础的埋置深度（不计桩长）不宜小于建筑物高度的 1/18。因高层建筑的基础不但要求能够提供足够的承载力，以承担上部建筑的重力，同时还要求可以承担风荷载和地震作用等水平荷载引起的倾覆力矩，保证高层建筑具有足够的稳定性和刚度，使沉降和倾斜控制在允许的范围内。

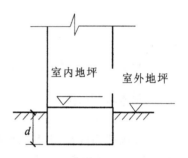

图 12-8 基础的有效埋深

作为上部结构嵌固部位的地下室楼盖的混凝土强度等级不宜低于 C30。

3）合理设置结构变形缝

在结构布置中，当建筑物平面形状复杂而又无法调整时，往往要利用变形缝将其划分为较为简单的几个结构单元，消除或者减小沉降、温度收缩和体型复杂对房屋结构的不利影响。设缝时，必须保证有足够的缝宽。

（1）设置伸缩缝时，应该符合表 12-1 的规定。

表 12-1 伸缩缝的最大间距

结 构 体 系	施 工 方 法	最大间距/m
框架结构	现浇	55
剪力墙结构	现浇	45

（2）沉降缝的设置应该符合《建筑地基基础设计规范》(GB 50007—2011) 的有关要求。现在高层建筑一般带有裙房，主楼与裙房的荷载及刚度相差悬殊，且建筑平面往往偏心布置，所以设置沉降缝可以减小不利影响。

（3）设置防震缝时，最小宽度应该符合下列规定。

① 框架结构房屋，高度不超过 15 m 的部分，可取 100 mm；超过 15 m 的部分，6 度、7 度、8 度和 9 度相应每增加高度 5 m、4 m、3 m 和 2 m，宜加宽 20 mm。

② 框架-剪力墙结构房屋可按第一项规定数值的 70% 采用,剪力墙结构房屋可按第一项规定数值的 50% 采用,但二者均不宜小于 100 mm。

③ 防震缝两侧结构体系不同时,防震缝宽度应按不利的结构类型确定;防震缝两侧的房屋高度不同时,防震缝宽度应按较低的房屋高度确定。

④ 当相邻结构的基础存在较大沉降差时,宜增大防震缝的宽度。

⑤ 防震缝宜沿房屋全高设置;地下室、基础可不设防震缝,但在与上部防震缝对应处应加强构造和连接。

4) 不应采用严重不规则的结构体系

规则的建筑体型、平面和立面,有利于结构平面布置均匀、对称,并具有良好的抗扭刚度;有利于结构竖向布置均匀,具有合理的刚度、承载力和质量分布,避免因局部突变和扭转效应形成薄弱部位。

5) 综合考虑使用要求、建筑美观、结构合理及便于施工等因素,正确选择结构体系

6) 减轻结构自重,最大限度地降低地震的作用,积极采用轻质高强材料

2. 控制房屋适用高度和高宽比

1) 最大适用高度

高层建筑结构的最大适用高度应分为 A 级和 B 级。B 级高度高层建筑结构的最大适用高度可较 A 级适当放宽,但其结构抗震等级和构造措施应相应加严。A 级高度钢筋混凝土乙类和丙类建筑最大适用高度应该符合表 12-2 所示要求。

表 12-2 A 级高度钢筋混凝土高层建筑的最大适用高度(m)

结构体系		非抗震设计	抗震设防烈度				
			6 度	7 度	8 度		9 度
					0.20 g	0.30 g	
框架		70	60	50	40	35	—
框架-剪力墙		150	130	120	100	80	50
剪力墙	全部落地剪力墙	150	140	120	100	80	60
	部分框支剪力墙	130	120	100	80	50	不应采用
筒体	框架-核心筒	160	150	130	100	90	70
	筒中筒	200	180	150	120	100	80
板柱-剪力墙		110	80	70	55	40	不应采用

注:① 表中框架不含异形柱框架结构,房屋高度指室外地面至主要屋面高度,不包括局部突出屋面的电梯机房、水箱、构架等的高度;
② 部分框支剪力墙结构指地面以上有部分框支剪力墙的剪力墙结构;
③ 甲类建筑,6、7、8 度时宜按本地区抗震设防烈度提高一度后符合本表的要求,9 度时应专门研究;
④ 框架结构、板柱-剪力墙结构以及 9 度抗震设防的表列其他结构,当房屋高度超过本表数值时,结构设计应有可靠依据,并采取有效措施。

房屋高度超出表 12-2 限值的列入表 12-3,并需抗震设防专项审查复核以保证设计质量。

单元12 钢筋混凝土高层建筑结构简介

表12-3 B级高度钢筋混凝土高层建筑的最大适用高度(m)

结构体系		非抗震设计	抗震设防烈度			
			6	7	8	
					0.20 g	0.30 g
框架-剪力墙		170	160	140	120	100
剪力墙	全部落地剪力墙	180	170	150	130	110
	部分框支剪力墙	150	140	120	100	80
筒体	框架-核心筒	220	210	180	140	120
	筒中筒	300	280	230	170	150

注：① 部分框支剪力墙结构指地面以上有部分框支剪力墙的剪力墙结构；
② 甲类建筑，6、7度时宜按本地区抗震设防烈度提高一度后符合本表的要求，8度时应专门研究；
③ 当房屋高度超过本表数值时，结构设计应有可靠依据，并采取有效措施。

2）最大适用高宽比

高层建筑的高宽比影响结构设计经济性的同时，宏观控制着结构刚度、整体稳定和承载能力，所以不宜超过表12-4的规范要求。

表12-4 钢筋混凝土高层建筑的最大适用高宽比

结构体系	非抗震设计	抗震设防烈度		
		6、7	8	9
框架	5	4	3	—
板柱-剪力墙	6	5	4	—
框架-剪力墙、剪力墙	7	6	5	4
框架-核心筒	8	7	6	4
筒中筒	8	8	7	5

四、结构平面布置

在高层建筑的一个独立结构单元内，其开间、进深尺寸和构件类型应尽量减少规格，宜使结构平面形状简单、规则，刚度和承载力分布均匀，减少扭转影响。不应采用严重不规则的平面布置。

1. 平面形式

（1）平面宜简单、规则、对称，减少偏心；平面长度不宜过长，即建筑平面的长宽比不能太大，如图12-9所示。

（2）当平面带有较长翼缘的L形、Y形、T形、V形或者十字形时，如图12-10所示，在地震

图 12-9 简单的建筑平面

的时候由于翼缘过长易引起差异位移而加大震害,所以突出部分长度不宜太大,宜符合表 12-5 的要求。

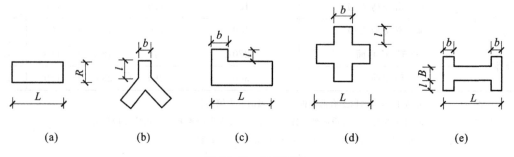

图 12-10 建筑平面

表 12-5 平面尺寸及突出部位尺寸的比值限值

设防烈度	L/B	l/B_{max}	l/b
6、7 度	≤6.0	≤0.35	≤2.0
8、9 度	≤5.0	≤0.30	≤1.5

(3) 不宜采用角部重叠或细腰形平面图形,如图 12-11 所示。因为在中央部位形成狭窄部分,在地震中容易产生震害,尤其是在凹角部位,因为应力集中容易使楼板开裂甚至破坏。

图 12-11 角部重叠的平面和细腰形平面

(4) 宜选用风作用效应较小的平面形状。对抗风有利的平面形状为凸出平面,如椭圆、正多边形、圆形、鼓形等,如图 12-12 所示。对抗风不利的平面是有较多凹凸的复杂形状的平面,如 C 形、Y 形、H 形、弧形等。

图 12-12 风作用效应较小的建筑平面

(5) 结构平面布置应减少扭转的影响。考虑偶然偏心影响的地震作用下,控制建筑楼层竖向构件的最大水平位移和层间位移。

2. 楼板要求

对于高度超过 50 m 的建筑,框架-剪力墙结构、筒体结构及复杂高层建筑,应采用现浇楼盖结构,剪力墙结构和框架结构宜采用现浇楼盖结构;对于房屋高度不超过 50 m 的框架结构或剪力墙结构,当采用装配式楼盖时,应采取措施加强楼板的整体性,保证楼盖结构更有效地传递水平力。

当楼板平面比较狭长、有较大的凹入或开洞而使楼板有较大削弱时,应在设计中考虑楼板削弱产生的不利影响。楼面凹入或开洞尺寸不宜大于楼面宽度的一半;楼面开洞总面积不宜超过楼面面积的 30%;在扣除凹入或开洞后,楼板在任一方向的最小净宽度不宜小于 5 m,且开洞后每边楼板净宽不应小于 2 m。楼板开大洞削弱后,宜采用构造措施予以加强。

3. 楼梯间、电梯间的位置

避免在凹角和端部设置楼梯间、电梯间,避免楼梯间、电梯间偏置。当按 7 度及 7 度以上抗震设防时,在结构单元的两端或拐角部位不宜设置楼梯间和电梯间,必须设置时应采取加强措施。

五、结构竖向布置

高层建筑的竖向体型宜规则、均匀,避免有过大的外挑和内收。结构的侧向刚度宜下大上小,逐渐均匀变化,不应采用竖向布置严重不规则的结构布置。抗震设计时,当结构上部楼层收进部位到室外地面的高度 H_1 与房屋高度 H 之比大于 0.2 时,上部楼层收进后的水平尺寸 B_1 不宜小于下部楼层水平尺寸 B 的 0.75 倍,如图 12-13(a)、(b)所示;当结构上部楼层相对于下部楼层外挑时,上部楼层水平尺寸 B_1 不宜大于下部楼层的水平尺寸 B 的 1.1 倍,且水平外挑尺寸 a 不宜大于 4 m,如图 12-13(c)、(d)所示。

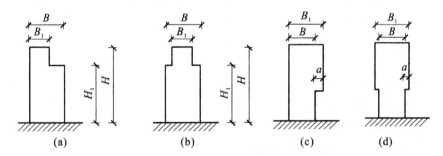

图 12-13　结构竖向外挑和收进

抗震设计时,结构竖向抗侧力构件宜上下连续贯通。

楼层质量沿高度宜均匀分布,楼层质量不宜大于相邻下部楼层质量的 1.5 倍。

突出屋面的塔楼必须具有足够的承载力和延性,以承受鞭梢效应的影响。

六、高层建筑结构上的作用

施加在高层建筑结构上的作用,主要有竖向荷载、水平荷载、施工荷载、材料体积变化受阻引起的作用以及基础不均匀沉降等。

1. 竖向荷载

高层建筑结构上的竖向荷载主要是恒荷载和活荷载。

1) 恒荷载

高层建筑结构上的恒荷载主要包括结构本身自重产生的竖向荷载以及附加在结构上的各种装修做法产生的竖向荷载。它是由结构以及工程做法的几何尺寸和材料的密度直接计算而得的。

2) 活荷载

高层建筑结构上的活荷载主要有楼面及屋面的活荷载(包括人流、可移动设备等)、雪荷载和施工荷载等。

对于下列情况应该采取一些特殊处理：

(1) 施工中采用附墙塔、爬梯等对于结构受力有影响的起重机械或者其他施工设备时,应根据具体情况验算施工荷载对结构的影响；

(2) 旋转餐厅轨道和驱动设备的自重应该按照实际情况确定；

(3) 擦窗机等清洗设备应该按照实际情况确定其自重的大小和作用位置；

(4) 当有直升机平台时,应该考虑直升机的重量引起的局部荷载及等效均布荷载。

2. 水平荷载

作用在高层建筑结构上的水平荷载主要包括风荷载和地震作用等。

1) 风荷载

空气的流动受到建筑物的阻碍,会在建筑物表面形成较大的压力和吸力,即为垂直于建筑物表面的风荷载。建筑结构所受到的风荷载的大小与建筑地点的地貌、离地面或海平面的高度、风的性质、风速、风向,以及建筑物的自振特性、体型、平面尺寸、表面状况等因素有关。风荷载的标准值一般按照下式进行计算：

$$w_k = \beta_z \mu_s \mu_z w_0 \tag{12-1}$$

式中：w_k——风荷载标准值(kN/m^2)；

β_z——高度 z 处的风振系数；

μ_s——风荷载体型系数；

μ_z——高度 z 处的风压高度变化系数；

w_0——基本风压(kN/m^2)。

基本风压按照《建筑结构荷载规范》(GB 50009—2012)的规定采用,但在高层建筑设计中还应该符合《高层建筑混凝土结构技术规程》(JGJ 3—2010)的要求,对风荷载比较敏感的高层建筑,承载力设计时应按照基本风压的 1.1 倍采用。

风对建筑物的压力与下列因素有关。

(1) 建筑物周边的环境。建筑物是位于平坦或稍有起伏的地形处,还是建在临近海岸和海岛、湖岸,或者房屋比较稀疏的乡镇,或者周围有密集建筑群且房屋的高度较高的地形处,周边环境不同,作用在建筑物上的风荷载效应是不同的。风速沿建筑物的高度分布也不同,一般接近地面处风速较小,向上风速逐渐增大。当地面建筑物或其他障碍物较多时风速较小,空旷处风速增大较快。

（2）建筑物自身情况。风荷载是垂直作用在建筑物的立面上的，迎风面为压力，侧风面和背风面为吸力，各个面上的风压分布是不均匀的。所以，风荷载的大小不仅与建筑物的平面形状有关，还与建筑物立面的面积、高宽比、总的高度以及风向和建筑物受风墙面的夹角等有关。

（3）风压变化。风对建筑物的作用是不规则的，风压随着风速和风向无规律地变化着。在计算时取平均风压，但实际风压是围绕着平均风压上下波动着的。波动风压会在建筑物上产生一定的不可忽视的动力效应。

2）地震作用

地震时由于地震波的作用产生地面运动，通过房屋基础影响上部结构，使建筑物产生振动。房屋产生位移和加速度，加速度将产生惯性力，即地震作用。这种惯性力与场地土的性质、建筑物本身的质量和动力特性有关。质量大、周期短、刚度大的建筑在地震作用下惯性力大，刚度小、周期长的建筑在地震作用下位移大。

地震区的高层建筑结构应该按照抗震类别进行地震作用的计算。对于高层建筑的地震作用，一般应在建筑物两个主轴方向分别考虑水平地震作用；对于质量和刚度分布不均匀的建筑物，还应考虑双向水平地震作用下的扭转影响；9度抗震设计时应计算竖向地震作用。

由于建筑功能的要求，主体建筑物的顶部一般要再建一个突出屋面的塔楼，用做楼梯间、电梯间或者水箱间。由于塔楼受到的地震加速度经过主体建筑物被放大，而塔楼的刚度和质量均比主体结构要小得多，会产生鞭梢效应。所以在进行结构设计时，塔楼的地震作用还需要放大设计。

高层建筑结构由于建筑物高，水平荷载的影响显著增加，以至于水平荷载和竖向荷载一样，也成为结构设计时的控制荷载。

3. 其他作用

高层建筑在正常使用时，温差、材料收缩、不均匀沉降等原因都会引起结构产生内力。这些内力计算起来很困难，与实际情况出入很大。在实际工程中一般是采取不同的方式避免这些因素的影响，如合理的平面立面设计方案、合理的结构形式及构造处理、合理的施工方法等。

任务 2 框架结构

一、框架结构的形式

按照施工方法的不同，框架结构可分为全现浇式、全装配式、装配整体式及半现浇式四种形式。

1. 全现浇式框架

全现浇式框架的全部构件均为现浇钢筋混凝土构件。其优点是整体性和抗震性能好，预埋铁件少,较其他形式的框架节省钢材等。缺点是模板消耗量大,现场湿作业多,施工周期长,在寒冷地区冬期施工困难等,但采用泵送混凝土施工工艺和工业化拼装式模板时,可以缩短工期和节省劳动力。对使用要求较高、功能复杂或处于地震高烈度区域的框架房屋,宜采用全现浇式框架。

2. 全装配式框架

全装配式框架是指梁、板、柱全部预制,然后在现场通过焊接拼装连接成整体的框架结构。

全装配式框架的构件可以采用先进的生产工艺在工厂进行大批量生产,在现场以先进的组织管理方式进行机械化装配,因而构件质量容易保证,并可以节约大量模板,改善施工条件,加快施工进度;但结构整体性差,节点预埋件多,总用钢量较全现浇式框架多,施工需要大型运输和吊装机械,在地震区不宜采用。

3. 装配整体式框架

装配整体式框架是将预制的梁、柱和板在现场安装就位后,焊接或绑扎节点区钢筋,在构件连接处现浇混凝土使之成为整体框架结构。

与全装配式框架相比,装配整体式框架保证了节点的刚性,提高了框架的整体性,省去了大部分预埋铁件,节点用钢量减少,但增加了现场浇筑混凝土量。装配整体式框架是常用的框架形式之一。

4. 半现浇式框架

半现浇式框架是将部分构件现浇,部分预制装配而形成的。常见的做法有两种:一是梁、柱现浇,板预制;另一种是柱现浇,梁、板预制。

半现浇式框架的施工方法比全现浇式框架的简单,而整体受力性能比全装配式框架的优越。梁、柱现浇,节点构造简单,整体性较好;而楼板预制,又比全现浇式框架节约模板,省去了现场支模的麻烦。半现浇式框架是目前采用最多的框架形式之一。

二、框架结构的结构布置

1. 框架结构的受力特点

框架结构承受的荷载包括竖向荷载和水平荷载。竖向荷载包括结构自重及屋(楼)面活荷载,一般为分布荷载,有时有集中荷载。水平荷载主要为风荷载和地震作用荷载。

框架结构是一个空间结构体系,沿房屋的长向和短向可分别视为纵向框架和横向框架。纵、横向框架分别承受纵向、横向水平荷载,而竖向荷载传递路线则根据屋(楼)面布置方式而不同。

在多层框架结构中,影响结构内力的主要因素是竖向荷载,而结构变形则主要考虑梁在竖向荷载作用下的挠度,一般不必考虑结构侧移对建筑物使用功能和结构可靠性的影响。随着房屋高度的增大,增加最快的是结构位移,弯矩次之。因此在高层框架结构中,竖向荷载的作用与多层建筑相似,柱内轴力随层数增加而增加,而水平荷载的内力和位移则将成为控制因素。同时,多层建筑中的柱以轴力为主,而高层框架中的柱受到压、弯、剪的复合作用,其破坏形态更加复杂。

2. 承重框架布置方案

在框架结构中,主要承受楼面和屋面荷载的梁称为框架梁,另一个方向的梁称为连系梁。框架梁和柱组成主要承重框架,连系梁和柱组成非主要承重框架。若采用双向板,则双向框架都是承重框架。承重框架有以下三种布置方案。

1)横向布置方案

框架梁沿房屋横向布置,连系梁和屋(楼)面板沿纵向布置,如图12-14所示。这种布置方案有利于增加房屋的横向刚度,提高抵抗水平力的能力,因此在实际工程中应用较多。

2)纵向布置方案

框架梁沿房屋纵向布置,连系梁和屋(楼)面板沿横向布置,如图12-15所示。其房间布置灵活,采光和通风好,利于提高楼层净高,需要设置集中通风系统的厂房常采用这种方案。

3)纵横向布置方案

沿房屋的纵向和横向都布置承重框架。采用这种布置方案,如图12-16所示,可使两个方向都获得较大的刚度,因此,柱网尺寸为正方形或接近正方形。地震区的多层框架房屋,以及由于工艺要求需要双向承重的厂房常用这种方案。

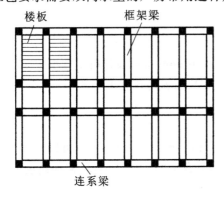

图 12-14　横向布置方案

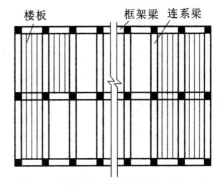

图 12-15　纵向布置方案

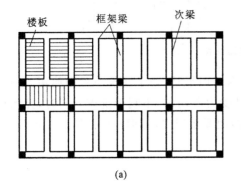

(a)

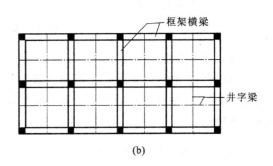

(b)

图 12-16　纵横向布置方案

3. 柱网布置和层高

框架结构房屋的柱网和层高,应根据生产工艺、使用要求、建筑材料、施工条件等因素综合考虑,并力求简单规则,有利于装配化、定型化和工业化。

工业建筑典型的柱网布置形式有内廊式、等跨式、对称不等跨式等。采用内廊式布置时,常用跨度(房间进深)为 6.0 m、6.6 m、6.9 m,走廊宽度常用 2.4 m、2.7 m、3.0 m,开间方向柱距为 3.6 m~8 m。等跨式柱网的跨度常用 6 m、7.5 m、9 m、12 m,开间方向柱距一般为 6 m。对称不等跨柱网一般用于建筑平面宽度较大的厂房,常用柱网尺寸有(5.8 m+6.2 m+6.2 m+5.8 m)×6.0 m、(8.0 m+12.0 m+8.0 m)×6.0 m、(7.5 m+7.5 m+12.0 m+7.5 m+7.5 m)×6.0 m等。

工业建筑底层往往有较大的设备或产品,甚至有起重运输设备,故底层层高一般比较大。底层常用层高为 4.2 m、4.5 m、4.8 m、5.4 m、6.0 m、7.2 m、8.4 m,楼层常用层高为 3.9 m、4.2 m、4.5 m、4.8 m、5.4 m、6.0 m、7.2 m 等。

民用建筑的柱网尺寸和层高因房屋用途不同而变化较大。常用跨度是 4.8 m、5.4 m、6.0 m、6.6 m 等,常用柱距为 3.9 m、4.5 m、4.8 m、5.1 m、5.4 m、5.7 m、6.0 m。采用内廊式时,走廊跨度一般为 2.4 m、2.7 m、3.0 m,常用层高为 3.0 m、3.3 m、3.6 m、3.9 m、4.2 m。

三、框架结构构造要求

1. 框架柱截面尺寸

矩形截面框架柱的边长,在非抗震设计时不宜小于 250 mm,抗震设计时不宜小于 300 mm;圆柱形截面直径不小于 350 mm;柱截面的高宽比不宜大于 3;剪跨比宜大于 2。

2. 框架柱截面形式

框架柱的截面形式通常采用矩形、正方形、正多边形和圆形等规则形状,也可以采用异形截面,即采用 T 形、十字形、L 形和 Z 形,如图 12-17 所示,其截面宽度等于墙厚,截面高度 h_w 小于 4 倍柱宽 b,在实际工程中常常小于 3 倍。

图 12-17 框架柱截面形式

由异形柱与梁组成异形柱结构,其最大优点是室内墙面平整,便于建筑布置和使用。但异形柱的抗剪性能很差,异形柱伸出的每一肢都较薄,且受力不均匀,不利于抗震。同时,异形柱的构造配筋较多,使异形柱的纵筋及箍筋配置较规则截面要多很多,异形柱框架结构并不经济,且施工不便。

3. 框架结构的主梁截面高度

框架结构的主梁截面高度可以按照 $(1/18 \sim 1/10)l_b$ 确定,l_b 为主梁的计算跨度;梁净跨与截面高度之比不宜小于 4。主梁截面高宽比不宜大于 4,梁截面高度不宜小于 200 mm。

4. 框架的填充墙或隔墙

框架的填充墙或隔墙应优先选用预制轻质墙板,但必须与框架牢固地连接。在抗震设计时,当采用砌体填充墙时,应在框架柱和填充墙的交接处,沿高度每隔 500 mm 或砌体皮数的倍数,用两根 $\phi 6$ 钢筋与柱拉结。钢筋由柱的每边伸出,进入墙内且伸入的长度不得小于抗震要求。填充墙的砌筑砂浆强度等级不应低于 M2.5。

墙长度大于 5 m 时,墙顶部与梁宜有拉结措施;墙高度超过 4 m 时,宜在墙高中部设置与柱连接的通长的钢筋混凝土墙梁。

总之,框架结构属于柔性结构,抗侧刚度小,承受水平荷载的能力不高,对地基不均匀沉降较敏感。在地震作用下,结构的层间相对位移随着层高的增加而减小,且结构整体位移和层间位移都较大,容易造成非结构性破坏(填充墙产生裂缝、建筑装修损坏、设备管道断裂),严重时会引起整个结构的倒塌。结构的变形以水平荷载作用下的剪切变形为主,如图 12-18 所示。

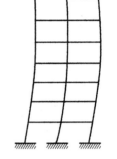

图 12-18　框架剪切变形

任务 3　剪力墙结构

一、剪力墙的分类

1. 从施工方法上分类

从施工方法上看,剪力墙可以分为预制剪力墙和现浇剪力墙。

2. 从剪力墙开洞及受力变形规律分类

整体剪力墙:不开洞或开洞面积不大于 15% 的墙。受力状态为悬臂梁。在墙肢的整个高度上弯矩图无突变点和反弯点,墙体变形为弯曲变形。

整体小开口剪力墙:开洞面积大于 15% 但仍较小的墙。弯矩图在楼层处发生突变,沿高度弯矩图没有或仅仅个别楼层处出现反弯点,变形以弯曲变形为主。

双肢及多肢剪力墙:开洞较大,动口成列布置的墙为双肢或多肢剪力墙。受力状态及变形同小开口剪力墙。

壁式框架:动口尺寸大,连梁的刚度接近墙肢的刚度的墙。弯矩图在楼层处发生突变,沿高度弯矩图在大多数楼层处出现反弯点,而结构的变形以剪切变形为主。

二、剪力墙结构的布置原则

（1）剪力墙宜沿建筑物主轴或其他方向双向布置，应避免仅单向有墙的结构布置形式。纵横墙尽量拉通对直，以增加剪力墙的抵抗能力。尽量减少剪力墙形成的拐弯，否则会造成在水平力作用下剪力墙的剪切破坏，降低剪力墙的刚度。

（2）剪力墙宜沿竖向拉通，贯通全高。墙厚可沿高度方向减薄，避免刚度突变。

（3）剪力墙墙肢截面宜简单、规则。洞口宜上下对齐，成列布置，使之受力明确。不宜布置叠合错洞口墙、错洞口墙以及洞口不均匀墙，如图12-19所示。

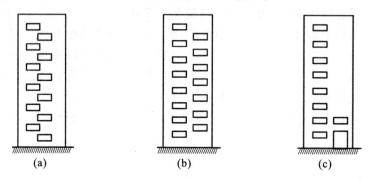

图 12-19 剪力墙洞口不合理布置
(a)叠合错洞口墙；(b)错洞口墙；(c)洞口不均匀墙

三、剪力墙结构构造要求

剪力墙结构混凝土强度等级不应低于C20，墙厚度不应小于楼层净高的1/20，也不应小于160 mm。底部加强部位不应小于层高或剪力墙无支长度的1/16，且不应小于200 mm。

非震区剪力墙厚度不应小于层高或剪力墙无支长度的1/25，且不应小于160 mm。

在实际工程中，剪力墙厚度一般在150 mm～300 mm之间，常用150 mm、200 mm、250 mm等。普通剪力墙墙体长度h_w大于8倍墙体厚度b_w。

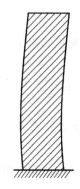

图 12-20 剪力墙弯曲变形

抗震设计时，一级抗震不应采用错洞口墙（严格执行），二、三级不宜采用错洞口墙（允许有选择）。

较长的剪力墙宜开洞口，将其分为长度较为均匀的若干墙段，墙段之间宜采用弱连接，每个独立墙段的总高度与其墙体长度之比不宜小于3。墙肢的墙体长度不宜大于8 m。

剪力墙上的门窗孔洞应尽量上下对齐，布置均匀，横墙与纵墙的连接要有一定的整体性，洞口边到墙边的距离不要太小。在内纵墙与内横墙交叉处，要避免在四边墙上集中开洞，避免造成十字形柱头的薄弱环节。

总之，剪力墙结构属于刚性结构，抗侧刚度比框架结构大，侧移小，空间的整体性好。结构的层间位移随着楼层的增高而增大。但墙体太多，混凝土及钢筋的用量大，造成结构自重大。结构的变形以弯曲变形为主，如图12-20所示。剪力墙有良好的抗震性能。

任务 4 框架-剪力墙结构

一、框架-剪力墙结构布置原则

在框架-剪力墙结构中,剪力墙承担着主要的水平力,增大了结构的刚度,减少了结构的侧向位移,因此框架-剪力墙结构中剪力墙的数量、间距和布置尤为重要。

框架-剪力墙结构应设计成双向抗侧力体系,结构两主轴方向均应布置剪力墙,剪力墙宜分散、均匀、对称地布置在建筑物的周边附近,使结构各主轴方向的侧向刚度接近,尽量减少偏心扭转作用,如图 12-21 所示。

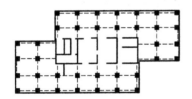 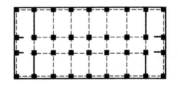

图 12-21 框架-剪力墙结构布置

剪力墙尽量布置在楼板水平刚度有变化处(例如楼梯间、电梯间等),布置在平面形状变化或恒载较大的部位。因为这些地方应力集中,是楼盖的薄弱环节。当平面形状凹凸较大,宜在凸出部分的端部附近布置剪力墙。

剪力墙宜贯通建筑物全高,避免刚度突变;剪力墙开洞时,洞口宜上下对齐。

为防止楼板在自身平面内变形过大,保证水平力在框架和剪力墙之间的合理分配,横向剪力墙的间距必须满足要求。纵横向剪力墙宜布置成 L 形、T 形和匚形等,以使纵墙(或横墙)可以作为横墙(或纵墙)的翼缘,从而提高承载力和刚度。

当设有防震缝时,宜在缝两侧垂直防震缝设墙。

二、框架-剪力墙结构构造要求

1. 梁、柱截面尺寸及剪力墙数量的初步确定

框架梁截面尺寸一般根据工程经验确定。但框架-剪力墙结构的框架柱截面的大小应依据不同抗震等级的轴压比限值来确定。框架-剪力墙结构中剪力墙的数量增多,结构的刚度增大,位移减小,有利于抗震。但同时结构自重增加,总地震力加大,并不经济。应在充分发挥框架抗侧移能力的前提下,按层间弹性位移角限值确定剪力墙数量。

2. 周边有梁、柱的现浇剪力墙,又称带边框的剪力墙。剪力墙的厚度不应小于 160 mm,且不应小于墙净高的 1/20。剪力墙的中心线与墙端边柱中心线宜重合,尽量减少偏心作用。与剪力墙重合的框架梁的截面宽度可取与墙厚相同的暗梁,或取不小于剪力墙厚度的 2 倍。

边框柱截面宜与该榀框架其他柱的截面相同,其混凝土强度等级宜与边柱相同。

总之,框架-剪力墙结构属于半刚性结构。框架和剪力墙同时承受竖向荷载和侧向力。但两者的刚度相差很大,变形形状也不同,框架与剪力墙之间通过平面刚度无限大的楼板连接在一起,使它们变形协调一致,其变形特点呈弯剪形,如图12-22所示。两者在一起协同工作,改变了框架截面小承受剪力大的不利受力条件。框架-剪力墙结构的侧向力在框架和剪力墙的分配与框架和剪力墙之间的刚度比有关,且随着建筑的高度增加而变化。框、剪协同工作减少了框架-剪力墙结构的层间变形和顶点位移,提高了结构的抗侧刚度,使结构具有良好的抗震性能。

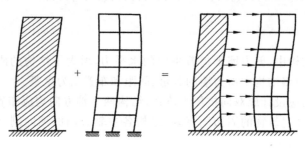

图12-22 框架-剪力墙结构变形特点

单元小结

12.1 高层建筑结构具有很多优点,但是也存在不少问题。在设计中存在荷载大、侧移大等特点。

12.2 高层建筑结构的类型包括框架结构、剪力墙结构、框架-剪力墙结构及筒体结构。

12.3 高层建筑结构设计时应该注重概念设计,重视结构选型、结构平面布置以及竖向布置,选择最佳结构体系,加强构造措施,以保证建筑结构的整体性。

12.1 什么建筑是高层建筑?
12.2 高层建筑的主要结构体系有哪些?它们的适用范围如何?
12.3 高层建筑可能承受哪些荷载的作用?
12.4 框架结构的承重框架布置方案有哪些?常用哪种方案?为什么?
12.5 简述框架结构房屋的柱网和层高的布置原则和常用尺寸。
12.6 按照施工方法的不同,框架结构的分类及优缺点有哪些?
12.7 剪力墙结构体系中的剪力墙布置与框-剪结构体系中的剪力墙布置有何异同?
12.8 框架-剪力墙结构的优越性体现在哪里?

单元 13 单层厂房排架结构

学习目标

☆ 知识目标

(1) 了解排架的概念、排架的种类。
(2) 理解排架结构的组成及传力特点。

☆ 能力目标

通过本课程的学习,学生能描述排架的概念、种类、组成、传力特点及构件选型。

知识链接：工业厂房发展趋势

图13-1　20世纪的老旧厂房

图13-2　现代化厂房

历史上，由于受经济条件及思想认识等限制，在工业厂房设计中往往只考虑满足企业生产工艺和生产空间的要求，即先生产后生活、重生产轻生活。在设计中建筑师难以发挥应有的作用，工业建筑设计几乎成了生产设备构筑物外壳的简单包装。在工业建筑形象上体现为所谓的"傻、大、黑、粗"，许多项目存在着土地利用率不高、耗能、环境破坏严重、工作环境及生活条件差等一系列问题。图13-1所示为20世纪的老旧厂房。

近年来，我国现代工业从早期以加工业为主转型为以电子信息工业、化学、生物、金属机械工业为主的高科技产业，即从劳动力密集型产业转型提升为技术、资讯密集型产业。伴随着这一发展，我国现代工业建筑设计发生了根本性的变化，体现了现代化工业厂房节能省地、生态化、高科技化和人性化等趋势，以适应生产产品的微型化、自动化、洁净化、精密化、环境无污染等要求。图13-2所示为现代化厂房。

任务 1　单层厂房的组成与布置

一、单层厂房概述

重工业生产厂房，如冶金、机械行业的炼钢、轧钢、铸造、锻压、金工、装配等的车间，要求有较大的跨度、较高的净空和较重的吊车起重量，所以适宜采用单层厂房的形式，以免笨重的产品和设备上楼，并便于生产工艺流程的组织。

为了适应生产工艺流程、生产条件、结构及建筑要求等的需要，可以将单层厂房设计成各种形式。图13-3(a)所示为较常用的单跨厂房。但是，一般厂房纵向长度总比横向跨度大，且纵向柱距比横向柱距小，故横向刚度总比纵向刚度小。这样，如能将一些性质相同或相近，而跨度较小各自独立的车间合并成一个多跨的厂房(见图13-3(b)、(c))，使沿跨度方向的柱子增加，则可提高厂房结构的横向抗力，减少柱的截面尺寸，节约材料并减轻结构自重。此外，还可减少围护结构(墙或墙板)的面积，提高建筑面积利用系数，缩减厂房占地面积，减少工程管道、公共设施和道路长度等。统计表明,一般单层双跨厂房单位面积的结构自重约比单层单跨的轻20%,而三跨的又比双跨的轻10%~15%。因此,一般应尽可能考虑采用多跨厂房。为使结构受力明确合理、构件简化统一,应尽量做成等高厂房(见图13-3(b))。根据工艺要求,相邻跨高差不大于1.2 m时,宜做成等高。但当高差大于1.8 m,且低跨面积超过厂房总面积的40%~50%时,则应做成不等高(见图13-3(c))。多跨厂房的自然通风采光困难,须设置天窗或人工采光和通风。因此,对于跨度较大以及对邻近厂房干扰较大的车间,仍宜采用单跨厂房。

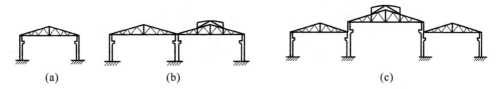

图13-3　单跨与多跨排架
(a)常用单跨厂房;(b)等高双跨厂房;(c)不等高三跨厂房

单层厂房一般做成排架结构。排架由屋面梁或屋架、柱和基础组成。排架的柱与屋架铰接而与基础刚接。根据结构材料的不同,排架分为钢-钢筋混凝土排架、钢筋混凝土排架和钢筋混凝土-砖排架三种。钢-钢筋混凝土排架由钢屋架、钢筋混凝土柱和基础组成,承载和跨越空间的能力均较大,宜用于跨度大于36 m、吊车起重量在2500 kN以上的重型工业厂房。

钢筋混凝土-砖排架由钢筋混凝土屋面梁、砖柱和基础组成,承载和跨越空间的能力较小,宜用于跨度不大于15 m、檐高不大于8 m、吊车起重量不大于5 t的轻型工业厂房。

钢筋混凝土排架由钢筋混凝土屋面梁或屋架、柱及基础组成,跨度在36 m以内、檐高在20 m以内、吊车起重量在2000 kN以内的大部分工业厂房均可采用。由于它应用较为广泛,故为本部分的重点。

排架按受力和变形特点又有刚性排架和柔性排架之分。刚性排架是指屋面梁或屋架(简称横梁)变形很小,内力分析时横梁变形可忽略不计的排架。一般钢筋混凝土排架均属刚性排架。柔性排架是指横梁变形较大,内力分析时要考虑横梁变形的排架。

二、排架结构的组成、传力途径及设计内容

1. 排架结构的组成与传力途径

单层厂房由图13-4所示的屋面板、屋架、吊车梁、连系梁、柱和基础等构件组成。这些构件又分别组成屋盖结构、横向平面排架、纵向平面排架和围护结构。

屋盖结构分有檩和无檩两种。前者由小型屋面板、檩条和屋架(包括屋盖支撑)组成;后者由大型屋面板(包括天沟板)、屋面梁或屋架(包括屋盖支撑)组成。单层厂房中多采用无檩屋盖。有时为了采光和通风,屋盖结构中还有天窗架及其支撑。此外,为满足工艺上抽柱的需要,还设有托架。屋盖结构的主要作用是承受屋面活荷载、雪荷载、自重及其他荷载,并将这些荷载传给排架柱,其次还可起围护作用。屋盖结构的组成有屋面板、天沟板、天窗架、屋架、托架及屋盖支撑(见图13-4)。

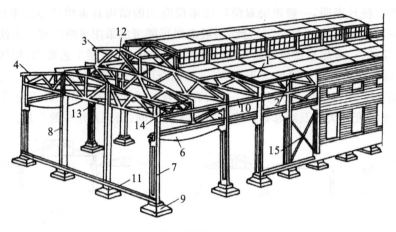

图 13-4 厂房结构构件组成概貌

1—屋面板；2—天沟板；3—天窗架；4—屋架；5—托架；6—吊车梁；7—排架柱；8—抗风柱；9—基础；
10—连系梁；11—基础梁；12—天窗架垂直支撑；13—屋架下弦横向水平支撑；14—屋架端部垂直支撑；15—柱间支撑

横向平面排架由横梁（屋面梁或屋架）和横向柱列及基础组成（见图 13-5）。厂房结构承受的竖向荷载（包括结构自重、屋面活荷载、雪荷载和吊车竖向荷载等）及横向水平荷载（包括风荷载、吊车横向制动力和地震力）主要通过横向排架传给基础和地基。因此，它是厂房的基本承重结构。

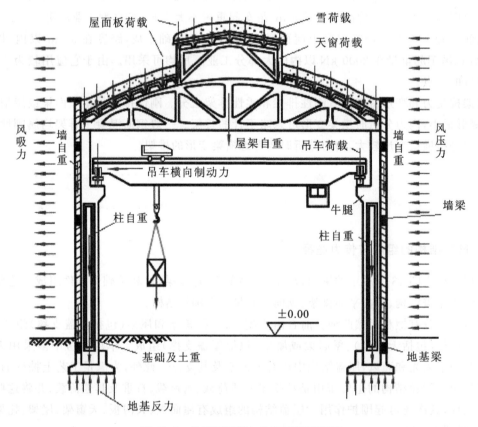

图 13-5 单层厂房横向排架受荷示意图

纵向平面排架由纵向柱列、基础、连系梁、吊车梁和柱间支撑等组成(见图13-6),其作用是保证厂房结构的纵向刚度和稳定性,并承受屋盖结构(通过天窗端壁和山墙)传来的纵向风荷载、吊车纵向制动力、纵向地震力及温度应力等;纵向平面排架中的吊车梁,具有承受吊车荷载和联系纵向柱列的双重作用,也是厂房结构中的重要组成构件。

围护结构由纵墙、山墙(横墙)墙梁、抗风柱(有时设抗风梁或桁架)、基础梁等构件组成,兼有围护和承重的作用。这些构件承受的荷载主要是墙体和构件的自重以及作用在墙面上的风荷载。

单层厂房由以上四个部分组成整体受力的空间结构。其中横向平面排架和纵向平面排架的传力途径如下。

1) 横向平面排架(见图13-5)

(1) 竖向荷载:

① 雪、屋面荷载→屋面板→屋架→横向排架柱→基础→地基;

② 吊车轮压→吊车梁→柱牛腿→横向排架柱→基础→地基;

③ 墙体荷载→墙梁(或基础梁)→横向排架柱→基础→地基。

(2) 水平荷载:

① 风荷载→墙体→横向排架柱→基础→地基;

② 吊车横向水平制动力→吊车梁→横向排架柱→基础→地基。

2) 纵向平面排架(见图13-6)

纵向剖面是由连系梁、吊车梁、柱和基础组成的纵向平面骨架,称为纵向排架。作用在厂房上的纵向荷载,如山墙上的风荷载、吊车纵向制动力等,均是由它传到地基的。

纵向平面排架结构上主要荷载的传力途径如下。

水平荷载:

① 风荷载→山墙→抗风柱→屋盖横向水平支撑→连系梁(或受压系杆)→纵向排架柱(柱间支撑)→基础→地基;

② 吊车纵向水平制动力→吊车梁→纵向排架柱(柱间支撑)→基础→地基。

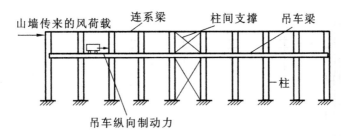

图13-6 纵向平面排架

2. 排架结构的设计内容

排架结构中主要的承重构件是屋面板、屋架、吊车梁、柱和基础。其中柱和基础一般需要通过计算确定。屋面板、屋架、吊车梁以及其他大部分组成构件均有标准图或通用图,可供设计时选用。因此,排架结构设计的主要内容包括:

(1) 选用合适的标准构件;

(2) 进行各组成构件的结构布置;
(3) 分析排架的内力;
(4) 为柱、牛腿及柱下基础配筋;
(5) 绘结构构件布置图以及柱和基础的施工详图。

三、单层厂房结构布置

结构布置包括屋盖结构(屋面板、天沟板、屋架、天窗架及其支撑等)布置,吊车梁、柱(包括抗风柱)及柱间支撑等布置,圈梁、连系梁及过梁布置,基础和基础梁布置。

屋面板、屋架及其支撑、基础梁等构件,一般按所选用的标准图的编号和相应的规定进行布置。柱和基础则根据实际情况自行编号布置。下面就结构布置中几个主要问题进行说明。

1. 柱网布置

厂房承重柱的纵向和横向定位轴线在平面上形成的网格称为柱网。柱网布置就是确定柱子纵向定位轴线之间的距离(跨度)和横向定位轴线之间的距离(柱距)。确定柱网尺寸,既是确定柱的位置,同时也是确定屋面板、屋架和吊车梁等构件的跨度,并涉及厂房其他结构构件的布置。因此,柱网布置是否恰当,将直接影响厂房结构的经济合理性和先进性,与生产使用也密切相关。

柱网布置的一般原则是:符合生产工艺和正常使用的要求;建筑和结构经济合理;施工方法上具有先进性;符合厂房建筑统一化基本规则;适应生产发展和技术革新的要求。

厂房跨度在 18 m 以下时,应采用 3 m 的倍数;在 18 m 以上时,应采用 6 m 的倍数。厂房柱距应采用 6 m 或 6 m 的倍数(见图 13-7)。当工艺布置有明显的优越性时,亦可采用 2 m、27 m 和 33 m 的跨度和 13 m 或其他柱距。

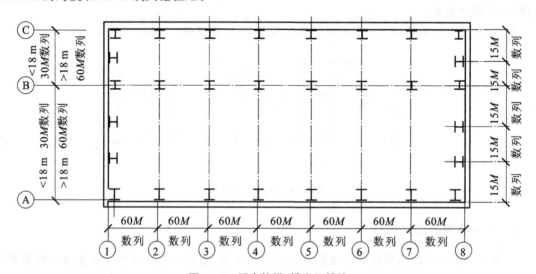

图 13-7 厂房柱纵、横定位轴线

目前,工业厂房大多数采用 6 m 柱距,因为从经济指标、材料消耗和施工条件等方面衡量,

6 m 柱距比 12 m 柱距优越。从现代化工业发展趋势来看，扩大柱距对增加车间有效面积、提高工艺设备布置的灵活性、减少结构构件的数量和加快施工进度等都是有利的。当然，由于构件尺寸增大，给制作和运输带来不便，对机械设备的能力也有更高的要求。12 m 柱距和 6 m 柱距，在大小车间相结合时，两者可配合使用。此时，如布置托架，屋面板仍可采用 6 m 的模板生产。

2. 变形缝

变形缝包括伸缩缝、沉降缝和防震缝三种。

如果厂房长度和宽度过大，当气温变化时，在结构内部产生的温度内力，可使墙面、屋面拉裂，影响正常使用。为减小厂房结构的温度应力，可设置伸缩缝将厂房结构分成若干温度区段。伸缩缝应从基础顶面开始，将两个温度区段的上部结构分开，并留出一定宽度的缝隙使上部结构在气温变化时，沿水平方向可自由地发生变形。温度区段的形状，应力求简单，并应使伸缩缝的数量最少。温度区段的长度（伸缩缝之间的距离），取决于结构类型和温度变化情况（结构所处环境条件）。对于钢筋混凝土装配式排架结构，其伸缩缝的最大间距，露天时为 70 m；室内或土中时为 100 m。当屋面板上部无保温或隔热措施时，可适当低于 100 m。此外，对于下列情况，伸缩缝的最大间距还应适当减小：

（1）从基础顶面算起的柱长低于 8 m 时；
（2）位于气温干燥地区，夏季炎热且暴雨频繁的地区或经常处于高温作用下的排架；
（3）室内结构因施工外露时间较长时。

当厂房的伸缩缝间距超过《混凝土结构设计规范》（GB 50010—2010）规定的允许值时，应验算温度应力。

在单层厂房中，一般不做沉降缝，只在下列特殊情况才考虑设置：厂房相邻两部分高差很大（10 m 以上）；两跨间吊车起重量相差悬殊；地基承载力或下卧层土质有很大差别；厂房各部分施工时间先后相差很久；土壤压缩程度不同。沉降缝应将建筑物从基础到屋顶全部分开，当两边发生不同沉降时不致相互影响。沉降缝可兼作伸缩缝。

防震缝是为减轻震害而采取的措施之一。当厂房平面、立面复杂，结构高度或刚度相差很大，以及在厂房侧边布置附房（如生活间、变电所、锅炉间等）时，设置防震缝将相邻部分分开。地震区的厂房，其伸缩缝和沉降缝均应符合防震缝的宽度要求。

3. 支撑的布置

在装配式钢筋混凝土单层厂房中，支撑是使厂房结构形成整体、提高厂房结构构件刚度和稳定性的重要部件。实践证明，支撑如果布置不当，不仅会影响厂房的正常使用，甚至引起工程事故，应予以足够重视。

1）屋盖支撑

屋盖支撑包括设置在屋架（屋面梁）间的垂直支撑，水平系杆，在上、下弦平面内的横向水平支撑和在下弦平面内的纵向水平支撑。

（1）屋架（屋面梁）间的垂直支撑和水平系杆。

屋架垂直支撑和下弦水平系杆的作用是：保证屋架的整体稳定（抗倾覆）并传递水平力，当吊车工作时（或有其他振动时）防止屋架下弦发生侧向颤动。上弦水平系杆则用以保证屋架上弦或屋面梁受压翼缘的侧向稳定,防止局部失稳,并可减小屋架上弦平面外的压杆计算长度。

当屋面梁(或屋架)的跨度 $l \leqslant 18$ m 且无天窗时,一般可不设垂直支撑和水平系杆,但对梁支座应进行抗倾覆验算;当 $l > 18$ m 时,应在第一或第二柱间设置垂直支撑并在下弦设置通长水平系杆(见图 13-8)。当为梯形屋架时,除按上述要求处理外,还需在伸缩缝区段两端第一或第二柱间内,在屋架支座处设置端部垂直支撑。

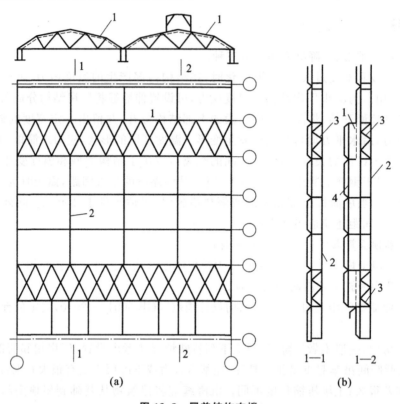

图 13-8 屋盖结构支撑
1—上弦横向水平支撑;2—下弦系杆;3—垂直支撑;4—上弦系杆

(2) 屋架(屋面梁)间的横向水平支撑。

上弦横向水平支撑的作用是形成刚性框架,增强屋盖的整体刚度,保证屋架上弦或屋面梁上翼缘的侧向稳定,同时可将抗风柱传来的风力传递到纵向排架柱顶。当屋面为大型屋面板,并与屋架或梁有三点焊接,且屋面板纵肋间的空隙用 C15 或 C20 级细石混凝土灌实,能保证屋盖平面稳定并能传递山墙风力时,屋面板可起上弦横向支撑的作用。此时,可不必设置上弦横向水平支撑。凡屋面为有檩体系,或山墙风力传至屋架上弦,而大型屋面板的连接不符合上述要求时,应在屋架上弦平面的伸缩缝区段内两端第一或第二柱间各设一道上弦横向水平支撑(见图 13-8)。当天窗通过伸缩缝时,应在伸缩缝处天窗缺口下设置上弦横向水平支撑。

下弦横向水平支撑的作用是将屋架下弦受到的水平力传至纵向排架柱顶。因此,当屋架下弦设有纵向运行的悬挂吊车或受有其他水平力,或抗风柱与屋架下弦连接,抗风柱风力传至下弦时,则应设置下弦横向水平支撑。

(3) 屋架(屋面梁)间的纵向水平支撑。

下弦纵向水平支撑的作用是提高厂房刚度,保证横向水平力的纵向分布,加强横向排架的空间工作。设计时应根据厂房跨度、跨数和高度,屋盖承重结构方案,吊车起重量及工作制等因素,考虑是否在下弦平面端节间中设置纵向水平支撑。如下弦尚设有横向支撑时,则纵、横支撑应尽可能形成封闭的支撑体系(见图 13-9(a))。任何情况下,如设有托架,应设置纵向水平支撑(见图 13-9(b))。如只在部分柱间设置托架,则必须在设有托架的柱间及两端相邻的一个柱间布置纵向水平支撑(见图 13-9(c)),以承受屋架传来的横向风力。

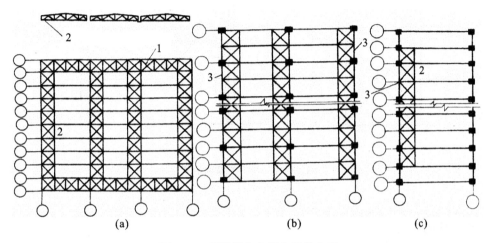

图 13-9 下弦纵向水平支撑的布置
(a)下弦纵横封闭的支撑体系;(b)全部柱间设托架;(c)部分柱间设托架
1—下弦横向水平支撑;2—下弦纵向水平支撑;3—托架

(4) 天窗架间的支撑。

天窗架间的支撑包括天窗架上弦横向水平支撑和天窗架间的垂直支撑。前者的作用是传递天窗端壁所受的风力和保证天窗架上弦的侧向稳定,当屋盖为有檩体系或虽为无檩体系,但大型屋面板的连接不起整体作用时,应设置这种支撑。后者的作用是保证天窗架的整体稳定,应在天窗架两端的第一柱间设置。天窗架支撑与屋架上弦支撑应尽可能布置在同一柱间。

2) 柱间支撑

柱间支撑的作用主要是提高厂房纵向刚度和稳定性。对于有吊车的厂房,柱间支撑分上部和下部两种。前者位于吊车梁上部,用以承受山墙上的风力并保证厂房上部的纵向刚度;后者位于吊车梁下部,用以承受上部支撑传来的力和吊车梁传来的纵向制动力,并将它们传至基础(见图 13-10)。一般单层厂房,凡属下列情况之一者,应设置柱间支撑:

(1) 设有悬臂式吊车或 30 kN 及 30 kN 以上的悬挂式吊车;
(2) 设有重级工作制吊车或中、轻级工作制吊车起重量在 100 kN 及以上;
(3) 厂房跨度在 18 m 及以上或柱高在 8 m 以上;
(4) 纵向柱列的总数在 7 根以下;
(5) 露天吊车栈桥的柱列。

当柱间设有承载力和稳定性足够的墙体,且与柱连接紧密能起整体作用,吊车起重量又较小(不大于 50 kN)时,可不设柱间支撑。柱间支撑通常设在伸缩缝区段的中央或临近中央的柱间。这样布置,当温度变化或混凝土收缩时,有利于厂房结构的自由变形,而不至发生过大的温度或收缩应力。当柱顶纵向水平力没有简捷途径(如通过连系梁)传递时,必须在柱顶设置一道通长的纵向水平系杆。柱间支撑宜用杆件交叉的形式,杆件倾角通常在35°～55°之间(见图13-10(a))。当柱间因交通、设备布置或柱距较大而不宜或不能采用交叉式支撑时,可采用图13-10(b)所示的门架支撑。

柱间支撑一般采用钢结构,杆件截面尺寸应经承载力和稳定性验算。

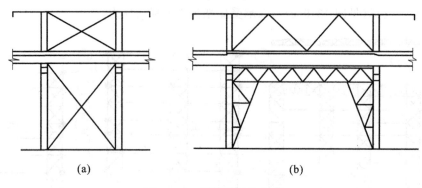

图 13-10 柱间支撑的形式
(a)交叉支撑;(b)门架支撑

4. 抗风柱的布置

单层厂房的端墙(山墙),受风面积较大,一般须设置抗风柱将山墙分成几个区格,以使墙面受到的风荷载,一部分直接传给纵向柱列,另一部分则经抗风柱上端通过屋盖结构传给纵向柱列和经抗风柱下端传给基础。

当厂房高度和跨度均不大(如柱顶在8 m以下,跨度为9 m～12 m)时,可采用砖壁柱作为抗风柱;当高度和跨度较大时,一般都采用钢筋混凝土抗风柱。前者在山墙中,后者设置在山墙内侧,并用钢筋与之拉结(见图13-11)。在很高的厂房中,为减少抗风柱的截面尺寸,可加设水平抗风梁(见图13-11)或钢抗风桁架,作为抗风柱的中间铰支点。

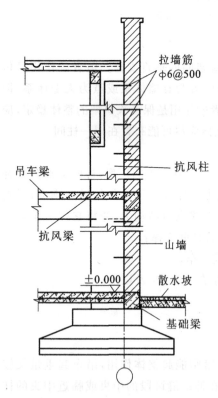

图 13-11 抗风柱与屋架连接

5. 圈梁、连系梁、过梁和基础梁的布置

当用砖砌体作厂房围护墙时,一般要设置圈梁、连系梁、过梁和基础梁。

圈梁的作用是将墙体同厂房柱箍在一起,以加强厂房的整体刚度,防止由于地基的不均匀沉降或较大振动荷载对厂房引起的不利影响。圈梁设在墙内,并与柱用钢筋拉结。圈梁不承受墙体重量,故柱上不设置支承圈梁的牛腿。圈梁的布置与墙体高度、对厂房的刚度要求及地基状况有关。一般单层厂房可参照下列原则布置。

(1) 对无桥式吊车的厂房,檐口标高为 5 m～8 m 时,应在檐口附近布置一道;当檐高大于 8 m 时,宜适当增设。

(2) 对无桥式吊车的厂房,檐口标高为 4 m～5 m 时,应设置圈梁一道;檐口标高大于 5 m 时,宜适当增设。

(3) 对有桥式吊车或较大振动设备的单层工业房屋,除在檐口或窗顶标高处设置现浇混凝土圈梁外,尚宜在吊车梁标高处或其他适当位置增设。圈梁应连续设置在墙体的同一平面上,并尽可能沿整个建筑物形成封闭状。当圈梁被门窗洞口截断时,应在洞口上部墙体内设置一道附加圈梁(过梁),其截面尺寸不应小于被截断的圈梁,其搭接长度不应小于其中到中垂直间距的 2 倍,且不得小于 1 m。

连系梁的作用是连系纵向柱列,以增强厂房的纵向刚度,并传递纵向水平荷载。此外连系梁还承受其上墙体的重量。连系梁通常是预制的,两端搁置在柱牛腿上,用螺栓或焊接与牛腿连接。

过梁的作用是承托门窗洞口上部墙体的重量。在进行厂房结构布置时,应尽可能将圈梁、连系梁、过梁结合起来,使一个构件起到两种或三种构件的作用,以节约材料,简化施工。

在一般厂房中,通常用基础梁来承受围护墙体的重量,而不另做墙基础。基础梁底部距土的表面预留 100 mm 的空隙,使梁可随柱基础一起沉降。当基础梁下有冻胀性土时,应在梁下铺设一层干砂、碎砖或矿渣等松散材料,并留 50 mm～150 mm 的空隙,防止土层冻胀时将梁顶裂。基础梁与柱一般不要求连接,直接搁置在基础杯口上(见图 13-12(a)、(b));当基础埋置较深时,则搁置在基顶的混凝土垫块上(见图 13-12(c))。施工时,基础梁支承处应坐浆。基础梁顶面一般设置在室内地坪以下 50 mm 标高处(见图 13-12(b)、(c))。当厂房不高、地基比较好、柱基础又埋得较浅时,也可不设基础梁,而做砖石或混凝土基础。

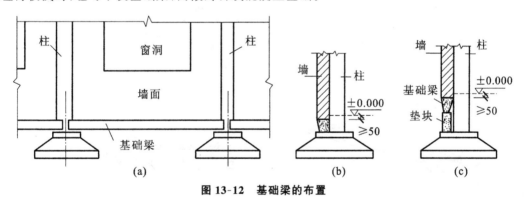

图 13-12 基础梁的布置

(a)、(b)基础梁直接搁在基础上;(c)基础梁搁在垫块上

连系梁、过梁和基础梁均有全国通用图集,可供设计时选用。

任务 2 单层厂房结构主要构件选型

钢筋混凝土单层厂房结构的构件,除柱和基础外,一般都可以根据工程的具体情况,从工业厂房结构构件标准图集中选择合适的标准构件。以下介绍几种主要承重构件的选型。

一、屋面板

在单层厂房中屋面板的造价和材料用量均最大,它既承重又起围护作用。屋面板在厂房中比较常用的形式有预应力混凝土大型屋面板、预应力混凝土 F 形屋面板、预应力混凝土单肋板、预应力混凝土空心板等(见图 13-13)。它们都适用于无檩体系。小型屋面板(如预应力混凝土槽瓦)、瓦材用于有檩体系。

预应力混凝土大型屋面板(见图 13-13(a))由纵肋、横肋和面板组成。由这种屋面板组成的屋面水平刚度好,适用于柱距为 6 m 或 13 m 的大多数厂房,以及振动较大、对屋面刚度要求较高的车间。

预应力混凝土 F 形屋面板(见图 13-13(b))由纵肋、横肋和带悬挑的面板组成。板沿纵向互相搭接,横缝及脊缝加盖瓦和脊瓦,屋面用料省,但屋面水平刚度及防水效果不如预应力混凝土大型屋面板,适用于跨度、荷载较小的非保温屋面,不宜用于对屋面刚度及防水要求高的厂房。

预应力混凝土单肋板(见图 13-13(c))由单根纵肋、横肋及面板组成。与 F 形屋面板类似,板沿纵向互相搭接,横缝及脊缝加盖瓦和脊瓦。屋面用料省但刚度差,适用于跨度和荷载较小的非保温屋面,而不宜用于对屋面刚度和防水要求高的厂房。

预应力混凝土空心板(见图 13-13(d))广泛用于楼盖,也可作为屋面板用于柱距为 4 m 左右的车间和仓库。

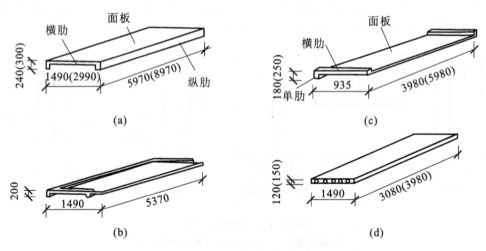

图 13-13 屋面板的类型
(a)预应力混凝土大型屋面板;(b)预应力混凝土 F 形屋面板;
(c)预应力混凝土单肋板;(d)预应力混凝土空心板

二、屋面梁和屋架

屋面梁和屋架是厂房结构最主要的承重构件之一,它除承受屋面板传来的荷载及其自重外,有时还承受悬挂吊车、高架管道等荷载。

屋面梁常用的有预应力混凝土单坡或双坡薄腹Ⅰ形梁及空腹梁(见图 13-14(a)、(b)、(c))。这种梁式结构便于制作和安装,但自重大、费材料,适用于跨度不大(跨度在 8 m 和 18 m 以下)、有较大振动或有腐蚀性介质的厂房。

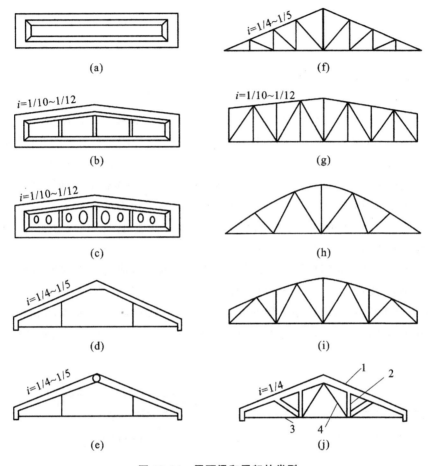

图 13-14 屋面梁和屋架的类型
(a)单坡屋面梁;(b)双坡屋面梁;(c)空腹屋面梁;(d)两铰拱屋架;(e)三铰拱屋架;
(f)三角形屋架;(g)梯形屋架;(h)拱形屋架;(i)折线形屋架;(j)三角形组合屋架
1、2—钢筋混凝土上弦及压腹杆;3、4—钢下弦及拉腹杆

屋架可做成拱式和桁架式两种。拱式屋架常用的有钢筋混凝土两铰拱屋架(见图 13-14(d)),其上弦为钢筋混凝土,而下弦为角钢。若顶节点做成铰接,则为三铰拱屋架(见图 13-14(e))。这种屋架构造简单,自重较轻,但下弦刚度小,适用于跨度为 15 m 和 15 m 以下的厂房。三铰拱屋架,如上弦做成先张法预应力混凝土构件,下弦仍为角钢,即成为预应力混凝土三铰拱屋架,其跨度可达到 18 m。

桁架式屋架有三角形、梯形、拱形和折线形等多种(见图 13-14(f)、(g)、(h)、(i))。三角形屋架,上、下弦杆内力不均匀,腹杆内力亦较大,因而自重较大,一般不宜采用。预应力混凝土梯形屋架,由于刚度好,屋面坡度平缓(1/12~1/10),适用于卷材防水的大型、高温及采用井式或横向天窗的厂房。

预应力拱形屋架,外形合理,可使上、下弦杆受力均匀,腹杆内力亦小,因而自重轻,可用于跨度为 18 m～36 m 的厂房。这种屋架由于端部坡度太陡,屋面施工较为困难。因此,在厂房中广泛采用端部加高的外形接近拱形预应力混凝土折线形屋架(见图 13-14(i))。当桁架式屋架跨度较小(18 m 以内)时,也可采用三角形组合屋架(见图 13-14(j))。

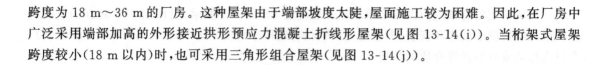

三、吊车梁

吊车梁是有吊车厂房的重要构件,它承受吊车荷载(竖向荷载及纵、横向水平制动力)、吊车轨道及吊车梁自重,并将这些力传给厂房柱。

吊车梁通常做成 T 形截面,以便在其上安放吊车轨道。腹板如采用厚腹的,可做成等截面梁(见图 13-15(a));如采用薄腹的,则腹板在梁端局部加厚,为便于布筋采用 I 形截面(见图 13-15(b))。厚腹和薄腹吊车梁,均可做成普通钢筋混凝土与预应力混凝土的。跨度一般为 6 m,吊车最大起重量则视吊车工作制的不同而有所区别。以等截面厚腹普通钢筋混凝土吊车梁为例,对轻级工作制吊车起重量最大可达 500 kN,中级工作制最大起重量为 300 kN,而重级工作制最大起重量为 200 kN。由于预应力可提高吊车梁的抗疲劳性能,因此,预应力混凝土吊车梁重级工作制最大起重量也可达 500 kN。

根据简支吊车梁弯矩包络图跨中弯矩最大的特点,也可做成变高度的吊车梁,如预应力混凝土鱼腹式吊车梁(见图 13-15(c))和预应力混凝土折线式吊车梁(见图 13-15(d))。这种吊车梁外形合理,但施工较麻烦,故多用于起重量大(100 kN～1200 kN)、柱距大(6 m～12 m)的工业厂房。对于柱距为 4 m～6 m、起重量不大于 50 kN 的轻型厂房,也可采用结构轻巧的桁架式吊车梁(见图 13-15(e)、(f))。

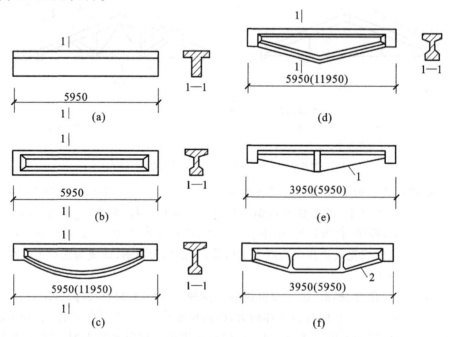

图 13-15 吊车梁形式
(a)厚腹吊车梁;(b)薄腹吊车梁;(c)鱼腹式吊车梁;(d)折线式吊车梁;(e)、(f)桁架式吊车梁
1—钢下弦;2—钢筋混凝土下弦

四、柱

柱是单层厂房中的主要承重构件。常用柱的形式有矩形、I形截面柱以及双肢柱等。当厂房跨度、高度和吊车起重量不大，柱的截面尺寸较小时，多采用矩形或I形截面柱（见图 13-16(a)、(b)）；而当跨度、高度、起重量较大，柱的截面尺寸也较大时，宜采用平腹杆或斜腹杆双肢柱（见图 13-16(d)、(e)），亦可采用管柱（见图 13-16(c)、(f)、(g)）。设计时可根据柱截面高度 h 之值参考下列限制选择柱形：

当 $h \leqslant 700$ mm 时，采用矩形截面柱；

当 $h = 600$ mm～800 mm 时，采用矩形或I形截面柱；

当 $h = 1300$ mm～1200 mm 时，采用I形截面柱；

当 $h = 1300$ mm～1500 mm 时，采用I形截面柱或双肢柱；

当 $h \geqslant 1600$ mm 时，采用双肢柱。

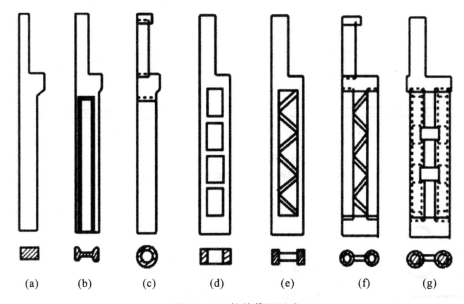

图 13-16 柱的截面形式
(a)矩形；(b)I形；(c)管柱；(d)平腹杆；(e)斜腹杆；(f)斜腹杆管柱；(g)平斜腹杆管柱

应该指出，柱形的选择还应根据厂房的具体条件灵活考虑。如有的厂房为方便布置管道，柱截面高度为 800 mm～1000 mm，也可采用平腹杆双肢柱。有的重型厂房，为提高柱的抗撞击能力，柱截面高度为 1000 mm～1300 mm，却采用矩形截面。

柱截面尺寸不仅要满足结构承载力的要求，而且还应使柱具有足够的刚度，保证厂房在正常使用过程中不出现过大的变形，以免吊车运行时卡轨，使车轮与轨道磨损严重以及墙体开裂等。因此，柱的截面尺寸不应太小，应满足《混凝土结构设计规范》(GB 50010—2010)相关规定的要求。最终柱的截面尺寸及配筋一般通过计算确定。

五、基础

柱下单独基础，按施工方法可分为预制柱下基础和现浇柱下基础。现浇柱下基础通常用于多层现浇框架结构，预制柱下基础则用于装配式单层厂房结构。单层厂房柱下基础常用的形式是单独基础。这种基础有阶形和锥形两种（见图13-17(a)、(b)）。由于它们与预制柱的连接部分做成杯口，故统称为杯形基础。当柱下基础与设备基础或地坑冲突，以及地质条件差等原因，需要深埋时，为不使预制柱过长，且能与其他柱长一致，可做成图13-17(c)所示的高杯口基础，它由杯口、短柱及阶形或锥形底板组成。短柱是指杯口以下的基础上阶部分（即图中Ⅰ—Ⅰ截面到Ⅱ—Ⅱ截面之间的一段）。基础的截面尺寸及配筋一般通过计算确定。

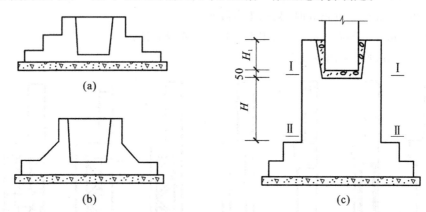

图 13-17　柱下单独基础的形式
(a)阶形基础；(b)锥形基础；(c)高杯口基础

任务 3　主要构件间的连接

单层厂房若采用钢筋混凝土结构，各结构构件间应有可靠而有效的连接，才能保证内力的正确传递，使厂房结构形成一个整体。从大量震害调查中发现，不少厂房倒塌是由于节点连接受破坏而引起的。因此，连接构造设计是保证钢筋混凝土预制构件间可靠传力和保证结构整体性的重要环节，必须加以重视。

钢筋混凝土构件间的连接构造做法很多，本节仅就主要构件间的常用节点构造及其连接件受力情况作一些介绍。

1. 屋架与柱

组成横向排架，其连接构造做法如图13-18所示。压力由支承钢板传递，剪力由锚筋和焊缝承受。

2. 屋架与天窗架、屋面板

连接构造做法如图 13-19 所示。连接处主要承受压力,通过支承钢板传给屋架上弦;但还有沿上弦坡度方向的剪力,由锚筋和焊缝承受。

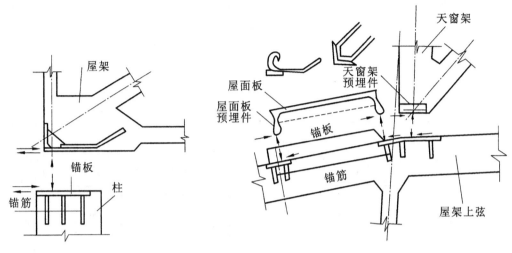

图 13-18 屋架与柱的连接　　　图 13-19 屋架与天窗架、屋面板的连接

3. 屋架与屋盖支撑

屋架弦杆与屋盖支撑的杆件组成水平桁架或竖向桁架,它们之间一般采用螺栓连接(见图 13-20)。螺栓承受轴力和剪力。

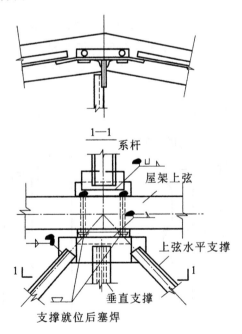

图 13-20 屋架与屋盖支撑的连接

4. 屋架与抗风柱

抗风柱一般与基础刚接,与屋架上弦铰接,根据具体情况,也可与下弦铰接或同时与上、下弦铰接。抗风柱与屋架连接必须满足两个要求:一是在水平方向必须与屋架有可靠的连接,以保证有效地传递风荷载;二是在竖向应允许两者之间有一定相对位移的可能性,以防厂房与抗风柱沉降不均匀时产生的不利影响。因此,抗风柱和屋架一般采用竖向可移动、水平向又有较大刚度的弹簧板连接(见图 13-21(a));如厂房沉降较大时,则宜采用通过长圆孔的螺栓进行连接(见图 13-21(b))。

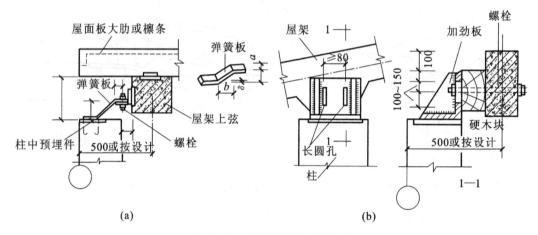

图 13-21 屋架与抗风柱的连接

5. 柱与吊车梁

吊车梁支承在柱的牛腿上。吊车的竖向荷载通过梁底传递给柱;吊车的横向和纵向水平制动力通过吊车轨道传给吊车梁,再由吊车梁传给横向排架和纵向排架。所以,梁底和梁顶都须与柱有可靠的连接,如图 13-22 所示。梁底埋设件主要承受竖向压力和纵向水平制动力;梁顶与上柱连接处主要承受横向水平制动力。

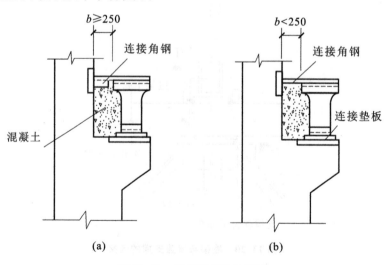

图 13-22 柱与吊车梁的连接

6. 柱与钢牛腿、连系梁

当墙体通过连系梁与柱连接时,有时要设置钢牛腿。这时柱中的埋设件承受剪力和弯矩(见图13-23)。

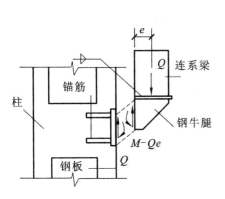

图13-23 柱与钢牛腿、连系梁的连接

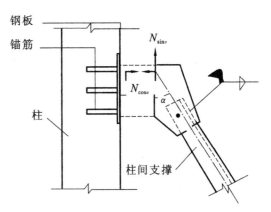

图13-24 柱与柱间支撑的连接

7. 柱与柱间支撑

组成竖向桁架,承受山墙传来的风力、纵向水平制动力、纵向地震力以及由厂房纵向温度变形而产生的内力。柱与柱间支撑的埋设件承受拉力和剪力(见图13-24)。

从以上几种最常见的钢筋混凝土结构构件间的连接构造做法中可以看出,连接的基本做法是在结构构件内设置钢埋设件,在安装构件时,用焊接或螺栓连接的方法将它们连接起来。在节点中,埋设件和焊缝主要传递压力、拉力、弯矩、剪力以及它们的组合。

单元小结

13.1 排架结构是装配式单层厂房的主要结构形式。其主要结构构件有屋盖、吊车梁、柱、支撑、基础及围护等结构构件。

13.2 单层钢筋混凝土结构厂房中,横向排架为主要受力结构。纵向排架一般不用进行结构计算,但要采取构造措施,以保证结构的纵向稳定和刚度。

13.3 支撑是使厂房结构形成空间骨架、提高厂房结构构件刚度和稳定性的重要部件。单层厂房的支撑主要有屋盖支撑和柱间支撑。屋盖支撑包括设置在屋架(屋面梁)间的垂直支撑,水平系杆,在上、下弦平面内的横向水平支撑和在下弦平面内的纵向水平支撑。柱间支撑包括上柱支撑和下柱支撑。

13.4 横向平面排架承受的荷载包括竖向荷载(即结构自重、屋面活荷载、雪荷载和吊车竖向荷载等)及横向水平荷载(即风荷载、吊车横向制动力和地震力)。

13.5 钢筋混凝土单层厂房结构的构件,除柱和基础外,一般可以从工业厂房结构构件标准图集中选择合适的标准构件。各结构构件间应有可靠而有效的连接,才能保证内力的正确传递,使厂房结构形成一个整体。

13.1 单层厂房结构由哪几部分组成？
13.2 单层厂房横向排架由哪些构件组成？其传力途径是怎样的？
13.3 单层厂房纵向排架由哪些构件组成？其传力途径是怎样的？
13.4 单层厂房结构布置的内容是什么？
13.5 单层厂房中有哪些支撑系统？它们各起什么作用？
13.6 作用在单层厂房横向排架结构上的荷载有哪些？荷载如何传递？
13.7 单层厂房常用的屋面板有哪几种类型？它们各适用于怎样的屋盖结构？

13.1 单项选择题。
1. 混凝土排架厂房,除( )一般需要自行设计外,其他构件大都有现成的标准图集。
A. 屋面板与屋架　　　B. 屋架与柱子　　　C. 柱子与基础　　　D. 屋面板与基础
2. 在排架结构中,上柱柱间支撑和下柱柱间支撑的设置位置合理的是( )。
A. 上柱柱间支撑设在伸缩缝区段中部的柱间
B. 上柱柱间支撑设在伸缩缝区段中部和两端的柱间
C. 下柱柱间支撑设在伸缩缝区段两端的柱间
D. 下柱柱间支撑设在伸缩缝区段中部和两端的柱间
3. 单层厂房下柱柱间支撑一般设在温度区段的( )。
A. 两端　　　　　　　B. 中部　　　　　　　C. 温度缝处　　　　　D. 任何部位

13.2 多项选择题。
1. 作用在单层厂房结构上的活荷载主要有( )。
A. 吊车荷载　　　　　B. 风荷载　　　　　　C. 积灰荷载　　　　　D. 施工荷载
2. 单层工业厂房用柱有( )。
A. 矩形　　　　　　　B. 工字形　　　　　　C. 双肢柱　　　　　　D. T形
3. 变形缝包括( )。
A. 分仓缝　　　　　　B. 防震缝　　　　　　C. 伸缩缝　　　　　　D. 沉降缝
4. 工业厂房屋盖支撑的作用是( )。
A. 使厂房形成整体空间骨架　　　　　　　　B. 传递水平荷载
C. 保证构件和杆的稳定　　　　　　　　　　D. 传递屋面传来的恒荷载和活荷载

13.3 填空题。
1. 单层厂房屋盖支撑包括天窗支撑,屋盖上、下弦水平支撑,_____。
2. 排架结构是由_____组成的单层工业厂房传统的结构形式。
3. 单层厂房一般做成排架结构,其柱子与屋架_____,而与基础_____。

模块 2 砌体结构

MOKUAI 2
QITI JIEGOU

单元 14 砌体的类型与力学性能

学习目标

☆ **知识目标**

(1) 掌握砌体材料的力学性能。
(2) 掌握砌体的基本力学性能。

☆ **能力目标**

(1) 在了解砌体结构发展与应用的基础上,熟悉砌体的类型及应用范围。
(2) 熟练查阅各种砌体强度值。

单元 14
砌体的类型与力学性能

❖ **知识链接：砌体早期应用实例**

据记载，我国长城始建于公元前 7 世纪春秋时期的楚国。在秦代，用乱石和土将秦、燕、赵北面的城墙连成一体并增筑新的城墙，建成闻名于世的万里长城（见图 14-1）。建于公元 523 年的河南登封嵩岳寺塔（见图 14-2），平面为十二边形，共 15 层，总高 43.5 米，为砖砌单筒体结构，是中国最古密檐式砖塔。

图 14-1　长城

图 14-2　嵩岳寺塔

任务 1　砌体的类型

一、砌体结构的发展简史

砌体结构是由块体和砂浆砌筑而成的墙、柱作为建筑物主要受力构件的结构，是砖砌体、石砌体和砌块砌体结构的统称。这些砌体是将黏土砖、各种砌块或石材等块体用砂浆砌筑而成的，由于过去大量应用的是砖砌体和石砌体，所以习惯上称为砖石结构。

石材和砖是两种古老的土木工程材料，砌体结构有着悠久的历史，我国在殷代就已出现用黏土砌成的筑墙，秦代的万里长城、北魏的嵩岳寺塔、隋代的赵县安济桥、明代的南京灵谷寺等砌体结构，显示了我国砌体结构历史的辉煌与特色。在国外，古埃及金字塔、古罗马角斗场、中世纪欧洲宫廷等砌体结构也都是土木建筑史上的光辉实例。

混凝土砌块于 1882 年问世，混凝土小型空心砌块起源于美国，第二次世界大战后混凝土砌块的生产和应用技术传至美洲和欧洲的一些国家，继而传至亚洲、非洲及大洋洲。

新中国成立以来,砌体结构得到迅速发展,取得了显著成绩。前些年砖的年产量曾达到世界其他各国砖年产量的总和,90%以上的墙体采用砌体材料。我国已从过去用砖石建造低矮的民房,发展到现在建造大量的多层住宅、办公楼等民用建筑和中小型单层工业厂房、多层轻工业厂房,以及影剧院、食堂、仓库等建筑。此外,还可用砖石建造各种砖石构筑物,如烟囱、拱桥、筒仓、挡土墙等。20世纪60年代末,我国已提出墙体材料革新,1988年至今,我国墙体材料革新已迈入重要的发展阶段,在完成节能建筑、节约耕地、节约燃煤、利用工业废渣、减少二氧化硫及氮氧化物有害气体排放方面都取得了很好的成绩,并淘汰了一批小型砖瓦企业。

20世纪90年代以来,在吸收和消化国外配筋砌体结构成果的基础上,建立了具有我国特点的配筋混凝土砌块砌体剪力墙结构体系,大大拓宽了砌体结构在高层房屋及其在抗震设防地区的应用。纵观历史,尤其是20世纪60年代以来,砌体结构不断发展,已成为世界上一种重要的建筑结构体系。

二、砌体结构的应用特点

砌体结构广泛用于各种中小型民用与工业建筑,例如住宅、办公楼、学校、商店、食堂、仓库、工业车间等。砌体结构得到广泛的应用,与这种结构体系所具有的优越性分不开。首先,它与钢结构和钢筋混凝土结构相比,材料来源广泛,取材容易,造价低廉,节约水泥和钢材。其次,砌体结构构件具有承重和围护双重功能,且有良好的耐久性和耐火性,使用年限长,维修费用低。再次,砌体结构房屋构造简单,施工方便,工程总造价低,而且具有良好的整体工作性能,局部的破坏不致引起相邻构件或房屋的倒塌,对爆炸、撞击等偶然作用的抵抗能力较强。

砌体结构也存在一些不足。首先,结构自重大,砌体的抗弯、抗剪和抗拉能力低于抗压能力,对抗震不利等,因此在房屋的总体高度及层数上受到限制,尤其是在地震区。其次,砌体的砌筑基本采用手工方式,导致生产效率低,砌筑工作繁重。再次,黏土砖砌体对黏土需求量大,导致农田毁坏,影响农业生产。但是随着高强材料的研究与应用、配筋砌体的研究应用及结构设计理论和施工技术水平的不断提高,砌体结构会不断发展和完善,在建筑工程中的应用与发展前景会更为广阔。

三、砌体类型及其应用范围

砌体可分为无筋砌体和配筋砌体两大类。根据块体的不同,无筋砌体有砖砌体、砌块砌体和石砌体。在砌体中配有钢筋或钢筋混凝土的砌体称为配筋砌体。

砌体之所以能成为整体而承受荷载,除了靠砂浆使块体粘结之外,还需要使块体在砌体中合理排列,也即上、下皮块体必须互相搭砌,并避免出现过长的竖向通缝。因为竖向连通的灰缝将砌体分割成彼此无联系或联系很弱的几个部分,则不能相互传递压力和其他内力,不利于整体受力,进而削弱甚至破坏建筑物的整体工作。

单元 14
砌体的类型与力学性能

1. 砖砌体

由砖和砂浆砌筑而成的砌体称为砖砌体,它是最普遍采用的一种砌体。砖砌体包括烧结普通砖、烧结多孔砖、蒸压灰砂普通砖、蒸压粉煤灰普通砖、混凝土普通砖、混凝土多孔砖的无筋和配筋砌体。

砖砌体通常用作承重外墙、内墙、砖柱、围护墙及隔墙。常用的砖砌体的组砌方式有一顺一丁、梅花丁和三顺一丁等砌法(见图 14-3)。当采用标准砖砌筑砖砌体时,墙体的厚度常采用 120 mm(0.5 砖)、240 mm(1 砖)、370 mm(1.5 砖)、490 mm(2 砖)、620 mm(2.5 砖)及 740 mm(3 砖)等。有时为节约材料还可砌成 180 mm、300 mm、420 mm 等厚度。

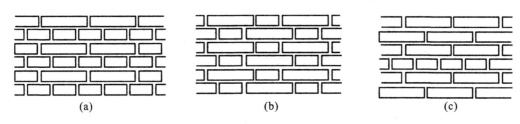

图 14-3 砖砌体的组砌方式
(a)一顺一丁;(b)梅花丁;(c)三顺一丁

2. 砌块砌体

由砌块和砂浆砌成的砌体称为砌块砌体。砌块砌体包括混凝土砌块、轻集料混凝土砌块的无筋和配筋砌体。目前我国应用较多的砌块砌体是混凝土小型空心砌块砌体和轻骨料混凝土小型砌块砌体。砌块砌体主要用作住宅、办公楼和学校等建筑,以及一般工业建筑的承重墙或围护墙。和砖砌体一样,砌块砌体也应分皮错缝搭砌。小型砌块上、下皮搭砌长度不得小于 90 mm。砌筑空心砌块时,一般应对孔,使上、下皮砌块的肋对齐以利于传力。砌块砌体为建筑工厂化、机械化,提高劳动生产率,减轻结构自重开辟了新的途径。

3. 石砌体

石砌体是由天然石材和砂浆或由天然石材和混凝土砌筑而成的,包括各种料石和毛石砌体。石材价格低廉,可就地取材,常用于挡土墙、承重墙、柱和基础。料石砌体还用于建造拱桥、坝和涵洞等构筑物。

4. 配筋砌体

为了提高砌体的承载力或当构件的截面尺寸受到限制时,可在砌体内配置适量的钢筋或钢筋混凝土而形成配筋砌体(见图 14-4)。配筋砌体有横向配筋砖砌体和组合砖砌体等。在砖柱或墙体的水平灰缝内配置一定数量的钢筋网(见图 14-4(a))或双向连弯钢筋网(见图 14-4(b)),可用作承受轴心压力或小偏心受压的墙和柱。由砖砌体和钢筋混凝土或钢筋砂浆构成的砌体称为组合砖砌体,通常将钢筋混凝土或钢筋砂浆做面层(见图 14-4(c))。这种砌体可用作承受大偏心压力的墙和柱。在墙的转角和交接处设置钢筋混凝土构造柱,也是一种组合砖砌体。构造柱对砌体主要起约束作用,它能提高一般多层混合结构房屋的抗震能力。

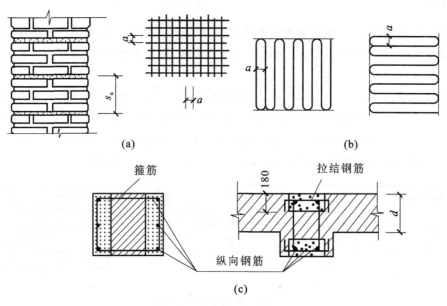

图 14-4 配筋砖砌体
(a)网状配筋砖体;(b)连弯网;(c)组合砖砌体

任务 2 砌体材料及其力学性能

由块体和砂浆砌筑而成的整体材料称为砌体。根据组成砌体的块体不同,砌体可分为砖砌体、石砌体和砌块砌体等。其受力特点是抗压能力较强而抗拉、抗剪、抗弯能力较差。因此,砌体常用作轴心和偏心受压构件,只在个别情况下才作为受弯、受剪和受拉构件。

构成砌体的材料包括块材(砖、石、砌块)与砂浆。各类砌体材料抗压强度设计值是以龄期为 28 天的毛截面,按施工质量等级为 B 级时标准试验方法所得到材料抗压极限强度的平均值来表示的。块材强度等级的符号为 MU,砂浆强度等级符号为 M,单位均为 MPa。

一、块体材料

1. 砖

我国标准砖的尺寸为 240 mm×115 mm×53 mm。《砌体结构设计规范》(GB 50003—2011)将烧结普通砖、烧结多孔砖的强度等级分成五级:MU30、MU25、MU20、MU15、MU10。蒸压灰砂普通砖和蒸压粉煤灰普通砖的强度等级:MU25、MU20、MU15。混凝土普通砖、混凝土多孔砖的强度等级:MU30、MU25、MU20、MU15。砖的质量除按强度等级区分外,还应满足抗冻性、吸水率和外观质量等要求。

2. 砌块

常用的混凝土小型空心砌块包括单排孔混凝土和轻骨料混凝土,其强度等级为MU20、MU15、MU10、MU7.5、MU5。小型砌块的主要规格尺寸为390 mm×190 mm×190 mm。

3. 石材

在砌体结构中,常用的天然石材有花岗岩、砂岩和石灰岩等。天然石材具有抗压强度高及抗冻性强的优点,多用于房屋的基础、勒脚、墙体、挡土墙,但由于石材的导热性较高、保温隔热性较差,故不适用于寒冷地区的房屋墙体。石材按其外形加工程度的不同,可分为料石(细料石、半细料石、粗料石、毛料石)和毛石两种,石材强度等级共分为MU100、MU80、MU60、MU50、MU40、MU30、MU20七个等级。石材的强度等级是根据边长为70 mm的立方体试块测得的抗压强度确定的。

二、砂浆

砂浆是由胶凝材料(石灰、水泥)和细骨料(砂)加水搅拌而成的混合材料。砂浆在砌体中的作用是使块体与砂浆接触表面产生粘结力和摩擦力,从而把散放的块体材料凝结成整体以承受荷载,并因抹平块体表面使应力分布均匀。同时,砂浆填满了块体间的缝隙,减少了砌体的透气性,从而提高了砌体的隔热、防水和抗冻性能。

砂浆的强度等级是用边长为70.7 mm的立方体试块测得的抗压强度的平均值确定的,划分为M15、M10、M7.5、M5、M2.5五个强度等级。蒸压灰砂普通砖和蒸压粉煤灰普通砖砌体采用的专用砌筑砂浆强度等级:Ms15、Ms10、Ms7.5、Ms5.0。混凝土普通砖、混凝土多孔砖、单排孔混凝土砌块和煤矸石混凝土砌块砌体采用的砂浆强度等级:Mb20、Mb15、Mb10、Mb7.5、Mb5。双排孔或多排孔轻集料混凝土砌块砌体采用的砂浆强度等级:Mb10、Mb7.5、Mb5。毛料石、毛石砌体采用的砂浆强度等级:M7.5、M5、M2.5。

砂浆按其组成材料的不同,可分为水泥砂浆、混合砂浆和非水泥砂浆三种。

(1)水泥砂浆:由水泥、砂和水拌和而成。它具有强度高、硬化快、耐久性好的特点,但流动性、保水性较差,水泥用量大,适用于砌筑受力较大或潮湿环境中的砌体。

(2)混合砂浆:由水泥、石灰、砂和水拌和而成。它的保水性和流动性比水泥砂浆好,便于施工,而且强度高于石灰砂浆,适用于砌筑一般墙柱砌体。

(3)非水泥砂浆:如石灰砂浆、黏土砂浆等,具有保水性、流动性好的特点,但强度低,耐久性差。

三、砌体材料的选择

砌体所用的块材和砂浆,应根据砌体结构的使用要求、使用环境、重要性及结构构件的受力特点等因素来考虑。选用的材料应符合承载力、耐久性、保温隔声等要求。在抗震设防地区,选用的材料应符合有关规定。

对于一般房屋的承重墙体,砖的强度等级常采用 MU10 和 MU15。由于黏土砖烧制需毁坏耕地,根据有关规定将禁止使用。非烧结硅酸盐砖在满足强度要求的前提下,可用于砌筑外墙和基础,但不宜作为承受高温的砌体材料。空心砖、多孔空心砖强度较高,常用于砌筑承重墙。大孔空心砖因强度较低,只用于隔墙和填充墙。

对于石材,可根据各种石材的不同性质来选用适当的石材。重质岩石的强度高,耐久性较好,但隔热性能较差;轻质岩石的保温、隔热性能好,容易加工,但强度较低,耐久性较差。石材的强度等级一般采用 MU40、MU30 及 MU20。

承重砌体砂浆的强度等级一般采用 M2.5、M5 和 M7.5,对于受力较大的砌体重要部位,可采用强度等级为 M10 和 M15 的砂浆。

任务 3 砌体的基本力学性能

一、砌体的抗压强度

1. 砌体轴心受压破坏特征

从多次的砖柱试验和房屋砌体破坏时的观察可以得出,砖砌体轴心受压破坏大致经历三个阶段。

(1) 第一阶段:当砌体上施加的荷载大约为破坏荷载的 50%~70% 时,砌体内的单块砖出现裂缝。这个阶段的特点是如果停止加载,则裂缝停止扩展,如图 14-5(a) 所示。

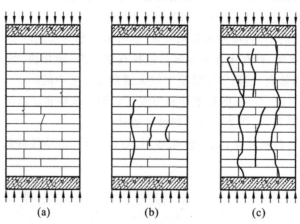

图 14-5 砖砌体轴心受压破坏特征
(a) 第一阶段;(b) 第二阶段;(c) 第三阶段

（2）第二阶段：继续增加荷载，裂缝不断扩展且产生新的裂缝。单块砖上的个别裂缝彼此连接并与竖向灰缝连成上下贯通几皮砖的垂直裂缝，如图14-5(b)所示。此时荷载约为破坏荷载的80%～90%，其特点是如果荷载不再增加，裂缝仍将继续扩展。实际上，房屋是在长期荷载作用下的，故应认为这一阶段就是砌体的实际破坏阶段。

（3）第三阶段：荷载再略为增加，裂缝会迅速加长加宽，砌体裂成互不相连的几个独立小柱，最终因被压碎或丧失稳定而破坏，如图14-5(c)所示。

2. 砌体受压应力状态分析

试验表明，砌体的抗压强度远低于砖的抗压强度。

由于砖的表面不平整，砂浆铺砌又不可能十分均匀，这就造成了砌体中每一块砖不是均匀受压而同时受弯剪作用的。因为砖的抗剪、抗弯强度远低于抗压强度，所以在砌体中常常由于单块砖承受不了弯曲应力和剪切应力而出现第一批裂缝。

砌体竖向受压时，要产生横向变形。强度等级低的砂浆横向变形比砖大，由于两者之间存在着粘结力，保证两者具有共同变形，因此产生了两者之间的交互作用。砖阻止砂浆变形，使砂浆横向也受到压力，反之，砖在横向受到砂浆作用而受拉，而砖的抗拉强度较低。

砌体的竖向灰缝不可能完全填满，同时砂浆和砖的粘结力不可能完全保证，这将造成砌体在竖向灰缝处的应力集中，也加快了砖的开裂，使砌体强度降低。

综上可见，砌体的破坏是由于砖块受弯、剪、拉而开裂及最后小柱体失稳引起的，所以砖块的抗压强度并没有真正发挥出来，故砌体的抗压强度总是远低于砖的抗压强度的。

3. 影响砌体抗压强度的主要因素

1）块体和砂浆的强度

块体和砂浆的强度是决定砌体抗压强度的主要因素。砌体强度随块体和砂浆强度等级的提高而增大，但提高块体和砂浆强度等级并不能按相同的比例提高砌体的强度，因此，在块体强度等级一定时，过高地提高砂浆强度等级并不适宜，因为水泥用量增多。

2）块体的形状及灰缝厚度

砌体强度随块体高度增加而增加，块体高度越大，外形比较规则、平整，则块体的弯矩、剪力的不利影响相对较小，从而使砌体强度相对提高。

砂浆灰缝的作用在于将上层砌体传下来的压力均匀地传到下层去。砌体中灰缝越厚，越难保证均匀与密实，除块体的弯剪作用加大外，受压灰缝横向变形所引起块体的拉应力也随之增大，严重影响砌体强度。因此，当块体表面平整时，灰缝宜尽量减薄。对砖砌体和小型砌块砌体，灰缝厚度应控制在8 mm～12 mm，料石砌体一般不宜大于20 mm。

3）砂浆的性能

砂浆的流动性和保水性好，容易使之铺砌成厚度与密实性都较均匀的水平灰缝，灰缝饱满程度就高，块体在砌体内的受力就越均匀，减少了砌体的应力集中，故砌体强度得以提高。但流动性过大，砂浆硬化后的变形率也越大，反而会降低砌体强度。所以性能较好的砂浆应是具有良好的流动性和较高的密实性。纯水泥砂浆的缺点在于容易失水而降低其流动性，不易铺砌成均匀的灰缝而影响砌体强度。

4）砌筑质量

提高砌体施工质量等级是保证砌筑质量的根本，但灰缝质量也不容忽视，尤其是水平灰缝的均匀、饱满程度对砌体抗压强度影响较大。快速砌筑对砌体抗压强度有利，因为砂浆在结硬之前就受压，可以减轻灰缝中砂浆不密实、不均匀的影响。

4. 砌体的抗压强度

1）砌体轴心抗压强度的平均值 f_m

《砌体结构设计规范》(GB 50003—2011)给出了各类砌体都适用的抗压强度平均值 f_m 的计算公式：

$$f_m = k_1 f_1^\alpha (1+0.07 f_2) k_2 \tag{14-1}$$

式中：f_1——块体（砖、石、砌块）的强度等级值（MPa）；

f_2——砂浆的抗压强度平均值（MPa）；

k_1——与块体类别及砌体砌筑方法有关的系数，如表14-1所示；

k_2——强度较低的砂浆对砌体强度的影响系数，如表14-1所示；

α——与块体高度及砌体类别有关的系数，如表14-1所示。

表 14-1 轴心抗压强度平均值 f_m/MPa

砌体种类	$f_m = k_1 f_1^\alpha (1+0.07 f_2) k_2$		
	k_1	α	k_2
烧结普通砖、烧结多孔砖、混凝土普通砖、混凝土多孔砖、蒸压灰砂普通砖、蒸压粉煤灰普通砖	0.78	0.5	$f_2<1$ 时，$k_2=0.6+0.4 f_2$
混凝土砌块、轻集料混凝土砌块	0.46	0.9	$f_2=0$ 时，$k_2=0.8$
毛料石	0.79	0.5	$f_2<1$ 时，$k_2=0.6+0.4 f_2$
毛石	0.22	0.5	$f_2<2.5$ 时，$k_2=0.4+0.24 f_2$

注：① k_2 在表列条件以外时均等于1；

② 混凝土砌块砌体的轴心抗压强度平均值，当 $f_2>10$ MPa 时，应乘系数 $1.1-0.01 f_2$，MU20 的砌体应乘系数 0.95，且满足 $f_1 \geqslant f_2$，$f_1 \leqslant 20$ MPa。

2）砌体的抗压强度标准值 f_k

各类砌体抗压强度标准值 f_k 与平均值 f_m 之间的关系为

$$f_k = f_m (1-1.645 \delta_f) \tag{14-2}$$

式中：δ_f——砌体强度变异系数，如表14-2所示。

表 14-2　砌体强度变异系数 δ_f

砌体类别	砌体抗压强度	砌体抗拉、弯、剪强度
各种砖、砌块、毛料石	0.17	0.20
毛石	0.24	0.26

把由式(14-1)求得的各类砌体的抗压强度平均值代入式(14-2),即得其标准值。

3) 砌体抗压强度设计值 f

砌体抗压强度设计值是砌体结构计算中常用的计算指标,它等于砌体抗压强度标准值除以砌体结构材料性能分项系数 γ_f。

$$f = \frac{f_k}{\gamma_f} \tag{14-3}$$

式中,γ_f 为砌体结构的材料性能分项系数,一般情况下,宜按施工质量控制等级为 B 级考虑,取 $\gamma_f = 1.6$。当为 C 级时,$\gamma_f = 1.8$;当为 A 级时,$\gamma_f = 1.5$。

实践中,当施工质量控制等级为 B 级时,根据块体和砂浆的强度等级查阅表14-3~表14-9可得各类砌体抗压强度设计值。

(1) 烧结普通砖和烧结多孔砖砌体。

表 14-3　烧结普通砖和烧结多孔砖砌体的抗压强度设计值(MPa)

| 砖强度等级 | 砂浆强度等级 | | | | | 砂浆强度 |
	M15	M10	M7.5	M5	M2.5	0
MU30	3.94	3.27	2.93	2.95	2.96	1.15
MU25	3.60	2.98	2.68	2.37	2.06	1.05
MU20	3.22	2.67	2.39	2.12	1.84	0.94
MU15	2.79	2.31	2.07	1.83	1.60	0.82
MU10	—	1.89	1.69	1.50	1.30	0.67

(2) 混凝土普通砖和混凝土多孔砖砌体。

表 14-4　混凝土普通砖和混凝土多孔砖砌体的抗压强度设计值(MPa)

| 砖强度等级 | 砂浆强度等级 | | | | | 砂浆强度 |
	Mb20	Mb15	Mb10	Mb7.5	Mb5	0
MU30	4.61	3.94	3.27	2.93	2.59	1.15
MU25	4.21	3.60	2.98	2.68	2.37	1.05
MU20	3.77	3.22	2.67	2.39	2.12	0.94
MU15	—	2.79	2.31	2.07	1.83	0.82

(3) 蒸压灰砂普通砖砌体和蒸压粉煤灰普通砖砌体。

表 14-5 蒸压灰砂普通砖砌体和蒸压粉煤灰普通砖砌体的抗压强度设计值(MPa)

砖强度等级	砂浆强度等级				砂浆强度
	M15	M10	M7.5	M5	0
MU25	3.60	2.98	2.68	2.37	1.05
MU20	3.22	2.67	2.39	2.12	0.94
MU15	2.79	2.31	2.07	1.83	0.82

注:当采用专用砂浆砌筑时,其抗压强度设计值按表中数值采用。

(4) 单排孔混凝土砌块和轻集料混凝土砌块对孔砌筑砌体。

表 14-6 单排孔混凝土砌块和轻集料混凝土砌块对孔砌筑砌体的抗压强度设计值(MPa)

砌块强度等级	砂浆强度等级					砂浆强度
	Mb20	Mb15	Mb10	Mb7.5	Mb5	0
MU20	6.30	5.68	4.95	4.44	3.94	2.33
MU15	—	4.61	4.02	3.61	3.20	1.89
MU10	—	—	2.79	2.50	2.22	1.31
MU7.5	—	—	—	1.93	1.71	1.01
MU5	—	—	—	—	1.19	0.70

注:① 对独立柱或厚度为双排组砌的砌块砌体,应按表中数值乘以 0.7;
② 对 T 形截面墙体、柱,应按表中数值乘以 0.85。

(5) 双排孔或多排孔轻集料混凝土砌块砌体。

表 14-7 双排孔或多排孔轻集料混凝土砌块砌体的抗压强度设计值(MPa)

砌块强度等级	砂浆强度等级			砂浆强度
	Mb10	Mb7.5	Mb5	0
MU10	3.08	2.76	2.45	1.44
MU7.5	—	2.13	1.88	1.12
MU5	—	—	1.31	0.78
MU3.5	—	—	0.95	0.56

注:① 表中的砌块为火山渣、浮石和陶粒轻集料混凝土砌块;
② 对厚度方向为双排组砌的轻集料混凝土砌块砌体的抗压强度设计值,应按表中数值乘以 0.8。

(6) 毛料石砌体。

表 14-8 毛料石砌体的抗压强度设计值(MPa)

毛料石强度等级	砂浆强度等级			砂浆强度
	M7.5	M5	M2.5	0
MU100	5.42	4.80	4.18	2.13
MU80	4.85	4.29	3.73	1.91
MU60	4.20	3.71	3.23	1.65
MU50	3.83	3.39	2.95	1.51
MU40	3.43	3.04	2.64	1.35
MU30	2.97	2.63	2.29	1.17
MU20	2.42	2.15	1.87	0.95

注：对细料石砌体、粗料石砌体和干砌勾缝石砌体，表中数值应分别乘以调整系数 1.4、1.2 和 0.8。

(7) 毛石砌体。

表 14-9 毛石砌体的抗压强度设计值(MPa)

毛石强度等级	砂浆强度等级			砂浆强度
	M7.5	M5	M2.5	0
MU100	1.27	1.12	0.98	0.34
MU80	1.13	1.00	0.87	0.30
MU60	0.98	0.87	0.76	0.26
MU50	0.90	0.80	0.69	0.23
MU40	0.80	0.71	0.62	0.21
MU30	0.69	0.61	0.53	0.18
MU20	0.56	0.51	0.44	0.15

二、砌体抗拉、抗弯和抗剪强度

砌体大多用来承受压力，以充分利用其抗压性能，但有时也遇到受拉、受弯、受剪的情况。例如：圆形水池的池壁受到液体的压力，在池壁内引起环向拉力；挡土墙受到侧向土压力使墙壁承受弯矩作用；拱支座处受到剪力作用，如图 14-6 所示。

1. 砌体轴心抗拉强度和弯曲抗拉强度

试验表明，砌体的抗拉、抗弯强度主要取决于灰缝与块材的粘结强度，即取决于砂浆的强度和块材的种类。一般情况下，破坏发生在砂浆和块材的界面上。砌体在受拉时，发生破坏有以

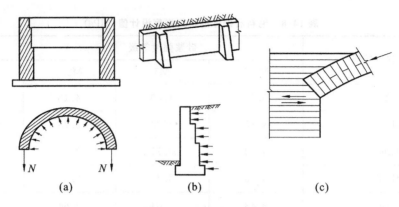

图 14-6 砌体受力形式

(a)水池池壁受拉;(b)挡土墙受弯;(c)砖拱下墙体的水平受剪

下三种可能(见图 14-7):沿齿缝截面破坏、沿通缝截面破坏、沿竖向灰缝和块体截面破坏。其中前两种是在块体强度较高而砂浆强度较低时发生的,而最后一种破坏是在砂浆强度较高而块体强度较低时发生的。

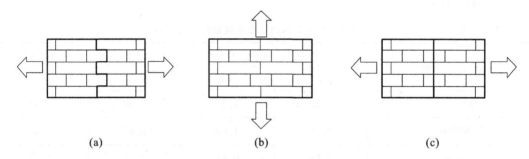

图 14-7 砌体轴心受拉破坏形态

(a)沿齿缝截面破坏;(b)沿通缝截面破坏;(c)沿竖向灰缝和块体截面破坏

砌体受弯也有三种破坏可能(见图 14-8):沿齿缝破坏、沿通缝破坏、沿竖缝破坏。

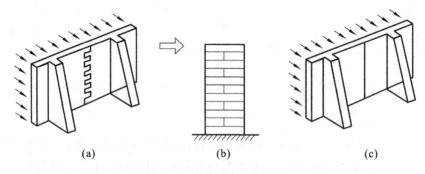

图 14-8 砌体受弯破坏形态

(a)沿齿缝破坏;(b)沿通缝破坏;(c)沿竖缝破坏

《砌体结构设计规范》(GB 50003—2011)给出了各类砌体轴心抗拉强度及弯曲抗拉强度设计值(见表 14-10)。

表 14-10　沿砌体灰缝截面破坏时砌体的轴心抗拉强度设计值、弯曲抗拉强度设计值和抗剪强度设计值(MPa)

强度类别	破坏特征及砌体种类		砂浆强度等级			
			≥M10	M7.5	M5	M2.5
轴心抗拉	沿齿缝	烧结普通砖、烧结多孔砖	0.19	0.16	0.13	0.09
		混凝土普通砖、混凝土多孔砖	0.19	0.16	0.13	—
		蒸压灰砂普通砖、蒸压粉煤灰普通砖	0.12	0.10	0.08	—
		混凝土和轻集料混凝土砌块	0.09	0.08	0.07	—
		毛石	—	0.07	0.06	0.04
弯曲抗拉	沿齿缝	烧结普通砖、烧结多孔砖	0.33	0.29	0.23	0.17
		混凝土普通砖、混凝土多孔砖	0.33	0.29	0.23	—
		蒸压灰砖普通砖、蒸压粉煤灰普通砖	0.24	0.20	0.16	—
		混凝土和轻集料混凝土砌块	0.11	0.09	0.08	—
		毛石	—	0.11	0.09	0.07
	沿通缝	烧结普通砖、烧结多孔砖	0.17	0.14	0.11	0.08
		混凝土普通砖、混凝土多孔砖	0.17	0.14	0.11	—
		蒸压灰砂普通砖、蒸压粉煤灰普通砖	0.12	0.10	0.08	—
		混凝土和轻集料混凝土砌块	0.08	0.06	0.05	—
抗剪	烧结普通砖、烧结多孔砖		0.17	0.14	0.11	0.08
	混凝土普通砖、混凝土多孔砖		0.17	0.14	0.11	—
	蒸压灰砖普通砖、蒸压粉煤灰普通砖		0.12	0.10	0.08	—
	混凝土和轻集料混凝土砌块		0.09	0.08	0.06	—
	毛石		—	0.19	0.16	0.11

注：① 对于用形状规则的块体砌筑的砌体,当搭接长度与块体高度的比值小于1时,其轴心抗拉强度设计值 f_t 和弯曲抗拉强度设计值 f_{tm} 应按表中数值乘以搭接长度与块体高度比值后采用；
② 表中数值是依据普通砂浆砌筑的砌体确定,采用经研究性试验且通过技术鉴定的专用砂浆砌筑的蒸压灰砂普通砖、蒸压粉煤灰普通砖砌体,其抗剪强度设计值按相应普通砂浆强度等级砌筑的烧结普通砖砌体采用；
③ 对混凝土普通砖、混凝土多孔砖、混凝土和轻集料混凝土砌块砌体,表中的砂浆强度等级分别为≥Mb10、Mb7.5 及 Mb5。

2. 砌体的抗剪强度

在实际工程中砌体受纯剪的情况几乎不存在,通常砌体截面上受到竖向压力和水平力的共同作用。砌体受剪时,既可能发生齿缝破坏,也可能发生通缝破坏,如图 14-9 所示。各类砌体的抗剪强度设计值如表 14-10 所示。

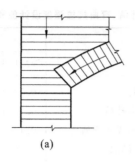 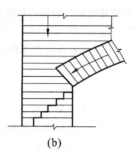

图 14-9 砌体受剪破坏形态

(a)沿通缝截面破坏;(b)沿阶梯形截面破坏

三、砌体强度设计值的调整

在某些特定情况下,砌体强度设计值需加以调整。例如:受吊车动力影响以及受力复杂的砌体,需适当考虑承载能力的降低;截面面积较小的无筋砌体及网状配筋砌体,由于局部破损或缺陷对承载力影响较大,也要考虑承载能力的降低;房屋中的砌体进行施工阶段验算时,可考虑适当地放宽安全度的限制。《砌体结构设计规范》(GB 50003—2011)规定,下列情况的各类砌体强度设计值应乘以调整系数 γ_a。

(1) 对无筋砌体构件,其截面面积 A 小于 0.3 m^2 时,$\gamma_a = A+0.7$;对配筋砌体构件,当其中砌体截面面积 A 小于 0.2 m^2 时,$\gamma_a = A+0.8$。构件截面面积 A 以 m^2 计。

(2) 各类砌体,当砌体用强度等级小于 M5.0 的水泥砂浆砌筑时,对于抗压强度设计值,$\gamma_a = 0.9$;对于抗拉、抗弯、抗剪强度设计值,$\gamma_a = 0.8$。

(3) 当验算施工中房屋的构件时,$\gamma_a = 1.1$。

四、砌体结构的耐久性

砌体结构的耐久性包括两个方面:一是对配筋砌体结构构件的钢筋的保护;二是对砌体材料的保护。《砌体结构设计规范》(GB 50003—2011)参照国内外有关规范,强化了对砌体结构耐久性要求和保护措施的关注。具体规定如下。

1. 环境类别

与《混凝土结构规范》接近,砌体结构的耐久性应根据表 14-11 的环境类别和设计使用年限进行设计。

表 14-11 砌体结构的环境类别

环境类别	条 件
1	正常居住及办公建筑的内部干燥环境
2	潮湿的室内或室外环境,包括与无侵蚀性土和水接触的环境
3	严寒和使用化冰盐的潮湿环境(室内或室外)

续表

环境类别	条件
4	与海水直接接触的环境,或处于滨海地区的盐饱和的气体环境
5	有化学侵蚀的气体、液体或固态形式的环境,包括有侵蚀性土壤的环境

2. 钢筋耐久性

当设计使用年限为 50a 时,砌体中钢筋的耐久性选择应符合表 14-12 的规定。

表 14-12　砌体中钢筋耐久性选择

环境类别	钢筋种类和最低保护要求	
	位于砂浆中的钢筋	位于灌孔混凝土中的钢筋
1	普通钢筋	普通钢筋
2	重镀锌或有等效保护的钢筋	当采用混凝土灌孔时,可为普通钢筋;当采用砂浆灌孔时,应为重镀锌或有等效保护的钢筋
3	不锈钢或有等效保护的钢筋	重镀锌或有等效保护的钢筋
4 和 5	不锈钢或等效保护的钢筋	不锈钢或等效保护的钢筋

注:① 对夹心墙的外叶墙,应采用重镀锌或有等效保护的钢筋;
② 表中的钢筋即为国家现行标准《混凝土结构设计规范》GB 50010 和《冷轧带肋钢筋混凝土结构技术规程》JGJ 95 等标准规定的普通钢筋或非预应力钢筋。

3. 钢筋保护层厚度

当设计使用年限为 50a 时,砌体中钢筋的保护层厚度,应符合下列规定。
（1）配筋砌体中钢筋的最小混凝土保护层厚度应符合表 14-13 的规定。

表 14-13　钢筋的最小混凝土保护层厚度

环境类别	混凝土强度等级			
	C20	C25	C30	C35
	最低水泥用量(kg/m^3)			
	260	280	300	320
1	20	20	20	20
2	—	25	25	25
3	—	40	40	30
4	—	—	40	40
5	—	—	—	40

注:① 材料中最大氯离子含量和最大碱含量应符合现行国家标准《混凝土结构设计规范》GB 50010 的规定;
② 当采用防渗砌体块体和防渗砂浆时,可以考虑部分砌体(含抹灰层)的厚度作为保护层,但对环境类别 1、2、3,其混凝土保护层的厚度相应不应小于 10 mm、15 mm 和 20 mm;
③ 钢筋砂浆面层的组合砌体构件的钢筋保护层厚度宜比表 14-13 规定的混凝土保护层厚度数值增加 5 mm～10 mm;
④ 对安全等级为一级或设计使用年限为 50a 以上的砌体结构,钢筋保护层的厚度应至少增加 10 mm。

（2）灰缝中钢筋外露砂浆保护层的厚度不应小于 15 mm。

(3) 所有钢筋端部均应有与对应钢筋的环境类别条件相同的保护层厚度。

(4) 对填实的夹心墙或特别的墙体构造,钢筋的最小保护层厚度,应符合下列规定:

① 用于环境类别 1 时,应取 20 mm 厚砂浆或灌孔混凝土与钢筋直径较大者;

② 用于环境类别 2 时,应取 20 mm 厚灌孔混凝土与钢筋直径较大者;

③ 采用重镀锌钢筋时,应取 20 mm 厚砂浆或灌孔混凝土与钢筋直径较大者;

④ 采用不锈钢筋时,应取钢筋的直径。

4. 其他

设计使用年限为 50a 时,夹心墙的钢筋连接件或钢筋网片、连接钢板、锚固螺栓或钢筋,应采用重镀锌或等效的防护涂层,镀锌层的厚度不应小于 290 g/m²;当采用环氯涂层时,灰缝钢筋涂层厚度不应小于 290 μm,其余部件涂层厚度不应小于 450 μm。

设计使用年限为 50a 时,砌体材料的耐久性应符合下列规定。

(1) 地面以下或防潮层以下的砌体、潮湿房间的墙或环境类别 2 的砌体,所用材料的最低强度等级应符合表 14-14 的规定。

(2) 处于环境类别 3~5 等有侵蚀性介质的砌体材料应符合下列规定:

① 不应采用蒸压灰砂普通砖和蒸压粉煤灰普通砖;

② 应采用实心砖,砖的强度等级不应低于 MU20,水泥砂浆的强度等级不应低于 M10;

③ 混凝土砌块的强度等级不应低于 MU15,灌孔混凝土的强度等级不应低于 Cb30,砂浆的强度等级不应低于 Mb10;

④ 应根据环境条件对砌体材料的抗冻指标、耐酸、碱性能提出要求,或符合有关规范的规定。

表 14-14 地面以下或防潮层以下的砌体、潮湿房间的墙所用材料的最低强度等级

潮湿程度	烧结普通砖	混凝土普通砖、蒸压普通砖	混凝土砌块	石材	水泥砂浆
稍潮湿的	MU15	MU20	MU7.5	MU30	M5
很潮湿的	MU20	MU20	MU10	MU30	M7.5
含水饱和的	MU20	MU25	MU15	MU40	M10

注:① 在冻胀地区,地面以下或防潮层以下的砌体,不宜采用多孔砖,如采用时,其孔洞应用不低于 M10 的水泥砂浆预先灌实,当采用混凝土空心砌块时,其孔洞应采用强度等级不低于 Cb20 的混凝土预先灌实;

② 对安全等级为一级或设计使用年限大于 50a 的房屋,表中材料强度等级应至少提高一级。

单元小结

14.1 砌体是由黏土砖、各种砌块或石材等块体用砂浆砌筑而成的,由砖砌体、石砌体或砌块砌体建造的结构称为砌体结构。

14.2 目前我国常用的块材可分为天然石材和人工砖石两大类,应用较多的是烧结普通砖、烧结多孔砖及毛石。块材的强度等级用符号 MU 表示。

14.3 砌筑砂浆按其成分的不同可分为水泥砂浆、混合砂浆和非水泥砂浆。砂浆的强度等

级用符号 M 表示。当验算施工阶段尚未硬化的新砌砌体时,可按砂浆强度为零来确定其砌体强度。

14.4　砌体的抗压强度取决于块材和砂浆的强度等级。由于砌体中的块材处于不均匀受压、局部受压、受弯、横向受拉以及受剪的复杂的应力状态下,因而砌体的抗压强度远小于其块体的抗压强度。

14.5　砌体所用的块材和砂浆,应根据砌体结构的使用要求、使用环境、重要性及结构构件的受力特点等因素来考虑。选用的材料应符合承载能力、耐久性、保温、隔热及隔声等要求。在抗震设防地区,选用的材料应符合有关规定。

14.1　影响砌体抗压强度的主要因素有哪些?
14.2　为什么砌体的抗压强度远小于块材的抗压强度?
14.3　块材和砂浆的强度等级有哪些?
14.4　为什么设计人员和瓦工都宁愿采用混合砂浆,而不愿采用强度等级相同的纯水泥砂浆砌筑?
14.5　为什么用水泥砂浆砌筑的砌体抗压强度比用相同强度等级的混合砂浆砌筑的砌体抗压强度要低?
14.6　在何种情况下,砌体强度设计值需要乘以调整系数 γ_a?
14.7　砌体结构分为哪三种? 配筋砖砌体有哪些?
14.8　砌筑砂浆的作用有哪些?
14.9　当砌体采用水泥砂浆砌筑时,抗压强度为何要乘以小于1的调整系数?
14.10　目前我国生产的标准实心烧结黏土砖的规格是什么?

单元 15 砌体构件承载力计算

学习目标

☆ 知识目标

(1) 了解砌体结构极限状态设计方法的基本概念和原则。
(2) 熟悉无筋砌体受拉、受弯、受剪构件承载力计算原理、方法和构造措施。
(3) 掌握无筋砌体受压构件承载力计算原理和方法。
(4) 掌握砌体局部受压承载力计算原理和方法。
(5) 熟悉配筋砌体构件的承载力计算原理、方法和构造措施。

☆ 能力目标

(1) 能够运用砌体结构极限状态设计方法,解决实际工程中的相关问题。
(2) 掌握无筋砌体受拉、受弯、受剪构件及配筋砖砌体的计算和构造。
(3) 运用无筋砖砌体受压及局部受压构件计算理论解决实际工程中的相关问题。

◆ 知识链接：砌体结构设计方法在我国的历史演变

（1）修正系数法（允许应力设计法）：1952年东北人民政府工业局颁布"砖石结构设计临时标准"。

（2）破坏阶段法：参照苏联的破损阶段设计法，1955年建筑工程部制定《砖石及钢筋砖石结构临时设计规范》。

（3）破坏阶段计算方法：1973年我国颁布《砖石结构设计规范》（GBJ 3—1973）。取多系数分析，单一安全系数表达的半统计、半经验的极限状态设计法。

（4）以近似概率理论为基础的极限状态设计方法：以概率论为基础，以可靠度指标度量，以分项系数设计表达式计算的极限状态设计方法。相关规范如下：

- 1988年颁布的《砌体结构设计规范》（GBJ 3—1988），依据《建筑结构设计统一标准》（GBJ 68—1984）制定；
- 2002年颁布的《砌体结构设计规范》（GB 50003—2001），依据《建筑结构可靠度设计统一标准》（GB 50068—2001）制定；
- 《砌体结构设计规范》（GB 50003—2011）于2012年8月1日实施。

任务 1 砌体结构的极限状态设计方法

一、按承载力计算的基本表达式

《砌体结构设计规范》（GB 50003—2011）采用以概率理论为基础的极限状态设计方法，以可靠指标度量结构构件的可靠度，采用分项系数的设计表达式进行计算。

1. 按承载力计算的基本表达式

砌体结构按承载能力极限状态设计时，应按下列公式中最不利组合进行计算：

$$\gamma_0 \left(1.2 S_{Gk} + 1.4 \gamma_L S_{Q1k} + \gamma_L \sum_{i=2}^{n} \gamma_{Qi} \psi_{ci} S_{Qik}\right) \leqslant R(f, a_k, \cdots) \quad (15\text{-}1)$$

$$\gamma_0 \left(1.35 S_{Gk} + 1.4 \gamma_L \sum_{i=1}^{n} \psi_{ci} S_{Qik}\right) \leqslant R(f, a_k, \cdots) \quad (15\text{-}2)$$

式中：γ_0——结构重要性系数。对安全等级为一级或设计使用年限为50a以上的结构构件，不应小于1.1；对安全等级为二级或设计使用年限为50a的结构构件，不应小于1.0；对安全等级为三级或设计使用年限为1a~5a的结构构件，不应小于0.9；

γ_L——结构构件的抗力模型不定性系数。对静力设计，考虑结构设计使用年限的荷载调整系数，设计使用年限为50a，取1.0；设计使用年限为100a，取1.1；

S_{Gk}——永久荷载标准值的效应；

S_{Q1k}——在基本组合中起控制作用的一个可变荷载标准值的效应；

S_{Qik}——第 i 个可变荷载标准值的效应；

$R(\cdot)$——结构构件的抗力函数；

γ_{Qi}——第 i 个可变荷载的分项系数；

ψ_{ci}——第 i 个可变荷载的组合值系数。一般情况下应取 0.7；对书库、档案库、储藏室或通风机房、电梯机房应取 0.9；

f——砌体的强度设计值，$f=f_k/\gamma_f$；

f_k——砌体的强度标准值，$f_k=f_m-1.645\sigma_f$，σ_f 为砌体强度的标准差；

γ_f——砌体结构的材料性能分项系数，一般情况下，宜按施工质量控制等级为 B 级考虑，取 $\gamma_f=1.6$；当为 C 级时，取 $\gamma_f=1.8$；当为 A 级时，取 $\gamma_f=1.5$；

a_k——几何参数标准值。

注：① 当工业建筑楼面活荷载标准值大于 4 kN/m² 时，式中系数 1.4 应为 1.3；

② 施工质量控制等级划分要求，应符合现行国家标准《砌体结构工程施工质量验收规范》GB 50203 的有关规定。

2. 砌体结构作为刚体时的整体稳定性

当砌体结构作为一个刚体，需验算整体稳定性时，例如倾覆、漂浮、滑移等，应按下列公式中最不利组合进行验算：

$$\gamma_0(1.2S_{G2k}+1.4\gamma_L S_{Q1k}+\gamma_L\sum_{i=2}^{n}S_{Qik})\leqslant 0.8S_{G1k} \tag{15-3}$$

$$\gamma_0(1.35S_{G2k}+1.4\gamma_L\sum_{i=1}^{n}\psi_{ci}S_{Qik})\leqslant 0.8S_{G1k} \tag{15-4}$$

式中：S_{G1k}——起有利作用的永久荷载标准值的效应；

S_{G2k}——起不利作用的永久荷载标准值的效应。

砌体结构除应按照承载力极限状态设计外，尚应满足正常使用极限状态的要求，根据砌体结构的特点，一般情况下可有相应的构造措施来保证。

二、砌体的强度标准值

《砌体结构设计规范》(GB 50003—2011)规定的砌体强度标准值取值原则是，在符合规定的质量的砌体强度实测总体中，标准值应具有不小于 95% 的保证率，可按单元 14 中的式(14-2)计算。

三、砌体的强度设计值

1. 普通砌体

砌体的强度设计值 f 是砌体结构承载力极限状态计算时的砌体强度代表值，规定为砌体的

强度标准值 f_k 除以材料强度分项系数 γ_f，按式(14-3)计算。其中，材料强度分项系数 γ_f 是根据可靠度的要求确定的，另外，还考虑了施工质量的影响。我国《砌体工程施工质量验收规范》(GB 50203—2002)中明确规定了施工质量控制等级，将施工质量控制等级分为 A、B、C 三级。在结构设计中通常按 B 级考虑，即取 $\gamma_f=1.6$；当为 C 级时，$\gamma_f=1.8$，即砌体强度设计值的调整系数 $\gamma_a=1.6/1.8=0.89$；当为 A 级时，$\gamma_f=1.5$，即砌体强度设计值的调整系数 $\gamma_a=1.6/1.5=1.067$，可取 $\gamma_a=1.05$。施工质量控制等级的选择由设计单位和建设单位确定，并在工程设计图纸中明确设计采用的施工质量控制等级。

2. 单排孔混凝土砌块

混凝土砌块有单排孔混凝土砌块和多排孔轻骨料混凝土砌块两种主要形式，单排孔混凝土砌块应用广泛，多排孔轻骨料混凝土砌块主要用于寒冷地区。

单排孔混凝土砌块在砌筑后用混凝土将孔灌实时，砌体的抗压强度有很大的提高，《砌体结构设计规范》(GB 50003—2001)规定，单排孔混凝土砌块对孔砌筑时，灌孔砌体的抗压强度设计值 f_g 按下列公式计算：

$$f_g = f + 0.6\alpha f_c \tag{15-5}$$

$$\alpha = \delta\rho \tag{15-6}$$

式中：f_g——灌孔混凝土砌块砌体的抗压强度设计值，该值不应大于未灌孔砌体抗压强度设计值的 2 倍；

f——未灌孔混凝土砌块砌体的抗压强度设计值；

f_c——灌孔混凝土的轴心抗压强度设计值；

α——混凝土砌块砌体中灌孔混凝土面积与砌体毛面积的比值；

δ——混凝土砌块的孔洞率；

ρ——混凝土砌块砌体的灌孔率，系截面灌孔混凝土面积与截面孔洞面积的比值，灌孔率应根据受力或施工条件确定，且不应小于 33%。

灌孔混凝土的强度等级用符号"Cb"表示，其强度指标等同于对应的混凝土等级 C。混凝土砌块砌体的灌孔混凝土强度等级不应低于 Cb20，且不应低于 1.5 倍的块体强度等级。灌孔混凝土强度指标取同强度等级的混凝土强度指标。

任务 2 无筋砌体受压构件承载力计算

一、受压构件分类

砌体具有抗压强度较高、抗拉强度较低的特点，多应用于工程中的承重墙和柱，即主要表现为砌体结构中的砖柱和砖墙两种受压构件类型。

砖柱只有矩形截面,砖墙有矩形墙和带壁柱墙(T形墙)两种截面形式。它们主要承受其上部砌体自重、各层楼板传递而来的竖向荷载作用。根据压力作用点和截面形心的相对位置关系,受压构件又分为轴心受压和偏心受压两种类型。当偏心距 $e=0$ 时,为轴心受压构件;当偏心距 $e\neq0$ 时,为偏心受压构件。

大量实验结果显示,构件的破坏现象和承载力因构件的高厚比(β)不同,存在较大的区别,根据构件的高厚比(β)将受压构件分为短柱($\beta\leq3$)和长柱($\beta>3$)两种类型。

二、受压构件承载力计算方法

1. 计算表达式

无筋砌体受压构件承载力,不论是轴心受压或偏心受压,还是短柱或长柱,应符合下式要求:

$$N \leq \varphi f A \tag{15-7}$$

式中:N——轴向力设计值;

φ——高厚比 β 和轴向力的偏心距 e 对受压构件承载力的影响系数;

f——砌体的抗压强度设计值;

A——截面面积,对各类砌体均可按毛截面计算。

进行承载力计算时,对带壁柱墙的截面翼缘宽度的采用,有如下规定。

(1) 多层房屋,当有门窗洞口时,可取窗间墙宽度;当无门窗洞口时,每侧翼墙宽度可取壁柱高度(层高)的 1/3,但不应大于相邻壁柱间的距离。

(2) 单层房屋,可取壁柱宽加 2/3 墙高,但不应大于窗间墙宽度和相邻壁柱间的距离。

(3) 计算带壁柱墙的条形基础时,可取相邻壁柱间的距离。

2. 计算的注意事项

1) 影响系数 φ 的确定

受压构件承载力与高厚比 β 和轴向力的偏心距 e 有关。随着高厚比 β 的增加,受压构件由短柱变成长柱,受压承载力降低;随着轴向力的偏心距 e 增加,受压构件由轴心受压转变为偏心受压,受压承载力也降低。综合考虑短柱与长柱、轴心与偏心等影响因素,《砌体结构设计规范》(GB 50003—2011)中引入高厚比 β 与轴向力的偏心距 e 对受压构件承载力的影响系数 φ。

受压构件承载力的影响系数 φ 按如下计算。

(1) 短柱,即当 $\beta\leq3$ 时,计算如下。当 $e=0$,即为轴心受压短柱时,$\varphi=1$。

$$\varphi = \frac{1}{1+12\left(\dfrac{e}{h}\right)^2} \tag{15-8}$$

(2) 长柱,即 $\beta>3$ 时,计算如下。当 $e=0$,即为轴心受压长柱时,$\varphi=\varphi_0$。

$$\varphi = \frac{1}{1+12\left[\dfrac{e}{h}+\sqrt{\dfrac{1}{12}\left(\dfrac{1}{\varphi_0}-1\right)}\right]^2} \tag{15-9}$$

$$\varphi_0 = \frac{1}{1+\alpha\beta^2} \tag{15-10}$$

单元 15
砌体构件承载力计算

式中：e——轴向力的偏心距；

h——矩形截面的轴向力偏心方向的边长；

φ_0——轴心受压构件的稳定系数；

α——与砂浆强度等级有关的系数（当砂浆强度等级大于或等于 M5 时，$\alpha=0.0015$；当砂浆强度等级等于 M2.5 时，$\alpha=0.002$；当砂浆强度等于 0 时，$\alpha=0.009$）；

β——构件的高厚比。

为了便于应用，根据上述计算规则可编制成表格，如表 15-1 所示，受压构件承载力影响系数 φ 可由表中直接查得。

表 15-1 影响系数 φ（砂浆强度等级≥M5）

β	$\dfrac{e}{h}$ 或 $\dfrac{e}{h_t}$						
	0	0.025	0.05	0.075	0.1	0.125	0.15
≤3	1	0.99	0.97	0.94	0.89	0.84	0.79
4	0.98	0.95	0.90	0.85	0.80	0.74	0.69
6	0.95	0.91	0.86	0.81	0.75	0.69	0.64
8	0.91	0.86	0.81	0.76	0.70	0.64	0.59
10	0.87	0.82	0.76	0.71	0.65	0.60	0.55
12	0.82	0.77	0.71	0.66	0.60	0.55	0.51
14	0.77	0.72	0.66	0.61	0.56	0.51	0.47
16	0.72	0.67	0.61	0.56	0.52	0.47	0.44
18	0.67	0.62	0.57	0.52	0.48	0.44	0.40
20	0.62	0.57	0.53	0.48	0.44	0.40	0.37
22	0.58	0.53	0.49	0.45	0.41	0.38	0.35
24	0.54	0.49	0.45	0.41	0.38	0.35	0.32
26	0.50	0.46	0.42	0.38	0.35	0.33	0.30
28	0.46	0.42	0.39	0.36	0.33	0.30	0.28
30	0.42	0.39	0.36	0.33	0.31	0.28	0.26

β	$\dfrac{e}{h}$ 或 $\dfrac{e}{h_t}$					
	0.175	0.2	0.225	0.25	0.275	0.3
≤3	0.73	0.68	0.63	0.57	0.52	0.48
4	0.62	0.57	0.52	0.48	0.44	0.40
6	0.57	0.52	0.48	0.44	0.40	0.37
8	0.52	0.48	0.44	0.40	0.37	0.34
10	0.47	0.43	0.40	0.37	0.34	0.31
12	0.43	0.40	0.37	0.34	0.31	0.29
14	0.40	0.36	0.34	0.31	0.29	0.27
16	0.36	0.34	0.31	0.29	0.26	0.25
18	0.33	0.31	0.29	0.26	0.24	0.23
20	0.31	0.28	0.26	0.24	0.23	0.21

续表

β	$\dfrac{e}{h}$ 或 $\dfrac{e}{h_t}$					
	0.175	0.2	0.225	0.25	0.275	0.3
22	0.28	0.26	0.24	0.23	0.21	0.20
24	0.26	0.24	0.23	0.21	0.20	0.18
26	0.24	0.22	0.21	0.20	0.18	0.17
28	0.22	0.21	0.20	0.18	0.17	0.16
30	0.21	0.20	0.18	0.17	0.16	0.15

影响系数 φ（砂浆强度等级 M2.5）

β	$\dfrac{e}{h}$ 或 $\dfrac{e}{h_t}$					
	0	0.025	0.05	0.075	0.1	0.125	0.15
≤3	1	0.99	0.97	0.94	0.89	0.84	0.79
4	0.97	0.94	0.89	0.84	0.78	0.73	0.67
6	0.93	0.89	0.84	0.78	0.73	0.67	0.62
8	0.89	0.84	0.78	0.72	0.67	0.62	0.57
10	0.83	0.78	0.72	0.67	0.61	0.56	0.52
12	0.78	0.72	0.67	0.61	0.56	0.52	0.47
14	0.72	0.66	0.61	0.56	0.51	0.47	0.43
16	0.66	0.61	0.56	0.51	0.47	0.43	0.40
18	0.61	0.56	0.51	0.47	0.43	0.40	0.36
20	0.56	0.51	0.47	0.43	0.39	0.36	0.33
22	0.51	0.47	0.43	0.39	0.36	0.33	0.31
24	0.46	0.43	0.39	0.36	0.33	0.31	0.28
26	0.42	0.39	0.36	0.33	0.31	0.28	0.26
28	0.39	0.36	0.33	0.30	0.28	0.26	0.24
30	0.36	0.33	0.30	0.28	0.26	0.24	0.22

β	$\dfrac{e}{h}$ 或 $\dfrac{e}{h_t}$					
	0.175	0.2	0.225	0.25	0.275	0.3
≤3	0.73	0.68	0.62	0.57	0.52	0.48
4	0.62	0.57	0.52	0.48	0.44	0.40
6	0.57	0.52	0.48	0.44	0.40	0.37
8	0.52	0.48	0.44	0.40	0.37	0.34
10	0.47	0.43	0.40	0.37	0.34	0.31
12	0.43	0.40	0.37	0.34	0.31	0.29
14	0.40	0.36	0.34	0.31	0.29	0.27
16	0.36	0.34	0.31	0.29	0.26	0.25
18	0.33	0.31	0.29	0.26	0.24	0.23
20	0.31	0.28	0.26	0.24	0.23	0.21

续表

β	$\dfrac{e}{h}$ 或 $\dfrac{e}{h_t}$					
	0.175	0.2	0.225	0.25	0.275	0.3
22	0.28	0.26	0.24	0.23	0.21	0.20
24	0.26	0.24	0.23	0.21	0.20	0.18
26	0.24	0.22	0.21	0.20	0.18	0.17
28	0.22	0.21	0.20	0.18	0.17	0.16
30	0.21	0.20	0.18	0.17	0.16	0.15

影响系数 φ（砂浆强度 0）

β	$\dfrac{e}{h}$ 或 $\dfrac{e}{h_t}$						
	0	0.025	0.05	0.075	0.1	0.125	0.15
$\leqslant 3$	1	0.99	0.97	0.94	0.89	0.84	0.79
4	0.87	0.82	0.77	0.71	0.66	0.60	0.55
6	0.76	0.70	0.65	0.59	0.54	0.50	0.46
8	0.63	0.58	0.54	0.49	0.45	0.41	0.38
10	0.53	0.48	0.44	0.41	0.37	0.34	0.32
12	0.44	0.40	0.37	0.34	0.31	0.29	0.27
14	0.36	0.33	0.31	0.28	0.26	0.24	0.23
16	0.30	0.28	0.26	0.24	0.22	0.21	0.19
18	0.26	0.24	0.22	0.21	0.19	0.18	0.17
20	0.22	0.20	0.19	0.18	0.17	0.16	0.15
22	0.19	0.18	0.16	0.15	0.14	0.14	0.13
24	0.16	0.15	0.14	0.13	0.12	0.12	0.11
26	0.14	0.13	0.13	0.12	0.11	0.11	0.10
28	0.12	0.12	0.11	0.11	0.10	0.10	0.09
30	0.11	0.10	0.10	0.09	0.09	0.09	0.08

β	$\dfrac{e}{h}$ 或 $\dfrac{e}{h_t}$					
	0.175	0.2	0.225	0.25	0.275	0.3
$\leqslant 3$	0.73	0.68	0.62	0.57	0.52	0.48
4	0.51	0.46	0.43	0.39	0.36	0.33
6	0.42	0.39	0.36	0.33	0.30	0.28
8	0.35	0.32	0.30	0.28	0.25	0.24
10	0.29	0.27	0.25	0.23	0.22	0.20
12	0.25	0.23	0.21	0.20	0.19	0.17
14	0.21	0.20	0.18	0.17	0.16	0.15
16	0.18	0.17	0.16	0.15	0.14	0.13
18	0.16	0.15	0.14	0.13	0.12	0.13
20	0.14	0.13	0.12	0.12	0.11	0.10

续表

β	$\dfrac{e}{h}$ 或 $\dfrac{e}{h_t}$					
	0.175	0.2	0.225	0.25	0.275	0.3
22	0.12	0.12	0.11	0.10	0.10	0.09
24	0.11	0.10	0.10	0.09	0.09	0.08
26	0.10	0.09	0.09	0.08	0.08	0.07
28	0.09	0.08	0.08	0.08	0.07	0.07
30	0.08	0.07	0.07	0.07	0.07	0.06

2) 构件高厚比 β 的计算

(1) 计算公式。计算受压构件承载力影响系数 φ 或查 φ 表时，构件高厚比 β 应按照下式计算。

对矩形截面

$$\beta = \gamma_\beta \frac{H_0}{h} \tag{15-11}$$

对 T 形截面

$$\beta = \gamma_\beta \frac{H_0}{h_T} \tag{15-12}$$

式中：γ_β ——不同材料砌体的高厚比修正系数，按表 15-2 采用；

H_0 ——受压构件的计算高度，按表 15-3 确定；

h ——矩形截面轴向力偏心方向的边长，当轴心受压时为截面较小边长；

h_T ——T 形截面的折算厚度，可近似按 $3.5i$ 计算，i 为截面回转半径。

表 15-2 高厚比修正系数 γ_β

砌体材料类别	γ_β
烧结普通砖、烧结多孔砖	1.0
混凝土普通砖、混凝土多孔砖、混凝土及轻集料混凝土砌块	1.1
蒸压灰砂普通砖、蒸压粉煤灰普通砖、细石料	1.2
粗石料、毛石	1.5

(2) 计算高度 H_0 的确定。应根据房屋类别和构件支承条件等按表 15-3 采用。

表 15-3 受压构件的计算高度 H_0

房 屋 类 别			柱		带壁柱墙或周边拉接的墙		
			排架方向	垂直排架方向	$s>2H$	$2H \geqslant s > H$	$s \leqslant H$
有吊车的单层房屋	变截面柱上段	弹性方案	$2.5H_u$	$1.25H_u$		$2.5H_u$	
		刚性、刚弹性方案	$2.0H_u$	$1.25H_u$		$2.0H_u$	
	变截面柱下段		$1.0H_l$	$0.8H_l$		$1.0H_l$	

续表

房屋类别			柱		带壁柱墙或周边拉接的墙		
			排架方向	垂直排架方向	$s>2H$	$2H \geqslant s > H$	$s \leqslant H$
无吊车的单层和多层房屋	单跨	弹性方案	$1.5H$	$1.0H$	$1.5H$		
		刚弹性方案	$1.2H$	$1.0H$	$1.2H$		
	多跨	弹性方案	$1.25H$	$1.0H$	$1.25H$		
		刚弹性方案	$1.10H$	$1.0H$	$1.1H$		
	刚性方案		$1.0H$	$1.0H$	$1.0H$	$0.4s+0.2H$	$0.6s$

注：① 表中 H_u 为变截面柱的上段高度，H_l 为变截面柱的下段高度；
② 对于上端为自由端的构件，$H_0=2H$；
③ 独立砖柱，当无柱间支撑时，柱在垂直排架方向的 H_0 应该按表中数值乘以 1.25 后采用；
④ s 为房屋横墙间距；
⑤ 自承重墙的计算高度应根据周边支承或拉接条件确定。

表 15-3 中的构件高度 H，根据下列规定采用。

① 在房屋底层，为楼板顶面到构件下端支点的距离。下端支点的位置，可取在基础顶面。当埋置较深且有刚性地坪时，可取室外地面下 500 mm 处。

② 在房屋其他层，为楼板或其他水平支点间的距离。

③ 对于无壁柱的山墙，可取层高加山墙尖高度的 1/2；对于带壁柱的山墙，可取壁柱处的山墙高度。

3）受压承载力计算时的注意事项

（1）轴向力偏心距 e 及限值。

$$e=\frac{M}{N} \tag{15-13}$$

式中：M——作用在受压构件截面上弯矩设计值；
N——作用在受压构件截面上轴力设计值。

当轴向力偏心距 e 过大时，截面受拉区水平裂缝将显著开展，受压区面积减少，构件的承载力大大下降，从经济与合理的角度看，都不宜采用。《砌体结构设计规范》(GB 50003—2011)规定，$e \leqslant 0.6y$。y 为截面重心到轴向力所在偏心方向截面边缘的距离，如图 15-1 所示。

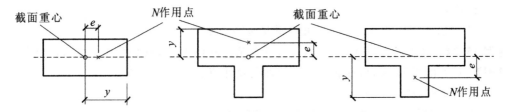

图 15-1　y 取值示意图

若设计中超过以上限值，可采取适当措施予以减小。如可采取修改构件截面形式或截面尺寸的方法调整偏心距，或在被支撑梁或屋架的端部的砌体上设置具有中心装置的垫块或缺口垫块。

(2) 对矩形截面构件,当轴向力偏心方向的截面边长大于另一方向的边长时,除按偏心受压计算外,还应对较小边长方向按轴心受压验算。

【例 15-1】 某房屋中截面尺寸为 400 mm×600 mm 的柱,采用 MU10 混凝土小型空心砌块和 Mb5 混合砂浆砌筑,柱的计算高度 $H_0=3.5$ m,柱底截面承受的轴心压力标准值 $N_k=220$ kN(包括柱自重,其中由永久荷载产生的为 170 kN)。结构安全等级为二级($\gamma_0=1.0$),施工质量控制等级为 B 级。计算柱的承载力是否满足要求。

【解】 (1) 柱的承载力 $N_u=\varphi f A$。

① 确定 f。

查表 14-6,MU10 混凝土小型空心砌块和 Mb5 混合砂浆筑相应砌块砌体的抗压强度设计值 $f=2.22$ MPa。

考虑为独立柱,且双排组砌,应乘以强度降低系数 0.7,则 $f_1=0.7\times2.22$ MPa $=1.554$ MPa,$A=0.4\times0.6$ mm² $=0.24$ m² <0.3 m²,故砌体抗压强度设计值 f 应乘以调整系数 γ_a。

因为 $\gamma_a=0.7+A=0.7+0.24=0.94$

故砌体强度设计值 $f=\gamma_a f_1=0.94\times1.554$ MPa $=1.461$ MPa

② 确定 φ。

由表 15-2 得 $\gamma_\beta=1.1$,$\beta=\gamma_\beta H_0/h=\gamma_\beta H_0/b=1.1\times3500/400=9.6$。

按轴心受压 $e=0$ 查表 15-1 得 $\varphi=0.88$。

③ 柱的承载力 $N_u=\varphi f A=0.88\times1.461\times10^{-3}\times0.24\times10^6$ kN $=308.6$ kN。

(2) 柱底部截面的轴向设计值 N。

永久荷载标准值 $G_k=170$ kN。

可变荷载标准值 $Q_k=220$ kN-170 kN $=50$ kN。

组合 1:

$N=\gamma_0(1.2S_{Gk}+1.4S_{Qk})=1.0\times(1.2G_k+1.4Q_k)=1.0\times(1.2\times170+1.4\times50)$ kN
$=274.0$ kN

组合 2:

$N=\gamma_0(1.35S_{Gk}+1.4S_{Qk})=\gamma_0(1.35G_k+1.4\psi_{c1}Q_k)=(1.35\times170+1.4\times0.7\times50)$ kN
$=278.5$ kN

组合 2 起控制作用,柱底部截面的轴向设计值 $N=278.5$ kN。

(3) 结论:

由于 $N=278.5$ kN$<N_u=308.6$ kN,满足承载力要求。

【例 15-2】 施工质量控制等级为 C 级,其余条件同例 15-1,试验算柱底截面是否安全。

【解】 (1) 由例 15-1 得,柱底部截面的轴向设计值 $N=278.5$ kN。

(2) 柱的承载力 $N_u=\varphi f A$。

由于施工质量控制等级为 C 级,砌体强度调整系数取 $\gamma_a=0.89$。

砌体强度设计值 $f=0.89\times0.94\times1.554$ MPa $=1.300$ MPa。

柱的承载力 $N_u=\varphi f A=0.88\times1.300\times10^{-3}\times0.24\times10^6$ kN $=274.7$ kN。

(3) 结论:

由于 $N=278.5$ kN$>N_u=274.7$ kN,受压承载力不能满足要求,故柱底截面不安全。

单元 15
砌体构件承载力计算

【例 15-3】 已知有一轴心受压横墙,取墙长 $b=1000$ mm,采用单孔混凝土砌块,墙厚 $h=190$ mm,计算高度 $H_0=2.8$ m,砌块强度等级 MU7.5,Mb7.5 混合砂浆砌筑,施工质量控制等级为 B 级。承受轴向力设计值 $N=300$ kN,计算该墙是否满足承载力要求。

【解】 (1) 柱的承载力 $N_u=\varphi f A$。

① 确定 f。

砌块为 MU7.5、Mb7.5 混合砂浆,查表 14-6 得其抗压强度设计值 $f=1.93$ MPa。

② 确定 φ。

由表 15-2 得 $\gamma_\beta=1.1$,$\beta=\gamma_\beta H_0/h=\gamma_\beta H_0/b=1.1\times 2800/190=16.21$。

按轴心受压 $e=0$ 查表 15-1 得 $\varphi=0.715$。

③ 柱的承载力。

横墙截面面积 $A=bh=1000\times 190$ mm$^2=190\times 10^3$ mm$^2=0.19$ m^2。

柱的承载力 $N_u=\varphi f A=0.715\times 1.93\times 10^{-3}\times 0.19\times 10^6$ kN$=262.2$ kN。

(3) 结论:

由于 $N=300$ kN$>N_u=262.2$ kN,不安全,所以不能满足承载力要求。

【例 15-4】 条件同例 15-3,如何使得墙满足承载力要求?

【解】 根据式(15-7),即 $N\leqslant \varphi f A$,用于本工程即为 $N=300$ kN$\leqslant N_u=\varphi f A$。

改动 f,其他不变,则 $N=300$ kN$\leqslant N_u=\varphi f A=0.715\times f\times 0.19\times 10^6$,得 $f\geqslant 2.208$ MPa。

选择 MU10、M5 混合砂浆,此时 $f=2.22$ MPa$\geqslant 2.208$ MPa,满足要求,安全。

【例 15-5】 某矩形砖柱截面尺寸为 490 mm$\times$620 mm,柱的计算高度 $H=H_0=5$ m,采用 MU10 烧结普通砖及 M2.5 混合砂浆,柱底截面承受轴向力设计值 $N=250$ kN,沿长边方向弯矩设计值 $M=18$ kN·m,施工质量控制等级为 B 级。确定柱的承载力能否满足要求。

【解】 (1) 计算柱沿长边偏心受压承载力。

① 确定砌体强度设计值。由表 14-3 查得,MU10 砖及 M2.5 混合砂浆对应的 $f=1.30$ MPa,$A=0.49\times 0.62$ m$^2=0.303$ m$^2>0.3$ m^2。

砌体强度调整系数 $\gamma_a=1.0$,即 $f=1.0\times 1.30$ MPa$=1.30$ MPa。

② 确定 φ。

由表 15-2 得 $\gamma_\beta=1.0$,$\beta=\gamma_\beta H_0/h=\gamma_\beta H_0/b=1.0\times 5000/620=8.06$

$e=M/N=18\times 10^6/250\times 10^3$ mm$=72$ mm$<0.6y=0.6\times 310$ mm$=186$ mm,满足要求。

$$e/h=72/620=0.116$$

由于柱的高厚比 $\beta=8.06$,按偏心受压 $e/h=0.116$ 查表 15-1 得 $\varphi=0.65$。

③ 柱的承载力 $N_u=\varphi f A=0.65\times 1.30\times 10^{-3}\times 0.303\times 10^6$ kN$=256.0$ kN>250 kN,安全。

(2) 计算柱沿短边方向轴心受压承载力。

取 $h=490$ mm,则 $\beta=\gamma_\beta H_0/h=\gamma_\beta H_0/b=1.0\times 5000/490=10.2$。

按轴心受压 $e=0$,查表 15-1 得 $\varphi=0.825$。

柱的承载力 $N_u=\varphi f A=0.825\times 1.30\times 10^{-3}\times 0.303\times 10^6$ kN$=325.0$ kN$>N=250$ kN,安全。

(3) 结论:

柱沿长边偏心受压承载力 $N_u=256.0$ kN$>N=250$ kN,安全;

柱沿短边方向轴心受压承载力 $N_u=325.0$ kN$>N=250$ kN,安全。

【例 15-6】 某单层单跨厂房,跨度 10 m,开间 5 m,共 6 个房间,属刚弹性方案,窗宽 4 m,窗间宽 1 m,壁柱和墙厚如图 15-2 所示。檐口标高±3.500 m,室内外高度差 0.15 m,基础顶距室外地面 0.52 m。采用 MU10 烧结普通砖及 M5 混合砂浆,施工质量控制等级为 B 级。计算当轴向力作用在截面重心、A 点及 B 点的承载力。

【解】 (1)确定窗间墙计算高度 H_0,窗间墙高度应从基础顶至檐口,即

$$H = (3.5 + 0.15 + 0.52) \text{m} = 4.17 \text{ m}$$

查表 15-3,由无吊车、单跨、刚弹性方案条件得,窗间墙计算高度 $H_0 = 1.2H = 1.2 \times 4.17$ m $= 5.0$ m。

(2)确定带壁柱墙翼缘宽度 b_f。

壁柱宽加 2/3 墙高,$b_f = 0.24$ m $+ \dfrac{2}{3} \times 4.17$ m $= 6.5$ m。

窗间墙宽,$b_f = 1.0$ m。

相邻壁柱间距离,$b_f = 5.0$ m。

取三者中的最小值即 $b_f = 1.0$ m,截面尺寸如图 15-2 所示。

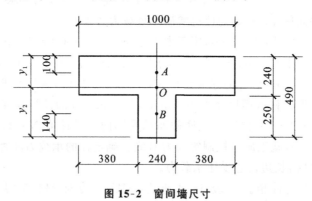

图 15-2 窗间墙尺寸

(3)计算截面的几何特征。

由题意可知,$b_f = 1.0$ m,$h_f = 0.24$ m,$h = 0.49$ m,$b = 0.24$ m。

截面面积 $A = A_1 + A_2 = b_f h_f + (h - h_f)b = 1.0 \times 0.24$ m$^2 + (0.49 - 0.24) \times 0.24$ m$^2 = 0.3$ m^2。

截面重心位置:

$$y_1 = \frac{A_1 \dfrac{h_f}{2} + A_2\left(h_f + \dfrac{h - h_f}{2}\right)}{A} = \frac{1 \times 0.24 \times 0.12 + 0.24 \times 0.25 \times (0.24 + 0.125)}{0.3} \text{ m}$$

$$= 0.169 \text{ m}$$

$$y_2 = h - y_1 = 0.49 \text{ m} - 0.169 \text{ m} = 0.321 \text{ m}$$

截面惯性矩:

$$I = \frac{b_f y_1^3}{3} + \frac{(b_f - b)(h_f - y_1)}{3} + \frac{b y_2^3}{3}$$

$$= \left[\frac{1}{3} \times 1 \times (0.169)^3 + \frac{1}{3} \times (1 - 0.24) \times (0.24 - 0.169)^3 + \frac{1}{3} \times 0.24 \times (0.321)^3\right] \text{m}^4$$

$$= (0.001\ 61 + 0.000\ 091 + 0.002\ 6) \text{ m}^4 = 0.004\ 3 \text{ m}^4$$

回转半径 $i=\sqrt{\dfrac{I}{A}}=\sqrt{\dfrac{0.0043}{0.3}}$ m$=0.12$ m。

折算厚度 $h_T=3.5i=3.5\times 0.12$ m$=0.42$ m。

(4) 承载力计算。

① 轴向力作用在截面重心（轴心受压）。

由于采用MU10烧结普通砖及M5混合砂浆，由表15-2得 $\gamma_\beta=1.0$。

$$\beta=\gamma_\beta\dfrac{H_0}{h_T}=1.0\times\dfrac{5}{0.42}=11.9$$

稳定系数

$$\varphi_0=\gamma_\beta\dfrac{1}{1+\alpha\beta^2}=1.0\times\dfrac{1}{1+0.0015\times(11.9)^2}=0.825$$

采用MU10烧结普通砖及M5混合砂浆，查表14-3，得其抗压强度设计值 $f=1.50$ MPa。

该墙的承载力为

$$N_u=\varphi f A=0.825\times 1.50\times 0.3\times 10^3 \text{ kN}=371.2 \text{ kN}$$

② 轴向力作用在 A 点（偏心受压）。

已知轴向力的偏心距 $e_0=0.169$ m-0.1 m$=0.069$ m。

$$\dfrac{e_0}{h_T}=\dfrac{0.069}{0.42}=0.164$$

$$\dfrac{e_0}{y_1}=\dfrac{0.069}{0.169}=0.408<0.6$$

影响系数

$$\varphi=\dfrac{1}{1+12\left[\dfrac{e_0}{h_T}+\sqrt{\dfrac{1}{12}\left(\dfrac{1}{\varphi_0}-1\right)}\right]^2}=\dfrac{1}{1+12\left[0.164+\sqrt{\dfrac{1}{12}\left(\dfrac{1}{0.825}-1\right)}\right]^2}=0.486$$

该墙的承载力为

$$N_u=\varphi f A=0.486\times 1.50\times 0.3\times 10^3 \text{ kN}=218.7 \text{ kN}$$

③ 轴向力作用在 B 点（偏心受压）。

已知轴向力的偏心距 $e_0=0.321$ m-0.14 m$=0.181$ m。

$$\dfrac{e_0}{h_T}=\dfrac{0.181}{0.42}=0.43$$

$$\dfrac{e_0}{y_2}=\dfrac{0.181}{0.321}=0.56<0.6$$

影响系数

$$\varphi=\dfrac{1}{1+12\left[\dfrac{e_0}{h_T}+\sqrt{\dfrac{1}{12}\left(\dfrac{1}{\varphi_0}-1\right)}\right]^2}=\dfrac{1}{1+12\left[0.43+\sqrt{\dfrac{1}{12}\left(\dfrac{1}{0.825}-1\right)}\right]^2}=0.208$$

该墙的承载力为

$$N_u=\varphi f A=0.208\times 1.50\times 0.3\times 10^3 \text{ kN}=93.6 \text{ kN}$$

上述计算表明，随着偏心距 e_0 的增大，该墙的受压承载力有较大幅度的降低。

任务 3　砌体结构局部受压破坏特点及承载力计算

一、砌体结构局部受压破坏特点

局部受压在工程中比较常见，其特点是压力仅仅作用在砌体的局部受压面上。由于作用于局部面积上的压力通常较大，很可能造成局部受压破坏，进而给建筑物带来隐患，所以必须引起重视。

1. 局部受压类型

压力仅作用在砌体的部分面积上的受力状态称为砌体结构局部受压，其中：如果砌体局部受压面积上压应力呈均匀分布，则称为局部均匀受压，如承受上部柱或窗间墙传来的压力的（基础）墙顶面部分的砌体，处于均匀局部受压状态；如果砌体局部受压面积上压应力呈不均匀分布，则称为局部不均匀受压，如梁端支撑部分的砌体，处于不均匀受压状态。

2. 局部受压破坏特点

大量实验发现，砖砌体局部受压有三种破坏形态，如图 15-3 所示。

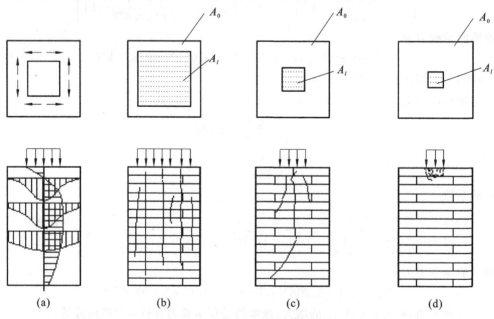

图 15-3　砖砌体局部受压破坏形态
(a) 局部压力下砖砌体应力分布；(b) "先裂后坏"；(c) "一裂即坏"；(d) "未裂先坏"（局部压碎）

（1）因纵向裂缝的发展而破坏，即"先裂后坏"，破坏时有先兆。在局部压力作用下，有竖向裂缝、斜向裂缝。当 A_0/A_l 不大时，随着荷载的增加，其中部分裂缝逐渐向上或向下延伸发展，并在破坏时连成一条主要的裂缝，如图15-3(b)所示。

（2）劈裂破坏，即"一裂即坏"，破坏时突然，无先兆。在局部压力作用下产生的纵向裂缝少而集中，且初裂荷载与破坏荷载很接近，在 A_0/A_l 较大时会出现这种破坏形态，如图15-3(c)所示。

（3）局部面积下砌体表面压碎破坏，即"未裂先坏"，破坏时构件的侧面无纵向裂缝。当墙梁的高度与跨度之比较大，砌体强度较低或局部受压面积 A_l 较小时，会出现梁支撑附近砌体被压碎而破坏的这种破坏形态，如图15-3(d)所示。

上述三种破坏形态中，"一裂即坏"、"未裂先坏"表现出明显的脆性，破坏无先兆，工程设计中必须避免发生。一般应按"先裂后坏"来考虑。

二、砌体结构局部受压承载力计算

1. 砌体局部均匀受压时的承载力

1）计算公式

砌体截面中受局部均匀压力作用时的承载力应按下式计算：

$$N_l \leqslant \gamma f A_l \tag{15-14}$$

式中：N_l——局部受压面积上的轴向力设计值；

γ——砌体局部抗压强度提高系数；

f——砌体的抗压强度设计值，局部受压面积小于 0.3 m^2，可不考虑强度调整系数 γ_a 的影响；

A_l——砌体局部受压面积。

2）砌体局部抗压强度提高系数 γ 的确定

砌体在局部压力作用下，直接位于局部受压面积下的砌体横向应变受到周围砌体的约束，使该处的砌体处于双向或三向受压状态，此时区域内的砌体抗压强度大于一般情况下的抗压强度，即出现"套箍强化"的效应。砌体的抗压设计强度 f 的提高系数 γ 按下式计算：

$$\gamma = 1 + 0.35 \sqrt{\frac{A_0}{A_l} - 1} \tag{15-15}$$

式中：A_l——砌体局部受压面积；

A_0——影响砌体局部抗压强度的计算面积，可按图15-4确定。

为了避免 A_0/A_l 大于某一限值时出现危险的劈裂破坏，对 γ 规定如下。

① 在图15-4(a)的情况下，$\gamma \leqslant 2.5$。

② 在图15-4(b)的情况下，$\gamma \leqslant 2.0$。

③ 在图15-4(c)的情况下，$\gamma \leqslant 1.5$。

④ 在图15-4(d)的情况下，$\gamma \leqslant 1.25$。

⑤ 对于按《砌体结构设计规范》(GB 50003—2011)第6.2.13条的要求灌孔的混凝土砌块

砌体,在①、②的情况下,尚应符合 $\gamma \leqslant 1.5$;未灌孔混凝土砌块砌体,$\gamma = 1.0$。

⑥ 在对多孔砖砌体孔洞难以灌实时,应按 $\gamma = 1.0$ 取用;当设置混凝土垫块时,按垫块下的砌体局部受压计算。

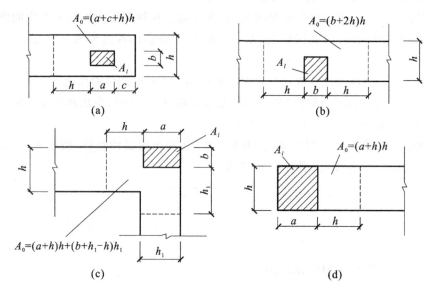

图 15-4 影响局部抗压强度的面积

【例 15-7】 有一截面尺寸为 $a \times b = 240 \text{ mm} \times 240 \text{ mm}$ 的钢筋混凝土柱,支撑在厚 $h = 240 \text{ mm}$ 的混凝土砌块墙上,作用位置如图 15-5 所示。墙体采用强度等级为 MU10 砌块和 Mb5 的混合砂浆砌筑,施工质量控制等级为 B 级,柱作用到砌块砌体的荷载设计值为 $N = 150 \text{ kN}$,试验算局部受压承载力是否满足要求。

【解】 (1) 局部受压面积:
$$A_l = ab = 240 \text{ mm} \times 240 \text{ mm} = 57\,600 \text{ mm}^2$$

(2) 局部受压计算面积 A_0(属于图 15-4(d)情况的局部受压):
$$A_0 = (a+h)h = (240+240) \times 240 \text{ mm}^2 = 115\,200 \text{ mm}^2$$

(3) 计算砌体局部抗压强度提高系数 γ:
$$\gamma = 1 + 0.35\sqrt{\frac{A_0}{A_l} - 1} = 1 + 0.35\sqrt{\frac{115\,200}{57\,600} - 1}$$
$$= 1.35 > 1.25$$

因属于图 15-4(d)所示情况,$\gamma \leqslant 1.25$,取 $\gamma = 1.25$。

(4) 确定砌块砌体的抗压强度设计值 f。

因采用砌块 MU10 和混合砂浆 Mb5,查表 14-6 得,$f = 2.22 \text{ MPa}$。

(5) 计算局部受压承载力设计值。

由式(15-14)得
$$N_u = \gamma f A_l = 1.25 \times 2.22 \times 57\,600 \text{ N} = 159.84 \text{ kN}$$

(6) 结论:$N_u = \gamma f A_l = 159.84 \text{ kN} > N = 150 \text{ kN}$,故满足承载力要求。

【例 15-8】 某房屋的基础采用 MU10 烧结普通砖和 M7.5 水泥砂浆砌筑,施工质量控制等级为 B 级,其上支承钢筋混凝土柱截面尺寸为 250 mm×250 mm,如图 15-6 所示,柱作用于基础顶面中心处的轴向压应力设计值 $N_l=180\ \text{kN}$,试验算柱下砌体的局部受压承载力是否满足要求。

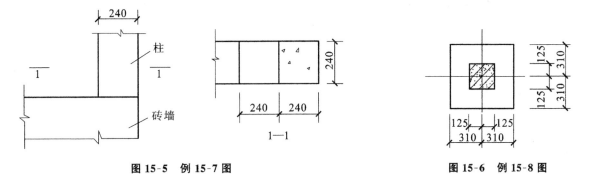

图 15-5　例 15-7 图　　　　　　图 15-6　例 15-8 图

【解】（1）砌体的局部受压面积 $A_l=0.25\times0.25\ \text{m}^2=0.062\ 5\ \text{m}^2$。

（2）影响砌体局部抗压强度计算面积：$A_0=0.62\times0.62\ \text{m}^2=0.384\ 4\ \text{m}^2$。

（3）确定砌体局部抗压强度提高系数：

$$\gamma=1+0.35\sqrt{\frac{A_0}{A_l}-1}=1+0.35\sqrt{\frac{0.384\ 4}{0.062\ 5}-1}=1.79$$

因属于图 15-4(a)所示情况,$\gamma\leqslant2.5$,取 $\gamma=1.79$。

（4）确定砌体抗压强度设计值。

采用 MU10 烧结普通砖和 M7.5 水泥砂浆,查表 14-3 得 $f=1.69\ \text{MPa}$。

（5）砌体局部受压承载力：

$$N_u=\gamma f A_l=1.79\times1.69\times0.062\ 5\times10^6\times10^{-3}\ \text{kN}=189.1\ \text{kN}$$

（6）结论：

$N_l=180\ \text{kN}<N_u=\gamma f A_l=189.1\ \text{kN}$,满足要求。

2. 砌体局部不均匀受压时的承载力

1）梁端不设置垫块砌体局部承载力

（1）计算公式。

梁端支承处砌体的局部受压承载力,应按下列公式计算：

$$\psi N_0+N_l\leqslant\eta\gamma f A_l \tag{15-16}$$

式中：ψ——上部荷载的折减系数,$\psi=1.5-0.5\dfrac{A_0}{A_l}$,当 $A_0/A_l\geqslant3$ 时,$\psi=0$；

N_0——局部受压面积内上部轴向力设计值(N),$N_0=\sigma_0 A_l$（σ_0 上部平均压应力设计值,单位为 N/mm^2）；

N_l——梁端支承压力设计值(N)；

η——梁端底面压应力图形的完整系数,应取 0.7,对于过梁和墙梁应取 1.0；

γ——砌体局部抗压强度提高系数；

A_l——局部受压面积,$A_l=a_0 b$；

b——梁的截面宽度(mm)；

a_0——梁端有效支承长度(mm)。

(2) 参数 a_0 的确定。

a_0 为梁端有效支承长度,梁端实际支承长度为 a,如图 15-7 所示。由于梁的抗弯刚度与压缩刚度不同,梁在弯曲时,梁端产生转角变形,会使梁末端有脱离砌体的趋势。梁端底部没有离开砌体的长度,即实际传力的长度称为有效长度 a_0。此时梁端砌体处压应力的分布是不均匀的。

梁端的有效支承长度按下式计算：

$$a_0 = 10\sqrt{\frac{h_c}{f}} \quad (15\text{-}17)$$

式中：a_0——梁端有效支承长度(mm),当 $a_0 > a$ 时,$a_0 = a$(梁端实际支承长度(mm))；

h_c——梁的截面高度(mm)；

f——砌体的抗压强度设计值(MPa)。

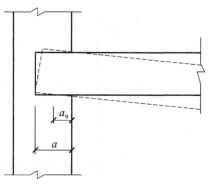

图 15-7 梁端有效支承长度

【例 15-9】 某房屋窗间墙上梁的支承情况如图 15-8 所示。梁的截面尺寸 $b \times h = 250$ mm $\times 500$ mm,在墙上支承长度 $a = 240$ mm。窗间墙截面尺寸为 1200 mm$\times 370$ mm,采用 MU10 砖和 M5 混合砂浆砌筑,施工控制质量为 B 级。梁端支承压力设计值 $N_l = 80$ kN,梁底截面上部荷载设计值产生的轴向力 $N_0 = 80$ kN。试验算梁端支承处砌体局部受压承载力。

【解】 (1) 确定梁端支承处砌体局部受压承载力 $N_u = \eta \gamma f A_l$。

① 砌体抗压强度设计值 f,由表 14-3 查得 $f = 1.50$ MPa。

② 梁端底面压应力图形的完整系数 $\eta = 0.7$。

③ 确定砌体局部抗压强度提高系数 γ,梁端局部受压面积 A_l。

梁端有效支承长度 $a_0 = 10\sqrt{\dfrac{h_c}{f}} = 10\sqrt{\dfrac{500}{1.5}}$ mm $= 182.6$ mm $< a = 240$ mm,取 $a_0 = 182.6$ mm。

梁端局部受压面积 $A_l = a_0 b = 182.6 \times 250$ mm² $= 45\,650$ mm²。

影响砌体局部抗压强度的计算面积

$$A_0 = (b+2h)h = (250+2\times 370)\times 370 \text{ mm}^2 = 366\,300 \text{ mm}^2$$

$$\gamma = 1 + 0.35\sqrt{\frac{A_0}{A_l} - 1} = 1 + 0.35\sqrt{\frac{366\,300}{45\,650} - 1} = 1.93 < 2.0$$

属于图 15-4(b)所示的情况,取 $\gamma = 1.93$。

④ 梁端支承处砌体局部受压承载力 $N_u = \eta \gamma f A_l = 0.7 \times 1.93 \times 1.50 \times 10^{-3} \times 45\,650$ kN $= 92.5$ kN。

(2) 计算外部荷载效应 $N = \psi N_0 + N_l$。

① 确定 ψN_0。

$\dfrac{A_0}{A_l} = 366\,300/45\,650 = 8.024 > 3$,取 $\psi = 0$,即不考虑上部荷载的影响,则 $\psi N_0 = 0$ kN。

② 确定 $N = \psi N_0 + N_l = 0$ kN $+ 80$ kN $= 80$ kN。

(3) 结论：

因为 $N_u = 92.5$ kN $> N = \psi N_0 + N_l = 80$ kN,所以梁端支承处砌体局部受压承载力满足要求。

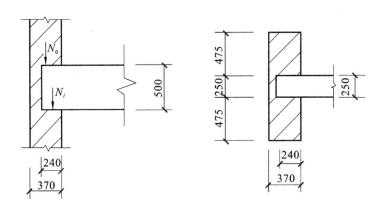

图 15-8 例 15-9 图

【例 15-10】 某房屋窗间墙上梁的支承情况如图 15-8 所示。梁端支承压力设计值 $N_l=100$ kN，梁底截面上部荷载设计值产生的轴向力 $N_0=80$ kN。其他条件同例 15-9，试验算梁端支承处砌体局部受压承载力。

【解】 根据例 15-9 解题过程，显然梁端支承处砌体局部受压承载力不能满足要求。

根据目前的知识，设计时，可以通过采取提高砌体中砖的强度及砂浆的强度、增加梁的实际支承长度等措施解决，但是当外荷载比较大时，方法并不总是可行的，此时可以考虑在梁端设置刚性垫块，提高梁端支承处砌体局部受压承载力。

2) 梁端设置刚性垫块砌体局部承载力

当梁端作用下砌体不能满足局部受压要求时，为了提高梁端下砌体的局部受压承载力，可在梁支座下设置预制或刚性垫块，以保证支座下砌体的安全。

(1) 计算公式。

梁端设有刚性垫块时的砌体局部受压承载力，应按下列公式计算：

$$N_0 + N_l \leqslant \varphi \gamma_1 f A_b \tag{15-18}$$

式中：N_0——垫块面积 A_b 内上部轴力设计值(N)，$N_0 = \sigma_0 A_b$；

φ——垫块上 N_0 与 N_l 合力的影响系数；

A_b——垫块面积(mm^2)，$A_b = a_b b_b$ (a_b 为垫块伸入墙内的长度(mm)，b_b 为垫块的宽度(mm))；

γ_1——垫块外砌体面积的有利影响系数，$\gamma_1 = 0.8\gamma$，且 $\gamma_1 \geqslant 1.0$，γ 为砌体局部抗压强度提高系数，计算式为

$$\gamma = 1 + 0.35\sqrt{\frac{A_0}{A_b} - 1} \tag{15-19}$$

(2) 影响系数 φ 的确定。

可采用公式 $\varphi = \dfrac{1}{1 + 12\left(\dfrac{e}{h}\right)^2}$ 计算，或采用影响系数 φ 表中当 β 小于等于 3 时的 φ 值。e 为 N_0 和 N_l 合力对垫块形心的偏心距，N_l 距垫块的距离可取 $0.4a_0$，e 按下式计算：

$$e = \frac{N_l\left(\dfrac{a_b}{2} - 0.4a_0\right)}{N_0 + N_l} \tag{15-20}$$

式中：a_0——垫块上表面梁端的有效支承长度(mm)，$a_0 = \delta_1 \sqrt{\dfrac{h_c}{f}}$，$\delta_1$ 为刚性垫块的影响系数，按表 15-4 取用。

表 15-4　系数 δ_1 值表

σ_0/f	0	0.2	0.4	0.6	0.8
δ_1	5.4	5.7	6.0	6.9	7.8

注：表中其间的数值可采用插入法求得。

(3) 构造要求。

《砌体结构设计规范》(GB 50003—2011)规定刚性垫块应符合下列构造要求，如图 15-9 所示。

① 刚性垫块的高度 t_b 不应小于 180 mm，自梁边算起的垫块挑出长度不应大于垫块高度 t_b。

② 在带壁柱墙的壁柱内设刚性垫块时，A_0 计算面积应取壁柱范围内的面积，而不应计算翼缘部分，同时壁柱上垫块伸入翼墙内的长度不应小于 120 mm。

③ 当现浇垫块与梁端整体浇筑时，垫块可在梁高范围内设置。

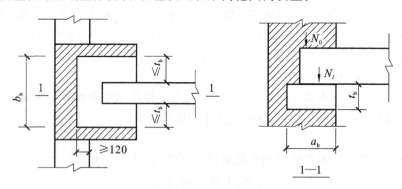

图 15-9　壁柱上设有垫块时梁端局部受压

【例 15-11】　某房屋窗间墙上梁的支承情况如图 15-10 所示。梁端支承压力设计值 N_l = 110 kN，上部荷载设计值产生的轴向力 $N_0 = 175$ kN，在梁端设置 $a_b \times b_b \times t_b = 240$ mm × 600 mm × 240 mm 混凝土刚性垫块。其他条件同例 15-9，试验算梁端支承处砌体局部受压承载力。

【解】　(1) 确定梁端支承处砌体局部受压承载力 $N_u = \varphi \gamma_1 f A_b$。

① 砌体抗压强度设计值 f，由表 14-3 查得 $f = 1.50$ MPa。

② 校核垫块，垫块 $t_b = 240$ mm > 180 mm，挑出长度 $\dfrac{600-250}{2} = 175$ mm < $t_b = 240$ mm，满足刚性垫块构造要求。

③ 垫块外砌体面积的有利影响系数 γ_1。

$$b_b + 2h = 600 \text{ mm} + 2 \times 370 \text{ mm} = 1340 \text{ mm} > 1200 \text{ mm}，取 b = 1200 \text{ mm}。$$

$$A_0 = bh = 1200 \times 3700 \text{ mm}^2 = 444\ 000 \text{ mm}^2$$

垫块面积 $A_b = a_b b_b = 240 \times 600 \text{ mm}^2 = 144\ 000 \text{ mm}^2$。

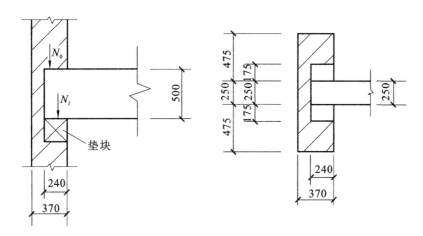

图 15-10 例 15-11 图

砌体局部抗压强度提高系数 $\gamma = 1 + 0.35\sqrt{\dfrac{A_0}{A_b} - 1} = 1 + 0.35\sqrt{\dfrac{444\,000}{144\,000} - 1} = 1.5 < 2.0$。

取 $\gamma = 1.5$,则垫块外砌体面积的有利影响系数 $\gamma_1 = 0.8\gamma = 0.8 \times 1.5 = 1.2 > 1.0$,满足要求。

④ 计算影响系数 φ。

上部平均压应力设计值 $\sigma_0 = \dfrac{N_0}{A} = \dfrac{175\,000}{370 \times 1200}$ MPa $= 0.39$ MPa,$\sigma_0/f = 0.39/1.5 = 0.26$

查表 15-4,得 $\delta_1 = 5.8$。则梁端有效支承长度为

$$a_0 = \delta_1 \sqrt{\dfrac{h}{f}} = 5.8\sqrt{\dfrac{500}{1.5}} \text{ mm} = 105.9 \text{ mm}$$

垫块上部荷载设计值 $N_0 = \sigma_0 A_b = 0.39 \times 144\,000 \times 10^{-3}$ kN $= 56.2$ kN,N_0 作用于垫块形心。

$N_0 + N_l$ 对垫块形心的偏心距

$$e = \dfrac{N_l(a_b/2 - 0.4a_0)}{N_0 + N_l} = \dfrac{110 \times \left(\dfrac{240}{2} - 42.4\right)}{56.2 + 110} \text{ mm} = \dfrac{110 \times 77.6}{56.2 + 110} \text{ mm} = 51.4 \text{ mm}$$

由 $e/h = e/a_b = 51.4/240 = 0.21$,并按 $\beta \leqslant 3$ 查表得 $\varphi = 0.66$。

$$N_u = \varphi \gamma_1 f A_b = 0.66 \times 1.2 \times 1.5 \times 144\,000 \times 10^{-3} \text{ kN} = 171.1 \text{ kN}$$

(2)计算外荷载:

$$N = N_0 + N_l = 56.2 \text{ kN} + 110 \text{ kN} = 166.2 \text{ kN}$$

(3)结论:

因为 $N_u = 171.1$ kN $> N = 166.2$ kN,所以梁端支承处砌体局部受压承载力满足要求。

3)梁端设置垫梁砌体局部受压承载力

(1)计算公式。

梁下设有长度大于 πh_0 的垫梁时,梁下应力分布图如图 15-11 所示。按弹性力学方法分析并考虑砌体的受力性能,垫梁下砌体的局部受压承载力按下列公式计算:

$$N_0 + N_l \leqslant 2.4\delta_2 b_b h_0 f \tag{15-21}$$

式中:N_0——垫梁上部轴向力设计值(N),$N_0 = \pi b_b h_0 \sigma_0 / 2$($\sigma_0$ 为上部荷载设计值产生的平均压

应力）；

b_b——垫梁在墙厚方向的宽度(mm)；

δ_2——垫梁底面压应力分布系数，当荷载沿墙厚方向均匀分布时 $\delta_2=1.0$，不均匀分布时 $\delta_2=0.8$；

h_0——垫梁折算高度(mm)。

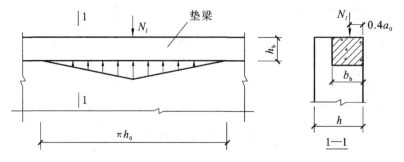

图 15-11 垫梁局部受压

(2) 参数 h_0 的确定。

垫梁的折算高度 h_0 按下式计算：

$$h_0 = 2\sqrt[3]{\frac{E_c I_c}{Eh}} \tag{15-22}$$

式中：E_c——垫梁的混凝土弹性模量；

I_c——垫梁的混凝土截面惯性矩；

E——砌体的弹性模量；

h——墙厚(mm)。

【例 15-12】 某房屋窗间墙上梁的支承情况如图 15-12 所示。梁端支承压力设计值 $N_l=150$ kN，上部荷载设计值产生的轴向力 $N_0=175$ kN，沿墙全长梁端设置截面尺度为 $b_b \times h_b = 240$ mm $\times$ 180 mm，其他条件同例 15-11，试验算梁端支承处砌体局部受压承载力。

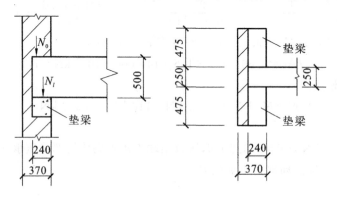

图 15-12 例 15-12 图

【解】 (1) 计算承载力 $N_u = 2.4\delta_2 b_b h_0 f$。

① 砌体抗压强度设计值 f，由表 14-3 查得 $f=1.50$ MPa。

② $E=1600f=1600 \times 1.5$ N/mm² $=2400$ N/mm²。

③ C20 混凝土 $E_c = 2.55 \times 10^4 \text{N/mm}^2$。

④ 垫梁的惯性矩 $I_c = \dfrac{b_b h_b^3}{12} = \dfrac{240 \times 180^3}{12}$ mm^4 $= 1.1664 \times 10^8$ mm^4。

⑤ 垫梁的折算高度 $h_0 = 2\sqrt[3]{\dfrac{E_c I_c}{Eh}} = 2 \times \sqrt[3]{\dfrac{2.55 \times 10^4 \times 1.664 \times 10^8}{2400 \times 370}}$ mm $= 299$ mm。

⑥ $\delta_2 = 0.8$(荷载沿墙厚方向分布不均匀)。

⑦ $N_u = 2.4 \delta_2 b_b h_0 f = 2.4 \times 0.8 \times 240 \times 299 \times 1.5 \times 10^{-3}$ N $= 206.7$ kN。

(2) 计算外荷载效应 $N = N_0 + N_l$。

① 上部荷载产生的平均压应力设计值 $\sigma_0 = \dfrac{N_0}{A} = \dfrac{175\ 000}{370 \times 1200}$ MPa $= 0.39$ MPa。

② 垫梁上部轴向力设计值 $N_0 = \pi b_b h_0 \sigma_0 / 2 = 3.14 \times 240 \times 299 \times 0.39 / 2$ N $= 43.9$ kN。

③ 外荷载效应 $N = N_0 + N_l = 43.9$ kN $+ 150$ kN $= 193.9$ kN。

(3) 结论：

因为 $N_u = 2.4 \delta_2 b_b h_0 f = 206.7$ kN $> N = N_0 + N_l = 193.9$ kN，所以梁端支承处砌体局部受压承载力满足要求，梁下的局部受压是安全的。

任务 4　砌体轴心受拉、受弯和受剪构件承载力计算

一、砌体轴心受拉构件承载力计算

因砌体的抗压能力较低，故工程上很少采用砌体轴心受拉构件，一般只用于小型圆形水池或筒仓。图 15-13 所示圆形水池，在水压力作用下为轴心受拉构件。

砌体轴心受拉构件承载力计算公式为

$$N_t \leqslant f_t A \tag{15-23}$$

式中：N_t——轴心拉力设计值；

f_t——砌体的轴心抗拉强度设计值；

A——受拉截面面积。

二、砌体受弯构件承载力计算

受弯的构件砌体主要有挡土墙、水池壁、砖砌平拱过梁等。受弯的砌体构件，往往伴随着剪力作用，砌体受弯构件需进行受弯承载力及受剪承载力两项计算。

1. 受弯构件的受弯承载力计算

砌体受弯构件的受弯承载力按下式计算：

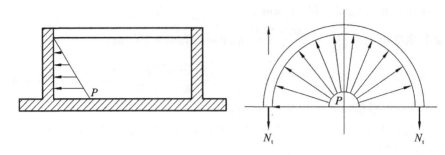

图 15-13 圆形水池

$$M \leqslant f_{tm}W \tag{15-24}$$

式中：M——弯矩设计值；

f_{tm}——砌体弯曲抗拉强度设计值；

W——截面抵抗矩。

2. 受弯构件的受剪承载力计算

受弯的砌体构件，往往伴随着剪力作用，对受弯构件，除进行受弯计算外，还应进行受剪计算。

砌体受弯构件的受剪承载力按下式计算：

$$V \leqslant f_v bz \tag{15-25}$$

$$z = I/S \tag{15-26}$$

式中：V——剪力设计值；

f_v——砌体的抗剪强度设计值；

b——截面宽度；

z——内力臂，当截面为矩形时，取 $z = 2h/3$（h 为截面高度）；

I——截面惯性矩；

S——截面面积矩。

三、砌体受剪构件承载力计算

砌体结构构件在工程实际中单纯受剪的情况很少，多数遇到的是剪压复合受力状态。图 15-14 所示拱过梁支座截面，同时受到拱的水平力和竖向力而处于剪压复合受力状态。

沿通缝或沿阶梯截面破坏时砌体受剪构件的承载力应按下列公式计算：

$$V \leqslant (f_v + \alpha\mu\sigma_0)A \tag{15-27}$$

式中：V——截面剪力设计值；

A——水平截面面积；

f_v——砌体抗剪强度设计值，对灌孔的混凝土砌块砌体取 f_{vg}；

α——修正系数（当 $\gamma_G = 1.2$ 时，砖（含多孔砖）砌体取

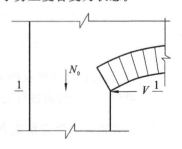

图 15-14 拱支座截面受力状态

0.60,混凝土砌块砌体取 0.64；当 $\gamma_G=1.35$ 时,砖（含多孔砖）砌体取 0.64,混凝土砌块砌体取 0.66）；

μ——剪压复合受力影响系数（$\gamma_G=1.2$ 时,$\mu=0.26-0.082\dfrac{\sigma_0}{f}$；$\gamma_G=1.35$ 时,$\mu=0.23-0.065\dfrac{\sigma_0}{f}$,$f$ 为砌体的抗压强度设计值）；

σ_0——永久荷载设计值产生的水平截面平均压应力,其值不应大于 $0.8f$。

任务 5 配筋砌体承载力计算

在砌体中设置了钢筋或钢筋混凝土材料的砌体称为配筋砌体。配筋砌体根据砌体所采用的块材不同,可分为配筋砖砌体和配筋砌块砌体两大类。

配筋砖砌体构件依据设计方法分为网状配筋砖砌体构件和组合砖砌体构件两大类。组合砖砌体构件又分为两种形式,即砖砌体和钢筋混凝土面层（或钢筋面层）的组合砌体构件、砖砌体和钢筋混凝土构造柱组合墙。

配筋砌块砌体是在砌块孔洞内设置纵向钢筋,在水平缝处用箍筋连接,并在孔洞内浇注混凝土而形成的组合构件,可形成配筋砌块剪力墙结构或配筋砌块构造柱等。配筋砌块砌体的力学性能与钢筋混凝土的性能非常相似。

配筋砌体的抗压、抗剪和抗弯承载力高于无筋砌体,并具有较好的抗震性能。

一、网状配筋砖砌体承载力计算

网状配筋砖砌体是将钢筋网配置在块体间的水平灰缝中,如图 15-15 所示,按照钢筋的设置方式,属于横向配筋砌体。钢筋网有方格网和连弯钢筋网两种组成形式,其中连弯钢筋网是由连弯钢筋交错放置于两相邻水平灰缝中,其作用相当于一片钢筋网。

1. 受力特点

当砖砌体受压构件的承载力不足,同时截面尺寸又受到限制时,可以考虑采用网状配筋砖砌体。网状配筋砖砌体承受轴向压力时,砌体产生竖向压缩变形的同时还产生横向变形,而钢筋网与灰缝之间的摩擦力和粘结力能承受较大的横向拉力,使钢筋参与砌体共同工作,钢筋的弹性模量较砌体高得多,从而约束了砌体的横向变形。同时,砌体裂缝受横向钢筋网的约束,开展较小,特别是在钢筋网处开展更小,且裂缝不能沿砌体高度方向连续,钢筋网能够连接被竖向裂缝分割的小砖柱,避免了无筋砌体被分裂成若干个 1/2 砖的小立柱的过早失稳而导致整个砌体的破坏,从而间接提高了砌体的抗压强度,故这种配筋也称为间接配筋。

2. 承载力计算

网状配筋砖砌体受压构件的承载力按下式计算：

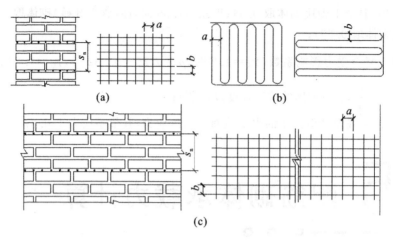

图 15-15　网状配筋砖砌体

(a)用方格网配筋的砖柱；(b)连弯钢筋网；(c)用方格网配筋的砖墙

$$N \leqslant \varphi_n f_n A \tag{15-28}$$

$$f_n = f + 2\left(1 - \frac{2e}{y}\right)\rho f_y \tag{15-29}$$

$$\rho = \frac{(a+b)A_s}{abs_n} \tag{15-30}$$

式中：N——轴向力设计值；

A——截面面积；

f_n——网状配筋砖砌体的抗压强度设计值；

e——轴向力的偏心距；

y——自截面重心至轴向力所在偏心方向截面边缘的距离；

ρ——体积配筋率，$\rho = \frac{V_s}{V}$，当采用截面面积为 A_s 的方格网，网格尺寸为 $a \times b$，钢筋竖向间距为 s_n 时，如图 15-15(a)或(c)所示；

f_y——钢筋的抗压强度设计值，当 f_y 大于 320 MPa 时，仍采用 320 MPa；

a、b——钢筋网的网格尺寸；

A_s——钢筋的截面面积；

s_n——钢筋网的竖向间距，当采用连弯钢筋网时，网钢筋方向相互垂直，沿砌体高度交错设置，此时 s_n 取同一方向网的间距；

φ_n——高厚比和配筋率以及轴向力的偏心距对网状配筋砖砌体受压构件承载力的影响系数，可按表 15-5 规定采用，也可按下式计算。其中 φ_{on} 为网状配筋砖砌体受压构件的稳定系数。

$$\varphi_n = \frac{1}{1 + 12\left[\frac{e}{h} + \sqrt{\frac{1}{12}\left(\frac{1}{\varphi_{on}} - 1\right)}\right]^2} \tag{15-31}$$

$$\varphi_{on} = \frac{1}{1 + (0.0015 + 0.45\rho)\beta^2} \tag{15-32}$$

表 15-5 影响系数 φ_n

ρ	β	φ_n				
		$e/h=0$	$e/h=0.05$	$e/h=0.10$	$e/h=0.15$	$e/h=0.17$
0.1	4	0.97	0.89	0.78	0.67	0.63
	6	0.93	0.84	0.73	0.62	0.58
	8	0.89	0.78	0.67	0.57	0.53
	10	0.84	0.72	0.62	0.52	0.48
	12	0.78	0.67	0.56	0.48	0.44
	14	0.72	0.61	0.52	0.44	0.41
	16	0.67	0.56	0.47	0.40	0.37
0.3	4	0.96	0.87	0.76	0.65	0.61
	6	0.91	0.80	0.69	0.59	0.55
	8	0.84	0.74	0.62	0.53	0.49
	10	0.78	0.67	0.56	0.47	0.44
	12	0.71	0.60	0.51	0.43	0.40
	14	0.64	0.54	0.46	0.38	0.36
	16	0.58	0.49	0.41	0.35	0.32
0.5	4	0.94	0.85	0.74	0.63	0.59
	6	0.88	0.77	0.66	0.56	0.52
	8	0.81	0.69	0.59	0.50	0.46
	10	0.73	0.62	0.52	0.44	0.41
	12	0.65	0.55	0.46	0.39	0.36
	14	0.58	0.49	0.41	0.35	0.32
	16	0.51	0.43	0.36	0.31	0.29
0.7	4	0.93	0.83	0.72	0.61	0.57
	6	0.86	0.75	0.63	0.53	0.50
	8	0.77	0.66	0.56	0.47	0.43
	10	0.68	0.58	0.49	0.41	0.38
	12	0.60	0.50	0.42	0.36	0.33
	14	0.52	0.44	0.37	0.31	0.30
	16	0.46	0.38	0.33	0.28	0.26
0.9	4	0.92	0.82	0.71	0.60	0.56
	6	0.83	0.72	0.61	0.52	0.48
	8	0.73	0.63	0.53	0.45	0.42
	10	0.64	0.54	0.46	0.38	0.36
	12	0.55	0.47	0.39	0.33	0.31
	14	0.48	0.40	0.34	0.29	0.27
	16	0.41	0.35	0.30	0.25	0.24
1.0	4	0.91	0.81	0.70	0.59	0.55
	6	0.82	0.71	0.60	0.51	0.47
	8	0.72	0.61	0.52	0.43	0.41
	10	0.62	0.53	0.44	0.37	0.35
	12	0.54	0.45	0.38	0.32	0.30
	14	0.46	0.39	0.33	0.28	0.26
	16	0.39	0.34	0.28	0.24	0.23

网状配筋砖砌体受压构件,应符合下列规定:

(1) 偏心距超过截面核心范围(对于矩形截面即 $e/h>0.17$)或构件的高厚比 $\beta>16$ 时,不宜采用网状配筋砖砌体构件;

(2) 对矩形截面构件,当轴向偏心方向的截面边长大于另一方向的边长时,除按偏心受压计算外,还应对较小边长方向按轴心受压进行验算;

(3) 当网状配筋砖砌体下端与无筋砌体交接时,尚应验算交接处无筋砌体的局部受压承载力。

3. 构造要求

网状配筋砖砌体构件的构造应符合下列规定。

(1) 网状配筋砖砌体中的体积配筋率,不应小于 0.1%,并不应大于 1%。

(2) 采用钢筋网时,钢筋的直径宜采用 3 mm~4 mm。

(3) 钢筋网中钢筋的间距,不应大于 120 mm,并不应小于 30 mm。

(4) 钢筋网的间距,不应大于五皮砖,并不应大于 400 mm。

(5) 网状配筋砖砌体所用的砂浆强度等级不应低于 M7.5;钢筋网应设置在砌体的水平灰缝中,灰缝厚度应保证钢筋上下至少有 2 mm 厚的砂浆层。

【**例 15-13**】 一轴心受压柱子,截面尺寸为 490 mm×490 mm,计算高度 $H_0=4200$ mm,承受轴向力设计值为 $N=550$ kN,采用 MU10 砖和 M7.5 混合砂浆砌筑,试验算其承受力。若承受力不满足,就采用网状配筋砖砌体,试确定其配筋量。

【**解**】 按无筋受压构件计算。

(1) 柱的承载力 $N_u=\varphi fA$。

① 确定 f。

查表 14-3,MU10 砖和 M7.5 混合砂浆砌筑,相应砌块砌体的抗压强度设计值 $f=1.69$ MPa。$A=0.4\times 0.6$ m² $=0.24$ m² <0.3 m²,故砌体抗压强度设计值 f 应乘以调整系数 γ_a。

因为 $\gamma_a=0.7+A=0.7+0.24=0.94$

故砌体强度设计值 $f=0.94\times 1.69$ MPa$=1.59$ MPa。

② 确定 φ。

由表 15-2 得 $\gamma_\beta=1.0$,$\beta=\gamma_\beta H_0/h=\gamma_\beta H_0/b=1.0\times 4200/490=8.57<16$。

按轴心受压 $e=0$ 查表 15-1 得 $\varphi=0.9$。

③ 柱的承载力 $N_u=\varphi fA=0.9\times 1.59\times 10^{-3}\times 0.24\times 10^6$ kN$=343.4$ kN。

(2) 柱底部截面的轴向力设计值 $N=550$ kN。

(3) 结论:

由于 $N=550$ kN$>N_u=343.4$ kN,不满足承载力要求。故无筋砖柱受压承载力不足,需采用网状配筋砌体。

按网状配筋受压构件计算。

(1) 材料设计。

钢筋选用 Φb_4 冷拔低碳钢丝(乙级)焊接网片,$A_s=12.6$ mm,$f_y=320$ MPa,钢丝网格尺寸为 $a=b=50$ mm,钢丝间距 $s_n=260$ mm,四皮砖。

(2) 柱的承载力 $N_u=\varphi_n f_n A$。

因砖柱截面面积 $A=0.24\ \mathrm{m}^2 > 0.2\ \mathrm{m}^2$，取 $y_a=1.0$。

$$\rho = \frac{(a+b)A_s}{abs_n} = \frac{2A_s}{as_n} = \frac{2\times 12.6}{50\times 260} = 1.938\times 10^{-3} > 1.0\times 10^{-3}$$

$$f_n = f + 2\left(1 - \frac{2e}{y}\right)\rho f_y = 1.69\ \mathrm{MPa} + 2(1-0)\times 1.938\times 10^{-3}\times 320\ \mathrm{MPa} = 2.93\ \mathrm{MPa}$$

查表 15-5 得 $\varphi_n = 0.85$。

柱的承载力 $N_u = \varphi_n f_n A = 0.85\times 2.93\times 0.24\times 10^6\ \mathrm{N} = 597.7\ \mathrm{kN}$。

（3）柱底部截面的轴向力设计值 $N=550\ \mathrm{kN}$。

（4）结论：

由于 $N=550\ \mathrm{kN} < N_u = 597.7\ \mathrm{kN}$，承载力满足要求，其配筋量如下。

Φb₄ 冷拔低碳钢丝（乙级）焊接网片，钢丝网格尺寸为 $a=b=50\ \mathrm{mm}$，钢丝间距 $s_n = 260\ \mathrm{mm}$，四皮砖。

二、组合砖砌体承载力计算

当荷载偏心距较大（超过核心范围），无筋砖砌体承载力不足而截面尺寸又受到限制，或当偏心距超过规定的限值时，宜采用组合砖砌体构件。

组合砖砌体根据面层材料不同，可分为两种，一种是钢筋混凝土面层和砖砌体组成的组合砖砌体，一种是钢筋砂浆面层和砖砌体组成的组合砖砌体。组合砖砌体按照钢筋的设置方式，属于竖向配筋砌体。如图 15-16 所示为组合砖砌体的截面形式。

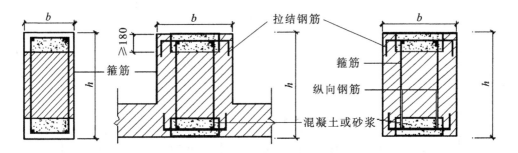

图 15-16 组合砖砌体的截面形式

1. 受力特点

组合砖砌体受到轴心压力时，常在砌体与面层砂浆（或面层混凝土）连接处产生第一批裂缝。随着荷载的增加，砖砌体内逐渐产生竖向裂缝；由于两侧的钢筋砂浆（或钢筋混凝土）对砌体横向约束作用，砌体内裂缝的发展较为缓慢，当砌体内的砖和面层砂浆（或面层混凝土）严重脱落甚至被压碎，或竖向钢筋在箍筋范围内被压屈，组合砖砌体完全破坏。

组合砖砌体受到偏心压力时，其承载力和变形性能与钢筋混凝土类似，根据偏心距的大小以及受拉区钢筋配置数量的不同，构件的破坏也可分为大偏心破坏和小偏心破坏两种形态。大偏心破坏时，受拉区钢筋先屈服，然后受压区的混凝土（或砂浆）及受压砖砌体被破坏。破坏时，面层为砂浆时，受压区钢筋达不到屈服强度；面层为混凝土时，受压区钢筋达到屈服强度。小偏压破坏时,受压区混凝土(或砂浆)面层及部分受压砌体受压破坏,而受拉钢筋没有达到屈服。

2. 承载力计算

(1) 组合砖砌体轴心受压构件的承载力按下式计算。

$$N \leqslant \varphi_{com}(fA + f_c A_c + \eta_s f'_y A'_s) \tag{15-33}$$

式中：φ_{com}——组合砖砌体构件的稳定系数,可按表 15-6 采用;

A——砖砌体的截面面积;

f_c——混凝土或面层水泥砂浆的轴心抗压强度设计值,砂浆的轴心抗压强度设计值可取为同强度等级混凝土的轴心抗压强度设计值的 70%（当砂浆为 M15 时,取 5.0 MPa;当砂浆为 M10 时,取 3.4 MPa;当砂浆强度为 M7.5 时,取 2.5 MPa）;

A_c——混凝土或砂浆面层的截面面积;

η_s——受压钢筋的强度系数,当为混凝土面层时可取 1.0,当为砂浆面层时可取 0.9;

f'_y——钢筋的抗压强度设计值;

A'_s——受压钢筋的截面面积。

表 15-6 组合砖砌体构件的稳定系数 φ_{com}

高厚比 β	配筋率 $\rho(\%)$					
	0	0.2	0.4	0.6	0.8	≥1.0
8	0.91	0.93	0.95	0.97	0.99	1.00
10	0.87	0.90	0.92	0.94	0.96	0.98
12	0.82	0.85	0.88	0.91	0.93	0.95
14	0.77	0.80	0.83	0.86	0.89	0.92
16	0.72	0.75	0.78	0.81	0.84	0.87
18	0.67	0.70	0.73	0.76	0.79	0.81
20	0.62	0.65	0.68	0.71	0.73	0.75
22	0.58	0.61	0.64	0.66	0.68	0.70
24	0.54	0.57	0.59	0.61	0.63	0.65
26	0.50	0.52	0.54	0.56	0.58	0.60
28	0.46	0.48	0.50	0.52	0.54	0.56

注：组合砖砌体构件截面的配筋率 $\rho = \dfrac{A'_s}{bh}$。

(2) 偏心受压。按截面的静力平衡条件,如图 15-17 组合砖砌体构件的承载力按下列公式计算。

$$N \leqslant fA' + f_c A'_c + \eta_s f'_y A'_s - \sigma_s A_s \tag{15-34}$$

或

$$Ne_N \leqslant fS_s + f_c S_{c,s} + \eta_s f'_y A'_s (h_0 - a'_s) \tag{15-35}$$

此时受压区高度可按下式计算：

$$fS_N + f_c S_{c,N} + \eta_s f'_y A'_s e'_N - \sigma_s A_s e_N = 0 \tag{15-36}$$

式中：A'——砖砌体受压部分的面积;

A'_c——混凝土或砂浆面层受压部分的面积;

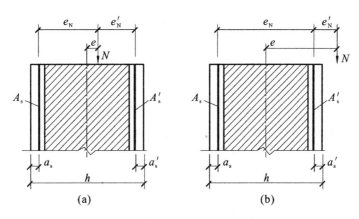

图 15-17 组合砖砌体的偏心受压构件
(a)小偏心受压；(b)大偏心受压

σ_s——组合砖砌体钢筋 A_s 的应力，单位为 MPa，正值为拉应力，负值为压应力。小偏心受压时($\zeta \geqslant \xi_b$)，$\sigma_s = 650 - 800\xi$；大偏心受压时($\zeta < \xi_b$)，$\sigma_s = f_y$。ξ_b 为组合砖砌体构件受压区相对高度的限值，当采用 HRB400 钢筋，$\xi_b = 0.36$；采用 HRB335 钢筋，$\xi_b = 0.44$；采用 HRB300 钢筋，$\xi_b = 0.47$。当 $\sigma_s > f_y$ 时，$\sigma_s = f_y$；当 $\sigma_s < f'_y$ 时，$\sigma_s = f'_y$。

A_s——距轴向力 N 较远侧钢筋的截面面积；

S_N——砖砌体受压部分的面积对钢筋 A_s 重心的面积距；

$S_{c,N}$——混凝土或砂浆面层受压部分的面积对钢筋 A_s 重心的面积矩；

e_N——钢筋 A_s 重心至轴向力 N 作用点的距离(见图 15-17)，$e_N = e + e_a + (h/2 - a_s)$；

e'_N——钢筋 A'_s 重心至轴向力 N 作用点的距离(见图 15-17)，$e'_N = e + e_a - (h/2 - a'_s)$；

e——轴向力的初始偏心距，按荷载设计值计算，当 $e \leqslant 0.05h$ 时，取 $e = 0.05h$；

e_a——组合砖砌体构件在轴向力作用下的附加偏心距，$e_a = \dfrac{\beta^2 h}{2200}(1 - 0.022\beta)$；

h_0——组合砖砌体构件截面的有效高度，取 $h_0 = h - a_s$；

a'_s、a_s——钢筋 A'_s 和 A_s 重心至截面较近边的距离；

ξ——截面受压区的相对高度，$\xi = x/h_0$，x 为截面受压区高度；

f_y——钢筋的抗拉强度设计值。

对于组合砖砌体，当纵向力偏心方向的截面边长大于另一方向的边长时，同样还应对较小边进行轴心受压验算。

3. 构造要求

组合砖砌体构件的构造要求如下。

(1)面层混凝土强度等级宜采用 C20。面层水泥砂浆强度等级不宜低于 M10。砌筑砂浆的强度不宜低于 M7.5。

(2)竖向受力钢筋的保护层厚度不应小于表 15-7 中的规定，竖向受力钢筋距离砖砌体表面的距离不应小于 5 mm。

(3)砂浆面层的厚度，可采用 30 mm～45 mm。当面层厚度大于 45 mm 时，其面层宜采用混凝土。

表15-7 混凝土保护层最小厚度(mm)

构件类别	室内正常环境	露天或室内潮湿环境
墙	15	25
柱	25	35

（4）竖向受力钢筋宜采用HPB300级钢筋，对于混凝土面层，亦可采用HRB335级钢筋。受压钢筋一侧的配筋率，对砂浆面层，不宜小于0.1%，对混凝土面层，不宜小于0.2%。受拉钢筋的配筋率，不应小于0.1%。竖向受力钢筋的直径，不应小于8 mm，钢筋的净间距，不应小于30 mm。

（5）箍筋的直径，不宜小于4 mm及0.2倍的受压钢筋直径，并不宜大于6 mm。箍筋的间距，不应大于20倍受压钢筋的直径及500 mm，并不应小于120 mm。

（6）当组合砖砌体构件一侧的竖向受力钢筋多于4根时，应设置附加箍筋或拉结钢筋。

（7）对于截面长短边相差较大的构件如墙体等，应采用穿通墙体的拉结钢筋作为箍筋，同时设置水平分布钢筋。水平分布钢筋的竖向间距及拉结钢筋的水平间距，均不应大于500 mm，如图15-18所示。

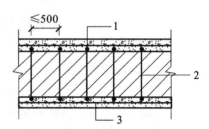

图15-18 混凝土或砂浆面层组合墙
1—竖向受力钢筋；2—拉结钢筋；3—水平分布钢筋

（8）组合砖砌体构件的顶部和底部，以及牛腿部位，必须设置钢筋混凝土垫块。竖向受力钢筋伸入垫块的长度，必须满足锚固要求。

单元小结

15.1 本章介绍了砌体构件的承载力计算相关知识，包括无筋砌体受压、局部受压、轴心受拉、受弯、受剪构件的承载力设计计算方法、构造要求及其适用范围，有筋砌体中网状配筋砖砌体和组合砖砌体的承载力计算方法、构造要求及适用范围。其中，无筋砌体受压、局部受压时砌体结构构件中应用最普遍的受力构件，也是本章的重点。

15.2 无筋砌体受压构件，按照纵向压力作用位置的不同，分为轴心受压和偏心受压两种受力状态。根据构件的高厚比，分为长柱和短柱两种形式。《砌体结构设计规范》（GB 50003—2011）综合考虑了偏心、长短柱各自的受力特点，引进了影响系数，使受压承载力使用统一的公式进行计算。

无筋受压承载力计算公式的适用条件是$e \leqslant 0.6y$；当$e > 0.6y$时，构件受压承载力不高，不经济，建议用有筋砌体。

15.3 局部受压包括局部均匀受压和局部不均匀受压两种情况，由于"套箍强化"作用，在局部压力下，此区域内的砌体抗压强度提高为γf，其中γ为局部抗压强度提高系数，其值大于1。

当砌体局部抗压承载力不满足时，可以通过设置刚性垫块、与梁整浇的垫块及垫梁等措施提高砌体局部受压承载力。

梁支承在砌体上或刚性垫块上,由于梁与砌体的刚度差别,梁端有效支承长度 a_0 小于等于实际支承长度 a。

15.4 砌体的轴心受拉、受弯、受剪强度均由砂浆与块体的粘结强度确定,和砌体的抗压强度相比低得多,不足其十分之一,一般只用于不重要的部位,对重要的受力构件或跨度较大的构件,不宜采用。

15.5 配筋砌体分为配筋砖砌体和配筋砌块砌体两大类。配筋砌体的抗压、抗剪和抗弯承载力高于无筋砌体,并具有较好的抗震性能。

15.1 受压构件根据偏心距和高厚比,可分为哪几种类型?
15.2 影响无筋砌体构件受压承载力的主要因素有哪些?
15.3 为什么砌体在局部压力作用下的抗压强度可提高?
15.4 在局部受压计算中,梁端有效支承长度与什么有关系?
15.5 梁端刚性垫块有何构造要求?
15.6 砌体的轴心受拉、受弯、受剪构件在实际工程中运用在哪些方面?
15.7 配筋砌体有哪几类?各自适用于什么范围?
15.8 网状配筋砖砌体有哪些构造要求?
15.9 什么是配筋砌块砌体?

15.1 某轴心受压砖柱,柱的计算高度 $H_0=5$ m,截面尺寸为 370 mm×430 mm,采用强度等级为 MU10 的砖及 M10 的混合砂浆砌筑,柱顶承受轴向压力标准值 $N_k=150$ kN(其中永久荷载为 100 kN),砖砌体的重力密度为 19 kN/m³,结构安全等级为二级,施工质量控制等级为 B 级。试验算柱底截面是否安全。

15.2 某轴心受压砖柱,柱的计算高度 $H_0=5$ m,截面尺寸为 370 mm×490 mm,采用强度等级为 MU10 的砖及 M10 的混合砂浆砌筑,柱顶承受轴向压力标准值 $N_k=150$ kN(其中永久荷载为 100 kN),砖砌体的重力密度为 19 kN/m³,结构安全等级为二级,施工质量控制等级为 C 级。试验算柱底截面是否安全。

15.3 截面积为 $b×h=490$ mm×620 mm 的砖柱,采用砖 MU10 及混合砂浆 M5 砌筑,施工质量控制等级为 B 级,柱的计算长度 $H_0=7$ m;柱顶截面承受轴向压力设计值 $N=270$ kN,沿截面长边方向的弯矩设计值 $M=8.4$ kN·m;柱底截面按轴心受压计算。试验算该砖柱的承载力是否满足要求。

15.4 一截面尺寸为 100 mm×190 mm 的窗间墙,计算高度 $H_0=3.6$ m,采用 MU10 单排孔混凝土小型空心砌砖对孔砌筑,Mb5 混合砂浆,承受轴向力设计值 $N=125$ kN,偏心距 $e_0=30$

mm,施工质量控制等级为 B 级,试验算窗间墙的承载力。

15.5 截面尺寸为 190 mm×800 mm 的混凝土小型空心砌块墙段,砌块强度等级 MU10,混合砂浆强度等级 Mb5,墙高 2.8 m,两端为不动铰支座。墙顶承受轴向压力标准值 $N_k=100$ kN(其中永久荷载为 80 kN,已包括柱自重),沿墙段长边方向荷载偏心距 $e_0=200$ mm。要求验算墙段的承载力。

15.6 某单层单跨厂房,跨度 15 m,开间 6 m,共 6 个房间,属刚弹性方案,窗宽 4.0 m,窗间宽 2.0 m,壁柱和墙厚如图 15-19 所示。檐口标高 6.000 m,室内外高差 0.3 m,基础顶距室外地面 0.5 m。采用 MU10 烧结普通砖及 M5 混合砂浆,施工控制质量为 B 级。墙底截面承受弯矩设计值 $M=20$ kN·m,轴向力设计值 $N=400$ kN,偏向翼缘一侧。确定柱的承载力能否满足要求。

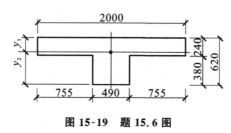

图 15-19 题 15.6 图

15.7 一圆形水池,壁厚 490 mm,采用 MU10 黏土砖和 M7.5 水泥砂浆砌筑,池壁承受的最大环向拉力设计值按 55 kN/m 计算,试验算池壁的受拉承载力。

15.8 某房屋中网状配筋砖柱,截面尺寸 $b×h=370$ mm×490 mm,柱的计算高度 $H_0=3900$ mm,承受轴向力设计值 $N=185$ kN,沿长边方向的弯矩设计值 $M=12$ kN·m,采用 MU10 烧结普通砖和 M7.5 混合砂浆砌筑,网状配筋采用 Φb4 冷拔低碳钢丝焊接方格网($A_s=12.6$ mm²,$f_y=430$ MPa),钢丝间距 $a=50$ mm,钢丝网竖向间距 $s_n=252$ mm,试验算柱的承载力。

15.9 砖砌水池,池壁高 $H=1500$ mm,采用烧结普通砖强度等级 MU10 及砂浆强度等级 M10 的水泥砂浆砌筑,池壁厚为 620 mm,当不计池壁自重时,试验算池壁砌体弯曲抗拉承载力。

15.10 某房屋中的承重横墙拟设计为砖砌体和钢筋混凝土构造柱组合墙,墙厚 $h=240$ mm,采用 MU10 砖、M7.5 混合砂浆砌筑;沿墙每隔 1.5 m 设置截面尺寸为 240 mm×240 mm 的钢筋混凝土构造柱,构造柱采用 C20 混凝土($f_c=9.6$ MPa),柱中配置 4φ14 的 HPB235 级纵向钢筋($f_y=210$ MPa);墙体计算高度 $H_0=3850$ mm,每米长墙体承受的轴心压力设计值 $N=720$ kN/m。试验算墙体的承载力。

单元 16 砌体结构房屋的设计

学习目标

☆ 知识目标

(1) 熟悉砌体房屋结构布置方案和静力计算方案的划分。
(2) 掌握墙、柱高厚比验算方法及多层刚性房屋承重墙体的计算要点。
(3) 了解砌体房屋的构造要求。

☆ 能力目标

能够运用基本知识对砌体房屋进行分析和简单计算。

◈ **知识链接：在地震中损坏严重的砌体结构房屋**

图 16-1 所示为地震中砌体结构房屋破坏举例。

图 16-1 地震中砌体结构房屋破坏举例
(a)唐山大地震破坏的砌体房屋；(b)汶川地震，汉望镇被破坏的砌体房屋(没有构造柱，横墙与纵墙没有拉结)；
(c)汶川地震，莹华镇被破坏的砌体房屋，没有构造柱；(d)海地地震，太子港严重破坏的大部分为砌体房屋

任务 1 砌体房屋的墙体结构布置

砌体结构房屋的主要承重结构为基础、墙体(柱)、楼盖和屋盖，其中墙体的布置是整个房屋结构布置的关键环节。墙体布置必须同时考虑建筑和结构两方面的要求，既要满足建筑设计的要求，又应选择合理的墙体承重结构布置方案，使房屋满足安全性、适用性、耐久性和经济合理性要求。

砌体房屋的墙体结构布置方式可分为横墙承重方案、纵墙承重方案、纵横墙承重方案和内框架承重方案四种。

一、横墙承重方案

凡以横墙承重的结构布置方案称为横墙承重方案或横向结构系统。楼(屋)盖上的荷载主要由横墙承受,纵墙一般只起纵向稳定和拉结的作用。

该方案的主要特点是横墙间距密,加上纵墙的拉结,使建筑物的整体性好、横向刚度大,对抵抗地震力等水平荷载有利。外纵墙不是承重墙,因此立面处理比较方便,可以开设较大的门窗洞口。但横墙承重方案的开间尺寸不够灵活,建筑平面布置受限制较多,如图 16-2 所示。该方案适用于宿舍、住宅及病房楼等小开间建筑。

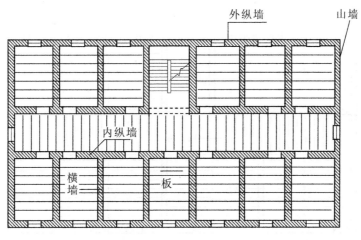

图 16-2　横墙承重方案

二、纵墙承重方案

凡以纵墙承重的结构布置方案称为纵墙承重方案或纵向结构系统。楼盖、屋盖上的荷载主要由纵墙承受,横墙只起分隔房间和横向稳定作用。

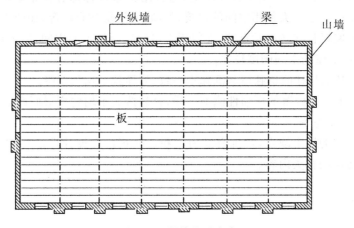

图 16-3　纵墙承重方案

该方案的主要特点是纵墙承重可使房间开间的划分灵活,房屋的刚度较差,纵墙受力集中,纵墙较厚或要加壁柱,如图 16-3 所示。该方案多适用于需要较大房间的办公楼、商店、教学楼等公共建筑。

三、纵横墙承重方案

凡由纵墙和横墙共同承受楼盖、屋盖荷载的结构布置方案称纵横墙(混合)承重方案,如图 16-4 所示。该方案房间布置较灵活,建筑物的刚度亦较好。混合承重方案多用于开间、进深尺寸较大且房间类型较多的建筑和平面复杂的建筑中,如教学楼、住宅等建筑。

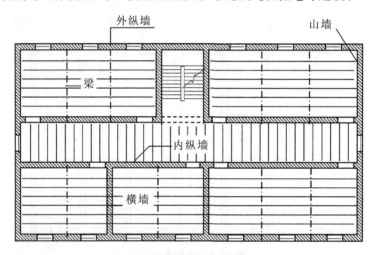

图 16-4 纵横墙承重方案

四、内框架承重方案

在结构设计中,有时采用墙体和钢筋混凝土梁、柱组成的框架共同承受楼板和屋顶的荷载,梁的一端支承在柱上,而另一端则搁置在墙上,这种结构布置称部分框架结构或内框架承重方案。它较适合于室内需要较大使用空间的建筑,如商场、厂房和仓库等,如图 16-5 所示。

内框架承重方案以柱代替内承重墙,在使用上可以取得较大的空间,但也存在以下缺点:

(1) 横墙较少,房屋的空间刚度较差;

(2) 墙的带形基础与柱的单独柱基沉降不一致,易导致不均匀沉降;

(3) 钢筋混凝土柱与砖墙的压缩性能不一样,容易造成不均匀变形而产生次应力,当层数较多时,在设计上应给予考虑。

内框架承重方案的以上缺点,对抗震极为不利,《建筑抗震设计规范》(GB 50011—2010)中已取消了内框架砖房的相关内容。

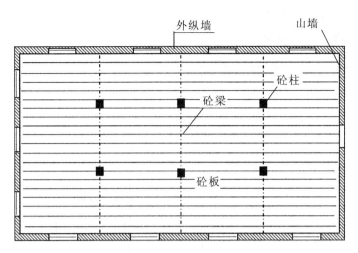

图 16-5 内框架承重方案

五、砌体房屋的墙体布置原则

砌体房屋的墙体布置一般应遵循以下四个原则：
(1) 承重墙均匀对称，平面对齐，竖向连续，传力明确；
(2) 尽可能采用横墙或纵横墙共同承重体系，以增加房屋的整体刚度；
(3) 结合楼盖、屋盖的布置，使墙体避免承受偏心距过大的荷载或过大的弯矩；
(4) 按构造要求设置圈梁和构造柱。

任务 2 砌体房屋的静力计算方案

砌体房屋的结构计算包括两部分内容：内力计算和截面承载力计算。进行墙、柱内力计算要确定计算简图，因此首先要确定房屋的静力计算方案，即根据房屋的空间工作性能确定结构的静力计算简图。

一、房屋的空间工作性能

在砌体结构房屋中，屋盖、楼盖、墙、柱、基础等构件一方面承受着作用在房屋上的各种竖向荷载，另一方面还承受着墙面和屋面传来的水平荷载。由于各种构件之间是相互联系的，不仅是直接承受荷载的构件起着抵抗荷载的作用，而且与其相连接的其他构件也不同程度地参与工作，因此整个结构体系处于空间工作状态。

图 16-6 所示是一单层房屋，外纵墙承重，装配式钢筋混凝土屋盖，两端无山墙，在水平风荷

载作用下,房屋各个计算单元将会产生相同的水平位移,可简化为一平面排架。水平荷载传递路线为:风荷载→纵墙→纵墙基础→地基。

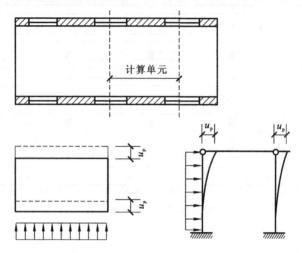

图 16-6 两端无山墙的单层房屋

图 16-7 所示为两端加设了山墙的单层房屋,山墙的约束使得在均布水平荷载作用下,整个房屋墙顶的水平位移不再相同,距离山墙越近的墙顶受到山墙的约束越大,水平位移越小。水平荷载传递路线为:风荷载→纵墙→纵墙基础(或屋盖结构→山墙→山墙基础)→地基。

通过试验分析发现,房屋空间工作性能的主要影响因素为楼盖(屋盖)的水平刚度和横墙间距的大小。

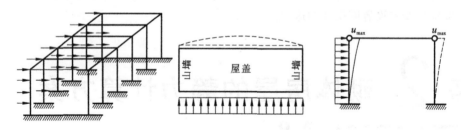

图 16-7 两端有山墙的单层房屋

二、房屋静力计算方案

房屋的空间刚度取决于横墙的刚度、横墙的间距及屋(楼)盖的水平刚度。根据房屋的空间工作性能将房屋的静力计算方案划分为刚性方案、弹性方案、刚弹性方案。

1. 刚性方案

当房屋的横墙间距较小、屋盖(楼盖)的水平刚度较大时,房屋的空间刚度较大,在荷载作用下,房屋的水平位移很小,可视墙、柱顶端的水平位移等于零。在确定墙、柱的计算简图时,可将楼盖或屋盖视为墙、柱的水平不动铰支座,墙、柱内力按不动铰支承的竖向构件计算,如图 16-8(a)所示。按这种方法进行静力计算的方案为刚性方案,按刚性方案进行静力计算的房屋为刚性方

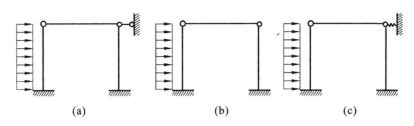

图 16-8 砌体房屋的静力计算简图
(a)刚性方案；(b)弹性方案；(c)刚弹性方案

案房屋。一般多层砌体房屋的静力计算方案多属于这种方案。

2．弹性方案

当房屋横墙间距较大，屋盖(楼盖)水平刚度较小时，房屋的空间刚度较小，在荷载作用下房屋的水平位移较大，在确定计算简图时，不能忽略水平位移的影响，按这种方法进行静力计算的方案为弹性方案，按弹性方案进行静力计算的房屋为弹性方案房屋。一般的单层厂房、仓库、礼堂的静力计算方案多属此种方案，如图 16-8(b)所示。静力计算时，可按屋架或大梁与墙(柱)铰接的、不考虑空间工作性能的平面排架或框架计算。

3．刚弹性方案

房屋空间刚度介于刚性方案和弹性方案之间。在荷载作用下，房屋的水平位移也介于两者之间。在确定计算简图时，按在墙、柱有弹性支座(考虑空间工作性能)的平面排架或框架计算，如图 16-8(c)所示。按这种方法进行静力计算的方案为刚弹性方案，按刚弹性方案进行静力计算的房屋为弹性方案房屋。

根据屋(楼)盖类型和横墙间距的大小，计算时可根据表 16-1 确定房屋的静力计算方案。

表 16-1 房屋的静力计算方案

	屋盖或楼盖类别	刚性方案	刚弹性方案	弹性方案
1	整体式、装配整体和装配式无檩体系钢筋混凝土屋盖或钢筋混凝土楼盖	$s<32$	$32 \leqslant s \leqslant 72$	$s>72$
2	装配式有檩体系钢筋混凝土屋盖、轻钢屋盖和有密铺望板的木屋盖或木楼盖	$s<20$	$20 \leqslant s \leqslant 48$	$s>48$
3	瓦材屋面的木屋盖和轻钢屋盖	$s<16$	$16 \leqslant s \leqslant 36$	$s>36$

注：①表中 s 为房屋横墙间距，其长度单位为"m"；
②当多层房屋的楼盖、屋盖类别不同或横墙间距不同时，可按本表的规定分别确定各层(底层或顶部各层)房屋的静力计算方案；
③对无山墙或伸缩缝处无横墙的房屋，应按弹性方案考虑。

三、刚性和刚弹性方案房屋的横墙

由前面分析可知，房屋墙、柱的静力计算方案是根据房屋空间刚度的大小确定的。作为刚性和刚弹性方案的房屋的横墙必须有足够的刚度。《砌体结构设计规范》(GB 50003—2011)规定,刚性和刚弹性方案房屋的横墙,应符合下列要求:

(1) 横墙中开有洞口时,洞口的水平截面面积不应超过横墙截面面积的 50%;

(2) 横墙的厚度不宜小于 180 mm;

(3) 单层房屋的横墙长度不宜小于其高度,多层房屋的横墙长度不宜小于 $H/2$(H 为横墙总高度)。

当横墙不能同时符合上述要求时,应对横墙的刚度进行验算。如其最大水平位移值 $u_{\max} \leqslant H/4000$ 时,仍可视为刚性或刚弹性方案房屋的横墙。凡符合此刚度要求的一段横墙或其他结构构件(如框架等),也可视为刚性或刚弹性方案房屋的横墙。

任务 3　砌体房屋的墙、柱高厚比验算

砌体房屋中,作为受压构件的墙、柱除了满足承载力要求之外,还必须满足高厚比的要求。墙、柱的高厚比验算是保证砌体房屋施工阶段和使用阶段稳定性与刚度的一项重要构造措施。

所谓高厚比 β 是指墙、柱计算高度 H_0 与墙厚 h(或与矩形柱的计算高度相对应的柱边长)的比值,即 $\beta = H_0/h$。墙、柱的高厚比过大,虽然强度满足要求,但是可能在施工阶段因过度的偏差倾斜以及施工和使用过程中的偶然撞击、振动等因素而导致丧失稳定;同时,过大的高厚比,还可能使墙体发生过大的变形而影响使用。

砌体墙、柱的允许高厚比 $[\beta]$ 系指墙、柱高厚比的允许限值,如表 16-2 所示。它与承载力无关,而是根据实践经验和现阶段的材料质量以及施工技术水平综合研究而确定的。

表 16-2　墙、柱的允许高厚比 $[\beta]$ 值

砌 体 类 型	砂浆强度等级	墙	柱
无筋砌体	M2.5	22	15
	M5.0 或 Mb5.0、Ms5.0	24	16
	≥M7.5 或 Mb7.5、Ms7.5	26	17
配筋砌块砌体	—	30	21

注:① 毛石墙、柱的允许高厚比应按表中数值降低 20%;
② 带有混凝土或砂浆面层的组合砖砌体构件的允许高厚比,可按表中数值提高 20%,但不得大于 28;
③ 验算施工阶段砂浆尚未硬化的新砌砌体构件高厚比时,允许高厚比对墙取 14,对柱取 11。

一、墙、柱高厚比验算

墙、柱高厚比应按下式验算:

$$\beta = \frac{H_0}{h} \leqslant \mu_1 \mu_2 [\beta] \tag{16-1}$$

式中:$[\beta]$——墙、柱的允许高厚比,按表 16-2 采用;
H_0——墙、柱的计算高度,应按表 15-3 采用;
h——墙厚或矩形柱与 H_0 相对应的边长;
μ_1——自承重墙允许高厚比的修正系数;
μ_2——有门窗洞口墙允许高厚比的修正系数。

μ_1 按下列规定采用:

$h=240$ mm,$\mu_1=1.2$;$h=90$ mm,$\mu_1=1.5$;240 mm$>h>$90 mm,μ_1 可按插入法取值。

上端为自由端墙的允许高厚比,除按上述规定提高外,尚可提高 30%;对厚度小于 90 mm 的墙,当双面用不低于 M10 的水泥砂浆抹面,包括抹面层的墙厚不小于 90 mm 时,可按墙厚等于 90 mm 验算高厚比。

μ_2 按下式计算:

$$\mu_2=1-0.4\frac{b_s}{s} \tag{16-2}$$

式中:b_s——在宽度 s 范围内的门窗洞口总宽度(见图 16-9);
s——相邻横墙或壁柱之间的距离。

当按式(16-2)计算得到的 μ_2 的值小于 0.7 时,取 0.7;当洞口高度等于或小于墙高的 1/5 时,取 1.0;当洞口高度大于或等于墙高的 4/5 时,可按独立墙段验算高厚比。

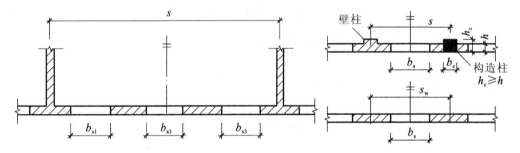

图 16-9 门窗洞口宽度示意图

上述计算高度是指对墙、柱进行承载力计算或验算高厚比时所采用的高度,用 H_0 表示,它是由实际高度 H 并根据房屋类别和构件两端支承条件按表 15-3 确定的。

对有吊车的房屋,当荷载组合不考虑吊车作用时,变截面柱上段的计算高度可按表 15-3 规定采用,变截面柱下段的计算高度可按下列规定采用。

(1) 当 $H_u/H \leqslant 1/3$ 时,取无吊车房屋的 H_0。

(2) 当 $1/3 < H_u/H < 1/2$ 时,取无吊车房屋的 H_0 乘以修正系数 μ。$\mu=1.3-0.3 I_u/I_l$,I_u 为变截面柱上段的惯性矩,I_l 为变截面柱下段的惯性矩。

(3) 当 $H_u/H \geqslant 1/2$ 时,取无吊车房屋的 H_0,但在确定 β 值时,应采用上柱截面。

二、带壁柱墙和带构造柱墙的高厚比验算

1. 带壁柱整片墙体高厚比验算

视壁柱为墙体的一部分,整片墙截面为 T 形截面,将 T 形截面墙按惯性矩和面积相等的原

则换算成矩形截面,其高厚比验算公式为

$$\beta = \frac{H_0}{h_T} \leqslant \mu_1 \mu_2 [\beta] \tag{16-3}$$

$$h_T = 3.5i$$

$$i = \sqrt{\frac{I}{A}}$$

式中：h_T——带壁柱墙截面折算厚度；

i——带壁柱墙截面的回转半径；

I——带壁柱墙截面的惯性矩；

A——带壁柱墙截面的面积；

H_0——墙、柱截面的计算高度,应按表 15-3 采用。

2. 带构造柱墙体高厚比验算

考虑设置构造柱对墙体刚度的有利作用,墙体允许高厚比[β]可以乘以提高系数 μ_c：

$$\beta = \frac{H_0}{h} \leqslant \mu_1 \mu_2 \mu_c [\beta] \tag{16-4}$$

$$\mu_c = 1 + \gamma \frac{b_c}{l} \tag{16-5}$$

式中：μ_c——带构造柱墙允许高厚比[β]的提高系数；

γ——系数；

b_c——构造柱沿墙长方向的宽度；

l——构造柱的间距。

对细料石砌体,$\gamma=0$；对混凝土砌块、混凝土多孔砖、粗料石、毛料石及毛石砌体,$\gamma=1.0$；其他砌体,$\gamma=1.5$。

当 $b_c/l > 0.25$ 时,取 $b_c/l = 0.25$,当 $b_c/l < 0.05$ 时,取 $b_c/l = 0$。

需注意的是,构造柱对墙体允许高厚比的提高只适用于构造柱与墙体形成整体后的使用阶段,并且构造柱与墙体有可靠的连接。

3. 壁柱间墙和构造柱间墙体高厚比验算

壁柱间墙或构造柱间墙体的高厚比仍按式(16-1)验算,s 应取相邻壁间或构造柱间的距离。设有钢筋混凝土圈梁的带壁柱墙或带构造柱墙,当 $b/s \geqslant 1/30$ 时,圈梁可视作壁柱间墙或构造柱间墙的不动铰支点(b 为圈梁宽度)。当不满足上述条件且不允许增加圈梁宽度时,可按墙体平面外等刚度原则增加圈梁高度。验算时仍视构造柱为柱间墙的不动铰支点,计算 H_0 时,取构造柱间距,并按刚性方案考虑。

【例 16-1】 某单层房屋层高为 4.5 m,砖柱截面为 490 mm×370 mm,采用 M5.0 混合砂浆砌筑,房屋的静力计算方案为刚性方案。试验算此砖柱的高厚比。

【解】 查表 15-3 得 $H_0 = 1.0H = (4500+500)$ mm$= 5000$ mm(500 mm 为单层砖柱从室内地坪到基础顶面的距离)。

查表 16-2 得[β]=16,

$$\beta = H_0/h = 5000/370 = 13.5 < [\beta] = 16$$

高厚比满足要求。

【例 16-2】 某单层单跨无吊车的仓库,柱间距离为 4 m,中间开宽为 1.8 m 的窗,车间长 40 m,屋架下弦标高为 5 m,壁柱为 370 mm×490 mm,墙厚为 240 mm,房屋的静力计算方案为刚弹性方案。试验算带壁柱墙的高厚比。

【解】 带壁柱墙采用窗间墙截面,如图 16-10 所示。

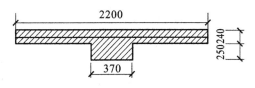

图 16-10 例 16-2 图

(1) 求壁柱截面的几何特征。

$$A = (240 \times 2200 + 370 \times 250) \text{ mm}^2 = 620\ 500 \text{ mm}^2$$

$$y_1 = \frac{240 \times 2200 \times 120 + 250 \times 370 \times \left(240 + \frac{250}{2}\right)}{620\ 500} \text{ mm} = 156.5 \text{ mm}$$

$$y_2 = (240 + 250 - 156.5) \text{ mm} = 333.5 \text{ mm}$$

$$I = (1/12) \times 2200 \times 240^3 + 2200 \times 240 \times (156.5 - 120)^2 + (1/12) \times 370 \times 250^3$$
$$+ 370 \times 250 \times (333.5 - 125)^2 = 7.74 \times 10^9 \text{ mm}^4$$

$$i = \sqrt{\frac{I}{A}} = \sqrt{\frac{7.74 \times 10^9}{620\ 500}} \text{ mm} = 111.7 \text{ mm}$$

$$h_T = 3.5i = 3.5 \times 111.7 \text{ mm} = 391 \text{ mm}$$

(2) 确定计算高度。

$H = 5000 \text{ mm} + 500 \text{ mm} = 5500 \text{ mm}$(式中 500 mm 为壁柱下端嵌固处至室外地坪的距离)。

查表 15-3,得 $H_0 = 1.2H = 1.2 \times 5500 \text{ mm} = 6600 \text{ mm}$。

(3) 整片墙高厚比验算。

采用 M5 混合砂浆时,查表 16-2,得 $[\beta] = 24$。开有门窗洞口时,$[\beta]$ 的修正系数 μ_2 为

$$\mu_2 = 1 - 0.4 \frac{b_s}{s} = 1 - 0.4 \times (1800/4000) = 0.82$$

自承重墙允许高厚比修正系数 $\mu_1 = 1$。

$$\beta = \frac{H_0}{h} = 6600/391 = 16.9 < \mu_1 \mu_2 [\beta] = 0.82 \times 24 = 19.68$$

(4) 壁柱之间墙体高厚比的验算。

$s = 4000 \text{ mm} < H = 5500 \text{ mm}$,查表 15-3,得 $H_0 = 0.6s = 0.6 \times 4000 \text{ mm} = 2400 \text{ mm}$。

$$\beta = \frac{H_0}{h} = 2400/240 = 10 < \mu_1 \mu_2 [\beta] = 0.82 \times 24 = 19.68$$

因此高厚比满足规范要求。

任务 4 刚性方案房屋墙、柱计算

一、单层刚性方案房屋计算

1. 单层房屋承重纵墙的计算

1) 静力计算假定

刚性方案的单层房屋,由于其屋盖刚度较大,横墙间距较密,其水平位移可不计,内力计算时有以下基本假定:

(1) 纵墙、柱下端与基础固结,上端与大梁(屋架)铰接;

(2) 屋盖刚度等于无限大,可视为墙、柱的水平方向不动铰支座;

(3) 屋盖结构可视为刚度无限大的杆件,受力后轴向变形很小,可忽略不计。

2) 计算单元

计算单层房屋承重纵墙时,一般选择有代表性的一段或荷载较大以及截面较弱的部位作为计算单元。有门窗洞口的外纵墙,取一个开间为计算单元,无门窗洞口的纵墙,取 1 m 长的墙体为计算单元。其受荷宽度为该墙左右各 1/2 的开间宽度。

3) 计算简图

按上述假定,每片纵墙就可以按上端支承在不动铰支座、下端支承在固定支座上的竖向构件进行计算,如图 16-11 所示。

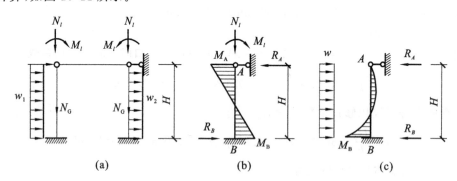

图 16-11 单层刚性方案房屋
(a) 计算简图;(b) 屋盖荷载作用下的内力;(c) 风荷载作用下的内力

4) 纵墙、柱的荷载

(1) 屋面荷载:屋面荷载包括屋盖构件自重、屋面活荷载或雪荷载,这些荷载以集中力(N_l)的形式通过屋架或大梁作用于墙、柱顶部。对屋架,其作用点一般距墙体中心线 150 mm,对屋面梁,N_l 距墙体边缘的距离为 $0.4a_0$,则其偏心距 $e_l = h/2 - 0.4a_0$,a_0 为梁端的有效支承长度。

因此,作用于墙顶部的屋面荷载通常由轴向力(N_l)和弯矩($M_l = N_l e_l$)组成。

(2) 风荷载:包括作用于屋面上和墙面上的风荷载,屋面上(包括女儿墙上)的风荷载可简化为作用于墙、柱顶部的集中荷载 W,作用于墙面上的风荷载为均布荷载 w。

(3) 墙体荷载:墙体荷载(N_G)包括砌体自重、内外墙粉刷和门窗等自重,作用于墙体轴线上。等截面柱(墙)不产生弯矩,若为变截面则上柱(墙)自重对下柱产生弯矩。

5) 内力计算

(1) 在屋盖荷载作用下的内力计算:在屋盖荷载作用下,该结构可按一次超静定结构计算内力,其计算结果为

$$R_A = -R_B = -\frac{3M_l}{2H}$$

$$M_A = M_l, \quad M_B = -\frac{M_l}{2}$$

$$N_A = N_l, \quad N_B = N_l + N_C$$

(2) 在风荷载作用下的内力计算:由于由屋面风荷载作用下产生的集中力 W,将由屋盖传给山墙再传到基础,因此计算时将不予考虑,而仅仅只考虑墙面风荷载 w。

$$R_A = \frac{3}{8}wH, \quad R_B = \frac{5}{8}wH, \quad M_B = \frac{1}{8}wH^2$$

在离上端 x 处弯矩: $$M_x = \frac{wH_x}{8}\left(3 - 4\frac{x}{H}\right)$$

$x = \frac{3}{8}H$ 时,$M_{\max} = -\frac{9}{128}wH^2$。

对迎风面,$w = w_1$,对背风面,$w = w_2$。

6) 墙、柱控制截面与内力组合

控制截面为内力组合最不利处,一般指梁的底面、窗顶面和窗台处,其组合有:

(1) $M_{\max}$ 与相应的 N 和 V;
(2) $M_{\min}$ 与相应的 N 和 V;
(3) $N_{\max}$ 与相应的 M 和 V;
(4) $N_{\min}$ 与相应的 M 和 V。

2. 单层房屋承重横墙的计算

单层刚性方案房屋采用横墙承重时,可将屋盖视为横墙的不动铰支座,其计算与承重纵墙相似。

二、多层刚性方案房屋计算

1. 多层房屋承重纵墙的计算

1) 计算单元

在进行多层房屋纵墙的内力及承载力计算时,通常选择有代表性的一段或荷载较大以及截面较弱的部位作为计算单元。计算单元的受荷宽度为 $(l_1 + l_2)/2$,如图 16-12 所示。一般情况

下,对有门窗洞口的墙体,计算截面宽度取窗间墙宽度,对无门窗洞口的墙体,计算截面宽度取$(l_1+l_2)/2$。对无门窗洞口且受均布荷载的墙体,取 1 m 宽的墙体计算。

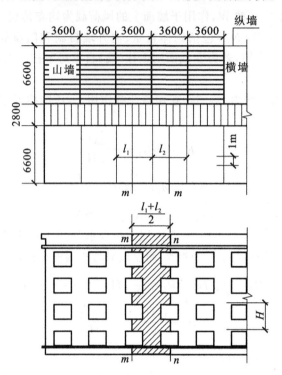

图 16-12　多层刚性方案房屋计算单元选取示意图

2) 计算简图

(1) 竖向荷载作用下墙体的计算简图。

对多层民用建筑,在竖向荷载作用下,多层房屋的墙体相当于一竖向连续梁,由于楼盖嵌砌在墙体内,使墙体在楼盖处被削弱,使此处墙体所能传递的弯矩减小,可假定墙体在各楼盖处均为不连续的铰支承,在刚性方案房屋中,墙体与基础连接的截面竖向力较大,弯矩值较小,按偏心受压较轴心受压计算结果相差很小,为简化计算,也假定墙铰支于基础顶面(见图 16-13),因此在竖向荷载作用下,多层砌体房屋的墙体可假定为以楼盖和基础为铰支的多跨简支梁。计算每层内力时,分层按简支梁分析墙体内力,其计算高度等于每层层高,底层计算高度要算至基础顶面。

因此,竖向荷载作用下多层刚性方案房屋的计算原则为:

① 上部各层荷载沿上一层墙体的截面形心传至下层。

② 在计算某层墙体弯矩时,要考虑梁、板支承压力对本层墙体产生的弯矩,当本层墙体与上层墙体形心不重合时,要考虑上层墙体传来的荷载对本层墙体产生的弯矩,其荷载作用点如图 16-14 所示。图中 N_u 为上层墙体传来的竖向荷载,N_l 为本层楼盖传来的竖向荷载。

③ 每层墙体的弯矩按三角形变化,上端弯矩最大,下端为零。

(2) 水平荷载作用下墙体的计算简图。

作用于墙体上的水平荷载是指风荷载,在水平风荷载作用下,纵墙可按连续梁分析其内力,其计算简图如图 16-15 所示。

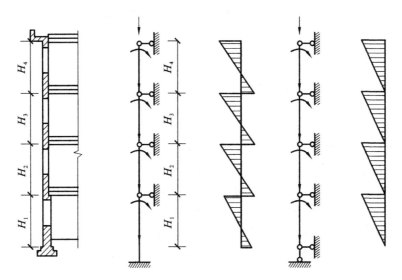

图 16-13　外纵墙竖向荷载作用下的计算简图

由风荷载引起的纵墙的弯矩可近似按下式计算：

$$M=\frac{1}{12}wH_i^2 \tag{16-6}$$

式中：w——计算单元内，沿楼层高均布风荷载设计值(kN/m)；

H_i——第 i 层墙高(m)。

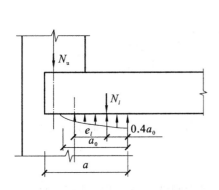

图 16-14　竖向荷载的作用位置

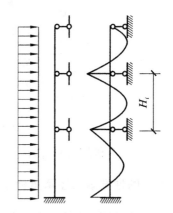

图 16-15　水平荷载作用下的计算简图

在迎风面，风荷载表现为压力；在背风面，风荷载表现为吸力。

在一定条件下，风荷载在墙截面中产生的弯矩很小，对截面承载力影响不显著，因此风荷载引起的弯矩可以忽略不计。刚性方案多层房屋的外墙符合下列要求时，静力计算可不考虑风荷载的影响：

① 洞口水平截面面积不超过全截面面积的 2/3；
② 层高和总高度不超过表 16-3 的规定；
③ 屋面自重不小于 0.8 kN/m²。

表 16-3　刚性方案多层房屋外墙不考虑风荷载影响时的最大高度/m

基本风压值/(kN/m²)	层高/m	总高/m
0.4	4.0	28
0.5	4.0	24
0.6	4.0	18
0.7	3.5	18

对于多层混凝土砌块房屋，当外墙厚度不小于 190 mm、层高不大于 2.8 m、总高不大于 19.6 m、基本风压不大于 0.7 kN/m² 时，可不考虑风荷载的影响。

3) 控制截面与截面承载力验算

对于多层砌体房屋，如果每一层墙体的截面与材料强度都相同，则只需验算底层墙体承载力，如有截面或材料强度的变化，则还需要验算变截面处墙体的承载力。对于梁下支承处，尚应进行局部受压承载力验算。

每层墙体的控制截面有楼盖大梁底面处、窗口上边缘处、窗口下边缘处、下层楼盖大梁底面处，如图 16-16 所示。

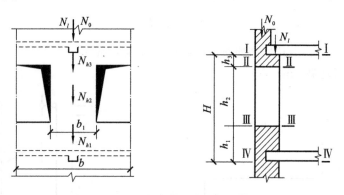

图 16-16　控制截面位置示意图

求出墙体最不利截面的内力后，按受压构件承载力计算公式进行截面承载力验算。

2. 多层刚性方案房屋承重横墙的计算

横墙承重的房屋，横墙间距一般较小，所以通常属于刚性方案房屋。房屋的楼盖和屋盖均可视为横墙的不动铰支座，其计算简图如图 16-17 所示。

1) 计算单元与计算简图

一般沿墙长取 1 m 宽为计算单元，每层横墙视为两端为不动铰接的竖向构件，构件高度为每层层高，顶层若为坡屋顶，则构件高度取顶层层高加上山尖高度 h 的平均值，底层算至基础顶面或室外地面以下 500 mm 处。

2) 内力分析要点

作用在横墙上的本层楼盖荷载或屋盖荷载的作用点均作用于距墙边 $0.4a_0$ 处。如果横墙两侧开间相差不大，则视横墙为轴心受压构件；如果相差悬殊或只是一侧承受楼盖传来的荷载，则横墙为偏心受压构件。

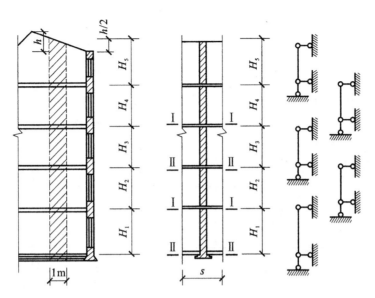

图 16-17 多层刚性方案房屋承重横墙的计算简图

承重横墙的控制截面一般取该层墙体截面Ⅱ—Ⅱ,如图 16-18 所示,此处的轴向力最大。

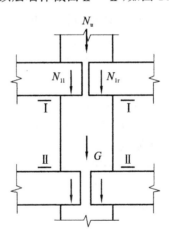

图 16-18 横墙上作用的荷载

【例 16-3】 多层刚性方案房屋计算。

某四层教学楼部分平面图、剖面图如图 16-19 所示,横墙间距 18 m,采用预制钢筋混凝土空心楼板,外墙厚 370 mm,内纵墙及横墙厚 240 mm,隔墙厚 120 mm,底层墙高 4.85 m(取至基础顶面),二～四层墙高 3.3 m,女儿墙高 0.9 m,MU10 砖,M5 混合砂浆,纵墙上窗洞宽 1800 mm,高 1.8 m(底层为 2.1 m),门洞宽 1000 mm,高 2.1 m,试验算纵墙承载力。

【解】 第一步荷载计算。

(1) 屋面荷载。

屋面恒荷载标准值(包括防水层、水泥砂浆找平层、焦渣混凝土找坡层、空心板及灌缝重、天棚抹灰、吊顶):
$$g_{k1} = 7.5 \text{ kN/m}^2$$

屋面活荷载标准值:
$$q_{k1} = 0.5 \text{ kN/m}^2$$

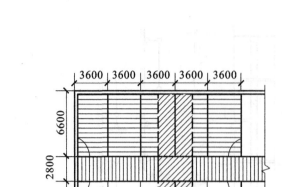
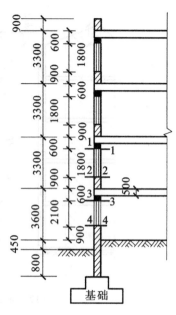

图 16-19 某教学楼部分平面图、剖面图

（2）楼面荷载：楼面恒荷载标准值（包括细石混凝土面层、空心板及灌缝重、天棚抹灰、吊顶）：
$$g_{k2}=3.5 \text{ kN/m}^2$$

楼面活荷载标准值：
$$q_{k2}=2.0 \text{ kN/m}^2$$

（3）构件自重。

楼面梁自重标准值（含 15 mm 厚粉刷面层）：
$$25\times0.25\times0.5+20\times0.015\times(2\times0.5+0.25)\text{kN/m}=3.5 \text{ kN/m}$$

墙体标准值：240 mm 墙（双面粉刷）标准值为 5.24 kN/m²；370 mm 墙（双面粉刷）标准值为 7.62 kN/m²；钢框玻璃窗自重（按窗框面积计算）标准值为 0.45 kN/m²。

由于梁的从属面积为 6.6×3.6 m² = 23.76 m² < 50 m²，故活荷载不折减。

同时，本工程外纵墙不考虑风荷载影响。

第二步纵墙承载力验算。

（1）计算单元。

取一个开间宽度的纵墙为计算单元，其受荷面积为 3.6×3.3 = 11.88 m²。

由于内纵墙的受力情况较外纵墙好，所以，只需验算外纵墙的承载力。

（2）选择计算截面。

二、三、四层为带壁柱墙，墙厚为 240 mm，壁柱截面为 370 mm×370 mm，采用 MU10 砖、M5 混合砂浆砌筑。选择第二层的 1—1、2—2 截面以及第一层的 3—3、4—4 截面分别进行承载力验算。

以下仅以第二层的 1—1、2—2 截面为例说明承载力验算方法。

第二层墙的计算截面面积
$$A_2=1.8\times0.24 \text{ m}^2+0.37\times0.13 \text{ m}^2=0.48 \text{ m}^2$$

(3) 荷载计算。

计算单元的荷载标准值如下。

女儿墙自重(厚240 mm,高0.9 m,双面粉刷)的标准值为 $5.24 \times 0.9 \times 3.6 = 17$ kN。

二、三、四层每层墙体自重(窗户尺寸1.8 m×2.1 m)的标准值为 $0.45 \times 1.8 \times 1.8 + 5.24 \times (3.3 \times 3.6 - 1.8 \times 1.8) + 7.62 \times 3.6 \times 0.13 = 50$ kN。

屋面传来的竖向永久荷载标准值(含屋面梁自重)为 $7.5 \times 3.6 \times (3.3 - 0.12) + 3.5 \times 3.3 = 97.4$ kN。

屋面传来的竖向可变荷载标准值为 $0.5 \times 3.6 \times (3.3 - 0.12) = 5.7$ kN。

楼面传来的竖向荷载如下。

三、四层每层(含楼面梁)永久荷载标准值为 $3.5 \times 3.6 \times (3.3 - 0.12) + 3.5 \times 3.3 = 51.6$ kN。

三、四层每层(含楼面梁)可变荷载标准值为 $2 \times 3.6 \times (3.3 - 0.12) = 22.90$ kN。

(4) 内力计算。

首先对二层墙体的内力进行计算。上层墙体传来的轴心荷载标准值为
$$N_{uk} = (17 + 97.4 + 5.7 + 50 \times 2 + 51.6 + 22.9) \text{kN} = 294.6 \text{ kN}$$

三层楼面梁传来的偏心荷载标准值为
$$N_{lk} = (51.6 + 22.9) \text{kN} = 74.5 \text{ kN}$$

三层楼面梁传来的偏心荷载标准值为：

可变荷载控制时,
$$N_{3l} = (1.2 \times 51.6 + 1.4 \times 22.9) \text{kN} = 93.98 \text{ kN}$$

永久荷载控制时,
$$G_{3l} = (1.35 \times 51.6 + 1.4 \times 0.7 \times 22.9) \text{kN} = 92.10 \text{ kN}$$

因此三层楼面梁传来的偏心荷载设计值取 $N_3 = 93.98$ kN。

1—1 截面以上二层墙体自重为
$$G_{2h3} = [5.24 \times 3.6 \times 0.6 + 7.62 \times (0.6 - 0.5) \times 0.13] \text{kN} = 11.4 \text{ kN}$$

形心位置：$y_1 = 139$ mm, $y_2 = 231$ mm, $H_T = 243$ mm

对 1—1 截面：$N_{1k} = N_{uk} + N_{lk} + G_{2h3} = (294.6 + 74.5 + 11.4) \text{kN} = 380.5$ kN

由 MU10 的砖和 M5 的砂浆砌筑而成的砌体,其抗压强度设计值 $f = 1.50$ MPa,已知梁高 $h_c = 500$ mm,则梁的有效支承长度为

$$a_0 = 10 \sqrt{\frac{h_c}{f}} = 10 \sqrt{\frac{500}{1.5}} \text{ mm} = 183 \text{ mm} < a = 370 \text{ mm}$$

三层楼面荷载作用于墙体的偏心距：
$$e_{l3} = y_2 - 0.4 a_0 = (231 - 0.4 \times 183) \text{ mm} = 158 \text{ mm}$$

1—1 截面弯矩设计值：
$$M_1 = 93.98 \times 0.158 \times 3.2 / 3.3 \text{ kN·m} = 14.4 \text{ kN·m}$$

2—2 截面以上本层窗间墙和窗重
$$G_{2h2} = (0.45 \times 1.8 \times 1.8 + 5.24 \times 1.8 \times 1.8) \text{kN} = 18.4 \text{ kN}$$
$$N_{2k} = N_{1k} + G_{2h2} = 380.5 \text{ kN} + 18.4 \text{ kN} = 398.9 \text{ kN}$$

2—2 截面弯矩设计值

$$M_2 = 93.98 \times 0.158 \times 1.4/3.3 \text{ kN} \cdot \text{m} = 6.3 \text{ kN} \cdot \text{m}$$

由荷载设计产生的内力分别为：

可变荷载控制时，

$$N_1 = [1.2 \times (17+97.4+50 \times 2+51.6 \times 2+11.4) + 1.4 \times (5.7+22.9 \times 2)] \text{ kN}$$
$$= (1.2 \times 329 + 1.4 \times 51.5) \text{ kN} = 466.9 \text{ kN}$$

永久荷载控制时，

$$N_1 = [1.35 \times (17+97.4+50 \times 2+51.6 \times 2+11.4) + 1.4 \times 0.7 \times (5.7+22.9 \times 2)] \text{ kN}$$
$$= (1.35 \times 329 + 0.98 \times 51.5) \text{ kN} = 494.6 \text{ kN}$$

N_1 由永久荷载效应控制，取 $N_1 = 494.6$ kN。

$$N_2 = N_1 + 1.35 \times 18.4 = 494.6 \text{ kN} + 24.8 \text{ kN} = 519.4 \text{ kN}$$

各截面荷载偏心距为

$$e_1 = M_1/N_1 = 14.4/494.6 \text{ m} = 0.029 \text{ m}, \quad e_2 = M_2/N_2 = 6.3/519.4 \text{ m} = 0.012 \text{ m}$$

（5）验算截面承载力。

纵墙承载力验算表如表 16-4 所示。

表 16-4　纵墙承载力验算表

	截面	
	1—1	2—2
N/kN	479.2	546.7
e/mm	29	12
e/h、e/h_T	29/304=0.0095	12/304=0.039
$y_2(y)$/mm	231	231
$e/y_2(e/y)$	32/231=0.126	12/231=0.052
β	3.3/0.304=10.86	10.86
φ	0.64	0.764
$A \times 10^5$/mm²	4.8	4.8
f/MPa	1.5	1.5
φAf/kN	461	612
比较	494.6＞461	546.7＜612

由表 16-4 可知，1—1 截面承载力不满足要求，可设置刚性垫块。

任务 5 砌体房屋的构造要求

一、一般构造要求

工程实践表明,为了保证砌体结构房屋有足够的耐久性和良好的整体工作性能,必须采取合理的构造措施。

1. 最小截面规定

为了避免墙柱截面过小导致稳定性能变差,以及局部缺陷对构件的影响增大,《砌体结构设计规范》(GB 50003—2011)规定了各种构件的最小尺寸;承重的独立砖柱截面尺寸不应小于 240 mm×370 mm;毛石墙的厚度不宜小于 350 mm;毛料石柱截面较小边长不宜小于 400 mm;当有振动荷载时,墙、柱不宜采用毛石砌体。

2. 墙、柱连接构造

为了增强砌体房屋的整体性和避免局部受压损坏,《砌体结构设计规范》(GB 50003—2011)规定如下。

(1)跨度大于 6 m 的屋架和跨度大于下列数值的梁,应在支承处设置混凝土或钢筋混凝土垫块。当墙中设有圈梁时,垫块与圈梁宜浇成整体。

① 对砖砌体为 4.8 m;
② 对砌块和料石砌体为 4.2 m;
③ 对毛石砌体为 3.9 m。

(2)当梁的跨度大于或等于下列数值时,其支承处宜加设壁柱或采取其他加强措施:

① 对 240 mm 厚的砖墙为 6 m,对 180 mm 厚的砖墙为 4.8 m;
② 对砌块、料石墙为 4.8 m。

(3)预制钢筋混凝土板在混凝土圈梁上的支承长度不应小于 80 mm,板端伸出的钢筋应与圈梁可靠连接,且同时浇筑;预制钢筋混凝土板在墙上的支承长度不应小于 100 mm,并应按下列方法进行连接。

① 板支承于内墙时,板端钢筋伸出长度不应小于 70 mm,且与支座处沿墙配置的纵筋绑扎,用强度等级不应低于 C25 的混凝土浇筑成板带。
② 板支承于外墙时,板端钢筋伸出长度不应小于 100 mm,且与支座处沿墙配置的纵筋绑扎,并用强度等级不应低于 C25 的混凝土浇筑成板带。
③ 预制钢筋混凝土板与现浇板对接时,预制板端钢筋应伸入现浇板中进行连接后,再浇筑现浇板。

(4) 墙体转角处和纵横墙交接处宜沿竖向每隔 400 mm～500 mm 设拉结钢筋,其数量为每 120 mm 墙厚不少于 1 根直径 6 mm 的钢筋,或采用焊接钢筋网片,埋入长度从墙的转角或交接处算起,对实心砖墙每边不小于 500 mm,对多孔砖墙和砌块墙不小于 700 mm。

(5) 支承在墙、柱上的吊车梁、屋架以及跨度大于或等于下列数值的预制梁的端部,应采用锚固件与墙、柱上的垫块锚固。

① 砖砌体为 9 m;

② 对砌块和料石砌体为 7.2 m。

(6) 填充墙、隔墙应采取措施与周边构件可靠连接。一般是在钢筋混凝土结构中预埋拉接筋,在砌筑墙体时,将拉接筋砌入水平灰缝内。

(7) 山墙处的壁柱宜砌至山墙顶部,屋面构件应与山墙可靠拉结。

3. 砌块砌体房屋

(1) 砌块砌体应分皮错缝搭砌,上、下皮搭砌长度不得小于 90 mm。当搭砌长度不满足上述要求时,应在水平灰缝内设置不少于 2 根直径为 4 mm 的焊接钢筋网片(横向钢筋间距不宜大于 200 mm),网片每端应伸出该垂直缝不小于 300 mm。

(2) 砌块墙与后砌隔墙交接处,应沿墙高每 400 mm 在水平灰缝内设置不少于 2 根直径为 4 mm、横筋间距不大于 200 mm 的焊接钢筋网片(见图 16-20)。

(3) 混凝土砌块房屋,宜将纵横墙交接处、距墙中心线每边不小于 300 mm 范围内的孔洞,采用不低于 Cb20 混凝土将孔洞灌实,灌实高度应为墙身全高。

(4) 混凝土砌块墙体的下列部位,如未设圈梁或混凝土垫块,应采用不低于 Cb20 混凝土将孔洞灌实:

① 搁栅、檩条和钢筋混凝土楼板的支承面下,高度不应小于 200 mm 的砌体;

② 屋架、梁等构件的支承面下,高度不应小于 600 mm,长度不应小于 600 mm 的砌体;

③ 挑梁支承面下,距墙中心线每边不应小于 300 mm,高度不应小于 600 mm 的砌体。

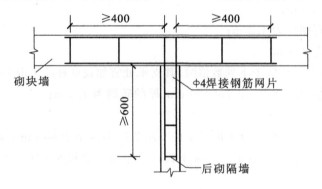

图 16-20 砌墙与后砌墙体交接处钢筋网片

4. 砌体中留槽洞或埋设管道时的规定

(1) 不应在截面长边小于 500 mm 的承重墙体、独立柱内埋设管线;

(2) 不宜在墙体中穿行暗线或预留、开凿沟槽,无法避免时应采取必要的措施或按削弱后的截面验算墙体承载力。对受力较小或未灌孔砌块砌体,允许在墙体的竖向孔洞中设置管线。

二、防止或减轻墙体开裂的主要措施

1. 墙体开裂的原因

产生墙体裂缝的原因主要有三个:外荷载、温度变化和地基不均匀沉降。墙体承受外荷载后,按照《砌体结构设计规范》(GB 50003—2011)要求,通过正确的承载力计算,选择合理的材料并满足施工要求,受力裂缝是可以避免的。

1) 因温度变化和砌体干缩变形引起的墙体裂缝(见图 16-21)

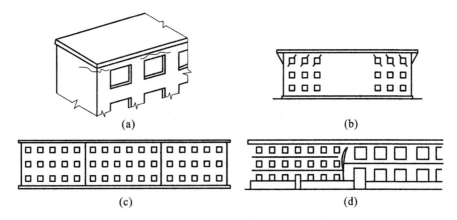

图 16-21 温度与干缩裂缝的形态
(a)水平裂缝;(b)八字裂缝;(c)垂直贯通裂缝;(d)局部垂直裂缝

(1) 温度裂缝形态有水平裂缝、八字裂缝两种。水平裂缝多发生在女儿墙根部、屋面板底部、圈梁底部附近以及比较空旷高大房间的顶层外墙门窗洞口上下水平位置处;八字裂缝多发生在房屋顶层墙体的两端,且多数出现在门窗洞口上下,呈八字形。

(2) 干缩裂缝形态有垂直贯通裂缝、局部垂直裂缝两种。

2) 因地基发生过大的不均匀沉降而产生的裂缝(见图 16-22)

常见的因地基不均匀沉降引起的裂缝形态有:正八字裂缝、倒八字裂缝、高层沉降引起的斜向裂缝、底层窗台下墙体的斜向裂缝。

2. 防止墙体开裂的措施

(1) 为了防止或减轻房屋在正常使用条件下,由温度和砌体干缩引起的墙体竖向裂缝,应在墙体中设置伸缩缝。伸缩缝应设置在因温度和收缩变形引起应力集中、砌体产生裂缝可能性最大的地方。伸缩缝的间距可按表 16-5 采用。

(2) 为了防止和减轻房屋顶层墙体的开裂,可根据情况采取下列措施:

① 屋面设置保温层、隔热层;

② 屋面保温(隔热)层或屋面刚性面层及砂浆找平层应设置分隔缝,分隔缝间距不宜大于 6 m,其缝宽不小于 30 mm,并与女儿墙隔开;

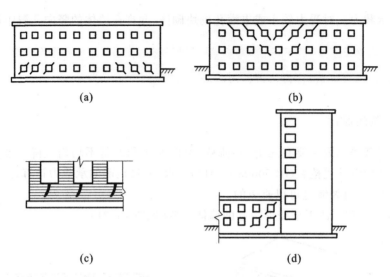

图 16-22　由地基不均匀沉降引起的裂缝形态
(a)正八字裂缝；(b)倒八字裂缝；(c)、(d)斜向裂缝

表 16-5　砌体房屋伸缩缝的最大间距/m

屋盖或楼盖类别		间距
整体式或装配整体式钢筋混凝土结构	有保温层或隔热层的屋盖、楼盖	50
	无保温层或隔热层的屋盖	40
装配式无檩体系钢筋混凝土结构	有保温层或隔热层的屋盖、楼盖	60
	无保温层或隔热层的屋盖	50
装配式有檩体系钢筋混凝土结构	有保温层或隔热层的屋盖	75
	无保温层或隔热层的屋盖	60
瓦材屋盖、木屋盖或楼盖、轻钢屋盖		100

注：① 对烧结普通砖、烧结多孔砖、配筋砌块砌体房屋，取表中数值，对石砌体、蒸压灰砂普通砖、蒸压粉煤灰普通砖、混凝土砌块、混凝土普通砖和混凝土多孔砖房屋，取表中数值乘以 0.8 的系数，当墙体有可靠外保温措施时，其间距可取表中数值；
② 在钢筋混凝土屋面上挂瓦的屋盖应按钢筋混凝土屋盖采用；
③ 层高大于 5 m 的烧结普通砖、烧结多孔砖、配筋砌块砌体结构单层房屋，其伸缩缝间距可按表中数值乘以 1.3；
④ 温差较大且变化频繁地区和严寒地区不采暖的房屋及构筑物墙体的伸缩缝的最大间距，应按表中数值予以适当减小；
⑤ 墙体的伸缩缝应与结构的其他变形缝相重合，缝宽度应满足各种变形缝的变形要求，在进行立面处理时，必须保证缝隙的变形作用。

③ 采用装配式有檩体系钢筋混凝土屋盖和瓦材屋盖；
④ 顶层屋面板下设置现浇钢筋混凝土圈梁，并沿内外墙拉通，房屋两端圈梁下的墙体内宜适当设置水平钢筋；
⑤ 顶层墙体有门窗等洞口时，在过梁上的水平灰缝内设置 2～3 道焊接钢筋网片或 2 根直径 6 mm 钢筋，并应伸入洞口两端墙内不小于 600 mm；
⑥ 顶层及女儿墙砂浆强度等级不低于 M7.5(Mb7.5、Ms7.5)；
⑦ 女儿墙应设置构造柱，构造柱间距不宜大于 4 m，构造柱应伸至女儿墙顶并与现浇钢筋

混凝土压顶整浇在一起；

⑧ 对顶层墙体施加竖向预应力。

（3）防止或减轻房屋底层墙体裂缝的措施。

底层墙体的裂缝主要是地基不均匀沉降引起的，或地基反力不均匀引起的，因此防止或减轻房屋底层墙体裂缝可根据情况采取下列措施：

① 增加基础圈梁的刚度；

② 在底层的窗台下墙体灰缝内设置3道焊接钢筋网片或2根直径6 mm钢筋，并应伸入两边窗间墙内不小于600 mm。

（4）在每层门、窗过梁上方的水平灰缝内及窗台下第一、第二道水平灰缝内，宜设置焊接钢筋网片或2根直径6 mm钢筋，焊接钢筋网片或钢筋应伸入两边窗间墙内不小于600 mm。当墙长大于5 m时，宜在每层墙高度中部设置2～3道焊接钢筋网片或3根直径6 mm的通长水平钢筋，竖向间距为500 mm。

（5）为防止房屋两端和底层第一、第二开间门窗洞口处开裂，可采取下列措施：

① 在门窗洞口两边墙体的水平灰缝中，设置长度不小于900 mm、竖向间距为400 mm的2根直径4 mm的焊接钢筋网片；

② 在顶层和底层设置通长钢筋混凝土窗台梁，窗台梁的高度宜为块材高度的模数，梁内纵筋不少于4根，直径不小于10 mm，箍筋直径不小于6 mm，间距不小于200 mm，混凝土强度等级不低于C20；

③ 在混凝土砌块房屋门窗洞口两侧不少于一个孔洞中设置直径不小于12 mm的竖向钢筋，竖向钢筋应在楼层圈梁或基础内锚固，孔洞用不低于Cb20混凝土灌实。

（6）填充墙砌体与梁、柱或混凝土墙体结合的界面处（包括内、外墙），宜在粉刷前设置钢丝网片，网片宽度可取400 mm，并沿界面缝两侧各延伸200 mm，或采取其他有效的防裂、盖缝措施。

（7）当房屋刚度较大时，可在窗台下或窗台角处墙体内、在墙体高度或厚度突然变化处设置竖向控制缝。竖向控制缝宽度不宜小于25 mm，缝内填以压缩性能好的填充材料，且外部用密封材料密封，并采用不吸水的、闭孔发泡聚乙烯实心圆棒（背衬）作为密封膏的隔离物。

（8）夹心复合墙的外叶墙宜在建筑墙体适当部位设置控制缝，其间距宜为6 m～8 m。

（9）防止墙体因为地基不均匀沉降而开裂的措施有如下几项。

① 设置沉降缝，在地基土性质相差较大，房屋高度、荷载、结构刚度变化较大处，房屋结构形式变化处，高低层的施工时间不同处设置沉降缝，将房屋分割为若干刚度较好的独立单元。

② 加强房屋整体刚度。

③ 对处于软土地区或土质变化较复杂地区，利用天然地基建造房屋时，房屋体型力求简单，采用对地基不均匀沉降不敏感的结构形式和基础形式。

④ 合理安排施工顺序，先施工层数多、荷载大的单元，后施工层数少、荷载小的单元。

单元小结

16.1 混合结构房屋的结构布置方案：纵墙承重方案、横墙承重方案、纵横墙承重方案、内框架承重方案。

16.2 考虑屋盖刚度和横墙间距两个主要因素的影响,按房屋空间刚度(作用)大小,将混合结构房屋静力计算方案分为三种:刚性方案房屋、弹性方案房屋和刚弹性方案房屋。

16.3 混合结构房屋墙、柱高厚比的验算方法:一般墙柱高厚比验算、带壁柱墙高厚比验算、带构造柱墙高厚比验算。

16.4 单层、多层房屋墙、柱的计算方法包括刚性方案房屋、弹性方案房屋和刚弹性方案房屋,主要以刚性方案房屋计算为主。

16.5 砌体房屋的构造要求和防止或减轻墙体开裂的主要措施。

习 题

16.1 砌体结构房屋为何要提出墙、柱的高厚比要求?怎样验算墙、柱的高厚比?怎样有代表性地验算混合结构房屋墙体的高厚比?

16.2 如何确保砌体结构房屋墙、柱的稳定性?

16.3 某单层房屋层高为 4.5 m,砖柱截面为 490 mm×370,采用 M5 混合砂浆砌筑,房屋的静力计算方案为刚性。试验算此砖柱的高厚比。

16.4 某单层单跨无吊车的仓库,柱间距离为 4.5 m,中间开宽为 1.8 m 的窗,车间长 40 m,屋架下弦标高为 5 m,壁柱为 370 mm×490 mm,墙厚为 240 mm,房屋静力计算方案为刚弹性方案。试验算带壁柱墙的高厚比。

16.5 某混合结构房屋的顶层山墙高度为 4.1 m(取山墙顶和檐口的平均高度),山墙为用 Mb7.5 砌块、M5 混合砂浆砌筑的单排孔混凝土小型空心砌块墙,厚 190 mm,长 8.4 m。试验算其高厚比:(1) 不开门窗洞口时;(2) 开有 3 个 1.2 m 宽的窗洞口时。

单元 17
圈梁、过梁、挑梁和墙梁

学习目标

☆ **知识目标**

(1) 掌握圈梁的布置原则、作用和构造要求。
(2) 掌握过梁的设计计算和构造特点。
(3) 熟悉挑梁的设计计算。
(4) 了解墙梁的工作性能。

☆ **能力目标**

在设计中遇到具体问题,应根据构件的受力特点,针对具体情况进行具体分析。

◆ 知识链接:各类型梁在实际工程中的应用图例

圈梁、过梁、墙梁和挑梁在实际工程中的应用图例如图 17-1 所示。

图 17-1 各类型梁在实际工程中的应用图例
(a)圈梁和构造柱在抗震中的整体作用;(b)混凝土过梁浇筑;(c)墙梁加固;(d)一小学教学楼走廊挑梁

任务 1 圈梁、过梁设计及构造要求

一、圈梁的作用和设置

砌体结构房屋中,在墙体内水平方向设置封闭的钢筋混凝土梁称为圈梁。

1. 圈梁的作用

为了增强砌体房屋的整体性和空间刚度,防止由于地基不均匀沉降或较大振动荷载等对房

单元 17
圈梁、过梁、挑梁和墙梁

屋引起的不利影响,应根据地基情况、房屋类型、层数以及所受的振动荷载等情况确定圈梁的布置。设置在基础顶面部位和檐口部位的圈梁对抵抗不均匀沉降作用最为有效。当房屋中部沉降较两端为大时,位于基础顶面部位的圈梁作用较大;当房屋两端沉降较中部为大时,檐口部位的圈梁作用较大。

2. 圈梁的设置

(1) 厂房、仓库、食堂等空旷的单层房屋应按下列规定设置圈梁。

① 砖砌体房屋,檐口标高为 5 m～8 m 时,应在檐口标高处设置圈梁一道,檐口标高大于 8 m 时,宜增加设置数量。

② 砌块及料石砌体房屋,檐口标高为 4 m～5 m 时,应在檐口标高处设置圈梁一道,檐口标高大于 5 m 时,应增加设置数量。

③ 对有吊车或较大振动设备的单层工业房屋,当未采取有效的隔振措施时,除在檐口或窗顶标高处设置现浇钢筋混凝土圈梁外,尚应增加设置数量。

(2) 住宅、办公楼等多层砌体结构民用房屋,应按下列规定设置圈梁。

① 层数为 3 层～4 层时,应在底层和檐口标高处各设置一道圈梁。

② 当层数超过 4 层时,除应在底层和檐口标高处各设置一道圈梁外,至少应在所有纵、横墙上隔层设置。

(3) 多层砌体工业房屋,应每层设置现浇钢筋混凝土圈梁。

(4) 设置墙梁的多层砌体结构房屋,应在托梁、墙梁顶面和檐口标高处设置现浇钢筋混凝土圈梁。

(5) 采用现浇混凝土楼(屋)盖的多层砌体结构房屋,应按下列规定设置圈梁。

① 当层数超过 5 层时,除应在檐口标高处设置一道圈梁外,可隔层设置圈梁,并应与楼(屋)面板一起现浇。

② 未设置圈梁的楼面板嵌入墙内的长度不应小于 120 mm,并沿墙长配置不少于 2 根直径为 10 mm 的纵向钢筋。

(6) 建筑在软弱地基或不均匀地基上的砌体结构房屋,除按本节规定设置圈梁外,尚应符合现行国家标准《建筑地基基础设计规范》GB 50007 的有关规定。

二、圈梁的构造要求

(1) 圈梁宜连续地设在同一水平面上,并形成封闭状。

(2) 当圈梁被门窗洞口截断时,应在洞口上部增设相同截面的附加圈梁。附加圈梁与圈梁的搭接长度不应小于其中到中垂直间距的 2 倍,且不得小于 1 m,如图 17-2 所示。

(3) 纵、横墙交接处的圈梁应有可靠连接。刚弹性和弹性方案房屋,圈梁应与屋架、大梁等构件可靠连接。圈梁在转角和丁字交接处的附加钢筋如图 17-3 所示。

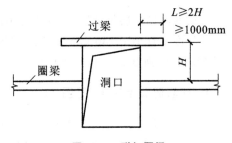

图 17-2 附加圈梁

(4) 混凝土圈梁的宽度宜与墙厚相同,当墙厚 $h \geqslant 240$ mm 时,其宽度不宜小于 $2h/3$。圈梁高度不应小于 120 mm。纵向钢筋数量不应少于 4 根,直径不应小于 10 mm,绑扎接头的搭接长度按受拉钢筋考虑,箍筋间距不应大于 300 mm。

(5) 圈梁兼作过梁时,过梁部分的钢筋应按计算面积另行增配。

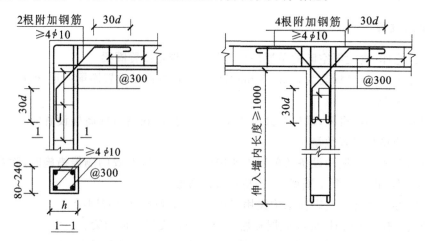

图 17-3 圈梁在转角和丁字交接处的附加钢筋

三、过梁的种类及选用范围

过梁是砌体结构中门窗洞口上承受上部墙体自重和上层楼盖传来的荷载的梁。常用的过梁有以下四种类型(见图 17-4)。

1. 砖砌平拱过梁(见图 17-4(a))

用竖砖砌筑部分的高度不应小于 240 mm,跨度不应超过 1.2 m。砂浆强度等级不应低于 M5。此类过梁适用于无振动、地基土质好、无抗震设防要求的一般建筑。

2. 砖砌弧拱过梁(见图 17-4(b))

用竖砖砌筑,砌筑的高度不应小于 120 mm。当矢高 $f=l/8 \sim l/12$ 时,砖砌弧拱的最大跨度为 2.5 m~3 m;当矢高 $f=l/5 \sim l/6$ 时,砖砌弧拱的最大跨度为 3 m~4 m。

3. 钢筋砖过梁(见图 17-4(c))

过梁底面砂浆层处的钢筋,其直径不应小于 5 mm,间距不宜大于 120 mm,钢筋伸入支座砌体内的长度不宜小于 240 mm,砂浆层厚度不宜小于 30 mm;过梁截面高度内砂浆强度等级不应低于 M5;砖的强度等级不应低于 MU10;跨度不应超过 1.5 m。

4. 钢筋混凝土过梁(见图 17-4(d))

钢筋混凝土过梁端部支承长度不宜小于 240 mm,当墙厚不小于 370 mm 时,钢筋混凝土过梁宜做成 L 形。对于有较大振动荷载或可能产生不均匀沉降的房屋,工程中常采用钢筋混凝土过梁。

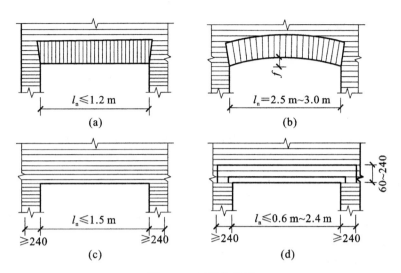

图 17-4 过梁的种类
(a) 砖砌平拱过梁;(b) 砖砌弧拱过梁;(c) 钢筋砖过梁;(d) 钢筋混凝土过梁

四、过梁的设计

1. 过梁的受力特点

1) 过梁上的荷载
作用在过梁上的荷载有砌体自重和过梁计算高度内的梁板荷载。
(1) 墙体荷载:对于砖砌墙体,当过梁上的墙体高度 $h_w < l_n/3$ 时,应按全部墙体的自重作为均布荷载考虑;当过梁上的墙体高度 $h_w \geq l_n/3$ 时,应按高度 $l_n/3$ 的墙体自重作为均布荷载考虑。

对于混凝土砌块砌体,当过梁上的墙体高度 $h_w < l_n/2$ 时,应按全部墙体的自重作为均布荷载考虑;当过梁上的墙体高度 $h_w \geq l_n/2$ 时,应按高度 $l_n/2$ 的墙体自重作为均布荷载考虑。

(2) 梁板荷载:当梁、板下的墙体高度 $h_w < l_n$ 时,应采用梁、板传来的荷载;如 $h_w \geq l_n$,则可不计梁、板的作用。

砖砌过梁承受荷载后,上部受拉、下部受压,像受弯构件一样地受力。随着荷载的增大,当跨中竖向截面的拉应力或支座斜截面的主拉应力超过砌体的抗拉强度时,将先后在跨中出现竖向裂缝,在靠近支座处出现阶梯形斜裂缝。对于钢筋砖过梁,过梁下部的拉力将由钢筋承担;对于砖砌平拱,过梁下部拉力将由两端砌体提供的推力来平衡;对于钢筋混凝土过梁,与钢筋砖过梁类似。试验表明,当过梁上的墙体达到一定高度后,过梁上的墙体形成内拱,将产生卸载作用,使一部分荷载直接传递给支座。

2) 砖砌过梁的破坏特征
(1) 过梁跨中截面因受弯承载力不足而破坏。
(2) 过梁支座附近截面因受剪承载力不足,沿灰缝产生 45°方向的阶梯形裂缝扩展而破坏。
(3) 外墙端部因端部墙体宽度不够,引起水平灰缝的受剪承载力不足而发生支座滑动破坏。

2. 过梁的设计计算

砖砌过梁在荷载作用下,随着荷载的不断增大,将先后在跨中受拉区出现垂直裂缝,在靠近支座处出现沿灰缝近于45°的阶梯形斜裂缝,这时过梁像一个拱一样地工作。过梁下部的拉力将由钢筋承受(对钢筋砖过梁)或由两端砌体提供推力来平衡(对砖砌平拱)。最后过梁可能产生上述的三种破坏形态。

为了使过梁具有足够的承载力,除应符合构造措施外,尚宜按下列规定进行计算。

1) 砖砌平拱过梁

跨中正截面的受弯承载力可按下式计算:

$$M \leqslant f_{tm}W \tag{17-1}$$

式中:M——按简支梁并取净跨计算的过梁跨中弯矩设计值;
$\quad W$——过梁的截面抵抗矩;
$\quad f_{tm}$——砌体弯曲抗拉强度设计值。

支座截面的受剪承载力可按下式计算:

$$V \leqslant f_{v}bz \tag{17-2}$$

式中:V——按简支梁并取净跨计算的过梁支座剪力设计值;
$\quad f_v$——砌体的抗剪强度设计值;
$\quad b$——过梁的截面宽度,一般取墙厚;
$\quad z$——内力臂,$z=I/S$,当截面为矩形时,$z=2h/3$;
$\quad I$——截面惯性矩;
$\quad S$——截面面积矩。

砖砌平拱过梁的承载力总是受弯控制的,设计时一般可以不进行受剪承载力验算。

2) 钢筋砖过梁

跨中正截面受弯承载力应按下式计算:

$$M \leqslant 0.85h_0 f_y A_s \tag{17-3}$$

式中:M——按简支梁计算的跨中弯矩设计值;
$\quad f_y$——钢筋的抗拉强度设计值;
$\quad A_s$——受拉钢筋的截面面积;
$\quad h_0$——过梁截面的有效高度,$h_0=h-a_s$;
$\quad a_s$——受拉钢筋重心至截面下边缘的距离;
$\quad h$——过梁的截面计算高度,取过梁底面以上的墙体高度,但不大于$l_n/3$,当考虑梁、板传来的荷载时,则按梁、板下的高度采用。

钢筋砖过梁的受剪承载力仍可按式(17-2)进行验算。

3) 钢筋混凝土过梁

钢筋混凝土过梁应按钢筋混凝土受弯构件计算正截面受弯承载力和斜截面受剪承载力。验算过梁下砌体局部受压承载力时,可不考虑上层荷载的影响。

3. 过梁的构造要求

砖砌过梁的构造要求应符合下列规定:

(1) 砖砌过梁截面计算高度内的砂浆不宜低于 M5(Mb5、Ms5);

(2) 砖砌平拱用竖砖砌筑部分的高度不应小于 240 mm；

(3) 钢筋砖过梁底面砂浆层处的钢筋,其直径不应小于 5 mm,间距不宜大于 120 mm,钢筋伸入支座砌体内的长度不宜小于 240 mm,砂浆层的厚度不宜小于 30 mm。

4. 钢筋混凝土过梁通用图集

钢筋混凝土过梁分为现浇过梁和预制过梁。预制过梁一般为标准构件,有很多标准图集,现以全国标准图集《钢筋混凝土过梁》图集(03G322-1、2、3)为例进行介绍。

1) 构件代号

用于烧结普通砖、蒸压灰砂普通砖、蒸压粉煤灰普通砖的过梁代号如图 17-5(a)所示,用于烧结多孔砖的过梁构件代号如图 17-5(b)所示。对于混凝土小型空心砌块的过梁构件代号,则只需将图 17-5(b)所示的构件代号中代表砖型的 P 或 M 改为代表混凝土小型空心砌块 H,同时其代表墙厚的数字改为 1、2,其分别代表 190、290 墙。

2) 梁板荷载等级

设定为 6 级,分别为 0 kN/m、10 kN/m、20 kN/m、30 kN/m、40 kN/m、50 kN/m,相应的荷载等级为 0、1、2、3、4、5。

如 GL-4243 代表 240 厚承重墙,洞口宽度为 2400 mm,梁板传到过梁上的荷载设计值为 30 kN/m。

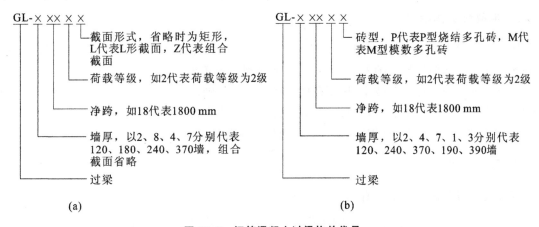

图 17-5 钢筋混凝土过梁构件代号

任务 2 挑梁的设计及构造要求

一、挑梁的受力特点

挑梁在悬挑端集中力 F、墙体自重及上部荷载作用下,共经历以下三个工作阶段。

1. 弹性工作阶段

挑梁在未受外荷载之前,墙体自重及其上部荷载在挑梁埋入墙体部分的上、下界面产生初始压应力,如图 17-6(a)所示。当挑梁端部施加外荷载 F 后,随着 F 的增加,将首先达到墙体通缝截面的抗拉强度而出现水平裂缝,如图 17-6(b)所示,出现水平裂缝时的荷载约为倾覆时的外荷载的 20%~30%,此为第一阶段。

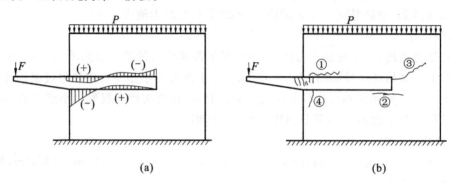

图 17-6 挑梁的受力阶段
(a)产生初始应力;(b)出现水平裂缝

2. 带裂缝工作阶段

随着外荷载 F 继续增加,最开始出现的水平裂缝将不断向内发展,同时挑梁埋入端下界面出现水平裂缝并向前发展。随着上、下界面的水平裂缝的不断发展,挑梁埋入端上界面受压区和墙边下界面受压区也不断减小,从而在挑梁埋入端上角砌体处产生裂缝。此裂缝将沿砌体灰缝向后上方发展为阶梯形裂缝,此时的荷载约为倾覆时外荷载的 80%。斜裂缝的出现预示着挑梁进入倾覆破坏阶段,在此过程中,也可能出现局部受压裂缝。

3. 破坏阶段

挑梁可能发生的破坏形态有以下三种(见图 17-7)。

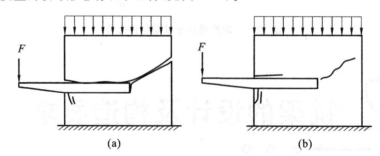

图 17-7 挑梁的破坏形态
(a)倾覆破坏;(b)局部受压破坏

(1)挑梁倾覆破坏:挑梁倾覆力矩大于抗倾覆力矩,挑梁尾端墙体斜裂缝不断开展,挑梁绕倾覆点发生倾覆破坏。

单元 17
圈梁、过梁、挑梁和墙梁

(2) 梁下砌体局部受压破坏：当挑梁埋入墙体较深、梁上墙体高度较大时，挑梁下靠近墙边小部分砌体由于压应力过大发生局部受压破坏。

(3) 挑梁弯曲破坏或剪切破坏。

二、挑梁的构造要求

挑梁设计除应符合现行国家标准《混凝土结构设计规范》(GB 50010—2010)的有关规定外，尚应满足下列要求。

(1) 纵向受力钢筋至少应有 1/2 的钢筋面积伸入梁尾端，且不少于 $2\phi 12$。其余钢筋伸入支座的长度不应小于 $2l_1/3$。

(2) 挑梁埋入砌体长度 l_1 与挑出长度 l 之比宜大于 1.2；当挑梁上无砌体时，l_1 比 l 之比宜大于 2。

三、挑梁的计算

1. 挑梁抗倾覆验算

砌体墙中钢筋混凝土挑梁的抗倾覆（见图 17-8）应按下式进行验算：

$$M_{ov} \leqslant M_r \tag{17-4}$$

式中：M_{ov}——挑梁的荷载设计值对计算倾覆点产生的倾覆力矩；

M_r——挑梁的抗倾覆力矩设计值。

$$M_r = 0.8 G_r (l_2 - x_0) \tag{17-5}$$

式中：G_r——挑梁的抗倾覆荷载，为挑梁尾端上部 45°扩展角的阴影范围（其水平长度为 l_3）内本层的砌体与楼面恒荷载标准值之和；

l_2——G_r 作用点至墙外边缘的距离；

x_0——挑梁计算倾覆点至墙外边缘的距离（mm）。

当 $l_1 \geqslant 2.2 h_b$ 时，$x_0 = 0.3 h_b$，且不应大于 $0.13 l_1$；当 $l_1 < 2.2 h_b$ 时，$x_0 = 0.13 l_1$。

式中：l_1——挑梁埋入砌体墙中的长度（mm）；

h_b——挑梁的截面高度（mm）。

在确定挑梁的抗倾覆荷载 G_r 时，应注意下列几点。

(1) 当墙体无洞口时，若 $l_3 \leqslant l_1$，则取 l_3 长度内 45°扩展角的砌体和楼盖两者的恒荷载标准值；若 $l_3 > l_1$，则取 l_1 长度内 45°扩展角（梯形面积）的砌体和楼盖两者的恒荷载标准值。

(2) 当墙体有洞口时，若洞口内边至挑梁尾端距离 $\geqslant 370$ mm，则 G_r 取法同(1)（但应扣除洞口墙体自重），否则只能考虑墙外边至洞口外边范围内的砌体与楼盖两者的恒荷载标准值。

2. 挑梁下砌体的局部受压承载力验算

挑梁下砌体的局部受压承载力，按下式进行验算：

$$N_l \leqslant \eta \gamma f A_l \tag{17-6}$$

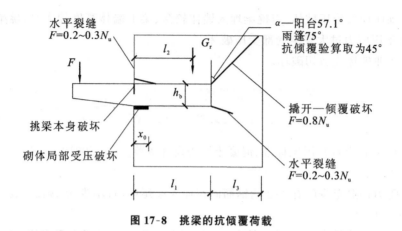

图 17-8 挑梁的抗倾覆荷载

式中:N_l——挑梁下的支承压力,可取 $N_l=2R$,R 为挑梁的倾覆荷载设计值;

η——梁端底面压应力图形的完整系数,可取 $\eta=0.7$;

γ——砌体局部抗压强度提高系数,对 $l_3 \leqslant l_1$ 时可取 1.25,对 $l_3 > l_1$ 时可取 1.5;

A_l——挑梁下砌体局部受压面积,可取 $A_l=1.2bh_b$,b 为挑梁的截面宽度,h_b 为挑梁的截面高度。

3. 挑梁本身承载力计算

由于挑梁倾覆点不在墙外边缘而在离墙边 x_0 处,挑梁最大弯矩设计值 M_{max} 发生在计算倾覆点处的截面,最大剪力设计值 V_{max} 在墙边,可按下式计算:

$$M_{max}=M_0 \tag{17-7}$$

$$V_{max}=V_0 \tag{17-8}$$

式中:M_0——挑梁的荷载设计值对计算倾覆点截面产生的弯矩;

V_0——挑梁的荷载设计值在挑梁墙外边缘处截面产生的剪力。

四、雨篷

1. 雨篷的种类及受力特点

按施工方法不同,雨篷分为现浇雨篷和预制雨篷;按支承条件不同,雨篷分为板式雨篷和梁式雨篷;按材料不同,雨篷分为钢筋混凝土雨篷和钢结构雨篷。

在工业与民用建筑中用得最多的是现浇钢筋混凝土板式雨篷。当悬挑长度较小时,常采用现浇板式雨篷,它由雨篷板和雨篷梁组成。雨篷板支承在雨篷梁上,雨篷板是一个受弯构件,雨篷梁一方面要承受雨篷板传来的扭矩,还要承受上部结构传来的弯矩和剪力。因此,雨篷梁是一个弯剪扭构件。当悬挑长度较大时,常采用现浇梁式雨篷。现浇梁式雨篷由雨篷板、雨篷梁、边梁组成。与板式雨篷的不同之处在于,其雨篷板是四边支承的板,而板式雨篷的雨篷板是一边支承的板。

大量试验表明,现浇钢筋混凝土板式雨篷在荷载作用下,可能出现以下三种破坏形态:
(1) 雨篷板根部抗弯承载力不足而破坏,如图 17-9(a)所示;
(2) 雨篷梁受弯、剪、扭破坏,如图 17-9(b)所示;
(3) 整个雨篷的倾覆破坏,如图 17-9(c)所示。

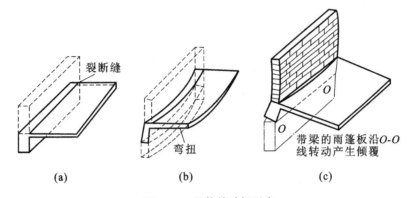

图 17-9 雨篷的破坏形态
(a) 雨篷板断裂;(b) 雨篷板弯扭;(c) 雨篷板倾覆

2. 雨篷的构造要求

(1) 雨篷板端部厚大于或等于 50 mm,根部厚度为 $\left(\dfrac{1}{10}\sim\dfrac{1}{12}\right)l$($l$ 为挑出长度)且不小于 80 mm,当其悬臂长度小于 500 mm 时,根部最小厚度为 60 mm。

(2) 雨篷板受力钢筋按计算求得,但不得小于 $\phi6@200$,且深入墙内的锚固长度取 l_a(l_a 为受拉钢筋锚固长度),分布钢筋不少于 $\phi6@200$。

(3) 雨篷梁宽度一般与墙厚相同,高度为 $\left(\dfrac{1}{8}\sim\dfrac{1}{10}\right)l_0$($l_0$ 为计算高度),且为砖厚的倍数,梁的搁置长度不小于 370 mm。

除此之外,雨篷梁还需满足弯剪扭构件的构造要求。

任务 3 墙梁的受力特点及构造要求

一、墙梁的基本概念

由钢筋混凝土托梁及其以上计算高度范围内的墙体共同工作,一起承受荷载的组合结构称为墙梁(见图 17-10)。墙梁按支承情况分为简支墙梁、连续墙梁、框支墙梁;墙梁按承受荷载情况可分为承重墙梁和自承重墙梁。除了承受托梁和托梁以上的墙体自重外,还承受由屋盖或楼盖传来的荷载的墙梁为承重墙梁,如底层为大空间、上层为小空间时所设置的墙梁;只承受托梁以及托梁以上墙体自重的墙梁为自承重墙梁,如基础梁、连系梁。

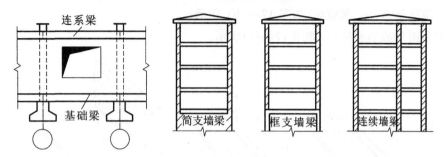

图 17-10 墙梁

墙梁中承托砌体墙和楼盖(屋盖)的混凝土简支梁、连续梁和框架梁,称为托梁;墙梁中所考虑的组合作用计算高度范围内的砌体墙,称为墙体;墙梁的计算高度范围内墙体顶面处的现浇混凝土圈梁,称为顶梁;墙梁支座处与墙体垂直相连的纵向落地墙,称为翼墙。

二、墙梁的受力特点

当托梁及其上砌体达到一定强度后,墙和梁共同工作形成墙梁组合结构。试验表明,墙梁上部荷载主要是通过墙体的拱作用传向两边支座的,托梁承受拉力,两者形成一个带拉杆拱的受力结构,如图 17-11 所示。这种受力状况从墙梁开始一直到破坏;当墙体上有洞口时,其内力传递如图 17-12 所示。

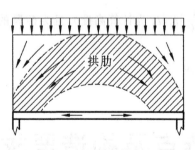
图 17-11 无洞墙梁的内力传递

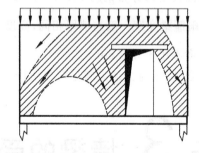
图 17-12 有洞墙梁的内力传递

墙梁是一个偏心受拉构件,影响其承载力的因素有很多,根据因素的不同,墙梁可能发生的破坏形态有正截面受弯破坏、墙体或托梁受剪破坏和支座上方墙体局部受压破坏三种(见图 17-12)。其中:当托梁纵向受力钢筋配置不足时,发生正截面受弯破坏;当托梁的箍筋配置不足时,可能发生托梁斜截面剪切破坏;当托梁的配筋较强并且两端砌体局部受压承载力得到保证时,一般发生墙体剪切破坏。墙梁除上述主要破坏形态外,还可能发生托梁端部混凝土局部受压破坏、有洞口墙梁洞口上部砌体剪切破坏等。因此,必须采取一定的构造措施,防止这些破坏形态的发生。

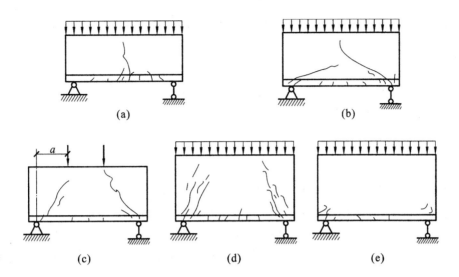

图 17-13 墙梁的破坏形态
(a)弯曲破坏;(b)、(c)、(d)剪切破坏;(e)局部受压破坏

三、墙梁的构造要求

墙梁除应符合《砌体结构设计规范》(GB 50003—2011)和现行国家标准《混凝土结构设计规范》(GB 50010—2010)有关构造要求外,尚应符合下列构造要求。

1. 材料

(1) 托梁和框支柱的混凝土强度等级不应低于 C30。
(2) 纵向钢筋宜采用 HRB335、HRB400、RRB400 级钢筋。
(3) 承重墙梁的块体强度等级不应低于 MU10,计算高度范围内墙体的砂浆强度等级不应低于 M10(Mb10)。

2. 墙体

(1) 框支墙梁的上部砌体房屋,以及设有承重的简支墙梁或连续墙梁的房屋,应满足刚性方案房屋的要求。
(2) 墙梁的计算高度范围内的墙体厚度,对砖砌体不应小于 240 mm,对混凝土砌块砌体不应小于 190 mm。
(3) 墙梁洞口上方应设置混凝土过梁,其支承长度不应小于 240 mm,洞口范围内不应施加集中荷载。
(4) 承重墙梁的支座处应设置落地翼墙,翼墙厚度,对砖砌体不应小于 240 mm,对混凝土砌块砌体不应小于 190 mm,翼墙宽度不应小于墙梁墙体厚度的 3 倍,并与墙梁墙体同时砌筑。当不能设置翼墙时,应设置落地且上、下贯通的混凝土构造柱。
(5) 当墙梁墙体在靠近支座 1/3 跨度范围内开洞时,支座处应设置落地且上、下贯通的混凝土构造柱,并应与每层圈梁连接。

(6) 墙梁计算高度范围内的墙体,每天可砌筑高度不应超过 1.5 m,否则,应加设临时支撑。

3. 托梁

(1) 托梁两侧各两个开间的楼盖应采用现浇混凝土楼盖,楼板厚度不宜小于 120 mm,当楼板厚度大于 150 mm 时,应采用双层双向钢筋网,楼板上应少开洞,洞口尺寸大于 800 mm 时应设置洞口边梁。

(2) 托梁每跨底部的纵向受力钢筋应通长设置,不应在跨中段弯起或截断。钢筋连接应采用机械连接或焊接。

(3) 墙梁的托梁跨中截面纵向受力钢筋总配筋率不应小于 0.6%。

(4) 托梁上部通长布置的纵向钢筋面积与跨中下部纵向钢筋面积之比值不应小于 0.4。连续墙梁或多跨框支墙梁的托梁支座上部附加纵向钢筋从支座边缘算起每边延伸长度不应少于 $l_0/4$。

(5) 承重墙梁的托梁在砌体墙、柱上的支承长度不应小于 350 mm。纵向受力钢筋伸入支座的长度应符合受拉钢筋的锚固要求。

(6) 当托梁截面高度 $h_b \geqslant 450$ mm 时,应沿梁截面高度设置通长水平腰筋,其直径不应小于 12 mm,间距不应大于 200 mm。

(7) 对于洞口偏置的墙梁,其托梁的箍筋加密区范围应延到洞口外,距洞边的距离大于等于托梁截面高度 h_b(见图 17-14)。箍筋直径不应小于 8 mm,间距不应大于 100 mm。

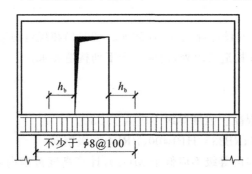

图 17-14 偏开洞口时托梁箍筋加密区

单元小结

17.1 在房屋的檐口、窗顶、楼层、吊车梁顶或基础顶面标高处,沿砌体墙水平方向设置封闭状的按构造配筋的混凝土梁式构件称为圈梁。过梁是砌体结构中门窗洞口上承受上部墙体自重和上层楼盖传来的荷载的梁。常用的过梁有四种类型:砖砌平拱过梁、砖砌弧拱过梁、钢筋砖过梁和钢筋混凝土过梁。

17.2 挑梁经历三个工作阶段:弹性工作阶段、带裂缝工作阶段、破坏阶段。挑梁可能发生的破坏形态有三种:挑梁倾覆破坏、梁下砌体局部受压破坏、挑梁弯曲破坏或剪切破坏。

17.3 由钢筋混凝土托梁及其以上计算高度范围内的墙体共同工作,一起承受荷载的组合结构称为墙梁。墙梁按支承情况分为简支墙梁、连续墙梁、框支墙梁;墙梁按承受荷载情况可分

单元17

圈梁、过梁、挑梁和墙梁

为承重墙梁和自承重墙梁。除了承受托梁和托梁以上的墙体自重外,还承受由屋盖或楼盖传来的荷载的墙梁为承重墙梁,如底层为大空间、上层为小空间时所设置的墙梁;只承受托梁以及托梁以上墙体自重的墙梁为自承重墙梁,如基础梁、连系梁。

墙梁中承托砌体墙和楼盖(屋盖)的混凝土简支梁、连续梁和框架梁,称为托梁;墙梁中所考虑的组合作用计算高度范围内的砌体墙,称为墙体;墙梁的计算高度范围内墙体顶面处的现浇混凝土圈梁,称为顶梁;墙梁支座处与墙体垂直相连的纵向落地墙,称为翼墙。

17.1 圈梁的主要作用有哪些?
17.2 简述圈梁的布置原则。
17.3 常用的过梁有哪几种类型?它们各自的适用范围如何?
17.4 过梁上的荷载有哪些?如何取值?
17.5 挑梁可能发生的破坏形态有哪几种?挑梁应进行哪些计算和验算?
17.6 试述洞口对墙梁受力性能的影响。

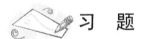

17.1 钢筋混凝土圈梁中的纵向钢筋不应少于( )。
A. $4\phi12$ B. $4\phi10$ C. $3\phi10$ D. $3\phi12$

17.2 钢筋混凝土圈梁的高度不应小于( )mm。
A. 90   B. 100   C. 110   D. 120

17.3 砖砌平拱过梁高度不应小于240 mm,跨度不应超过( )m。
A. 1.2   B. 1.5   C. 2.0   D. 1.8

17.4 挑梁埋入砌体长度 l_1 与挑出长度 l 之比宜大于( );当挑梁上无砌体时,l_1 与 l 之比宜大于( )。
A. 1.2,2   B. 1.2,1.5   C. 1.5,2   D. 1.5,1.5

单元 18 建筑结构抗震设计基本知识

学习目标

☆ **知识目标**

(1) 掌握地震的基本知识。
(2) 理解钢筋混凝土结构、砌体结构抗震设计,基本要求。
(3) 掌握钢筋混凝土结构、砌体结构抗震构造措施。

☆ **能力目标**

(1) 能查阅相关规范确定多高层混凝土结构房屋非抗震和抗震的构造要求。
(2) 能查阅规范确定砌体结构房屋的抗震措施。
(3) 培养学生对混凝土结构和砌体结构建筑抗震概念设计和构造措施的认识,为以后的学习奠定良好的基础。

知识链接:《建筑抗震设计规范》(GB 50011—2010)的修订过程

1. 任务来源

本规范根据原建设部《关于印发〈2006 年工程建设标准规范制订、修订计划(第一批)的通知〉》(建标[2006]77 号)的要求,由中国建筑科学研究院会同有关的设计、勘察、研究和教学单位对《建筑抗震设计规范》(GB 50011—2001)进行修订而成。

2. 法律依据

《中华人民共和国防震减灾法》;
《中华人民共和国建筑法》;
《建设工程质量管理条例》;
《建设工程勘察设计管理条例》;
《房屋建筑工程抗震设防管理规定》。

3. 技术依据

《中国地震动参数区划图》(GB 18306—2001);
其他技术标准。

4. 修订进程

2007 年 1 月 9 日,在北京召开第一次全体成员工作会议,讨论并通过了修订大纲,开始全面修订工作。

2007 年 3 月—12 月,各小组分头召开研讨会,确定各章节的修订方案及修订初稿。

2008 年 1 月—4 月,各小组提交草稿,经大组统稿,形成修订初稿。

2008 年 6 月—9 月,汶川地震后应急局部修订,全面修订工作暂停。

2009 年 1 月 8—9 日,在北京召开组长扩大会议,对汶川地震之前形成的规范初稿及进一步修订的原则及进度计划调整进行了讨论,全面修订工作继续进行。

2009 年 5 月,形成"征求意见稿"并发至全国勘察、设计、教学单位和抗震管理部门征求意见。

2009 年 11 月 12—14 日,由住房和城乡建设部标准定额司主持,召开了《建筑抗震设计规范》修订送审稿审查会。

2010 年 1 月,根据审查意见,修改完善送审稿,形成报批稿,报批。

2010 年 5 月 31 日,批准发布。

2010 年 12 月 1 日,开始施行。

任务 1　地震与建筑抗震基本知识

一、地震的种类

地震是由于某种原因引起的地面强烈运动，是一种自然现象，依其成因，可分为三种类型：火山地震、塌陷地震、构造地震。由于火山爆发，地下岩浆迅猛冲出地面时引起的地面运动，称为火山地震；此类地震释放能量小，相对而言，影响范围和造成的破坏程度均比较小。由于石灰岩层地下溶洞或古旧矿坑的大规模崩塌引起的地面震动，称为塌陷地震；此类地震不仅能量小，数量也少，震源极浅，影响范围和造成的破坏程度均较小。由于地壳构造运动推挤岩层，使某处地下岩层的薄弱部位突然发生断裂、错动而引起的地面运动，称为构造地震；构造地震的破坏性大，影响面广，而且频繁发生，占破坏性地震总量度的 95% 以上。因此，在建筑抗震设计中，仅限于讨论在构造地震作用下建筑的设防问题。

地壳深处发生岩层断裂、错动的部位称为震源。这个部位不是一个点，而是有一定深度和范围的体。震源正上方的地面位置叫震中。震中附近地面震动最厉害，也是破坏最严重的地区，称为震中区。地面某处至震中的水平距离称为震中距。把地面上破坏程度相似的点连成的曲线叫做等震线。震中至震源的垂直距离称为震源深度（见图 18-1）。

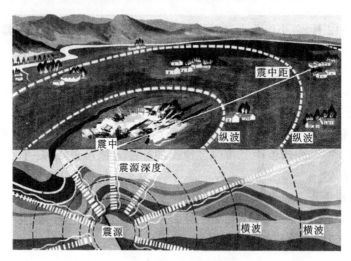

图 18-1　地震术语示意图

根据震源深度不同，可将构造地震分为浅源地震（震源深度不大于 60 km）、中源地震（震源深度 60 km～300 km）和深源地震（震源深度大于 300 km）三种。我国发生的大部分地震都属于浅源地震（一般深度为 5 km～40 km）。浅源地震造成的危害最大。如 2008 年汶川地震震源深度为 10 km～20 km，属于浅源地震，是印度洋板块向亚欧板块俯冲，造成青藏高原快速隆升导致的地震。高原物质向东缓慢流动,在高原东缘沿龙门山构造带向东挤压,遇到四川盆地之下刚性地块的顽强阻挡,造成构造应力能量的长期积累,最终在龙门山北川—映秀地区突然释放。四川特大地震发生在地壳脆-韧性转换带,与地表近,持续时间较长,因此破坏性巨大,影响强烈。

二、地震波

当地球的岩层突然断裂时,岩层积累的变形能突然释放,这种地震能量一部分转化为热能,一部分以波的形式向四周传播。这种传播地震能量的波就是地震波。

地震波按其在地壳传播的位置不同,分为体波和面波。

1. 体波

在地球内部传播的波称为体波。体波又分为纵波和横波。

纵波是由震源向四周传播的压缩波,又称 P 波。这种波质点振动的方向与波的前进方向一致,其特点是周期短,振幅小,波速快,在地壳内一般以 5000 m/s~10 000 m/s 的速度传播。纵波能引起地面上下颠簸(竖向振动)。

横波是由震源向四周传播的剪切波,又称 S 波。这种波质点振动的方向与波的前进方向垂直。其特点是周期长,振幅大,能引起地面摇晃(水平振动),传播速度比纵波慢一些,在地壳内一般以 3000 m/s~4000 m/s 的速度传播。

利用纵波与横波传播速度的差异,可从地震记录图上得到纵波与横波到达的时间差,从而可以推算出震源的位置。

2. 面波

在地球表面传播的波称为面波,又称 L 波。它是体波经地层界面多次反射、折射形成的次生波。其特点是周期长,振幅大,能引起建筑物的水平振动。其传播速度为横波传播速度的 90%,所以,它在体波之后到达地面。面波的传播是平面的,波的介质质点振动方向复杂,振幅比体波大,对建筑物的影响也比较大。

总之,地震波的传播以纵波最快,横波次之,面波最慢。在离震中较远的地方,一般先出现纵波造成房屋的上下颠簸,然后才出现横波和面波造成房屋的左右摇晃和扭动。在震中区,由于震源机制的原因和地面扰动的复杂性,上述三种波的波列,几乎是难以区分的。

三、震级

震级是按照地震本身强度而定的等级标度,用以衡量某次地震的大小。震级的大小是地震释放能量多少的尺度,也是表示地震规模的指标,其数值是根据地震仪记录到的地震波图来确定的。一次地震只有一个震级。目前国际上比较通用的是里氏震级。它是以标准地震仪在距震中 100 km 处记录下来的最大水平地动位移(即振幅 A,以"μm"计)的常用对数值来表示该次地震的震级,其表达式如下:

$$震级 = \lg A$$

例如,在距震中 100 km 处,用标准地震仪记录到的地震曲线图的最大振幅 $A=10$ mm(即 10^4 μm),于是该次地震震级为

$$震级 = \lg 10^4 = 4$$

一般说来,震级<2 的地震,人是感觉不到的,称为无感地震或微震;震级=2~5 的地震称为有感地震;震级>5 的地震,对建筑物要引起不同程度的破坏,统称为破坏性地震;震级>7 的地震称为强烈地震或大地震;震级>8 的地震称为特大地震。

四、烈度

1. 地震烈度

地震烈度是指某一地区的地面及建筑物遭受到一次地震影响的强弱程度,用符号Ⅰ、Ⅱ、Ⅲ……表示。

对于一次地震,表示地震大小的震级只有一个,但它对不同地点的影响是不一样的。一般来说,距震中愈远,地震影响愈小,烈度就愈低;反之,距震中愈近,烈度就愈高。此外,地震烈度还与地震大小、震源深度、地震传播介质、表土性质、建筑物动力特性、施工质量等许多因素有关。

为评定地震烈度,需要建立一个标准,这个标准就称为地震烈度表。它是以描述震害宏观现象为主并参考地面运动参数,即根据建筑物的损坏程度、地貌变化特征、地震时人的感觉、家具动作反应和地面运动加速度峰值、速度峰值等方面进行区分。目前国际上普遍采用的是划分为 12 度的地震烈度表。我国 2008 年修订的地震烈度表如表 18-1 所示。

表 18-1　中国地震烈度表(2008)

地震烈度	人的感觉	房屋震害			其他震害现象	水平向地震动参数	
		类型	震害程度	平均震害指数		峰值加速度 /(m/s²)	峰值速度 /(m/s)
Ⅰ	无感	—				—	—
Ⅱ	室内个别静止中的人有感觉	—				—	—
Ⅲ	室内少数静止中的人有感觉	—	门、窗轻微作响		悬挂物微动	—	—
Ⅳ	室内多数人、室外少数人有感觉,少数人梦中惊醒	—	门、窗作响		悬挂物明显摆动,器皿作响	—	—
Ⅴ	室内绝大多数人、室外多数人有感觉,多数人梦中惊醒		门窗、屋顶、屋架颤动作响,灰土掉落,个别房屋墙体抹灰出现细微裂缝,个别屋顶烟囱掉砖	—	悬挂物大幅度晃动,不稳定器物摇动或翻倒	0.31 (0.22~0.44)	0.03 (0.02~0.04)

单元18 建筑结构抗震设计基本知识

续表

地震烈度	人的感觉	房屋震害 类型	房屋震害 震害程度	平均震害指数	其他震害现象	水平向地震动参数 峰值加速度/(m/s²)	水平向地震动参数 峰值速度/(m/s)
VI	多数人站立不稳,少数人惊逃户外	A	少数中等破坏,多数轻微破坏和/或基本完好	0.00~0.11	家具和物品移动;河岸和松软土出现裂缝,饱和砂层出现喷砂冒水;个别独立砖烟囱轻度裂缝	0.63 (0.45~0.89)	0.06 (0.05~0.09)
VI		B	个别中等破坏,少数轻微破坏,多数基本完好	0.00~0.11			
VI		C	个别轻微破坏,大多数基本完好	0.00~0.08			
VII	大多数人惊逃户外,骑自行车的人有感觉,行驶中的汽车驾乘人员有感觉	A	少数毁坏和/或严重破坏,多数中等破坏和/或轻微破坏	0.09~0.31	物体从架子上掉落;河岸出现塌方,饱和砂层常见喷砂冒水,松软土地上地裂缝较多;大多数独立砖烟囱中等破坏	1.25 (0.90~1.77)	0.13 (0.10~0.18)
VII		B	少数中等破坏,多数轻微破坏和/或基本完好	0.09~0.31			
VII		C	少数中等和/或轻微破坏,多数基本完好	0.07~0.22			
VIII	多数人摇晃颠簸,行走困难	A	少数毁坏,多数严重和/或中等破坏	0.29~0.51	干硬土上亦出现裂缝,饱和砂层绝大多数喷砂冒水;大多数独立砖烟囱严重破坏	2.50 (1.78~3.53)	0.25 (0.19~0.35)
VIII		B	个别毁坏,少数严重破坏,多数中等和/或轻微破坏	0.29~0.51			
VIII		C	少数严重和/或中等破坏,多数轻微破坏	0.20~0.40			
IX	行动的人摔倒	A	多数严重破坏或/和毁坏	0.49~0.71	干硬土上多处出现裂缝,可见基岩裂缝、错动,滑坡、塌方常见;独立砖烟囱多数倒塌	5.00 (3.54~7.07)	0.50 (0.36~0.71)
IX		B	少数毁坏,多数严重和/或中等破坏	0.49~0.71			
IX		C	少数毁坏和/或严重破坏,多数中等和/或轻微破坏	0.38~0.60			

续表

地震烈度	人的感觉	房屋震害 类型	房屋震害 震害程度	平均震害指数	其他震害现象	水平向地震动参数 峰值加速度/(m/s²)	水平向地震动参数 峰值速度/(m/s)
Ⅹ	骑自行车的人会摔倒,处不稳状态的人会摔离原地,有抛起感	A	绝大多数毁坏	0.69~0.91	山崩和地震断裂出现,基岩上拱桥破坏;大多数独立砖烟囱从根部破坏或倒毁	10.00 (7.08~14.14)	1.00 (0.72~1.41)
Ⅹ		B	大多数毁坏				
Ⅹ		C	多数毁坏和/或严重破坏	0.58~0.80			
Ⅺ	—	A	绝大多数毁坏	0.89~1.00	地震断裂延续很长;大量山崩滑坡	—	—
Ⅺ		B		0.78~1.00			
Ⅺ		C					
Ⅻ	—	A	几乎全部毁坏	1.00	地面剧烈变化,山河改观	—	—
Ⅻ		B					
Ⅻ		C					

注:表中给出的"峰值加速度"和"峰值速度"是参考值,括号内给出的是变动范围。

注:① 数量词的界定:数量词采用个别、少数、多数、大多数和绝大多数。其范围界定如下:

a. "个别"为10%以下;

b. "少数"为10%~45%;

c. "多数"为40%~70%;

d. "大多数"为60%~90%;

e. "绝大多数"为80%以上。

② 评定烈度的房屋类型。

用于评定烈度的房屋,包括以下三种类型。

a. A类:木构架和土、石、砖墙建造的旧式房屋。

b. B类:未经抗震设防的单层或多层砖砌体房屋。

c. C类:按照Ⅶ度抗震设防的单层或多层砖砌体房屋。

③ 房屋破坏等级及其对应的震害指数。

房屋破坏等级分为基本完好、轻微破坏、中等破坏、严重破坏和毁坏五类,其定义和对应的震害指数 d 如下:

a. 基本完好:承重和非承重构件完好,或个别非承重构件轻微损坏,不加修理可继续使用。对应的震害指数范围为 $0.00 \leqslant d < 0.10$。

b. 轻微破坏:个别承重构件出现可见裂缝,非承重构件有明显裂缝,不需要修理或稍加修理即可继续使用。对应的震害指数范围为 $0.10 \leqslant d < 0.30$。

c. 中等破坏:多数承重构件出现轻微裂缝,部分有明显裂缝,个别非承重构件破坏严重,需要一般修理后可使用。对应的震害指数范围为 $0.30 \leqslant d < 0.55$。

d. 严重破坏:多数承重构件破坏较严重,非承重构件局部倒塌,房屋修复困难。对应的震害指数范围为 $0.55 \leqslant d < 0.85$。

e. 毁坏:多数承重构件严重破坏,房屋结构濒于崩溃或已倒毁,已无修复可能。对应的震害指数范围为 $0.85 \leqslant d < 1.00$。

2. 多遇烈度、基本烈度、罕遇烈度

近年来,根据我国华北、西北和西南地区地震发生概率的统计分析,同时,为了工程设计需要作了如下定义。

50年内超越概率为63.2%的地震烈度为众值烈度(又称为多遇烈度),重现期为50年,并称这种地震影响为多遇地震或小震;对50年超越概率为10%的烈度即2008中国地震烈度区划图规定的地震基本烈度或新修订的《中国地震动参数区划图》规定的峰值加速度所对应的烈度为基本烈度,重现期为475年,并称这种地震影响为设防烈度地震或基本地震;对50年超越概率为2%~3%的烈度为罕遇烈度,重现期平均约2000年,其地震影响为罕遇地震或大震。由图18-2的烈度概率密度曲线可见,多遇烈度比基本烈度大约低1.55度,而罕遇烈度比基本烈度大约高1度。

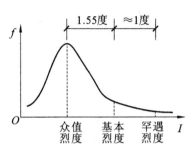

图18-2 烈度概率密度曲线

3. 抗震设防烈度、设计地震分组

为了进行建筑结构的抗震设防,按国家规定的权限批准审定作为一个地区抗震设防依据的地震烈度,称为抗震设防烈度。一般情况下,抗震设防烈度可采用《中国地震动参数区划图》的地震基本烈度。

考虑设计地震分组是因为近年来震害表明,在宏观烈度相似的情况下,处在大震级远震中距下的柔性建筑,其震害要比中、小震级近震中距的情况重得多,这是因为地震波在向外传播时短周期分量衰减快,长周期分量衰减慢,并且长周期地震波在软地基中又比短周期地震波放大得多,加之类似共振现象的存在,则在远离震中区的软地基上的长周期结构,将遭到较重的破坏。所以抗震设计时,对同样场地条件、同样烈度的地震,按震源机制、震级大小和远近区别对待是必要的,《建筑抗震设计规范》(GB 50011—2010,以下简称《抗震规范》)将设计地震分为三组。我国抗震设防烈度与设计基本地震加速度值的对应关系如表18-2所示。

表18-2 抗震设防烈度和设计基本地震加速度值的对应关系

抗震设防烈度	6	7	8	9
设计基本地震加速度值	0.05g	0.10(0.15)g	0.20(0.30)g	0.40g

注:g为重力加速度。

五、建筑抗震设防

1. 建筑抗震设防的一般目标

抗震设防是指对房屋进行抗震设计和采取抗震措施,来达到抗震的效果。抗震设防的依据是抗震设防烈度。结合我国的具体情况,《抗震规范》提出了"三水准"的抗震设防目标。

(1) 第一水准——小震不坏:指遭受低于本地区抗震设防烈度的多遇地震影响时,主体结构不受损坏或不需修理可继续使用。

(2) 第二水准——中震可修:指当遭受相当于本地区抗震设防烈度的地震影响时,可能发生损坏,但经一般修理仍可继续使用。

(3) 第三水准——大震不倒:指当遭受高于本地区抗震设防烈度的预估的罕遇地震影响时,不致倒塌或发生危及生命的严重破坏。

为达到上述"三水准"抗震设防目标的要求,《抗震规范》采取了二阶段设计法。

第一阶段设计:

① 小震弹性计算,地震效应与其他荷载效应基本组合,并引入承载力抗震调整系数,进行构件截面设计,满足小震强度要求;

② 限制小震的弹性层间位移角,同时采取相应的抗震构造措施,保证结构的延性、变形能力和耗能能力,自动满足中震变形要求。

第二阶段设计:

限制大震下结构弹塑性层间位移角,并采取必要的抗震构造措施,满足大震防倒塌要求。

2. 建筑抗震设防的分类

在进行建筑设计时,应根据使用功能的重要性不同,采取不同的抗震设防标准。《建筑工程抗震设防分类标准》(GB 50223—2008)将建筑按其重要程度不同,分为以下四类。

(1) 特殊设防类:使用上有特殊设施,涉及国家公共安全的重大建筑工程和地震时可能发生严重次生灾害等特别重大灾害后果,需要进行特殊设防的建筑,简称甲类。

(2) 重点设防类:地震时使用功能不能中断或需尽快恢复的生命线相关建筑,以及地震时可能导致大量人员伤亡等重大灾害后果,需要提高设防标准的建筑,简称乙类。

(3) 标准设防类:大量的除甲、乙、丁类以外按标准要求进行设防的建筑,简称丙类。

(4) 适度设防类:使用上人员稀少且震损不致产生次生灾害,允许在一定条件下适度降低要求的建筑,简称丁类。

3. 建筑抗震设防的标准

各抗震设防类别建筑的抗震设防标准,应符合下列要求。

(1) 标准设防类,应按本地区抗震设防烈度确定其抗震措施和地震作用,达到在遭遇高于当地抗震设防烈度的预估罕遇地震影响时不致倒塌或危及生命安全的严重破坏的抗震设防目标。

(2) 重点设防类,应按高于本地区抗震设防烈度一度的要求加强其抗震措施;但抗震设防烈度为9度时,应按比9度更高的要求采取抗震措施;地基基础的抗震措施,应符合有关规定。同时,应按本地区抗震设防烈度确定其地震作用。

(3) 特殊设防类,应按高于本地区抗震设防烈度提高一度的要求加强其抗震措施;但抗震设防烈度为9度时,应按比9度更高的要求采取抗震措施。同时,应按批准的地震安全性评价的结果且高于本地区抗震设防烈度的要求确定其地震作用。

(4) 适度设防类,允许比本地区抗震设防烈度的要求适当降低其抗震措施,但抗震设防烈度为6度时不应降低。一般情况下,仍应按本地区抗震设防烈度确定其地震作用。

注意,对于划为重点设防类而规模很小的工业建筑,当改用抗震性能较好的材料且符合抗震设计规范对结构体系的要求时,允许按标准设防类设防。

六、抗震设计的基本要求

地震是一种自然现象,地震的破坏作用和建筑结构被破坏的机理是十分复杂的。人们应用真实建筑物进行整体实验分析来研究地震的破坏规律又受到条件的限制。因此,要进行精确的抗震计算是困难的。20世纪70年代以来,人们在总结历次大地震灾害经验的基础上提出了建筑抗震"概念设计",并认为它比"数值设计"更为重要。

数值设计是对地震作用效应进行定量计算,而概念设计是根据地震灾害和工程经验等所形成的基本设计原则和设计思想,进行建筑和结构总体布置并确定细部构造的过程。概念设计要考虑以下因素:场地条件和场地土稳定性、建筑平立面布置及外形尺寸、抗震结构体系的选取、抗侧力构件布置及结构质量的分布、非结构构件与主体结构的关系及二者之间的连接、材料的选择和施工质量等。

掌握概念设计,将有助于明确抗震设计思想,灵活、恰当地运用抗震设计原则,使我们不至于陷入盲目的计算工作。当然,强调概念设计并非不重视数值设计。概念设计正是为了给抗震计算创造有利条件,使计算分析结果更能反映地震时结构的实际情况。根据概念设计原理,在进行抗震设计时,应遵守下列基本要求。

1. 选择对抗震有利的场地、地基和基础

选择建筑场地时,应根据工程需要和地震活动情况、工程地质和地震地质的有关资料,对抗震有利、一般、不利和危险地段做出综合评价。对不利地段,应提出避开要求;当无法避开时,应采取有效的措施。对危险地段,严禁建造甲、乙类的建筑,不应建造丙类的建筑。土的类型划分和剪切波速范围如表18-3所示,场地类别及评价标准如表18-4所示。

表18-3 土的类型划分和剪切波速范围

土的类型	岩土名称和性状	土层剪切波速范围/(m/s)
岩石	坚硬、较硬且完整的岩石	$v_s>800$
坚硬土或软质岩石	破碎和较破碎的岩石或较软的岩石,密实的碎石土	$800 \geqslant v_s>500$
中硬土	中密、稍密的碎石土,密实、中密的砾、粗、中砂,$f_{ak}>150$的黏性土和粉土,坚硬黄土	$500 \geqslant v_s>250$
中软土	稍密的砾、粗、中砂,除松散外的细、粉砂,$f_{ak} \leqslant 150$的黏性土和粉土,$f_{ak}>130$的填土,可塑新黄土	$250 \geqslant v_s>150$
软弱土	淤泥和淤泥质土,松散的砂,新近沉积的黏性土和粉土,$f_{ak} \leqslant 130$的填土,流塑黄土	$v_s \leqslant 150$

建筑场地为Ⅰ类时,对甲、乙类的建筑应允许仍按本地区抗震设防烈度的要求采取抗震构造措施;对丙类的建筑应允许按本地区抗震设防烈度降低一度的要求采取抗震构造措施,但抗震设防烈度为6度时仍应按本地区抗震设防烈度的要求采取抗震构造措施。

表 18-4　场地类别及评价标准

地段类别	地质、地形、地貌评价标准
有利地段	稳定基岩,坚硬土、开阔、平坦、密实、均匀的中硬土等
一般地段	不属于有利、不利和危险的地段
不利地段	软弱土,液化土,条状突出的山嘴,高耸孤立的山丘,陡坡,陡坎,河岸和边坡的边缘,平面分布上成因、岩性、状态明显不均匀的土层(含故河道、疏松的断层破碎带、暗埋的塘浜沟谷和半填半挖地基),高含水量的可塑黄土,地表存在结构性裂缝等
危险地段	地震时可能发生滑坡、崩塌、地陷、地裂、泥石流等及发震断裂带上可能发生地表位错的部位

地基和基础设计的要求是:同一结构单元的基础不宜设置在性质截然不同的地基上;同一结构单元不宜部分采用天然地基部分采用桩基;当采用不同基础类型或基础埋深显著不同时,应根据地震时两部分地基基础的沉降差异,在基础、上部结构的相关部位采取相应措施。地基为软弱黏性土、液化土、新近填土或严重不均匀土时,应根据地震时地基不均匀沉降和其他不利影响,采取相应的措施。

2. 选择有利于抗震的平面和立面布置

为了避免地震时建筑发生扭转和应力集中或塑性变形而形成薄弱部位,建筑及其抗侧力结构的平面布置宜规则、对称,并应具有良好的整体性;建筑的立面和竖向剖面宜规则,结构的侧向刚度宜均匀变化,竖向抗侧力构件的截面尺寸和材料强度宜自下而上逐渐减少,避免抗侧力结构的侧向刚度和承载力突变。楼层不宜错层;必要时对体型复杂的建筑物可设置防震缝。

当存在表 18-5 所列举的平面不规则类型或表 18-6 所列举的竖向不规则类型时,对不规则的建筑应按规定采取加强措施;特别不规则的建筑应进行专门研究和论证,采取特别的加强措施;严重不规则的建筑不应采用。

表 18-5　平面不规则的主要类型

不规则类型	定义和参考指标
扭转不规则	在规定的水平力作用下,楼层的最大弹性水平位移(或层间位移),大于该楼层两端弹性水平位移(或层间位移)平均值的 1.2 倍
凹凸不规则	平面凹进的尺寸,大于相应投影方向总尺寸的 30%
楼板局部不连续	楼板的尺寸和平面刚度急剧变化,例如,有效楼板宽度小于该层楼板典型宽度的 50%,或开洞面积大于该层楼板面积的 30%,或较大的楼层错层

体型复杂、平立面不规则的建筑,应根据不规则程度、地基基础条件和技术经济等因素的比较分析,确定是否设置防震缝,并分别符合下列要求。

(1)当不设置防震缝时,应采用符合实际的计算模型,分析判明其应力集中、变形集中或地震扭转效应等导致的易损部位,采取相应的加强措施。

(2)当在适当部位设置防震缝时,宜形成多个较规则的抗侧力结构单元。防震缝应根据抗震设防烈度、结构材料种类、结构类型、结构单元的高度和高差以及可能的地震扭转效应的情况,留有足够的宽度,其两侧的上部结构应完全分开。

（3）当设置伸缩缝和沉降缝时,其宽度应符合防震缝的要求。

表 18-6　竖向不规则的主要类型

不规则类型	定义和参考指标
侧向刚度不规则	该层侧向刚度小于相邻上一层侧向刚度的 70%,或小于其上相邻三个楼层侧向刚度平均值的 80%;除顶层或出屋面小建筑外,局部收进的水平向尺寸大于相邻下一层的 25%
竖向抗侧力构件不连续	竖向抗侧力构件(柱、抗震墙、抗震支撑)的内力由水平转换构件(梁、桁架等)向下传递
楼层承载力突变	抗侧力结构的层间受剪承载力小于相邻上一楼层的 80%

3. 选择技术上、经济上合理的抗震结构体系

抗震结构体系,应根据建筑的抗震设防类别、设防烈度、建筑高度、场地条件、地基、基础、结构材料和施工等因素,经技术、经济和使用条件综合比较确定。

（1）在选择建筑结构体系时,《抗震规范》强制性规定要求符合以下要求。

① 应具有明确的计算简图和合理的地震作用传递途径。

② 应避免因部分结构或构件破坏而导致整个结构丧失抗震能力或对重力荷载的承载能力。

③ 应具备必要的抗震承载能力、良好的变形能力和消耗地震能量的能力。

④ 对可能出现的薄弱部位,应采取措施提高其抗震能力。

（2）结构体系尚宜符合下列各项要求。

抗震结构的变形能力取决于组成结构的构件及其连接的延性水平,因此,抗震结构构件应力求避免脆性破坏。为改善其变形能力,加强构件的延性,抗震结构构件应符合下列要求。

① 宜有多道抗震防线。

② 宜具有合理的刚度和承载力分布,避免因局部削弱或突变形成薄弱部位,产生过大的应力集中或塑性变形集中。

③ 结构在两个主轴方向的动力特性宜相近。

④ 砌体结构应按规定设置钢筋混凝土圈梁和构造柱、芯柱,或采用约束砌体、配筋砌体等。

⑤ 混凝土结构构件应控制截面尺寸和受力钢筋、箍筋的设置,防止剪切破坏先于弯曲破坏、混凝土的压溃先于钢筋的屈服、钢筋的锚固粘结破坏先于钢筋破坏。

⑥ 预应力混凝土的构件,应配有足够的非预应力钢筋。

⑦ 钢结构构件的尺寸应合理控制,避免局部失稳或整个构件失稳。

⑧ 多、高层的混凝土楼、屋盖宜优先采用现浇混凝土板。当采用预制装配式混凝土楼、屋盖时,应从楼盖体系和构造上采取措施确保各预制板之间连接的整体性。

4. 保证结构整体性,并使结构和连接部位具有较好的延性

整体性好是结构具有良好的抗震性能的重要因素。保证主体结构构件之间的可靠连接,是充分发挥各个构件的承载能力、变形能力,从而获得整个结构良好抗震能力的重要问题。在结构布置上应考虑牢固连接或彻底分离,切忌连又连不牢,分又分不清。为了保证连接的可靠性,抗震结构各构件之间的连接应符合下列要求。

(1) 构件节点的破坏,不应先于其连接的构件。

(2) 预埋件的锚固破坏,不应先于连接件。

(3) 装配式结构构件的连接,应能保证结构的整体性。如屋面板与屋架、梁、墙之间,楼板与梁、墙之间,屋架与柱顶之间,梁与柱之间,支撑与主体结构之间等。

(4) 预应力混凝土构件的预应力钢筋,宜在节点核芯区以外锚固。支撑系统不完善往往导致屋盖失稳倒塌,使厂房发生灾难性震害,因此,装配式单层厂房的各种抗震支撑系统,应保证地震时结构的稳定性。

5. 非结构构件应有可靠的连接和锚固

非结构构件(如女儿墙、围护墙、内隔墙、雨篷、高门脸、吊顶、装饰贴面、封墙等)和建筑附属电设备自身及其与结构主体的连接应进行抗震设计。在抗震设计中,处理好非结构构件与主体结构之间的关系,可防止附加震害,减少损失。因此,附加结构构件,应与主体结构有可靠的连接或锚固,避免倒塌伤人或砸坏重要设备。框架结构的围护墙和隔墙,应估计其设置对结构抗震的不利影响,避免不合理的设置而导致主体结构的破坏。例如,框架或厂房柱间的填充墙不到顶,使这些柱子变成短柱,地震时极易破坏。幕墙、装饰贴面与主体结构应有可靠连接,应避免地震时塌落伤人,避免镶贴或悬吊较重的装饰物,当不可避免时应有可靠的防护措施。

6. 注意材料的选择和施工质量

抗震结构在材料选用、施工程序上有其特殊的要求,这也是抗震概念设计中的一个重要内容。从根本上说就是减少材料脆性,贯彻设计原意。

抗震结构材料性能指标应符合下列最低要求。

1) 砌体结构材料应符合的规定

(1) 普通砖和多孔砖的强度等级不应低于MU10,其砌筑砂浆强度等级不应低于M5。

(2) 混凝土小型空心砌块的强度等级不应低于MU7.5,其砌筑砂浆强度等级不应低于Mb7.5。

2) 混凝土结构材料应符合的规定

(1) 混凝土的强度等级,框支梁、框支柱及抗震等级为一级的框架梁、柱、节点核芯区,不应低于C30;构造柱、芯柱、圈梁及其他各类构件不应低于C20。

(2) 抗震等级为一、二、三级的框架和斜撑构件(含梯段),其纵向受力钢筋采用普通钢筋时,钢筋的抗拉强度实测值与屈服强度实测值的比值不应小于1.25;钢筋的屈服强度实测值与屈服强度标准值的比值不应大于1.3,且钢筋在最大拉力下的总伸长率实测值不应小于9%。

(3) 普通钢筋宜优先采用延性、韧性和焊接性较好的钢筋;普通钢筋的强度等级,纵向受力钢筋宜选用符合抗震性能指标的不低于HRB400级的热轧钢筋,也可采用符合抗震性能指标的HRB335级热轧钢筋;箍筋宜选用符合抗震性能指标的不低于HRB335级的热轧钢筋,也可选用HPB300级热轧钢筋。

(4) 混凝土结构的混凝土强度等级,抗震墙不宜超过C60,其他构件,9度时不宜超过C60,8度时不宜超过C70。

在钢筋混凝土结构施工中，要严加注意材料的代用，不能片面强调满足强度要求，还要保证结构的延性。例如，施工中因缺乏设计规定的钢筋规格而以强度等级较高的钢筋替代原设计中的纵向受力钢筋时，应按照钢筋受拉承载力设计值相等的原则换算，并应满足最小配筋率要求，以免造成薄弱部位的转移，以及构件在有影响的部位发生脆性破坏，如混凝土被压碎、剪切破坏等，并应满足正常使用极限状态和抗震构造措施的要求。

钢筋混凝土构造柱、芯柱和底部框架-抗震墙砖房中砖抗震墙的施工，应先砌墙后浇构造柱、芯柱和框架梁柱。

砌体结构的纵、横墙交接处应同时咬槎砌筑或采取拉结措施，以免在地震中开裂或外闪倒塌。

7. 建筑物地震反应观测系统

抗震设防烈度为7、8、9度时，高度分别超过160 m、120 m、80 m的大型公共建筑，应按规定设置建筑结构的地震反应观测系统，建筑设计应留有观测仪器和线路的位置。

任务 2　多层及高层混凝土结构房屋的抗震措施

多层和高层钢筋混凝土房屋的抗震性能比较好，结构的整体性较好，在地震时，能达到小震不坏、大震不倒的抗震要求，因此被广泛地用于工业与民用建筑。

一、震害及其分析

1. 钢筋混凝土框架房屋的震害

钢筋混凝土框架房屋是我国工业与民用建筑较常用的结构形式。震害调查表明，框架结构震害主要有以下表现。

1）建筑物整体倒塌

图18-3所示为1985年墨西哥地震中，某框架结构整体倾覆倒塌；图18-4所示为2008年汶川县某中学五层框架结构教学楼在地震中整体倾覆倒塌。

2）框架梁、柱节点的震害

未经抗震设计的框架的震害主要反映在梁柱节点区。一般是柱的震害重于梁；柱顶的震害重于柱底；角柱的震害重于内柱，短柱的震害重于一般柱。

（1）柱顶。地震作用后，柱顶周围出现水平裂缝、斜裂缝或交叉裂缝，重者混凝土压碎崩落，柱内箍筋拉脱，纵筋压屈呈灯笼状，上部梁板倾斜。主要原因是节点处柱端的弯矩、剪力、轴力都比较大，柱头箍筋配置不足或锚固不好，在弯、剪、压共同作用下先使柱头保护层剥落，箍筋失效，而后纵筋压屈。这种现象在高烈度区较为普遍，很难修复。图18-5所示是在1999年台湾集集地震中，南投县某两层单跨框架结构教学楼倒塌破坏，柱头破坏严重。

图 18-3　某框架结构整体倾覆倒塌

图 18-4　五层框架结构整体倾覆倒塌

图 18-5　某两层单跨框架结构教学楼倒塌破坏,柱头破坏严重

（2）柱底。柱底常见的震害是在离地面 10 mm～40 mm 处有周圈水平裂缝,虽受力情况与柱顶相同,但由于纵筋一般在此搭接,《混凝土结构设计规范》(GB 50010—2010)要求钢筋搭接区箍筋要加密,在客观上起到了抗震措施的作用,故震害轻于柱顶。图 18-6 所示为汶川地震中某建筑底层柱侧移倾斜,柱头、柱脚破坏。

图 18-6　底层柱侧移倾斜,柱头、柱脚破坏

(3) 施工缝处。地震发生后,柱的施工缝处常有一圈水平缝,其主要原因是混凝土的结合面处理不好所致。

(4) 短柱。当框架中有错层、夹层或有半高的填充墙时,或不适当地设置了某些连系梁时,容易形成短柱(柱子的净高不大于柱截面长边的 4 倍)。短柱的刚度大,能吸收较多的地震能量,但短柱在剪力作用下常发生剪切破坏,形成交叉裂缝甚至脆断。图 18-7 所示为台湾集集地震中,某建筑由于墙体约束形成短柱破坏。

图 18-7 由于墙体约束形成短柱破坏

(5) 角柱在地震作用下房屋不可避免地要发生扭转,而角柱所受扭转剪力最大,同时角柱又受到双向弯矩作用,而此处横梁的约束作用又小,所以震害重于内柱。

(6) 梁端地震发生后,往往在梁的两端,即节点附近产生周圈的竖向裂缝或斜裂缝。这是因为在地震的往复作用下,梁端产生较大的变号弯矩,当地震作用效应超过混凝土的抗拉强度时,便产生周圈裂缝。

(7) 梁柱节点在地震的往复作用和重力荷载作用下,节点核芯区混凝土处于剪压复合应力状态。当节点区箍筋不足时,在剪压作用下,节点核芯区混凝土将出现交叉斜向贯通裂缝甚至挤压破碎。

3) 填充墙的震害

在框架结构中为了分隔房间常于柱间嵌砌填充墙,在水平地震力作用下,填充墙与框架共同工作。填充墙的刚度大,它吸引了较大的地震作用,在水平地震作用下,框架的层间变形较大,而砌体填充墙的极限变形则很小,填充墙企图阻止框架的侧向变形,但填充墙的抗剪强度较低,因而在地震往复作用下即产生斜裂缝或交叉裂缝。震害表明,7 度时填充墙即出现裂缝。在 8 度和 8 度以上地震作用下,填充墙的裂缝明显加重,且端墙、窗间墙、门窗洞口边角部分裂缝最多,9 度以上填充墙大部分倒塌。

由于框架的变形为剪切型,下部层间变形大于上部,所以填充墙在房屋中下部破坏严重。且空心砌体墙重于实心砌体墙,砌块墙重于砖墙。

4) 其他震害

建造在较弱地基上或液化土层上的框架结构,在地震时,常因地基的不均匀沉降使上部结构倾斜甚至倒塌。对体型复杂不规则的钢筋混凝土结构房屋,以往设计者多以防震缝将其分成较规则的单元,由于防震缝的宽度受到建筑装修等要求限制,往往难以满足强烈地震时实际侧移量,从而造成相邻单元间碰撞而产生震害。

2. 高层钢筋混凝土抗震墙结构和框架-抗震墙结构房屋的震害

高层钢筋混凝土抗震墙结构和框架-抗震墙结构房屋具有较好的抗震性能,其震害一般比较轻,所以对建筑装修要求较高的房屋和高层建筑应优先采用框架抗震墙结构或抗震墙结构。

历次地震震害表明,高层钢筋混凝土抗震墙结构和框架-抗震墙结构房屋的震害特点是:开洞抗震墙中,由于洞口应力集中,连系梁端部极为敏感,在约束弯矩作用下,很容易在连系梁端部形成竖向的弯曲裂缝。当连系梁跨高比较大时,梁以受弯为主,可能出现受弯破坏。多数情况下,抗震墙往往具有剪跨比较小的高梁,除了端部很容易出现竖向的弯曲裂缝外,还很容易出现斜向的剪切裂缝。当抗剪箍筋不足或剪应力过大时,可能很早出现剪切破坏,使墙肢间丧失联系,抗震墙承载能力降低。

开口抗震墙的底层墙肢内力最大,容易在墙肢底部出现裂缝及破坏。在水平荷载下受拉的墙肢往往轴压力较小,有时甚至出现拉力,墙肢底部很容易出现水平裂缝。对于层高小而宽度较大的墙肢,也容易出现斜裂缝。

二、抗震设计的一般规定

1. 房屋最大适用高度

《抗震规范》在考虑地震烈度、场地土、抗震性能、使用要求及经济效果等因素和总结地震经验的基础上,对地震区多高层房屋的最大适用高度给出了规定,如表18-7所示。平面和竖向均不规则的结构,适用的最大高度应适当降低。

表18-7 现浇钢筋混凝土房屋适用的最大高度(m)

结构类型		烈 度				
		6	7	8(0.2g)	8(0.3g)	9
框架		60	50	40	35	24
框架-抗震墙		130	120	100	80	50
抗震墙		140	120	100	80	60
部分框支抗震墙		120	100	80	50	不应采用
筒体	框架-核心筒	150	130	100	90	70
	筒中筒	180	150	120	100	80
板柱-抗震墙		80	70	55	40	不应采用

注:① 房屋高度指室外地面到主要屋面板板顶的高度(不包括局部突出屋顶部分);
② 框架-核心筒结构指由周边稀柱框架与核心筒组成的结构。

2. 结构的抗震等级

综合考虑结构类型、设防类别、烈度和房屋高度等主要因素,《抗震规范》将钢筋混凝土结构房屋划分为四个抗震等级,表 18-8 中仅摘录了适于丙类建筑框架和抗震墙结构的抗震等级。

表 18-8 现浇钢筋混凝土房屋的抗震等级

结构类型			设防烈度							
			6		7			8		9
框架结构	高度/m		≤24	>24	≤24	>24		≤24	>24	≤24
	框架		四	三	三	二		二	一	一
	大跨度框架		三		二			一		一
框架-抗震墙结构	高度/m		≤60	>60	≤24	25～60	>60	≤24	25～60	>60	≤24	25～50
	框架		四	三	四	三	二	三	二	一	二	一
	抗震墙		三		三	二		二	一		一
抗震墙结构	高度/m		≤80	>80	≤24	25～80	>80	≤24	25～80	>80	≤24	25～60
	剪力墙		四	三	四	三	二	三	二	一	二	一
部分框支抗震墙结构	高度/m		≤80	>80	≤24	25～80	>80	≤24	25～80		
	抗震墙	一般部位	四	三	四	三	二	三	二		
		加强部位	三	二	三	二	一	二	一		
	框支层框架		二		二			一			

注:① 建筑场地为 Ⅰ 类时,除 6 度外应允许按表内降低一度所对应的抗震等级采取抗震构造措施,但相应的计算要求不应降低;

② 接近或等于高度分界时,应允许结合房屋不规则程度及场地、地基条件确定抗震等级;

③ 大跨度框架指跨度不小于 18 m 的框架。

3. 防震缝布置

震害调查表明,设有防震缝的建筑,地震时由于缝宽不够,仍难免使相邻建筑发生局部碰撞,建筑装饰也易遭破坏。但缝宽过大,又给立面处理和抗震构造带来困难,故多高层钢筋混凝土房屋,宜避免采用不规则的建筑结构方案。当建筑平面突出部分较长,结构刚度及荷载相差悬殊或房屋有较大错层时,可设置防震缝。设置防震缝时,对于框架、框架-抗震墙房屋,缝的最小宽度应符合下列规定。

1) 防震缝最小宽度应符合的要求

(1) 框架结构(包括设置少量抗震墙的框架结构)房屋的防震缝宽度,当高度不超过 15 m 时不应小于 100 mm;高度超过 15 m 时,6 度、7 度、8 度和 9 度分别每增加高度 5 m、4 m、3 m 和

2 m,宜加宽 20 mm。

(2) 框架-抗震墙结构房屋的抗震缝宽度不应小于(1)规定数值的70%,抗震墙结构房屋的防震缝宽度不应小于(1)规定数值的50%;且均不宜小于 100 mm。

(3) 防震缝两侧结构类型不同时,宜按需要较宽防震缝的结构类型和较低房屋高度确定缝宽。

2) 防震缝设置位置应符合的要求

8、9度框架结构房屋防震缝两侧结构高度、刚度或层高相差较大时,可在缝两侧房屋的尽端沿全高设置垂直于防震缝的抗撞墙,每一侧抗撞墙的数量不应少于两道,其长度可不大于1/2层高,且宜分别对称布置。防震缝两侧抗撞墙的端柱和框架的边柱,箍筋应沿房屋全高加密。

抗震缝应沿房屋全高设置,基础可不分开。一般情况下,伸缩缝、沉降缝和抗震缝尽可能合并布置。抗震缝两侧应布置承重框架。

4. 结构的布置要求

在结构布局上,框架结构和框架-抗震墙结构中,框架和抗震墙均应双向设置,以抵抗两个方向的水平地震作用。柱中线与抗震墙中线、梁中线与柱中线之间偏心矩大于柱宽的1/4时,应计入偏心的影响。

甲、乙类建筑以及高度大于 24 m 的丙类建筑,不应采用单跨框架结构;高度不大于 24 m 的丙类建筑不宜采用单跨框架结构。如,教学楼、医院都属于乙类建筑,不应采用单跨框架结构,为了减小地震作用,应尽量减轻建筑物自重并降低其重心位置,尤其是工业房屋的大型设备,宜布置在首层或下部几层。平面上尽量使房屋的刚度中心和质量中心接近,以减轻扭转作用的影响。

1) 框架结构应符合的要求

(1) 同一结构单元宜将每层框架设置在同一标高处,尽可能不采用复式框架,力求避免出现错层和夹层,造成短柱破坏。

(2) 为了保证框架结构抗震,应将其设计成延性框架,遵守"强柱弱梁"、"强剪弱弯"、"强节点、强锚固"等设计原则。其目的是控制塑性铰出现的位置和顺序,使塑性铰首先出现在梁中,当部分梁端甚至全部梁端均出现塑性铰时,结构仍能继续承受外荷载,而只有当柱子底部也出现塑性铰时,结构才达到破坏,实现结构总体屈服机制,以延长强震下结构破坏、倒塌的时间,给人员逃生留下足够的时间和空间。

(3) 框架结构中,框架柱的刚度沿高度不宜突变,以免造成薄弱层。出屋面小房间不要做成砖混结构,可将柱子延伸上去或作钢木轻型结构,以防"鞭端效应"造成破坏。

(4) 楼、电梯间宜采用现浇钢筋混凝土楼梯,不宜设在结构单元的两端及拐角处,前者由于没有楼板和山墙拉结,既影响传递水平力,又造成山墙稳定性差。后者因角部扭转效应大,受力复杂容易发生震害。

2) 框架-抗震墙结构中抗震墙设置要求

(1) 抗震墙宜贯通房屋全高,且横向与纵向的抗震墙宜相连。

(2) 楼梯间宜设置抗震墙,但不宜造成较大的扭转效应。

(3) 抗震墙的两端(不包括洞口两侧)宜设置端柱或与另一方向的抗震墙相连。

(4) 房屋较长时,刚度较大的纵向抗震墙不宜设置在房屋的端开间。

(5) 抗震墙洞口宜上下对齐;洞边距端柱不宜小于 300 mm。

三、框架结构的抗震构造措施

1. 框架梁的构造措施

1) 梁截面尺寸

为防止梁发生剪切破坏而降低其延性,框架梁的截面尺寸应符合下列要求:梁截面的宽度不宜小于 200 mm;梁截面高度与宽度的比值不宜大于 4;梁净跨与截面高度之比不宜小于 4。

2) 梁的配筋率

(1) 梁端计入受压钢筋的混凝土受压区高度和有效高度之比,一级不应大于 0.25,二、三级不应大于 0.35。

(2) 考虑到受压钢筋的存在,对梁的延性有利,同时在地震作用下,梁端可能产生反向弯矩,梁端截面的底面和顶面纵向钢筋配筋量的比值,除按计算确定外,一级不应小于 0.5,二、三级不应小于 0.3。同时也不宜过大,以防止节点承受过大的剪力和避免梁端配筋过多而出现塑性铰向柱端转移的现象。

(3) 在梁端截面,为保证塑性铰有足够的转动能力,其纵向受拉钢筋的配筋率不宜大于 2.5%。沿梁全长顶面、底面的配筋,一、二级不应少于 2φ14,且分别不应少于梁顶面、底面两端纵向配筋中较大截面面积的 1/4;三、四级不应少于 2φ12。

(4) 一、二、三级框架梁内贯通中柱的每根纵向钢筋直径,对框架结构不应大于矩形截面柱在该方向截面尺寸的 1/20,或纵向钢筋所在位置圆形截面柱弦长的 1/20;对其他结构类型的框架不宜大于矩形截面柱在该方向截面尺寸的 1/20,或纵向钢筋所在位置圆形截面柱弦长的 1/20。

3) 梁的箍筋

为提高框架梁的抗剪性能和梁端塑性铰区内混凝土的极限压应变值,且为增加梁的延性,梁端的箍筋应加密,如图 18-8 所示。加密区的长度、箍筋最大间距和最小直径按表 18-9 采用,当梁端纵向受拉钢筋配筋率大于 2%时,表中箍筋最小直径数值应增大 2 mm。加密区的箍筋肢距,一级框架不宜大于 200 mm 和 20 倍箍筋直径较大值,二、三级框架不宜大于 250 mm 和 20 倍箍筋直径较大值;四级不宜大于 300 mm。纵向钢筋每排多于四根时,每隔一根宜用箍筋或拉筋固定。箍筋末端应做成不小于 135°的弯钩,弯钩端头平直段长度不应小于 10d(d 为箍筋直径)。

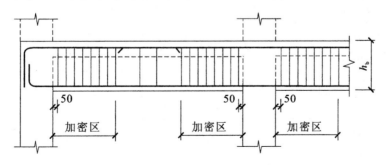

图 18-8 抗震框架梁箍筋加密区范围

表 18-9　梁端箍筋加密区的长度、箍筋的最大间距和最小直径

抗震等级	加密区长度（采用较大值）/mm	箍筋最大间距（采用最小值）/mm	箍筋最小直径/mm
一	$2h_b$, 500	$h_b/4$, $6d$, 100	10
二	$1.5h_b$, 500	$h_b/4$, $8d$, 100	8
三	$1.5h_b$, 500	$h_b/4$, $8d$, 150	8
四	$1.5h_b$, 500	$h_b/4$, $8d$, 150	6

注：① d 为纵向钢筋直径，h_b 为梁截面高度；
② 箍筋直径大于 12 mm、数量不少于 4 肢且肢距不大于 150 mm 时，一、二级的最大间距应允许适当放宽，但不得大于 150 mm。

4）梁内纵筋锚固

在反复荷载作用下，在纵向钢筋埋入梁柱节点的相当长度范围内，混凝土与钢筋之间的粘结力将发生严重破坏，因此在地震作用下，框架梁中纵向钢筋的抗震锚固长度 l_{aE} 应在抗震基本锚固长度 l_{abE} 上乘以修正系数。受拉钢筋的基本锚固长度 l_{ab}、l_{abE} 如表 18-10 所示。

表 18-10　受拉钢筋基本锚固长度 l_{ab}、l_{abE}

钢筋种类	抗震等级	混凝土强度等级								
		C20	C25	C30	C35	C40	C45	C50	C55	≥C60
HPB300	一、二级（l_{abE}）	45d	39d	35d	32d	29d	28d	26d	25d	24d
	三级（l_{abE}）	41d	36d	32d	29d	26d	25d	24d	23d	22d
	四级（l_{abE}）非抗震（l_{ab}）	39d	34d	30d	28d	25d	24d	23d	22d	21d
HRB335 HRBF335	一、二级（l_{abE}）	44d	38d	33d	31d	29d	26d	25d	24d	24d
	三级（l_{abE}）	40d	35d	31d	28d	26d	24d	23d	22d	22d
	四级（l_{abE}）非抗震（l_{ab}）	38d	33d	29d	27d	25d	23d	22d	21d	21d
HRB400 HRBF400 RRB400	一、二级（l_{abE}）	—	46d	40d	37d	33d	32d	31d	30d	29d
	三级（l_{abE}）	—	42d	37d	34d	30d	29d	28d	27d	26d
	四级（l_{abE}）非抗震（l_{ab}）	—	40d	35d	32d	29d	28d	27d	26d	25d
HRB500 HRBF500	一、二级（l_{abE}）	—	55d	49d	45d	41d	39d	37d	36d	35d
	三级（l_{abE}）	—	50d	45d	41d	38d	36d	34d	33d	32d
	四级（l_{abE}）非抗震（l_{ab}）	—	48d	43d	39d	36d	34d	32d	31d	30d

受拉钢筋锚固长度 l_a、抗震锚固长度 l_{aE} 的计算公式及要求如表 18-11 所示。

表 18-11　受拉钢筋锚固长度 l_a、抗震锚固长度 l_{aE}

非抗震	抗震	注:
$l_a = \zeta_a l_{ab}$	$l_{aE} = \zeta_{aE} l_a$	(1) l_a 不应小于 200 mm。 (2) 锚固长度修正系数 ζ_a 按表 18-12 取用,当多于一项时,可按连乘计算,但不应小于 0.6。 (3) ζ_{aE} 为抗震锚固长度修正系数,对一、二级抗震等级取 1.15,对三级抗震等级取 1.05,对四级抗震等级取 1.00

表 18-12　受拉钢筋锚固长度修正系数 ζ_a

锚 固 条 件		ζ_a	
带肋钢筋的公称直径大于 25		1.10	
环氧树脂涂层带肋钢筋		1.25	
施工过程中易受扰动的钢筋		1.10	
锚固区保护层厚度	$3d$	0.80	注:中间时按内插值。
	$5d$	0.70	d 为锚固钢筋直径

框架中间层的中间节点处,框架梁的上部纵向钢筋应贯通中间节点;对一、二级抗震等级,梁的下部纵向钢筋伸入中间节点的锚固长度不应小于 l_{aE},且伸过中心线不应小于 $5d$(见图 18-9)。

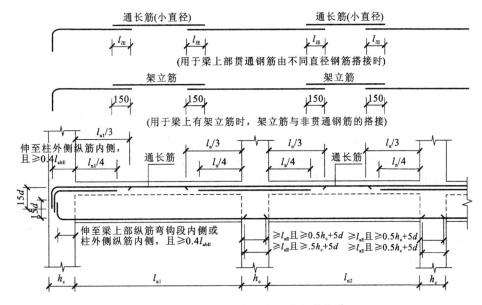

图 18-9　抗震楼层框架梁纵向钢筋构造

注:① 跨度值 l_n 为左跨 l_{ni} 和右跨 l_{ni+1} 之较大值,其中;$i=1,2,3,\cdots$;l_{iE} 为抗震要求纵向受拉钢筋绑扎搭接长度。
② h_c 为柱截面沿框架方向的高度。
③ 上部通长钢筋与非贯通钢筋直径相同时,连接位置宜位于跨中 $l_{ni}/3$ 范围内;梁下部钢筋连接位置宜位于支座 $l_{ni}/3$ 范围内;且在同一连接区段内钢筋接头面积百分率不宜大于 50%。
④ 框架梁宜采用机械连接,二、三、四级可采用绑扎搭接或焊接连接。

框架中间层的端节点处,当框架梁上部纵向钢筋用直线锚固方式锚入端节点时,其锚固长度除不应小于 l_{abE} 外,尚应伸过柱中心线不小于 $5d$,此处,d 为梁上部纵向钢筋的直径。当水平直线段锚固长度不足时,梁上部纵向钢筋应伸至柱外边并向下弯折。弯折前的水平投影长度不应小于 $0.4l_{abE}$,弯折后的竖直投影长度取 $15d$(见图 18-9)。梁下部纵向钢筋在中间层端节点中的锚固措施与梁上部纵向钢筋相同,但竖直段应向上弯入节点。

框架顶层中间节点处,柱纵向钢筋应伸至柱顶。框架顶层的端节点处,梁上部纵向钢筋应伸至柱外边,弯折前的水平投影长度不应小于 $0.4l_{abE}$,弯折后的竖直投影长度取 $15d$(见图 18-10)。

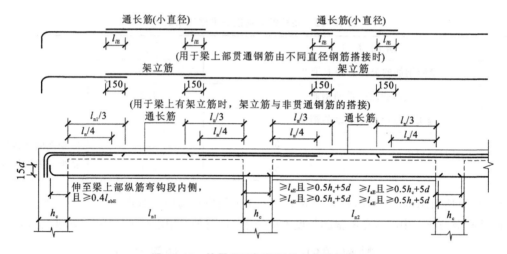

图 18-10 抗震屋面框架梁纵向钢筋构造

2. 框架柱的构造措施

1)柱截面尺寸

柱的平均剪应力太大,会使柱产生脆性的剪切破坏;平均压应力或轴压比太大,会使柱产生混凝土压碎破坏。为了使柱有足够的延性,框架柱截面尺寸应符合下列要求。

(1)截面的宽度和高度,四级或不超过 2 层时不宜小于 300 mm,一、二、三级且超过 2 层时不宜小于 400 mm;圆柱的直径,四级或不超过 2 层时不宜小于 350 mm,一、二、三级且超过 2 层时不宜小于 450 mm。

(2)剪跨比宜大于 2。

(3)截面长边与短边的边长比不宜大于 3。

2)轴压比限值

根据延性要求,柱的轴压比不宜超过表 18-13 规定的限值。建造于Ⅳ类场地且较高的高层建筑,柱轴压比限值应适当减小。

3)柱纵向钢筋的配置

(1)柱中纵向钢筋宜对称配置。

(2)对截面尺寸大于 400 mm 的柱,纵向钢筋间距不宜大于 200 mm。

(3)柱纵向受力钢筋的最小总配筋率应按表 18-14 采用,同时每一侧配筋率不应小于 0.2%;对建造于Ⅳ类场地且较高的高层建筑,最小总配筋率应增加 0.1%。柱总配筋率不应大于 5%;剪跨比不大于 2 的一级框架的柱,每侧纵向钢筋配筋率不宜大于 1.2%。

表 18-13 柱轴压比限值

结构类型	抗震等级			
	一	二	三	四
框架结构	0.65	0.75	0.85	0.90
框架-抗震墙、板柱-抗震墙、框架-核心筒、筒中筒	0.75	0.85	0.90	0.95
部分框支抗震墙	0.6	0.70	—	—

注:① 轴压比指柱组合的轴压力设计值与柱的全截面面积和混凝土轴心抗压强度设计值乘积之比值;对《抗震规范》规定不进行地震作用计算的结构,可取无地震作用组合的轴力设计值计算。
② 表内限值适用于剪跨比大于 2、混凝土强度等级不高于 C60 的柱;剪跨比不大于 2 的柱,轴压比限值应降低 0.05;剪跨比小于 1.5 的柱,轴压比限值应专门研究并采取特殊构造措施。
③ 沿柱全高采用井字复合箍且箍筋肢距不大于 200 mm、间距不大于 100 mm、直径不小于 12 mm,或沿柱全高采用复合螺旋箍、螺旋间距不大于 100 mm、箍筋肢距不大于 200 mm、直径不小于 12 mm,或沿全高采用连续复合矩形螺旋箍、螺旋净距不大于 80 mm、箍筋肢距不大于 200 mm、直径不小于 10 mm,轴压比限值均可增加 0.10。
④ 在柱的截面中部附加芯柱,其中另加的纵向钢筋的总面积不少于柱截面面积的 0.8%,轴压比限值可增加 0.05;此项措施与注③的措施共同采用时,轴压比限值可增加 0.15,但箍筋的体积配箍率仍可按轴压比增加 0.10 的要求确定。
⑤ 柱轴压比不应大于 1.05。

表 18-14 柱截面纵向钢筋的最小总配筋率(百分率)

类 别	抗 震 等 级			
	一	二	三	四
中柱和边柱	0.9(1.0)	0.7(0.8)	0.6(0.7)	0.5(0.6)
角柱、框支柱	1.1	0.9	0.8	0.7

注:① 表中括号内数值用于框架结构的柱;
② 钢筋强度标准值小于 400 MPa 时,表中数值应增加 0.1,钢筋强度标准值为 400 MPa 时,表中数值应增加 0.05;
③ 混凝土强度等级高于 C60 时,上述数值应相应增加 0.1。

(4) 边柱、角柱及抗震墙端柱在地震作用组合产生小偏心受拉时,柱内纵筋总截面面积应比计算值增加 25%。

(5) 柱纵向钢筋的绑扎接头应避开柱端的箍筋加密区。

4) 柱的箍筋要求

在地震力的反复作用下,柱端钢筋保护层往往首先碎落,这时,如无足够的箍筋约束,纵筋就会向外弯曲,造成柱端破坏。箍筋对柱的核心混凝土起着有效的约束作用,提高配箍率可显著提高受压混凝土的极限压应变,从而有效增加柱的延性。因此《抗震规范》对框架柱箍筋配置提出以下要求(见图 18-11)。

(1) 柱的箍筋加密范围,应按下列规定采用:
① 柱端,取截面高度(圆柱直径)、柱净高的 1/6 和 500 mm 三者的最大值;
② 底层柱的下端不小于柱净高的 1/3;
③ 刚性地面上下各 500 mm;
④ 剪跨比不大于 2 的柱、因设置填充墙等形成的柱净高与柱截面高度之比不大于 4 的柱、

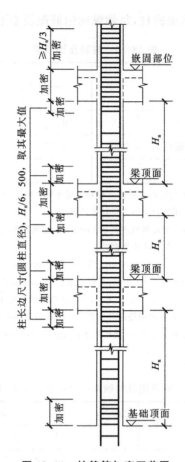

图 18-11 柱箍筋加密区范围

框支柱、一级和二级框架的角柱,取全高。

(2) 柱加密区的箍筋间距和直径按表 18-15 采用。

表 18-15 柱箍筋加密区的箍筋最大间距和最小直径

抗震等级	箍筋最大间距(采用较小值)/mm	箍筋最小直径/mm
一	$6d$,100	10
二	$8d$,100	8
三	$8d$,150(柱根 100)	8
四	$8d$,150(柱根 100)	6(柱根 8)

注:① d 为柱纵筋最小直径;
② 柱根指底层柱下端箍筋加密区。

(3) 加密区内箍筋肢距,一级不宜大于 200 mm,二、三级不宜大于 250 mm,四级不宜大于 300 mm。至少每隔一根纵向钢筋宜在两个方向有箍筋或拉筋约束;采用拉筋复合箍时,拉筋宜紧靠纵向钢筋并钩住箍筋。

一级框架柱的箍筋直径大于 12 mm 且箍筋肢距不大于 150 mm 及二级框架柱的箍筋直径

不小于 10 mm 且箍筋肢距不大于 200 mm 时,除底层柱下端外,最大间距应允许采用 150 mm;三级框架柱的截面尺寸不大于 400 mm 时,箍筋最小直径应允许采用 6 mm;四级框架柱剪跨比不大于 2 时,箍筋直径不应小于 8 mm。

(4) 框支柱和剪跨比不大于 2 的框架柱,箍筋间距不应大于 100 mm。

(5) 柱箍筋非加密区的体积配箍率不宜小于加密区的 50%,且箍筋间距,对一、二级框架柱不应大于 $10d$,对三、四级框架柱不应大于 $15d$,d 为纵向钢筋直径。

3. 框架节点

框架节点核芯区箍筋的最大间距和最小直径与柱加密区相同;一、二、三级框架节点核芯区配箍特征值分别不宜小于 0.12、0.10 和 0.08,且体积配箍率分别不宜小于 0.6%、0.5% 和 0.4%。柱剪跨比不大于 2 的框架节点核芯区,体积配箍率不应小于核芯区上、下柱端的较大体积配箍率。

4. 砌体填充墙

1) 设计原则

钢筋混凝土结构砌体填充墙宜优先采用轻质砌体材料。填充墙的厚度:外围护墙不应小于 120 mm,内隔墙不应小于 90 mm。

填充墙体上作用的荷载包括竖向荷载(自重)和风荷载,在地震区尚应考虑地震作用。砌体填充墙除满足强度和稳定性要求外,尚应考虑承受水平风荷载及地震作用。

砌体填充墙采用的块材和砂浆强度等级由设计者依据有关设计标准、规范、地区规定自行确定。

采用砌体填充墙,应采取措施减少对主体结构抗震的不利影响:

(1) 平面布置宜均匀对称,减少因砌体填充墙的质量和刚度偏心造成的主体结构扭转;

(2) 砌体填充墙的竖向布置宜均匀连续,避免产生上、下刚度突变;

(3) 避免框架柱形成短柱;

(4) 应考虑墙体刚度和质量对主体结构抗震的不利影响,特别应注意在水平地震作用下填充墙对角柱产生的不利影响。

填充墙与主体结构应可靠拉结。

填充墙应能适应主体结构不同方向的层间位移。

2) 砌体填充墙连接构造

(1) 砌体填充墙与主体结构的拉结及填充墙墙体之间的拉结,根据不同情况可采用拉结钢筋(以下简称拉结筋)、焊接钢筋网片、水平系梁和构造柱。

(2) 填充墙应沿框架柱全高每隔 500 mm~600 mm 设 2φ6 拉结筋(墙厚大于 240 mm 时宜设 3φ6 拉结筋),拉结筋伸入墙内的长度,6、7 度时宜沿墙全长贯通,8 度时应全长贯通。

(3) 填充墙墙体长度超过 5 m 时或墙长大于 2 倍层高时,墙顶宜与梁底或板底拉结,墙体中部应设置钢筋混凝土构造柱。

(4) 当有门窗洞口的填充墙尽端至门窗洞口边距离小于 240 mm 时,宜采用钢筋混凝土门窗框。

(5) 当砌体填充墙的墙高超过 4 m 时,宜在墙体半高处设置与柱连接且沿墙全长贯通的现浇钢筋混凝土水平系梁,梁截面高度不小于 60 mm。充填墙高不宜超过 6 m。

(6) 楼梯间和人流通道处的填充墙,应采用钢丝网砂浆面层加强。

(7) 构造柱、水平系梁最外层钢筋的保护层厚度不应小于 20 mm；灰缝中拉结钢筋外露砂浆保护层的厚度不应小于 15 mm。

3) 钢筋连接

构造柱、水平系梁纵向钢筋采用绑扎搭接时，全部纵筋可在同一连接区段搭接，钢筋搭接长度 $50d$。

墙体拉结筋的连接：采用焊接接头时，单面焊的焊接长度 $10d$；采用绑扎搭接连接时，搭接长度 $55d$ 且不小于 400 mm。

砌体填充墙应根据有关规范、规程及地区规定对墙体采取必要的抗裂措施。

5. 抗震墙结构抗震构造措施

1) 抗震墙厚度

(1) 抗震墙的厚度，一、二级不应小于 160 mm 且不宜小于层高或无支长度（指沿剪力墙长度方向没有平面外横向支承墙的长度）的 1/20，三、四级不应小于 140 mm 且不宜小于层高或无支长度的 1/25；无端柱或翼墙时，一、二级不宜小于层高或无支长度的 1/16，三、四级不宜小于层高或无支长度的 1/20。

底部加强部位的墙厚，一、二级不应小于 200 mm 且不宜小于层高或无支长度的 1/16，三、四级不应小于 160 mm 且不宜小于层高或无支长度的 1/20；无端柱或翼墙时，一、二级不宜小于层高或无支长度的 1/12，三、四级不宜小于层高或无支长度的 1/16。

(2) 抗震墙厚度大于 140 mm 时，其竖向和横向分布钢筋应双排布置；双排分布钢筋间拉筋的间距不宜大于 600 mm，直径不应小于 6 mm。在底部加强部位，边缘构件以外的拉筋间距应适当加密。

2) 抗震墙竖向、横向分布钢筋

在墙肢中配置一定数量的竖向和横向分布钢筋，是为了限制斜裂缝的开展，防止斜向脆性劈裂破坏，同时也可承受温度收缩应力。因此，抗震墙竖向和横向分布钢筋应符合下列要求。

(1) 一、二、三级抗震墙的竖向和横向分布钢筋最小配筋率均不应小于 0.25%，四级抗震墙分布钢筋最小配筋率不应小于 0.20%。钢筋最大间距不宜大于 300 mm，最小直径不应小于 8 mm。

(2) 部分框支抗震墙结构的落地抗震墙底部加强部位，竖向及横向分布钢筋配筋率均不应小于 0.3%，钢筋间距不宜大于 200 mm。

(3) 抗震墙竖向和横向分布钢筋的直径，均不宜大于墙厚的 1/10 且不应小于 8 mm；竖向钢筋直径不宜小于 10 mm。

3) 抗震墙的边缘构件

(1) 抗震墙构造边缘构件的范围按图 18-12 采用。

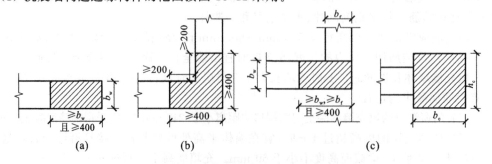

图 18-12　抗震墙的构造边缘构件范围
(a)暗柱；(b)翼柱；(c)端柱

(2) 抗震墙构造边缘构件的配筋要求宜符合表 18-16 的要求。

表 18-16 抗震墙构造边缘构件的配筋要求

抗震等级	底部加强部位			其他部位		
	纵向钢筋最小量（取较大值）	箍筋		纵向钢筋最小量（取较大值）	箍筋	
		最小直径/mm	沿竖向最大间距/mm		最小直径/mm	沿竖向最大间距/mm
一	$0.010A_c,6\phi16$	8	100	$0.008A_c,6\phi14$	8	150
二	$0.008A_c,6\phi14$	8	150	$0.006A_c,6\phi12$	8	200
三	$0.006A_c,6\phi12$	6	150	$0.005A_c,4\phi12$	6	200
四	$0.005A_c,4\phi12$	6	200	$0.004A_c,4\phi12$	6	250

注：① A_c 为边缘构件的截面面积；
② 其他部位的拉筋，水平间距不应大于纵筋间距的 2 倍，转角处宜采用箍筋；
③ 当端柱承受集中荷载时，其纵向钢筋、箍筋直径和间距应满足柱的相应要求。

任务 3　多层砌体房屋和底部框架砌体房屋的抗震规定

多层砌体房屋是我国目前房屋建筑中的主要结构类型之一，它数量多、分布广，具有构造简单、施工方便、可就地取材的优点。但是这类结构所用材料脆性大，抗拉、抗剪、抗弯能力很低，因而，在地震中抵抗地震灾害的能力较差，特别是在强烈地震作用下易开裂、倒塌，破坏率较高。因此，提高多层砌体结构房屋的抗震性能，有着十分现实的意义。

底部框架-抗震墙房屋多用于城镇中临街的住宅、办公楼等建筑，这些房屋在底层或底部两层设置商店、餐厅或银行等，房屋的上部几层为纵、横墙比较多的砖（砌体）墙承重结构，房屋的底层或底部两层因使用功能需要大空间而采用底部框架-抗震墙结构。这种类型的结构是城市旧城改造和避免商业过分集中的较好形式，且由于房屋造价低和便于施工等，目前仍在继续兴建。但未经抗震设防的底层框架砖房，在结构体系、底层墙体的布置和抗震构造措施方面均存在许多问题，致使这类房屋的抗震性能相对较差。

一、震害及其分析

1. 多层砌体房屋的震害分析

震害表明，在强烈地震作用下，多层砌体房屋的破坏部位主要是墙身、附属结构处和构件间的连接处，而楼盖本身的破坏较轻。

1) 墙体的剪切破坏

多层砌体房屋的墙体是承受水平地震作用的主要构件,地震时,与地震作用方向平行的墙体大多产生剪切型破坏,主要有以下两种形式。

(1) 斜拉破坏。

斜拉破坏表现为墙体出现斜裂缝或窗间墙出现交叉裂缝。这是由于墙体的主拉应力强度不足,地震时先在墙体上产生斜裂缝,经地震往复作用,两个方向的斜裂缝组成交叉裂缝,进而滑移、错位,交叉裂缝两侧的三角楔块散落,直至墙体丧失承受竖向荷载的能力而倒塌,如图18-13所示。这种裂缝的一般规律是下重上轻。

(2) 水平剪切破坏。

对于横墙间距比较大的房屋,在横向水平地震力作用下,纵墙在窗洞口处或楼盖支撑高度处出现沿砌体灰缝的水平裂缝,或沿水平通缝滑移和错动,震害严重时会出现预制板局部抽落,如图18-14所示。分析原因,一是施工时在水平裂缝标高处形成了全平面上的一个薄弱层,致使地震时在薄弱层出现水平周圈裂缝而滑动。二是当楼盖刚度差、横墙间距大时,横向水平地震剪力不能通过楼盖全部传至横墙,引起纵墙处平面受弯、受剪而形成水平裂缝。

图18-13 砖石房屋窗间墙的十字交叉裂缝

图18-14 纵向墙体上的水平裂缝

2) 内外墙连接处破坏

内外墙连接处刚度较其他部位大,因而地震作用较为强烈,而此处在连接构造上又是薄弱部位。施工中常常内外墙分别砌筑,以直槎或马牙槎连接,又无拉结措施,形成大片悬臂墙体,造成地震时外墙外闪与倒塌现象,如图18-15所示。

3) 房屋两端及转角处的破坏

震害表明,房屋两端的震害比中部重,转角处的震害比其余部分重,如图18-16所示。其原因如下。

(1) 山墙刚度大,承担的地震作用多,而山墙的一侧无约束,加剧了山墙的破坏。

(2) 房屋两端距刚度中心较远,在地震过程中,当房屋的刚度中心和质量中心不重合时房屋将发生扭转,这时两端结构的剪应力较中部大,因而破坏严重。

(3) 房屋转角处受到两个方向地震动的影响,变形和应力都较复杂,因此震害严重。

4) 突出屋面的附属结构破坏

房屋的突出建筑物,如女儿墙、挑檐、小烟囱、出屋面电梯间、水箱间、雨篷、阳台等,都是截面小、刚度突变、缺少联系的附属结构,在地震作用下,"鞭端效应"明显,地震时往往最先被破坏。

图 18-15 唐山市开滦煤矿救护楼外墙外闪与倒塌

图 18-16 房屋两端及转角处的破坏

2. 底层框架砖房的震害分析

在地震作用下,底层框架砖房的底层承受着上部砖房倾覆力矩的作用,其外侧柱会出现受拉的状况。当底层为内框架时,外侧的砖壁柱因砖柱受拉承载力低而开裂;当底层为半框架时,会出现底层横墙先开裂,而后由于内力重分布加重,底层半框架被破坏。底层少横墙的底层商店住宅,因底层的抗震能力弱形成薄弱层而被破坏,如图 18-17 所示。

(a) (b)

图 18-17 底部框架砌体房屋震后破坏情况
(a)底部框架柱被破坏;(b)底部整层倒塌

近十几年的强震震害表明,这类房屋的震害特点是:
(1) 震害多发生在底层,表现为上轻下重;
(2) 底层的墙体比框架柱重,框架柱又比梁重;
(3) 房屋上部几层的破坏状况与多层砖房相类似,但破坏的程度比房屋的底层轻得多。

二、抗震设计的一般规定

1. 房屋总高度的限值

国内外历次地震表明,在一般场地下,砌体房屋层数愈多,高度愈高,它的震害程度和破坏率也就愈大。世界各多震国家都对无筋砌体在高度上加以严格限制。我国《抗震规范》规定,对于设置构造柱的多层房屋,其层数和总高度不应超过表 18-17 的规定。

表 18-17　房屋的层数和总高度限值(m)

房屋类型		最小抗震墙厚度/mm	烈度和设计基本地震加速度										
			6		7				8				9
			0.05g		0.10g		0.15g		0.20g		0.30g		0.40g
			高度	层数	高度	层数	高度	层数	高度	层数	高度	层数	高度	层数
多层砌体房屋	普通砖	240	21	7	21	7	21	7	18	6	15	5	12	4
	多孔砖	240	21	7	21	7	18	6	18	6	15	5	9	3
	多孔砖	190	21	7	18	6	15	5	15	5	12	4	—	—
	小砌块	190	21	7	21	7	18	6	18	6	15	5	9	3
底部框架-抗震墙砌体房屋	普通砖多孔砖	240	22	7	22	7	19	6	16	5	—	—	—	—
	多孔砖	190	22	7	19	6	16	5	13	4	—	—	—	—
	小砌块	190	22	7	22	7	19	6	16	5	—	—	—	—

注：① 房屋的总高度指室外地面到主要屋面板板顶或檐口的高度,半地下室从地下室室内地面算起,全地下室和嵌固条件好的半地下室应允许从室外地面算起,对带阁楼的坡屋面应算到山尖墙的 1/2 高度处；
② 室内外高差大于 0.6 m 时,房屋总高度应允许比表中的数据适当增加,但增加量应少于 1.0 m；
③ 乙类的多层砌体房屋仍按本地区设防烈度查表,其层数应减少一层且总高度应降低 3 m,不应采用底部框架-抗震墙砌体房屋；
④ 本表小砌块砌体房屋不包括配筋混凝土小型空心砌块砌体房屋。

对于横墙较少的多层砌体房屋,考虑到它们比较空旷而易遭破坏,因此,房屋的总高度应比表 18-17 的规定降低 3 m,层数相应减少一层。各层横墙很少的多层砌体房屋,还应再减少一层。横墙较少是指同一楼层内开间大于 4.2 m 的房间占该层总面积的 40% 以上；其中,开间不大于 4.2 m 的房间占该层总面积不到 20% 且开间大于 4.8 m 的房间占该层总面积的 50% 以上为横墙很少。

为了保证墙体的稳定,普通砖、多孔砖和小砌块砌体承重房屋的层高,不应超过 3.6 m；底部框架-抗震墙砌体房屋的底部,层高不应超过 4.5 m；当底层采用约束砌体抗震墙时,底层的层高不应超过 4.2 m。

2. 房屋最大高宽比的限制

震害调查表明,多层砌体房屋的高宽比越大(即高而窄的房屋),在横向地震作用下,容易发生整体弯曲破坏,房屋易失稳倒塌。根据经验,多层砌体房屋的高宽比小于表 18-18 所列的高宽比限值,可防止多层砌体房屋的整体弯曲破坏。

表 18-18　房屋最大高宽比

烈度	6	7	8	9
最大高宽比	2.5	2.5	2.0	1.5

注：① 单面走廊房屋的总宽度不包括走廊宽度；
② 建筑平面接近正方形时,其高宽比宜适当减小。

3. 房屋抗震横墙间距的限值

多层砌体房屋的横向水平地震作用主要由横墙来承担。对于横墙,除了满足抗震承载力外,还要使横墙间距能保证楼盖对传递水平地震作用所需的刚度要求。前者可通过抗震承载力验算来解决,而横墙间距则必须根据楼盖的水平刚度要求给予一定的限制。

《抗震规范》规定,房屋抗震横墙的间距,不应超过表 18-19 的要求。

表 18-19 房屋抗震横墙的间距(m)

房屋类型		烈　度			
		6	7	8	9
多层砌体房屋	现浇或装配整体式钢筋混凝土楼、屋盖	15	15	11	7
	装配式钢筋混凝土楼、屋盖	11	11	9	4
	木屋盖	9	9	4	—
底部框架-抗震墙砌体房屋	上部各层	同多层砌体房屋			—
	底层或底部两层	18	15	11	—

注:① 多层砌体房屋的顶层,除木屋盖外的最大横墙间距应允许适当放宽,但应采取相应加强措施;
② 多孔砖抗震横墙厚度为 190 mm 时,最大横墙间距应比表中数值减少 3 m。

4. 房屋局部尺寸的限值

在强烈地震作用下,砌体房屋首先在薄弱部位破坏。这些薄弱部位一般是窗间墙、尽端墙段、突出屋顶的女儿墙等。房屋的局部破坏必然影响房屋的整体抗震能力,而且,某些重要部位的局部破坏会带来连锁反应,形成墙体各个击破甚至倒塌。因此,《抗震规范》规定,房屋中砌体墙段的局部尺寸限值应符合表 18-20 的要求。

表 18-20 房屋的局部尺寸限值(m)

部　位	6 度	7 度	8 度	9 度
承重窗间墙最小宽度	1.0	1.0	1.2	1.5
承重外墙尽端至门窗洞边的最小距离	1.0	1.0	1.2	1.5
非承重外墙尽端至门窗洞边的最小距离	1.0	1.0	1.0	1.0
内墙阳角至门窗洞边的最小距离	1.0	1.0	1.5	2.0
无锚固女儿墙(非出入口处)的最大高度	0.5	0.5	0.5	0.0

注:① 局部尺寸不足时,应采取局部加强措施弥补,且最小宽度不宜小于 1/4 层高和表列数据的 80%;
② 出入口处的女儿墙应有锚固。

5. 多层砌体房屋的结构体系

多层砌体房屋的结构体系,应符合下列要求。

(1)应优先采用横墙承重或纵横墙共同承重的结构体系,不应采用砌体墙和混凝土墙混合承重的结构体系。

(2) 纵横向砌体抗震墙的布置应符合下列要求。

① 宜均匀对称,沿平面内宜对齐,沿竖向应上下连续;且纵横向墙体的数量不宜相差过大。

② 平面轮廓凹凸尺寸,不应超过典型尺寸的50%;当超过典型尺寸的25%时,房屋转角处应采取加强措施。

③ 楼板局部大洞口的尺寸不宜超过楼板宽度的30%,且不应在墙体两侧同时开洞。

④ 房屋错层的楼板高差超过500 mm 时,应按两层计算;错层部位的墙体应采取加强措施。

⑤ 同一轴线上的窗间墙宽度宜均匀;墙面洞口的面积,6、7度时不宜大于墙面总面积的55%,8、9度时不宜大于50%。

⑥ 在房屋宽度方向的中部应设置内纵墙,其累计长度不宜小于房屋总长度的60%(高宽比大于4的墙段不计入)。

(3) 房屋有下列情况之一时宜设置防震缝,缝两侧均应设置墙体,缝宽应根据烈度和房屋高度确定,可采用70 mm~100 mm。

① 房屋立面高差在6 m 以上。

② 房屋有错层,且楼板高差大于层高的1/4。

③ 各部分结构刚度、质量截然不同。

(4) 楼梯间不宜设置在房屋的尽端或转角处。

(5) 不应在房屋转角处设置转角窗。

(6) 横墙较少、跨度较大的房屋,宜采用现浇钢筋混凝土楼、屋盖。

6. 底部框架-抗震墙砌体房屋的布置要求

(1) 上部的砌体墙体与底部的框架梁或抗震墙,除楼梯间附近的个别墙段外均应对齐。

(2) 房屋的底部,应沿纵横两方向设置一定数量的抗震墙,并应均匀对称布置。6度且总层数不超过四层的底层框架-抗震墙砌体房屋,应允许采用嵌砌于框架之间的约束普通砖砌体或小砌块砌体的砌体抗震墙,但应计入砌体墙对框架的附加轴力和附加剪力并进行底层的抗震验算,且同一方向不应同时采用钢筋混凝土抗震墙和约束砌体抗震墙;其余情况,8度时应采用钢筋混凝土抗震墙,6、7度时应采用钢筋混凝土抗震墙或配筋小砌块砌体抗震墙。

(3) 底层框架-抗震墙砌体房屋的纵横两个方向,第二层计入构造柱影响的侧向刚度与底层侧向刚度的比值,6、7度时不应大于2.5,8度时不应大于2.0,且均不应小于1.0。

(4) 底部两层框架-抗震墙砌体房屋纵横两个方向,底层与底部第二层侧向刚度应接近,第三层计入构造柱影响的侧向刚度与底部第二层侧向刚度的比值,6、7度时不应大于2.0,8度时不应大于1.5,且均不应小于1.0。

(5) 底部框架-抗震墙砌体房屋的抗震墙应设置条形基础、筏形基础等整体性好的基础。

三、砌体房屋抗震构造措施

采取正确的抗震构造措施,将明显提高多层砌体房屋的抗震性能。以下就一些主要抗震构造措施进行介绍。

单元 18 建筑结构抗震设计基本知识

1. 钢筋混凝土构造柱

在多层砌体房屋中的适当部位设置钢筋混凝土构造柱并与圈梁结合共同工作,不仅可以提高墙体的抗剪强度,还将明显地对砌体变形起约束作用,增加房屋的延性,提高房屋的抗震能力,防止和延缓房屋在地震作用下发生突然倒塌。《抗震规范》对构造柱的构造做了如下规定。

1)多层普通砖、多孔砖和混凝土小型空心砌块房屋构造柱的设置

(1)构造柱设置部位,一般情况下应符合表 18-21 的要求。

(2)外廊式和单面走廊式的多层房屋,应根据房屋增加一层的层数,按表 18-21 的要求设置构造柱,且单面走廊两侧的纵墙均应按外墙处理。

(3)横墙较少的房屋,应根据房屋增加一层的层数,按表 18-21 的要求设置构造柱。当横墙较少的房屋为外廊式或单面走廊式时,应按(2)要求设置构造柱;但 6 度不超过四层、7 度不超过三层和 8 度不超过二层时,应按增加二层的层数对待。

(4)各层横墙很少的房屋,应按增加二层的层数设置构造柱。

(5)采用蒸压灰砂砖和蒸压粉煤灰砖的砌体房屋,当砌体的抗剪强度仅达到普通黏土砖砌体的 70% 时,应根据增加一层的层数按(1)~(4)要求设置构造柱;但 6 度不超过四层、7 度不超过三层和 8 度不超过二层时,应按增加二层的层数对待。

表 18-21 多层砖砌体房屋构造柱设置要求

房屋层数				设 置 部 位	
6 度	7 度	8 度	9 度		
四、五	三、四	二、三		楼、电梯间四角、楼梯斜梯段上下端对应的墙体处;	隔 12 m 或单元横墙与外纵墙交接处;楼梯间对应的另一侧内横墙与外纵墙交接处
六	五	四	二	外墙四角和对应转角;错层部位横墙与外纵墙交接处;	隔开间横墙(轴线)与外墙交接处;山墙与内纵墙交接处
七	≥六	≥五	≥三	大房间内外墙交接处;较大洞口两侧	内墙(轴线)与外墙交接处;内墙的局部较小墙垛处;内纵墙与横墙(轴线)交接处

注:较大洞口,内墙指不小于 2.1 m 的洞口;外墙在内外墙交接处已设置构造柱时允许适当放宽,但洞侧墙体应加强。

2)构造柱的截面尺寸及配筋

构造柱的最小截面可采用 180 mm×240 mm(墙厚 190 mm 时为 180 mm×190 mm),纵向钢筋宜采用 4ϕ12,箍筋间距不宜大于 250 mm,且在柱上下端应适当加密;6、7 度时超过六层、8 度时超过五层和 9 度时,构造柱纵向钢筋宜采用 4ϕ14,箍筋间距不应大于 200 mm;房屋四角的构造柱应适当加大截面及配筋。

3)构造柱的连接

(1)构造柱与墙连接处应砌成马牙槎,沿墙高每隔 500 mm 设 2ϕ6 水平钢筋和 ϕ4 分布短筋

平面内点焊组成的拉结网片或 $\phi4$ 点焊钢筋网片,每边伸入墙内不宜小于 1 m。6、7 度时底部 1/3 楼层,8 度时底部 1/2 楼层,9 度时全部楼层,上述拉结钢筋网片应沿墙体水平通长设置。

(2) 构造柱与圈梁连接处,构造柱的纵筋应在圈梁纵筋内侧穿过,保证构造柱纵筋上下贯通。

(3) 构造柱可不单独设置基础,但应伸入室外地面下 500 mm,或与埋深小于 500 mm 的基础圈梁相连。

(4) 房屋高度和层数接近表 18-17 的限值时,纵、横墙内构造柱间距尚应符合下列要求:横墙内的构造柱间距不宜大于层高的 2 倍;下部 1/3 楼层的构造柱间距适当减小;当外纵墙开间大于 3.9 m 时,应另设加强措施。内纵墙的构造柱间距不宜大于 4.2 m。

为了保证钢筋混凝土构造柱与墙体之间的整体性,施工时必须先砌墙,后浇柱。构造柱的节点构造详图如图 18-18 所示。构造柱纵筋锚固与搭接如图 18-19 所示。

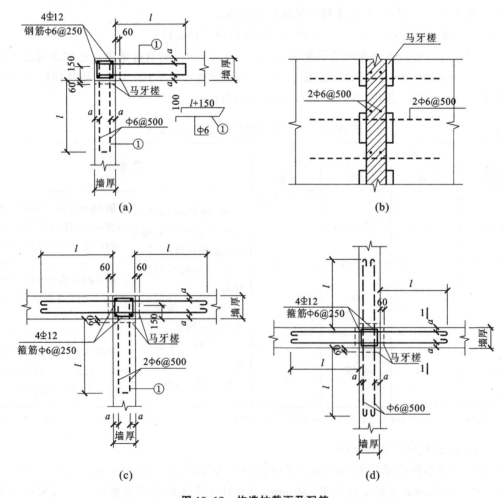

图 18-18 构造柱截面及配筋
(a)角部构造柱;(b)1—1 截面;(c)T 形部位构造柱;(d) 十字部位构造柱

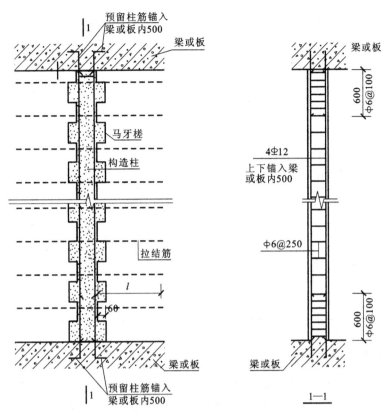

图 18-19 构造柱纵筋锚固与搭接

2. 钢筋混凝土圈梁

设置钢筋混凝土圈梁是提高砌体房屋抗震能力的有效措施之一。其作用为：增强房屋的整体性；作为楼(屋)盖的边缘构件，提高楼(屋)盖的水平刚度；加强纵横墙体的连接，限制墙体斜裂缝的延伸和开展；抵抗由于地震和其他原因引起的地基不均匀沉降。特别是屋盖处和基础处的圈梁，能提高房屋的竖向刚度和抵抗不均匀沉降。

1) 多层砖砌体房屋的现浇钢筋混凝土圈梁的设置要求

(1) 装配式钢筋混凝土楼(屋)盖或木楼(屋)盖的砌体房屋，横墙承重时应按表 18-22 的要求设置圈梁，纵墙承重时，抗震横墙上的圈梁间距应比表 18-22 内要求适当加密。

(2) 现浇或装配整体式钢筋混凝土楼、屋盖与墙体有可靠连接的房屋，应允许不另设圈梁，但楼板沿抗震墙体周边均应加强配筋并应与相应的构造柱钢筋可靠连接。

(3) 圈梁应闭合，遇有洞口圈梁应上下搭接。圈梁宜与预制板设在同一标高处或紧靠板底。

(4) 圈梁在表 18-22 要求的间距内无横墙时，应利用梁或板缝中配筋替代圈梁。

2) 圈梁截面尺寸及配筋

圈梁的截面高度不应小于 120 mm，配筋应符合表 18-23 的要求；当地基为软弱黏性土、液化土、新近填土或严重不均匀土时，要求增设基础圈梁，截面高度不应小于 180 mm，配筋不应少于 4ϕ12。

表 18-22　多层砖砌体房屋现浇钢筋混凝土圈梁设置要求

墙 类	烈 度		
	6、7	8	9
外墙和内纵墙	屋盖处及每层楼盖处	屋盖处及每层楼盖处	屋盖处及每层楼盖处
内横墙	同上； 屋盖处间距不应大于 4.5 m； 楼盖处间距不应大于 7.2 m； 构造柱对应部位	同上； 各层所有横墙，且间距不应大于 4.5 m； 构造柱对应部位	同上； 各层所有横墙

表 18-23　多层砖砌体房屋圈梁配筋要求

配 筋	烈 度		
	6、7	8	9
最小纵筋	4φ10	4φ12	4φ14
箍筋最大间距/mm	250	200	150

3. 楼(屋)盖与墙体的连接

(1) 现浇钢筋混凝土楼板或屋面板伸进纵、横墙内的长度，均不应小于 120 mm。

(2) 装配式钢筋混凝土楼板或屋面板，当圈梁未设在板的同一标高时，板端伸进外墙的长度不应小于 120 mm，伸进内墙的长度不应小于 100 mm 或采用硬架支模连接，在梁上不应小于 80 mm 或采用硬架支模连接。

(3) 当板的跨度大于 4.8 m 并与外墙平行时，靠外墙的预制板侧边应与墙或圈梁拉结。

(4) 房屋端部大房间的楼盖，6 度时房屋的屋盖和 7～9 度时房屋的楼、屋盖，当圈梁设在板底时，钢筋混凝土预制板应相互拉结，并应与梁、墙或圈梁拉结。

(5) 楼、屋盖的钢筋混凝土梁或屋架应与墙、柱（包括构造柱）或圈梁可靠连接；不得采用独立砖柱。跨度不小于 6 m 大梁的支承构件应采用组合砌体等加强措施，并满足承载力要求。

(6) 6、7 度时长度大于 7.2 m 的大房间，以及 8、9 度时外墙转角及内外墙交接处，应沿墙高每隔 500 mm 配置 2φ6 的通长钢筋和 φ4 分布短筋平面内点焊组成的拉结网片或 φ4 点焊网片。

(7) 坡屋顶房屋的屋架应与顶层圈梁可靠连接，檩条或屋面板应与墙、屋架可靠连接，房屋出入口处的檐口瓦应与屋面构件锚固。采用硬山搁檩时，顶层内纵墙顶宜增砌支承山墙的踏步式墙垛，并设置构造柱。

(8) 预制阳台，6、7 度时应与圈梁和楼板的现浇板带可靠连接，8、9 度时不应采用预制阳台。

(9) 门窗洞口处不应采用无筋砖过梁，过梁支承长度，6～8 度时不应小于 240 mm，9 度时不应小于 360 mm。

4. 楼梯间的抗震构造措施

(1) 顶层楼梯间墙体应沿墙高每隔 500 mm 设 2φ6 通长钢筋和 φ4 分布短钢筋平面内点焊

组成的拉结网片或 φ4 点焊网片;7~9 度时其他各层楼梯间墙体应在休息平台或楼层半高处设置 60 mm 厚、纵向钢筋不应少于 2φ10 的钢筋混凝土带或配筋砖带,配筋砖带不少于 3 皮,每皮的配筋不少于 2φ6,砂浆强度等级不应低于 M7.5 且不低于同层墙体的砂浆强度等级。

(2) 楼梯间及门厅内墙阳角处的大梁支承长度不应小于 500 mm,并应与圈梁连接。

(3) 装配式楼梯段应与平台板的梁可靠连接,8、9 度时不应采用装配式楼梯段;不应采用墙中悬挑式踏步或踏步竖肋插入墙体的楼梯,不应采用无筋砖砌栏板。

(4) 突出屋顶的楼、电梯间,构造柱应伸到顶部,并与顶部圈梁连接,所有墙体应沿墙高每隔 500 mm 设 2φ6 通长钢筋和 φ4 分布短筋平面内点焊组成的拉结网片或 φ4 点焊网片。

5. 基础

同一结构单元的基础(或桩承台),宜采用同一类型的基础,底面宜埋置在同一标高上,否则应增设基础圈梁并应按 1:2 的台阶逐步放坡。

6. 多层砌块房屋的抗震构造要求

(1) 多层小砌块房屋应按表 18-24 的要求设置钢筋混凝土芯柱。对外廊式和单面走廊式的多层房屋、横墙较少的房屋、各层横墙很少的房屋,尚应分别规范关于增加层数的对应要求,按表 18-24 的要求设置芯柱。

表 18-24 多层小砌块房屋芯柱设置要求

房屋层数				设置部位	设置数量
6 度	7 度	8 度	9 度		
四、五	三、四	二、三		外墙转角,楼、电梯间四角、楼梯斜梯段上下端对应的墙体处; 大房间内外墙交接处; 错层部位横墙与外纵墙交接处; 隔 12 m 或单元横墙与外纵墙交接处	外墙转角,灌实 3 个孔; 内外墙交接处,灌实 4 个孔; 楼梯斜梯段上下端对应的墙体处,灌实 2 个孔
六	五	四		同上; 隔开间横墙(轴线)与外纵墙交接处	
七	六	五	二	同上; 各内墙(轴线)与外纵墙交接处; 内纵墙与横墙(轴线)交接处和洞口两侧	外墙转角,灌实 5 个孔; 内外墙交接处,灌实 4 个孔; 内墙交接处,灌实 4~5 个孔; 洞口两侧各灌实 1 个孔
	七	≥六	≥三	同上; 横墙内芯柱间距不大于 2 m	外墙转角,灌实 7 个孔; 内外墙交接处,灌实 5 个孔; 内墙交接处,灌实 4~5 个孔; 洞口两侧各灌实 1 个孔

注:外墙转角,内外墙交接处,楼、电梯间四角等部位,应允许采用钢筋混凝土构造柱替代部分芯柱。

(2) 多层小砌块房屋的芯柱,应符合下列构造要求。

① 小砌块房屋芯柱截面不宜小于 120 mm×120 mm。

② 芯柱混凝土强度等级,不应低于 Cb20。

③ 芯柱的竖向插筋应贯通墙身且与圈梁连接;插筋不应小于 1ϕ12,6、7 度时超过五层,8 度时超过四层和 9 度时,插筋不应小于 1ϕ14。

④ 芯柱应伸入室外地面下 500 mm 或与埋深小于 500 mm 的基础圈梁相连。

⑤ 为提高墙体抗震受剪承载力而设置的芯柱,宜在墙体内均匀布置,最大净距不宜大于 2.0 m。

⑥ 多层小砌块房屋墙体交接处或芯柱与墙体连接处应设置拉结钢筋网片,网片可采用直径 4 mm 的钢筋点焊而成,沿墙高间距不大于 600 mm,并应沿墙体水平通长设置。6、7 度时底部 1/3 楼层,8 度时底部 1/2 楼层,9 度时全部楼层,上述拉结钢筋网片沿墙高间距不大于 400 mm。

(3) 小砌块房屋中替代芯柱的钢筋混凝土构造柱,应符合下列构造要求。

① 构造柱截面不宜小于 190 mm×190 mm,纵向钢筋宜采用 4ϕ12,箍筋间距不宜大于 250 mm,且在柱上下端应适当加密;6、7 度时超过五层,8 度时超过四层和 9 度时,构造柱纵向钢筋宜采用 4ϕ14,箍筋间距不应大于 200 mm;外墙转角的构造柱可适当加大截面及配筋。

② 构造柱与砌块墙连接处应砌成马牙槎,与构造柱相邻的砌块孔洞,6 度时宜填实,7 度时应填实,8、9 度时应填实并插筋。构造柱与砌块墙之间沿墙高每隔 600 mm 设置 ϕ4 点焊拉结钢筋网片,并应沿墙体水平通长设置。6、7 度时底部 1/3 楼层,8 度时底部 1/2 楼层,9 度时全部楼层,上述拉结钢筋网片沿墙高间距不大于 400 mm。

③ 构造柱与圈梁连接处,构造柱的纵筋应在圈梁纵筋内侧穿过,保证构造柱纵筋上下贯通。

④ 构造柱可不单独设置基础,但应伸入室外地面下 500 mm,或与埋深小于 500 mm 的基础圈梁相连。

(4) 多层小砌块房屋的现浇钢筋混凝土圈梁的设置位置应按表 18-22 多层砖砌体房屋圈梁的要求执行,圈梁宽度不应小于 190 mm,配筋不应少于 4ϕ12,箍筋间距不应大于 200 mm。

单元小结

18.1 地震依其成因,可分为三种类型:火山地震、塌陷地震、构造地震。根据震源深度不同,可将构造地震分为浅源地震、中源地震、深源地震三种,我国发生的地震都属于浅源地震,浅源地震造成的危害最大。

18.2 地震震级表示地震释放能量多少的尺度。地震烈度指某一地区的地面及建筑物遭受到一次地震影响的强弱程度。抗震设防烈度:按国家规定的权限批准审定作为一个地区抗震设防依据的地震烈度,按《抗震规范》查用。结合我国具体的情况,《抗震规范》提出了"三水准"的抗震设防目标和采用二阶段设计法。要注重结构抗震的概念设计。

18.3 通过多层和高层钢筋混凝土房屋的震害分析,《抗震规范》从房屋最大适用高度、结构的抗震等级、防震缝布置、结构的布置要求和框架结构的抗震构造措施等方面规定钢筋混凝土房屋的抗震要求。

18.4 通过多层砌体房屋和底部框架、内框架房屋的震害分析,《抗震规范》从房屋总高度的限值、房屋最大高宽比的限值、房屋局部尺寸的限值、多层砌体房屋的结构体系要求和抗震构造措施等方面规定了砌体房屋、底部框架和内框架房屋的抗震要求。

18.1 何谓抗震基本烈度、多遇烈度、罕遇烈度？三者之间关系如何？
18.2 《抗震规范》提出的"三水准"设防要求是什么？二阶段设计法的内容是什么？
18.3 如何选择建筑场地？
18.4 抗震结构在材料选用、施工质量和材料代用上有何要求？
18.5 《抗震规范》对现浇钢筋混凝土房屋最大适用高度有何规定？
18.6 结构的抗震等级如何确定？
18.7 框架结构的抗震构造措施有哪些方面的要求？
18.8 抗震墙结构的抗震构造措施有哪些？
18.9 《抗震规范》对多层砌体房屋的总高度、层数、房屋最大高宽比、房屋的局部尺寸有何限值规定？
18.10 多层黏土砌体房屋的现浇钢筋混凝土构造柱和圈梁的作用是什么？如何设置？构造上有哪些要求？

18.1 单项选择题。

1. 按我国《抗震规范》设计的建筑,当遭受低于本地区设防烈度的多遇地震影响时,建筑物应（　　）。
   A. 一般不受损坏或不需修理仍可继续使用
   B. 可能损坏,经一般修理或不需修理仍可继续使用
   C. 不致发生危及生命的严重破坏
   D. 不致倒塌

2. 地壳深处发生岩层断裂、错动的地方称为（　　）。
   A. 震中　　　　　B. 震源　　　　　C. 地裂缝　　　　　D. 震中区

3. 衡量地震大小的等级称为（　　）。
   A. 地震烈度　　　B. 地震深度　　　C. 震级　　　　　D. 设防烈度

4. （　　）级以上称为破坏性地震,会对建筑造成不同程度的破坏。
   A. 4　　　　　　B. 5　　　　　　C. 6　　　　　　D. 8

5. 对50年内超越概率为（　　）的烈度,称为罕遇烈度,其地震影响为罕遇地震。
   A. 2%～3%　　　B. 4%～5%　　　C. 7%～8%　　　D. 9%～10%

6. 建筑抗震设防分类应根据其使用功能的重要性来划分,工厂、机关、住宅、商店等建筑为（　　）类建筑。

A. 甲 B. 乙 C. 丙 D. 丁

7. 在《抗震规范》中规定多层砌体房屋横墙较少,是指同一层内开间大于4.2 m的房间占该层总面积的( )%以上。
   A. 30 B. 40 C. 50 D. 60

8. 抗震墙洞口宜上下对齐;洞边距端柱不宜小于( )mm。
   A. 100 B. 200 C. 300 D. 400

9. 框架结构房屋,高度不超过15 m的部分,防震缝宽度可取( )。
   A. 70 mm B. 80 mm C. 100 mm D. 110 mm

10. 对于抗震设防烈度为7度的框架结构,现浇钢筋混凝土房屋适用的最大高度为( )m。
    A. 60 B. 50 C. 70 D. 80

11. 按抗震要求,一级框架柱的箍筋直径大于( )mm,且箍筋肢距不大于( )mm。
    A. 12,150 B. 8,100 C. 10,200 D. 14,200

18.2 多项选择题。

1. 地震对地表的破坏现象有( )。
   A. 河岸、陡坡滑坡 B. 地面下沉 C. 喷砂冒水 D. 地裂缝

2. 地震对建筑物的破坏,按其破坏形态及直接原因可分为( )。
   A. 结构丧失整体性 B. 承重构件强度不足引起破坏
   C. 地基失效 D. 给排水管网、煤气管道、供电线路等破坏

3. 在设计抗震结构各构件之间的连接时,错误的是( )。
   A. 构件节点的强度不应低于其连接件的强度
   B. 预埋件的锚固强度不应高于被连接件的强度
   C. 装配式结构的连接应能保证结构的整体性
   D. 预应力混凝土构件的预应力钢筋宜在节点核芯区以外锚固

4. 属于建筑抗震有利地段的是( )。
   A. 稳定基岩 B. 坚硬土
   C. 开阔平坦、密实均匀的中硬土 D. 高耸孤立的山丘

5. 在强烈地震作用下,多层砌体房屋可能发生破坏的部位有( )。
   A. 墙体的破坏(尤其是窗间墙) B. 墙体转角处的破坏
   C. 楼梯间墙体的破坏 D. 内外墙连接处的破坏

参 考 文 献

[1] 中华人民共和国国家标准.混凝土结构设计规范(GB 50010—2010)[M].北京:中国建筑工业出版社,2010.
[2] 中华人民共和国国家标准.建筑结构荷载规范(GB 50009—2012)[M].北京:中国建筑工业出版社,2012.
[3] 中华人民共和国国家标准.建筑抗震设计规范(GB 50011—2010)[M].北京:中国建筑工业出版社,2010.
[4] 中华人民共和国国家标准.建筑工程抗震设防分类标准(GB 50223—2008)[M].北京:中国建筑工业出版社,2008.
[5] 中国建筑标准设计研究院.建筑抗震构造详图(11G329-1)[M].北京:中国计划出版社,2011.
[6] 中华人民共和国国家标准.建筑地基基础设计规范(GB 50007—2011)[M].北京:中国建筑工业出版社,2012.
[7] 中华人民共和国国家标准.砌体结构设计规范(GB 50003—2011)[M].北京:中国建筑工业出版社,2012.
[8] 施岚青.实用建筑结构设计手册[M].北京:冶金工业出版社,1998.
[9] 沈蒲生.混凝土结构设计新规范(GB 50010—2010)解读[M].北京:机械工业出版社,2011.
[10] 邬宏.建筑工程专业课程设计实训指导[M].北京:机械工业出版社,2005.
[11] 邵英秀.建筑结构[M].北京:机械工业出版社,2008.
[12] 李永光,白秀英.建筑力学与结构[M].2版.北京:机械工业出版社,2009.
[13] 马怀忠.建筑结构[M].北京:中国建材工业出版社,2010.
[14] 郭继武.混凝土结构[M].北京:中国建筑工业出版社,2011.
[15] 张玉敏,段卫东.建筑结构[M].北京:中国电力出版社,2011.
[16] 张学宏.建筑结构[M].3版.北京:中国建筑工业出版社,2011.
[17] 宗兰,宋群.建筑结构[M].2版.北京:机械工业出版社,2012.
[18] 吕志涛,等.现代预应力设计[M].北京:中国建筑工业出版社.1998.
[19] 李志成,洪树生.建筑施工[M].4版.北京:科学出版社,2010.
[20] 危道军.建筑施工技术[M].北京:科学出版社,2011.
[21] 唐岱新.砌体结构[M].北京:高等教育出版社,2003.
[22] 张宝善.砌体结构[M].北京:化学工业出版社,2005.
[23] 雷庆关.砌体结构[M].合肥:合肥工业大学出版社,2006.
[24] 曹长礼.建筑结构[M].成都:西南交通大学出版社,2008.
[25] 何培玲,尹维新.砌体结构[M].北京:北京大学出版社,2008.
[26] 胡乃君.砌体结构[M].2版.北京:高等教育出版社,2008.
[27] 刘立新.砌体结构[M].武汉:武汉理工大学出版社,2003.
[28] 谢启芳,薛建阳.砌体结构[M].北京:中国电力出版社,2010.
[29] 王毅红.混凝土与砌体结构[M].北京:中国建筑工业出版社,2010.
[30] 施楚贤.砌体结构[M].4版.北京:中国建筑工业出版社,2010.
[31] 丁大钧,蓝宗建.砌体结构[M].2版.北京:中国建筑工业出版社,2011.